Vol. 4
第四卷

现代有机反应

碳-碳键的生成反应
C-C Bond Formation

胡跃飞　林国强　主编

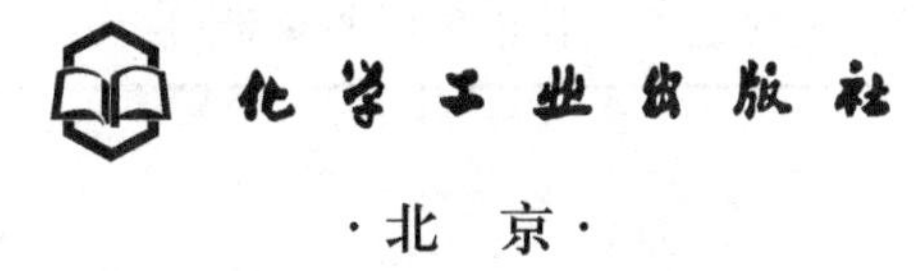

·北京·

本书根据“经典性与新颖性并存”的原则，精选了 10 种碳-碳键的生成反应。详细介绍了每一种反应的历史背景、反应机理、应用范围和限制，注重介绍近年来的研究新进展，并精选了在天然产物全合成中的应用以及 5 个代表性反应实例；参考文献涵盖了较权威的和新的文献，有助于读者对各反应有全方位的认知。

本书适合作为有机化学及相关专业的本科生、研究生的教学参考书及有机合成工作者的工具书。

图书在版编目 (CIP) 数据

碳-碳键的生成反应/胡跃飞，林国强主编. —北京：化学工业出版社，2008.12
（现代有机反应；4）
ISBN 978-7-122-03903-3

Ⅰ.碳… Ⅱ.①胡…②林… Ⅲ.碳-化学键-有机化学-化学反应 Ⅳ.O641.2

中国版本图书馆 CIP 数据核字（2008）第 163586 号

责任编辑：李晓红　　装帧设计：尹琳琳
责任校对：王素芹

出版发行：化学工业出版社（北京市东城区青年湖南街 13 号　邮政编码 100011）
印　　装：北京虎彩文化传播有限公司
720mm×1000mm　1/16　印张 29½　字数 514 千字　2008 年12月北京第 1 版第 1 次印刷

购书咨询：010-64518888　　售后服务：010-64518899
网　　址：http://www.cip.com.cn
凡购买本书，如有缺损质量问题，本社销售中心负责调换。

定　　价：128.00 元

序　一

翻开手中的《现代有机反应》，就很自然地联想到 John Wiley & Sons 出版的著名丛书“*Organic Reactions*”。它是我们那个时代经常翻阅的一套著作，是极有用的有机反应工具书。而手中的这套书仿佛是中文版的“*Organic Reactions*”，让我感到亲切和欣慰，像遇见了一位久违的老友。

《现代有机反应》全套 5 卷，每卷收集 10 个反应，除了着重介绍各种反应的历史背景、适用范围和应用实例，还凸显了它们在天然产物合成中发挥的重要作用。有几个命名反应虽然经典，但增加了新的内容，因此赋予了新的生命。每一个反应的介绍虽然只有短短数十页，却管中窥豹，可谓是该书的特色。

《现代有机反应》是在中国首次出版的关于有机反应的大型丛书。可以这么说，该书的编撰者是将他们在有机化学科研与教学中的心得进行了回顾与展望。书中收录了 5000 多个反应式和 8000 余篇文献，为读者提供了直观的、大量的和准确的科学信息。

《现代有机反应》是生命、材料、制药、食品以及石油等相关领域工作者的良师益友，我愿意推荐它。同时，我还希望编撰者继续努力，早日完成其余反应的编撰工作，以飨读者。

此致

周维善

中国科学院院士

中国科学院上海有机化学研究所

2008 年 11 月 26 日

序 二

美国的“*Organic Reactions*”丛书自 1942 年以来已经出版了七十多卷，现在已经成为有机合成工作者不可缺少的参考书。十多年后，前苏联也开始出版类似的丛书。我国自上世纪 80 年代后，研究生教育发展很快，从事有机合成工作的研究人员越来越多，为了他们工作的方便，迫切需要编写我们自己的“有机反应”工具书。因此，“现代有机反应”丛书的出版是非常及时的。

本丛书根据最新的文献资料从制备的观点来讨论有机反应，使读者对反应的历史背景、反应机理、应用范围和限制、实验条件的选择等有较全面的了解，能够更好地利用文献资料解决自己遇到的问题。在“*Organic Reactions*”丛书中，有些常用的反应是几十年前编写的，缺少最新的资料。因此，本书在一定程度上可以弥补其不足。

本丛书对反应的选择非常讲究，每章的篇幅恰到好处。因此，除了在科研工作中有需要时查阅外，还可以作为研究生用的有机合成教材。例如：从“科里氧化反应”一章中，读者可以了解到有机化学家如何从常用的无机试剂三氧化铬创造出多种多样的、能满足特殊有机合成要求的新试剂。并从中学习他们的思想和方法，培养自己的创新能力。因此，我特别希望本丛书能够在有机专业研究生的学习和研究中发挥自己的作用。

胡宏纹

中国科学院院士

南京大学

2008 年 11 月 16 日

前　言

许多重要的有机反应被赞誉为有机合成化学发展路途中的里程碑，因为它们的发现、建立、拓展和完善带动着有机化学概念上的飞跃、理论上的建树、方法上的创新和应用上的突破。正如我们熟知的 Grignard 反应 (1912)、Diels-Alder 反应 (1950)、Wittig 反应 (1979) 和烯烃复分解反应 (2005) 等，就是因为对有机化学的突出贡献而先后获得了诺贝尔化学奖的殊荣。

有机反应的专著和工具书很多，从简洁的人名反应到系统而详细的大全巨著。其中，“*Organic Reactions*” (John Wiley & Sons, Inc.) 堪称是经典之作。它自 1942 年开始出版以来，到现在已经有 73 卷问世。而 1991 年出版的“*Comprehensive Organic Synthesis*” (B. M. Trost 主编) 是一套九卷的大型工具书，以 10,400 页的版面几乎将当代已知的重要有机反应涵盖殆尽。此外，各种国际期刊也经常刊登关于有机反应的综述文章。这些文献资料浩如烟海，是一笔非常宝贵的财富。在国内，随着有机化学研究和各种相关化学工业的飞速发展，全面了解和掌握有机反应的需求与日俱增。在此契机下，编写一套有特色的《现代有机反应》丛书，对各种有机反应进行系统地介绍是一种适时而出的举措。

根据经典与现代并存的理念，我们从数百种有机反应中率先挑选出 50 个具有代表性的反应。将它们按反应类型分为 5 卷，每卷包括 10 种反应。本丛书的编写方式注重完整性和系统性，以有限的篇幅概述了每种反应的历史背景、反应机理和应用范围。本丛书的写作风格强调各反应在有机合成中的应用，除了为每一个反应提供 5 个代表性的实例外，还增加了它们在天然产物合成中的巧妙应用。

本丛书前 5 卷共有 2210 页，5771 个精心制作的图片和反应式，8142 条权威和新颖的参考文献。我们衷心地希望所有这些努力能够帮助读者快捷而准确地对各个反应产生全方位的认识，力求能够满足读者在不同层次上的特别需求。从第一卷的封面上我们可以看到一幅美丽的图片：一簇簇成熟的蒲公英种子在空中飞舞着播向大地。其实，这亦是我们内心的写照，我们祈望本丛书如同是吹起蒲公英种子飞舞的那一缕煦风。

本丛书原策划出版 10 卷或 100 种反应，当前先启动一半，剩余部分将按计划陆续完成。目前已将第 6 卷的内容确定为还原反应。在现有的 5 卷出版后，我们也希望得到广大读者的反馈意见，您的不吝赐教是我们后续编撰的动力。

本丛书的编撰工作汇聚了来自国内外 19 所高校和企业的 39 位专家学者的努力和智慧。在这里，我们首先要感谢所有的作者，正是大家的辛勤工作才保证了本书的顺利出版，更得益于各位的渊博知识才使得本书更显丰富多彩。尤其要感谢王歆燕博士，她身兼本书的作者和主编秘书双重角色，不仅完成了繁重的写作和烦琐的联络事务，还完成了本书全部图片和反应式的制作工作。这些工作看似平凡简单，但却是本书如期出版不可或缺的一个环节。本书的编撰工作还被列为“北京市有机化学重点学科”建设项目，并得到学科建设经费 (XK100030514) 的资助，在此一并表示感谢。

最后，值此机会谨祝周维善先生和胡宏纹先生身体健康！

胡跃飞
清华大学化学系教授

林国强
中国科学院院士
中国科学院上海有机化学研究所研究员

目　录

巴比耶反应 1
(Barbier Reaction)
郭庆祥* 李敏杰
中国科学技术大学化学系
合肥 230026
qxguo@ustc.edu.cn

迪尔斯-阿尔德反应 43
(Diels-Alder Reaction)
胡跃飞
清华大学化学系
北京 100084
yfh@mail.tsinghua.edu.cn

格利雅反应 91
(Grignard Reaction)
王中夏
中国科学技术大学化学系
合肥 230026
zxwang@ustc.edu.cn

麦克默瑞反应 133
(McMurry Reaction)
史达清
苏州大学化学化工学院
苏州 215123
dqshi@suda.edu.cn

迈克尔反应 181
(Michael Reaction)
王歆燕
清华大学化学系
北京 100084
wangxinyan@mail.tsinghua.edu.cn

森田-贝利斯-希尔曼反应 229
(Morita-Baylis-Hillman Reaction)
李茜 余志祥*
北京大学化学学院
北京 100871
yuzx@pku.edu.cn

纳扎罗夫反应 281
(Nazarov Reaction)
曹丽娅
Department of Chemistry
University of Alberta, Canada
lcao@ualberta.ca

瑞佛马茨基反应 331
(Reformatsky Reaction)
梁永民
兰州大学化学化工学院
甘肃 730000
liangym@lzu.edu.cn

西门斯-史密斯反应 373
(Simmons-Smith Reaction)
孙建伟
Department of Chemistry
University of Chicago, USA
sunjw@uchicago.edu

斯泰特反应 421
(Stetter Reaction)
游劲松* 兰静波
四川大学化学学院
成都 610064
jsyou@scu.edu.cn

巴比耶反应

(Barbier Reaction)

郭庆祥* 李敏杰

1 历史背景简述

有机金属化合物在有机合成中的应用研究很早就已经开始了。1888 年，L. Meyer、P. Lohr 和 H. Fleck 对有机镁化合物的性质进行了研究。他们将镁和卤代烷放在封闭的管子中加热，得到了二甲基镁、二乙基镁和二异丙基镁[1]。这些化合物具有很高的反应活性，在空气或二氧化碳中会立即燃烧。与水剧烈反应得到相应的烷烃，与乙酰氯反应后水解得到醇等。但由于这些镁化合物十分活泼，不易制备和保存。因此，未能将其发展成为一种合成通法。

1875 年，M. Saytzeff 报道了用甲酸乙酯与碘丙烯在 Zn 的作用下得到了仲醇产物[2] (式 1)。

1. Zn
2. H_3O^+
OH
I + H O O (1)

当 P. A. Barbier [格利雅 (Victor Grignard) 的导师] 利用 Saytzef 的方法尝试从甲基庚烯酮合成二甲基庚烯醇时，却没有成功。考虑到有机锌试剂的活性可能不足，Barbier 决定用镁代替锌。他将镁屑与甲基庚烯酮的乙醚溶液混合，慢慢滴入碘甲烷，反应 12 h 后用冰水和稀硫酸处理，成功地得到了预期产物[3] (式 2)。这就是最初的 Barbier 反应。

1. Mg/Et_2O
2. H_3O^+
O + CH_3I OH (2)

Barbier 于 1899 年 1 月向法国科学院报告了他的发现，但是后来的实验结果并不令人满意。他认为这些反应不可靠，不足以建立一个行之有效的合成方法。因此，没有开展进一步的工作[4]。后来，他的学生 Grignard 将反应分为两步进行：第一步，卤代烃和金属镁由碘单质引发反应，得到有机镁化合物，即格氏试剂；第二步，有机镁化合物和羰基进行亲核加成，得到产物醇，这就是我们常说的格氏反应。而把卤代烃和金属在“一锅法”条件下对羰基化合物进行亲核加成生成醇的反应称为 Barbier 反应。

20 世纪 70 年代，化学家们发现 Barbier 反应可以在水相进行。水相 Barbier 反应主要有三方面的优点：(1) 水相 Barbier 反应减少了有机溶剂的使用；(2) 对于反应底物中的活泼氢不需要保护，因此，对于含有羟基、氨基等基团的羰基化合物，它们的烷基化反应可以减少反应步骤、缩短反应时间和提高反应的产率；(3) 反应完成后，水解步骤也同时完成，简化了实验操作[5,6]。

2 Barbier 反应的定义和反应机理

Barbier 反应是卤代烃在金属铝、锌、铟和锡等金属及其盐作用下对羰基化合物进行亲核加成生成醇的有机反应，是构建碳-碳键重要的反应之一[7~9] (式 3)。

$$R^1\text{—}X + R^2C(O)R^3 \xrightarrow[\text{M = Al, Zn, In, Sn, } etc.]{\text{M, Solvent}} R^1C(OH)(R^2)R^3 \quad (3)$$

Barbier 反应是一类亲核加成反应，相对于格氏试剂和有机锂试剂来说，Barbier 反应可以在相对便宜和对水不敏感的条件下进行。

Barbier 反应和格氏反应 (Grignard Reaction) 类似，区别在于 Barbier 反应是“一锅煮” 的合成反应，而格氏试剂需要在加入羰基化合物之前单独制备。另外，格氏反应必须在无水条件下进行，并且反应底物上的活泼氢必须保护起来，否则格氏试剂会与活泼氢发生反应而失去活性，导致反应无法正常进行。

由于绝大部分有机金属化合物不稳定，无法分离中间产物，导致 Barbier 反应机理问题一直没有定论。最初，Luche 等人认为该反应是通过自由基对羰基发生亲核进攻引起的[10~12] (式 4)。

$$PhCH_2Br \xrightarrow{\text{ultrasound}} PhCH_2^{\bullet} \xrightarrow[88\%]{\text{N-TMS imine, Li, } Et_2O} \text{(NH}_2\text{, Ph product)} \quad (4)$$

后来，Wilson 等人设计了一个简单的实验来验证 Luche 的假设，却没有发现任何自由基中间体[13]。另外，在水相 Barbier 反应中，α,β-不饱和醛酮和烯丙基卤代物的反应只生成 1,2-加成的产物，而没有聚合产物 (自由基易导致 α,β-不饱和醛酮的聚合) (式 5)。

Ph, OH, Br, PhCHO, Zn, H_2O, NH_4Cl, THF, X (5)

Chan 和 Li 等人根据实验结果提出了另外一种机理。他们认为：只有在金属表面上生成的烯丙基自由基阴离子参与了反应，并且还涉及到一个单电子转移过程[6,14] (式 6)。

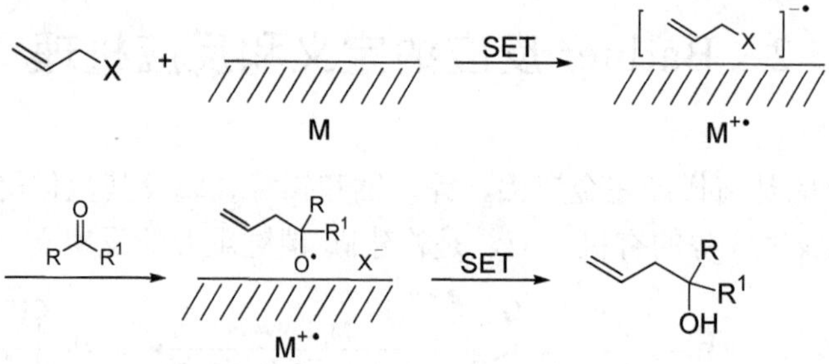

(6)

Li 等人通过实验发现：碘代烷烃在 Zn/CuI 催化下可与醛发生烷基化反应[15]。该反应类似于 Barbier 反应，反应机理与电子转移机理相似。如式 7 所示：碘代烷烃首先被 Cu (1) 离子活化形成碘代烷烃的自由基阴离子。然后，与 InCl 通过转移一个电子给羰基上的氧原子形成二价铟的烷氧化物。最后，经水解得到仲醇产物。

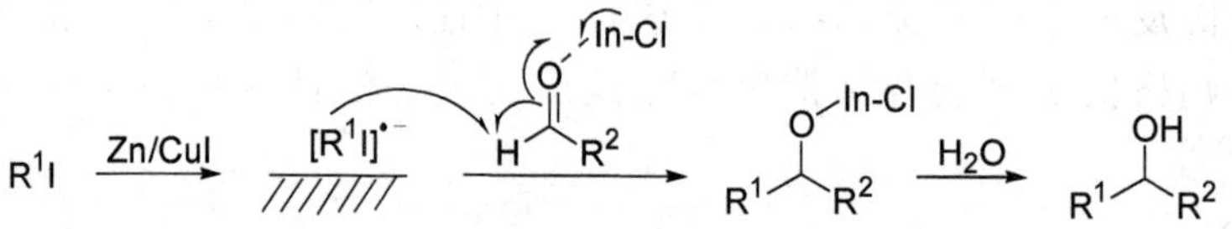

(7)

Sinha 和 Roy 通过 XRD 和 XPS 表面检测方法提出了在 β-SnO/Cu_2O 催化下羰基烯丙基化的反应机理[16]。如式 8 所示，与 Chan 和 Li 等人提出的电子转移机理类似。首先，Cu^I 与烯丙基溴的烯基作用将烯丙基溴活化 (step a)。然后，通过氧化还原作用，烯丙基转移到被氧化的 Sn^{IV} 位置上形成 σ-烯丙基锡(IV) 中间体 (step b)。最后，锡中间体和羰基化合物作用生成 γ-加成产物 (step c)。

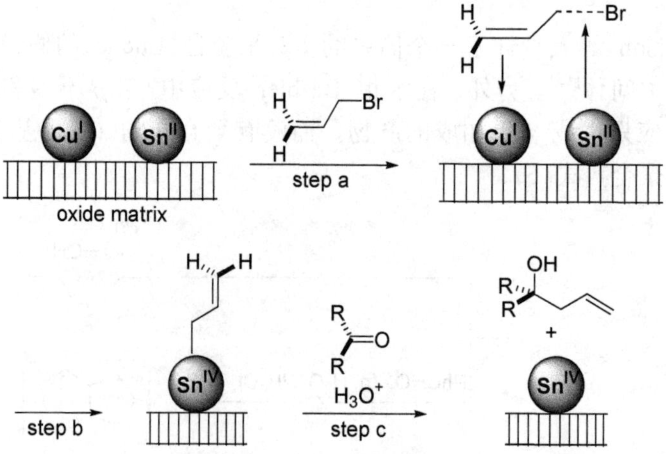

(8)

Whitesides[17,18]、Marshall[19,20]和 Grieco[21]等人提出了第三种机理。他们认为：烯丙基卤代物可以和金属反应生成烯丙基金属有机试剂，这种机理的核心问题是烯丙基金属有机中间体的存在 (式 9)。

$$\text{allyl-X} \xrightarrow{M} \text{allyl-MX}_n \xrightarrow{RCOR^1} \text{CH}_2{=}\text{CHCH}_2\text{C(R)(R}^1\text{)OH} \quad (9)$$

Wang 等人通过实验和量化计算验证了烯丙基有机金属中间体机理[22]，但可以根据 $NaBF_4$ 的存在与否分为以下两种情况（式 10）。

(a) $NaBF_4$ 不存在时，锡和烯丙基溴 (**1**) 形成锡配合物 **2**。然后亲核进攻羰基化合物 **3** 形成过渡态 **4** 和 **5**。最后，脱去锡盐生成 α-加成产物 **8** 和 γ-加成产物 **9**。当烯丙基溴的取代基 R^3 为酯类取代基 ($COOC_2H_5$)，γ-碳原子为富电子原子，产物以 γ-加成产物 **9** 为主。当 R^3 为烷基或氢原子 (Me, H)，α-碳原子电子分布略比 γ-碳原子电子分布多，产物为 **8** 和 **9** 的混合物。

(b) $NaBF_4$ 存在条件下，锡配合物 **2** 和 $NaBF_4$ 作用形成中间体 **6**，通过六员环过渡态 **7** 的机理只得到 α-加成产物 **8**。

Br 1 R3; 3 = R1 C(=O) R2; Sn; 2; 3; 4 BrSn R3 H-OH R1 R2; + 5 R3 SnBr H-OH R1 R2; 6 [F3B–F]---Sn⊕; 3; 9 OH R2 R3 R1 γ-加成产物 (*syn*:*anti*); 7 R3 Sn F B F F F R1 R2 O; 8 OH R3 R2 R1 α-加成产物 (*Z*:*E*) (10)

R^1 = Ph, $CH_3CH(OH)$–　R^2 = H, CH_3　R^3 = CO_2Et, CH_3, H

实际上，在任何一个 Barbier 反应中，这三种机理都可能同时存在。在特定的溶剂条件、金属试剂以及底物的情况下，某一种机理可能会占主导地位。所以，可以用一个“自由基—阴离子—共价键 (M-C)”构成的三角形来描述 Barbier 反应的机理。如式 11 所示：任何一个 Barbier 反应都处于这个三角形之内，而具体位置则决定于溶剂、金属和底物，三角形的顶点则表示极端状态[5,6]。

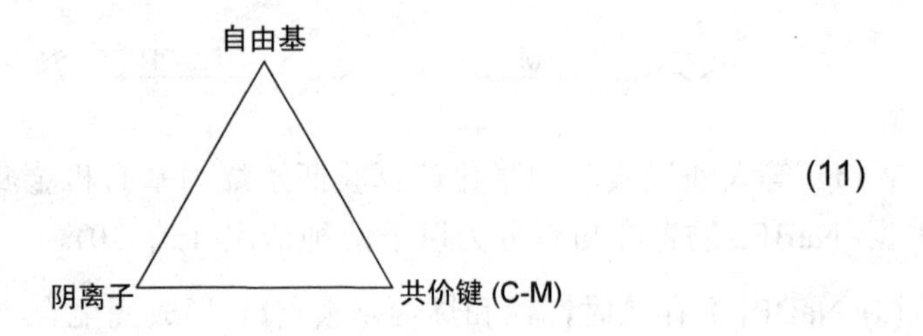

(11)

3 各种金属参与的 Barbier 反应

研究发现：许多活性较低的金属，例如：镁、铟、锡、锌、锰、铋、锑、铅、钐等，能够很好地参与水相 Barbier 反应，突破了传统的金属有机化学“无水无氧”的限制。这些金属在水相 Barbier 反应中所表现出来的性质也是不一样的[5,23]。

3.1 镁参与的 Barbier 反应

镁很早就被证明是一种很好的有机相 Barbier 试剂。它的活性高、毒性小、但缺点是副反应多和稳定性很差。由于水相 Barbier 反应尚未能拓宽到使用普通卤代烃作为底物，镁参与的有机相 Barbier 反应仍然是很重要的。20 世纪 70 年代末，化学家曾对镁参与的有机相 Barbier 反应做了很多研究[24] (式 12，表 1 和式 13，表 2)。

1. Mg, solvent
2. H_3O^+

X　+　O　　OH　(12)

表 1　式 12 中不同取代基和不同溶液的反应产率

X	溶剂	产率/%
Cl	Et_2O	96
Br	Et_2O	85
Cl	THF	98
Br	THF	99
Cl	PhH-THF（1:2）	94
Br	PhH-THF（1:2）	95

1. Mg, Solvent
2. H_3O^+

X　+　H　O　　OH　(13)

表 2 式 13 中不同取代基和不同溶液的反应产率

X	溶剂	产率/%
Cl	Et_2O	60
Br	Et_2O	96
Cl	THF	97
Br	THF	98

Hou 等人报道：在 THF 中，镁粉可以介导亚胺与烯丙基溴的 Barbier 反应[25](式 14)。

$$\text{Ph(R}^1\text{)C=NR}^2 + \text{CH}_2\text{=CHCH}_2\text{Br} \xrightarrow[\text{R}^1 = \text{H, R}^2 = \text{Ph, 99\%; R}^1 = \text{CH}_3\text{, R}^2 = \text{Bn, 98\%}]{\text{1. Mg, THF, 0 }^\circ\text{C}\sim\text{rt, 0.5}\sim\text{2 h; 2. NaHCO}_3} \text{R}^2\text{HN–C(Ph)(R}^1\text{)CH}_2\text{CH=CH}_2 \quad (14)$$

一般而言，镁参与的有机反应都要求无水条件，而 Li 等人报道了在水介质中镁参与的 Barbier 反应[26]。如式 15 所示：镁在 H_2O-THF ($v_{水}$: v_{THF} < 2:100) 中可以使醛完全烯丙基化。但是，在纯水相中，除了生成高烯丙醇外，还生成频哪醇和还原醇。

$$\text{PhCHO} + \text{CH}_2\text{=CHCH}_2\text{Br} \xrightarrow{\text{Mg, H}_2\text{O, rt, 12 h}} \text{PhCH(OH)CH}_2\text{CH=CH}_2 + \text{PhCH(OH)CH(OH)Ph} \quad (15)$$

除此之外，大部分研究水相镁参与的 Barbier 反应是在混合相中进行的。例如：在水和四氢呋喃中，加入 $CuCl_2$[27] 或 $BiCl_3$[28]，镁可以较高效率地参与羰基的烯丙基化 (式 16)。

$$\text{R}^1\text{CHO} + \text{CH}_2\text{=CHCH}_2\text{X} \xrightarrow{\text{Mg, CuCl}_2\text{, THF, H}_2\text{O}} \text{R}^1\text{CH(OH)CH}_2\text{CH=CH}_2 \quad (16)$$

R^1 = Ph, X = Br, 6 h, 99%
R^1 = Ph, X = Cl, 12 h, 70%
R^1 = *p*-ClPh, X = Br, 4 h, 95%
R^1 = *p*-ClPh, X = Cl, 8 h, 70%

3.2 锌参与的 Barbier 反应

锌是最早发现可以参与水相 Barbier 反应的金属，它在水相中能够较稳定存在，而且活泼性又比较强 (用超声波-电方法制得的活性锌可以提高反应效率达 3 倍以上[29])。虽然它参与的反应通常有少量副反应发生，但是它的价格比较便宜，基本上没有毒性，是一种较好的应用于工业生产的 Barbier 试剂。

1977 年，Wolinsky 等人首次发现：将溴丙烯缓慢滴加到混有羰基化合物和活性锌粉的 95% 的乙醇或丁醇中，可以得到烯丙基化产物[30]。Luche 等人[10,11]研究发现：在 H_2O-THF (5:1) 或饱和 NH_4Cl 溶液-THF (5:1) 中，醛和酮在锌的诱导下与烯丙基卤反应可以得到理想产率的 Barbier 反应产物 (式 17，表 3)。

R^1COR^2 + $XCH_2CH=CR^3R^4$ —(Zn, NH_4Cl, THF)→ $R^1R^2C(OH)CR^3R^4CH=CH_2$ (17)

表 3 式 17 中取代基对反应产率的影响

R^1	R^2	R^3	R^4	X	产率/%
Ph	H	H	H	Br	100
n-C_4H_9	Me	Me	Me	Cl	84
i-C_3H_7	H	Me	Me	Cl	95
-$(CH_2)_5$-		Me	H	Br	100
	Me	H	H	Br	89
	Me	H	H	Cl	58

1985 年，Benezra 等人发现在锌参与下的 2-溴甲基-丙烯酸乙酯和醛的 Barbier 反应中，得到了内酯产物 (式 18)。该反应以四氢呋喃和饱和氯化铵溶液为溶剂，产率在 47%~98% 之间。如果只使用四氢呋喃为溶剂，反应的产率会大大降低 (15%)[31]。

Br–$CH_2C(=CH_2)CO_2Et$ + R^1COR^2 —(Zn, THF, NH_4Cl, 60 °C, 5 h; R^1 = Bn, R^2 = H, 75%; R^1 = Ph, R^2 = H, 98%)→ α-亚甲基-γ-内酯 (R^1, R^2) (18)

后来，Kunz 和 Reibig 在水相锌参与的 γ-羰基丙酸乙酯的烯丙基化的反应中，也得到了内酯产物，产率为 55%~77%[32]。这个方法为内酯合成提供了一条捷径 (式 19)。

$HC(O)CH(R)CH_2CO_2Me$ + Br–$CH_2CH=CH_2$ —(THF, H_2O, NH_4Cl; 55%~77%)→ 5-烯丙基-4-R-γ-内酯 (19)

1,3-二氯丙烯可与羰基化合物反应生成中等产率的共轭 1,3-丁二烯衍生物，用 3-碘-1-氯丙烯可提高反应产率。烯丙基化产物用酸处理得到 1,3-丁二烯衍生物，用碱处理得到烯基环氧化合物。如式 20：在酸性条件下得到 **10**，碱性条件下得到 **11**。

Cl–C_6H_4–CHO + Cl–CH=CH–CH_2–I —(Zn, H_2O)→ Cl–C_6H_4–CH(OH)–CH(Cl)–CH=CH_2

—(H^+, 97%)→ Cl–C_6H_4–CH=CH–CH=CH_2 **10**

—(OH^-, 95%)→ Cl–C_6H_4–环氧–CH=CH_2 **11** (20)

同样，羰基化合物与 3-碘-2-氯甲基丙烯反应后再用碱处理，可得到 2-甲烯基四氢呋喃衍生物 **12** [33,34] (式 21)。

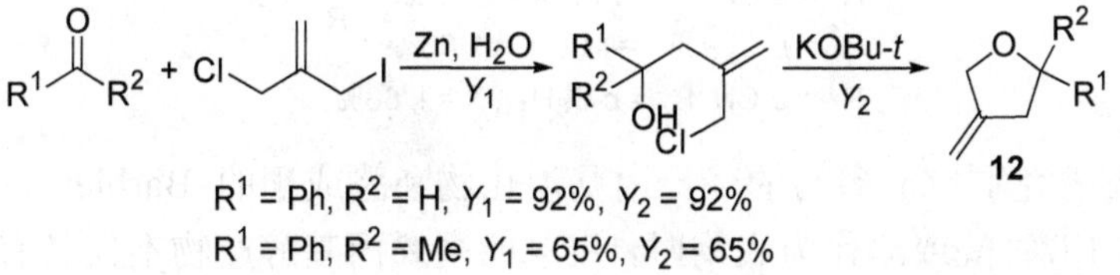

Zn, H_2O, Y_1; KOBu-*t*, Y_2 (21)

R^1 = Ph, R^2 = H, Y_1 = 92%, Y_2 = 92%

R^1 = Ph, R^2 = Me, Y_1 = 65%, Y_2 = 65%

Lee 等人发现：在酸存在的条件下，$Zn/AlCl_3$ 甚至可以参与氰基的烯丙基化，产率为 59%~85% [35] (式 22)。

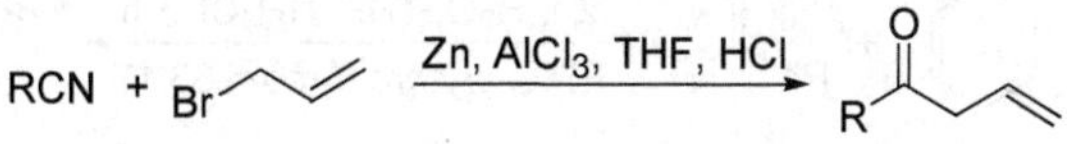

Zn, $AlCl_3$, THF, HCl (22)

锌还可以在纯水相中参与羰基化合物的炔丙基化，虽然产率不是很高 (< 80%)，但是它为以后此类反应的研究提供了重要的基础[36] (式 23)。

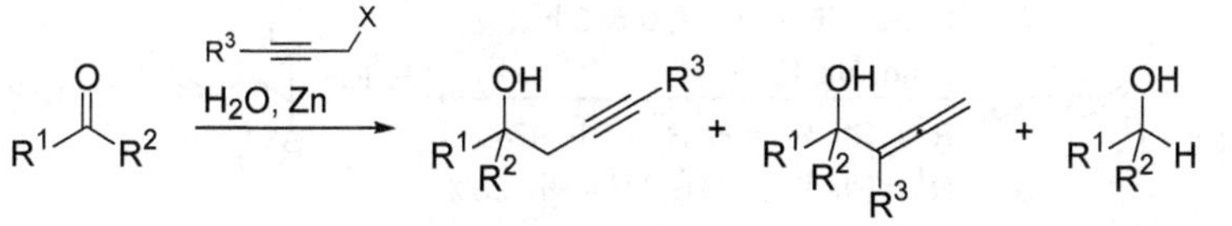

H_2O, Zn (23)

Uno 等人研究发现：在 THF/aq. NH_4Cl 溶液中，炔丙基溴和正丁醛与锌粉反应生成的产物具有很高的化学选择性[37] (式 24)。

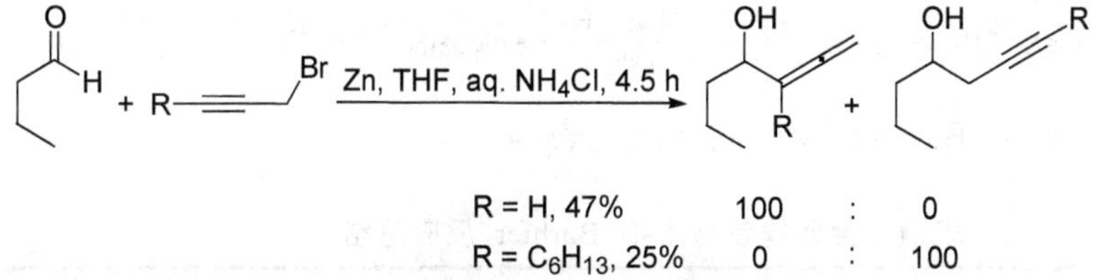

Zn, THF, aq. NH_4Cl, 4.5 h (24)

R = H, 47% 100 : 0

R = C_6H_{13}, 25% 0 : 100

Jiang 等人研究发现：锌粉在 THF 溶液中可以使氮杂环丁酮与炔丙基溴发生 Barbier 反应，生成的产物也具有很高的化学选择性[38] (式 25)。

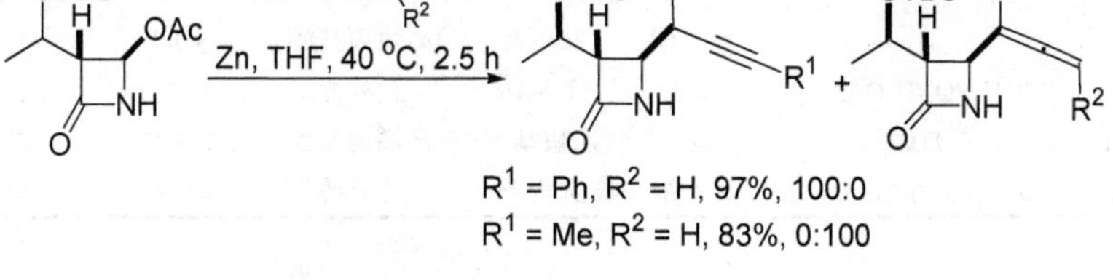

Zn, THF, 40 °C, 2.5 h (25)

R^1 = Ph, R^2 = H, 97%, 100:0

R^1 = Me, R^2 = H, 83%, 0:100

Li 等人使用三氯化铟作为催化剂，在 Zn/CuI 的参与下使羰基化合物和碘代烷在水相中发生 Barbier 反应，这是水相羰基化合物烷基化的首次报道 (产率约为 10%~85%)[15] (式 26)。

R^1-C₆H₄-CHO + R^2X $\xrightarrow{Zn,\ CuI,\ InCl,\ Na_2C_2O_4}$ R^1-C₆H₄-CH(OH)R^2 (26)

R^1 = *p*-CN, R^2 = *i*-Pr, X = I, 85%
R^1 = *p*-CF_3, R^2 = *i*-Pr, X = I, 83%
R^1 = *p*-CN, R^2 = *c*-C_6H_{11}, X = I, 83%

Gary 等人研究了 Zn 参与的环烯丙基溴化物和醛或酮的 Barbier 反应。如式 27 所示：用芳香醛或酮作为底物时，生成的高烯丙基醇产物不仅具有很好的产率 (66%~90%)，而且具有较好的非对映选择性[39]。

Br + PhCHO $\xrightarrow[87\%,\ erythro:threo\ =\ 83:17]{Zn,\ H_2O,\ THF,\ NH_4Cl,\ 3\ h}$ HO, Ph, H, H (27)

Zn 除了可以参与碳氧双键的 Barbier 反应外，还可以参与碳氮双键的 Barbier 反应，例如：亚胺的烯丙基化[25] (式 28) 和 α-氨基醛的烯丙基化等。

$R^1R^2C{=}NR^3$ + 烯丙基 Br $\longrightarrow$ R^3NH-C(R^1)(R^2)-CH₂CH=CH₂ (28)

1. Zn/THF, 0 °C~rt, 0.5~2 h
2. aq. $NaHCO_3$
R^1 = Ph, R^2 = H, R^3 = Ph, 97%
R^1 = Ph, R^2 = CH_3, R^3 = Bn, 98%

由于亚胺底物本身就难以合成，分步反应的意义不是很大，故研究重点是“一锅煮”的反应[40] (式 29)。

$$MeN{=}CH_2 + \text{CH}_2{=}\text{CHCH}_2\text{Br} \xrightarrow[78\%]{Sn,\ Al,\ Zn,\ H_3O^+} MeHN\text{CH}_2\text{CH}_2\text{CH}{=}\text{CH}_2 \quad (29)$$

金属锌参与水相 Barbier 反应的情况见表 4。

表 4　金属锌参与水相 Barbier 反应总结

序号	参与剂	反应条件	底物 1	底物 2	产物	产率/%	时间/h
1	Zn	EtOH, BuOH, reflux	醛、酮	卤丙烯	高烯丙基醇	< 71	0.2~1
2	Zn	THF/NH_4Cl	醛、酮	卤丙烯	高烯丙基醇	86~100	0.5
3	Zn	NH_4Cl/H_2O，silica	醛、酮	溴丙烯	高烯丙基醇	70~98	1
4	Zn/$AlCl_3$	THF/HCl	腈	溴丙烯	酮	52~78	5 min
5	Zn	H_2O	醛、酮	炔丙烯	高炔丙基醇	< 80	1
6	Zn	KH_2PO_4/H_2O/[Ag]	醛	苄基卤	芳香醇	9~75	1
7	Zn/CuCl	DMF	醛	乙炔基溴	高烯丙基醇	70~95	2
8	Zn/CuI/InCl	0.07 mol/L $Na_2C_2O_4$	芳香醛	异丙碘	芳香醇	14~85	36

3.3 铟参与的 Barbier 反应

铟是一种比较特殊的金属，相对于元素周期表中它周围的元素，它的第一电离电位 (5.79 eV) 是最低的，甚至和碱金属相当 (钠为 5.12 eV)。因此，它在金属元素当中具有最强的向有机物传递电子的能力。另一方面，相对于其它活泼金属，它在沸水和空气中又有较好的稳定性[41]。1991 年，Li 等人最先报道了铟参与的合成唾液酸的 Barbier 反应[42]。

与锌和锡相比，铟作为 Barbier 反应的试剂不需要一些附加条件，例如：加热、酸催化和超声波等。即便是底物上带有酸基，铟还是可以很平稳地参与它们的水相 Barbier 反应。铟试剂参与的 Barbier 反应可以避免 Wurtz 型副产物的发生，反应中的酯基、羟基等不需要保护。如式 30 所示：在水中或 THF-水体系中，2-溴甲基-丙烯酸 (酯) 与羰基化合物在铟参与下，室温下即可发生烯丙基化反应生成 α-甲烯基-γ-丁内酯。表 5 为不同取代基时的产率[43,44]。

In, H_2O, THF, rt; HCl, R=H (30)

表 5 α-甲烯基-γ-丁内酯产率表

R^1	R^2	R	产率/%
H	H	H	40
$CH_3CH=CH_2$	H	H	77
i-Pr	H	H	69
t-Bu	H	H	78
Ph	H	H	75
Ph_2CH	H	H	91
-$(CH_2)_5$-	—	H	78
Ph	H	Et	96
$HOCH_2C(Me)_2$	H	Et	85

铟可以高效地参与 1,2-二酮和烯丙基化合物反应来制备 α-羰基醇，其中 1,2-二酮和烯丙基溴摩尔比约为 1:1.5[45] (式 31)。

In, NaI, DMF, rt, 4 min (31)

这类反应一般通过 γ-加成 (类似双键重排过程) 得到 γ-加成产物。后来 Li 等人发现：用 2-卤甲基-3-卤丙烯和羰基化合物在铟的参与下发生 α-加成反应得到了较高产率的二醇[46] (式 32)。溴化物的活性比氯的高，如果用 1,3-二溴丙烯和羰基物在铟参与下进行水相反应，所得的主要产物是 1,1-双烯丙基化产物[47] (式 33)。

$$R^1COR^2 + XCH_2C(=CH_2)CH_2X \xrightarrow{In,\ H_2O,\ rt} R^1R^2C(OH)CH_2C(=CH_2)CH_2C(OH)R^1R^2 \quad (32)$$

$R^1 = Ph, R^2 = H, X = Cl, 18\%$
$R^1 = Ph, R^2 = H, X = Br, 75\%$
$R^1, R^2 = -(CH_2)_5-, X = Br, 19\%$

$$R^1COR^2 + BrCH_2CH{=}CHBr \xrightarrow{In,\ H_2O,\ rt} (R^1-C(OH)R^2)_2CHCH{=}CH_2 \quad (33)$$

$R^1 = Ph, R^2 = H, 54\%$
$R^1 = p\text{-}CNPh, R^2 = H, 62\%$

铟可参与 γ-羟基-γ-内酯在水中立体选择性地烯丙基化，这是合成西柏烷类 (Cembranoids) 化合物的重要中间体[48] (式 34)。

TBDPSO-(羟基内酯) + 烯丙基溴 $\xrightarrow[93\%,\ \beta:\alpha = 9.6:1]{In,\ HCl,\ THF}$ TBDPSO-(烯丙基内酯) (34)

在室温下，2-氯-3-溴丙烯在水、THF-水 (1:3)、或 1 mol/L HCl 溶液中发生铟参与的 Barbier 反应，可得到较高产率的烯丙基化产物。然后，将烯烃溴氧化反应后进行醇解得到 β-羟基酯[49] (式 35)。

4-氯苯甲醛 —(XCH_2CO_2Me, In, H_2O)✕→ 4-$ClC_6H_4CH(OH)CH_2CO_2Me$

4-氯苯甲醛 $\xrightarrow[82\%]{BrCH_2C(Cl){=}CH_2,\ In,\ H_2O}$ [4-$ClC_6H_4CH(OH)CH_2C(Cl){=}CH_2$] $\xrightarrow[99\%]{O_3,\ MeOH,\ Na_2SO_3}$ 4-$ClC_6H_4CH(OH)CH_2CO_2Me$ (35)

Reetz 等人在新制的烯丙基铟中加入 $(CH_3)COLi$ 或 $(CH_3)CCH_2OLi$，使之形成铟盐配合物后再与醛或酮进行反应。这种方式发生的反应不仅具有反应条件更为温和和反应时间短的优点，而且提高了反应的产率和立体选择性[50] (式 36)。

2-甲基环己酮 + 烯丙基溴 → 1-烯丙基-2-甲基环己醇 (两种立体异构体) (36)

无铟盐络合物: 89%, 83:17
铟盐络合物: 95%, 93:7

环状酸酐也可以发生烯丙基化反应，得到内酯类化合物，当卤代烃的位阻较小时得到偕位双取代的内酯 (式 37)，当卤代烃的位阻较大时得到单取代的内酯[51] (式 38)。

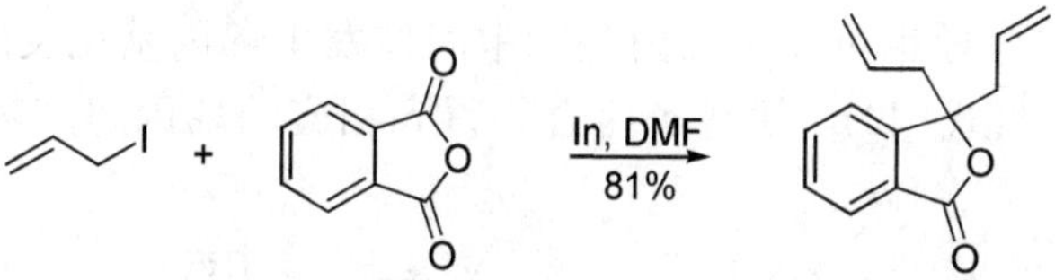

(37)

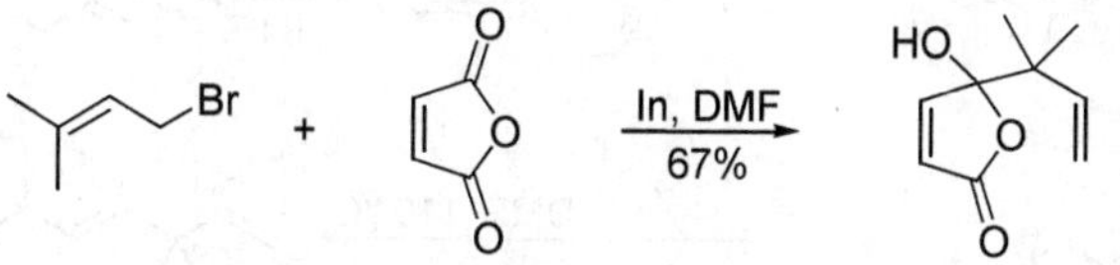

(38)

铟不但可以参与多种碳氧双键的 Barbier 反应，还可以参与碳氮双键的 Barbier 反应。Chan 等人研究了锌和铟参与的苯磺酰亚胺的水相烯丙基化反应，发现在有机相、混合相以及纯水相的条件下，反应都可以很平稳的进行[52] (式 39)。

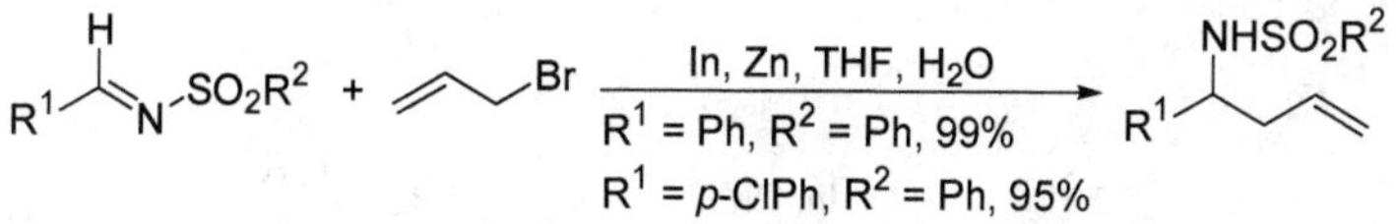

(39)

Yadav 等人发现酰氯与烯丙基作用得到高产率的 β,γ-不饱和醛 (酮) 类化合物[53] (式 40)。

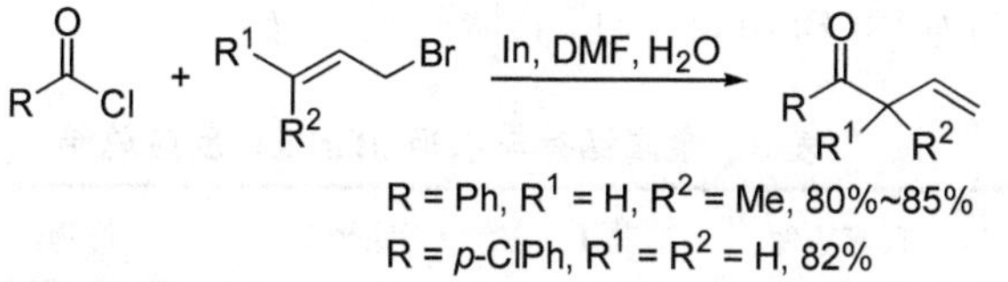

(40)

与金属铟相比，铟(III) 参与的反应效率明显降低，反应周期变长，副产物增多。Araki 等人发现，催化量的 $InCl_3$ 和铝、锌等金属一起使用，可以参与羰基化合物的烯丙基化反应[54]。后来，Loh 等人对 $Sn/InCl_3$ 参与的 Barbier 反应进行了研究，发现该反应具有很好的立体选择性 (*anti* >> *syn*)[55] (式 41)。

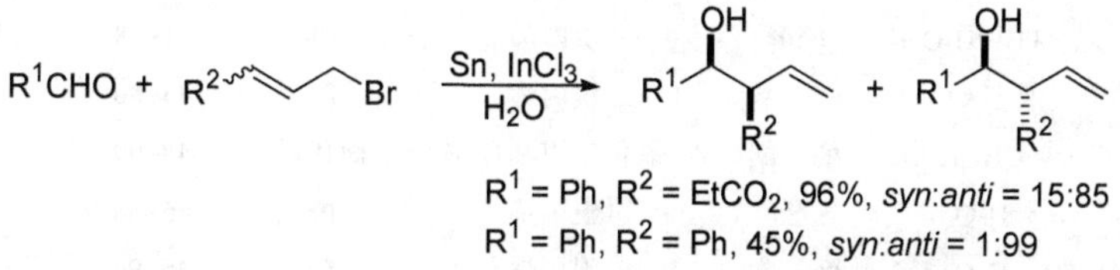

(41)

另外，醌的卤化物可以在活化的烯丙基铟作用下发生烯丙基化反应，而且具有其独特的优点。例如：反应时不需要对羰基进行保护以及不会发生醌的还原，这些性质在天然醌类化合物的合成中非常有用 (例如：维生素 K_{12} 的合成)[56] (式 42)。

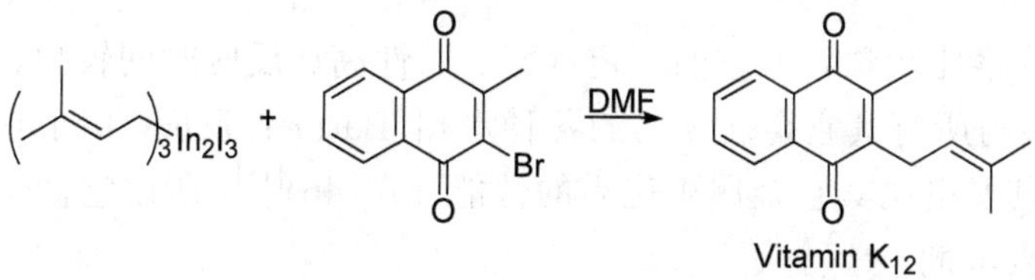

(42)

不同类型的炔烃也可以与烯丙基铟中间体发生烯丙基化反应，得到高产率的偕位加成产物[57] (式 43)。炔醇类化合物得到相应的烯丙醇产物[58] (式 44)。

$$(\text{CH}_2{=}\text{CHCH}_2)_3\text{In}_2\text{I}_3 + \text{PhC}{\equiv}\text{CH} \xrightarrow[94\%]{\text{THF}} \text{CH}_2{=}\text{CHCH}_2\text{C(Ph)}{=}\text{CH}_2 \quad (43)$$

$$(\text{Me}_2\text{C}{=}\text{CHCH}_2)_3\text{In}_2\text{Br}_3 + \text{HC}{\equiv}\text{CC(CH}_3)_2\text{OH} \xrightarrow{\text{DMF, 110 °C}} \text{CH}_2{=}\text{CHC(CH}_3)_2\text{CH}{=}\text{CHC(CH}_3)_2\text{OH} \quad (44)$$

双炔或炔烯类化合物的烯丙基铟化合物在进行醛的加成反应时，同样发生 γ-位加成，得到高产率的相应的高烯丙醇[59] (式 45)。

$$\text{RCHO} + \text{R}^1\text{C}{\equiv}\text{C}-\text{C(R}^2){=}\text{CHCH}_2\text{Br} \xrightarrow[\substack{\text{R = Ph, R}^1\text{ = Ph, R}^2\text{ = H, 89\%} \\ \text{R = Ph, R}^1\text{ = H, R}^2\text{ = Me, 30\%}}]{\text{In, DMF}} \text{RCH(OH)C(R}^2)(\text{CH}{=}\text{CH}_2)\text{C}{\equiv}\text{CR}^1 \quad (45)$$

金属铟参与水相 Barbier 反应的情况见表 6。

表 6 金属铟参与水相 Barbier 反应总结

序号	参与剂	反应条件	底物 1	底物 2	产物	产率/%	时间/h
1	In	CH_2Cl_2	醛、酮	炔丙基卤代烃	醇	<99	24
2	In	H_2O	醛	羧基烯丙基	醇	25~96	5
3	In/NaI	DMF	邻二酮	溴丙烯	单醇	95~97	4~6 min
4	In	THF	缩醛	溴丙烯、炔	醇	20~97	4~48
5	In	H_2O	醛	1,4-二溴-2-丁炔	醇	53~68	6
6	In	THF/H_2O	缩醛	溴丙烯	醚	51~88	2.5~5
7	In	液态 CO_2	醛、酮	溴丙烯	醇	45~80	48
8	$In(OH)_3$	$CHCl_3$	醛、酮	氯化二甲基硅烷	卤代烃	48~99	0.3~24
9	$InCl_3$/Zn,Sn	H_2O	醛	溴丙烯	醇	55~88	—
10	$InCl_3$/Sn	H_2O	醛、酮	溴丙烯	醇	45~96	15~24
11	In	THF/H_2O	亚胺	溴丙烯	仲胺	5~99	24
12	In	DMF	吡啶	溴丙烯	叔胺	23~75	16
13	$InCl_3$/Al	THF	亚胺	溴丙烯	仲胺	25~95	10 min

虽然铟的价格比较贵，但它的稳定性好、活性高、反应时间较短、而且毒性极低，几乎能参与所有其它金属参与的各种水相 Barbier 反应。由于它在碳水化合物的合成中表现出比其它金属更优秀的性能 (式 46)[18]，所以它被认为是最好的 Barbier 反应试剂。

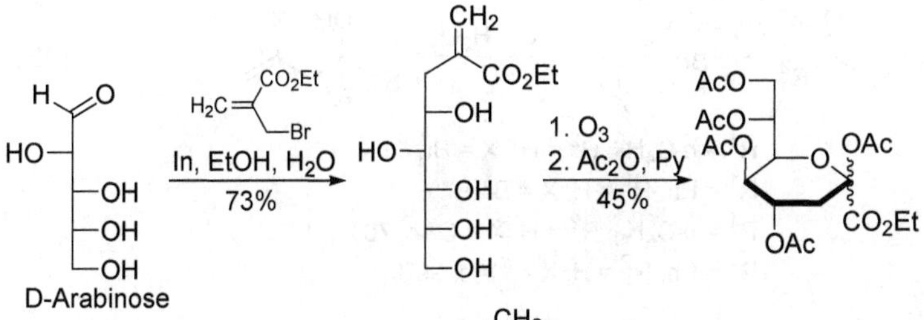

(46a)

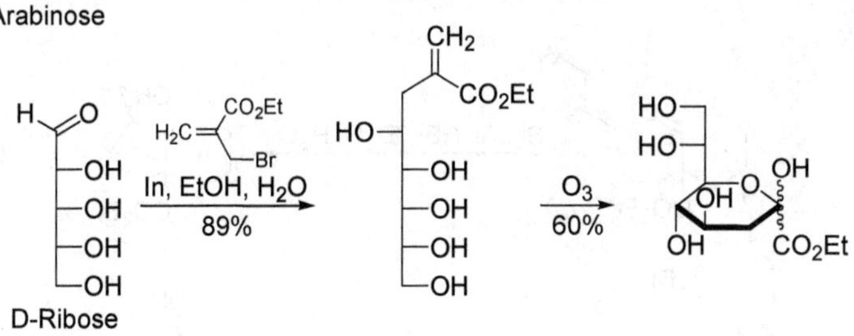

(46b)

3.4 锡参与的 Barbier 反应

锡是除铟之外被研究最多的 Barbier 反应试剂，各种价态的锡 (0, II, IV) 都可以参加反应，其中用得较多的是金属锡和三丁基锡化合物。Wang 等人发现采用纳米锡或者锡与相转移催化剂时，在纯水相中也可以得到很高的产率[60,61]。在所报道的金属锡参与的 Barbier 反应中，反应底物主要是溴丙烯，氯丙烯一般给出很低的产率或者不发生反应。

Nokami 等人于 1983 年率先报道了锡参与的水相 Barbier 反应。将羰基化合物直接与烯丙基溴、金属锡和催化量的氢溴酸和铝粉在 1:1 的乙醚-水体系中进行反应，产物的产率在 50%~76% 之间 (式 47)[62]。

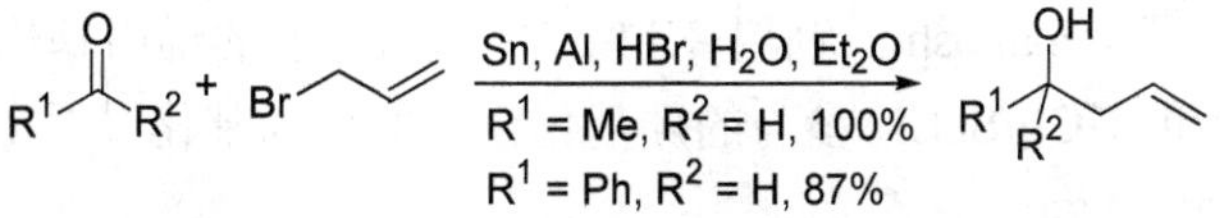

(47)

当使用乙醇-水-乙酸体系代替乙醚-水体系时，可用价廉的烯丙基氯代替烯丙基溴进行锡-铝参与的 Barbier 反应。Wu 等人发现升高温度时，甚至不需要金属铝的存在[63,64]。在超声波条件下，也不需要使用铝粉和氢溴酸。当溶剂为 THF-饱和 NH_4Cl 溶液时可大大提高反应产率，并表现出良好的立体和区域选择性。当底物同时有酮和醛基团存在时，反应高选择性地发生在醛羰基上[10]。

2-位取代的烯丙基溴，在锡参与下可与羰基底物进行烯丙基化反应，底物上的氰基或酯基均不受影响，产率在 70%~99% 之间[65] (式 48)。

在锡粉、金属铝以及催化量的氢溴酸的存在下，酮可以在醚-水体系中发生分子内的 Barbier 反应。生成五员或者六员环的分子内加成产物[66] (式 49)。类似地，醛也可以发生分子内烯丙基化反应[67] (式 50)。

Sn, H_2O (48)

$R^1 = n\text{-}C_4H_9$, $R^2 = H$, X = Br, 81%
$R^1 = Ph$, $R^2 = H$, X = Br, 97%
$R^1 = n\text{-}C_4H_9$, $R^2 = H$, X = OAc, 70%
$R^1 = Ph$, $R^2 = H$, X = OAc, 99%

Sn, Al, HBr, Et_2O, H_2O (49)

Sn, $HgCl_2$, THF, H_2O, rt, 16 h; 91% (50)

锡(II) 盐也是很好的 Barbier 试剂，但必须在其它金属或金属盐存在的条件下才能进行 Barbier 反应。1992 年，Masuyama 等人发现：Pd/$SnCl_2$ 或 $PdCl_2L_2$/$SnCl_2$ 可以参与混合溶剂中丙烯醇和羰基的反应，并具有较好的立体选择性[68] (式 51)。

$PdCl_2(PhCN)_2$, $SnCl_2$, DMF or DMI; 80%, *syn*:*anti* = 24:76 (51)

许多研究小组对 $SnCl_2$ 参与的 Barbier 反应进行了研究。Kundu 等人发现了 $CuCl_2$/$SnCl_2$ 试剂[69]，Samoshin 利用 KI/$SnCl_2$ 参与二酮的烯丙基化[70]，Guo 等人发现了 Cu/$SnCl_2$ 和 $TiCl_3$/$SnCl_2$ 参与的羰基化合物的烯丙基化[71~73] (式 52)。

MCl_n, $SnCl_2$, H_2O, rt, 3 h; MCl_n = $CuCl_2$, 96%; $TiCl_3$, 96%; $PdCl_2$, 99% (52)

如表 7 所示：除了 $SnCl_2$ 外，Sn 的其它二价盐 (例如：$SnBr_2$、SnO、SnI_2) 也可以参与 Barbier 反应。

锡(IV) 主要是通过烯丙基锡有机物的形式来参与反应，常用的是四烯丙基锡和三丁基烯丙基锡。在盐酸和四氢呋喃的混合溶液中，四烯丙基锡对于醛基具有非常好的化学选择性 (式 53)。如果加入 $Cu(OTf)_2$，则可以使四丁基锡能够与酮较好地发生反应[74,75] (式 54)。三氟乙酸钪可促进四烯丙基锡与醛在胶束体系中的烯丙基化反应，产率在 72%~99% 之间[76,77] (式 55)。

表 7 金属锡盐参与水相 Barbier 反应总结

序号	参与剂	反应条件	底物 1	底物 2	产物	产率/%	时间/h
1	$PdCl_2(PhCN)_2/SnCl_2$	DMF/DMI	醛	丙烯醇	高烯丙基醇	8~89	15~216
2	$CuCl_2/SnCl_2$	CH_2Cl_2/H_2O	醛	溴丙烯	高烯丙基醇	33~88	14
3	$KI/SnCl_2$	H_2O	二酮	溴丙烯	二醇	66~85	0.5
4	$Cu/SnCl_2$	H_2O	醛、酮	卤丙烯	高烯丙基醇	80~100	3~16
5	$TiCl_3/SnCl_2$	H_2O	醛	卤丙烯	高烯丙基醇	80~100	16~24
6	β-SnO/cat.	CH_2Cl_2/H_2O	醛	溴丙烯	高烯丙基醇	15~96	10
7	$SnBr_2$	DMI	醛	溴丙烯	高烯丙基醇	22~88	24~130
8	SnI_2/NaI	CH_2Cl_2/H_2O	醛	溴丙烯	高烯丙基醇	37~80	>20
9	SnX_2/PTC	H_2O/DMI	醛	溴丙炔	高炔丙基醇	25~91	8~70

$$Sn(CH_2CH=CH_2)_4 + RCHO \xrightarrow{\text{HCl, THF}} RCH(OH)CH_2CH=CH_2 \quad (53)$$

R = Ph, 94%; R = n-C_7H_{15}, 98%

$$Sn(CH_2CH=CH_2)_4 + R^1COR^2 \xrightarrow{\text{Cu(OTf)}_2\text{, DCM}} R^1R^2C(OH)CH_2CH=CH_2 \quad (54)$$

R^1 = Ph, R^2 = Et, 84%
R^1 = p-Br-C_6H_4, R^2 = Me, 98%

$$Sn(CH_2CH=CH_2)_4 + RCHO \xrightarrow{\text{Sc(OTf)}_3\text{, H}_2\text{O, rt}} RCH(OH)CH_2CH=CH_2 \quad (55)$$

三丁基烯丙基锡作为烯丙基化反应的原料，得到了广泛研究，而且大部分集中在反应立体选择性的研究。Keck 等人发现：三丁基烯丙基锡在一些手性催化剂的作用下与醛反应，可以得到高度立体选择性的醇 (77%~96% ee)[78]。Yanagisawa 等人用 BINAP·Ag (I) 作为反应催化剂也取得了很好的结果 (88%~ 97% ee)[79]。

除了手性催化剂外，普通的催化剂对三丁基烯丙基锡和羰基化合物的加成反应也有较好的催化活性，例如：$SnCl_2$、CAN、$TiCl_4$、$Yb(OTf)_3$ 和 $La(OTf)_3$ 等。有关锡(IV) 盐参与的 Barbier 反应的例子不多见，Masuyama 发现 $SnCl_4$/TBAI 在二氯甲烷中是比较好的 Barbier 反应试剂[80] (式 56)。

$$CH_2=C(R^1)CH_2X + R^2CHO \xrightarrow{\text{SnCl}_4\text{, TBAI, DCM}} CH_2=C(R^1)CH_2CH(OH)R^2 \quad (56)$$

R^1 = H, X = OMs, R^2 = $MeO_2CC_6H_4$, 88%
R^1 = H, X = Cl, R^2 = Ph, 72%

有机锡化合物和金属锡参与水相 Barbier 反应的情况分别见表 8 和表 9。

表 8 有机锡化合物参与水相 Barbier 反应总结

序号	参与剂	反应条件	底物 1	底物 2	产物	产率/%	时间/h
1	—	HCl/THF	醛	四烯丙基锡	高烯丙基醇	80~99	1
2	$Cu(OTf)_2$	DCM	酮	四烯丙基锡	高烯丙基醇	70~98	10~12
3	手性参与剂	DCM	醛	三丁基烯丙基锡	高烯丙基醇	42~98	1
4	BINAP·Ag(I)	THF/H_2O	醛	三丁基烯丙基锡	高烯丙基醇	47~94	4
5	$SnCl_2$	MeCN	醛	三丁基烯丙基锡	高烯丙基醇	85~100	0.5~7
6	$TiCl_4$	DCM	酮	三丁基烯丙基锡	高烯丙基醇	55~80	6
7	CAN	MeCN	醛	三丁基烯丙基锡	高烯丙基醇	87~95	0.2~0.6
8	$Yb(OTf)_3/PhCOOH$	MeCN	醛	三丁基烯丙基锡	高烯丙基醇	77~96	0.3~1.5
9	$La(OTf)_3/PhCOOH$	MeCN	醛	三丁基烯丙基锡	高烯丙基醇	62~96	1~4
10	Selectfluor™	MeCN	醛/亚胺	三丁基烯丙基锡	高烯丙基醇胺	46~93	1~3
11	$TBAI/SnCl_4$	DCM	醛	溴丙烯	高烯丙基醇	8~76	24~48

表 9 金属锡参与水相 Barbier 反应总结

序号	参与剂	反应条件	底物 1	底物 2	产物	产率/%	时间/h
1	Sn/HBr	H_2O	醛、酮	溴丙烯	高烯丙基醇	50~80	2~12
2	Sn/Al	H_2O,40~60℃	醛、酮	溴丙烯	高烯丙基醇	86~92	6
3	Sn	超声/THF/H_2O	醛、酮	溴丙烯	高烯丙基醇	55~100	0.5
4	Nano-Sn	H_2O	醛、酮	溴丙烯	高烯丙基醇	75~100	1~8
5	Sn/PTC	H_2O	醛、酮	溴丙烯	高烯丙基醇	70~100	1~16

总之，锡作为 Barbier 试剂已经得到了深入的研究。金属锡的活泼性比锌差，所以单质锡用于 Barbier 反应需要很多附加条件。但是，大多数反应操作起来还是很方便的，引起的副反应也较少。其金属盐的各种价态都具有一定的毒性，但是在一些助催化剂存在的条件下也表现出了优异的活性，引起的副反应比金属的少，立体选择性好，有很好的应用前景。

3.5 钐参与的 Barbier 反应

钐主要以金属钐和二碘化钐两种形态参与 Barbier 反应，而且都是在有机溶剂中进行的。能发生反应的卤代烃也分为两种：碘代烷和烯丙基卤代烃。

Basu 等人系统地研究了钐参与的 Barbier 反应。在四氢呋喃中，溴丙烯、苄溴以及碘代烷等都可以发生 Barbier 反应，所得的产率依次为：溴丙烯 (70%~90%) > 苄溴 (50%~60%) > 碘代烷 (30%~40%)[81] (式 57)。

$$R^1C(O)R^2 + CH_2{=}CHCH_2Br \xrightarrow{Sm,\ THF} CH_2{=}CHCH_2C(R^1)(R^2)OH \quad (57)$$

R^1 = Ph, R^2 = Me, 80%

R^1 = o-BrC_6H_4, R^2 = Me, 70%

SmI_2 主要偏重于参与分子内的 Barbier 反应，一般需要其它的辅助参与试剂。如式 58 所示：SmI_2 可以参与制备 3-羟基四氢呋喃或 3-羟基-3-甲基环氧己烷[82]。

SmI_2, THF, –78 °C, 6 h
n = 1, R = H, 54%
n = 1, R = Me, 65%
n = 2, R = H, 47%
(58)

Kunisima 等人发现：SmI_2 可以直接参与羰基的炔丙基化反应[83] (式 59)。

C_8H_{17}—≡—I (A) + BuCOBu (B) —SmI_2→ C_8H_{17}—≡—C(OH)(Bu)—Bu (59)

方法	溶剂	A/B/SmI_2	产率
SBR	PhH	1:1.5:4	78%
SGR	PhH	1:1.5:4	70%
SBR	THF	1:1.5:10	84%
SGR	THF	1:1.5:2.5	61%

SBR: Samarium Barbier Reaction
SGR: Samarium Grignard Reaction

Huang 等人发现：手性硫化物在 SmI_2 参与下能够直接与羰基发生 Barbier 反应 (式 60)，该方法可以用于手性脯氨酸和吡咯醇的不对称合成[84]。

SmI_2, THF, rt, 10 min
R^1 = Me, R^2 = Me, 81%
R^1 = n-Pr, R^2 = H, 92%
(60)

钐及其化合物还可以参与亚胺的 Barbier 反应，反应产率一般都比较高。该反应可以分为三种情况[85~87]：(1) 钐参与的普通碘代烷和亚胺在有机溶剂中的 Barbier 反应 (式 61)；(2) 有机相中烯丙基钐化合物和肟的反应 (式 62)；(3) 水相中，金属钐参与溴丙烯和硝酮（nitrone）类化合物的 Barbier 反应 (式 63)。

Sm, I_2, THF, rt (61)

R	产率		
R = CH(i-Pr)CH$_2$OMe	85%	96 : 4	
R = CH(Et)CH$_2$OMe	73%	7 : 93	

R-CH=N-OH + 烯丙基-SmBr —THF, rt→ R-NH-CH(CH$_2$CH=CH$_2$)$_2$ (62)
R = Ph, 91%
R = p-F-C_6H_4, 93%

Sm, TBAB, DMF, H_2O
R^1 = Ph, R^2 = Ph, 85%
R^1 = p-Cl-C_6H_4, R^2 = Ph, 80%
(63)

总之，金属钐和二碘化钐在 Barbier 反应具有稳定性好、活性强和可以参与有机相碘代烷的亲核加成等优点。但是，它们在水相中的反应报道不多，而且价格也比其它金属贵。

3.6 铋参与的 Barbier 反应

铋作为 Barbier 反应试剂的研究工作主要是 Wada 等完成的。他们发现：在 Barbier 反应中，铋的反应活性比铟和锌等金属弱。金属铋和铋盐都可以很好地应用于 Barbier 反应中，大部分反应是在四氢呋喃和水的混合相中进行。例如：在铝粉和氢溴酸的参与下，苯丙醛与烯丙基溴在 THF-水中发生 Barbier 反应，得到 90% 的产物 (式 64)[88,89]。若只用 THF 作溶剂，产率则大大下降。

$$\text{PhCH}_2\text{CH}_2\text{CHO} + \text{BrCH}_2\text{CH=CH}_2 \xrightarrow[90\%]{\text{Bi, Al, HBr, THF, H}_2\text{O}} \text{PhCH}_2\text{CH}_2\text{CH(OH)CH}_2\text{CH=CH}_2 \quad (64)$$

能够和 $BiCl_3$ 一起使用参与催化水相 Barbier 反应的金属有：锌、铁、铝、镁等，它们的反应性能比较相似。Zn/$BiCl_3$ 作为反应试剂，还可以采用“一锅煮”的方法直接使用烯丙基醇为原料进行 Barbier 反应[90] (式 65)。

$$\text{CH}_3\text{CH}_2\text{CH}_2\text{CH=CHCH}_2\text{OH} \xrightarrow[\text{71\% for 3 steps}]{\text{1. PBr}_3\text{, hexane; 2. BiCl}_3\text{, Zn, THF; 3. PhC}_2\text{H}_4\text{CHO}} \text{CH}_2\text{=CHCH(}n\text{-Pr)CH(OH)CH}_2\text{CH}_2\text{Ph} \quad (65)$$

金属铋参与水相 Barbier 反应的情况如表 10 所示。

表 10 金属铋参与水相 Barbier 反应总结

序号	参与剂	反应条件	底物 1	底物 2	产物	产率 /%	时间 /h
1	Bi	DMF	醛	溴、碘丙烯	醇	53~98	12
2	Mg/$BiCl_3$	THF/H_2O	醛	溴丙烯	醇	73~90	18
3	Zn/$BiCl_3$	THF	醛	溴丙烯	醇	56~99	2
4	Fe/$BiCl_3$	THF	醛	溴丙烯	醇	68~98	4.5
5	Al/$BiCl_3$	THF/H_2O	醛	溴丙烯	醇	49~80	10~20
6	$BiCl_3$	THF/H_2O	醛	格氏试剂	醇	76~93	12
7	Zn/$BiCl_3$	THF	醛	烯丙基醇, PBr_3	醇	71	0.5

总之，铋参与的 Barbier 反应大部分都是在混合溶剂中进行的。与锌、铟和锡相比，铋不会还原硝基，因此可以参与硝基醛酮的 Barbier 反应。

3.7 硅参与的 Barbier 反应

硅一般以烯丙基硅的形态参与 Barbier 反应，其活泼性要比烯丙基溴好得多，但不能在水相中稳定存在。所以，烯丙基硅化合物参与的 Barbier 反应都是在有机溶剂中进行的。如式 66 所示：这类反应产率一般都很高，用三氯烯丙基硅时甚至不需要任何其它催化剂。

$$R^1C(O)R^2 + R^3Si\text{-allyl} \xrightarrow{\text{Cat., organic solvents}} R^1R^2C(OH)\text{-allyl} \quad (66)$$

Kobayashi 等人发现：在 CdF_2 催化剂的存在下，三甲氧基烯丙基硅可以代替活泼的有机硅化合物在水相中发生 Barbier 反应，而且给出很好的产率[77] (式 67)。

$$O_2N\text{-}C_6H_4\text{-}CHO + (MeO)_3Si\text{-allyl} \xrightarrow[\text{99\%}]{CdF_2\text{-L, } H_2O \text{; THF, 30 }^\circ C\text{, 9 h}} O_2N\text{-}C_6H_4\text{-}CH(OH)\text{-allyl} \quad (67)$$

L = 2,2':6',2''-三联吡啶（terpyridine）

Wieland 等人利用 $Bi(OTf)_3$ 催化烯丙基硅试剂和缩醛的反应，在较短的时间内得到了醚，产率为 82%~96% [91] (式 68)。Yadav 等人使用 $InCl_3$ 催化该反应 ($R^1 = Ac$)，但需要较长的反应时间[92]。

$$RCH(OR^1)_2 + \text{allyl-}SiMe_3 \xrightarrow{Bi(OTf)_3\cdot xH_2O \text{ or } InCl_3\text{, } CH_2Cl_2\text{, rt}} RCH(OR^1)\text{-allyl} \quad (68)$$

$R = Ph$, $R^1 = Me$, 84%
$R = p\text{-}ClC_6H_4$, $R^1 = Me$, 96%

Baba 等人发现：在 $HSiMe_2Cl$ 存在下，有机硅化合物可以与羰基化合物直接发生脱氧烷基化反应。但该反应必须使用 $InCl_3$ 作为催化剂，若使用 $ZnCl_2$、$CuCl_2$ 等其它催化剂则得不到反应产物[93] (式 69)。

$$ArC(O)R + HSiMe_2Cl + \text{allyl-}SiMe_3 \xrightarrow{InCl_3\text{, } CH_2Cl_2} ArCH(R)\text{-allyl} \quad (69)$$

Ar = Ph, R = Me, 86%
Ar = Ph, R = Ph, 99%

金属硅参与水相 Barbier 反应的情况见表 11。

表 11　金属硅参与水相 Barbier 反应总结

序号	参与剂	反应条件	底物 1	底物 2	产物	产率/%	时间/h
1	$FeCl_3$	$MeNO_2$，$-20\ ^\circ C$	醛	烯丙基硅	醇	70~99	0.5
2	AgOAc	PhMe	醛、酮	烯丙基硅	醇	0~85	15
3	CdF_2	H_2O/THF	醛	醛、酮	醇	32~99	9
4	Farmamide	CH_2Cl_2，$-78\ ^\circ C$	醛	三氯烯丙基硅	醇	18~70	96
5	HMPA	CH_2Cl_2	醛	三氯烯丙基硅	醇	8~89	7
6	Ps-Farmamide	CH_2Cl_2	醛	三氯烯丙基硅	醇	66~95	9~40
7	$Bi(OTf)_3$	CH_2Cl_2	缩醛	烯丙基硅	醚	39~94	0.2~1
8	$InCl_3$	CH_2Cl_2	缩醛	烯丙基硅	醚	65~92	5~8
9	$InCl_3$	CH_2Cl_2, etc.	醛	烯丙基硅	烷烃	44~99	1~2

总之，烯丙基硅试剂很活泼，它们的反应很少可以在水中进行。但是，在有机相中，有机硅化合物是一种很好的烯丙基化试剂。这类试剂不仅反应活性很高，而且在不对称合成中有较多的应用。

3.8 镓参与的 Barbier 反应

金属镓作为 Barbier 反应试剂的活性并不是很好，文献中报道的也比较少。Wang 等人发现，温度对镓参与的水相 Barbier 的产率影响较大，如式 70 所示：该反应在常温下的产率约为 40%。如果在较高温度下反应，产物的产率可提高到约 80%[94]。

$$PhCHO + CH_2{=}CHCH_2Br \xrightarrow[76\%]{Ga,\ H_2O,\ 45\ ^\circ C,\ 6\ h} PhCH(OH)CH_2CH{=}CH_2 \qquad (70)$$

Takai 等人发现：金属镓在有机相中被铟活化后参与 Barbier 反应，可以得到较高的产率[95] (式 71)。

$$\text{cyclododecanone} + CH_2{=}CHCH_2Br \xrightarrow[95\%]{Ga/In,\ THF,\ 10\ ^\circ C,\ 5\ h} \text{1-allylcyclododecanol} \qquad (71)$$

总之，由于镓的价格贵、产率不高，而且烯丙基镓又不容易制备和反应必须在有机溶剂中进行等限制。因此，镓在 Barbier 反应中的应用意义不大。

3.9 锰参与的 Barbier 反应

1996 年，Takai 等人研究了用 $PdCl_2/Me_3SiCl$ 催化有机相锰参与的 Barbier 反应。他们发现：该反应具有时间短和产率高的优点[96] (式 72)。

$$R^1COR^2 + CH_2{=}CHCH_2Br \xrightarrow[\substack{R^1 = Ph,\ R^2 = H,\ 98\% \\ R^1,\ R^2 = -(CH_2)_{11}-,\ 99\%}]{Mn,\ PbCl_2,\ Me_3SiCl,\ THF,\ 25\ ^\circ C} R^1R^2C(OH)CH_2CH{=}CH_2 \qquad (72)$$

1997 年，Li 等人研究了 Cu/Mn 参与的水相 Barbier 反应，该反应对芳香醛基具有很好的化学选择性[97,98] (式 73)。

$$RCHO + CH_2{=}CHCH_2Cl \xrightarrow[\substack{R = Ph,\ 83\% \\ R = C_6H_{13},\ 0}]{Mn,\ Cu,\ H_2O} RCH(OH)CH_2CH{=}CH_2 \qquad (73)$$

2001 年，Bandini 等人发现使用手性 Cr(Salen)/Me_3SiCl 可以很好的催化锰参与的 Barbier 反应。如式 74 所示：当反应在乙腈中进行时，可以获得较高的对映体选择性产物[99]。

$$\text{cyclohexyl-CHO} + \text{CH}_2\text{=CHCH}_2\text{Br} \xrightarrow[\text{89\% ee}]{\text{1. [Cr(Salen)], Me}_3\text{SiCl, Mn, CH}_3\text{CN; 2. H}^+} \text{cyclohexyl-CH(OH)CH}_2\text{CH=CH}_2 \quad (74)$$

总之，虽然锰的价格比较贵，但它介导的水相 Barbier 反应具有较高的产率和化学选择性。

3.10 锑金属参与的 Barbier 反应

锑一般情况下活性不高，只能催化醛的烯丙基化反应。未活化的金属锑几乎不能参与水相 Barbier 反应，所以研究重点在于金属锑的活化。目前主要有三种活化方法[100~102] (式 75)：(1) 用 Fe、Al 等金属来活化金属锑；(2) 用 $NaBH_4$ 和 $SbCl_3$ 制得的活性锑可以较好地参与混合溶剂中醛的烯丙基化反应；(3) 简单地加入氟盐，可以大大促进锑参与的 Barbier 反应。

$$\text{RCHO} + \text{CH}_2\text{=CHCH}_2\text{Br} \xrightarrow[\text{R = Ph, 100\%; R = }n\text{-C}_6\text{H}_{13}\text{, 92\%}]{\text{Sb, KF, H}_2\text{O}} \text{RCH(OH)CH}_2\text{CH=CH}_2 \quad (75)$$

金属锑参与水相 Barbier 反应的情况见表 12。

表 12 金属锑参与水相 Barbier 反应总结

序号	参与剂	反应条件	底物 1	底物 2	产物	产率 /%	时间 /h
1	Fe, Al/$SbCl_3$	DMF/H_2O	醛	溴丙烯	醇	50~98	10~24
2	$NaBH_4$/$SbCl_3$	DMF/H_2O	醛	溴丙烯	醇	49~98	24
3	Sb/KF	H_2O	醛	溴丙烯	醇	87~100	16

3.11 其它金属参与的 Barbier 反应

除了前面的几种金属外，其它金属 (例如：锗、汞、铅、铊、硼、铬等) 也可以参与 Barbier 反应。

Akiyama 等人研究了在钪化合物催化下，四烯丙基锗与醛在硝基甲烷-水中发生的 Barbier 反应，产率为 64%~96%。该类反应具有很好的化学选择性，但在无水条件下产物的产率显著下降[103,104] (表 13, 式 76)。

$$\text{RCHO} + (\text{CH}_2\text{=CHCH}_2)_4\text{Ge} \xrightarrow{\text{Sc(OTf)}_3\text{, CH}_3\text{NO}_2\text{ or H}_2\text{O}} \text{RCH(OH)CH}_2\text{CH=CH}_2 \quad (76)$$

表 13 四烯丙基锗与醛的反应产率

R	产率/%①
Ph	94 (64)
4-$NO_2C_6H_4$	99
4-ClC_6H_4	100
$PhCH_2CH_2$	92 (33)
n-$C_{11}H_{23}$	92 (45)
c-C_6H_{11}-	75
PhCO	87

① 括号内为在纯硝基甲烷中的反应产率。

二烯丙基汞和醛也可以在水中发生 Barbier 反应，但该反应的底物不仅合成困难，而且具有较大的毒性[105] (式 77)。

(allyl)$_2$Hg + RCHO —(H_2O, rt; R = Ph, 80%; R = n-C_6H_{13}, 99%)→ R-CH(OH)-CH$_2$CH=CH$_2$ (77)

在四氢呋喃和饱和氯化铵的混合溶液中，铅可以较好地参与芳香醛的烯丙基化反应，而对于其它羰基化合物，反应产率很低[106] (式 78)。

RCHO + Br-CH$_2$CH=CH$_2$ —(Pb, NH_4Cl, THF, H_2O, rt, 20 h; R = Ph, 99%; R = n-C_6H_{13}, 18%)→ Ph-CH(OH)-CH$_2$CH=CH$_2$ (78)

铑主要以配合物的形式参与 Barbier 反应，起催化剂的作用。Li 等人发现：在油浴高温加热下，配合物 $(COD)_2RhCl$ 可以催化水相中醛和三烷基苄基锡的苄基化反应。如果使用$(COD)_2RhBF_4$ [bis(1,4-cyclooctadiene)rhodium tetrafluoroborate] 配合物作为参与剂，苯基化试剂可以推广到多种卤化苯基金属化合物，产率可以达到 90% 以上[107,108] (式 79)。

2-环己烯酮 + $PhSnCl_3$ —($(COD)_2RhBF_4$, KOH, H_2O, 100 °C, 24 h; 92%)→ 3-苯基环己酮 (79)

金属铝和金属钴不能单独参与水相 Barbier 反应。Khan 等人发现：二氯化钴和金属铝合金则可以催化水相 Barbier 反应，产率相当可观 (70%~95%)[109] (式 80)。

R^1CH=CHCH$_2$Br + R^2CHO —($CoCl_2$-Al, THF, H_2O, rt; R^1 = H, R^2 = Ph, 95%; R^1 = Me, R^2 = Ph, 84%)→ R^2CH(OH)CH(R^1)CH=CH$_2$ (80)

有时，Barbier 反应也不一定需要金属的参加。Thadani 等人在 2002 年报道，有机硼化合物可以在混合溶剂中发生 Barbier 反应。如式 81 所示：该反应具有时间短、产率高和立体选择性高的优点，但同样也存在原料难以合成的缺点[110] (式 81)。

$$R^3CHO + R^2CH{=}C(R^1)CH_2BF_3^-K^+ \xrightarrow[94\%,\ dr \geq 98:2]{(n\text{-}Bu)_4NI,\ CH_2Cl_2,\ H_2O,\ rt,\ 15\ min} R^3CH(OH)C(R^1)(R^2)CH{=}CH_2 \quad (81)$$

$R^1 = Me, R^2 = H, R^3 = t\text{-}Bu$
$R^1 = H, R^2 = Me, R^3 = t\text{-}Bu$

使用活泼的金属 Li 试剂，普通卤代烃可以在有机相中与羰基化合物发生 Barbier 反应。由于目前水相中使用普通卤代烃的研究尚未成熟，因此该反应具有很好的应用价值[12,111]。

4 Barbier 反应的选择性

根据反应中使用的金属试剂不同，Barbier 反应的选择性表现出不同的化学选择性、区域选择性或立体选择性。

4.1 化学选择性

水相 Barbier 反应的化学选择性与金属试剂类型有关系，不同的金属在反应中表现的化学选择性不一样。一般而言，活泼性越高的金属参与的 Barbier 反应的化学选择性越差。

4.1.1 对羰基的选择性

在 Barbier 反应中，参加反应的羰基活性顺序一般总是醛大于酮、芳香羰基化合物大于脂肪羰基化合物。Luche 和 Yamamoto 等人发现，在锌和锡参与的 Barbier 反应中加入等当量的醛和酮，反应绝大部分生成了醛的烯丙基化产物，并且锡的选择性较好[10,74,79] (式 82)。而其它金属试剂 (例如：Sb、Bi、M/$SnCl_2$、MCl_x/$SnCl_2$ 等) 只能参与醛的烯丙基化，所以它们对醛的选择性比锌、锡、铟更好。

$$RCHO + R^1COCH_3 \xrightarrow[HCl,\ THF,\ 20\ ^\circ C,\ 1\ h]{(H_2C{=}CHCH_2)_4Sn} RCH(OH)CH_2CH{=}CH_2 + R^1C(OH)(CH_3)CH_2CH{=}CH_2 \quad (82)$$

$R = Ph, R^1 = Ph$, (> 99.98):(< 0.02)
$R = n\text{-}C_7H_{15}, R^1 = n\text{-}C_5H_{11}$, (> 99):(< 1)

Wang 等人实验发现：在三金属体系 Zn/$CdCl_2$/$InCl_3$ 介导的水相 Barbier 反

应中，苄氯只选择性地和醛发生反应[112] (式 83)。

$$R^1C(O)R^2 + PhCH_2Cl \xrightarrow{Zn,\ CdCl_2,\ InCl_3,\ H_2O} R^1R^2C(OH)CH_2Ph \quad (83)$$

R^1 = Ph, R^2 = H, 3 h, 92%
R^1 = 4-Cl-Ph, R^2 = H, 4 h, 93%
R^1 = Ph, R^2 = Me, 6 h, 0
R^1 = 4-Cl-Ph, R^2 = Me, 4 h, 0

不同类型的醛基在 Barbier 反应中也会表现一定的选择性。Li 等人发现：在 Mn/Cu 或 Mg/NH_4Cl 的存在下，烯丙基氯高度化学选择性地与芳香醛发生烯丙基化反应，而不会得到脂肪醛的烯丙基化产物[97,113] (式 84)。

$$RCHO + CH_2{=}CHCH_2Cl \xrightarrow{Mn,\ Cu,\ H_2O} RCH(OH)CH_2CH{=}CH_2 \quad (84)$$

R = Ph, 83%
R = n-C_6H_{13}, 0

4.1.2 对卤代烃的选择性

烯丙基化合物参与 Barbier 反应的反应活性顺序为：烯丙基金属有机化合物 > 烯丙基碘 > 烯丙基溴 > 烯丙基氯 > 丙烯醇。不是每一种金属试剂都能介导所有这些烯丙基化合物的 Barbier 反应。烯丙基金属有机化合物的活性最高，甚至在三氟乙酸中无需其它金属试剂就可发生反应。丙烯醇只有在钯和二氯化锡以及混合溶剂存在的条件下，才可用作 Barbier 反应的底物[68,114,115]。部分金属在水相 Barbier 反应中对烯丙基衍生物的化学选择性见表 14。

表 14 一些金属在水相 Barbier 反应中对烯丙基衍生物的化学选择性

参与剂	碘丙烯	溴丙烯	氯丙烯	丙烯醇
Mg	+	+	–	–
Zn	+	+	+	–
Sn	+	+	–	–
In	+	+	+	–
Pb	+	+	–	–
Sb	+	+	–	–
Bi-reagent	+	+	+	–
M or MCl_3/$SnCl_2$	+	+	+	–
Pd-reagent/$SnCl_2$	+	+	+	+

"+" 表示可以反应，"–" 表示不可以反应或者产率很低。

4.2 区域选择性

Barbier 反应的区域选择性，主要受到反应底物电子效应和立体效应的影响。反应的区域选择性可以用下面的通式表示，一般情况下反应在 γ-位上形成 C-C 键，得到的是重排的 γ-产物[116] (式 85)。

Metal, solvent
γ-adduct (major product) α-adduct (minor product) (85)

但是，反应的区域选择主要受到取代基 R^1 和 R^2 位阻大小的影响，而与取代基的多少无关。它们的位阻越大，生成未重排产物的比例就越高。例如：当取代基为叔丁基和三甲硅基时，反应得到的主产物是未重排的 α-产物 (式 86)，而小取代基则通常发生在 γ-位上[116] (式 87)。

In, H_2O, rt, 87% (86)

In, H_2O, rt, 88% (87)

Wang 等人对锡参与的 Barbier 反应的区域选择性进行了研究，发现烯丙基溴上取代基的种类决定了反应的区域选择性[22]。当取代基为酯类取代基 ($CO_2C_2H_5$) 时，产物以 γ-加成产物为主。当取代基为烷基或氢原子 (Me, H) 时，产物为 α- 和 γ-加成产物的混合物 (式 88)。

PhCHO + Br—CH₂CH=CH—R → Sn, H_2O, rt, 24 h; R = CO_2Et, 0:58; R = Me, 54:22; α-adduct + γ-adduct (88)

在 $NaBF_4$ 存在的条件下，锡和烯丙基溴形成锡的配合物可以选择性地生成 α-加成产物[22] (式 89)。

Sn, $NaBF_4$, H_2O, rt, 10 h; R = CO_2Et, 74%; R = Me, 73%; α-adduct (89)

卤代烃中的共轭双键和共轭双键上的官能团对反应的区域选择性没有影响。例如：*E*-肉桂基溴与异丁醛[116]的反应 (式 87) 和 4-溴-*E*-巴豆酸酯与苯甲醛的反应都得到 α-加成产物[22] (式 90)。

Sn, $NaBF_4$, H_2O, rt, 10 h (90)

Loh 等人对锌、铟、和锡参与的 Barbier 反应的区域选择性进行了研究，发现在 DMF、THF、乙醇和大量的水溶液中，只得到 γ-产物。而在少量的水存在下或在含有少量水的 CH_2Cl_2 溶液中，主要得到 α-产物[117] (式 91)。

MeCH=CH_2CH_2Br In, solvent, rt (91)

OH OH

γ-adduct α-adduct

THF (6 eq), 72 h, 65%, α:γ = 0:100
H_2O (12 eq), 72 h, 90%, α:γ = 0:100
H_2O (6 eq), 72 h, 87%, α:γ = 86:14
CH_2Cl_2 (6 eq) + H_2O (6 eq), 24 h, 68%, α:γ > 99:1

4.3 立体选择性

4.3.1 非对映异构选择性

一般而言，Barbier 反应可能产生 *anti*-产物和 *syn*-产物。Paquette 等人对这种非对映异构选择性进行了详细的研究，并将它们分为 Type A 和 Type B 两种情况[118] (式 92)。

Type A R(C=O)H + R^1CH=CHCH₂X or CH₂=CHCH(X)R^1 → R, R^1, OH + R, R^1, OH (92a)

Type B R*(C=O)H + CH₂=CHCH₂X → R*, OH + R*, OH (92b)

当发生 Type A 反应时，顺反烯烃发生反应的立体选择性是一样的。而立体选择性主要与取代基 R 的大小有关，R 的体积越大生成的 *anti*-产物越多。如式 93 所示：R 为空间位阻较大的异丙基时，*anti*-产物的比例 (96%) 大大超过 R 为正辛基时的比例 (69%)[119]。

R(C=O)H + Ph⁀⁀Br In, H_2O, rt, 4~8 h → R, OH, Ph + R, OH, Ph (93)

R = *n*-C_8H_{17}, *anti*:*syn* = 69:31
R = *i*-Propyl, *anti*:*syn* = 96:4

Chan 等人认为：反应的立体选择性主要与醛和烯丙卤上的取代基相关[116]。例如：肉桂基溴的 Barbier 反应的立体选择性由醛上的取代基 R 决定，R 体积越大，*anti*-产物越高 (式 94)。

RCHO + Br⁀⁀Ph In, H_2O, rt → R, Ph, OH + R, Ph, OH (94)

R = *n*-C_8H_{17}, 80%, *syn*:*anti* = 31:69
R = c-C_6H_{11}, 75%, *syn*:*anti* = 10:90

同样，苯甲醛的 Barbier 反应的立体选择性由烯丙基卤化物的取代基 R 决定，R 体积越大，*anti*-产物越高[116] (式 95)。

PhCHO + Br⌒R —(In, H_2O, rt)→ Ph–CH(OH)–CH(R)–CH=CH₂ + Ph–CH(OH)–CH(R)–CH=CH₂ (95)

R = Me, 92%, 50:50
R = Ph, 88%, 4:96

在 Type B 的反应中，决定反应非对映立体选择性的是羰基化合物上 α-位取代基的性质。在水相中，当 α-位取代基是强配位基团时 (例如：羟基)，反应以 *syn*-产物为主。而 α-位取代基是弱配位基团时 (例如：甲基)，则以 *anti*-产物为主。在有机溶剂中，即便 α-位取代基是弱配位基团，反应还是倾向于生成 *syn*-产物[120] (式 96)。

R–CH(X)–CHO —(H_2C=$CHCH_2X$, H_2O)→ R–CH(X)–CH(OH)–CH₂CH=CH₂ (*syn*) + R–CH(X)–CH(OH)–CH₂CH=CH₂ (*anti*) (96)

	syn	*anti*
X = strong α-chelating	major	minor
X = non- or weak α-chelating	minor	major

如式 97 所示：当 X 为 H 原子时，*anti*:*syn* = 8.5:1，产率为 77%；当 X 为 OH 时，*anti*:*syn* = 1:9.8，产率为 85%~90%[121,122]。

OH O, H —(H_2C=$CHCH_2Br$, In; H_2O, 25 °C, 2 h; 77%)→ OH OH + OH OH (97a)

syn:*anti* = 1:8.5

OH, H, O —(H_2C=$CHCH_2Br$, In; H_2O, 25 °C, 2 h; 85%~90%)→ OH, OH + OH, OH (97b)

syn:*anti* = 9.8:1

如式 98 所示，Waldmann 利用带有脯氨酸手性辅基的苯甲酰化合物发生 Barbier 反应，首先得到烯丙基化产物，一对非对映体之间的比例大概为(4~5):1。将它们分离后，再与甲基锂试剂反应，便可以得到光学纯的 α-羟基酮[123]。

Ph, O, O, N, CO_2Bn —(H_2C=$CHCH_2Br$; Zn, H_2O-THF (2:1); 97%)→ BnO_2C, OH, N, Ph, O + BnO_2C, OH, N, Ph, O (98)

—(CH_3Li, 56%)→ OH, Ph, CH_3, O

如式 99 所示：在生成 1,4-二羟基衍生物的 Barbier 反应中，主要生成 *syn*-产物；当取代基 R^2 为 TBS 时，*syn*-产物可达到 90% 以上；当 R^2 为 H 或甲基较小的基团时，*syn*-产物有所下降[124]。表 15 列出了底物中部分取代基在 H_2O 或者 H_2O-THF (1:1) 溶液中反应的立体选择性。

$$R^1CHO + R\text{-}CH(OR^2)\text{-}C(=CH_2)CH_2Br \xrightarrow[R_2 = H, CH_3, TBS]{In,\ 25\ ^\circ C,\ solvent} \text{1,4-}syn + \text{1,4-}anti \quad (99)$$

表 15 1,4-*syn* 与 1,4-*anti* 产物的比例

烯丙基溴		溶剂	*syn*:*anti* (括号内为产率)		
R	R^2		R^1= *c*-C_6H_{11}-	R^1= C_6H_5-	R^1= *i*-Pr-
CH_3-	TBS	H_2O	91:9 (54%)	89:11 (64%)	91:9 (25%)
		H_2O-THF(1:1)	91:9 (98%)	82:18 (82%)	95:5 (98%)
	H	H_2O	59:41 (53%)	54:46 (70%)	56:44 (70%)
		H_2O-THF(1:1)	56:44 (86%)	60:40 (73%)	60:40 (77%)
	CH_3	H_2O	—	59:41 (61%)	—
		H_2O-THF(1:1)	—	73:27 (96%)	—
i-Pr-	TBS	H_2O	99:1 (77%)	97:3 (76%)	99:1 (62%)
		H_2O-THF(1:1)	99:1 (91%)	97:3 (72%)	91:9 (75%)
	H	H_2O	48:52 (55%)	52:48 (33%)	50:50 (93%)
		H_2O-THF(1:1)	63:37 (63%)	61:39 (88%)	50:50 (82%)
C_6H_5-	TBS	H_2O	93:7 (84%)	87:13 (64%)	89:11 (26%)
		H_2O-THF(1:1)	87:13 (55%)	80:20 (59%)	96:4 (89%)
	H	H_2O	60:40 (79%)	61:39 (83%)	—
		H_2O-THF(1:1)	65:35 (26%)	68:32 (58%)	65:35 (56%)
	CH_3	H_2O	—	66:34 (72%)	65:35 (38%)
		H_2O-THF(1:1)	—	74:26 (72%)	—
c-C_6H_{11}-	TBS	H_2O	99:1 (50%)	99:1 (90%)	99:1 (74%)
		H_2O-THF(1:1)	88:12 (82%)	99:1 (81%)	99:1 (89%)
	H	H_2O	35:65 (80%)	50:50 (87%)	50:50 (69%)
		H_2O-THF(1:1)	42:58 (85%)	47:53 (91%)	45:55 (86%)
	CH_3	H_2O	—	69:31 (76%)	—
		H_2O-THF(1:1)	—	83:17 (92%)	—

但是，在生成 1,5-二羟基衍生物的 Barbier 反应中，当 R 为 TBS 时，产物以 *anti*-产物为主；当 R 为 H 时，产物则以 *syn*-产物为主；当 R 为 CH_3 时，生成的产物几乎没有立体选择性[125] (式 100，表 16)。

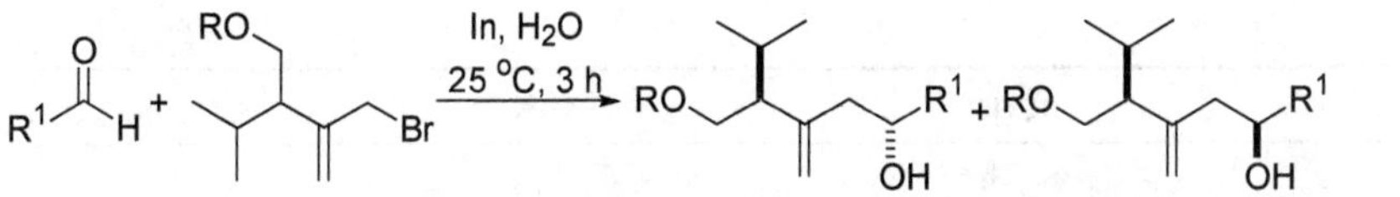

(100)

表 16 式 100 中 *syn*- 与 *anti*-产物的选择性比较

R	R^1	*anti/syn*	产率/%
TBS	*i*-Pr	76:24	72
	C_6H_5-	76:24	83
	c-C_6H_{11}-	75:25	71
H	*i*-Pr	11:89	95
	C_6H_5-	13:87	79
	c-C_6H_{11}-	14:86	91
CH_3	*i*-Pr	50:50	90
	C_6H_5-	42:58	60
	c-C_6H_{11}-	43:57	64

4.3.2 对映异构选择性

对 Barbier 反应对映异构选择性的研究相对比较少。1996 年，Yamamoto 等人使用 Ag(I) 和手性配体 BINAP 的复合物催化醛和烯丙基三叔丁基锡烷的反应，生成的仲醇产物的化学产率为 88%~97%，对映异构选择性高达 97% ee[79] (式 101，表 17)。

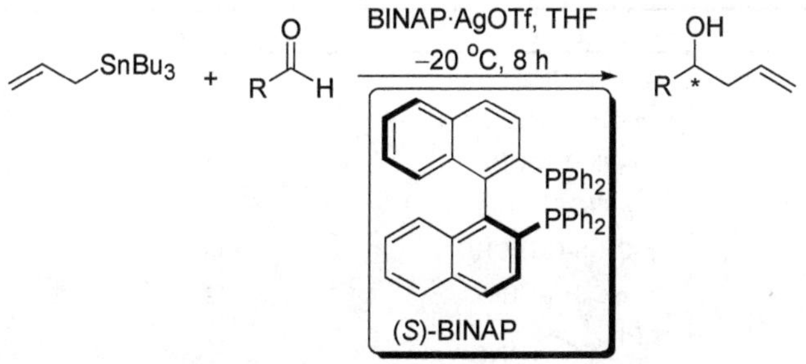

(101)

表 17 式 101 中不对称催化反应的化学产率和对映选择性

序号	RCHO	产率/%	ee (*S*) /%
1	PhCHO	88	96
2	(*E*)-PhCH=CHCHO	83	88
3	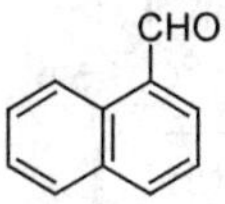 1-萘甲醛 (structure)	89	97
4	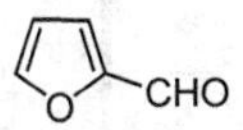 2-呋喃甲醛 (structure)	94	93
5	(*E*)-*n*-C_3H_7CH=CHCHO	72	93

续表

序号	RCHO	产率/%	ee (*S*) /%
6	Me CHO	85	97
7	MeO CHO	59	97
8	Br CHO	95	96

2001 年，Cozzi 等人利用手性催化剂 [Cr(Salen)] 诱导醛和烯丙基卤的不对称 Barbier 反应，得到高达 89% ee 的手性仲醇产物 (式 102，表 18)[99]。

1. [Cr(Salen)], Me_3SiCl, Mn, CH_3CN
2. H^+
R H + Br → OH R (102)
Salen = H H N N *t*-Bu OH HO Bu-*t* Bu-*t* *t*-Bu

表 18　式 102 中不对称催化反应的化学产率和对映选择性

序号	RCHO	产率/%	ee/%
1	PhCHO	67	84
2	*p*-CH_3-C_6H_4CHO	67	78
3	*p*-Ph-C_6H_4CHO	54	82
4	*p*-F-C_6H_4CHO	41	77
5	*p*-CH_3S-C_6H_4CHO	46	78
6	*c*-C_6H_{11}-CHO	42	89
7	Ph CHO	45	77

(1*S*,2*R*)-(+)-2-氨基-1,2-二苯基乙醇是不对称催化 Barbier 反应中对映异构选择性最好的手性配体[126]。如式 103 所示：在该配体的存在下，金属铟催化的醛和烯丙基溴的不对称 Barbier 反应可以得到高达 93% ee 的立体选择性 (表 19)。

$In^{(0)}$, Chiral auxiliary, **L**, Py
THF/*n*-hexane, –78 °C, 1.5 h
R H + Br → OH R (103)
L = HO NH_2

表 19 不对称催化反应的化学产率和对映体选择性

序号	RCHO	产率/ %	ee (*S*) / %
1	PhCHO	90	93
2	*p*-CH_3O-C_6H_4CHO	92	89
3	*o*-CH_3-C_6H_4CHO	94	88
4	*m*-CH_3-C_6H_4CHO	97	79
5	*p*-CH_3-C_6H_4CHO	92	87
6	*o*-Cl-C_6H_4CHO	97	78
7	*m*-Cl-C_6H_4CHO	90	80
8	*p*-Cl-C_6H_4CHO	92	93
9	*p*-CH_3O_2C-C_6H_4CHO	94	76
10	*p*-CN-C_6H_4CHO	99	80
11	*c*-C_6H_{11}-CHO	93	93

5 Barbier 反应在天然产物合成中的应用

Barbier 反应在复杂有机化合物的合成中具有广泛的应用。一个典型的例子是 Williams 等人对于具有抗癌效用的天然化合物 (+)-Phorboxazole 的全合成[127,128]。在该合成路线中，作者采用 THF 溶液中碘化钐诱导的 2-碘甲基噁唑和醛的 Barbier 反应合成手性中间体，其 dr 比例达到 7.2:1。

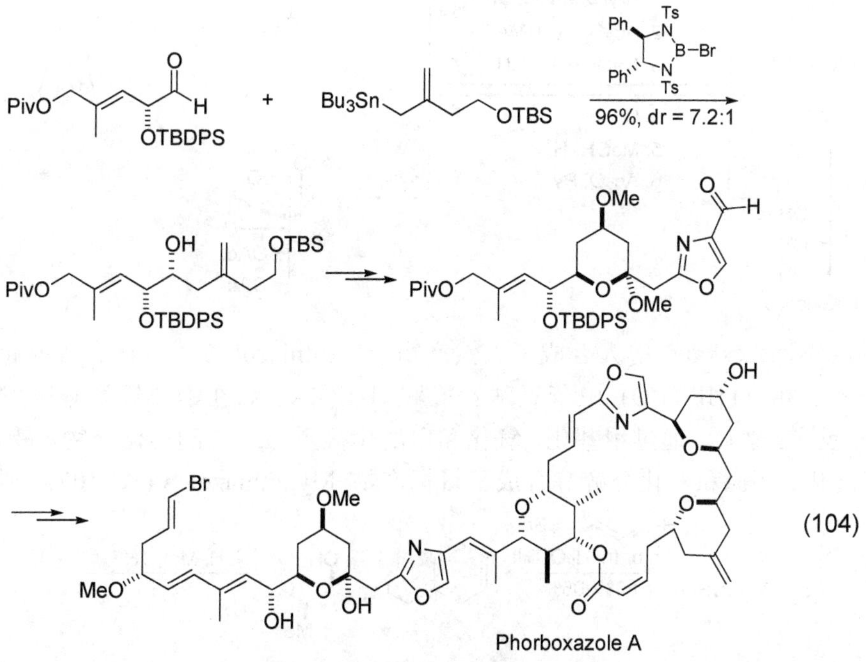

(104)

Whitesides 等人曾使用 Barbier 反应由醛糖的烯丙基化合成了多种 2-脱氧醛糖。以 D-核糖为反应物为例：首先，D-核糖和烯丙基溴在金属锡粉末催化下发生水相 Barbier 反应，然后经乙酰化、臭氧解等步骤合成得到 2-脱氧醛糖 (式 105)。该路线在不使用保护基的条件下由多羟基醛经济方便地制得多种 2-脱氧醛糖[17] (式 106)。之后，Whitesides 等人又发现金属铟也可以催化醛糖的烯丙基化反应。相对于锡催化的 Barbier 反应来讲，铟增加了反应性能，副产物更少，立体选择性更好[18]。

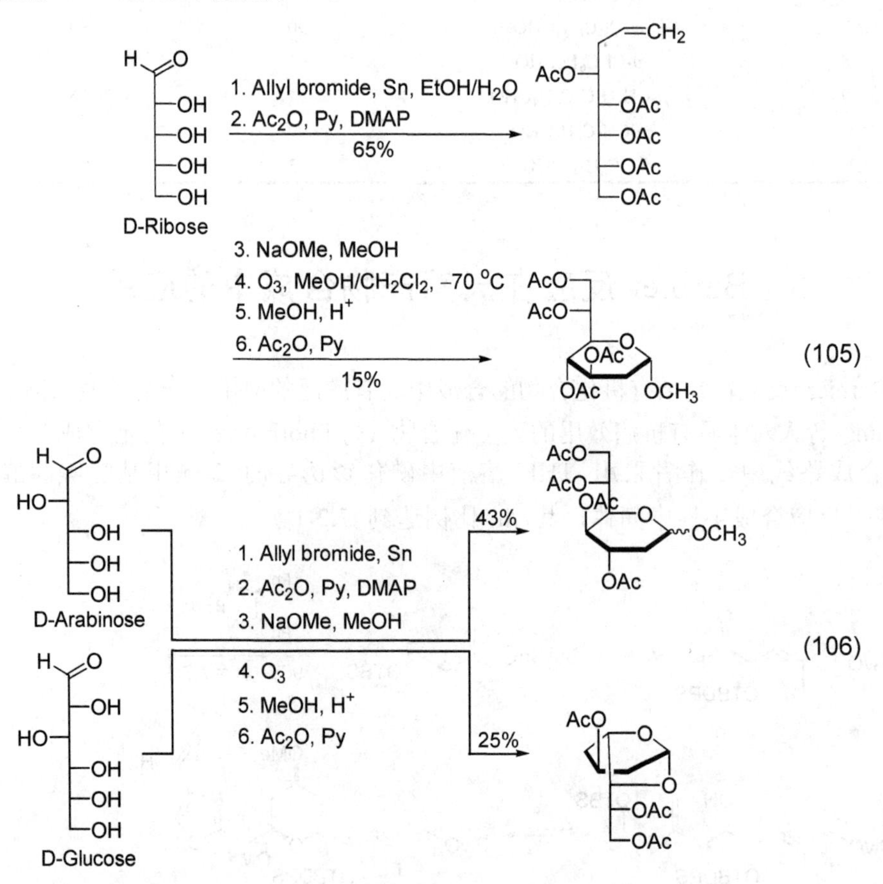

2000 年，Backhaus 等人合成了天然产物 Myxothiazol-A[129]。该合成的起始步骤是混合相 (THF-H_2O) 中苄氧基乙醛和 1-溴-2-丁烯在铟或锌诱导下发生 Barbier 反应。然后，通过甲基化、氧化和甲酰化得到 1,3-二酮类化合物。最后，通过甲基化、还原和氧化分解等合成了目标产物 Myxothiazol-A (式 107)。通过

Zn or In, H_2O/THF, 80%~95%; NaH, MeI, THF, 92%

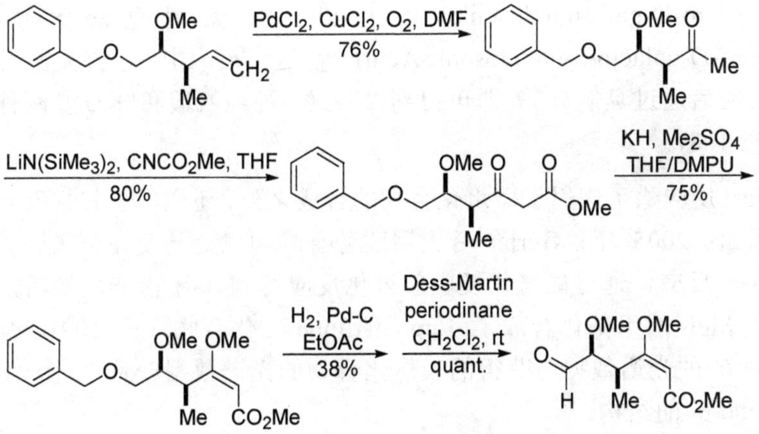

OMe
CH2
Me
$PdCl_2$, $CuCl_2$, O_2, DMF
76%
OMe O
Me
Me

$LiN(SiMe_3)_2$, $CNCO_2Me$, THF
80%
OMe O O
OMe
Me
KH, Me_2SO_4
THF/DMPU
75%

OMe OMe
Me CO_2Me
H_2, Pd-C
EtOAc
38%
Dess-Martin
periodinane
CH_2Cl_2, rt
quant.
OMe OMe
H Me CO_2Me

(107)

Barbier 反应的该全合成路线共包括七步，总产率为 15%，比文中所列出的通过四氯化钛诱导的醛醇缩合反应的另外一条合成路线的总产率更高。

此外，水相 Barbier 反应比有机相反应更加绿色化，因而备受合成化学家的关注。水相 Barbier 反应在天然化合物合成中具有广泛的应用，目前典型应用于碳水化合物的合成[17,18,120,130~139]。早在 1995 年，Chan 等人利用铟诱导的多羟基醛的水相 Barbier 反应合成了 *N*-乙酰-神经氨酸（唾液酸，5-Acetamido-

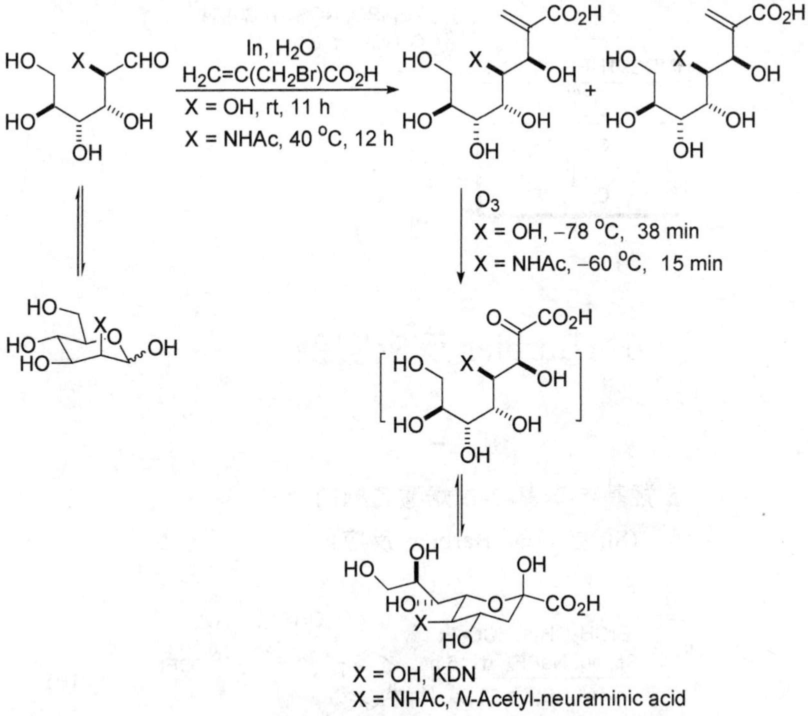

HO X CHO
HO OH
OH
In, H_2O
$H_2C{=}C(CH_2Br)CO_2H$
X = OH, rt, 11 h
X = NHAc, 40 °C, 12 h
CO_2H
HO X OH
HO OH
OH
+
CO_2H
HO X OH
HO OH
OH

HO X O OH
HO
HO

O_3
X = OH, –78 °C, 38 min
X = NHAc, –60 °C, 15 min

O CO_2H
HO X OH
HO OH
OH

(108)

OH
HO OH
HO O CO_2H
X
HO
X = OH, KDN
X = NHAc, *N*-Acetyl-neuraminic acid

3,5-dideoxy-D-glycero-D-galactonulosonic acid) 和尤罗索尼克酸 (KDN, 3-Deoxy-D-glycero-D-galacto-2-nonulosonic Acid)。在这个反应中，多羟基醛发生水相 Barbier 反应后通过臭氧分解，即可得到 *N*-乙酰-神经氨酸和 KDN 两种碳水化合物[137] (式 108)。

水相 Barbier 反应除了应用于碳水化合物的合成之外，还应用于其它天然化合物的合成。例如：2005 年，Gurjar 等人用联芳香醛和巴豆基溴在金属锌的诱导下发生 Barbier 反应，通过硼氢化反应、氧化反应得到 γ-丁内酯。最后，通过 LiHMDS 和 MeI 的甲基化合成了 Eupomatilone-6 化合物 (式 109)。合成的 Eupomatilone-6 的光谱数据与获得的天然化合物的光谱数据一致，进一步证实了 Eupomatilone-6 的结构[140]。

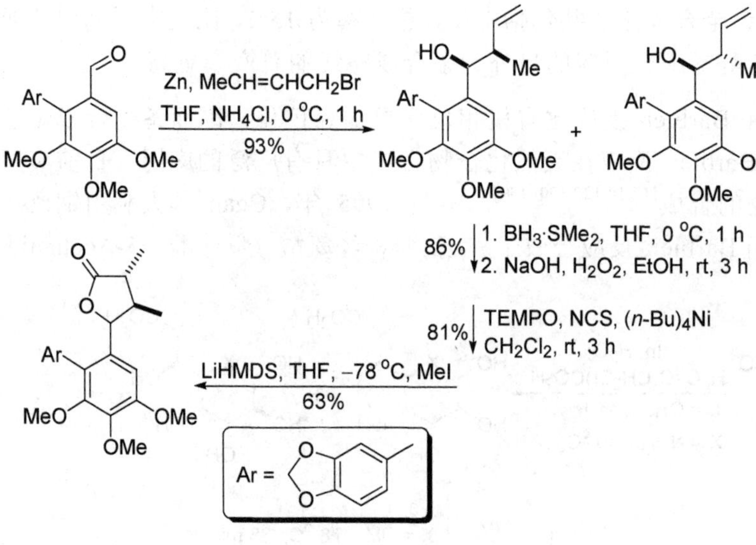

Zn, MeCH=CHCH$_2$Br; THF, NH$_4$Cl, 0 °C, 1 h; 93%

86%: 1. BH$_3$·SMe$_2$, THF, 0 °C, 1 h; 2. NaOH, H$_2$O$_2$, EtOH, rt, 3 h

81%: TEMPO, NCS, (n-Bu)$_4$Ni; CH$_2$Cl$_2$, rt, 3 h

LiHMDS, THF, –78 °C, MeI; 63%

Ar, MeO, OMe, OMe, HO, Me; Ar =

(109)

6 Barbier 反应实例

例 一

5-羟基-5-苯基-2-戊烯酸乙酯的合成 (Sn 参与的 Barbier 反应)[22]

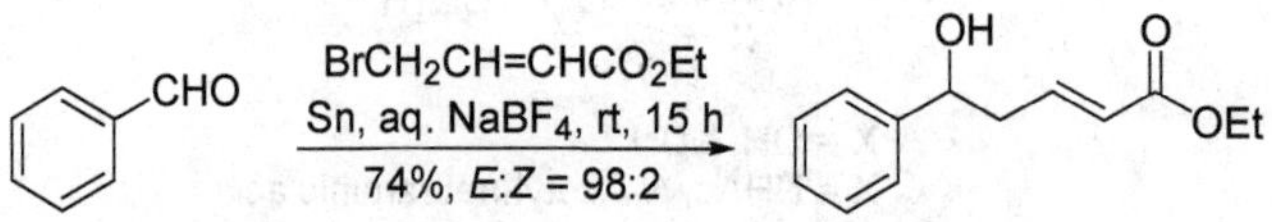

CHO; BrCH$_2$CH=CHCO$_2$Et; Sn, aq. NaBF$_4$, rt, 15 h; 74%, E:Z = 98:2; OH, O, OEt

(110)

把苯甲醛 (106 mg, 1.0 mmol)、$NaBF_4$ 溶液 (4 mL, 0.25 mol/L)、(*E*)-4-溴-2-丁烯酸乙酯 (386 mg, 2.0 mmol) 和锡粉 (237 mg, 2 mmol) 放入圆底烧瓶中，室温激烈搅拌，反应 15 h 后，加入乙酸乙酯分离出有机层，使用无水 $MgSO_4$ 干燥。过滤并蒸馏出乙酸乙酯，得到的残留物经柱色谱 [硅胶，乙酸乙酯和石油醚混合溶液 ($R_f = 0.2$)] 分离得到纯净的 (*E*)-5-羟基-5-苯基-2-戊烯酸乙酯 (160 mg) 和 (*Z*)-5-羟基-5-苯基-2-戊烯酸乙酯 (3 mg) (74%, *E*/*Z* = 98:2)。

例　二

2-(苯基羟甲基)-3-丁烯酸乙酯的合成 (纳米锡参与的 Barbier 反应)[141]

$$PhCHO \xrightarrow[\text{61\%, } syn:anti = 6:94]{BrCH_2CH=CHCO_2Et,\ \text{nano-Sn, } H_2O, \text{ rt, 12 h}} anti\text{-product} + syn\text{-product} \quad (111)$$

把 20nm 锡 (177 mg, 1.5 mmol) 和 (*E*)-4-溴-2-丁烯酸乙酯 (0.14 mL, 1.5 mmol) 放入溶有苯甲醛 (106 mg, 1.0 mmol) 的水 (4 mL) 溶液中，室温搅拌反应 12 h 后加入 aq.HCl (1 mol/L, 1 mL)。混合物用乙醚 (3 × 10 mL) 萃取，分出有机层，用饱和 $NaHCO_3$ 洗涤后的有机层用无水 $MgSO_4$ 干燥，过滤蒸馏，得到的残留物经柱色谱 (硅胶) 得到 *anti*-2-(苯基羟甲基)-3-丁烯酸乙酯 (126 mg) 和 *syn*-2-(苯基羟甲基)-3-丁烯酸乙酯 (8 mg) (61%, *syn*:*anti* = 6:94)。

例　三

1-[4-((叔丁基二苯基硅氧基)甲基)咪唑-2-]-3-甲基-2-丁醇的合成 (钐参与的 Barbier 反应)[134]

$$\text{TBDPSO-CH}_2\text{-oxazole-CH}_2\text{I} \xrightarrow[\text{98\%}]{Me_2CHCHO,\ SmI_2,\ \text{THF, rt, 5 min}} \text{TBDPSO-CH}_2\text{-oxazole-CH}_2\text{CH(OH)CH(CH}_3)_2 \quad (112)$$

把异丁醛 (62 mg, 0.86 mmol) 和 4-(叔丁基二苯基硅氧基)甲基-2-碘甲基咪唑 (410 mg, 0.86 mmol) 的混合物溶解于无水无氧的四氢呋喃 (8.6 mL) 中，然后把混合物通过管子加入到含有新制备的深蓝色二碘化钐的四氢呋喃溶液(0.1 mol/L, 30 mL)的细颈圆底烧瓶中，室温搅拌，反应 5 min 后，加入饱和酒石酸钠溶液，搅拌 30 min。混合物用乙醚 (20 mL) 萃取，分离出有机层，水层再用乙醚 (3 × 10 mL) 萃取，合并有机层。用无水 $MgSO_4$ 干燥，过滤蒸馏，得到的油状物经柱色谱 (硅胶, 乙酸乙酯和正己烷的混合溶液) 得到产物 (357 mg, 98%)。

例 四

N-(1-苯基-2-羟基-3-丁烯基)-4-(三氟甲基)苯胺的合成 (锌参与的 Barbier 反应)[142]

1. $BzOCH=CHCH_2Br$, Zn, THF, rt, 1~2 h; 2. H_2O, 60 °C, 2~3 h; 86%; *anti*:*syn* = 95:5 (113)

(4-三氟甲基)苯氨基苄基亚胺 (473 mg, 1.9 mmol) 和 (*E*)-3-溴丙烯基苯甲酸酯 (760 mg, 3.2 mmol) 溶入无水无氧四氢呋喃 (5 mL) 中，然后加入活性锌 (182 mg, 2.8 mmol)。室温在氩气氛围中搅拌，直到 TLC (庚烷:乙酸乙酯 = 3:1) 显示亚胺全部转化为两种物质 (1~2 h)。反应混合物通过 Celite 过滤，用 THF 冲洗。合并有机层，浓缩，产物成为泡沫状。

将溶有钠 (171 mg, 7.4 mmol) 的无水甲醇 (15 mL) 溶液倒入泡沫状混合物中，在氩气氛围加热到 60 °C，搅拌，直到 TLC 显示全部转化为一种产物 (2~3 h)。冷却混合物，加入乙醚 (100 mL)。有机层分别用 NH_4Cl (2 × 25 mL) 和 H_2O (2 × 25 mL) 洗涤。用乙醚 (10 mL) 萃取水层。合并有机层，用 Na_2SO_4 干燥，浓缩。残余物溶于 CH_2Cl_2 (10 mL)，Celite 吸收。经快式柱色谱 (含 10%~20% 乙酸乙酯的庚烷溶液) 提纯，得到产物 (502 mg, 86%, *anti*:*syn* = 95:5)。

例 五

1-(4-氯苯基)-2-甲基-3-丁烯-1-醇的合成 (Sn 参与的 Barbier 反应)[16]

4-氯苯甲醛 + 1-溴-2-丁烯，β-SnO/Cu_2O, CH_2Cl_2, H_2O, reflux, 6 h; 78%; *anti*:*syn* = 50:50 (114)

溶有 4-氯苯甲醛 (140 mg, 1 mmol) 和 1-溴-2-丁烯 (270 mg, 2 mmol) 的二氯甲烷 (2 mL) 溶液慢慢加到在氩气氛围下含有 β-氧化锡 (202 mg, 1.5 mmol) 和氧化铜 (14 mg, 0.1 mmol) 的回流溶液中 (二氯甲烷:水 = 9:1, *v*/*v*, 2.5~0.5 mL)。加完后继续回流 6 h (TCL, 正己烷:乙酸乙酯 = 9:1)。反应混合物中加入 NH_4F (15%, 10 mL)。乙酸乙酯 (3 × 10 mL) 萃取出有机层，然后分别用水 (2 × 10 mL) 和饱和盐水 (2 × 10 mL) 洗涤，最后用无水 $MgSO_4$ 干燥。过滤，浓缩后的残余物用柱色谱 (乙酸乙酯:正己烷 = 2%~10%) 提纯得到 1-(4-氯苯基)-2-甲基-3-丁烯醇化合物(153 mg,

78%, *anti*:*syn* = 1:1)。

例 六

2,2-二氟-1-苯基-4-三乙基硅烷基-3-丁烯醇的合成
(铟参与的 Barbier 反应)[135]

PhCHO + BrF_2—≡—$SiEt_3$ —(In, $Eu(OTf)_3$, aq. THF; 40 °C, 20 h; 72%)→ PhCH(OH)CF_2C≡C$SiEt_3$ (115)

粉末状铟 (2.0 mmol, 1.0 eq) 和三氟甲磺酸铕 (0.1 mmol, 5 mol%) 加到细颈圆底烧瓶中，然后加入二氟烯丙基溴 (2.0 mmol)、苯甲醛 (2.2 mmol) 和 THF-H_2O 溶液 (1/4, 6.6 mL, 0.3 mol/L)。40 °C 条件下超声反应 12 h 后加入 HCl (10%, 10 mL)，反应淬灭。乙酸乙酯萃取 (3 × 10 mL)，合并有机层，盐水洗涤，用无水 Na_2SO_4 干燥。蒸发出溶剂，残余物用乙酸乙酯-丁烷 (1:40) 通过硅胶提纯得到 2,2-二氟-1-苯基-4-三乙基硅烷基-3-丁烯醇 (388 mg, 72%)。

7 参 考 文 献

[1] Hu, Y.-D. *The Biographies of Famous Scientists in the World, Chemists I*, Science Press, **1990.**

[2] Saytzeff, M. *Bull. Soc. Chim. Fr.* **1875**, *25*, 297.

[3] Barbier, P. A. *Compt. Rend.* **1899**, *128*, 110.

[4] Jiao, L. *Univ. Chem.* **2004**, *19*, 57.

[5] Tan, X.-H.; Zhao, H.; Hou, Y.-Q.; Liu, L.; Guo, Q.-X. *Chin. J. Org. Chem.* **2004**, *24*, 987.

[6] Li, C. J. *Tetrahedron* **1996**, 52, 5643.

[7] Blomberg, C. *The Barbier Reaction and Related One-step Processes*. Springer-Verlag, Berlin, **1993**.

[8] Blomberg, C.; Hartog, F. A. *Synthesis* **1977**, 18.

[9] http://en.wikipedia.org/wiki/Barbier_reaction

[10] Petrier, C.; Einhorn, J.; Luche, J. L. *Tetrahedron Lett.* **1985**, 26, 1449.

[11] Einhorn, C.; Luche, J. L. *J. Organomet. Chem.* **1987**, *322*, 177.

[12] Souza, J. C.; Petrier, C.; Luche, J. L. *J. Org. Chem.* **1988**, *53*, 1212.

[13] Wilson, S. R.; Guazzaroni, M. E. *J. Org. Chem.* **1989**, *54*, 3087.

[14] Chan, T. H.; Li, C. J.; Wei, Z. Y. *J. Chem. Soc., Chem. Commun.* **1990**, 505.

[15] Keh, C. C. K.; Wei, C.; Li, C. J. *J. Am. Chem. Soc.* **2003**, *125*, 4062.

[16] Sinha, P.; Roy, S. *Organometallics* **2004**, *23*, 67.

[17] Schmid, W.; Whitesides. G. M. *J. Am. Chem. Soc.* **1991**, *113*, 6674.

[18] Kim, E.; Gordon, D. M.; Schmid, W.; Whitesides. G. M. *J. Org. Chem.* **1993**, *58*, 5500.

[19] Marshall, J. A.; McNulty, L. M.; Zou, D. *J. Org. Chem.* **1999**, *64*, 5193.

[20] Marshall, J. A.; Grant, C. M. *J. Org. Chem.* **1999**, *64*, 8214.

[21] Grieco, P. A. *Aldrichim. Acta* 1991, *24*, 59.

[22] Zha, Z. G.; Xie, Z.; Zhou, C. L.; Chang, M. X.; Wang, Z. Y. *New J. Chem.* **2003**, *27*, 1297.

[23] Liao, L. A.; Li, Z. M. *Chin. J. Org. Chem.* **2000**, *3*, 306.
[24] Hartog, F. A. Theis, Free University Amsterdam. **1978**.
[25] Wang, D. K.; Dai, L. X.; Hou, X. L.; Zhang, Y. *Tetrahedron Lett.* **1996**, *37*, 4187.
[26] Li, C. J.; Zhang, W.-C. *J. Am. Chem. Soc.* **1998**, *120*, 9102.
[27] Sarangi, C.; Nayak, A.; Nanda, B.; Das, N. B. *Tetrahedron Lett.* **1995**, *36*, 7119.
[28] Wada, M.; Fukuma, T.; Morioka, M.; Tukahashi, T.; Miyoshi, N. *Tetrahedron Lett.* **1997**, *38*, 8045.
[29] Durant, A.; Delplancke, J. L.; Winand, R.; Reisse, J. *Tetrahedron Lett.* **1995**, *36*, 4257.
[30] Killinger, T. A.; Boughton, N. A.; Runge, T. A.; Wolinsky, J. *J. Organomet. Chem.* **1977**, *124*, 131.
[31] Mattes, H.; Benezra, C. *Tetrahedron Lett.* **1985**, *26*, 5697.
[32] Kunz, T.; Reibig, H. U. *Liebigs Ann. Chem.* **1989**, 891.
[33] Chan, T. H.; Li, C. J. *Organometallics* **1990**, *9*, 2649.
[34] Li, C. J.; Chan, T. H. *Organometallics* **1991**, *10*, 2548.
[35] Lee, A. S. Y.; Lin, L. S. *Tetrahedron Lett.* **2000**, *41*, 8803.
[36] Bieber, L. W.; Silva, M. F.; Costa, R. C.; Silva, L. O. S. *Tetrahedron Lett.* **1998**, *39*, 3655.
[37] Artur, J.; Uno, M. *Molecules* **2001**, *6*, 964.
[38] Jiang, B.; Tian, H. *Tetrahedron Lett.* **2007**, *48*, 7942.
[39] Gary W. B.; John H. S.; Christine A. H.; Brian P. C.; Suzanne M. P. *Molecules* **2001**, *6*, 655.
[40] Estevam, H. S.; Bieber, L. W. *Tetrahedron Lett.* **2003**, *44*, 667.
[41] Yuan, Y.-F.; Cao, Z.; Hu, A.-G.; Wang, J.-T. *Chin. J. Org. Chem.* **2000**, *20*, 269.
[42] Li, C. J.; Chan, T. H. *Tetrahedron Lett.* **1991**, *32*, 7017.
[43] Chan, T. H.; Lee, M. C. *J. Org. Chem.* **1995**, 36,517.
[44] Choudhury, P. K.; Foubelo, F.; Yus, M. *Tetrahedron Lett.* **1998**, 39, 3581.
[45] Nair, V.; Jayan, C. N. *Tetrahedron Lett.* **2000**, 41, 1091.
[46] Li, C. J. *Tetrahedron Lett.* **1995**, *36*, 517.
[47] Chen, D. L.; Li, C. J. *Tetrahedron Lett.* **1996**, *37*, 295.
[48] Bernardelli, P.; Paquette, L. A. *J. Org. Chem.* **1997**, *62*, 8284.
[49] Xi, X. H. Meng, Y.; Li, C. J. *Tetrahedron Lett.* **1997**, *38*, 4731.
[50] Reetz, M. T.; Haning, H. *J. Organomet. Chem.* **1997**, *541*, 117.
[51] Araki, S.; Kasumura, N.; Ito, H.; Butsugan. Y. *Tetrahedron Lett.* **1989**, *30*, 1581.
[52] Lu, W.; Chan, T. H. *J. Org. Chem.* **2000,** *65*, 8589.
[53] Yadav, J. S.; Srinivas, D.; Reddy, G. S.; Bindu, K. H. *Tetrahedron Lett.* **1997**, *38*, 8745.
[54] Araki, S.; Jin, S. J.; Idou, Y.; Butsugan, Y. *Bull. Chem. Soc. Jpn.* **1992**, *65*, 1736.
[55] Li, X. R.; Loh, T. P. *Tetrahedron: Asymmetry* **1996**, *7*, 1535.
[56] Araki, S.; Kasumura, N.; Butsugan. Y. *J. Organomet. Chem.* **1991**, *415*, 7.
[57] Fujiwara, N.; Yamamoto, Y. *J. Org. Chem.* **1997**, *62*, 2318.
[58] Araki, S.; Imai, A.; Shimizu, K.; Butsugan. Y. *Tetrahedron Lett.* **1992**, *33*, 2581.
[59] Hirashita, T. Inoue, S.; Yamamura, H. Kawai, M. Araki. S. *J. Organomet. Chem.* **1997**, *549*, 305
[60] Zha, Z. G.; Wang, Y. S.; Yang, Y.; Zhang, L.; Wang, Z. Y. *Green Chem.* **2002**, *4*, 578.
[61] Wang, Z. Y.; Zha, Z. G.; Zhou, C. L. *Org. Lett.* **2002**, *4*, 1683.
[62] Nokami, J.; Otera, J.; Sudo, T.; Okawara, R. *Organometallics* **1983**, *2*, 191.
[63] Wu, S. H.; Huang, B. Z.; Zhu, T. M.; Yiao, D. Z.; Chi, Y. L. *Acta Chim. Sinica* **1990**, *48*, 372.
[64] Uneyama K.; Kamaki N.; Moriya A.; Torii S. *J. Org. Chem.* **1985**, *50*, 5396 .
[65] Mandai T.; Nokami J.; Yano T.; Yoshinaga Y.; Otera J. *J. Org. Chem.* **1984**, *49*, 172.
[66] Nokami, J.; Wakabayashi, S.; Okawara, R. *Chem. Lett.* **1984**, *10*, 869.
[67] Zhou, J. Y.; Chen, A. G.; Wu, S. H. *Chem. Commun.* **1994**, *24*, 2783.
[68] Takahara, J. P.; Masuyama, Y.; Kurusu, Y. *J. Am. Chem. Soc.* **1992**, *114*, 2577.
[69] Kundu, A.; Prabhakar, S.; Vairamini, M.; Roy, S. *Organometallics* **1997**, *16*, 4796.
[70] Samoshin, V. V.; Grenyachinskiy, D. E.; Smith, L. L.;Bliznets, I. V.; Gross, P. H. *Tetrahedron Lett.* **2002**, *43*, 6329.

[71] Tan, X. H.; Shen, B.; Liu, L.; Guo, Q. X. *Tetrahedron Lett.* **2002**, *43*, 9373.
[72] Tan, X. H.; Shen, B.; Deng, W.; Zhao, H.; Liu, L.;Guo, Q. X. *Org. Lett.* **2003**, *5*, 1833.
[73] Tan, X. H.; Hou, Y. Q.; Huang, C.; Liu, L.; Guo, Q. X. *Tetrahedron* **2004**, *60*, 6129.
[74] Yanagisawa, A.; Inoue, H.; Morodone, M.; Yamamoto, H. *J. Am. Chem. Soc.* **1993**, *115*, 10356.
[75] Kamble, R. M.; Singh, V. K. *Tetrahedron Lett.* **2001**, *42*, 7525.
[76] Kobayashi S.; Wakabayashi T.; Oyamada H. *Chem. Lett.* **1997**, *26*, 831.
[77] Aoyama, N.; Hamada, T.; Manabe, K.; Kobayashi, S. *Chem. Commun.* **2003**, 676.
[78] Keck, G. E.; Tarbet, H. K.; Geraci, L. S. *J. Am. Chem. Soc.* **1993**, *115*, 8467.
[79] Yanagisawa, A.; Nakashima, H.; Ishiba, A.; Yamamoto, H. *J. Am. Chem. Soc.* **1996**, *118*, 4723.
[80] Masuyama, Y.; Suga, T.; Watabe, A.; Kususu, Y. *Tetrahedron Lett.* **2003**, *44*, 2845.
[81] Basu, M. K.; Bani, B. K. *Tetrahedron. Lett.* **2001**, *42*, 187.
[82] Tore S.; Tore B. *ARKIVOC* **2001**, 16.
[83] Kunisima, M.; Nakata, D.; Tanaka, S.; Hioki, K.; Tani, S. *Tetrahedron* **2000**, *56*, 9927.
[84] Zheng, X.; Feng, C. G.; Ye, J. L.; Huang, P. Q. *Org. Lett.* **2005**, *7*, 553.
[85] Yanada, R.; Negoro, N.; Okaniwa, M.; Ibuka, T. *Tetrahedron* **1999**, *55*, 13947.
[86] Fan, X.; Zhang, Y. *Tetrahedron Lett.* **2002**, *43*, 5475.
[87] Laskar, D. D.; Prajapati, D.; Sandhu, J. S. *Tetrahedron Lett.* **2001**, *42*, 7883.
[88] Wada, M.; Akiba, K. *Tetrahedron Lett.* **1985**, *26*, 4211.
[89] Wada , M.; Ohki, H. *Bull. Chem. Soc. Jpn.* **1990**, *67*, 1738.
[90] Miyoshi, N.; Nishio, M.; Murakami, S.; Fukama, T.; Wada, M. *Bull. Chem. Soc. Jpn.* **2000**, *73*, 689.
[91] Wieland, L. C.; Zerth, H. M.; Mohan, R. S. *Tetrahedron Lett.* **2002**, *43*, 4597.
[92] Yadav. J. S.; Reddy, B. V. S.; Madhuri, C.; Sabitha, G. *Chem. Lett.* **2001**, *1*, 18.
[93] Yasuda, M.; Onishi, Y.; Ito, T.; Baba, A. *Tetrahedron Lett.* **2000**, *41*, 2425.
[94] Wang, Z. Y.; Yuan, S. Z.; Li, C. J. *Tetrahedron Lett.* **2002**, *43*, 5097.
[95] Takai, K.; Ikawa, Y. *Org. Lett.* **2002**, *4*, 1727.
[96] Takai, K.; Ueda, T.; Hayashi, T.; Moriwake, T. *Tetrahedron Lett.* **1996**, *37*, 7049.
[97] Li, C. J.; Meng, Y.; Yi, X. H.; Ma, J. H.; Chan, T. H. *J. Org. Chem.* **1997**, *62*, 8632.
[98] Li, C. J.; Meng, Y.; Yi, X. H. *J. Org. Chem.* **1998**, *63*, 7498.
[99] Bandini, M.; Cozzi, P. G.; Umani, R. A. *Tetrahedron* **2001**, *57*, 835.
[100] Wang, W.; Shi, L.; Huang, Y. *Tetrahedron* **1990**, *46*, 3315.
[101] Ren, P. D.; Jin, Q. H.; Yao, Z. P. *Synth. Commun.* **1997**, *27*, 2761.
[102] Li, L. H.; Chan, T. H. *Tetrahedron Lett.* **2000**, *41*, 5009.
[103] Akiyama, T.; Iwai, J. *Tetrahedron Lett.* **1997**, *38*, 853.
[104] Akiyama, T.; Iwai, J.; Sugano, M. *Tetrahedron* **1999**, *55*, 7499.
[105] Chan, T. H.; Yang, Y. *Tetrahedron Lett.* **1999**, 40, 3863.
[106] Zhou, J. Y.; Jia, Y.; Sun, G. F.; Wu, S. H. *Synth. Commun.* **1997**, *27*, 1899.
[107] Li, C. J.; Meng, Y. *J. Am. Chem. Soc.* **2000**, *122*, 9538.
[108] Huang, T.; Meng, Y.; Venkatraman, S.; Wang, D.; Li, C. J. *J. Am. Chem. Soc.* **2001**, *123*, 7451.
[109] Khan, R. H.; Rao, T. S. R. *J. Chem. Res.* **1998**, 202.
[110] Thadani, A. N.; Batey. R. A. *Org. Lett.* **2002**, *4*, 3827.
[111] Cyenes, F.; Bergmann, K. E.; Welch, J. T. *J. Org. Chem.* **1998**, 63, 2824.
[112] Zhou, C. L.; Jiang, J. Y.; Zhou, Y. Q.; Xie, Z.; Miao, Q.; Wang, Z. Y. *Lett. Org. Chem.* **2005**, *2*, 61.
[113] Zhang, W.-C.; Li, C. J. *J. Org. Chem.* **1999**, *64*, 3230.
[114] Loh, T, P.; Xu, J. *Tetrahedron Lett.* **1999**, *40*, 2431.
[115] Masuyama, Y.; Takahara, J. P.; Kurusu, Y. *J. Am. Chem. Soc.* **1988**, *110*, 4473.
[116] Isaac, M. B.; Chan, T. H. *Tetrahedron Lett.* **1995**, *36*, 8957.
[117] Tan, K. T.; Chang, S. S.; Cheng, H. S.; Loh, T. P. *J. Am. Chem. Soc.* **2003**, *125*, 2958.
[118] Paquette, L. A. In *Green Chemistry, Fronters in Benign Chemical Syntheses and Processes*, Eds.: Anastas, P.; Williamson, T. C., Oxford University Press, New York, **1998**.

[119] Chan, T. H.; Isaac, M. *Pure Appl. Chem.* **1996**, *68*, 919.

[120] Chan, T. H.; Li, C. J. *Can. J. Chem.* **1992**, *70*, 2726.

[121] Paquette, L. A.; Mitzel, T. M. *J. Am. Chem. Soc.* **1996**, *118*, 1931.

[122] Paquette, L. A.; Lobben, P. C. *J. Am. Chem. Soc.* **1996**, *118*, 1917.

[123] Waldmann. H. *Synlett* **1990**, 627.

[124] Paquette, L. A.; Bennett, G. D.; Chhatriwalla, A.; Isaac, M. B. *J. Org. Chem.* **1997**, *62*, 3370.

[125] Paquette, L. A.; Bennett, G. D.; Isaac, M. B.; Chhatriwalla, A. *J. Org. Chem.* **1998**, *63*, 1836.

[126] Hirayama, L.C.; Gamsey, S.; Knueppel, D.; Steiner, D.; DeLaTorre, K.; Singaram, B. *Tetrahedron Lett.* **2005**, *46*, 2315.

[127] Williams, D. R.; Kiryanov, A. A.; Emde, U.; Clark, M. P.; Berliner, Martin. A.; Reeves, J. T. *Proc. Natl. Acad. Sci. USA.* **2004** July 26, *101*, 12058.

[128] Williams, D. R.; Kiryanov, A. A.; Emde, U.; Clark, M. P.; Berliner, M. A.; Reeves, J. T. *Angew. Chem. Int. Ed.* **2003**, *42*, 1258.

[129] Backhaus, D. *Tetrahedron Lett.* **2000**, *41*, 2087.

[130] Aaziz, A.; Oudeyer, S.; Leonel, E.; et al. *Synth. Commun.* **2007**, *37*, 1147.

[131] Xiong, M. W.; Li, H.; Li, H. X. *Acta Chim. Sinica* **2007, *65*,** 1578.

[132] Erdik, E.; Ates, S. *Synth. Commun.* **2006**, *36*, 2813.

[133] Lee, A. S. Y.; Chang, Y. T.; Chu, S. F.; et al. *Tetrahedron Lett.* **2006**, *47*, 7085.

[134] Williams, D. R.; Berliner, M. A.; Stroup, B. W.; Nag, P. P.; Clark, M. P. *Org. Lett.* **2005**, *7*, 4099.

[135] Arimitsu, S.; Hammond, G. B. *J. Org. Chem*. **2006**, *71*, 8665.

[136] Li, C. J. Ph.D. Thesis, McGill University, 1992.

[137] Chan, T. H.; Lee, M. C. *J. Org. Chem.* **1995**, *60*, 4228.

[138] Gao, J.; Harter, R.; Gordon, D. M.; Whitesides, G. M. *J. Org. Chem.* **1994**, *59,* 3714.

[139] Li, C. J.; Lu, Y. Q. *Tetrahedron Lett.* **1995**, *36*, 2721.

[140] Gurjar, M. K.; Karumudi, B.; Ramana, C. V. *J. Org. Chem.* **2005**, *70*, 9658.

[141] Zha, Z. G.; Qiao, S.; Jiang, J. J.; Wang, Y. S.; Miao, Q.; Wang, Z. Y. *Tetrahetron* **2005**, *61*, 2521.

[142] Keinicke, L.; Fristrup, P.; Norrby, P. O.; Madsen, R. *J. Am. Chem. Soc.* **2005**, *127*, 15756.

迪尔斯-阿尔德反应

(Diels-Alder Reaction)

胡跃飞

1 历史背景简述

Diels-Alder 反应是有机化学中最重要的反应之一，取名于对该反应做出杰出贡献的德国有机化学家 Otto Paul Hermann Diels 和 Kurt Alder[1]。他们二人也因此获得了 1950 年诺贝尔化学奖的殊荣。

Diels (1876-1954) 1895 年进入柏林大学，在著名有机化学家 Emil Fischer 指导下学习化学。他于 1899 年毕业后任职于柏林大学化学学院，1915 年晋升为化学教授。1916 年 Diels 转做基尔大学化学教授，并在那里一直工作到退休。

Alder (1902-1958)于 1922 年进入柏林大学学习化学。后来转到基尔大学在著名有机化学家 Diels 指导下，于 1926 年完成博士学位。1930 年任职于基尔大学，并在 1934 年升为讲师。1940 年 Alder 成为科隆大学实验化学和化学工程系主任，后来又成为该大学化学院的院长。

早在 1906 年，Diels-Alder 反应类型的研究就初见雏形 (式 1)。Albrecht[2] 曾详细报道了 1,4-苯醌与环戊二烯的反应，但是没有得到产物的正确结构。后来，Staudinger[3]根据烯酮的反应机理也没有推导出该反应的正确结构。虽然 von Euler[4]在 1920 年已经推测出了 2-甲基-1,3-丁二烯与 1,4-苯醌反应产物的正确结构，但没有得到证实 (式 2)。1928 年，Diels 和 Alder 共同发表了著名的研究论文 “Syntheses in the hydroaromatic series”[5]。在该论文中，他们不仅正确阐述了二烯合成的产物结构，还进一步将二烯合成反应进行了扩展，为获得 1950 年诺贝尔化学奖奠定了牢固的基础。

Albrecht 结构　　Staudinger 结构　　Diels-Alder 结构　　(1)

Me　Me　Me　Me　(2)

Diels-Alder 反应的发现，一方面受到 Diels 对偶氮二甲酸酯与环戊二烯反应研究结果的启发[6]；另一方面归功于 Alder 在 1928 年之后与其它合作者在该领域进行的深入研究。其中包括反应对两种底物结构的要求，取代基对反应性的影响，顺式加成规则以及反应中出现的立体化学现象等重要问题。非常有趣地看到：在 1950 年诺贝尔化学奖得主演讲中，Alder 作了题目为 "Diene synthesis and related reaction types" 的演讲。然而，Diels 的演讲题目则是 "Description and importance of the aromatic basic skeleton of the steroids"。

2 Diels-Alder 反应的定义和机理[7]

Diels-Alder 反应被定义为一个顺式 1,3-二烯底物，与另一个双键或者三键底物经过环化加成反应 (cycloadditon) 生成六员环产物的反应 (式 3)。

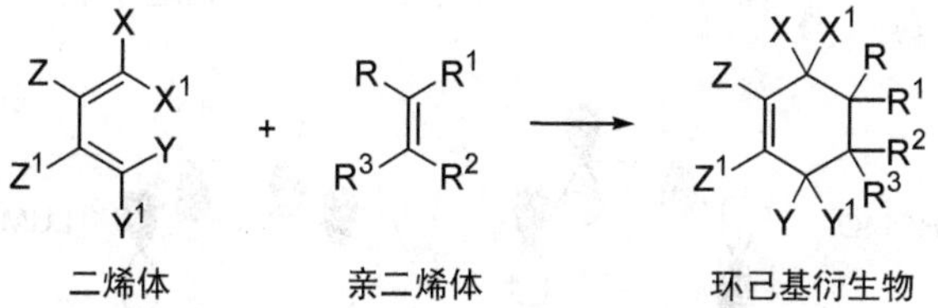

二烯体 + 亲二烯体 ⟶ 环己基衍生物 (3)

在 Diels-Alder 反应中，1,3-二烯底物通称为二烯体 (diene)，另一个双键或者三键底物通称为亲二烯体 (dienophile)。根据两种反应底物参与反应的 π-电子数，该反应又被称之为 [4+2] 环化加成反应。

Diels-Alder 反应是一个非常典型的电环化反应，两个 σ-键形成的环化过程是经过一个协同反应一次完成的。Diels-Alder 反应的电子移动机理可以简单地使用 1,3-丁二烯与乙烯的反应来表示 (式 4)。

(4)

根据周环反应 (pericyclic reactions) 理论，Diels-Alder 反应中两个 π-体系发生双分子反应时，需要其中一个使用最高占有轨道 (HOMO) 与另一个的最低空轨道 (LUMO) 相互重叠。前沿轨道理论计算得到的 1,3-丁二烯与乙烯的分子轨道如图 1 所示。

所以，按照轨道对称性守恒原理，应该有两种轨道对称性匹配的重叠方式。一种是二烯体的 HOMO 与亲二烯体的 LUMO 重叠 [图 2(a)]；另一种是亲二烯体的 HOMO 与二烯体的 LUMO 重叠 [图 2(b)]。

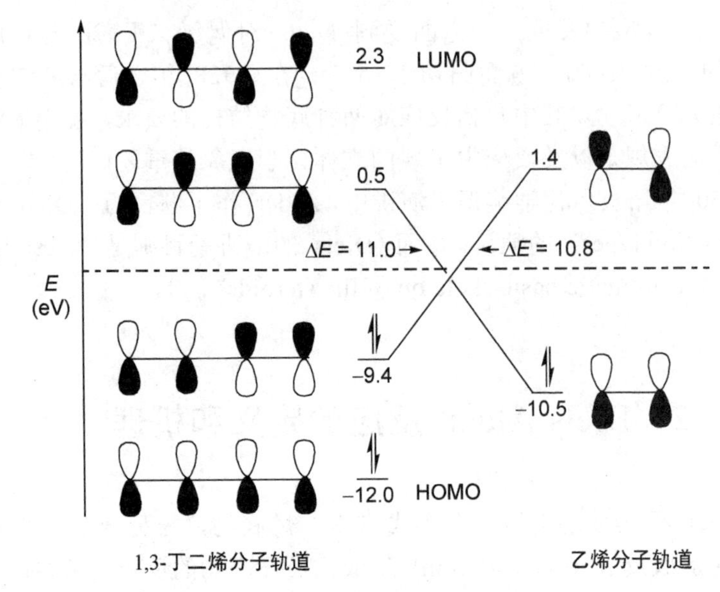

图 1 1,3-丁二烯与乙烯的分子轨道

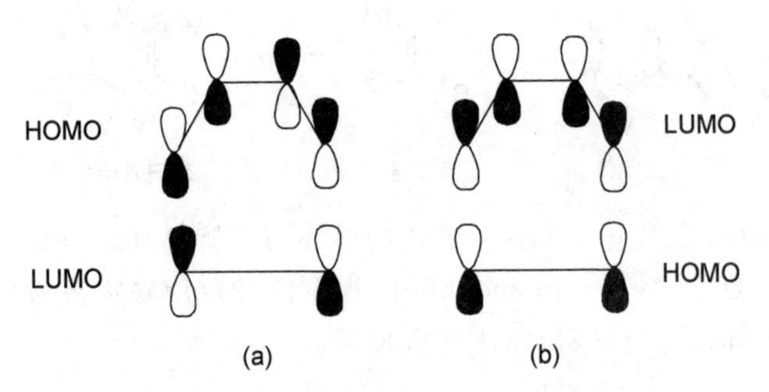

图 2 [4+2] 周环反应的两种轨道重叠方式

按照图 2(a) 发生的反应称之为“正常 Diels-Alder 反应”。因为在该反应中二烯体的 HOMO 与亲二烯体的 LOMO 能级差别较小，更容易发生相互重叠作用，所以绝大多数 Diels-Alder 反应是按照该方式进行的。在该反应过程中，电子从二烯体的 HOMO“流向”亲二烯体的 LUMO。在二烯体上带有推电子基团或者在亲二烯体上带有拉电子基团可以进一步缩小两个轨道之间的能级，因此更有利于反应的进行。

按照图 2(b) 发生的反应称之为“反向电子需求 (inverse electron demand) Diels-Alder 反应”。当二烯体上带有拉电子基团，或者在亲二烯体上带有推电子基团取代时，更有利于反应的进行。但是，只有很少一部分 Diels-Alder 反应是按照该反应方式进行。

作为一个典型的周环反应，Diels-Alder 反应是一个可逆反应。当六员环加成产物经过 Diels-Alder 反应机理分解生成二烯体和亲二烯体时，被称之为逆向 Diels-Alder 反应 (*retro* Diels-Alder reaction) (式 5)。

(5)

Diels-Alder 反应的重要性主要表现在四个方面。(1) 它是一个 C-C 键的形成反应。通过一次反应可以同时生成两个新的 C-C 键，这是其它 C-C 键形成反应与之无法比拟的特点。(2) 它是一个成环反应。高度区域选择性地生成具有六员环结构的产物。使用碳环结构的二烯体或/和亲二烯体，则可能生成桥环或/和多环化合物 (式 6 和式 7)。当任何一个反应底物骨架上含有杂原子时，则有可能生成杂桥环或者杂多环化合物。(3) 它是一个形成不对称碳原子的反应。根据底物取代基的变化，最多可以同时生成四个新的不对称碳原子，而且在实际反应中具有高度的立体选择性。(4) 它还是一个产物多样性的反应。由于底物取代基的多样性，因此通过 Diels-Alder 反应可以获得各种各样的反应产物。

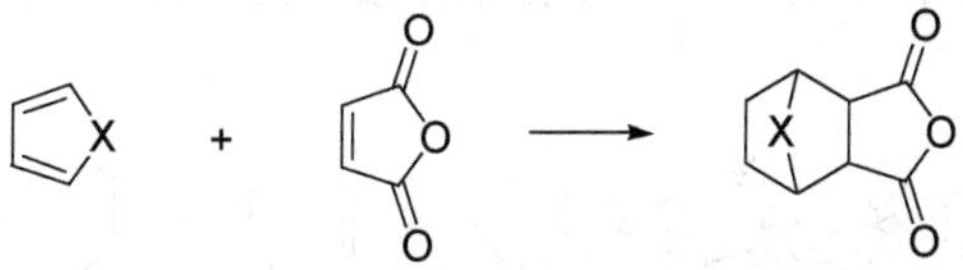

(6)

桥环化合物
X = CH_2, NR, O, S

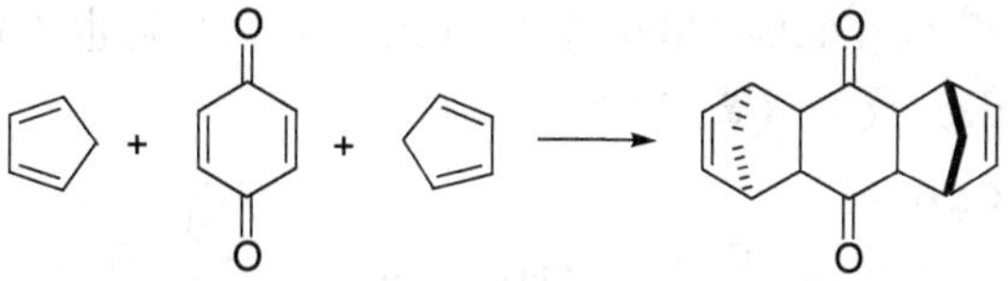

(7)

多环化合物

3 Diels-Alder 反应的基本概念[8]

3.1 亲二烯体

许多双键和三键化合物可以用作 Diels-Alder 反应中的亲二烯体 (dienophile)，它们的反应性主要由它们的化学结构所决定。根据周环反应机理，在正常 Diels-Alder 反应中，亲二烯体带有拉电子基团更有利于反应的进行。许多典型的拉电子基团对双键的致活能力次序大概为：COCl > $PhSO_2$ > PhCO > COMe > CN ~ CO_2Me。烯丙基醇、烯丙基醇酯和烯丙基氯具有相对较弱的反应性。部分具有代表性的亲二烯体分子如图 3 所示。

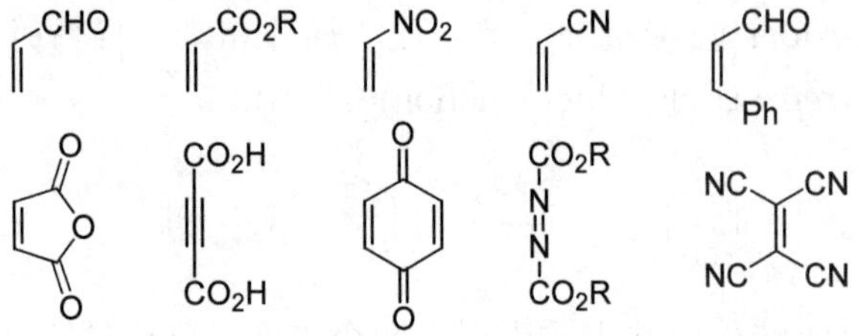

图 3 代表性的亲二烯体分子

亲二烯体带有的拉电子基团能力越强或者越多，相应的 Diels-Alder 反应就越容易进行。在环己烯的反应中，四种不同取代的氰基乙烯的反应速度顺序如式 8 所示。

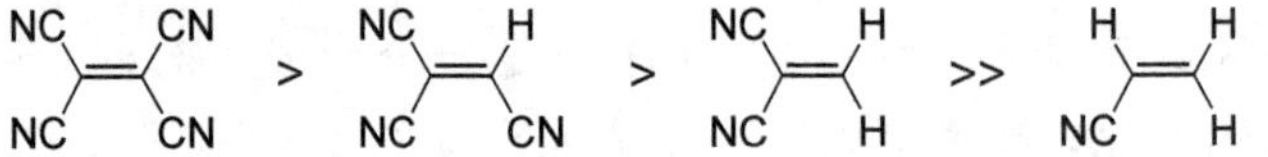

(8)

没有拉电子基团取代的孤立双键和三键化合物需要在高温、高压或者催化剂的存在下才可以发生 Diels-Alder 反应。但是，那些具有张力的环状双键和三键化合物属于非常活泼的亲二烯体。在 Diels-Alder 反应中经常使用的烯键的反应活性次序如式 9 所示。

(9)

苯炔可以在温和条件下发生一系列的 Diels-Alder 反应。环丙烯酮缩酮在室温下不仅可以发生正常 Diels-Alder 反应 (式 10)，而且也能够方便地发生反向电子需求 Diels-Alder 反应 (式 11)[9]。

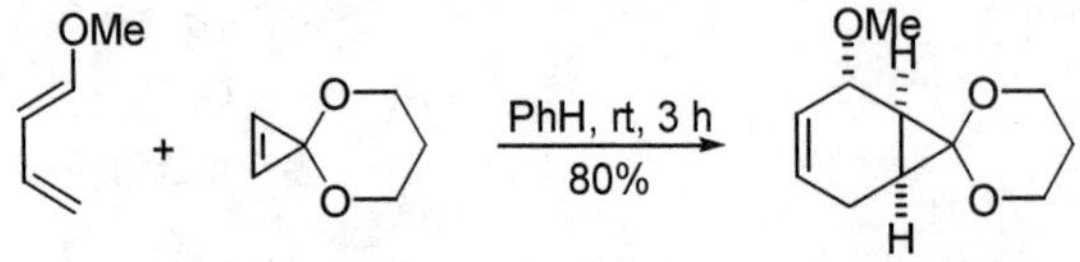

PhH, rt, 3 h
80%
(10)

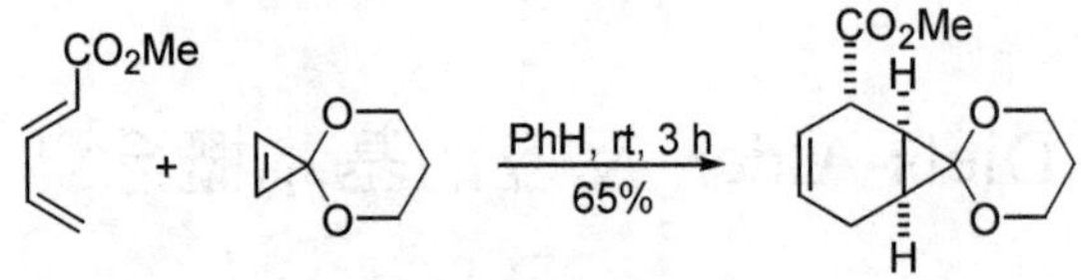

PhH, rt, 3 h
65%
(11)

亲二烯体的双键或者三键上的原子并不局限于碳原子。它们其中的一个或者两个原子为杂原子时被称为杂亲二烯体 (hetero-dienophile)。*N*-、*O*- 和 *S*-原子最常出现在杂亲二烯体分子中，与之相对应的杂亲二烯体主要包括醛羰基化合物、硫羰基化合物、亚胺化合物、亚硝基化合物和 *N*-亚砜苯磺酰胺等 (图 4)。

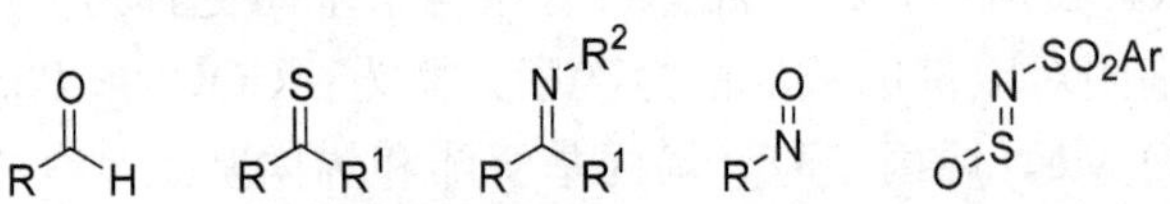

图 4 常见的杂亲二烯体

一般而言，硫羰基化合物是非常活泼的亲二烯体。其它杂亲二烯体的反应活性主要决定于它们的化学结构。许多时候，它们需要在高温、高压或者路易斯酸催化剂存在下才能顺利地发生环化加成反应。由于它们对路易斯酸催化剂需求的特点，它们可以在手性路易斯酸催化剂的作用下发生高度立体选择性的不对称 Diels-Alder 反应。杂亲二烯体参与的 Diels-Alder 反应可以方便地构建杂环或者手性杂环化合物，因此在有机合成中具有特殊的重要地位。

3.2 二烯体

平面顺式 1,3-二烯，或者在反应中可以转变成顺式 1,3-二烯的反式 1,3-二烯，均可用作 Diels-Alder 反应的二烯体。结构上来讲，它们可以是链状二烯或者环状二烯。在正常 Diels-Alder 反应中，二烯体上带有推电子基团可以增加二烯体的反应活性。所以，在烯键上有烷基、芳基，或者有 *N*-、*O*- 和 *S*-原子取代均可增加二烯体的反应活性。有时，芳基乙烯或者多环芳烃也是很好的二烯体。部分代表性的二烯体分子如图 5 所示。

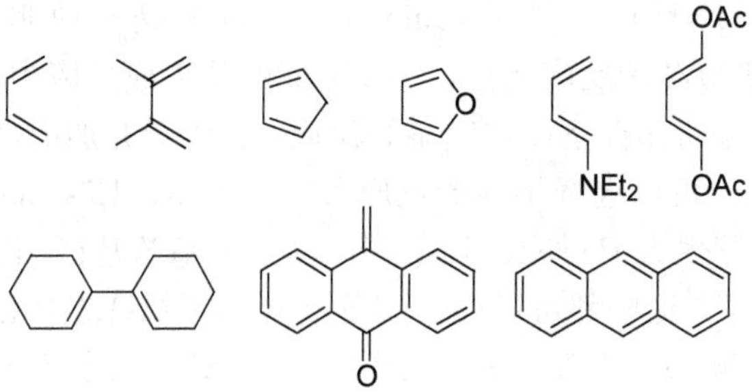

OAc

NEt_2 OAc

O

图 5 代表性的二烯体分子

然而，最具有合成价值的是那些用人名命名的官能团化的二烯体，例如：Brassard 二烯[10]、Chan 二烯[11]、Dane 二烯[12]、Danishefsky 二烯[11b,13,14b]和 Rawal 二烯[14] 等 (图 6)。

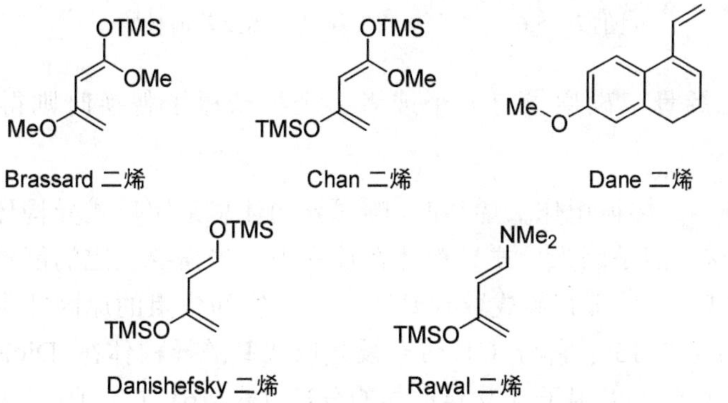

OTMS OMe MeO

Brassard 二烯

OTMS OMe TMSO

Chan 二烯

Me O

Dane 二烯

OTMS TMSO

Danishefsky 二烯

NMe_2 TMSO

Rawal 二烯

图 6 部分官能团化的二烯体

其中 Danishefsky 二烯由于具有高反应活性、高选择性和已经商品化等优点而得到非常广泛的使用。例如：该试剂与马来酸酐可以在室温下 10 min 内以 93% 的产率生成单一的加成产物。在酸性条件下，加成产物中的硅醚可以被选择性地水解生成 β-甲氧基酮 (式 12)，但该试剂生成的最稳定产物一般为 α,β-不饱和酮 (式 13)[15]。

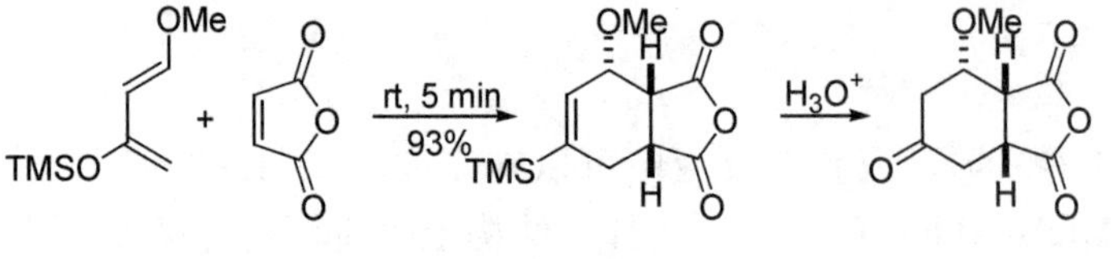

5,6-二亚甲基-1,3-环己二烯 (*o*-quinodimethane) 是一种非常特别的二烯体 (图 7)。它们具有非常高的反应活性，一般不能够从生成反应中分离出来。但是，它们可以在亲二烯体的存在下原位制备和反应，生成苯并加成产物。使用不同的前体化合物 (图 7)，可以选择不同的反应条件。例如：1,2-二(溴甲基)苯[16]可以在碘离子的诱导下发生去溴反应，[2-(三甲基硅)甲基苄基]三甲基碘化铵[17]经氟离子引发的消去反应，这些都可以用来制备 5,6-二甲烯-1,3-环己二烯。取代苯并环丁烯衍生物在热解条件下发生的分子内 Diels-Alder 反应已经成功地用于甾体分子的全合成[18]。

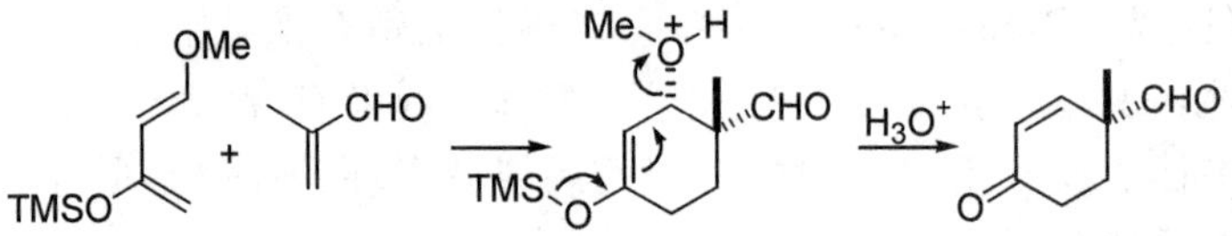

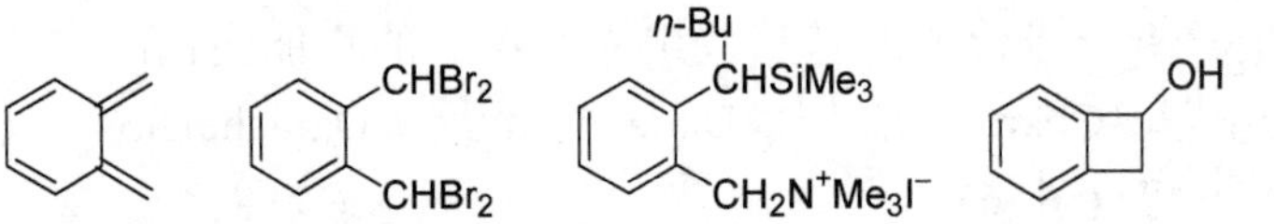

图 7 5,6-二亚甲基-1,3-环己二烯及其前体物

当 1,3-二烯骨架碳原子有一个或者多个被杂原子替换时则得到杂二烯体 (hetero-diene)。

相同的 1,3-二烯被用作二烯体时，顺式异构体总是比反式异构体容易并得到较好的产率。这可能是因为反式异构体在反应中首先需要一定的能量转化成顺式的原因 (式 14)。C1 带有顺式取代基时，由于空间位阻的原因非常不利于形成顺式 1,3-二烯 (式 15)。它与 C1 带有反式取代基的异构体在 Diels-Alder 反应中的速率差别甚至可以用于顺反异构体的分离 (式 16)。C2 或/和 C3 带有较小取代基时，有利于形成顺式 1,3-二烯 (式 17 和式 18)。

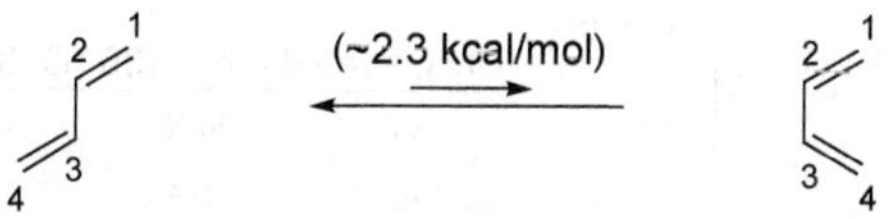

(~2.3 kcal/mol) (14)

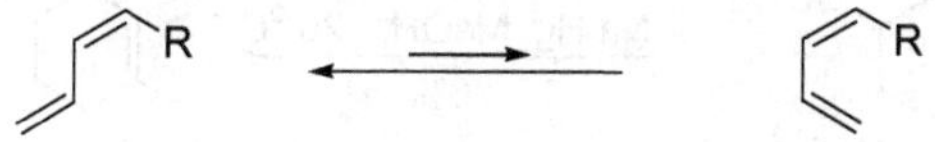

(15)

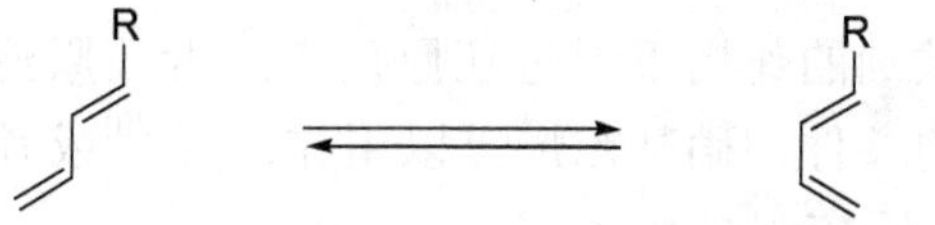

(16)

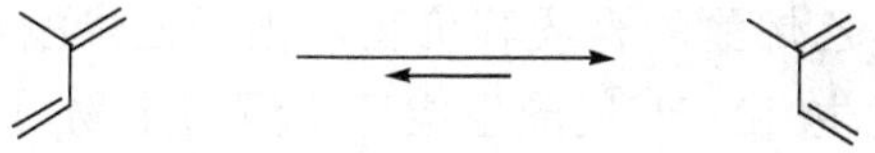

(17)

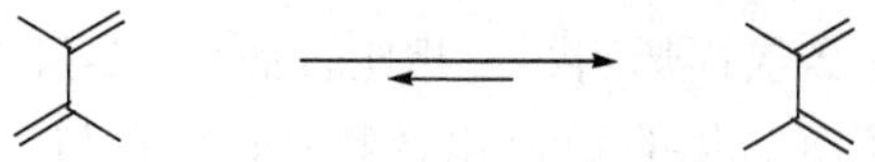

(18)

但是，还是有许多 1,3-二烯不能够发生 Diels-Alder 反应 (图 8)。例如：1,3-环辛二烯因为环的扭曲使得两个烯键不能够共处在同一个平面上；2,3-二叔丁基-1,3-丁二烯因为位阻太大而无法转变成顺式构型；3-甲烯基环己烯和 1,2,3,5,6,7-六氢萘均因为环状结构使得反式 1,3-二烯构型被固定。

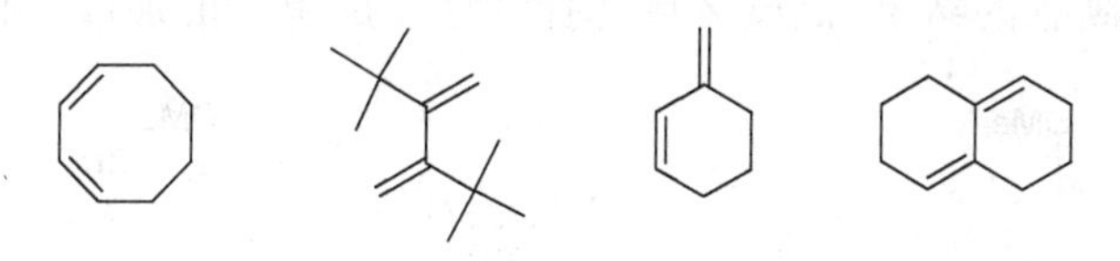

图 8　不能发生 Diels-Alder 反应的 1,3-二烯分子

3.3　合成等价物

在反应活性较低的亲二烯体分子中临时引入一个拉电子基团，使之成为活泼的亲二烯体，这种临时致活的亲二烯体被称之为合成等价物 (synthetical equivalent)。它必须具有的特征是在完成 Diels-Alder 反应之后，拉电子基团能够方便地从产物分子中除去。

虽然人们进行了大量的尝试性研究，但具有应用价值的合成等价物并不多。例如：乙烯本身是一个气体化合物，不仅反应活性低，而且反应操作也不方便。使用苯基乙烯基砜作为乙烯或者末端烯的合成等价物，则可以方便地避免这些缺点。如式 19 所示：苯基乙烯基砜与 2,3-二甲基-1,3-丁二烯可以在室温下顺利地发生 Diels-Alder 反应，生成结晶固体产物；然后，使用钠汞齐还原除去苯砜基，便得到乙烯的加成产物 1,2-二甲基环己烯[19]，反应结果就像是乙烯发生的反应一样。

$$\text{2,3-dimethylbutadiene} + CH_2{=}CHSO_2Ph \xrightarrow[94\%]{\text{PhH, sealed tube, 135 °C, 32 h}} \text{4-(phenylsulfonyl)-1,2-dimethylcyclohexene} \xrightarrow[76\%]{\text{Na-Hg, MeOH, –20 °C}} \text{1,2-dimethylcyclohexene} \tag{19}$$

硝基可以在多种试剂的作用下通过还原反应或者还原消去反应从产物分子中除去。视反应使用的条件，硝基乙烯可以用作乙烯[20]或者乙炔[21]的合成等价物，但它们很少得到实际应用。

最具有合成价值的是乙烯酮的合成等价物。由于乙烯酮在 Diels-Alder 反应条件下会优先与二烯体发生 [2+2] 反应生成环丁酮衍生物，因此不能用作亲二烯体来制备环己酮衍生物。虽然 2-氯丙烯酸和 2-氯丙烯酰氯也被用作乙烯酮的合成等价物，但最常用的是 2-氯丙烯腈[22]。相比较而言，2-氯丙烯腈具有下列三个优点：(1) 它是一个已经商品化的稳定化合物；(2) 它与二烯体的反应可以被 CuCl 催化而表现出高度的区域选择性；(3) 加成产物氯代腈可以在多种温和条件下水解成酮。如式 20 所示：2-氯丙烯腈与 1-甲氧基-1,3-环己二烯在 $CHCl_3$ 中高度区域选择性地生成加成产物。接着，加成产物在 Na_2S 的存在下即可水解成环己酮的衍生物[23]。1992 年，这一方法在天然产物 Taxol 全合成中 A-环的制备上获得了非常满意的结果，高度区域选择性地生成单一的加成产物 (式 21)[24]。

$$\text{1-methoxy-1,3-cyclohexadiene} + CH_2{=}C(Cl)CN \xrightarrow[70\%]{\text{PhH, reflux, 15 h}} \text{adduct (OMe, Cl, CN)} \xrightarrow[50\%]{Na_2S\cdot 9H_2O,\ \text{EtOH, reflux, 14 h}} \text{bicyclic ketone (OMe)} \tag{20}$$

$$\text{diene (OAc)} + CH_2{=}C(Cl)CN \xrightarrow[85\%]{\text{sealed tube, 130 °C, 3 d}} \text{adduct (OAc, Cl, CN)} \xrightarrow[65\%]{\text{KOH, } t\text{-BuOH, 70 °C, 3 h}} \text{cyclohexenone (OAc)} \tag{21}$$

3.4 顺式原理

Diels-Alder 反应机理上归属于 [4+2] 环化加成反应，二烯体与亲二烯体中的 p-轨道通过上下重叠成键。因此，Diels-Alder 反应是一个立体专一性的顺式加成反应。二烯体与亲二烯体的立体构型在反应前后保持一致，这一现象被称之为顺式原理 (*cis*-principle) (式 22)。例如：1,3-丁二烯与 (顺)-丁烯二酸二甲酯根据顺式原理生成 (顺)-环己-4-烯-1,2-二甲酸二甲酯 (式 23)；而与 (反)-丁烯二酸二甲酯则生成 (反)-环己-4-烯-1,2-二甲酸二甲酯 (式 24)。

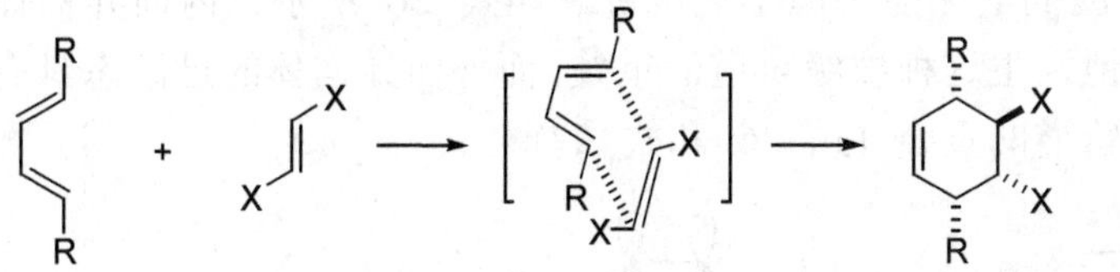

(22)

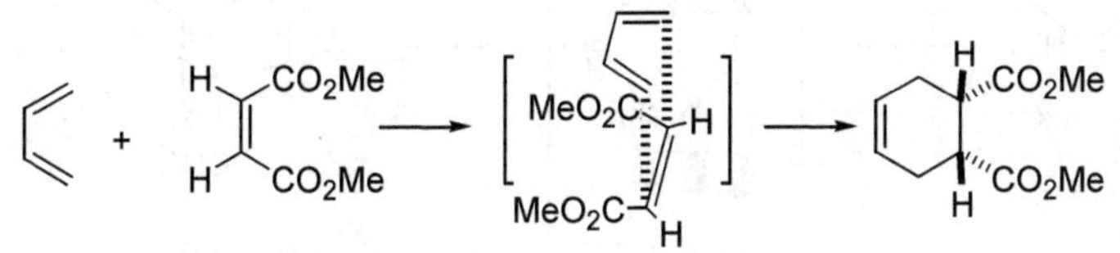

(23)

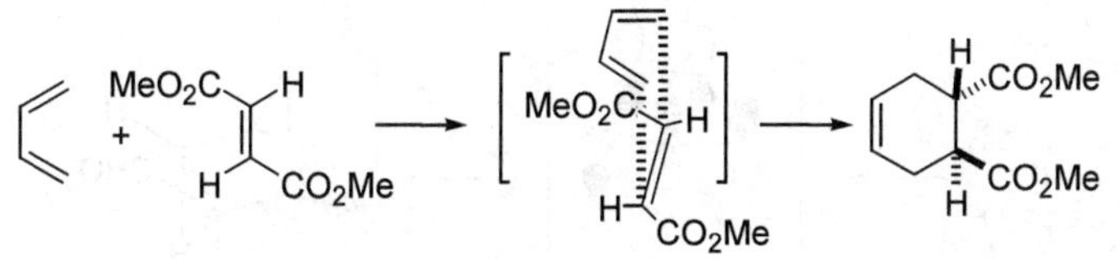

(24)

以电环化机理进行的各类 Diels-Alder 反应均严格遵循顺式原理，不同的反应条件均不对顺式原理产生影响。

3.5 内向规则

环状结构的二烯体与亲二烯体发生 Diels-Alder 反应生成桥环产物。亲二烯体上的主要拉电子取代基在产物中与桥环方向相反时被称之为内向异构体 (*endo*-isomer)；相同时则得到外向异构体 (*exo*-isomer)。Diels-Alder 反应是一个内向异构体选择性的加成反应，通常主要生成内向异构体产物。Alder 早在 20 世纪 30 年代就发现了这一现象，所以该现象被称之为内向规则或者阿尔德内向规则 (Alder's *endo*-rule)。环戊二烯与 (顺)-丁烯二酸二甲酯的反应是内向规则最具代表性的例子 (式 25)。

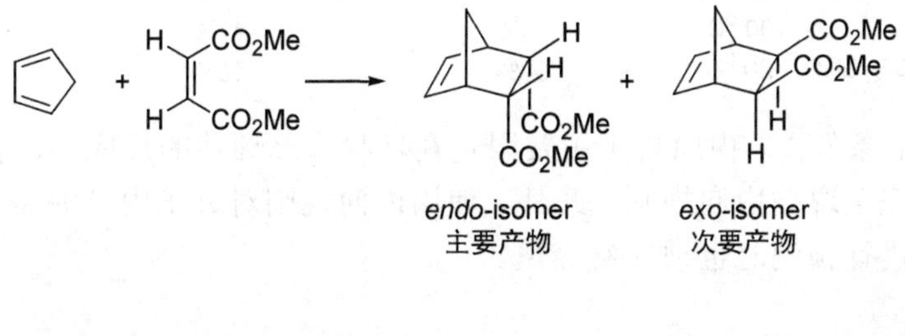

(25)

endo-isomer
主要产物

exo-isomer
次要产物

生成热力学不稳定的内向异构体为主要产物的现象说明，Diels-Alder 反应是一个动力学控制的反应。前沿轨道理论研究认为[25]：当二烯体的 HOMO 与亲二烯体的 LUMO 成键时，二烯体 C1 和 C4 上的 p-轨道与亲二烯体的两个 p-轨道在一级轨道上发生重叠成键。如果二烯体 C2 和 C3 上的 p-轨道与亲二烯体拉电子取代基的 p-轨道在次级轨道上发生重叠，则可以进一步降低 Diels-Alder 反应的活化能，但不能成键。如式 26 所示，内向异构体的过渡态可以最大限度地发生这种次级轨道的重叠，而外向异构体的过渡态具有较小或者完全没有次级轨道的重叠 (式 26 和式 27)。

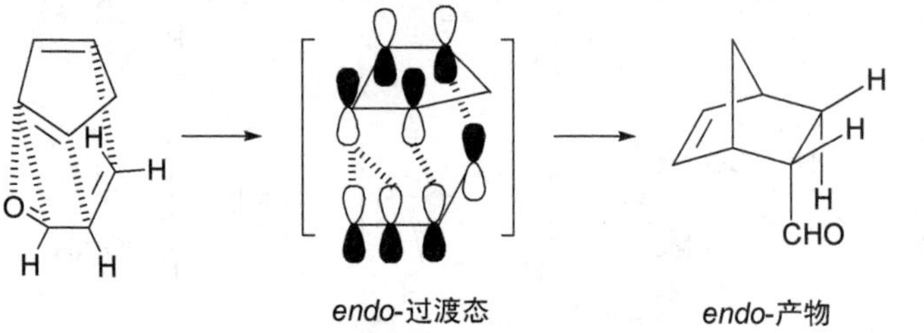

endo-过渡态　　*endo*-产物　　(26)

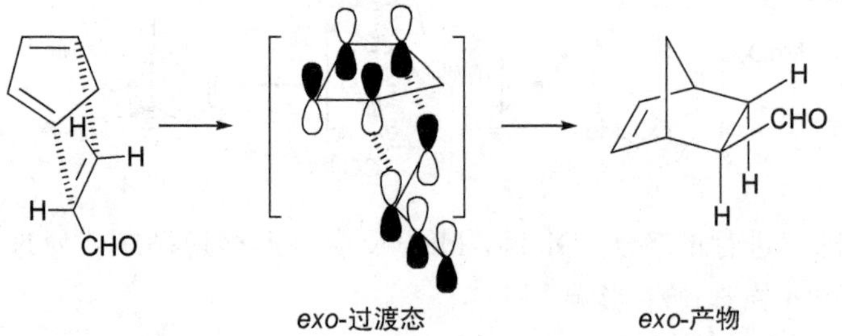

exo-过渡态　　*exo*-产物　　(27)

反应条件对内向规则有规律性的影响。升高反应温度会降低内向异构体的比例；增大压力会增大内向异构体的比例。使用路易斯酸催化剂会显著增大内向异构体的比例，这可能与使用催化剂后降低反应的温度和缩短反应的时间有关。式 28 展示了部分反应条件对 Diels-Alder 反应产物中内向异构体比例的影响[26]。

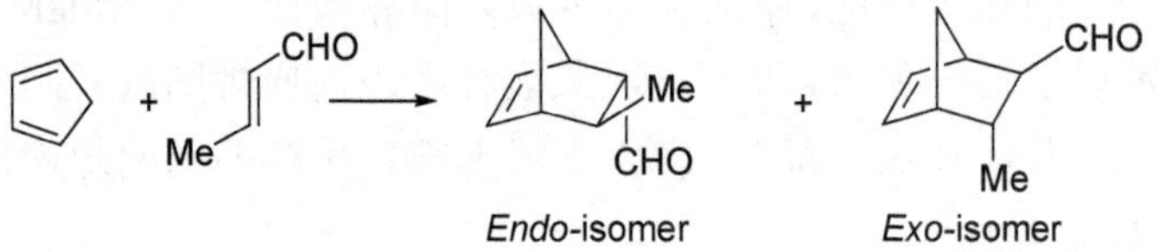

(28)

	Endo-isomer	*Exo*-isomer
25 °C	63%	37%
100 °C	59%	41%
$BF_3 \cdot Et_2O$, –20 °C	90%	10%

在热反应的条件下，内向规则主要限定在环状亲二烯体的反应中，非环状的亲二烯体并不完全遵循内向规则。此外，使用内向规则对分子内 Diels-Alder 反应的立体化学进行预测时也须非常谨慎。

3.6 邻-对位区域选择性

在正常的 Diels-Alder 反应中，当带有推电子基团的二烯体与带有拉电子基团亲二烯体发生环化加成时，生成具有高度区域选择性的产物。一般来讲，C1 取代的二烯体选择性地生成取代基相邻的产物 (式 29)；C2 取代的二烯体选择性地生成取代基处于对位的产物 (式 30)。

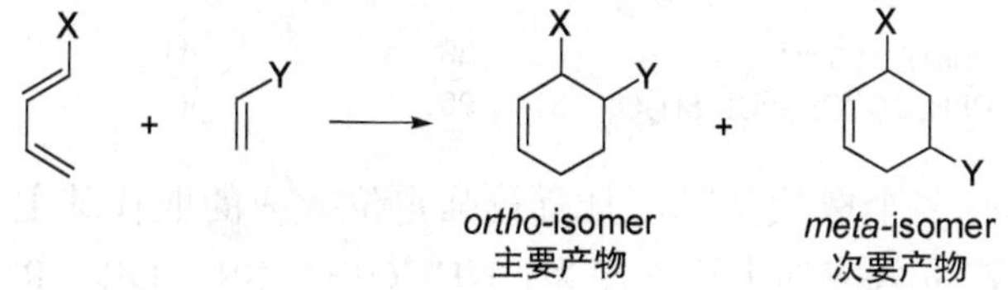

ortho-isomer 主要产物   meta-isomer 次要产物 (29)

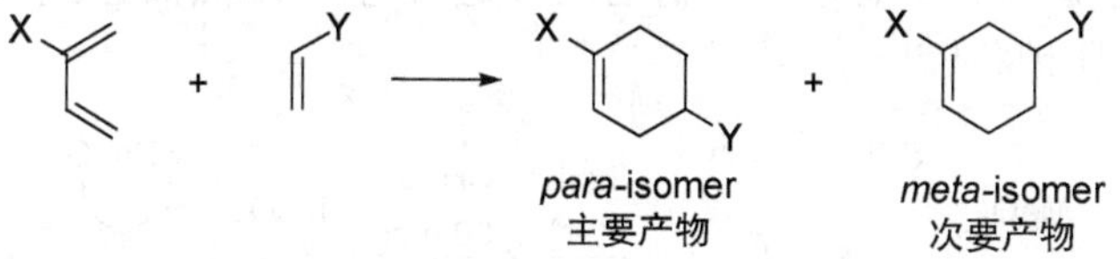

para-isomer 主要产物   meta-isomer 次要产物 (30)

邻-对位区域选择性 (*ortho-para* regioselectivity) 可以方便地从二烯体和亲二烯体的共振杂化结构式得到合理的解释 (式 31)。例如：1,3-戊二烯和丙烯腈各有两种共振杂化结构式。它们以较稳定的共振结构发生反应生成以邻位为主的加成产物 (式 32)。

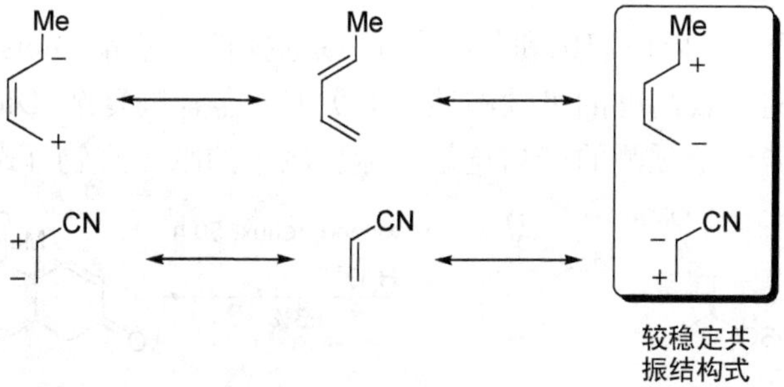

较稳定共振结构式 (31)

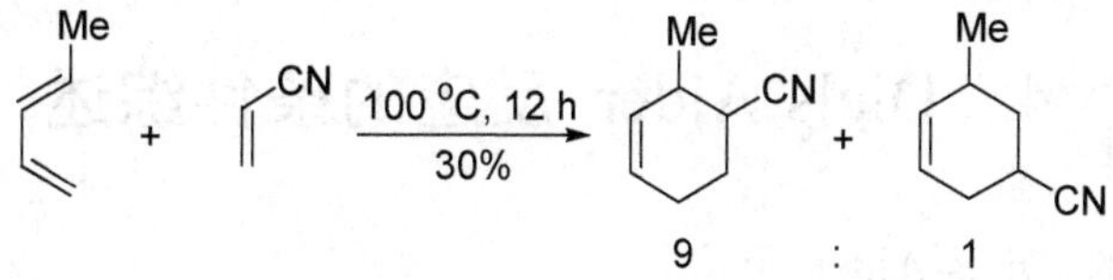

100 °C, 12 h, 30%; 9 : 1 (32)

所以，二烯体上带有强推电子基团和亲二烯体上带有强拉电子基团均可以加强 Diels-Alder 反应的区域选择性 (式 33)。使用路易斯酸催化剂也会显著加强区域选择性 (式 34)，但是升高温度则降低区域选择性。

R = Me 6 : 1
R = OMe 10 : 1 (33)

PhMe, 120 °C 59 : 41
PhH, 25 °C, $SnCl_4 \cdot 5H_2O$ 96 : 4 (34)

当二烯体上有多个取代基时，具有较强定位效应的取代基主导邻-对位区域选择性。取代基定位效应的大概次序为：$NHCO_2R > SR > OR > R > H$。例如：在式 35 中，苯硫酚基完全主导了产物的区域选择性[27]；然而在式 36 中苯硫酚基却完全处于从属地位[28]。

$MgBr_2$, CH_2Cl_2, 25 °C, 30 min, 90% (35)

dioxane, 56 °C, 26 h, 89% (36)

根据顺式原理、内向规则和邻-对位区域选择性，正常 Diels-Alder 反应的主要产物及其结构具有高度的可预测性。事实上，在有些复杂 Diels-Alder 反应产物合成中，根据理论预测的产物竟是实际反应中的唯一产物 (式 37)[29]。

1. xylene, reflux, 50 h; 2. H_3O^+; 53% (37)

4 Diels-Alder 反应的条件综述

4.1 热条件下的 Diels-Alder 反应

通常的 Diels-Alder 反应是一个纯粹的热反应，许多时候只需将二烯体和亲二烯体在室温下混合或者在溶剂中混合即可发生反应。惰性溶剂是 Diels-Alder 反应的优良溶剂，例如：CH_2Cl_2、$CHCl_3$、PhH、MePh 和 THF 等。在有机溶剂中进行的 Diels-Alder 反应被认为是一个对溶剂不敏感的反应，溶剂的选择主要考虑反应底物的溶解度。热条件下的 Diels-Alder 反应 (thermal Diels-Alder reactions) 的难易程度主要取决于反应中所使用的二烯体和亲二烯体的结构 (式 38 和式 39)[30,31]。

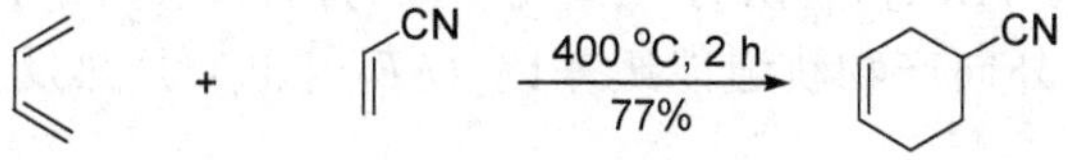

(38)

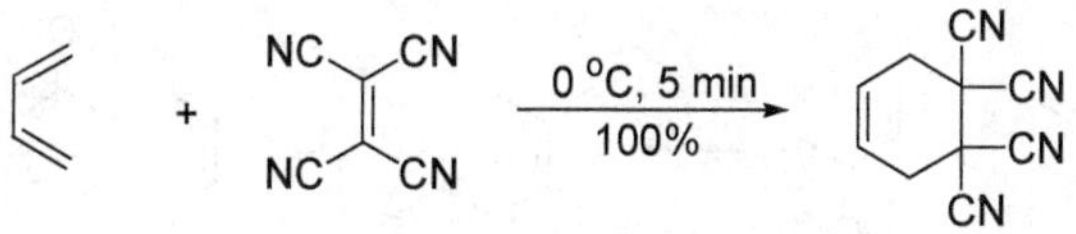

(39)

简单地升高反应温度就可以显著地加快 Diels-Alder 反应的速度。许多时候使用不同溶剂的目的主要是为了调节反应的温度。但是，由于 Diels-Alder 反应是一个可逆反应，因此升高温度也加快了逆向 Diels-Alder 反应的速度而降低正向反应产物的收率。除此之外，较高的温度还会降低反应的邻-对位选择性和内向选择性。但是，对于那些直接生成苯环衍生物的 Diels-Alder 反应来讲，热反应往往是最方便的反应条件。许多天然产物中含有蒽环或者氮杂蒽环骨架结构，选用不同的亲二烯体经 Diels-Alder 反应可以方便地获得这些目标化合物 (式 40[32]和式 41[33])。

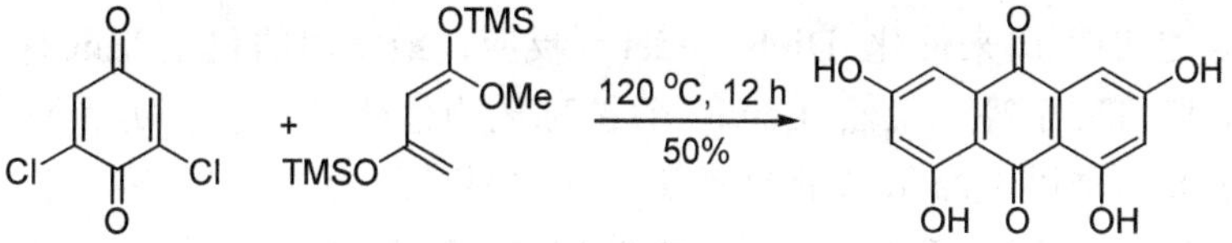

(40)

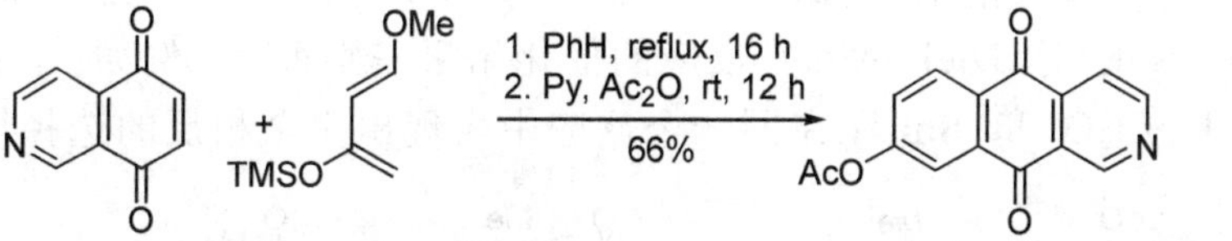

(41)

微波技术作为有机合成获得热能的另外一种方式在 Diels-Alder 反应中也已经得到了广泛的应用[34]。

4.2 Lewis 酸催化的 Diels-Alder 反应

1960 年 Yates 的工作开始了 Lewis 酸催化的 Diels-Alder 反应 (Lewis acid catalyzed Diels-Alder reactions) 的研究[35]。在该工作中，蒽与富马酸二乙酯在 100 °C 三天才能完成的反应，在 $AlCl_3$ 的存在下可以在 25 °C 和 30 min 内完成。2-甲基丁二烯与甲基乙烯基酮在热反应条件下对-间位选择性为 71:29，在 $SnCl_4$ 催化下这种选择性可升至 93:7 (式 42)[35,36]。更多的研究发现：Lewis 酸对 Diels-Alder 反应的催化作用可以降低反应温度、加快反应速度、增加邻-

对位区域选择性和内向异构体选择性。所有这些催化性能被认为主要产生于 Lewis 酸与亲二烯体中杂原子配位的结果 (式 43)。亲二烯体中的杂原子是一个弱 Lewis 碱，它与 Lewis 酸的配位降低了亲二烯体 LUMO 的能量。理论计算显示：$AlCl_3$ 催化的丁二烯与丙烯酸甲酯之间的反应比热反应条件下反应的自由能低 9.3 kcal/mol[37]。$AlCl_3$ 催化的 1,3-戊二烯与丙烯酸甲酯 Diels-Alder 反应产物中，内向产物与外向产物轨道能级差比 ($\Delta E_{endo/exo}$) 是热反应条件下轨道能级差比的 9 倍[38]。

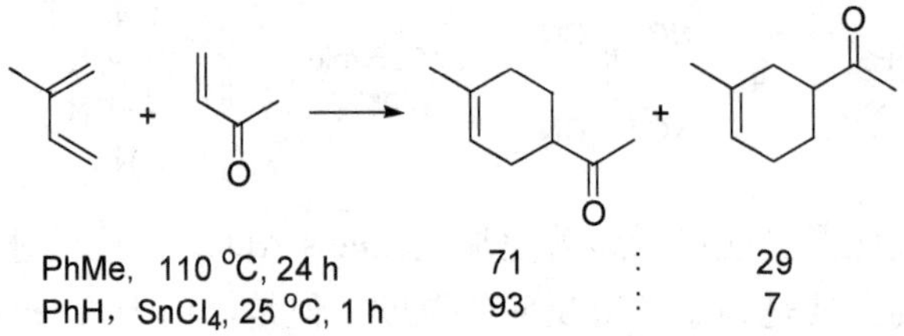

(42)

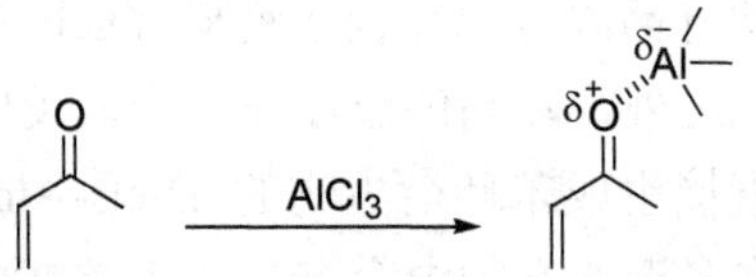

PhMe, 110 °C, 24 h　71 : 29
PhH, $SnCl_4$, 25 °C, 1 h　93 : 7

$AlCl_3$
(43)

Lewis 酸催化的 Diels-Alder 反应与大多数催化有机反应的显著差异在于：催化剂在增加反应速度的同时，也增加了反应的区域选择性和立体选择性。几乎所有的 Lewis 酸均可用来催化 Diels-Alder 反应，最常用的包括 $ZnCl_2$、BF_3、$AlCl_3$、$SnCl_4$ 和 $TiCl_4$ 等。虽然 Lewis 酸被称之为催化剂，但在实际操作中一般需要一个或者一个以上摩尔当量的用量。这主要是因为 Lewis 酸与杂原子生成配合物的原因。反应溶剂对 Lewis 酸催化的 Diels-Alder 反应影响很小，但不同的 Lewis 酸对 Diels-Alder 反应的催化结果差别很大。例如：在式 44 的反应中，$FB_3 \cdot Et_2O$ 和 $SnCl_4$ 在同一个反应中表现出完全相反的选择性[39]。

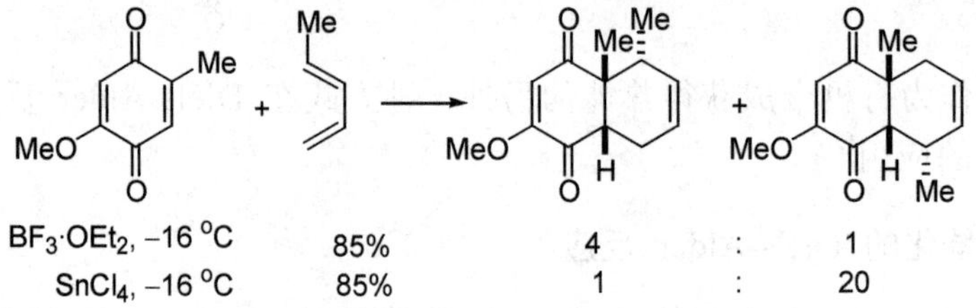

(44)

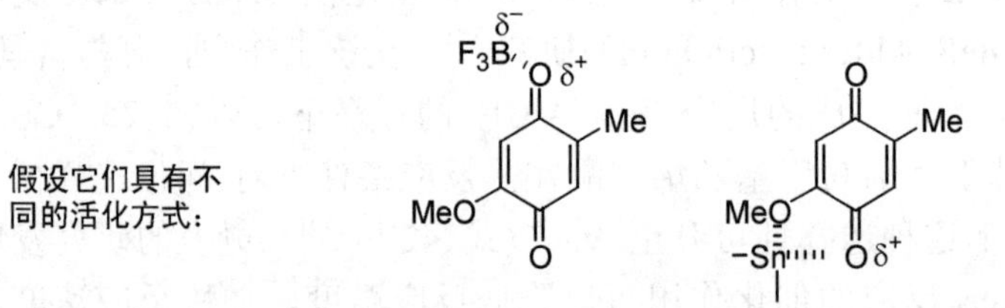

$BF_3 \cdot OEt_2$, −16 °C　85%　4 : 1
$SnCl_4$, −16 °C　85%　1 : 20

假设它们具有不同的活化方式：

这主要是因为它们对甲氧基苯醌活化的位置不同。前者对甲氧基苯醌中具有较强 Lewis 碱性的羰基进行活化，而后者通过形成双齿配合物对另一个羰基进行活化。

Lewis 酸催化剂的作用在反应活性较低的环状不饱和酮[40]或者杂环亲二烯体的 Diels-Alder 反应中表现的特别突出[41]。除了传统的主族金属 Lewis 酸催化剂之外，镧系金属 Lewis 酸催化剂也常常用于此目的，例如：$Eu(fod)_3$、$Eu(hfc)_3$ 和 $Yb(fod)_3$ 等。这类催化剂可以溶解于有机溶剂，使用催化用量即可获得有效的催化效果。它们具有较弱的酸性，往往可以在带有酸敏性底物或者产物的体系中使用 (式 45)[42]。

特别是一些金属三氟甲基磺酸盐，由于三氟甲基磺酰基的强烈拉电子效应，使金属离子对羰基氧原子具有高度的亲和力，例如：$Yb(OTf)_3$、$Eu(OTf)_3$、$Sc(OTf)_3$、$Bi(OTf)_2$ 和 $Cu(OTf)_2$ 等等。这类催化剂虽然比 Lewis 酸更强一些，但同样具有用量小和对酸敏性底物或者产物稳定的优点。例如：Danishefsky 二烯中的烯醇醚对酸相当敏感，一般必须在加成产物生成后再将烯醇醚转化成酮。而使用 $Yb(OTf)_3$ 催化剂在低温反应条件下对 Danishefsky 二烯中的烯醇醚几乎不产生影响，但可以使产物中的烯醇醚发生裂解，直接得到稳定的成酮产物 (式 46)[43]。

4.3 高压 Diels-Alder 反应

许多 Diels-Alder 反应是在封管中进行的。一方面是因为二烯体或亲二烯体具有较大的挥发性；另一方面，在升高温度的同时也提高了反应的压力。高压 Diels-Alder 反应 (high pressure Diels-Alder reactions) 是一类颇具特色的反应 (例如：1~2 万巴)，增加反应的压力对提高反应速度、增加反应的区域选择性和立体选择性均是有益的。因为压力压缩了二烯体和亲二烯体在反应过渡态的体积，常压下需要 100 °C 发生的反应在 1×10^4 bar 的压力下不仅可以在常温下进行，而且反应效率也比前者提高了很多[44]。例如：在式 47 所示的天然产物 (+)-Jatropholone 的合成中，由于呋喃衍生物的不稳定性，在加热或者 Lewis 酸催化条件下均无法与 α,β-不饱和庚酮反应得到理想的产物。但是，在 5 kbar 的压力下，该反应可以在室温下非常顺利地完成[45]。

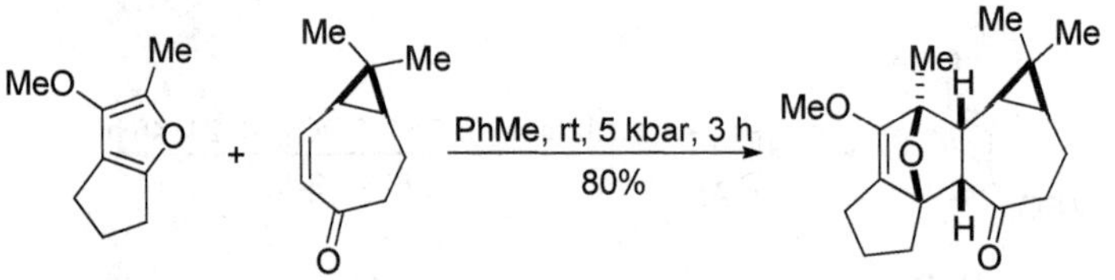

PhMe, rt, 5 kbar, 3 h; 80% (47)

许多时候，复杂化合物合成中的底物在通常的条件下反应非常慢。但是，理论计算显示它们的 Diels-Alder 反应具有合理的活化焓值和活化熵值[46]。因此，可以通过使用高压条件改变反应的平衡，促进反应顺利完成。如式 48 所示[47]：在天然产物 Aklavione 合成中，二烯体上需要带有烷氧基和羧酸酯。但是，这种取代形成的“推-拉电子”取代二烯体在加热或者 Lewis 酸催化条件下均无法得到理想的结果。然而，在 17 kbar 压力下，以 75% 的产率得到理想的四环产物。

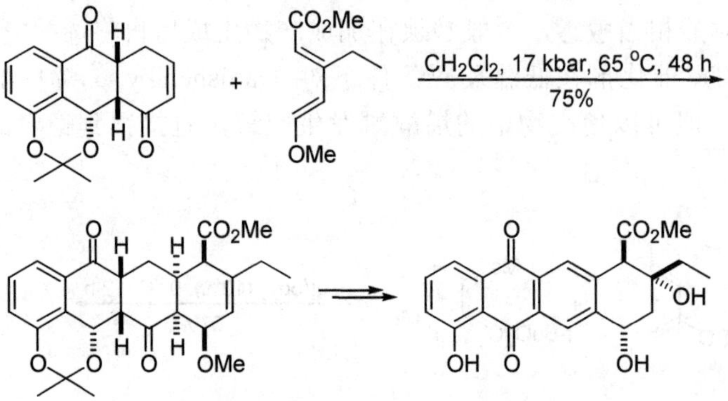

CH_2Cl_2, 17 kbar, 65 °C, 48 h; 75% (48)

尽管高压 Diels-Alder 反应具有非常独特的优点，但不方便在一般实验室中操作和使用。早期的高压 Diels-Alder 反应主要用于对反应机理的认识和解释，现在主要用于应用有机合成研究。

4.4 水介质中的 Diels-Alder 反应[48]

1980 年，Breslow 等人首先探索了使用水作为 Diels-Alder 反应的溶剂[49]。

他们发现，在水介质中进行的 Diels-Alder 反应 (aqueous Diels-Alder reactions) 不仅可以极大地加快反应的速度，而且也加强了区域选择性和立体选择性。使用在水溶液中溶解度很差的反应底物也得到相同的结论。例如：环戊二烯与甲基乙烯基酮在水溶液中反应与在 2,2,4-三甲基戊烷溶液中反应相比较，反应速度增加了 700 倍，内向异构体与外向异构体比例从 4:1 显著提高到 20:1 (式 49)。

(49)

2,2,4-三甲基戊烷	20 °C	4 : 1
水	20 °C	20 : 1

对水介质中反应速率和选择性增加现象可以从两个方面来理解：一方面，底物的疏水性质使反应过渡态的相互作用在水溶液中得到了加强[49]；另一方面，水被认为是一个弱的 Lewis 酸，它与亲二烯体的拉电子基团形成氢键后增加了拉电子的能力[50]。更多的研究证明，反向 Diels-Alder 反应[51]、催化 Diels-Alder 反应[52]和分子内 Diels-Alder 反应[53] 在水溶液中进行也会产生更好的反应效果。Grieco 最早成功地将水相 Diels-Alder 反应应用于合成目的[54]。例如：在倍半萜 Vernolepin 合成中间体的制备中，将带有羧基的二烯体和亲二烯体在苯或者甲苯溶剂中共热，所得产物的产率、选择性和反应时间总是相互影响。但是，使用羧基的钠盐在水溶液中发生反应，便可得到比较满意的结果 (式 50)[55]。

1. Diene
2. CH_2N_2

(50)

Diene	Conditions	Ratio	Yield
CO_2Na	H_2O, 50 °C, 17 h	10 : 1	98%
CO_2H	PhH, 50 °C, 96 h	12 : 1	78%
CO_2H	PhMe, 110 °C, 24 h	8 : 1	66%

水介质中的 Diels-Alder 反应包括使用水或者水与有机溶剂的混合物作为反应溶剂。许多水溶性的有机溶剂，例如：THF、MeCN、MeOH 和 EtOH 常常用于该目的。多数情况下，通过调节和使用混合溶剂的比例可以得到相对较好的结果，H_2O-THF 是最经常使用的混合溶剂。

由于发现许多 Lewis 酸在水相中相当稳定，最近 Lewis 酸催化的水相 Diels-Alder 反应取得了显著的进展。镧系金属的三氟甲基磺酸盐和其它过渡金属的三氟甲基磺酸盐 [例如：$Sc(OTf)_3$、$Bi(OTf)_2$ 和 $Y(OTf)_2$] 在该类反应中特别令人关注。它们很多本身可以从水溶液中制备，而且在水溶液中完成催化反应之后还可以回收循环使用。例如：亚胺是不活泼的亲二烯体，氮原子上有取代基或者进行质子化可以增加其反应性。将醛、苄胺盐酸盐和环戊二烯在水溶液中混合后，醛和苄胺盐酸盐原位生成了相应的亚胺盐酸盐；在 $Nd(OTf)_3$ 的催化下，方便地给出含氮桥环加成产物 (式 51)[56]：

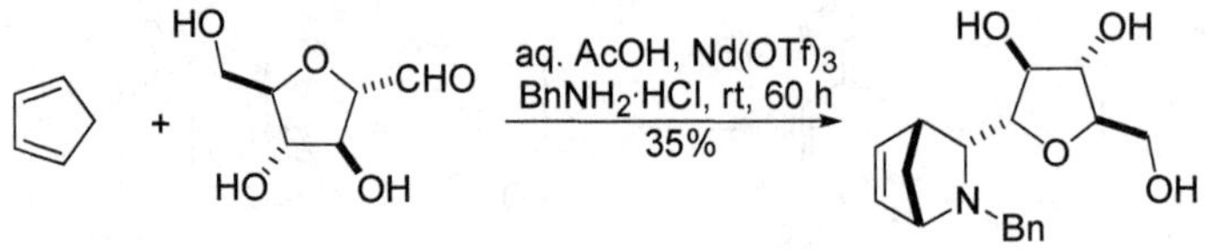

aq. AcOH, $Nd(OTf)_3$, $BnNH_2 \cdot HCl$, rt, 60 h, 35% (51)

5 Diels-Alder 反应的类型综述

5.1 分子内 Diels-Alder 反应 [57]

当一个分子同时携带有二烯体和亲二烯体时，有可能发生分子内 Diels-Alder 反应 (intramolecular Diels-Alder reaction)。理论上来讲，使用 C1 取代的二烯体发生的分子内 Diels-Alder 反应可能生成稠环产物和桥环产物。但在形成 5~6 员环加成产物的反应中，由于位阻的原因几乎只能得到稠环产物 (式 52)。

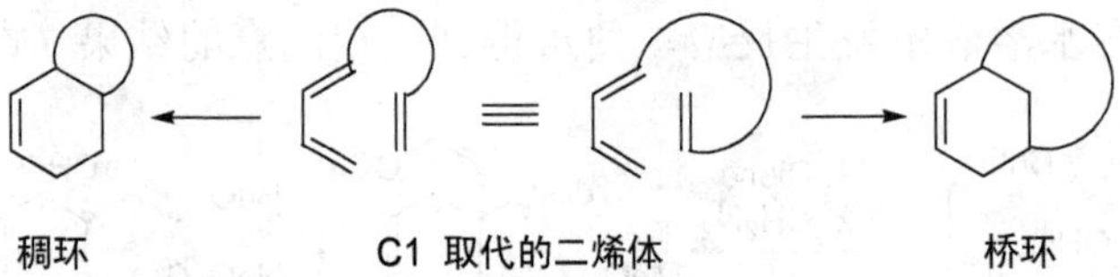

稠环 C1 取代的二烯体 桥环 (52)

如果使用 C2 取代的二烯体发生分子内 Diels-Alder 反应，则只能得到桥环产物 (式 53)。在可能的间桥环产物和对桥环产物中，前者总是主要或者唯一的产物。这类桥环产物具有非常难得的结构，可以用于复杂天然产物的合成。但是，在纯粹热反应的条件下，它们必须在相对较高的温度下进行。虽然使用 Lewis 酸催化剂可以使反应在温和条件下进行，但 C2 取代二烯体本身的合成就具有一定的难度，所以限制了它们的应用 (式 53)。

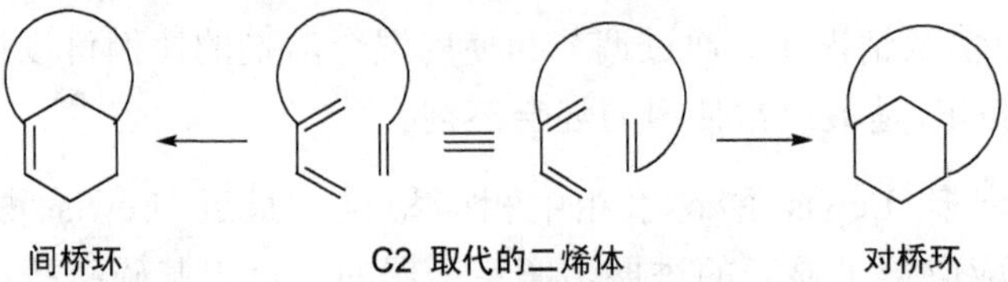

间桥环 C2 取代的二烯体 对桥环 (53)

从分子内 Diels-Alder 反应产物的选择性考虑，连接二烯体与亲二烯体之间的链长最好为 3~4 个原子，生成的产物主要为氢化茚或者氢化萘。链长为 2 个原子时无法得到双环[4.2.0]辛烯衍生物 (式 54)，分子内 Diels-Alder 反应一般不适合制备中环化合物。在合成大环化合物中，分子内的反应与分子间的反应几乎一样，一般生成三种或者三种以上的产物 (式 55)[58]。

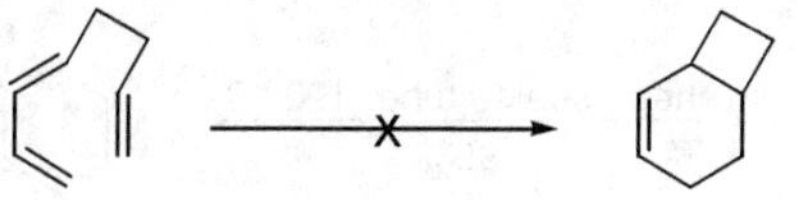

(54)

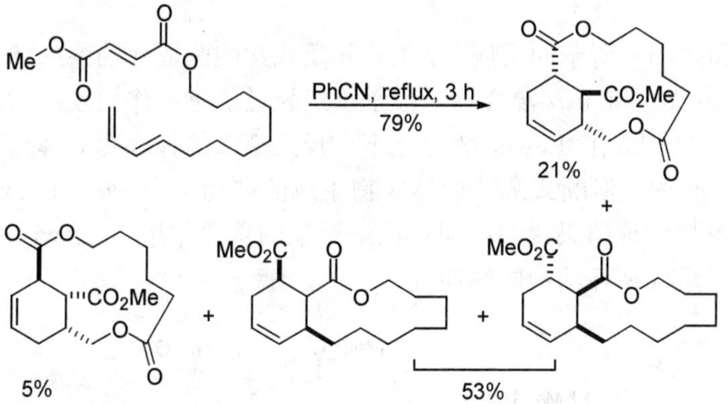

Me O O O O

PhCN, reflux, 3 h
79%

O O CO_2Me O O 21%

+

O O CO_2Me O O 5% + MeO_2C O O + MeO_2C O O 53%

(55)

分子内 Diels-Alder 反应是合成多环化合物的重要方法，常常是复杂天然产物合成路线中的关键步骤。如式 56 所示[59]：在天然产物 (−)-Chlorothricolide 全合成中，首先在同一个分子中引入两个二烯体结构和一个亲二烯体结构。然后，利用两对二烯体与亲二烯体之间链长的距离差异对反应性的影响，使其中的一个二烯体选择性地发生分子间 Diels-Alder 反应，另一个二烯体则选择性地发生分子内的 Diels-Alder 反应。

OTPDMS Me TMS MOMO O O Me + O O O Bu-t

BHT, PhMe, 120 °C, 20 h
45%

OTPDMS O O O Me Me O Bu-t TMS O MOMO

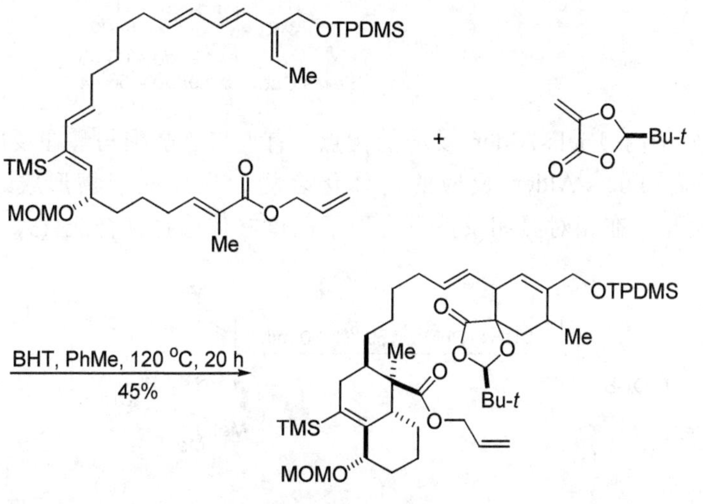

(56)

分子内 Diels-Alder 反应一般比分子间的反应更容易进行。在热反应条件下，分子内 Diels-Alder 反应的立体化学主要受到稠环产物结构本质的影响。如式 57 所示：在亲二烯体上没有拉电子取代基的简单三烯烃几乎定量地得到单一的反式稠环加成产物[60]。

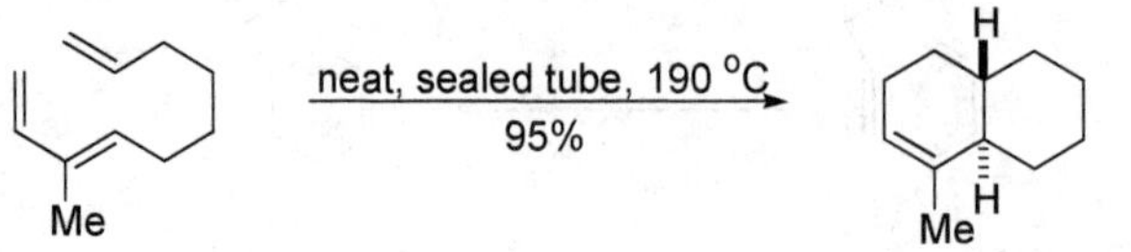

neat, sealed tube, 190 °C, 95% (57)

在式 58 和式 59 所示的反应中，顺式和反式羧酸酯取代的亲二烯体几乎生成相同比例的 *endo*- 和 *exo*-混合物，似乎次级轨道的重叠作用没有对成环过渡态产生明显的影响[61]。在 Lewis 酸存在下，反式亲二烯体底物立体选择性地生成单一的 *endo*-产物，但顺式亲二烯体底物生成的产物中 *endo*- 和 *exo*-比例则几乎没有任何改变。该结果说明：即使次级轨道的重叠作用和 Lewis 酸催化也不足以克服生成反式稠环结构的倾向。

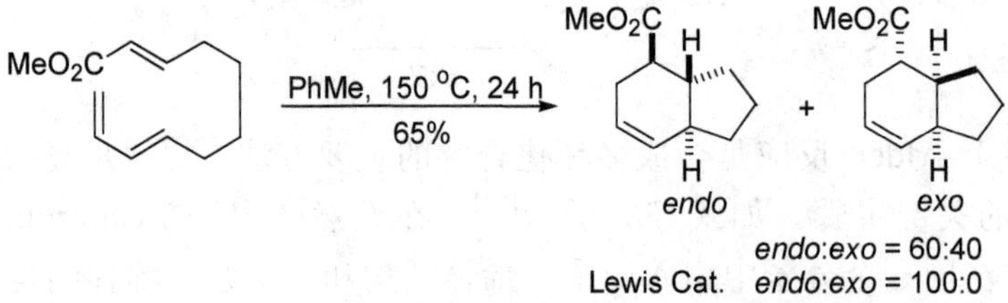

PhMe, 150 °C, 24 h, 65% (58)

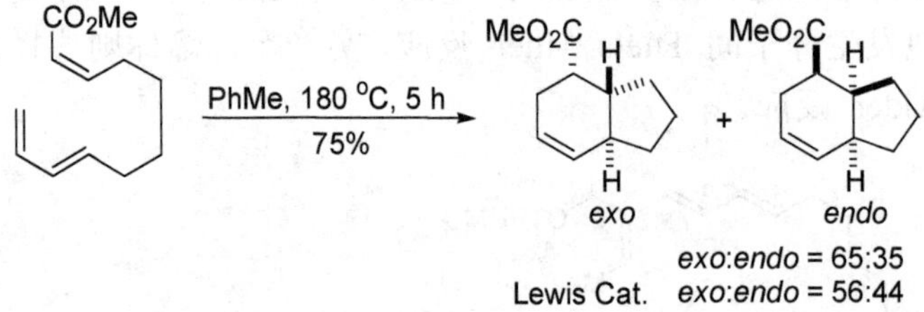

endo:*exo* = 60:40
Lewis Cat. *endo*:*exo* = 100:0

PhMe, 180 °C, 5 h, 75% (59)

exo:*endo* = 65:35
Lewis Cat. *exo*:*endo* = 56:44

为了利用分子内 Diels-Alder 反应的优点，有人将硼酸酯与醇在反应中原位交换生成分子内 Diels-Alder 反应的前体化合物。当反应产物形成之后再用 H_2O_2 除去硼酸酯，在相对温和条件下实现了高度立体选择性合成 (式 60)[62]。

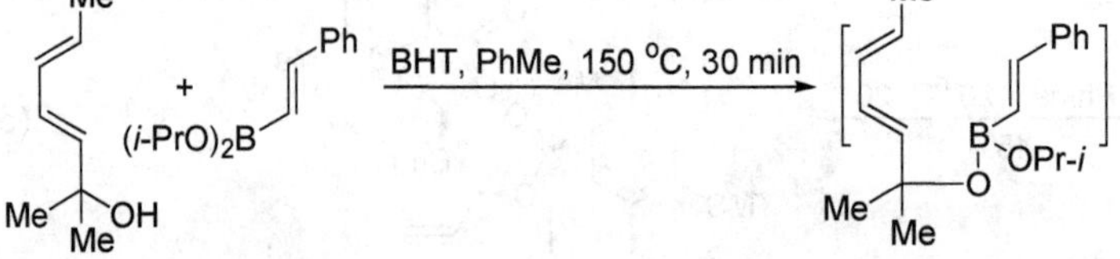

BHT, PhMe, 150 °C, 30 min

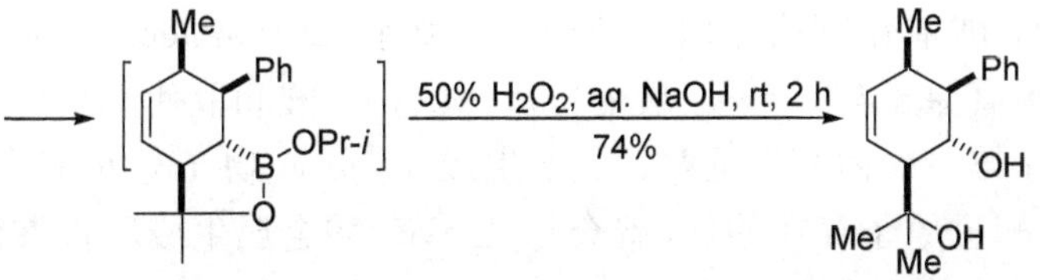

50% H_2O_2, aq. NaOH, rt, 2 h
74%
(60)

天然产物 GKK1032s 具有显著的抗癌活性，它具有手性三环骨架的结构特征。使用 Lewis 酸催化的分子内 Diels-Alder 反应，可以在非常温和的条件下选择性地得到预期立体化学的加成产物 (式 61)[63]。

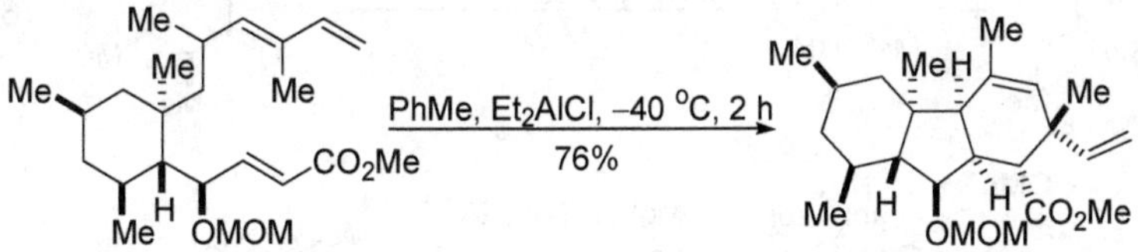

PhMe, Et_2AlCl, –40 °C, 2 h
76%
(61)

在合成策略上，分子内 Diels-Alder 反应一般用在多步合成的较后阶段。

5.2 杂 Diels-Alder 反应

由杂二烯体或者杂亲二烯体发生的 [4+2] 环化加成反应称之为杂 Diels-Alder 反应 (HADR, hetero Diels-Alder reactions)。硫、氧和氮是该反应中最常见的杂原子。由于具有合适反应性的杂二烯体不易获得，绝大多数杂 Diels-Alder 反应是使用杂亲二烯体进行的。

硫羰基自身具有较高的反应活性，许多时候可以在室温下发生硫杂 Diels-Alder 反应。由于生成的硫代吡喃产物缺乏合适的用途，该反应的研究和应用受到了极大的限制。不同类型硫羰基的活性次序大概如式 62 所示。

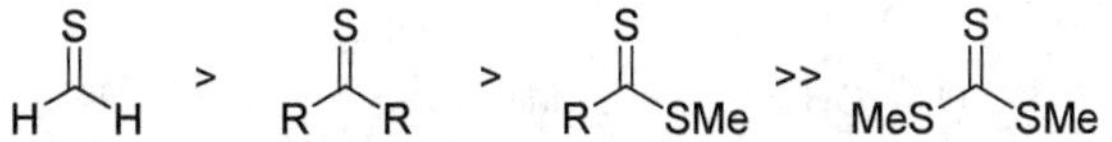

(62)

硫醛本身太活泼，必须在二烯体的存在下原位制备和反应 (式 63)[64]。将硫代吡喃经修饰后发生扩环反应生成九员环产物是一个具有合成价值的反应[65]。

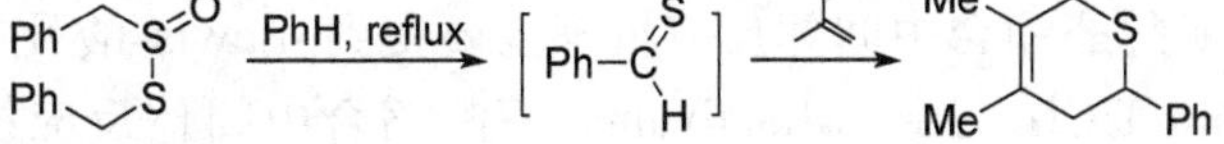

PhH, reflux
(63)

由羰基作为杂亲二烯体发生的氧杂 Diels-Alder 反应是制备 4,5-二氢吡喃的有效方法。最早报道的杂 Diels-Alder 反应就是醛羰基作为杂亲二烯体进行的氧杂 Diels-Alder 反应[66]。活性醛羰基在热反应条件下给出可以接受的结果，例如：甲醛、苯甲醛和羰基碳原子上带有拉电子取代的化合物 (乙醛酸、三氯乙醛、丙二酸酮和 1,2,3-三酮及其衍生物)。其它羰基化合物需要使用活性二烯体或者在 Lewis 酸催化剂存在下反应。

常用的 Lewis 酸催化剂均可以有效地催化氧杂 Diels-Alder 反应。一般情况下，醛羰基上的氧原子与 Lewis 酸配位后，Lewis 酸和取代基呈反式结构。所以，取代基部分与二烯体发生重叠，主要生成 *endo*-产物 (式 64)[42]。如果醛羰基的 α-位上有配位原子存在的话，就会与 Lewis 酸金属生成环状螯合物，则主要生成 *exo*-产物 (式 65)[67]。许多时候，这种立体选择性甚至可以生成单一的立体异构体。

1. Eu(fod)$_3$, CHCl$_3$, 25 °C
2. TFA, ether
66%

(64)

1. MgBr$_2$, THF, 25 °C
2. TFA, ether
68%

(65)

然而，Lewis 酸催化的氧杂 Diels-Alder 反应除了电环化反应机理外，还存在有 Mukaiyama 醇醛缩合中间体反应机理 (式 66)[68]。两种机理产物的立体化学正好相反，导致氧杂 Diels-Alder 反应经常生成立体异构体的混合物。

Cycloaddition Pathway　*cis*-

Mukaiyama-Aldol Pathway　*trans*-

(66)

Mukaiyama 醇醛缩合中间体反应机理主要受到 Lewis 酸种类和二烯体结构的影响。BF_3 和 $TiCl_4$ 导致 Mukaiyama 醇醛缩合中间体反应机理的能力较强 (式 67)[69]。带有烯丙基氢原子的二烯体容易与醛发生 ene-反应，所以也经常生

(67)

$BF_3 \cdot Et_2O$/TFA	68	:	23
$ZnCl_2$/TFA	<2	:	78

成 Mukaiyama 醇醛缩合中间体反应机理的产物[70]。

由亚胺基团作为杂亲二烯体发生的氮杂 Diels-Alder 反应是另外一类非常重要的反应，是获得含烯哌啶的重要手段，经常用于天然生物碱的全合成。一般的亚胺即使在 Lewis 酸催化剂的存在下也不易进行 Diels-Alder 反应。但是，在 *C*-端和 *N*-端带有拉电子取代基的亚胺则具有很高的反应活性，非常容易地发生环化加成反应 (式 68 和式 69)[71]。

+ N Z X Y
heating or Lewis acid
X,Y = H, Ar, CO_2R, CCl_3
Z = COR, SO_2Ar
N Z Y X
(68)

TMSO + MeO_2C N Ts
1. PhH, 5 °C, 3 h
2. H_3O^+
57%
O CO_2Me N Ts

1. $MeCO_3H$, HOAc, 50 °C, 72 h
2. $LiAlH_4$, Et_2O, 0 °C, 1.2 h
38% for two steps
OH HO OH N Ts
(69)

在 Lewis 酸催化剂的存在下，即使一般活性的亚胺也可以在非常温和的反应条件下发生氮杂 Diels-Alder 反应，有时甚至可以得到单一立体选择性产物 (式 70)[72]。

Me N Bn O O Me Me + OMe OTMS MeO
1. Me_2AlCl, CH_2Cl_2
–78 °C, 4 h
2. H_3O^+
82%
O Bn N Me O O Me Me OMe
(70)

使用 *N*-(乙酰氧基甲基)酰胺进行的氮杂 Diels-Alder 反应是一个特色反应。它在适当的反应条件下消去一分子乙酸生成相应的亚胺，随即与二烯体发生环化加成反应生成哌啶衍生物 (式 71)[73]。

TBDMSO H OAc Me O N H
$ZnCl_2$, MeCN, reflux, 3 h
[TBDMSO H Me O N^+ H]

OTBDMS
65%
TBDMSO H H OTBDMS Me O N
(71)

亚硝基是另外一种非常有特色的杂亲二烯体。*N*-芳基取代或者拉电子基取代的亚硝基非常容易在温和条件下发生杂 Diels-Alder 反应。酰基取代亚硝基的相对活泼次序为：ROCONO > RCONO > ArCONO > R_2NCONO。

亚硝基与二烯体发生的杂 Diels-Alder 反应最初生成 3,6-二氢-1,2-噁嗪衍生物。然后，在还原条件下将 1,2-噁嗪中的 N-O 键裂解即可成为一种制备 1,4-氨基醇的有效方法。由于亚硝基的杂 Diels-Alder 反应具有高度立体选择性，许多时候可以得到单一异构体的 1,4-氨基醇衍生物。如式 72 所示[74]：用这种方法可以迅速地合成氨基糖化合物。

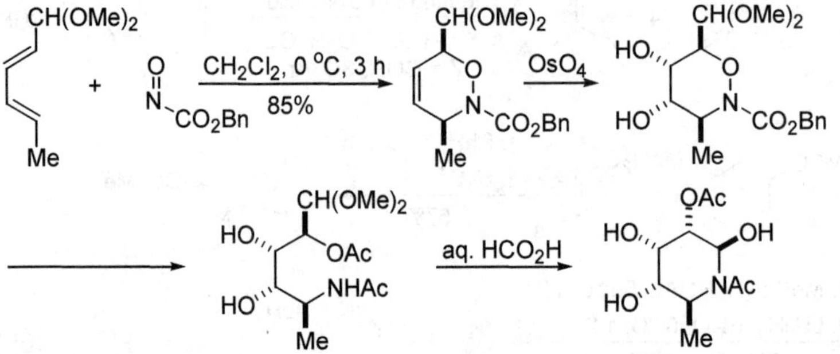

CH(OMe)₂ ... + O=N-CO₂Bn —[CH_2Cl_2, 0 °C, 3 h; 85%]→ ... —[OsO_4]→ ... → ... —[aq. HCO_2H]→ ... (72)

使用 1-氯亚硝基衍生物作为与二烯体发生的杂 Diels-Alder 反应，同样生成 3,6-二氢-1,2-噁嗪衍生物。如果该反应在醇溶液中进行，氯代环己基部分被醇解作为相应的缩醛离去。其结果得到的产物就像使用 HN=O 发生的 Diels-Alder 反应一样。在还原条件下将 1,2-噁嗪中的 N-O 键裂解也是一种制备 1,4-氨基醇的好方法 (式 73)[75]。

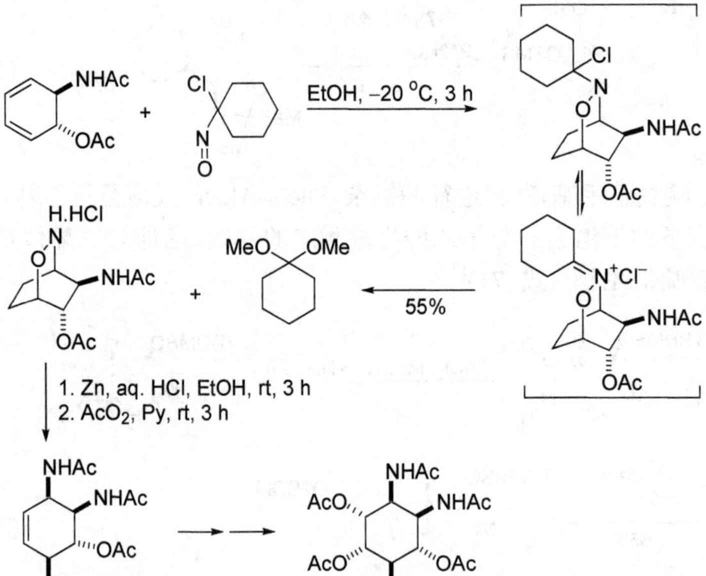

—[EtOH, –20 °C, 3 h]→ ... —[55%]→ H.HCl ... + MeO OMe ... —[1. Zn, aq. HCl, EtOH, rt, 3 h; 2. AcO_2, Py, rt, 3 h]→ ... →→ ... (73)

如果使用 17-氯-17-亚硝基甾体分子与 1,3-丁二烯来进行杂 Diels-Alder 反应，甾体分子的手性可以诱导生成高度对映体选择性的 3,6-二氢-1,2-噁嗪盐酸盐。然后，经过方便地还原则得到具有重要合成价值的手性 4-氨基-环基-2-烯醇(式 74)[76]。

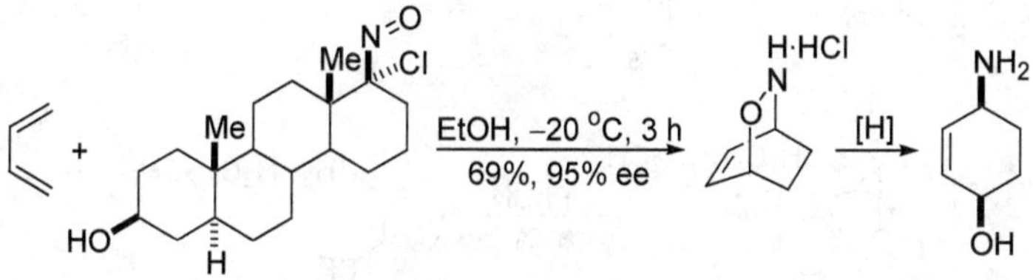

EtOH, −20 °C, 3 h
69%, 95% ee
[H]
(74)

5.3 逆向 Diels-Alder 反应[77]

Diels-Alder 反应是一个可逆反应。受到底物分子中两个 π-键被转变成两个更稳定 σ-键的推动，正向反应可以自动进行。所以，逆向 Diels-Alder 反应一般需要在比较剧烈的条件下才能进行。如果逆反应生成的二烯体或者亲二烯体分子是化学反应性稳定的产物和气体、或者被其它反应物不断消耗，则逆向 Diels-Alder 反应可在温和条件下进行。式 75 和式 76 分别列举了逆向 Diels-Alder 反应中释放出的二烯体和亲二烯体对反应影响的大概顺序[77b]。

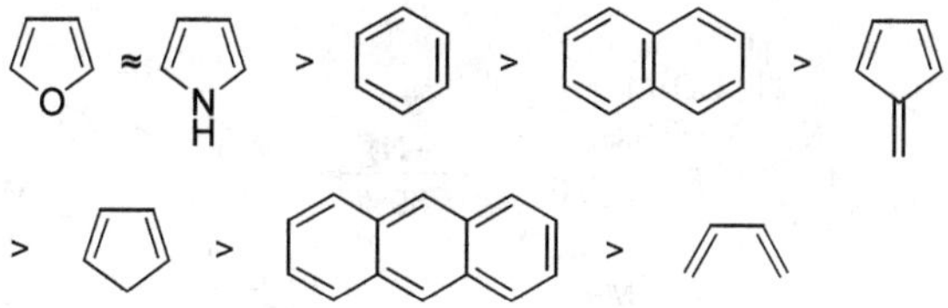

(75)

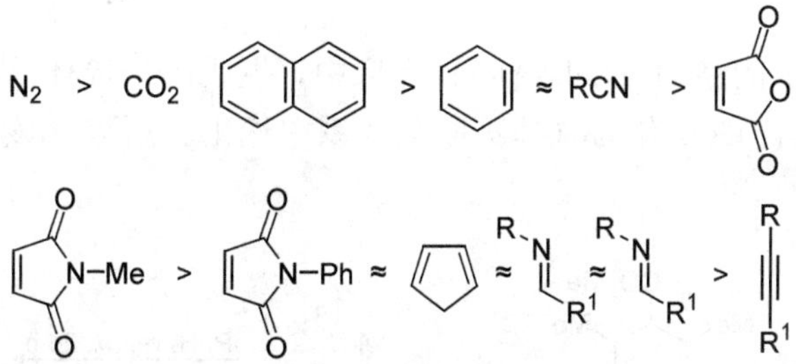

N_2 > CO_2 > ≈ RCN >

N−Me > N−Ph ≈ ≈ ≈ > (76)

逆向 Diels-Alder 反应一般在热反应条件下进行，几乎没有标准反应条件所遵循。任何一个 Diels-Alder 加成产物的逆向 Diels-Alder 反应条件均靠实验结果来确定，产物的化学结构是影响反应的主要因素。该反应在有机合成上的意义在于：正向 Diels-Alder 反应中由二烯体和亲二烯体生成的加成产物在发生逆向 Diels-Alder 反应后生成了新的二烯体和亲二烯体。在以合成为目的的情况下，一般不需要使用分离的 Diels-Alder 加成产物。往往使用“一锅煮”的方法，将 Diels-Alder 加成产物中间体直接转化成逆向 Diels-Alder 反应的产物。在式 77

所示的逆向 Diels-Alder 反应中，虽然生成的呋喃衍生物 (二烯体) 和苯甲腈 (亲二烯体) 非常有利于反应的进行，但仍然需要较高的反应温度[78]。

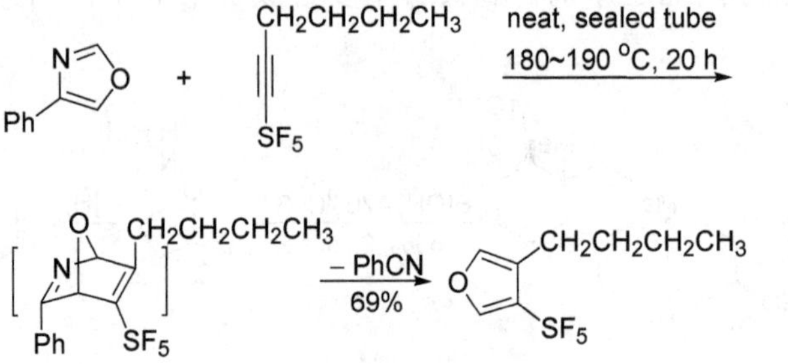

(77)

使用 1,2,4,5-四嗪作为二烯体与炔烃亲二烯体发生 Diels-Alder 反应，首先得到偶氮桥环化合物。但是，这种偶氮桥环化合物结构不稳定。它会自动地放出化学惰性的氮气，推动逆向 Diels-Alder 反应顺利进行 (式 78)[79]。

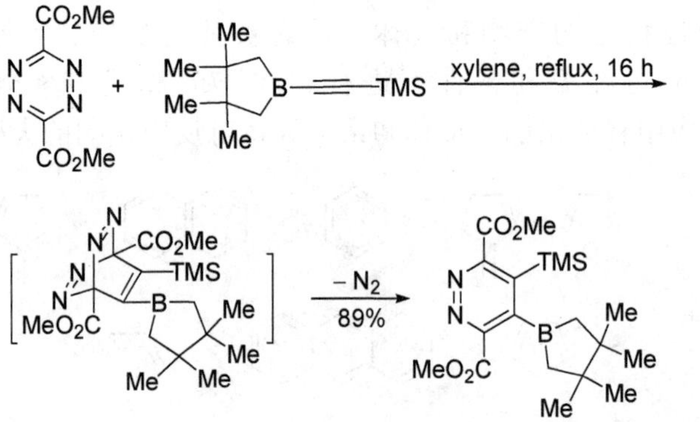

(78)

在式 79 所示的逆向 Diels-Alder 反应中，生成的二烯体是活性很低的苯衍生物，而亲二烯体 CO_2 作为气体不断从体系中逸出。所以，该反应可以在更加温和的条件下进行[80]。

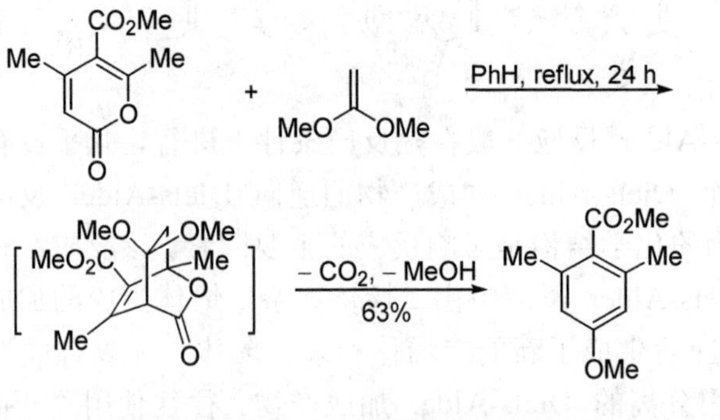

(79)

有趣地观察到：桥环 Diels-Alder 加成产物的桥头及其邻位上有氧负离子

时，可以加速逆向 Diels-Alder 反应的进行[81]。这类桥环加成产物可以由 C1 上含氧取代基的二烯体或者亲二烯体经 Diels-Alder 反应来制备 (式 80)。

桥头 桥头邻位 C1 C1 (80)

很多时候这类化合物的逆向 Diels-Alder 反应可以在室温甚至室温以下进行。如式 81 所示：使用含醚的二烯体获得的桥环 Diels-Alder 加成产物在 300 °C 仍然不发生预期的逆向 Diels-Alder 反应。但是，将醚转变成醇后再用 KH 处理生成的氧负离子衍生物，可以在室温下 2 h 内完成逆向 Diels-Alder 反应[82]。在式 82 中，醇羟基被转变成氧负离子衍生物后，逆向 Diels-Alder 反应也可以顺利地在室温下完成[83]。但是，无取代类似物的逆向 Diels-Alder 反应则需要相当剧烈的反应条件。

OBOM RO OR RO RO OBOM
OR RO RO OR OK KH, dioxane 25 °C, 2 h RO OR RO RO OH (81)

OK THF, 25 °C,18 h 69% OK
KH, THF 25 °C, 17 h
1,3,5-$C_6H_3Cl_3$ reflux, 18 h 28% (82)

系统的实例研究数据显示，氧负离子衍生物比不含氧前体化合物的反应速度可以快出 10^6 倍 (式 83)[77b]。

CO_2Me CO_2Me R → + CO_2Me CO_2Me R (83)

R = H, $t_{1/2}$ (100 °C) = 236 min

R = OTMS, $t_{1/2}$ (60 °C) = 176 min

R = O^-, immediate, 25 °C

5.4 不对称 Diels-Alder 反应

不对称 Diels-Alder 反应主要有两种类型：辅助试剂诱导的不对称 Diels-Alder 反应和催化不对称 Diels-Alder 反应。其中后者又包含有金属催化不对称 Diels-Alder 反应、有机分子催化不对称 Diels-Alder 反应和生物分子催化不对称 Diels-Alder 反应。

5.4.1 辅助试剂诱导的不对称 Diels-Alder 反应

辅助试剂诱导的不对称 Diels-Alder 反应是在二烯体或者亲二烯体分子中首先引入手性辅助基团，使之成为手性二烯体或者手性亲二烯体后再发生 Diels-Alder 反应。手性辅助基团在完成诱导不对称 Diels-Alder 反应之后，再从产物分子中除去。对手性辅助基团的基本要求是容易与引入底物和容易从产物中除去，优秀的手性辅助基团还具有官能团化的功能。

1963 年 Walborsky[84] 报道了第一例手性辅助试剂诱导的不对称 Diels-Alder 反应。在该反应中，手性 (−)-薄荷醇的富马酸二酯被用作亲二烯体与丁二烯在 $TiCl_4$ 催化下发生 Diels-Alder 反应，反应产物的光学纯度达到 80% de (式 84)。由于亲二烯体上的拉电子基团更容易与手性辅助基团发生反应，所以手性亲二烯体最常被用于该类反应。

+ RO_2C CO_2R —— $TiCl_4$, PhMe, 25 °C, 3 h; 80%, 78% de → CO_2R CO_2R

—— $LiAlH_4$, THF, 25 °C, 3 h; 98%, 98% ee → CH_2OH CH_2OH R = (84)

四十多年来，有无数的手性辅助试剂和它们诱导的不对称 Diels-Alder 反应被报道。虽然反应产物的化学产率、区域选择性和立体选择性主要受到手性辅助基团的影响，但是并不遵循严格的规律。许多天然或者合成的手性醇和胺是非常优秀的手性辅助基团。例如：薄荷醇及其衍生物[85]、降莰烷衍生物[86,87]、内酯[88]、内酰胺[89]和吡咯烷衍生物[90]等（图 9）。

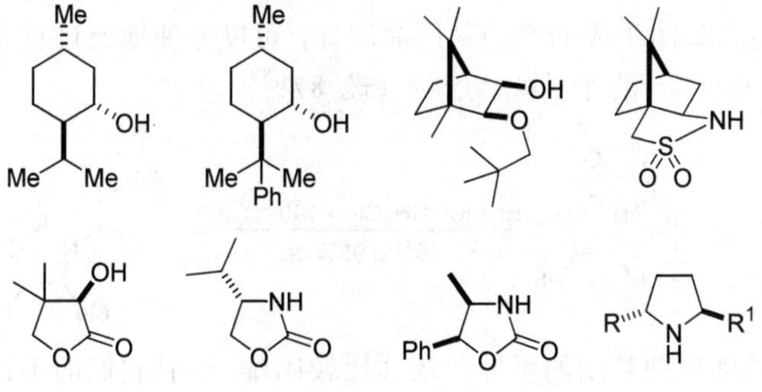

图 9 可作为手性辅助基团的手性醇和胺类

手性辅助试剂诱导的不对称 Diels-Alder 反应一般是在 Lewis 酸催化剂的存在下，在室温或者室温以下进行。仅仅在热反应条件下很难得到较高的立体选择性。实验证明：Lewis 酸催化剂通过与手性亲二烯体中的杂原子配位实际上参与了对底物构型的控制。例如：丙烯酸酯中酯羰基与金属离子配位后，酯羰基与烯键主要呈反式构型，增加了反应的非对映体选择性（式 85）[91]。又例如：丙烯酸酯中两个酯羰基与金属离子形成稳定的环状螯合物，使烯键的一个反应面完全被遮挡，几乎得到单一的非对映异构体产物（式 86）[88a]。

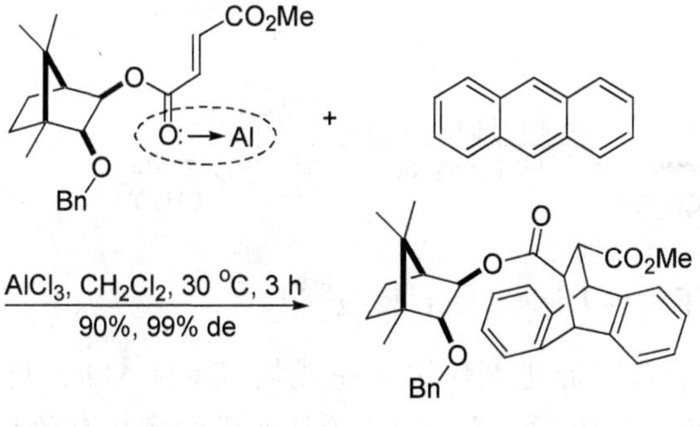

$AlCl_3$, CH_2Cl_2, 30 °C, 3 h; 90%, 99% de (85)

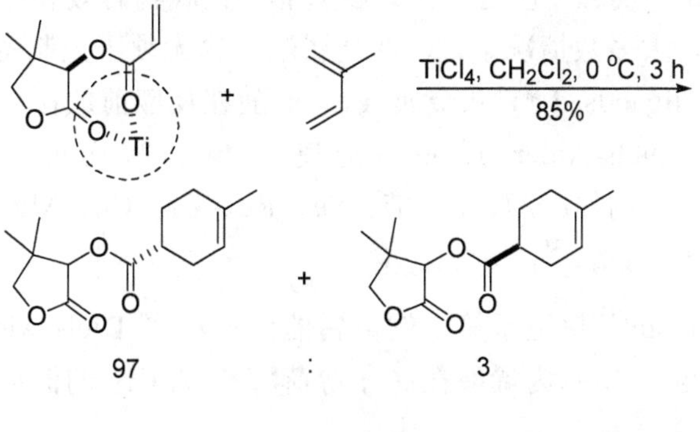

$TiCl_4$, CH_2Cl_2, 0 °C, 3 h; 85% (86)

97 : 3

1,3-噁唑啉-2-酮类型的手性辅助基团也被称之为 Evans 手性辅助基团。这类手性辅助基团生成的手性亲二烯体一般可给出中等至非常好的手性诱导结果，许多时候与活性较低的二烯体反应也能得到较高的非对映体选择性。大多数情况下，这类手性辅助基团生成的产物是结晶固体，可以方便地通过重结晶或者柱色谱的方法分离得到单一的非对映体产物 (式 87)[89]。

Et_2AlCl, CH_2Cl_2, –100 °C, 3 h
81%, 98% de
(87)

获得带有手性辅助基团的手性二烯体比较困难，而且它们的手性诱导能力相对较差。但是，使用适当的亲二烯体有时也可以非常满意的结果 (式 88)[92]。

辅助试剂诱导的不对称 Diels-Alder 反应有三个主要缺点：第一个是增加了反应步骤，因为辅助基团的引入和除去至少额外增加两步反应；第二个是至少要消耗等摩尔的手性辅助试剂；第三个是手性诱导效果受到限制，因为大多数情况下手性中心远离反应中心。

PhH, –20 °C, 22 h
94%
$LiAlH_4$, Et_2O
–78 °C, 3 h
92%
aq. HF, MeCN, rt, 5 h
90%, 85% de
(88)

5.4.2 金属催化不对称 Diels-Alder 反应[93]

在手性金属配合物催化剂作用下完成的 Diels-Alder 反应称之为金属催化不对称 Diels-Alder 反应。它是一种直接从非手性底物有效和经济地获得手性对映体产物的反应。大多数情况下，手性金属配合物无须事先制备，而是将催化量手性配体 (chiral ligands, L*) 和金属 Lewis 酸在反应前放在一起原位制备和使用。能够催化 Diels-Alder 反应的金属 Lewis 酸均可用于催化不对称 Diels-Alder 反应， 例如：Al、B、Ti、Fe、Ru、Cr、Cu、Mg、Ni、Zr 和镧系元素生成的 Lewis 酸等[94]。

1979 年，Kogan[95]报道了第一例金属催化不对称 Diels-Alder 反应。在该反应中，环戊二烯与 2-甲基丙烯醛在 (–)-薄荷醇和 $AlCl_3$ 的催化下反应所得产物的光学纯度达到 72% de，*exo*-选择性高达 98% (式 98)。与一般的催化反应一样，手性催化剂也是通过与亲二烯体上的杂原子配位来诱导反应的立体化学。

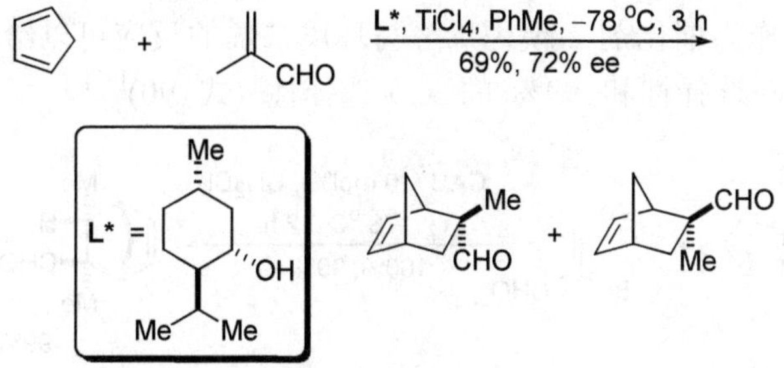

L*, $TiCl_4$, PhMe, –78 °C, 3 h

69%, 72% ee

(89)

手性配体的结构是影响金属催化不对称 Diels-Alder 反应最重要和最灵活的因素，因为人们可以设计和合成具有各种各样结构的手性配体。但是，在众多的手性配体中，只有少许具有实际应用价值。尽管如此，它们的应用还受到很大的局限性，一种手性配体只能使一种或者几种底物获得满意的结果。如图 10 所示：手性配体 **L1**[96]、**L2**[97]、**L3**[98] 和 **L4**[99] 与 硼 Lewis 酸试剂生成的配合物可以有效地催化丙烯醛与二烯体的不对称 Diels-Alder 反应；手性配体 **L5**[100] 和 **L6**[101] 与铜和钛 Lewis 酸试剂生成的配合物可以有效地催化 (1,3-噁唑啉-2-酮)-丙烯酰胺与二烯体的不对称 Diels-Alder 反应。

L1 L2 L3

L4 L5 L6

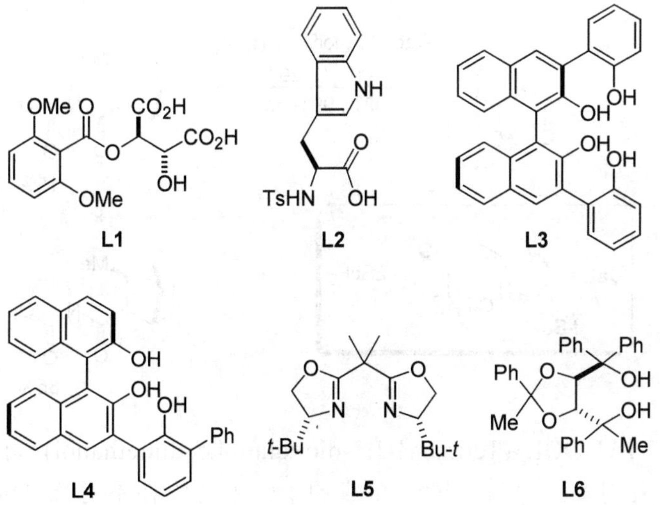

图 10 手性配体

金属催化不对称 Diels-Alder 反应一般在低温下进行。催化剂的摩尔用量一般是底物的 10% 左右。亲二烯体结构对催化不对称 Diels-Alder 反应的影响非常明显，丙烯酸酯衍生物一般很难得到较好的结果。然而，丙烯醛衍生物大多情况下可以得到非常好的结果，其中 2-位取代的丙烯醛最容易获得高度的对映选择性。使用手性配体 **L1** 和 BH_3 原位生成的手性硼配合物 [**CAB**, chiral (acyloxy)borane] 作为催化剂 2-溴丙烯醛与环戊二烯的反应可以给出定量的化学产率、99% 的对映选择性和 99% 的 *exo*-选择性 (式 90)[96]。

CAB (10 mol%), CH_2Cl_2, –78 °C, 12 h; 100%, 99% ee; 99% + 1%; **CAB** = (90)

在不对称 Diels-Alder 反应中，(1,3-噁唑啉-2-酮)-丙烯酰胺是另一类型可以获得非常满意结果的亲二烯体。手性二噁唑 **L5** 与铜离子生成的手性配合物显示出高度的区域选择性和对映体选择性。但是，该手性配合物对阴离子具有特殊的需求，TfO^- 和 SbF^- 证明是非常优秀的阴离子 (式 91)[100]。

Cat. (10 mol%), CH_2Cl_2, –15 °C, 20 h; 99%, 99% ee; 15% + 85%; **Cat.** = · $2SbF_6$ (91)

手性配体 TADDOL (Tetraaryl-1,3-dioxolan-4,5-dimethanol) 可以方便地以酒石酸为原料来制备。它与 $TiCl_4$ 生成的手性配合物在不对称 Diels-Alder 反应中显示出高度的对映体选择性，但用量有时高达底物的二倍摩尔量。加入分子筛可使该反应成为催化反应，10 mol% 的催化剂即可得到满意的结果。此外，该手性配合物的催化效果具有显著的溶剂效应，1:1 的甲苯-石油醚混合物是最佳溶剂 (式 92)[101]。

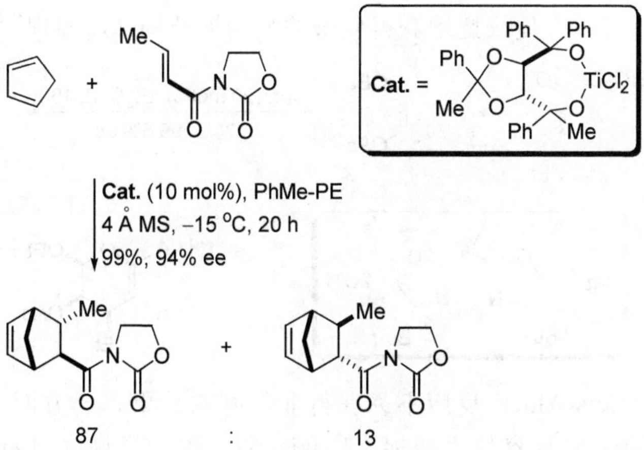

Cat. (10 mol%), PhMe-PE
4 Å MS, –15 °C, 20 h
99%, 94% ee

87 : 13

(92)

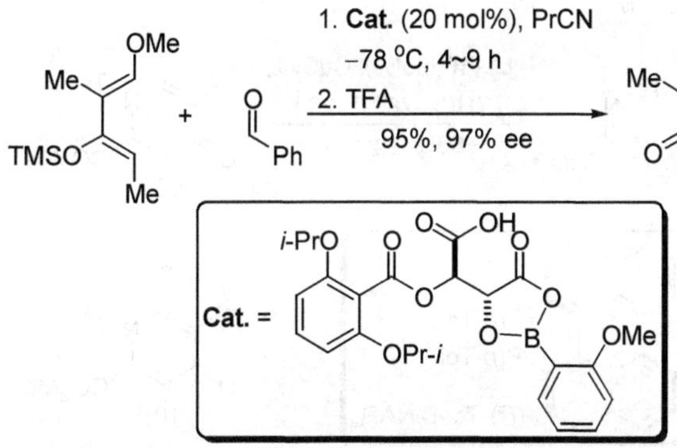

不对称杂 Diels-Alder 反应 (AHDAR, asymmetric hetero Diels-Alder reactions) 由于能够直接生成手性杂环化合物而具有特别的重要性[102]。氧杂手性 Diels-Alder 反应已经得到比较广泛的研究，许多手性催化体系成功地应用在活性醛作为亲二烯体的反应上 (式 93)[103]。使用手性 Cr(III) 催化剂，即使非活性醛也可以得到高度的对映选择性 (式 94)[104]。

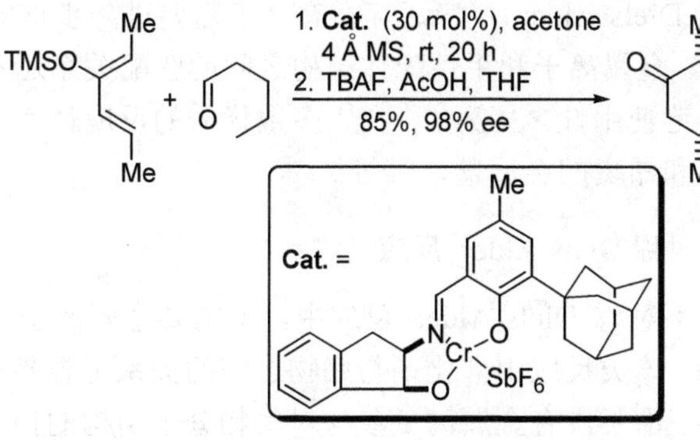

1. Cat. (20 mol%), PrCN
–78 °C, 4~9 h
2. TFA
95%, 97% ee

(93)

1. Cat. (30 mol%), acetone
4 Å MS, rt, 20 h
2. TBAF, AcOH, THF
85%, 98% ee

(94)

值得注意的是，反向电子需求的不对称杂 Diels-Alder 反应在此条件下获得了极大的成功，可以方便快捷地获得复杂的吡喃糖结构 (式 95)[105]。

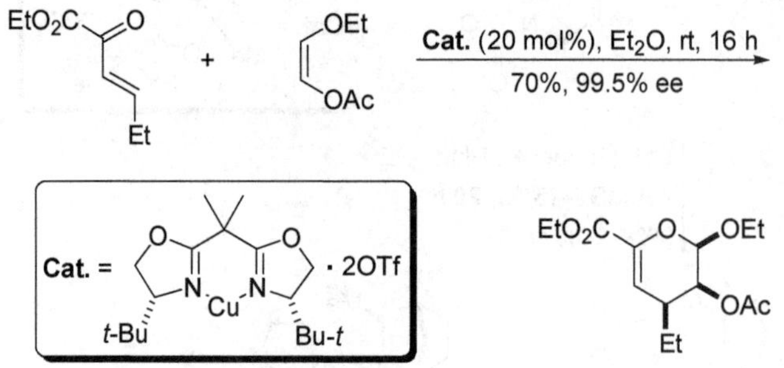

Cat. (20 mol%), Et_2O, rt, 16 h
70%, 99.5% ee

Cat. = · 2OTf

(95)

氮杂手性 Diels-Alder 反应不易获得非常好的结果。一方面，反应底物或者产物中的氮原子非常容易“捕捉”Lewis 酸，限制了许多 Lewis 酸催化剂的使用。另一方面，绝大部分亚胺分子的反应活性太低，只有“活性”亚胺分子可以用于该反应。例如：*α*-(*N*-对甲苯磺酰亚胺)乙酸乙酯 和 Danishefsky 二烯在 $CuClO_4$ 和 (*R*)-Tol-BINAP 的催化下，可以得到高达 94% 的对映选择性 (式 96)[106]。但是，其它非常优秀的 Lewis 酸催化剂在同样配体和反应中却只能得到很低的对映选择性，例如：$Zn(OTf)_2$、$Cu(OTf)_2$、$Pd(OTf)_2$、AgOTf、$AbSbF_6$、$Pd(SbF_6)_2$ 和 $Pd(ClO_4)_2$ 等。

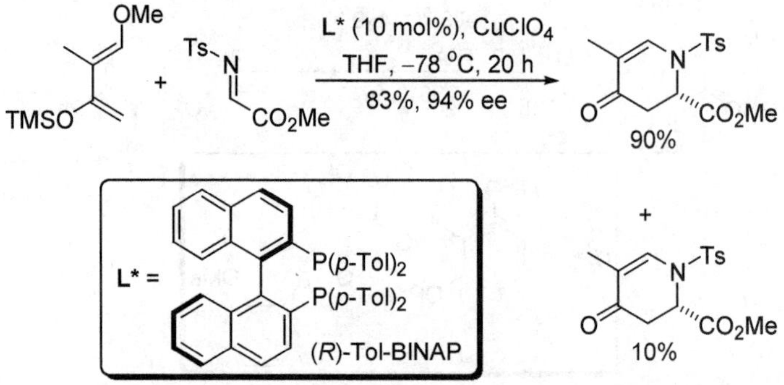

L* (10 mol%), $CuClO_4$
THF, –78 °C, 20 h
83%, 94% ee

90%

+

10%

L* = (*R*)-Tol-BINAP

(96)

金属催化的不对称 Diels-Alder 反应还存在有许多需要进一步理解和完善的地方。例如：反应底物、金属离子和手性配体结构之间的匹配关系还不明确，许多优秀的反应不具有普遍使用性。又例如：在大多数优秀的反应体系中，必须使用结构复杂的手性配体和昂贵的金属盐，等等。

5.4.3 有机分子催化不对称 Diels-Alder 反应

在有机分子催化的不对称 Diels-Alder 反应中，不需要金属离子，只有手性有机分子被用作催化剂。该类反应中催化剂与底物之间的关系更容易被理解，但反应的机理呈现多样性。由于没有金属离子参与对底物分子结构的控制，所以该类反应中催化剂的用量较高，但反应溶剂的选择性较宽。

这是一类发展非常迅速的新反应[107~109]，研究比较成熟的反应类型是应用手性第二胺催化含羰基亲二烯体的反应。手性环胺衍生物常常用于此目的[110]，其中咪唑啉衍生物显示出非常优秀的手性催化诱导能力 (图 11)。

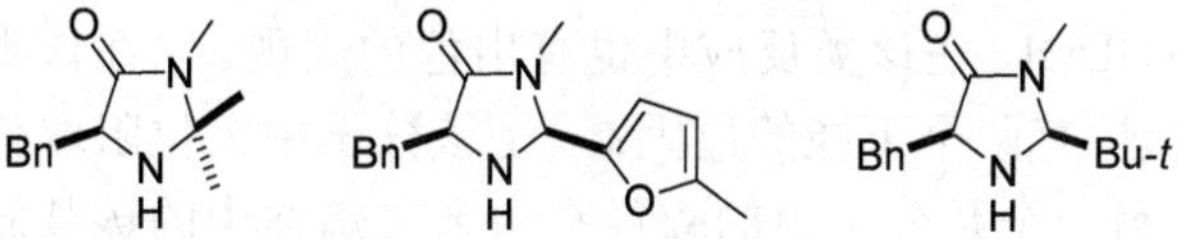

图 11 手性环胺示例

如式 97 所示[108]：手性第二胺催化剂首先与亲二烯体中的羰基发生缩合反应，亚胺盐中间体的形成在赋予亲二烯体手性的同时也增强了亲二烯体的反应性。所以，该类反应必须同时使用一个强酸来促进亚胺盐中间体的形成，但可以在非常温和的条件下进行并给出高度的对映体选择性 (式 98)[109]。

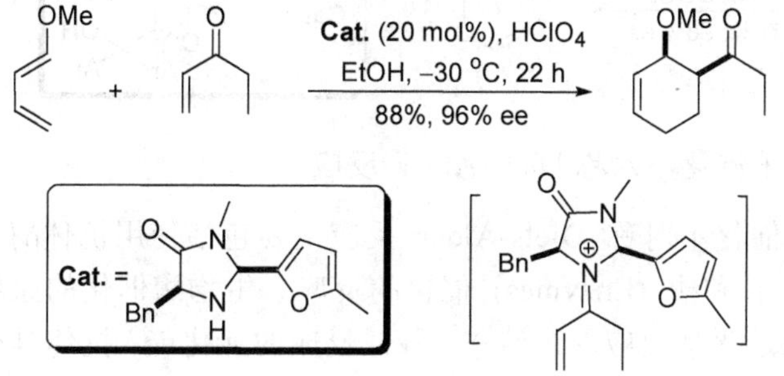

Cat. (20 mol%), $HClO_4$
EtOH, –30 °C, 22 h
88%, 96% ee (97)

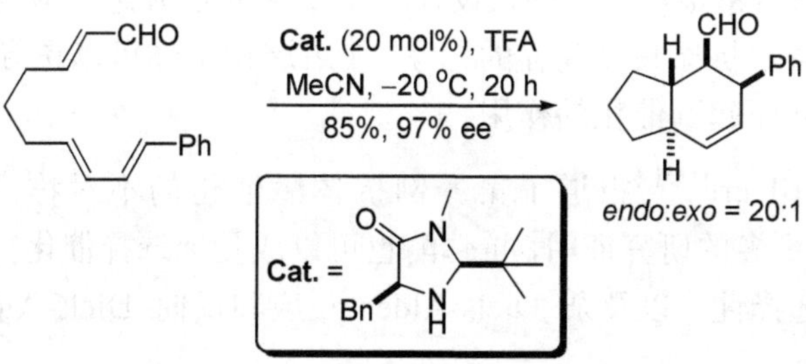

Cat. =

Cat. (20 mol%), TFA
MeCN, –20 °C, 20 h
85%, 97% ee (98)

endo:*exo* = 20:1

Cat. =

手性 1,2-二胺被三氟磺酸酰化后两个酰胺质子酸性增加，它们容易与亲二烯体中的羰基氧形成氢键并带有部分 盐的性质。这时的氢键中间体相当于一个手性 Brønsted 酸，在催化活性醛羰基发生的氧杂不对称 Diels-Alder 反应中能够给出满意的结果 (式 99)[111]。

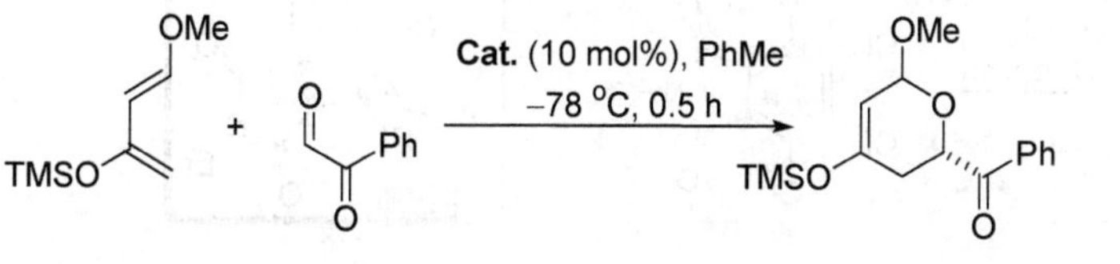

Cat. (10 mol%), PhMe
–78 °C, 0.5 h

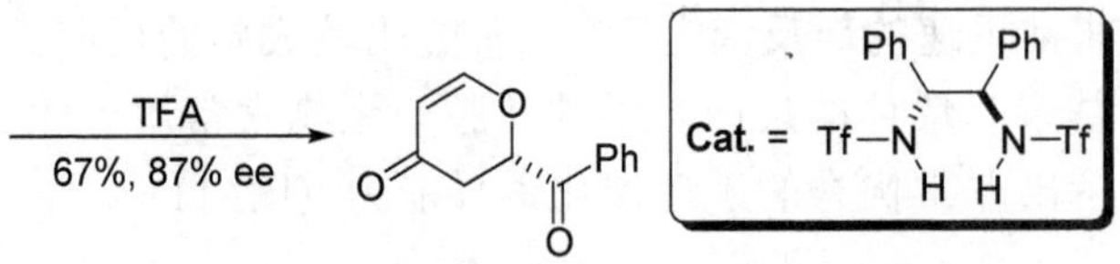

TFA
67%, 87% ee
Cat. = Tf—N(H) N(H)—Tf (Ph, Ph)
(99)

手性配体 TADDOL 在该类反应中也有出色的表现。它在该类反应中能够诱导高度的对映选择性有两个可能的原因：一是该分子中大位阻取代基营造了一个良好的手性空间，另一个是分子中的醇羟基与亲二烯体中的羰基氧形成牢固的氢键 (式 100)[112]。

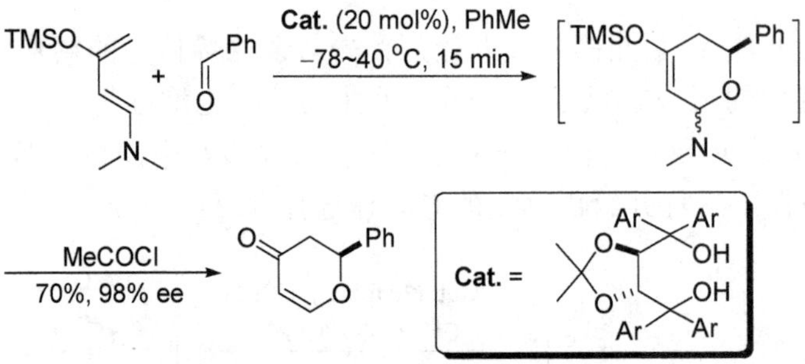

Cat. (20 mol%), PhMe
–78~40 °C, 15 min
MeCOCl
70%, 98% ee
Cat. =
(100)

5.4.4 生物分子催化不对称 Diels-Alder 反应

生物分子催化不对称 Diels-Alder 反应主要包括使用抗体酶 (Abzymes)、核酶 (Ribozymes) 和酶 (Enzymes) 催化的反应。生物酶催化的原理是它们能够特异性结合并稳定化学反应的过渡态，降低反应的活化能。抗体具有类似的催化性质，能够与抗原紧密地结合。如果设计化学反应的过渡态类似物为半抗原，那么诱导出的抗体与半抗原具有互补的构象。使用这种抗体可以诱导反应底物进入反应的过渡态，从而起到催化的作用。

1989 年 Hilvert[113] 报道了第一例抗体酶催化的不对称 Diels-Alder 反应 (式 101)。后续更多的研究证明，抗体酶也可以成功地选择催化得到预期的区域选择性和对映体选择性，以及杂 Diels-Alder 反应和反向 Diels-Alder 反应[114~118]。

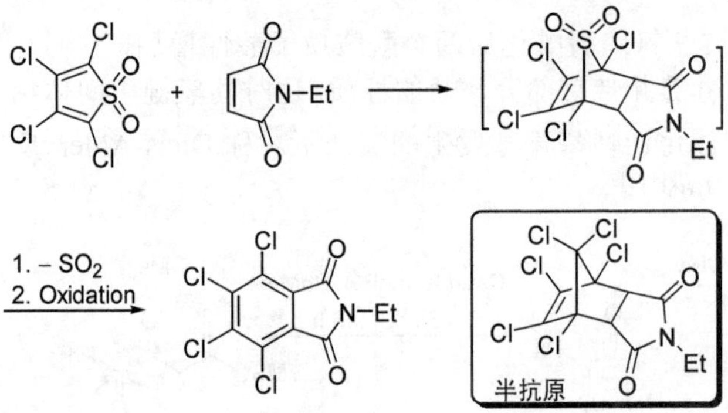

1. $-SO_2$
2. Oxidation
半抗原
(101)

许多事实显示，在自然界中有 Diels-Alder 反应酶 (Diels-Alderase Enzymes) 的存在[119]。例如：从真菌细胞获得的提取物可以催化天然产物 Solanapyrones 的合成[120]；天然产物 Macrophomic Acid 的生物合成途径中包含有 Diels-Alder 反应[121]。最有力的证据是 LNKS 合成酶在催化式 102 中底物的分子内 Diels-Alder 反应时，从可能生成的四种产物中选择性地只生成单一的产物[122]。

COR
Lovastatin Nonaketide Synthese
R = $SCH_3CH_2NHCOCH_3$
R = OEt
(102)
可能的产物结构

生物分子催化不对称 Diels-Alder 反应在理论上具有重要意义，但是在有机合成上缺乏实际的应用价值。生物酶价格昂贵、对反应底物的结构有非常特殊的要求、催化效率低和反应时间长等等都是今后生物分子催化不对称 Diels-Alder 反应研究中需要特别关注的内容。

6 Diels-Alder 反应在天然产物合成中的应用

早在 1928 年，Diels 和 Alder 在发表奠定 Diels-Alder 反应基石的那篇论文[1]中就预言：该反应使得合成天然产物及其相关的复杂化合物 (例如：萜烯、倍半萜烯、甚至生物碱) 的可能性更加切近。1937 年 Alder 曾经将该方法应用于萜烯的合成。然而，直到他们在 1950 年获得诺贝尔化学奖前，该反应在天然产物合成中没有得到应有的重视和应用。但是，在 20 世纪 50 年代初，Diels-Alder 反应就在 Gates 的吗啡合成[123]、Stork 的斑蝥素合成[124]以及 Woodward 的甾体合成中得到了卓越的表现[125]。

半个世纪来，Diels-Alder 反应独特的区域选择性和立体选择性成环能力被广泛地应用到难以数计的天然产物全合成中去。几乎所有的有关 Diels-Alder 反应的综述文献和专著都安排有该反应在天然产物合成中应用的章节。2002 年，为纪念 Alder 诞辰 100 周年，Nicolaou 等人对 Diels-Alder 反应在天然产物全合成中的应用进行了专门的综述[126]。其中选取的范例个个精彩绝伦，高度展现了 Diels-Alder 反应在天然产物全合成艺术中的应用策略和技巧。

PDE II 是一个具有生物活性的天然产物，被用作 3′,5′-cAMP 磷酸二酯酶抑制剂。在 Boger 报道的 PDE II 全合成路线中，实际上四次使用 Diels-Alder 反应完成了氢化吲哚衍生物的合成。如式 103[127] 所示：首先使用四嗪二羧酸酯作为杂二烯体与 α,β-不饱和酮发生杂 Diels-Alder 反应。由于新生成的产物容易放出氮气，便接着发生了逆向 Diels-Alder 反应，以 70% 的产率直接得到了二嗪二羧酸酯。

dioxane, 60 °C, 21.5 h; $-N_2$, 70%; 1,3,5-(i-Pr)$_3$Ph, 230 °C, 18 h; $-N_2$, 87%; PDE II (103)

在经过适当的官能团修饰之后，将炔键引入到二嗪的分子中构成了分子内 Diels-Alder 反应的前体化合物。在高沸点溶剂回流条件下，首先发生分子内 Diels-Alder 反应。紧接着在逆向 Diels-Alder 反应中放出氮气，生成了 N-乙酰基氢化吲哚产物。实验证明：炔键前体化合物中乙酰基对氨基的保护是必须的，未经保护的氨基衍生物在同样的条件下只得到 17% 的氢化吲哚产物。

Colobiasin A 是从珊瑚体内分离得到的一种海洋天然产物，化学结构上具有非常特别的四环结构，其中还有六个手性碳原子。Nicolaou 通过对该化合物外消旋体和单一对映体的全合成，确认了该化合物的绝对构型。在报道的全合成路线中，二次 Diels-Alder 反应的应用在构筑四环结构上发挥了重要作用。

如式 104[128] 所示：在手性 Lewis 酸催化剂 (S)-BINOL-TiCl$_2$ 的存在下，Danishefsky 二烯体与取代 1,4-苯醌在温和的条件下发生分子间的催化 Diels-Alder 反应。虽然预期的双环化合物的化学产率因另一种区域异构体的存在受到了明显的影响，但其光学纯度高达 94% ee。

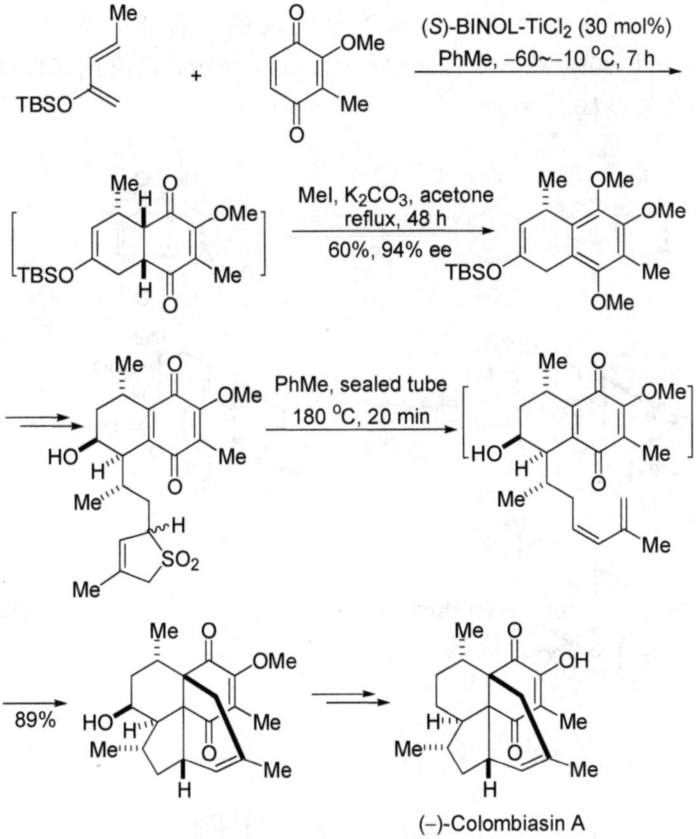

(104)

(–)-Colombiasin A

经过适当的官能团修饰之后，在分子中引入了 3-环丁烯砜。3-环丁烯砜在 Diels-Alder 反应中事实上是一个被隐蔽的丁二烯，在加热的条件下会释放出丁二烯。3-环丁烯砜衍生物比丁二烯容易分离和纯化，许多时候比丁二烯参与的反应效率更高。所以，当它在甲苯溶剂中回流 20 min 后，3-环丁烯砜释放出来的丁二烯与 1,4-苯醌再次发生分子内 Diels-Alder 反应，以 89% 的产率得到单一的 *endo*-产物。高度选择性地完成了天然产物四环骨架结构的合成。

Myrocin C 是从土壤真菌体内分离得到的一个天然产物，具有潜在的抗肿瘤活性。化学结构上，该化合物属于五环二萜的衍生物。在 Danishefsky 报道的全合成路线中，其中的 3 个六员环是经 Diels-Alder 反应构筑完成的。Diels-Alder 反应高度区域选择性和立体选择性的特点在该合成工作中表现得非常精彩。如式 105[129] 所示：首先使用环状结构的 Danishefsky 二烯体与 1,4-苯醌发生第一次分子间的 Diels-Alder 反应。当反应在室温下进行时，虽然需要 5 天的时间，但以 94% 的产率得到单一的 *endo*-产物。

经过适当的官能团修饰之后，在分子中引入了 α,β-不饱和酯构成了分子内

Diels-Alder 反应的前体化合物。在苯溶剂回流的条件下，发生了分子内 Diels-Alder 反应，以 90% 的产率得到单一的 *endo*-产物。高度选择性地完成了天然产物五环的骨架结构。

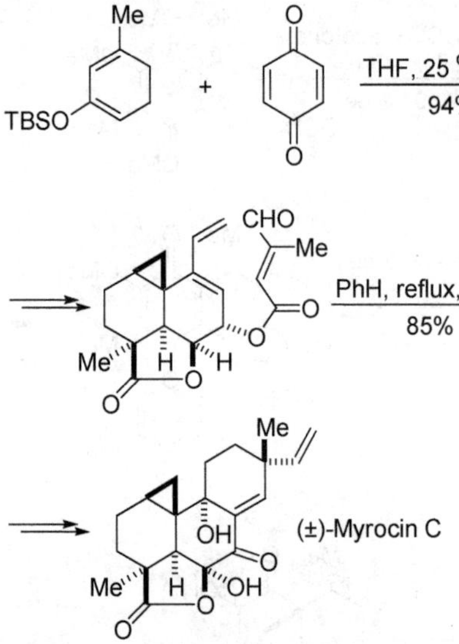

THF, 25 °C, 5 d
94%

PhH, reflux, 13 h
85%

(±)-Myrocin C (105)

7 Diels-Alder 反应实例

例 一

1,4:5,8-二亚甲基-1,4,4a,5,8,8a,9a,10a-十氢蒽-9,10-二酮的合成[130]

(热 Diels-Alder 反应)

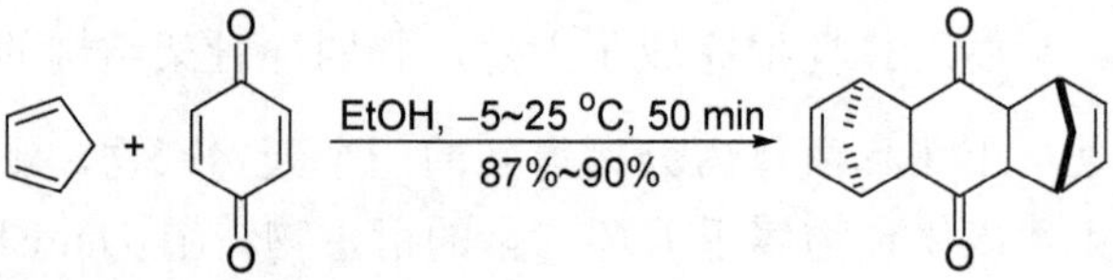

EtOH, −5~25 °C, 50 min
87%~90% (106)

将对苯醌 (10.8 g, 100 mmol) 的无水乙醇 (100 mL) 溶液在室温下冷至 −5 °C (冰盐浴) 后，在搅拌下将新蒸馏的环戊二烯 (13.2 g, 200 mmol) 慢慢地滴加到上述体系中。生成的混合物先在冰盐浴中搅拌 10 min，然后在室温下再搅拌 30 min。在此期间，有大量的加成产物开始沉淀出来。反应体系再次冷至 0 °C (冰浴) 后，抽滤收集生成的固体。粗产物经冰镇乙醇洗涤后得到晶体状产物 (21.9 g,产率 91%)，mp 156~158 °C。

例 二

5β-甲氧基环己-1-酮-3β,4β-二甲酸酐的合成[131]

(Danishefsky 二烯的 Diels-Alder 反应)

1. neat, 0~25 °C, 50 min
2. THF, aq. HCl, rt, 1 min
90%
(107)

在 0 °C (冰浴) 和搅拌下，将新升华的顺丁烯二酸酐 (981 mg, 10 mmol) 分 10 次在 30 min 内慢慢地加入到 Danishefsky 二烯 (2.59 g, 150 mmol) 中去。然后，将生成的混合物在室温下再搅拌 20 min。将 THF (35 mL) 和 HCl 溶液 (0.1 mol/L, 15 mL) 的混合溶液慢慢加入到反应体系中。搅拌 1 min 后，将 $CHCl_3$ 和 H_2O 依次加入到体系中去。分出有机层，水层用 $CHCl_3$ (3 × 100 mL) 提取。合并的有机提取液经 Mg_2SO_4 干燥后，在减压蒸去溶剂。在粗产物中加入正戊烷 (10 mL) 后再加入 Et_2O (10 mL)，粗产物慢慢生成晶状固体 (1.80 g，产率 91%)。重结晶后的产物的熔点为 96~98 °C。

例 三

手性 2-甲基双环[2.2.1]庚-2-醛的合成[132]

(不对称 Diels-Alder 反应)

L* (10 mol%), BH_3·THF, CH_2Cl_2, –78 °C, 3 h
exo- 77%, > 98% ee
endo- 10%, > 98% ee
(108)

在 0 °C 和氮气保护下，将 BH_3·THF (4.0 mL, 1.0 mol/L THF 溶液, 4 mmol) 滴加到配体 **L*** (1.3 g, 4 mmol) 的 CH_2Cl_2 (80 mL) 悬浮液中。等到反应体系成为澄清的溶液后 (大约 15 min)，降温至 −78 °C。接着，使用注射器将 2-甲基丙烯醛 (3.3 g, 40 mmol) 和新蒸馏的环戊二烯 (9.8 g, 120 mmol) 依次加入到反应体系中，并在该温度下继续搅拌反应 3 h。将反应体系升到 0 °C 后，将其倾倒入 10% 的 Na_2CO_3 溶液中。分出有机层，水层用 CH_2Cl_2 提取。合并的提取液经水洗和 Na_2SO_4 干燥。蒸去溶剂后生成的残留物经柱色谱分离和纯化 (硅胶, 5% EtOAc in *n*-C_6H_{12})，得到 *exo*- 和 *endo*-两种异构体的混合物 (4.7 g, 87%)。

例 四

(反)-4-环己烯-1,2-二酸二乙酯的合成[133]

(低压 Diels-Alder 反应)

$$\text{3-环丁烯砜} + \text{EtO}_2\text{C-CH=CH-CO}_2\text{Et} \xrightarrow[\text{73\%}]{\text{EtOH, 95 psi, 110 }^\circ\text{C, 8 h}} \text{(反)-4-环己烯-1,2-}(\text{CO}_2\text{Et})_2 \tag{109}$$

将 3-环丁烯砜 (60 g, 0.508 mol)、反丁烯二酸二甲酯 (86.1 g, 0.5 mol) 和对苯二酚 (1.0 g) 在无水乙醇 (100 mL) 中生成的溶液放入到压力釜中，然后在 110 °C 加热 8 h。冷至室温后，将反应混合物在激烈的搅拌下，加入到饱和的 Na_2CO_3 水溶液中搅拌 15 min；然后，加入石油醚 (60~90 °C, 200 mL)。分出有机层，水层用石油醚萃取。合并的有机层再用 5% 的 Na_2CO_3 水溶液洗涤和 $MgSO_4$ 干燥。旋蒸除去溶剂后生成的残留物经分馏蒸馏 (120~135 °C/5 mmHg) 得到纯净的反应产物 (84.85 g, 75%)。

例 五

6-甲氧基-1,2,3,4-四氢萘-7-甲酸甲酯[134]

(反向电子需求和逆向 Diels-Alder 反应)

$$\text{2-羰基-5,6,7,8-四氢-2}H\text{-1-苯并吡喃-3-CO}_2\text{Me} + \text{CH}_2\text{=C(OMe)}_2 \xrightarrow[\text{84\%}]{\text{sealed tube, PhMe, 110 }^\circ\text{C, 15 h}} \text{6-OMe-1,2,3,4-四氢萘-7-CO}_2\text{Me} \tag{110}$$

将装有 1,1-二甲氧基乙烯 (1.8, 20 mmol) 和 2-羰基-5,6,7,8-四氢-2*H*-1-苯并吡喃-3-甲酸甲酯 (1.04 g, 5 mmol) 的无水甲苯 (5 mL) 混合物封管在 110 °C 的油浴中加热 15 h。冷至室温后，减压蒸去溶剂。得到的残留物经柱色谱 [硅胶，乙醚-正己烷 (1:1)]分离得到纯净的白色固体产物 (881 mg, 80%)，mp 97~99 °C。

8 参 考 文 献

[1] (a) http://nobelprize.org/nobel_prizes/chemistry/laureates/1950/index.html. (b) Berson, J. A. *Tetrahedron* **1992**, *48*, 3.

[2] Albrecht, W. *Ann. Chem.* **1906**, *348*, 31.

[3] Staudinger, H. *Die Ketene*, Ferdinand Enke, Stuttgart, **1912**, p 59.

[4] Euler, H. v.; Josephson, K. O. *Chem. Ber.* **1920**, *53*, 822.

[5] Diels, O.; Alder, K. *Ann. Chem.* **1928**, *460*, 98.

[6] Diels, O.; Blom, J. H.; Koll, W. *Ann. Chem.* **1925**, *443*, 242.

[7] (a) Milton C. Kloetzel, M. C. *Org. React.* **1948**, *4*, 1. (b) Holmes, H. L. *Org. React.* **1948**, *4*, 60. (c) Butz, L. L.; Rytina, A. W. *Org. React.* **1948**, *5*, 136. (d) Martin, J. G.; Hill, R. K. *Chem. Rev.* **1961**, *61*, 537. (e) Sauer, J. *Angew. Chem., Int. Ed. Engl.* **1967**, *6*, 16. (f) Boger, D. L. *Modern Organic Synthesis Lecture Notes*, TSRI Press: La Jolla CA, 1999.

[8] (a) Fringuelli, F.; Taticchi, A. *The Diels-Alder reaction: selected practical method,* Wiley: New York, 2002. (b) Carruthers, W. *Cycloaddition reaction in organic synthesis*, Pergamon Press: New York, 1990.

[9] Boger, D. L.; Brotherton, C. E. *Tetrahedron* **1986**, *42*, 2777.

[10] (a) Savard, J.; Brassard, P. *Tetrahedron Lett.* **1979**, *20*, 4911. (b) Itoh, J.; Fuchibe, K.; Akiyama, T. *Angew. Chem. Int. Ed.* **2006**, *45*, 4796.

[11] (a) Chan, T. H.; Brownbridge, P. *J. Chem. Soc., Chem. Commun.* **1979**, 578. (b) Yoshino, T.; Ng, F.; Danishefsky, S. J. *J. Am. Chem. Soc.* **2006**, *128*, 14185.

[12] (a) Dane, E.; Schmitt, J. *Liebigs Ann. Chem.* 1938, *536*, 196. (b) Rosillo, M.; Dominguez, G.; Casarrubios, L.; Amador, U.; Perez-Castells, J. *J. Org. Chem.* **2004**, *69*, 2084.

[13] Danishefsky, S. *Acc. Chem. Res.* **1981**, *14*, 400.

[14] (a) Kozmin, S. A. Rawal, V. H. *J. Org. Chem.* 1997, *62*, 5252. (b) Dai, M.; Sarlah, D.; Yu, M.; Danishefsky, S. J.; Jones, G. O.; Houk, K. N. *J. Am. Chem. Soc.* **2007**, *129*, 645.

[15] Danishefsky, S.; Kitahara, T.; Yan, C. F. Morris, J. *J. Am. Chem. Soc.* **1979**, *101*, 6996.

[16] Cava, M. P.; Deana, A. A.; Muth, K. *J. Am. Chem. Soc.* **1959**, *81*, 6458.

[17] Ito, Y.; Nakatsuka, M.; Saegusa, T. *J. Am. Chem. Soc.* **1980**, *102*, 863.

[18] Kametani, T.; Matsumoto, H.; Nemoto, H.; Fukumoto, K. *J. Am. Chem. Soc.* **1978**, *100*, 6218.

[19] Carr, R. V. C.; Paquette, L. A. *J. Am. Chem. Soc.* **1980**, *102*, 853.

[20] Corey, E. J.; Estreicher, H. *Tetrahedron Lett.* **1981**, *22*, 603.

[21] Ono, N.; Miyake, H.; Kaji, A. *J. Chem. Soc., Chem. Commun.* **1982**, 33.

[22] Evans, D. A.; Scott, W. L.; Truesdale, L. K. *Tetrahedron Lett.* **1972**, 121.

[23] Hua, D. H.; Gung, W. Y.; Ostrander, R. A.; Takusagawa, F. *J. Org. Chem.* **1987**, *52*, 2509.

[24] Nicolaou, K. C.; Yang, Z.; Liu, J. J.; Ueno, H.; Nantermet, P. G.; Guy, R. K.; Claiborne, C. F.; Renaud, J.; Couladouros, E. A.; Paulvannan, K.; Sorensen, E. J. *Nature* **1994**, *367*, 630.

[25] Fleming, I. *Frontier Orbitals and organic Chemical Reactions*, Wiley, New York, 1976.

[26] Furukawa, J.; Kobuke, Y.; Fueno, T. *J. Am. Chem. Soc.* **1970**, *92*, 6548.

[27] Cohen, T.; Kosarych, Z. *J. Org. Chem.* **1982**, *47*, 4005.

[28] Overman, L. E.; Petty, C. B.; Ban, T.; Huang, G. T. *J. Am. Chem. Soc.* **1983**, *105*, 6335.

[29] Danishefsky, S.; Kitahara, T.; Yan, C. F.; Morris, J. *J. Am. Chem. Soc.* **1979**, *101*, 6996.

[30] Janz, G. J.; Duncan, N. E. *J. Am. Chem. Soc.* **1953**, *75*, 5389.

[31] Middleton, W. J.; Heckert, R. E.; Little, E. L.; Krespan, C. G. *J. Am. Chem. Soc.* **1958**, *80*, 2783.

[32] O'Malley, G. J.; Murphy, R. A., Jr.; Cava, M. P. *J. Org. Chem.* **1985**, *50*, 5533.

[33] Potts, k. T.; Bhattacharjee, D.; Walsh, E. B. *J. Org. Chem.* **1986**, *51*, 2011.

[34] (a) Liu, Y.; Lu, K.; Dai, M.; Wang, K.; Wu, W.; Chen, J.; Quan, J.; Yang, Z. *Org. Lett.* **2007**, *9*, 805. (b) Mosse, S.; Alexakis, A. *Org. Lett.* **2006**, *8*, 3577. (c) Kremsner, J. M.; Kappe, C. O. *Eur. J. Org. Chem.* **2005**, 3672.

[35] Yates, P.; Eaton, P. *J. Am. Chem. Soc.* **1960**, *82*, 4436.

[36] Lutz, E. F.; Bailey, G. M. *J. Am. Chem. Soc.* **1964**, *86*, 3899.

[37] Inukai, T.; Kojima, T. *J. Org. Chem.* **1967**, *32*, 872.

[38] (a) Spellmeyer, D. C.; Houk, K. N. *J. Am. Chem. Soc.* **1988**, *110*, 3412. (b) Jensen, F.; Houk, K. N. *J. Am. Chem. Soc.* **1987**, *109*, 3139.

[39] Tou, J. S.; Reusch, W. *J. Org. Chem.* **1980**, *45*, 5012.

[40] (a) Fringuelli, F.; Pizzo, F.; Taticchi, A.; Halls, T. D. J.; Wenkert, E. *J. Org. Chem.* **1982**, *47*, 5056. (b) Fringuelli, F.; Pizzo, F.; Taticchi, A.; Halls, T. D. J.; Wenkert, E. *J. Org. Chem.* **1983**, *48*, 2802.

[41] Ohgaki, E.; Motoyoshiya, J.; Narita, S.; Kakurai, T.; Hayashi, S.; Hirakawa, K. *J. Chem. Soc. Perkin Trans. 1,* **1990**, 3109.

[42] (a) Bednarski, M.; Danishefsky, S. *J. Am. Chem. Soc.* **1983**, *105*, 3716. (b) Bednarski, M.; Danishefsky, S. *J. Am. Chem. Soc.* **1983**, *105*, 6968.
[43] Inokuchi, T.; Okano, M.; Miyamoto, T. *J. Org. Chem.* **2001**, *66*, 8059.
[44] (a) Dauben, W. G.; Krabbenhoft, H. O. *J. Am. Chem. Soc.* **1976**, *98*, 1992. (b) Dauben, W. G.; Krabbenhoft, H. O. *J. Org. Chem.* **1977**, *42*, 282.
[45] Smith, A. B.; Liverton, N. J.; Hrib, N. J.; Sivaramakrishnan, H.; Winzenberg, K. *J. Am. Chem. Soc.* **1986**, *108*, 3040.
[46] Diedrich, M. K.; Klarner, F.-G. *J. Am. Chem. Soc.* **1998**, *120*, 6212.
[47] Branchadell, V.; Sodupe, M.; Ortuno, R. M.; Oliva, A.; Gomez-Pardo, D.; Guingant, A.; D'Angelo, J. *J. Org. Chem.* **1991**, *56*, 4135.
[48] (a) Li, C. *Chem. Rev.* **2005**, *105*, 3095. (b) Fringuelli, F.; Piermatti, O.; pizzo, F.; Vaccaro, L. *Eur. J. Org. Chem.* **2001**, 439. (c) Otto, S.; Engberts, J. B. F. N. *Pure Appl. Chem.* **2000**, *72*, 1365.
[49] (a) Rideout, D. C.; Breslow, R. *J. Am. Chem. Soc.* **1980**, *102*, 7816.
[50] Blake, J. F.; Jorgensen, W. L. *J. Am. Chem. Soc.* **1991**, *113*, 7430. (b) Blake, J. F.; Lim, D.; Jorgensen, W. L. *J. Org. Chem.* **1994**, *59*, 803.
[51] Wijnen, J. W.; Engberts, J. B. F. N. *J. Org. Chem.* **1997**, *62*, 2039.
[52] Otto, S.; Bertoncin, F.; Engberts, J. B. F. N. *J. Am. Chem. Soc.* **1996**, *118*, 7702.
[53] Yanai, H.; Saito, A.; Taguchi, T. *Tetrahedron* **2005**, *61*, 7087.
[54] (a) Grieco, P. A.; Parker, D. T. *J. Org. Chem.* **1988**, *53*, 3325. (b) Grieco, P. A.; Parker, D. T. *J. Org. Chem.* **1988**, *53*, 3658.
[55] Yoshida, K.; Grieco, P. A. *J. Org. Chem.* **1984**, *49*, 5257.
[56] Yu, L.; Li, J.; Ramirez, J.; Chen, D.; Wang, P. G. *J. Org. Chem.* **1997**, *62*, 903.
[57] Ciganek, E. *Org. React.* **1984**, *32*, 1.
[58] Corey, E. J.; Ptrzilka, M. *Tetrahedron Lett.* **1975**, 2537.
[59] Roush, W. R.; Sciotti, R. J. *J. Am. Chem. Soc.* **1998**, *120*, 7411.
[60] Wilson, S. R.; Mao, D. T. *J. Am. Chem. Soc.* **1978**, *100*, 6289.
[61] Roush, W. R.; Gillis, H. R.; Ko, A. I. *J. Am. Chem. Soc.* **1982**, *104*, 2269.
[62] Batey, R. A.; Thadani, A. N.; Lough, A. J. *J. Am. Chem. Soc.* **1999,** *121*, 450.
[63] Asano, M.; Inoue, M.; Watanabe, K.; Abe, H.; Katoh, T. *J. Org. Chem.* **2006**, *71*, 6942.
[64] Vedejs, E.; Eberlein, T. H.; Varie, D. L. *J. Am. Chem. Soc.* **1982**, *104*, 1445.
[65] Vedejs, E.; Fedde, C. L.; Schwartz, C. E. *J. Org. Chem.* **1987**, *52*, 4269.
[66] Gresham, T. L.; Steadman, T. R. *J. Am. Chem. Soc.* **1949**, *71*, 737.
[67] (a) Danishefsky, S. J.; Pearson, W. H.; Harvey, D. F. *J. Am. Chem. Soc.* **1984**, *106*, 2456. (b) Danishefsky, S. J.; Pearson, W. H.; Harvey, D. F.; Maring, C. J.; Springer, J. P. *J. Am. Chem. Soc.* **1985**, *107*, 1256.
[68] Danishefsky, S. J.; Larson, E.; Ashkin, D. Kato, N. *J. Am. Chem. Soc.* **1985**, *107*, 1246.
[69] (a) Danishefsky, S. J.; Chao, K. H.; Schulte, G. *J. Org. Chem.* **1985**, *50*, 4650.
[70] (a) Mikami, K.; Terada, M.; Nakai, T. *J. Am. Chem. Soc.* **1990**, *112*, 3949. (b) Berrisford, D. J.; Bolm. C. *Angew. Chem. Int. Ed. Engl.* **1995**, *34*, 1717.
[71] Holmes, A. B.; Thompson, J. Baxter, A. J. G.; Dixon, J. *J. Chem. Soc. Chem. Commun.* **1985**, 37.
[72] Midland, M.; McLouhlin, J. *Tetrahedron Lett.* **1988**, *29*, 4653.
[73] Meyers, A. I.; Sowin, T. J.; Scholz, S.; Ueda. Y. *Tetrahedron Lett.* **1987**, *28*, 5103.
[74] Defoin, A.; Fritz, H.; Geffroy, G.; Streith, J. *Tetrahedron Lett.* **1986**, *27*, 4727.
[75] Kresze, G.; Weiss, M. M.; Dittel, W. *Liebigs Ann. Chem.* **1984**, 203.
[76] Saburi, M.; Kresze, G.; Braun H. *Tetrahedron Lett.* **1984**, *25*, 5377.
[77] (a) Stajer, G.; Csende, F.; Fueloep, F. *Curr. Org. Chem.* **2003**, *7*, 1423. (b) Rickborn, B. *Org. React.* **1998**, *52*, 1. (c) Klunder, A. J. H.; Zhu, J.; Zwanenburg, B. *Chem. Rev.* **1999**, *99*, 1163.
[78] Dolbier, W. R., Jr.; Mitani, A.; Xu, W.; Ghiviriga, I. *Org. Lett.* **2006**, *8*, 5573.
[79] Helm, M. D.; Moore, J. E.; Plant, A.; Harrity, J. P. A. *Angew. Chem., Int. Ed.* **2005**, *44*, 3889.
[80] Jung, M. E.; Hagenah, J. A. *J. Org. Chem.* **1987**, *52*, 1889.

[81] (a) Papies, O.; Grimme, W. *Tetrahedron Lett.* **1980**, *21*, 2799. (b) M. E. Bunnage, K. C. Nicolaou, *Chem. Eur. J.* **1997**, *3*, 187.

[82] Knapp, S.; Ornaf, R. M.; Rodriques, K. E. *J. Am. Chem. Soc.* **1983**, *105*, 5494.

[83] RajanBabu, T. V.; Eaton, D. F.; Fukunaga, T. *J. Org. Chem.* **1983**, *48*, 652.

[84] Walborsky, H. M.; Barash, L; Davis, T.C. *Tetrahedron* **1963**, *19*, 2333.

[85] Roush, W. R.; Gillis, H. R.; Ko, A. I. *J. Am. Chem. Soc.* **1982**, *104*, 2269.

[86] (a) Oppolzer, W.; Chapius, C.; Dao, G. M.; Reichlin, D. R.; Godel, T. *Tetrahedron Lett.* **1982**, *23*, 4781. (b) Virgili, M.; Moyano, A.; Pericas, M. A.; Riera, A. *Tetrahedron* **1999**, *55*, 3959.

[87] (a) Vandewalle, M.; Van der Eycken, J.; Oppolzer, W.; Vullioud, C. *Tetrahedron* **1986**, *42*, 4035. (b) Dockendorff, C.; Sahli, S.; Olsen, M.; Milhau, L.; Lautens, M. *J. Am. Chem. Soc.* **2005**, *127*, 15028.

[88] (a) Poll, T.; Helmchen, G.; Bauer, B. *Tetrahedron Lett.* **1984**, *25*, 2191. (b) Cativiela, C.; Avenoza, A.; Paris, M.; Peregrina, J. M. *J. Org. Chem.* **1994**, *59*, 7774.

[89] (a) Evans, D. A.; Chapman, K. T.; Bisaha, J. *J. Am. Chem. Soc.* **1984**, *106*, 4261. (b) Evans, D. A.; Chapman, K. T.; Bisaha, J. *J. Am. Chem. Soc.* **1988**, *110*, 1238.

[90] Lamy-Schelkens, H.; Ghosez, L. *Tetrahedron Lett.* **1989**, *30*, 5891.

[91] Helmchen, G. Schmierer, R. *Angew. Chem. Int. Ed. Engl.* **1981**, *20*, 205.

[92] Kozmin, S. A.; Rawal, V. H. *J. Am. Chem. Soc.* **1999**, *121*, 9562.

[93] Kagan, H. B.; Riant, O. *Chem. Rev.* **1992**, *92*, 1007.

[94] Kobayashi, S.; Jorgenson, K. A. *Cycloaddition Reactions in Organic Synthesis* Viley-VCH, Chichester, 2002.

[95] Hashimoto, S.; Komeshima, N.; Koga, K. *J. Chem. Soc., Chem. Commun.* **1979**, 437.

[96] Furuta, K.; Shimizu, S.; Miwa, Y.; Yamamoto, H. *J. Org. Chem.* **1989**, *54*, 1481.

[97] (a) Ishihara, K.; Kurihara, H.; Matsumoto, M.; Yamamoto, H. *J. Am. Chem. Soc.* **1998**, *120*, 6920. (b) Ishihara, Kaz; Kurihara, H; Yamamoto, H. *J. Am. Chem. Soc.* **1996**, *118*, 3049.

[98] Kelly, T. R.; Whiting, A.; Chandrakumar, N. S. *J. Am. Chem. Soc.* **1986**, *108*, 3510.

[99] Reilly, M.; Oh, T. *Tetrahedron Lett.* **1994**, *35*, 7209.

[100] Evans, D. A.; Miller, S. J.; Lectka, T.; von Matt, P. *J. Am. Chem. Soc.* **1999**, *121*, 7559.

[101] Narasaka, K.; Iwasawa, N.; Inoue, M.; Yamada, T.; Nakashima, M.; Sugimori, J. *J. Am. Chem. Soc.* **1989**, *111*, 5340.

[102] Jorgensen, K. A. *Angew. Chem. Int. Ed. Engl.* **2000**, *39*, 3558.

[103] Gao, Q.; Maruyama, T.; Mouri, M.; Yamamoto, H. *J. Org. Chem.* **1992**, *57*, 1951.

[104] Dossetter, A. G.; Jamison, T. F.; Jacobsen, E. N. *Angew. Chem. Int. Ed. Engl.* **1999**, *38*, 2398.

[105] Audrian, H.; Thorhuage, J.; Hazell, H. J.; Jorgensen, K. A. *J. Org. Chem.* **2000**, *65*, 4487.

[106] Yao, S.; Saaby, S.; Hazell R. G.; Jorgensen, K. A. *Chem. Eur. J.* **2000**, *6*, 2435.

[107] Ahrendt, K. A.; Borths, C. J.; MacMillan, D. W. C. *J. Am. Chem. Soc.* **2000**, *122*, 243.

[108] Northrup, A. B.; MacMillan, D. W. C. *J. Am. Chem. Soc.* **2002**, *124*, 2458.

[109] Wilson, R. M.; Jen, W. S.; MacMillan, D. W. C. *J. Am. Chem. Soc.* **2005**, *127*, 11616.

[110] (a) Wang, Y.; Li, H.; Wang, Y.; Liu, Y.; Foxman, B. M.; Deng, L. *J. Am. Chem. Soc.* (b) Ishihara, K.; Nakano, K. *J. Am. Chem. Soc.* **2005**, *127*, 10504. (c) Lemay, M.; Ogilvie, W. W. *Org. Lett.* **2005**, *7*, 4141.

[111] Tonoi, T.; Mikami, K. *Tetrahedron Lett.* **2005**, *46*, 6355.

[112] (a) Thadani A. N; Stankovic A. R; Rawal, V. H. *Proc. Natl. Acad. Sci. USA,* **2004**, *101*, 5846. (b) Huang Y.; Unni A. K; Thadani, A. N; Rawal, V. H *Nature* **2003**, *424*, 146.

[113] Hilvert, D.; Hill, K. W.; Nared, K. D.; Auditor, M. T. M. *J. Am. Chem. Soc.* **1989**, *111*, 9261.

[114] Braisted, A. C.; Schultz, P. G. *J. Am. Chem. Soc.* **1990**, *112*, 7430.

[115] Meekel, A. A. P.; Resmini, M.; Pandit, U. K. *J. Chem. Soc., Chem. Commun.* **1995**, *5*, 571.

[116] Yli-Kaukaluoma, J. T.; Ashley, J. A.; Lo, C. H.; Tucker, L.; Wolfe, M. M.; Janda, K. D. *J. Am. Chem. Soc.* **1995**, *117*, 7041.

[117] Bahr, N.; Guller, R.; Reymond, J. L.; Lerner, R. A. *J. Am. Chem. Soc.* **1996**, *118*, 3550.

[118] Heine, A.; Stura, E. A.; Ylikauhaluoma, J. T; Gao. C. *Science* **1998**, *279*, 1934.

[119] (a) Laschat, S. *Angew. Chem. Int. Ed. Engl.* **1996**, *35*, 289. (b) Pohnert, G. *ChemBioChem* **2001**, *2*, 873.

[120] Oikawa, H.; Kobayashi, T.; Katayama, K.; Suzuki, Y.; Ichihara, A. *J. Org. Chem.* **1998**, *63*, 8748.
[121] Oikawa, H.; Yagi, K.; Watanabe, K.; Honma, M.; Ichihara, A. *Chem. Commun.* **1997**, 97.
[122] Auclair, K.; Sutherland, A.; Kennedy, J.; Witter, D. J.; Heever, J. P. V. D. Hutchinson, C. R. ; Vederas, J. C. *J. Am. Chem. Soc.* **2000**, *122*, 11520.
[123] Gates, M. *J. Am. Chem. Soc.* **1950**, *72*, 228.
[124] (a) Stork, G.; van Tamelen, E. E.; Friedman, L. J.; Burgstahler, A. W. *J. Am. Chem. Soc.* **1951**, *73*, 4501. (b) Stork, G.; van Tamelen, E. E.; Friedman, L. J.; Burgstahler, A. W. *J. Am. Chem. Soc.* **1953**, *75*, 384.
[125] Woodward, R. B.; Sondheimer, F.; Taub, D.; Heusler, K.; McLamore, W. M. *J. Am. Chem. Soc.* **1952**, *74*, 4223.
[126] Nicolaou, K. C.; Snyder, S. A.; Montagnon, T. *Angew. Chem. Int. Ed.* **2002**, *41*, 1668.
[127] Boger, D. L.; Coleman, R. S. *J. Am. Chem. Soc.* **1987**, *109*, 2717.
[128] (a) Nicolaou, K. C.; Vassilikogiannakis, G.; Magerlein, W.; Kranich, R. *Angew. Chem. Int. Ed.* **2001**, *40*, 2482. (b) Nicolaou, K. C.; Vassilikogiannakis, G.; Magerlein, W.; Kranich, R. *Chem. Eur. J.* **2001**, *7*, 5359.
[129] Chu-Moyer, M. Y.; Danishefsky, S. J.; Schulte, G. K. *J. Am. Chem. Soc.* **1994**, *116*, 11213.
[130] Rathore, R.; Burns, C. L.; Deselnicu, M. I. *Org. Synth.* **2005**, *82*, 1.
[131] Danishefsky, S.; Kitahara, T.; Schuda, P. F. *Org. Synth.* **1983**, *61*, 147.
[132] (a) Furuta, K.; Shimizu, S.; Miwa, Y.; Yamamoto, H. *J. Org. Chem.* **1989**, *54*, 1481. (b) Hu, Y.; Yamada, K. A.; Chalmers, D. K.; Annavajjula, D. P.; Covey, D. F. *J. Am. Chem. Soc.* **1996**, *118*, 4550.
[133] Sample, T. S.; Hatch, L. F. *Org. Synth.* **1970**, *50*, 43.
[134] Boger, D. L.; Mullican, M. D. *Org. Synth.* **1987**, *65*, 98.

格利雅反应

(Grignard Reaction)

王 中 夏

1 历史背景简介[1~3]

Grignard 反应是有机化学中用途最广泛的反应之一，以著名化学家 Victor Grignard 的名字命名。Grignard 发展了利用有机镁试剂 (Grignard 试剂) 合成各种有机化合物的反应 (Grignard 反应)，并对这一类反应作了比较深入的研究。Grignard 也因发现 Grignard 试剂和反应而获得 1912 年的诺贝尔化学奖。

Grignard (1871-1935) 生于法国，1889 年起分别在克卢尼专科学校和里昂大学就读，1894 年大学毕业。1894 年底他开始在里昂大学任教，1901 年在里昂大学获得博士学位。1905-1906 年在贝桑松大学任教，1906-1908 年在里昂大学任教。1909 年他转到南锡大学任教，并于 1910 被提升为有机化学教授。1919 年起他又回到里昂大学任普通化学教授，并分别在 1921 年和 1929 年担任该校工业化学学院院长和科学院院长。

在发现 Grignard 试剂之前，有机锌试剂与醛、酮的反应是当时作为合成醇的通用方法。但有机锌试剂的一些缺点 (例如：反应产率不高、试剂活性不足等)，限制了它的进一步应用。因此，有人提出用镁代替锌并研究了有机镁化合物的性质。P. Löhr、L. Meyer、H. Fleck 和 F. Waga 等都先后进行过这方面的研究工作。但由于这类化合物十分活泼，不易制备和保存，因此未能将其发展成为一种通用的合成方法。

后来，里昂大学的 P. A. Barbier 教授也对用镁代替锌的合成进行了研究。他于 1899 年发现：将 6-甲基-5-庚烯-2-酮和碘甲烷在镁的存在下反应后，经水解得到醇。当时 Grignard 在 Barbier 的指导下工作，Barbier 建议他继续研究这类反应。Grignard 开始的研究步骤与 Barbier 相同，也是在混合体系中进行反应。但他很快就发现这类反应没有规律，产率不能令人满意。于是他试图分离活性中间产物 (有机镁化合物)，希望利用这些中间产物和特定的反应物 (醛、酮、酰氯等) 单独进行反应。Grignard 很快就通过实验证明：烷基卤化物 (RX) 容易与镁在醚中反应生成可溶的试剂 (假定其组成为 RMgX)，该试剂与羰基化合物的反应结果在很多情况下比 Barbier 合成法优越，并在 1900 年发表了这些发现。Grignard 随后发现：利用有机镁化合物合成一元羧酸、醇类和烃类化合物，在操作、适用范围和产率方面都优于有机锌试剂。这就是早期的 Grignard 反应，有机镁试剂也被称之为 Grignard 试剂。

2 Grignard 试剂的制备方法

2.1 卤代烃与金属镁的反应[3~5]

由卤代烃与镁在醚类溶剂中直接反应，是制备 Grignard 试剂最广泛使用的方法 (式 1)。

$$\mathrm{RX + Mg \xrightarrow{醚} RMgX} \qquad (1)$$

一般的烷基、烯基和芳基的溴化物或碘化物都能够用于这个反应。早期曾对各种影响因素进行过研究，例如：金属镁的质量和用量、活化剂的影响、卤化物纯度的影响、醚的用量、卤化物滴加的速度和搅拌效率等。

金属镁中存在的少量其它金属杂质有时可能会对那些活性较低的卤代烃的反应有促进作用。但结果与杂质的种类有关，有些杂质可能会使生成 Grignard 试剂的产率降低。有时杂质金属还可能导致副反应的发生，从而影响进一步的反应。因此，使用高纯度的金属镁是更好的选择。卤代烃与镁的反应发生在金属表面，似乎金属的表面积越大对反应越有利。然而，更大的表面积受到污染的机会也更多。事实上，使用太细的镁粉反应常常得到的效果并不好。此外，表面积太大的镁导致反应速度太快，这也并不总是对反应有利。镁与卤代烃的反应是放热反应，太快的反应速度会导致局部过热。而局部过热可能会导致 Wurtz 类型的反应和 Grignard 试剂与卤代烃的偶联，从而使 Grignard 试剂的产率降低。因此，对于活性较高的卤代烃，没有必要使用粉碎过细的镁，镁屑常常是一个较好的选择。然而，对于活性较低的卤代烃 (例如：氯代芳烃、氟代烃等)，用“活性镁”(也叫 Rieke 镁) 可以得到更好的效果。“活性镁”可由无水 $MgCl_2$ 被金属钾或钠还原生成，具有很高的反应活性 (式 2)[6]。

$$\mathrm{MgCl_2 + K \xrightarrow{THF} Mg_{active} \xrightarrow[89\ \%]{C_8H_{17}F,\ 25\ ^{o}C,\ 3\ h} C_8H_{17}MgF} \qquad (2)$$

制备 Grignard 试剂通常用略微过量的镁 (过量 5%~10%)，对一般卤代烃来说镁过量太多没有必要。在制备 $CH_2=CHCH_2MgBr$ 和 $CH_2=CHCH_2MgCl$ 时则需要使用大大过量的镁 (分别是卤代烃的 6 倍和 3 倍)，以避免偶联等副反应。

卤代烃 (RX) 与镁的反应活性差别很大，对于同样的 R 基，其活性次序如下：

$$RI > RBr > RCl >> RF$$

烯基和芳基氯化物由于反应活性低而常常需要用高沸点的醚类溶剂。而 RF 由于活性太低，只有在特别的条件下才能制备出 RMgF。对于同样的卤原子，通常弱电负性的 R 基比中等或强电负性的 R 基更有利于反应。一般有如下活性次序：

烯丙基 ≈ 苄基 > 一级烷基 > 二级烷基 > 环烷基 >> 三级烷基 ≈ 芳基 > 烯基

然而，许多因素 (例如：立体效应和产物溶解度等) 以及不清楚的原因会导致活性次序的改变。活性较高的卤代烃与镁的反应一般不需要活化剂，活性较低的卤代烃使用活化剂能缩短反应引发的时间，或者使原本不能发生的反应得以进行。碘是常用的活化剂，碘甲烷和 1,2-二溴乙烷也比较常用。其它研究过的活化剂还有：溴、小量的 Grignard 试剂、各种金属卤化物和各种镁合金等。

醚的用量也是影响反应的一个因素，主要决定于卤代烃的活性、卤代烃发生 Wurtz 反应和歧化反应的倾向、卤代烃与其自身 Grignard 试剂反应的倾向、Grignard 试剂的溶解性、卤代烃滴加速度和搅拌效率等因素。一般来说，高浓度和高反应温度会使发生副反应的机会增加，高活性的卤代烃在较稀的溶液里与镁反应较好。例如：在溴苯与镁的反应中，乙醚与溴苯的摩尔比是 5:1 时，PhMgBr 的收率是 94.5%；当摩尔比是 2:1 时，PhMgBr 的收率是 68.1%。乙醚与 $PhCH_2Cl$ 的摩尔比为 10:1 时，$PhCH_2Cl$ 与 Mg 反应生成 $PhCH_2MgCl$ 的产率最高 (93.3%)。但是，对于不同的反应体系，很难给出一个通用的溶剂用量。对于常用的卤代烃，一般醚的用量以能够覆盖住金属镁，加上能将卤代烃稀释为 25%~30% (*v*/*v*) 的溶液较为合适。

活性越高的卤代烃，在反应中的滴加速度应该越慢。像碘化物、活性高的溴化物和氯化物都应该缓慢滴加。有效的搅拌也是重要的，这可以防止局部浓度过大及局部过热。对于生成难溶 Grignard 试剂的反应，有效的搅拌更是重要。

具体使用何种醚作为溶剂，主要决定于底物的反应性和产物的溶解性，通常乙醚是合适的溶剂。对于反应活性低的卤代烃，需要选用较高沸点的醚 (例如：四氢呋喃) 来提高反应的温度。有些 Grignard 试剂在乙醚中溶解度较差，则需要选择溶解能力更强的溶剂。例如：CH_2=$CHCH_2MgCl$ 在乙醚中溶解性较差，一般在四氢呋喃中制备。以反应的需要而定，二丙基醚、二丁基醚或混合醚溶剂都可以用作反应溶剂。烃类溶剂一般不适合制备 Grignard 试剂，在苯或烷烃溶剂中卤代烃与镁不能反应。在沸腾的甲苯或二甲苯中，有些卤代烃与镁的反应能够进行，但较高的反应温度会产生大量的副产物。如果在苯、甲苯、二甲苯和烷烃等烃类溶剂中加入少量的叔胺 (例如：二甲基苯胺)，卤代烃与镁的反应能够顺利进行。在醚与烃类的混合物中，卤代烃与镁的反应也能够进行，但通常生成 Grignard 试剂的产率比在醚中低。

有些官能团容易与 Grignard 试剂反应，所以 RX 中不能含有这些基团，例如： OH、NH_2、CO_2H、C=O、CN、NO_2、CO_2R 等。C=C、C≡C (非末端)、OR 和 NR_2 等一般不影响 Grignard 试剂的生成，但有些特殊结构也不行。例如：β-卤代醚用镁处理生成 β-消除产物，而 α-卤代醚只有在低温与镁反应能形成 Grignard 试剂 (式 3)。因为在室温下，α-卤代醚生成 Grignard 试剂后会立刻发生 α-消除反应。

$$EtOCH_2Cl + Mg \xrightarrow{THF\ or\ CH_2(OMe)_2,\ -30\ ^{\circ}C} EtOCH_2MgCl \qquad (3)$$

并不是任何二卤代烃都能正常反应生成相应的 Grignard 试剂。除 $CH_2(MgBr)_2$ 外，很少能成功地从 1,1-二卤代烷烃得到 $RCH(MgX)_2$。1,2-二卤代物与镁反应难以得到 1,2-双 Grignard 试剂，而是得到乙烯和卤化镁。通过小心地控制卤代物的滴加速度，1,3-二卤代物与大大过量的镁反应得到低产率的 1,3-双 Grignard 试剂，并伴随大量副产物生成。二卤代物的两个卤原子间隔四个及四个以上-CH_2-单元时，就能发生正常的 Grignard 反应了。邻二卤代苯也难以与镁反应形成正常的 Grignard 试剂[7]。

2.2 RMgX 与含活泼氢的烃的反应 (氢-金属交换)[3,4]

这个方法常用于末端炔基 Grignard 试剂的制备 (式 4 和 式 5)[8,9]。

$$RC\equiv CH + EtMgBr \xrightarrow{THF\ or\ Et_2O} RC\equiv CMgBr + C_2H_6 \qquad (4)$$

$$HC\equiv CH + 2\ EtMgBr \xrightarrow{THF} BrMgC\equiv CMgBr + 2\ C_2H_6 \qquad (5)$$

其它含有酸性 C-H 的有机物 (例如：环戊二烯、茚和芴) 也可以发生类似的反应 (式 6)[10]。

$$\text{(cyclopentadiene)} + EtMgBr \xrightarrow{C_6H_6,\ rt,\ then\ \triangle} CpMgBr + C_2H_6 \qquad (6)$$

在低温 (X = Cl, −100 °C；X = Br, −95 °C) 下，CHX_3 与 RMgX 反应生成的 α-卤代镁化合物 X_3CMgCl 可以存在于 THF 或 THF 与其它溶剂的混合物中 (式 7)。如果在常温下，则发生 α-消除生成卡宾。例外的是，化合物

$ArSO_2CH(Cl)MgBr$ 的溶液甚至在回流条件下都能稳定存在。

$$CHBr_3 + i\text{-}PrMgCl \xrightarrow{\text{THF, HMPT, }-95\,^{\circ}\text{C}} Br_3CMgCl + i\text{-}C_3H_8 \quad (7)$$

芳香环上连有强拉电子基时，芳香环上的氢也能被 RMgX 夺走 (式 8)[11,12]。

$$\text{1,2,4,5-F}_4\text{C}_6\text{H}_2 + 2\,\text{EtMgBr} \xrightarrow{\text{THF, rt, 3.5 h}} \text{BrMg-C}_6\text{F}_4\text{-MgBr} \quad (8)$$

与之相关的是用氨基镁 [R_2NMgBr 或 $(R_2N)_2Mg$] 对芳基的邻位金属化。R_2NMgBr 在 THF 中有良好的稳定性，也能兼容一些官能团 (例如：CO_2Et) 的存在。这种邻位金属化反应较好地用于杂环体系 (式 9 和式 10)[13~15]。

1. $(i\text{-}Pr)_2NMgCl$ (2 eq), THF, rt, 10 min
2. PhCHO, THF, rt, 23 h
60%
(9)

1. TMPMgCl (6 eq), THF, 65 °C, 2 h
2. (6.8 eq), rt, 12 h
86%
N-Bu-*t*
NH-Bu-*t*
(10)

2.3 卤素-镁交换反应[16]

这是制备含官能团 Grignard 试剂的有效方法。如果卤代烃分子中带有可能与 Grignard 试剂作用的官能团时，可以考虑使用卤素-镁交换反应来获得相应的 Grignard 试剂。但是，该反应一般必须在低温下进行 (式 11)。

$$\text{FG-C}_6\text{H}_4\text{-I} \xrightarrow{i\text{-PrMgBr (1 eq), THF, }-40\,^{\circ}\text{C, 1 h}} \text{FG-C}_6\text{H}_4\text{-MgBr} \quad (11)$$

这个交换反应实际上是一个平衡反应，平衡偏向于较稳定的 Grignard 试剂一边。不同类型的碳原子生成的 Grignard 试剂的稳定性次序大致为：

$$sp > sp^2\,(\text{烯基}) > sp^2\,(\text{芳基}) > sp^3\,(\text{一级}) > sp^3\,(\text{二级})$$

被交换的卤代烃的反应活性主要受到卤原子和 R 基的电子效应的影响。不同卤素的活性次序为： $I > Br > Cl >> F$，含有强拉电子基的 RX 具有较高的活性 (式 12)[11]。

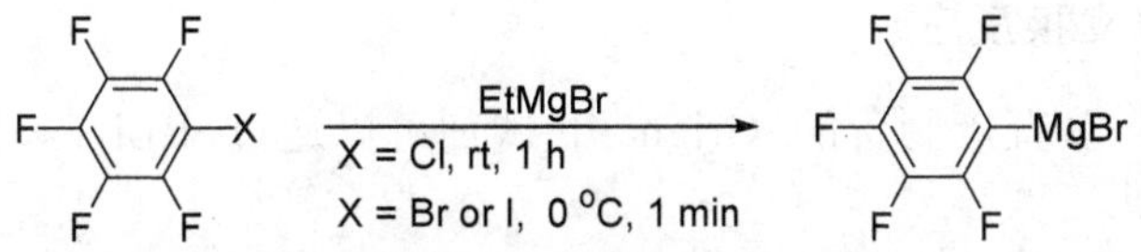

(12)

事实上，RCl 几乎不能发生这种交换反应，大多数情况下都是用碘化物。一些利用交换反应得到的含官能团的 Grignard 试剂如式 13 所示[17~25]。

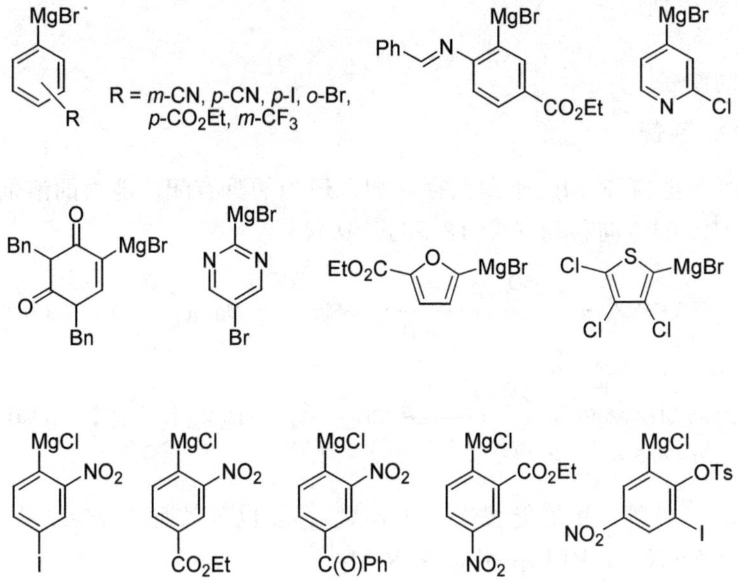

(13)

另外，含官能团的烯基和环丙基 Grignard 试剂也能用这个方法制备 (式 14~式 16)[26~28]。

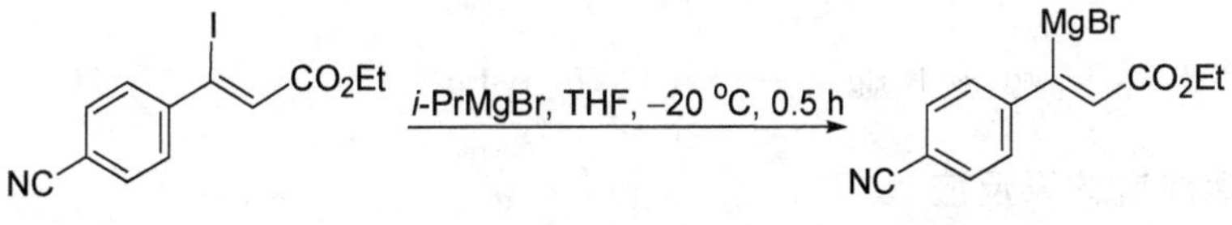

(14)

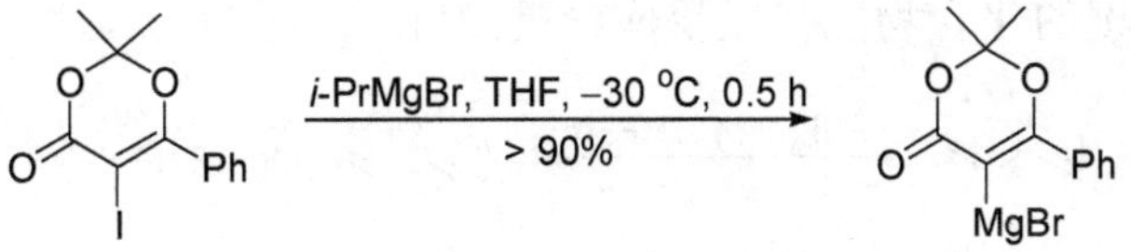

(15)

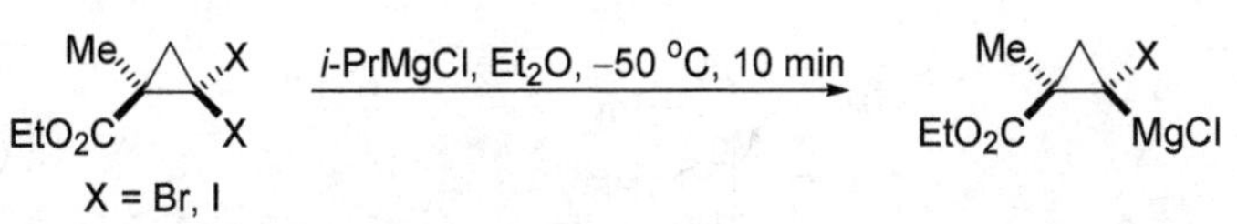

(16)

2.4 金属-金属交换反应

对于有些难以直接制备的 Grignard 试剂可以通过 RLi 与 MgX_2 的反应制备 (式 17)[29,30]。

$$RLi + MgX_2 \longrightarrow RMgX + LiX \qquad (17)$$

这种交换可以保持原来锂试剂中 R 基的手性[31]。RNa 和 RK 也能用来与 MgX_2 反应，但较少使用。

2.5 二烃基镁的制备[5]

2.5.1 从 RMgX 制备

RMgX 在溶液里与 R_2Mg 平衡共存，加入适当的具有配位能力的溶剂可使平衡向形成 R_2Mg 的方向移动 (式 18 和式 19)。

$$2\,RMgX + \text{1,4-dioxane} \longrightarrow R_2Mg + MgX_2(\text{1,4-dioxane})\downarrow \qquad (18)$$

$$2\,BrMg(CH_2)_nMgBr + \text{1,4-dioxane} \longrightarrow \overline{(CH_2)_n\,Mg} + MgX_2(\text{1,4-dioxane})\downarrow \qquad (19)$$

$n = 4, 5, 6$

在一些体系，二甘醇二甲醚能替代 1,4-二氧六环。也可以通过 MgX_2 与 2 eq 的 RLi 作用或 RMgX 与 RLi 作用制备 R_2Mg[32,33]。

2.5.2 烃基汞与镁反应

由于二烃基汞容易得到，用烃基汞与镁反应来制备二烃基镁是一个十分有用的方法。如式 20 所示，用该方法制备的二烃基镁完全不含卤素。

$$Mg + R_2Hg \longrightarrow R_2Mg + Hg \qquad (20)$$

2.5.3 镁与共轭双键体系反应

许多含有共轭双键的化合物能与镁反应 (式 21)。

$$Mg + \text{butadiene} \xrightarrow{\text{PhI (cat.), THF, rt}} (\text{butadiene})Mg\cdot 2\,THF \qquad (21)$$

这个反应产物的结构不清楚，但一个它的类似物的结构已经被测出 (式 22)。

(式 22：2,5-二苯基-2,5-二氢镁杂环戊烯，Mg 上连 3 个 THF：Ph, Ph, Mg, THF, THF, THF) (22)

蒽也能与镁按类似的方式反应生成相应的镁化合物 (式 23)。

$$Mg + \text{蒽} \xrightarrow[89\%]{THF,\ 60\ ^{\circ}C,\ 24\ h} \text{Mg(THF)}_3\text{-9,10-桥联二氢蒽} \quad (23)$$

3 Grignard 试剂的形成机理、组成和结构

3.1 Grignard 试剂的形成机理[4,5,34,35]

由于绝大多数的 Grignard 试剂是由卤代烃与镁直接反应制备的，所以这一反应的机理也备受关注。尽管有不少的研究者一直在努力，但其机理至今也没有完全清楚。从各种证据看，这是一个自由基过程 (式 24)。

$$\begin{aligned} R{-}X + Mg &\longrightarrow R{-}X^{\bullet-} + Mg_s^{\bullet+} \\ R{-}X^{\bullet-} &\longrightarrow R^{\bullet} + X \\ X^{-} + Mg_s^{\bullet+} &\longrightarrow XMg_s^{\bullet} \\ R^{\bullet} + XMg_s^{\bullet} &\longrightarrow RMgX \end{aligned} \quad (24)$$

反应在镁表面进行，下标 s 表示形成的物种仍然结合在镁的表面。反应的第一步是从镁到 RX 的单电子转移，接下来第一步形成的 $RX^{-\cdot}$ 解离成 $R^{\cdot}$ 和 X^{-}。X^{-} 与第一步形成的 $Mg_s^{+\cdot}$ 结合成 $XMg_s^{\cdot}$，$XMg_s^{\cdot}$ 再进而与第二步形成的 $R^{\cdot}$ 结合生成 RMgX。也有人对其中的某些步骤持不同观点。最近，Garst 和 Soriaga 对各种卤代烃与镁反应的可能机理进行了综述和讨论[36]。

3.2 Grignard 试剂的组成和结构[4,35,37]

Grignard 试剂在溶液里不是简单的 RMgX，而是几种组分平衡共存 (Schlenk 平衡)，可用式 25 来描述。

$$\begin{aligned} &(L)(R)Mg(\mu\text{-}X)_2Mg(L)(R) \rightleftharpoons 2\ RMgX \\ &L = \text{配位性溶剂} \\ &\qquad\qquad\qquad\qquad \rightleftharpoons \\ &(R)_2Mg(\mu\text{-}X)_2Mg(L)_2 \rightleftharpoons R_2Mg + MgX_2 \end{aligned} \quad (25)$$

平衡位置与溶剂、浓度、R 基的性质以及温度都有关系。进一步的研究发现：Grignard 试剂在溶液里的结构也受上述因素的影响。例如：在 THF 里，RMgX

在相当大的浓度范围以 $RMgX(THF)_2$ 的形式存在。但是，仅仅在很稀的乙醚溶液里 (< 0.1 mol/L) 才是以单聚体形式存在，浓度高时则形成低聚物 (式 26)。

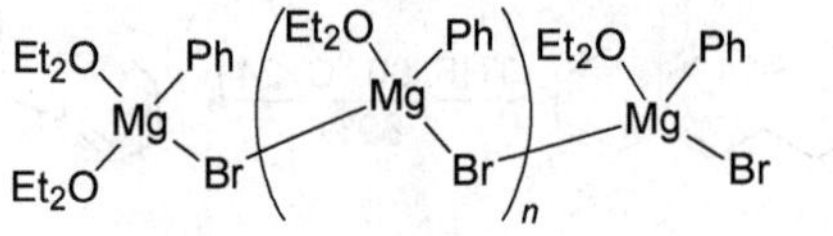

(26)

部分 Grignard 试剂的固体结构已通过单晶 X 射线衍射方法测定。例如：$EtMgBr(OEt_2)_2$ 是单聚体，其中的镁原子是四面体配位构型，四个顶点分别由 Et、Br 和两个乙醚分子占据。而 Me_2Mg 和 Et_2Mg 都是以烷基桥联的聚合物 (式 27)。

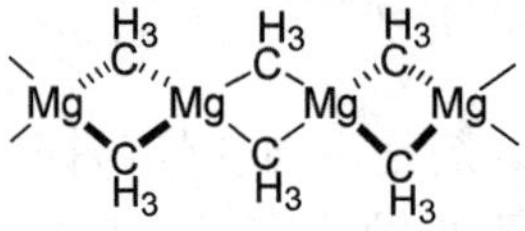

(27)

4 Grignard 试剂的反应

4.1 与醛酮的反应[3,4]

Grignard 试剂容易与醛或酮发生加成反应，加成物水解后得到醇 (式 28)。

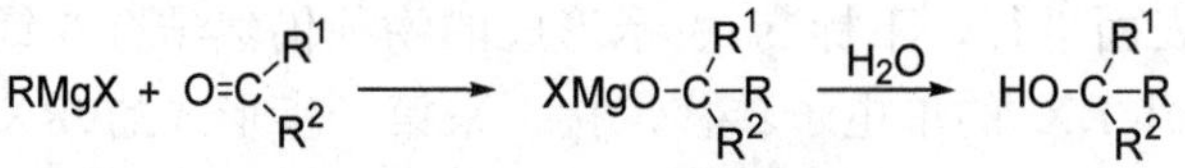

$$RMgX + O{=}C(R^1)(R^2) \longrightarrow XMgO{-}C(R^1)(R^2){-}R \xrightarrow{H_2O} HO{-}C(R^1)(R^2){-}R \quad (28)$$

Grignard 试剂与甲醛反应生成伯醇，与其它醛反应生成仲醇，与酮反应则生成叔醇。这个反应具有广泛的适用性，R 基可以是烷基、芳基、烯基和炔基等。加成步骤一般在醚中进行，反应后用稀盐酸或稀硫酸进行水解。需要注意的是：在形成叔醇的产物中如果有一个 R 基是烷基，酸性水解容易引起醇的脱水。此时，可用氯化铵溶液代替稀酸溶液进行水解。

尽管大多数 Grignard 试剂与醛或酮的反应按以上方式进行，但也有少数反应按非正常的方式进行。其中一个是烯醇化反应，这主要是由于底物中的立体位阻引起的 (式 29)。

(29)

事实上，式 29 是一个酸碱反应。R^- 没有对羰基碳进行加成，而是夺取了羰基 α-位碳上的活性氢。许多时候，如果羰基 α-位上的氢有足够的酸性，即使位阻不大也能按照这种方式反应 (例如：β-羰基酯)。

还有一个常见的非正常反应是还原反应。如式 30 所示：Grignard 试剂中的烃基失去氢成为烯烃，而失去的氢则以 H^- 的形式转移到羰基的碳原子上。

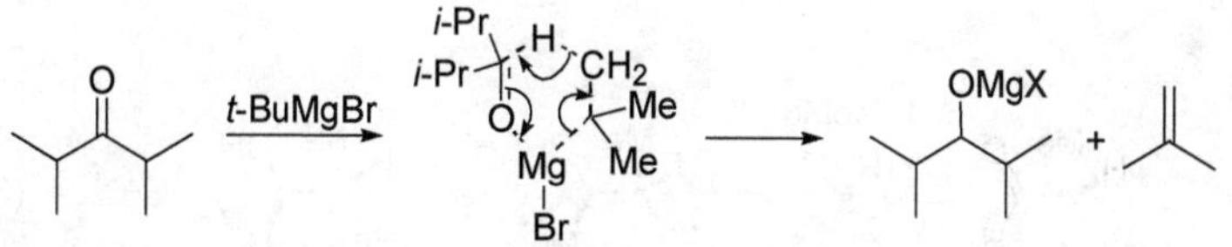

(30)

因此，位阻很大的叔醇不能用酮与 Grignard 试剂加成的方式来制备。由于这些非正常反应都是由于 Grignard 试剂的碱性引起的，所以降低 Grignard 试剂的碱性将有助于减少副反应。如式 31 所示[38]：将 Grignard 试剂转化成为碱性较弱而亲核性较强的有机铈试剂，就能够成功地得到“正常的”加成产物。

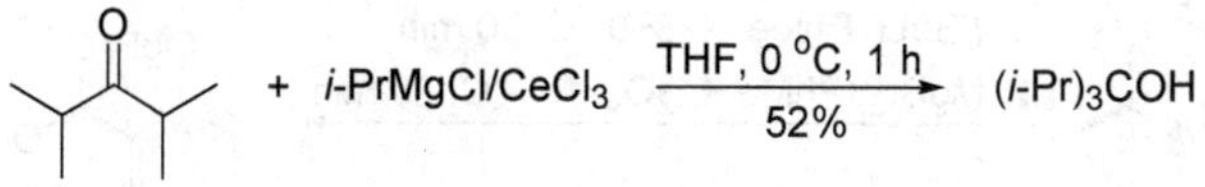

+ i-PrMgCl/$CeCl_3$ —THF, 0 °C, 1 h; 52%→ $(i\text{-Pr})_3COH$ (31)

Grignard 试剂与醛或酮羰基加成的机理比较复杂，可能是经由六员环 (式 32) 或者四员环 (式 33) 过渡态的亲核加成机理[39]。

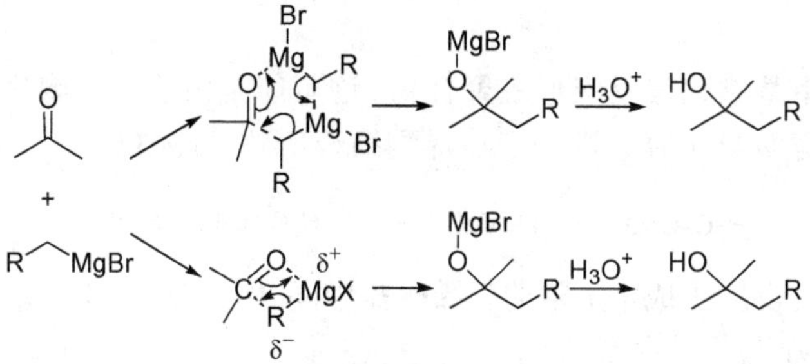

(32)

(33)

对于有些芳香或其它共轭醛酮，反应可能按单电子转移机理进行[40]。如果羰基的 α-碳是手性的，由于手性诱导作用，Grignard 试剂对羰基的加成会形成一种对映异构体作为主要产物。如式 34 所示[38]：使用 Cram 规则可以预测反应的主要产物。

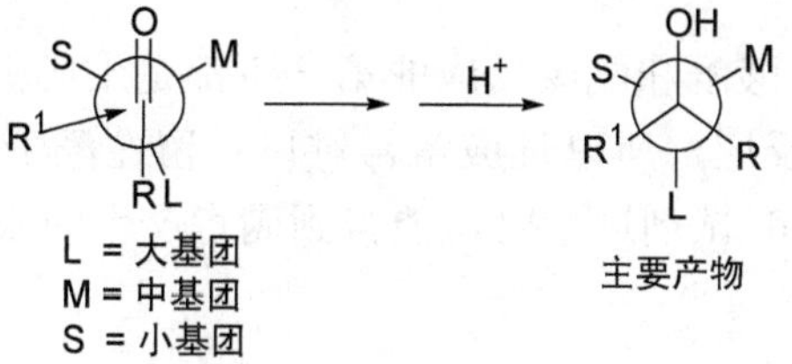

L = 大基团
M = 中基团
S = 小基团

主要产物

(34)

Cram 规则规定：大的基团 L 与羰基氧处于反式构象，亲核试剂从位阻较小的一边 (即基团 S 一侧) 进攻羰基形成主要产物[41,42]。如式 35 所示[47]：2-

苯基丙醛与甲基溴化镁或甲基碘化镁的反应，生成立体异构体的比例大约从 2:1 到 7:3[43~46]。但是，使用甲基氯化镁在 −78 °C 反应时，异构体的比例可高达 87.5:12.5。

(35)

手性 Grignard 试剂对醛、酮加成的研究并不多，但在有些反应体系里可以得到很好的结果。如式 36 所示[48]：用手性 Grignard 试剂对醛加成就得到较好的 de 值，这个结果比使用有机锂试剂效果好许多。

1. *t*-BuLi, PhMe, −78~0 °C, 30 min
2. $MgBr_2$, PhMe, Et_2O, −78 °C, 30 min

PhCHO, −78 °C, 30 min
91%, 88% de

(36)

乙烯酮与甲基碘化镁反应形成聚合物。这可能是由于甲基碘化镁对烯酮羰基加成形成的烯醇负离子容易进一步与烯酮缩合所致 (式 37)[3]。

$$H_2C{=}C{=}O + MeMgI \longrightarrow H_2C{=}C(Me)OMgI \quad (37)$$

芳香烯酮的反应生成“正常的”烯醇盐中间体，它进一步水解生成烯醇或酮 (式 38 和式 39)[3]。

$$Mes(Ph)C{=}C{=}O \xrightarrow{MeMgI} Mes(Ph)C{=}C(Me)OMgI \xrightarrow{H_2O} Mes(Ph)HC{-}C(O)Me \quad (38)$$

$$Ph_2C{=}C{=}O \xrightarrow{PhMgBr} Ph_2C{=}C(Ph)OMgBr \xrightarrow{H_2O} Ph_2C{=}C(OH)Ph \quad (39)$$

4.2 与酯、酸酐、酰氯、酰胺的反应

Grignard 试剂与酯、酸酐和酰氯反应的第一步都是生成酮。由于酮更容易与 Grignard 试剂发生加成反应，所以反应常常难以 留在酮阶段，而是进一步反应生成叔醇。当 Grignard 试剂过量时，能得到满意产率的叔醇 (甲酸酯生成仲醇) (式 40)[49]。

$$R{-}C(O){-}X + R^1MgX^1 \longrightarrow R{-}C(O){-}R^1 \xrightarrow{R^1MgX^1} R{-}C(OMgX^1)(R^1){-}R^1 \quad (40)$$

$$X = Cl, OR^2, OC(O)R^2$$

使用低温和过量的酰基化物并缓慢地滴加 Grignard 试剂，反应则有可能留在生成酮的阶段[50~52]。如果使用位阻的底物，也有可能分离出较高产率的酮[53]。如式 41 所示[54]：在低温条件下，酸酐与 PhMgCl 的反应能得到高产率的酮。在手性催化剂 (–)-金　　碱 (sparteine) 存在下，可以得到高度对映选择性的产物。

(–)-金雀花碱 (1.3 eq)；$PhCH_3$, –78 °C, 24 h　　+ ArMgCl　　(41)

序号	R	ArMgX	产率/%	ee/%
1	Ph	PhMgCl	91	92
2	Ph	*p*-$MeOC_6H_4MgBr$	88	89
3	Ph	*p*-FC_6H_4MgBr	82	78
4	$PhCH_2$	PhMgCl	87	92
5	*i*-Pr	PhMgCl	70	92

比较而言，酯的反应最难控制在形成酮的阶段[55]。对于酰卤，将 Grignard 试剂原位 (*in situ*) 转化成其它金属化合物 (包括锌、　、锰或铜的化合物等) 后再反应可以得到更好的结果。最近报道：芳香酰氯与 $O(CH_2CH_2NMe_2)_2$ 配位的 Grignard 试剂反应，形成高产率的酮 (式 42)[56]。

$$ArCOCl \xrightarrow[69\%\sim92\%]{RMgX\ (1.3\ eq),\ O(CH_2CH_2NMe_2)_2\ (1.3\ eq),\ THF,\ -78\ ^\circ C,\ 2\sim5\ h} ArCOR \quad (42)$$

内酯的反应方式与开链的酯类似，得到二醇产物 (式 43)[3]。

$$\text{lactone} + 2\ R^1MgX \longrightarrow RCH(OMgX)CH_2CH_2CR^1_2OMgX \xrightarrow{H_2O} RCH(OH)CH_2CH_2CR^1_2OH \quad (43)$$

双 Grignard 试剂与内酯或环状酸酐反应可以形成螺环化合物 (式 44)[57,58]。

1. THF, 0 °C, 1h, rt, 3 h；2. H_3O^+, 2 h；R = H, Me　　(44)

碳酸酯与 Grignard 试剂的反应生成三个 R 基相同的叔醇 (式 45)。

$$EtO{-}\overset{O}{\overset{\|}{C}}{-}OEt + RMgX \xrightarrow{Et_2O,\ reflux,\ 3\sim12\ h} R{-}\overset{OMgX}{\underset{R}{C}}{-}R \xrightarrow{H_2O} R{-}\overset{OH}{\underset{R}{C}}{-}R \qquad (45)$$

R = Et, 82%~88%　R = *n*-Bu, 84%
R = *n*-Pr, 75%　R= *t*-$BuCH_2CH_2$, 95%

酰胺的氮上有质子存在时，酸性氢会与 Grignard 试剂优先反应，接着再发生对羰基的加成。该反应的最终产物也是叔醇，但也因底物的不同可能生成腈和亚胺等。由于该反应消耗较多的 Grignard 试剂，一般不用于有机制备[3]。

N,N-二取代甲酰胺与 Grignard 试剂的反应可以用来制备醛 (Bouveault 反应)，但是反应产率受底物结构的影响较大 (式 46)[55]。

$$HCONR_2 \xrightarrow[2.\ H_2O]{1.\ R^1MgX} R^1CHO + R_2NH + MgXOH \qquad (46)$$

序号	$HCONR_2$	R^1MgX	醛的产率/%
1	$HCONMe_2$	Me_2CHCH_2MgCl	56
2	HCON(Me)Ph	PhMgBr	67
3	HC(=O)–N(哌啶)	$PhCH_2CH_2MgCl$	66~72
4	HCON(Me)Py	PhMgBr	72
5	HCON(Me)Py	$PhCH_2MgCl$	80
6	HCON(Me)Py	PhCHCHMgBr	70

该反应伴随有许多副反应，其中之一是从 Grignard 试剂与甲酰胺的加成物消除 Mg(X)OH 生成烯胺 (式 47)[59]。

$$R^1R^2CHMgX + R_2NCHO \longrightarrow R^1R^2CH\overset{OMgX}{C}HNR_2 \xrightarrow{-\ XMgOH} R^1R^2CH{=}CHNR_2 \qquad (47)$$

其它 *N,N*-二取代酰胺与 Grignard 试剂的反应生成酮，但一般产率较低 (式 48)。许多时候，*N*-烷氧基酰胺与 Grignard 试剂反应可以得到更好的结果 (式 49)[60,61]。如式 50 所示[62]：最近有人利用 *N,N*-二取代酰胺与 Grignard 试剂的反应合成了环酮。

$$RC(=O)NR^1{}_2 \xrightarrow[2.\ H_2O]{1.\ R^2MgX} RC(=O)R^2 + R^1{}_2NH + MgXOH \qquad (48)$$

$$PhCON(OMe)Me + MeMgBr \xrightarrow[93\%\sim96\%]{} PhCOMe \qquad (49)$$

Cl, Br, I, O, Ph, N, Me, N, Br + OMe, MgBr, Me $\xrightarrow[\text{78\%}]{\text{THF/1,4-}C_4H_8O_2\text{ (7:3)},\ -20\ ^\circ C,\ 20\ min}$ Cl, Br, O, N, Br (50)

4.3 与腈、亚胺和亚胺盐的反应

腈与 Grignard 试剂的反应是制备酮的有效方法。如式 51 所示：反应首先生成亚胺盐加成产物，然后经水解得到酮。

$$RC\equiv N \xrightarrow{R^1MgX} R(R^1)C{=}NMgX \xrightarrow{H_2O} R(R^1)C{=}O \quad (51)$$

在与 Grignard 试剂的反应中，腈的反应活性低于醛、酮、异氰酸酯、酰氯和酯。所以，一般需要更长的反应时间或较高的反应温度。如果 R 和 R^1 都是烷基的话，生成产物的产率一般不高。如果在含一当量醚的苯中反应或者加入 Cu^I 作为催化剂，产率会有所提高[4]。含有 α-H 的腈还有可能发生 Grignard 试剂夺取 α-H 的副反应，从而导致加成物产率下降。具有合适的双官能团化合物也能发生分子内的加成，水解后形成环酮 (式 52)[63]。

I, CN $\xrightarrow{\text{Mg, }Et_2O\text{, rt, 12~15 h}}$ [IMg, CN] ⟶

NMgI $\xrightarrow[\text{72\%}]{\text{1. aq. }NH_4Cl\text{; 2. }(CO_2H)_2\text{, reflux, 4 h}}$ O (52)

Grignard 试剂与腈加成形成的亚胺盐一般不会进一步与 Grignard 试剂反应，所以很少生成叔醇或叔胺副产物。当 R 和 R^1 是芳香基时，加成后的亚胺盐小心水解可以分离出亚胺 $R(R^1)C{=}NH$[4]。

该反应中的亚胺盐中间体也能够经由其它反应被转化成其它产物。如式 53 所示：在 Li/液氨、$NaBH_4$ 或 $Zn(BH_4)_2$ 等还原剂的存在下，亚胺盐可以被还原生成相应的胺[55]。

整体而言，亚胺对 Grignard 试剂的反应活性不高。但是，醛亚胺 (尤其是芳香醛亚胺) 比较容易与 Grignard 试剂发生加成反应，水解后可以得到较高产率的仲胺 (式 54)。

$$\begin{array}{c} R^1(R)CHNH_2 \\ \uparrow [H] \\ R^1(R)C{=}NCOR^2 \xleftarrow{R^2COCl} R^1(R)C{=}NMgHX \xrightarrow{CN^-} R{-}C(R^1)(CN){-}NH_2 \\ \downarrow R^2Li \text{ or } C_3H_5MgX \\ R{-}C(R^1)(R^2){-}NH_2 \end{array} \quad (53)$$

$$RMgX + R^1N{=}CHR^2 \longrightarrow R^1N(MgX)CHRR^2 \xrightarrow{H_2O} R^1NHCHRR^2 \quad (54)$$

酮亚胺很难与 Grignard 试剂发生正常的加成反应。如果亚胺碳或氮的 α-位有氢原子则会发生脱氢反应，从亚胺碳的 α-位脱氢形成烯胺负离子 (式 55)[3]。

$$R^1N{=}C(R^2)CH_2R^3 \rightleftharpoons R^1NHC(R^2){=}CHR^3 \xrightarrow{RMgX} R^1N(MgX)C(R^2){=}CHR^3 \quad (55)$$

在强烈的反应条件下，不含 α-H 的酮亚胺与 Grignard 试剂反应有可能生成非正常的产物。如式 56 所示[64,65]：将二苯酮亚胺与苯基溴化镁在甲苯-乙醚混合溶剂中在 70~80 °C 加热 6~8 h，得到 Grignard 试剂进攻苯环的产物，这可以看作是 1,4-加成的结果。

$$Ph_2C{=}NPh \xrightarrow[42\%]{1.\ PhMgBr;\ 2.\ H_2O} 2\text{-}Ph\text{-}C_6H_4CH(Ph)NHPh \quad (56)$$

亚胺正离子具有更高的反应活性，它们与 Grignard 试剂反应直接得到叔胺 (式 57)[66]。

$$\text{(bicyclic iminium)}\ ClO_4^- + PhCH_2MgCl \xrightarrow[93\%]{Et_2O,\ reflux,\ 4\ h} \text{(8a-benzyl indolizidine)} \quad (57)$$

该反应一般在低温条件下进行，这就有可能使用含有官能团的 Grignard 试剂 (式 58 和式 59)[23,67,68]。

$$EtO_2C\text{-furyl-}Br \xrightarrow[-30\ ^\circ C,\ 1\ h]{i\text{-}PrMgBr} EtO_2C\text{-furyl-}MgBr \xrightarrow{Ph{-}C{\equiv}C{-}CH{=}N^+Me_2\ OTf^-} EtO_2C\text{-furyl-}CH(NMe_2)C{\equiv}CPh \quad (58)$$

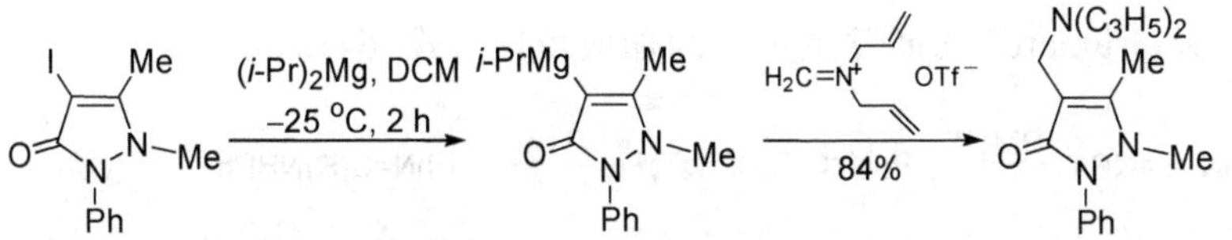

(i-Pr)$_2$Mg, DCM, –25 °C, 2 h; $H_2C=N^+(CH_2CH=CH_2)_2$ OTf^-, 84% (59)

Grignard 试剂也能与吡啶等含氮芳香杂环的 C=N 键进行加成，但效果明显不如有机锂试剂。加成一般发生在 2-位，但也可能发生在 4-位，此时被认为是电子转移机理。吡啶正离子的反应性更高，而且更容易生成 4-位取代的产物。当吡啶氮上的取代基有一定的位阻时尤其如此。如式 60 所示[69]：3-位上有配位基团时，Grignard 试剂可以选择性地在邻位进行加成。

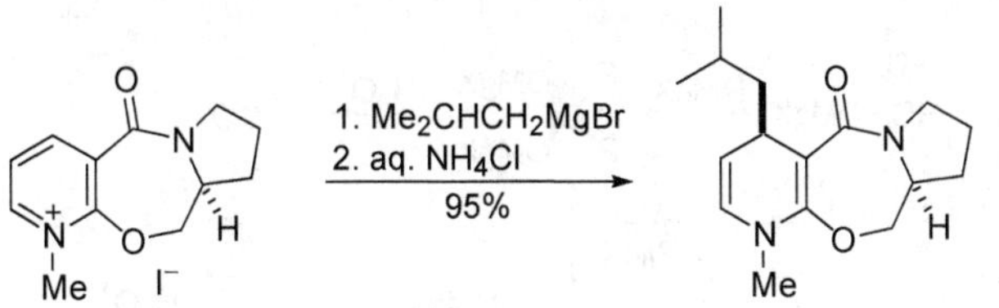

1. Me_2CHCH_2MgBr; 2. aq. NH_4Cl, 95% (60)

4.4 与异氰酸酯、异硫氰酸酯、碳二亚胺、CO_2、CS_2、SO_2 的反应

异氰酸酯与 Grignard 试剂的反应一般能在乙醚沸点以下的温度顺利进行，水解后得到高产率的酰胺。有些反应可以在低温条件下进行，为使用含官能团的 Grignard 试剂创造了有利的条件 (式 61)。

$$RMgX + R^1N{=}C{=}O \longrightarrow R^1N{=}C(R)OMgX \xrightarrow{H_3O^+} R^1NHCOR \quad (61)$$

一般情况下，该反应的中间体不会与 Grignard 试剂进一步反应。但有人报道：在较剧烈的反应条件下 (甲苯-乙醚，70~80 °C，6~8 h)，苯基异氰酸酯能与三分子苯基溴化镁反应，生成 44% 的产物 PhNHCH(Ph)C_6H_4-2-Ph。如式 62 所示：反应可能经过了中间体与 Grignard 试剂的再次反应。

$$PhN{=}C{=}O \xrightarrow{PhMgBr} PhN{=}C(Ph)OMgBr \xrightarrow[-\,O(MgBr)_2]{PhMgBr} PhN{=}CPh_2 \xrightarrow{PhMgBr}$$
$$BrMgN(Ph)CH(Ph)C_6H_4\text{-}2\text{-}Ph \xrightarrow{H_2O} PhNHCH(Ph)C_6H_4\text{-}2\text{-}Ph \quad (62)$$

异硫氰酸酯与 Grignard 试剂反应是制备硫代酰胺的有效方法[3,55]。一般情况下，Grignard 试剂的 R^- 进攻 N=C=S 的碳原子。但是，有时也会出现进攻硫原子的副反应 (式 63)。

$$RN{=}C{=}S \xrightarrow[2.\ H_3O^+]{1.\ R^1MgX} R^1{-}C({=}S)NHR \quad (63)$$

碳二亚胺与 Grignard 试剂发生正常的加成反应 (式 64)。

$$\mathrm{PhN{=}C{=}NPh} \xrightarrow{\mathrm{RMgX}} \mathrm{PhN{=}C(R)N(MgX)Ph} \xrightarrow{\mathrm{H_2O}} \mathrm{PhN{=}C(R)NHPh} \quad (64)$$

CO_2 与 Grignard 试剂的反应是合成羧酸的有效方法 (式 65)。反应通常是将 Grignard 试剂倒入干冰上即可，但也可以往 Grignard 试剂的溶液里通入 CO_2 气体。后一种方式更容易产生副产物，如式 66 所示[55]。

$$\mathrm{RMgX} + \mathrm{CO_2} \longrightarrow \mathrm{R\overset{O}{\overset{\|}{C}}{-}OMgX} \xrightarrow{\mathrm{H_3O^+}} \mathrm{RCO_2H} \quad (65)$$

$$\mathrm{R\overset{O}{\overset{\|}{C}}{-}OMgX} \xrightarrow{\mathrm{RMgX}} \mathrm{R_2C(OMgX)_2} \xrightarrow{\mathrm{H_3O^+}} \mathrm{R_2CO}$$

$$\mathrm{R_2C(OMgX)_2} \xrightarrow{-\mathrm{MgO},\ -\mathrm{MgX_2}} \mathrm{R_2CO} \xrightarrow{\mathrm{RMgX}} \mathrm{R_3COMgX} \xrightarrow{\mathrm{H_3O^+}} \mathrm{R_3COH} \quad (66)$$

羧酸也可以按照上述的反应方式与 Grignard 试剂发生反应。例如：甲酸与 Grignard 试剂反应甚至可以作为制备醛的一种方法 (式 67)[70]。

$$\mathrm{RMgX} + \mathrm{HCO_2H} \xrightarrow{\mathrm{THF,\ 0\ ^oC{\sim}rt,\ 30\ min}} \mathrm{HCO_2MgX}$$

$$\xrightarrow{\mathrm{RMgX}} \mathrm{RCH(OMgX)_2} \xrightarrow{\mathrm{H_3O^+}} \mathrm{RCHO} \quad (67)$$

序号	R	产率/%	序号	R	产率/%
1	C_6H_{13}	75	4	$PhCH_2$	61
2	C_8H_{17}	70	5	PhCH=CH	67
3	Ph	81	6	$C_4H_9CH{=}CH$	60

芳香基乙酸与 Grignard 试剂反应生成 $ArCH{=}C(OMgX)_2$ (Ivanov reagents) (式 68)[71]。

$$\mathrm{RMgX} + \mathrm{ArCH_2COOMgX} \xrightarrow{-\mathrm{RH}} \mathrm{ArCH{=}C(OMgX)_2} \quad (68)$$

Grignard 试剂可以按照与 CO_2 的反应方式对 CS_2 进行加成，生成二硫代羧酸盐。二硫代羧酸盐能够进一步转化成各种二硫代羧酸衍生物 (式 69)[55]。

$$\mathrm{RMgX} + \mathrm{CS_2} \longrightarrow \mathrm{R\overset{S}{\overset{\|}{C}}{-}SMgX} \xrightarrow{\mathrm{E^+}} \mathrm{R\overset{S}{\overset{\|}{C}}{-}SE} \quad (69)$$

RMgX 与 SO_2 的反应方式也类似于它与 CO_2 的反应，水解后得到 RSO_2H。该反应的产率一般比较低，大约在 30%~60% 之间。如果反应中使用过量的 Grignard 试剂，RSO_2MgX 会进一步反应 (式 70)[72]。

$$PhMgBr + SO_2 \longrightarrow PhS(=O)-OMgBr \xrightarrow{PhMgBr} Ph_2S\,(主) + Ph_2SO \qquad (70)$$

4.5 与 C-C 多重键的加成[55]

Grignard 试剂对未活化的烯键和炔键的加成一般比较困难，但能够发生一些分子内的加成反应。当底物和产物的结构合适时，有可能得到单一的产物 (式 71 和式 72)。

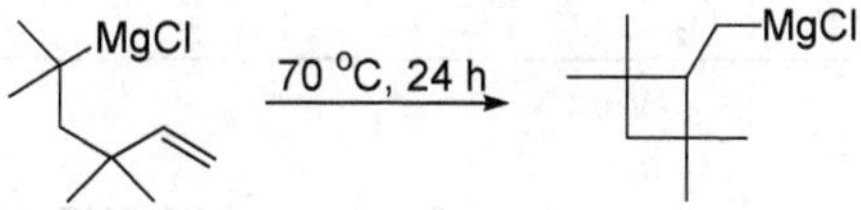

(71) 70 °C, 24 h

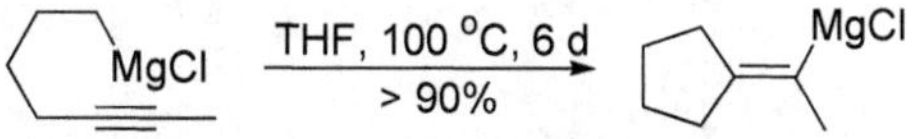

(72) THF, 100 °C, 6 d; > 90%

一般而言，烯丙基 Grignard 试剂具有较高的反应活性。它们常常能够与烯或炔顺利加成，其机理可能是经过一个环状过渡态 (式 73)。

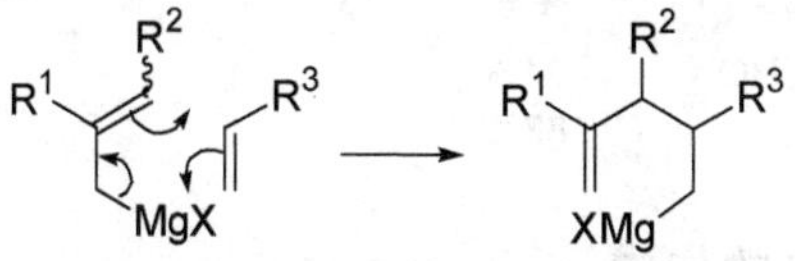

(73)

分子间反应的产率和选择性主要决定于底物的结构。分子内的反应一般只限于末端烯，能够形成 5~6 员环产物的反应更容易进行 (式 74 和式 75)。

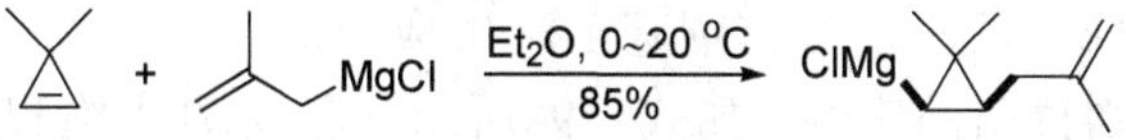

(74) Et$_2$O, 0~20 °C; 85%

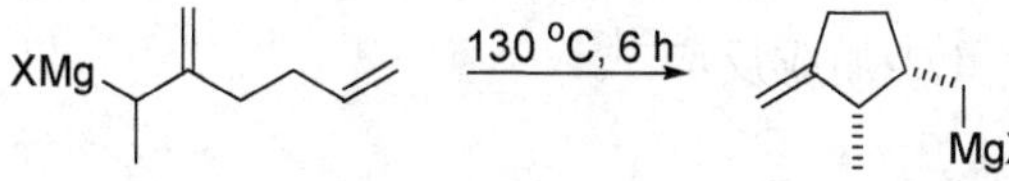

(75) 130 °C, 6 h

烯烃或炔烃分子在适当的位置上带有配位基团时，加成反应更容易进行。一般来讲，α-位上的羟基对 C-C 多重键的活化作用最大。R_2N 有中等的活化作用，OR 和 SR 只有弱的活化作用。β-OH 的活化作用也较弱，相距更远的取代基则根本没有活化作用[73~78] (式 76)[79,80]。

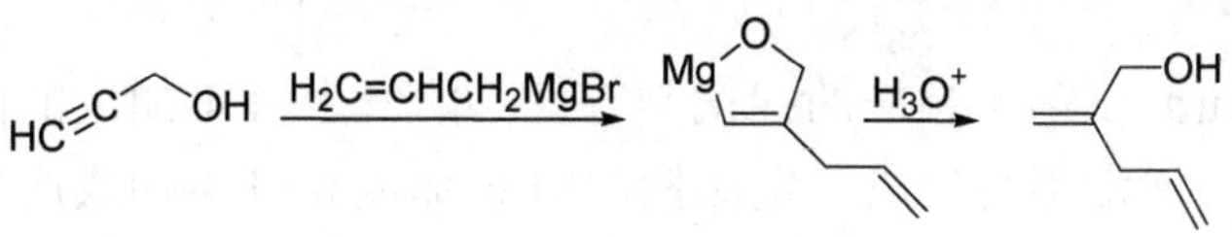

(76) $H_2C=CHCH_2MgBr$; H_3O^+

过渡金属盐常常能够催化这类加成反应，催化剂包括 Cp_2ZrR_2 (R = Cl, 烷基等)、$MnCl_2$、$CrCl_3$ 和 $FeCl_2$ 等 (式 77 和式 78)[79,80]。

$$n\text{-}C_8H_{17}\text{CH=CH}_2 \xrightarrow{\text{EtMgCl, Zr Cat.}} \text{(MgCl adduct, }n\text{-}C_8H_{17}) \xrightarrow{E^+} \text{(E product, }n\text{-}C_8H_{17}) \qquad (77)$$

Zr Cat. = Cp_2ZrCl_2, Cp_2ZrBu_2, Cp_2ZrEt_2

序号	亲电试剂	E	产率/%
1	MeCHO	CH(OH)Me	55
2	$B(OMe)_3/H_2O_2$	OH	60
3	NBS	Br	60
4	I_2	I	65

n-C_6H_{13} (alkynyl allyl ether) + (2-methylallyl)MgCl $\xrightarrow{\text{CrCl}_3\text{ (5 mol \%), THF, 40 °C, 5 h}}$ (ClMg-substituted tetrahydrofuran, C_6H_{13}-n) $\xrightarrow{\text{electrophile}}$ (E-substituted product, C_6H_{13}-n) (78)

亲电试剂	产率
PhCHO	84%
I_2	82%

4.6 与 α,β-不饱和化合物的加成

α-位上的拉电子基团 (例如：羰基、NO_2和 CN 等) 对碳-碳多重键有很强的活化作用。但依底物的不同，它们可以与 Grignard 试剂发生 1,2-加成或者 1,4-加成。醛的加成一般只发生在羰基上，生成 1,2-加成产物。酮的反应类型和产物主要受到底物位阻的影响。如式 79 所示：在 α,β-不饱和酮的 α-碳上有较大的位阻时，完全得到 1,4-加成产物。而在式 80 所示的反应中，β-碳有较大的位阻的底物则发生 1,2-加成反应[4]。

$$\text{PhCH=C(Ph)COPh} + \text{PhMgBr} \longrightarrow \text{Ph}_2\text{CH–CH(Ph)–COPh} \qquad (79)$$

$$\text{Ph}_2\text{C=CH–COPh} + \text{PhMgBr} \longrightarrow \text{Ph}_2\text{C=CH–C(OH)Ph}_2 \qquad (80)$$

此外，Grignard 试剂比相应的锂试剂有更大的发生 1,4-加成的倾向。对于大多数底物而言，通常都会生成一定比例的 1,2-加成和 1,4-加成产物。如果体系中存在催化量的 Cu^{I}，则可以得到 1,4-加成为主的产物或者单一的 1,4-加成产物 (式 81)[81]。

$$\text{MeCH=CH-C(=O)-Me} \xrightarrow[\text{2. } H_2O]{\text{1. MeMgBr}} \text{Me-CH=CH-C(Me)(OH)-Me}$$
$$\text{MeCH=CH-C(=O)-Me} \xrightarrow[\text{2. } H_2O]{\text{1. MeMgBr, CuI}} \text{Me-CH(Me)-CH}_2\text{-C(=O)-Me} \quad (81)$$

使用手性源底物，这种加成反应具有一定的立体选择性。此外，加成中间体也能与其它亲电试剂作用生成相应的产物（式 82）[82]。

$$\xrightarrow[\text{2. MeI, 40\%}]{\text{1. } Me_3SiC\equiv CCH_2MgBr,\ CuBr\text{-}SMe_2} \quad (82)$$

手性铜催化剂能够有效地催化 α,β-不饱和酮与 Grignard 试剂的不对称 1,4-加成反应，生成对映选择性的产物（式 83）[83]。

$$\text{CH}_3\text{CH=CHCO}_2\text{Me} + n\text{-BuMgBr} \xrightarrow[\text{92\%, 95\% ee}]{\text{Cat. (0.5 mol\%)}} \text{CO}_2\text{Me product} \quad (83)$$

Cat. = Fe, PCy_2, PPh_2, Cu, Br, 2

Grignard 试剂也能对有些芳香体系进行 1,4-加成。如式 84 所示[4]：反应首先发生 1,4-加成，生成取代环己二烯。然后，环己二烯发生脱氢芳构化，再生成苯环。该方法可以用来合成烷基或芳基取代苯，但底物需要具有较大的位阻。

$$\text{PhC(=O)CPh}_3 \xrightarrow[\text{2. } H_2O]{\text{1. PhMgBr, PhH, reflux, 20 h}} \longrightarrow \xrightarrow{[O]} \text{2-Ph-C}_6\text{H}_4\text{C(=O)CPh}_3 \quad (84)$$

芳香硝基化合物与 2 eq 的 Grignard 试剂也能发生类似的加成，生成的中间体可以进一步转化为多种产物（式 85）[84]。

$$\text{2-nitronaphthalene} \xrightarrow[\text{THF, rt}]{\text{2 RMgX}} \text{(R, H, } N^+(OMgR)O^-) \xrightarrow[\text{or } Br_2/Et_3N]{\text{DDQ or } KMnO_4} \text{1-R-2-NO}_2\text{-naphthalene} \quad (85)$$

4.7 与环氧化合物及醚的反应

Grignard 试剂与环氧乙烷衍生物的反应是一种非常有用的合成方法，生成延长两个碳的醇 (见式 86)[4]。对于取代的环氧乙烷，R^- 进攻位阻小的一端，且形成反式产物。

$$\mathrm{RMgX} + \underset{\text{(2-甲基环氧乙烷)}}{\mathrm{CH_3CH\!-\!CH_2O}} \longrightarrow \mathrm{RCH_2\overset{OMgX}{C}HCH_3} \xrightarrow{H_2O} \mathrm{RCH_2\overset{OH}{C}HCH_3} \qquad (86)$$

然而，有些反应体系生成非正常的产物。如式 87 所示：1,1-二取代环氧化合物在与 Grignard 试剂反应中还发生了重排反应。

$$\mathrm{Ph(Me)C\!-\!CH_2O\ (环氧)} \xrightarrow{\mathrm{PhMgBr}} \mathrm{Ph\!-\!\overset{Me}{\underset{H}{C}}\!-\!\overset{OH}{\underset{H}{C}}\!-\!Ph} \qquad (87)$$

这类产物的产生被认为是环氧化物首先重排成醛或酮，然后再与 Grignard 试剂反应的结果。MgX_2 可能催化了这种重排反应，这能够从 MgX_2 催化环氧乙烷衍生物的重排得到　证 (式 88)[3]。

$$\mathrm{Me_2C\!-\!CH(Ph)O\ (环氧)} \xrightarrow{\mathrm{MgBr_2}} \underset{90\%}{\mathrm{Me\!-\!\overset{Me}{\underset{Ph}{C}}\!-\!CHO}} + \underset{(少量)}{\mathrm{Me\overset{O}{C}\!-\!\overset{Me}{C}HPh}} \qquad (88)$$

如果底物是烯基取代的环氧乙烷衍生物，通常得到以烯丙基重排产物为主的混合物 (式 89)[4]。

$$\mathrm{R^-} + \text{乙烯基环氧乙烷} \longrightarrow \mathrm{RCH_2CH(O^-)CH{=}CH_2}$$
$$\mathrm{R^-} + \text{乙烯基环氧乙烷} \longrightarrow \mathrm{RCH_2CH{=}CHCH_2O^-} \qquad (89)$$

Grignard 试剂与普通的醚不发生反应，这才使我们能够在醚类溶剂中进行 Grignard 试剂的制备和反应。但是，有些结构特殊的醚仍然可以与 Grignard 试剂发生反应，环氧乙烷就是其中之一。在较强烈的条件下，烷基芳基醚可以被 Grignard 试剂断裂，形成芳氧基离去的取代产物。其中苯基烯丙基醚更容易被 Grignard 试剂断裂，形成偶联产物 (式 90)[3]。

$$\mathrm{CH_2{=}CHCH_2OPh} + \mathrm{PhMgBr} \xrightarrow{70\ ^\circ C,\ 7\ h} \underset{63\%}{\mathrm{CH_2{=}CHCH_2Ph}} + \underset{71\%}{\mathrm{PhOH}} \qquad (90)$$

在镍催化剂存在下，烯基醚可以被 Grignard 试剂断裂。如式 91 所示：该反应可以用于 2,3-二氢呋喃的有效开环[55]。

$$\text{2,3-二氢呋喃} \xrightarrow[\text{75\%}]{n\text{-BuMgBr, (dppp)NiCl}_2;\ \text{PhCH}_3,\ 60\sim80\ ^{\circ}\text{C, 20 h}} n\text{-Bu}\sim\!\!=\!\!\diagup\!\!\diagdown\text{OH} \tag{91}$$

缩醛一般对 Grignard 试剂稳定。但是，在更剧烈条件下，其中的一个烷氧基能够被 RMgX 中的 R 基取代 (式 92)。

$$\text{RMgX} + \text{R}^1\text{–CH(OR}^2)_2 \longrightarrow \text{R}^1\text{–CH(R)(OR}^2) + \text{R}^2\text{OMgX} \tag{92}$$

在 N,O-缩醛与 Grignard 试剂的反应中，取代反应选择性地发生在烷氧基上 (式 93)[85,86]。

$$\text{R}^1\text{MgX} + \text{R}^2\text{—CH(OR}^3)(\text{NR}_2) \longrightarrow \text{R}^2\text{—CH(R}^1)(\text{NR}_2) + \text{R}^3\text{OMgX} \tag{93}$$

原甲酸酯与 Grignard 试剂的反应是一个合成醛的有效方法。原甲酸酯的一个烷氧基首先被 R 基取代，水解后即可得到醛 (式 94 和式 95)[87,88]。

$$n\text{-C}_5\text{H}_{11}\text{MgBr} + \text{CH(OEt)}_3 \xrightarrow[45\%\sim50\%]{\text{1. Et}_2\text{O, reflux, 4 h};\ \text{2. H}_3\text{O}^+} n\text{-C}_5\text{H}_{11}\text{CHO} \tag{94}$$

$$\text{CH}_2\text{=C(CH}_3)\text{CH}_2\text{MgCl} + \text{(EtO)}_2\text{CHOPh} \xrightarrow[95\%]{\text{THF, rt, 20 h}} \text{CH}_2\text{=C(CH}_3)\text{CH}_2\text{CH(OEt)}_2 \tag{95}$$

4.8 与卤代烃的反应

Grignard 试剂与卤代烃的偶联反应一般不容易得到满意的结果，主要原因是伴随有大量的副反应。其中，Grignard 试剂与卤代烃之间的金属-卤素交换反应严重地导致反应的复杂化。由于卤代烯烃和卤代芳烃具有较强的 C-X 键，因此难以与 Grignard 试剂偶联。但是，有些伯溴代和伯碘代烷烃还是能够给出较好的偶联产率，烯丙基和苄基卤化物也能给出良好的偶联产率 (式 96)[89]。

$$\text{c-C}_6\text{H}_{11}\text{MgBr} + \text{CH}_2\text{=C(Br)CH}_2\text{Br} \xrightarrow[>60\%]{\text{Et}_2\text{O, reflux, 2 h}} \text{c-C}_6\text{H}_{11}\text{CH}_2\text{C(Br)=CH}_2 \tag{96}$$

在催化剂的存在下，Grignard 试剂与烷基或芳基卤的偶联都非常容易。1972 年 Kumada 和 Corriu 分别报道了镍配合物催化的 Grignard 试剂与卤代芳烃的偶联反应[90,91]。现在人们知道，含各种配体的镍、钯、铁和钴配合物等都可以催化该反应。如式 97 和式 98 所示：即使反应性很低的去活化的 (deactivated) 氯代芳烃和氯代烯烃等也可以顺利地发生偶联反应。

$$RMgX + R^1\text{-}C_6H_4\text{-}X^1 \xrightarrow{\text{催化剂}} R^1\text{-}C_6H_4\text{-}R \quad (97)$$

R = 烷基, 烯基, 芳基
R^1 = H, 烷基, 烷氧基, 胺基等
X^1 = I, Br, Cl, OTs 等

$$(n\text{-Bu})_2C{=}CHCl + n\text{-BuMgBr} \xrightarrow[85\%]{Fe(acac)_3\ (1mol\%),\ THF\text{-}NMP} (n\text{-Bu})_2C{=}CH\text{-}Bu\text{-}n \quad (98)$$

有效的催化剂体系还有：Ni^{II}-各种膦配体 [PR_3、$Ph_2PCH_2CH_2PPh_2$、2-MeCH(OH)-$C_6H_4PPh_2$]，Ni^{II}+咪唑鎓盐、1,3-丁二烯，Pd^{II}+R_3P、1,3-丁二烯、$R_2P(O)H$、咪唑鎓盐，Fe^{III}+tmeda、和 Co^{III}+tmeda 等[92~99]。

近年来，通过 Grignard 试剂进行的烷基-烷基偶联也取得了很大进展。如式 99 所示[100~102]：在镍或钯催化剂存在下，能够高产率地得到烷基-烷基偶联产物。

$$RCH_2X + R^1MgY \xrightarrow[72\%\sim100\%]{NiCl_2\ (1\sim3\ mol\%),\ H_2C{=}CHCH{=}CH_2\ (0.1\sim1\ eq),\ THF,\ 0\sim25\ ^\circ C,\ 0.5\sim20\ h} RCH_2R^1 \quad (99)$$

R, R^1 = Alkyl, X = Br, Cl, F, OTs

对于伯卤化物和烯丙基卤化物与 Grignard 试剂的偶联反应，一价铜盐 (例如：CuX)及其配合物 (例如：$CuBr\cdot SMe_2$) 具有良好的催化效果 (式 100)[103]。

$$2\ p\text{-}MeC_6H_4MgBr + CH_2Br_2 \xrightarrow[83\%]{CuBr,\ THF\text{-}HMPA,\ reflux,\ 2\ h} (p\text{-}MeC_6H_4)_2CH_2 \quad (100)$$

这种偶联反应对底物中某些官能团具有很好的兼容性，一系列溴代腈与 Grignard 试剂的催化偶联已被报道 (式 101)[104]。

$$Br\text{-}CH_2(CH_2)_nCN + CH_2{=}CH\text{-}C({=}CH_2)MgBr \xrightarrow[71\%\sim98\%\ (n = 1\sim5)]{CuBr\ (10\ mol\%),\ THF,\ 0\ ^\circ C\sim rt,\ 16\ h} CH_2{=}CH\text{-}C({=}CH_2)CH_2CH_2(CH_2)_nCN \quad (101)$$

4.9 与氧、硫、硒、碲的反应

Grignard 试剂与 O_2 反应生成过氧化物或者醇[3]。在低温条件下，将 Grignard 试剂缓慢地滴入氧饱和的醚溶液中可以得到过氧化物。如果用无 CO_2 的干燥空气或氧气与 Grignard 试剂反应，则得到良好产率的醇。与有机锂的类似

反应相比较，这个方法可以得到更高的收率。如果用芳基 Grignard 试剂反应，只能生成酚而不会形成过氧化物。但是，生成酚的产率一般低于用烷基 Grignard 试剂的反应 (式 102)[3,4,55]。

$$\mathrm{RMgX} + \mathrm{O_2} \longrightarrow \mathrm{RO_2MgX} \xrightarrow{\mathrm{H_3O^+}} \mathrm{RO_2H}$$
$$\mathrm{RO_2MgX} \xrightarrow{\mathrm{RMgX}} 2\,\mathrm{ROMgX} \xrightarrow{\mathrm{H_3O^+}} 2\,\mathrm{ROH} \qquad (102)$$

Grignard 试剂与硫的反应生成硫醇或硫醚[4]，也可能形成多硫化物。但如果不使用过量的硫，得到的产物是硫醇盐，硫醇盐经水解转化为硫醇。也可以对硫醇盐不加分离，进一步转化为硫醚 (式 103 和式 104)[72,105]。

$$\mathrm{RMgX} + \mathrm{S} \longrightarrow \mathrm{RSMgX} \xrightarrow{\mathrm{H_3O^+}} \mathrm{RSH};\quad \mathrm{RSMgX} \xrightarrow{\mathrm{RMgX}} \mathrm{RSR} \qquad (103)$$

$$\text{2-thienyl-MgI} \xrightarrow[53\%\sim60\%]{\text{1. S, Et}_2\text{O, reflux, 45 min; 2. MeI, Et}_2\text{O, reflux, 10 h}} \text{2-thienyl-SMe} \qquad (104)$$

Grignard 试剂与二硫醚反应可以将 S-S 键打开，生成不对称硫醚和硫醇盐 (式 105)[72]。

$$\mathrm{RMgX} + \mathrm{R^1SSR^1} \longrightarrow \mathrm{RSR^1} + \mathrm{R^1SMgX} \qquad (105)$$

硒与 Grignard 试剂的反应与硫类似，生成 RSeMgX。然后，在不同的条件下被转化为硒醇或二硒化物等 (式 106)[106]。

$$\mathrm{PhMgBr} + \mathrm{Se} \longrightarrow \mathrm{RSeMgX} \xrightarrow{\mathrm{H_3O^+}} \mathrm{RSeH};\quad \mathrm{RSeMgX} \xrightarrow{\mathrm{Br_2}} \mathrm{RSeSeR} \qquad (106)$$

碲与 Grignard 试剂的反应研究不多。从已有的例子来看，它的反应方式与硫和硒类似。

4.10 与卤素的反应

Grignard 试剂与 Cl_2、Br_2、和 I_2 均能顺利地反应，生成相应的有机卤化物。通常 Grignard 试剂是从有机卤化物制备的，这个反应从合成的角度来看似乎没有价值。但是，对于有些多官能团卤化物的制备还是有用的 (式 107)[107]。

$$\text{2,3,5,6-tetrachloro-4-pyridyl-MgX} + \mathrm{Br_2} \xrightarrow[61\%]{\text{THF, }-75\ ^\circ\text{C}\sim\text{rt}} \text{4-bromo-2,3,5,6-tetrachloropyridine} \qquad (107)$$

上述反应适用于从 RMgCl 或 RMgBr 制备碘化物，或者从 RMgCl 制备溴化物。但不适用于从 RMgX (X = Br, I) 与 Cl_2 反应制备氯化物，因为 RMgX (X = Br, I) 与 Cl_2 反应可能主要生成 RBr 或 RI[4]。

有些试剂可以替代卤素进行该卤化反应，例如：*N*-卤代物、芳基磺酰卤和多卤代烷烃等 (式 108)[108]。但是，Grignard 试剂与 SO_2Cl_2 反应生成的是 RSO_2Cl 而不是 RCl (式 109)[109]。

$$\text{PhMgBr} + \text{Me}-\text{C}_6\text{H}_4-\text{SO}_2\text{Br} \xrightarrow[54\%]{\text{Et}_2\text{O, 0 }^\circ\text{C, 3\~4 h}} \text{PhBr} \qquad (108)$$

$$\text{RMgX} + \text{SO}_2\text{Cl}_2 \xrightarrow{\text{THF, C}_6\text{H}_{14}\text{, 0 }^\circ\text{C\~rt, 2 h}} \text{RSO}_2\text{Cl} \qquad (109)$$

序号	R	产率/%	序号	R	产率/%
1	Ph	64	4	C_6Cl_5	62
2	*o*-$MeOC_6H_4$	54	5	$PhCH_2$	68
3	*p*-ClC_6H_4	63			

RMgX 与 $FClO_3$ 反应可以得到中等到优秀产率的 RF。该反应对烷基、烯基和芳基 Grignard 试剂都适用[4]。如果使用式 110 所示的氟化剂，据称没有操作　　和更易　存[55]。

$$\text{(1-R-4-fluoro-1,4-diazoniabicyclo[2.2.2]octane)}\ 2\,X^- \qquad (110)$$

4.11 与叠氮和重氮化合物的反应

Grignard 试剂与有机叠氮化合物反应生成三氮烯[110~112]。三氮烯的产率随取代基的不同而不同，一般能够得到较高至很高的产率。例如：PhN_3 与 CH_2=$CHCH_2MgBr$ 反应水解后几乎得到定量的粗产物。三氮烯负离子及三氮烯都容易进一步水解生成胺 (式 111)。

$$\text{RMgX} + \text{R}^1\text{N}_3 \longrightarrow \text{R}^1-\text{N}=\text{N}-\text{N(MgX)}-\text{R} \xrightarrow{\text{H}_2\text{O}} \text{R}^1-\text{N}=\text{N}-\text{NH}-\text{R} \rightleftharpoons \text{R}^1-\text{NH}-\text{N}=\text{N}-\text{R} \qquad (111)$$

RMgX 与重氮化合物的反应也很容易进行。如式 112 所示：反应首先生成 Ph^- 进攻氮端的产物，再水解得到　。

$$\text{PhMgX} + \text{Ph}_2\text{CN}_2 \longrightarrow \text{Ph}_2\text{C}=\text{N}-\text{N(MgX)}-\text{Ph} \xrightarrow{\text{H}_2\text{O}} \text{Ph}_2\text{C}=\text{N}-\text{NH}-\text{Ph} \qquad (112)$$

有时，该反应中副反应产物甚至会成为主要产物。如式 113 所示：反应中的产物可能是 进一步被 Grignard 试剂还原的结果[3]。

$$n\text{-BuMgBr} \xrightarrow[53\%]{1.\ H_2CN_2;\ 2.\ H_2O} CH_3-NH-NH-Bu\text{-}n \qquad (113)$$

Grignard 试剂也能与重氮盐反应，生成偶氮化合物。产品的产率随底物的不同有较大差别，$PhN_2^+BF_4^-$ 的反应给出较高的产率 (式 114)[113]。

$$PhN_2^+BF_4^- + RMgX \xrightarrow[40\%\sim87\%]{THF,\ -78\ ^\circ C} PhN{=}NR \qquad (114)$$

RMgX = t-BuMgCl, PhMgBr, o-MeC_6H_4MgBr, p-MeC_6H_4MgBr

4.12 与 RNO_2 及 RNO 的反应

硝基化合物与 Grignard 试剂的反应常常生成复杂的产物，因此很少有合成用途。在适当的条件下，烯丙基和苄基的 Grignard 试剂能够与硝基化合物反应得到氮羰基化合物，但反应的区域和立体选择性都不佳。在某些特定的反应里，可以通过控制反应条件来改善其选择性 (式 115)[114]。

$$CH_3CH_2NO_2 + PhCH_2MgCl \xrightarrow{THF,\ -70\ ^\circ C} CH_3CH_2-N^+(OMgCl)(O^-)-CH_2Ph \xrightarrow[50\%]{Cl_3CCO_2H} (CH_3CH_2)(^-O)N^+{=}CHPh \qquad (115)$$

$$CH_3CH_2-N^+(OMgCl)(O^-)-CH_2Ph \xrightarrow[60\%]{2,6\text{-}Me_2C_6H_3OH} H_3C-CH{=}N^+(O^-)CH_2Ph$$

芳香亚硝基化合物与 Grignard 试剂反应生成羟胺[3]，但是伴随着两种主要副反应：(1) 羟胺盐继续与 Grignard 试剂作用形成二芳基胺；(2) 与正常的加成竞争生成偶氮或氢化偶氮化合物 (式 116)。

$$ArNO + Ar^1MgX \longrightarrow (Ar)(Ar^1)N-OMgX \longrightarrow (Ar)(Ar^1)N-OH \qquad (116)$$

Grignard 试剂也能够与亚硝胺反应，产物依底物的不同而不同。如式 117 所示：*N*-亚硝基二乙胺和 *N*-亚硝基二苯胺与 EtMgI 反应都生成 。但是，*N*-亚硝基二乙胺与 PhMgBr 反应则生成二乙基苯基 和 1-乙基-1-α-苯乙基-2-苯基的混合物 (式 118)[3]。

$$R_2NNO + EtMgI \longrightarrow R_2NN(OMgI)Et \xrightarrow{-\ Mg(I)OH} R_2NN{=}CHCH_3 \qquad (117)$$

$$Et_2NNO + PhMgBr \longrightarrow Et_2NN(OMgBr)Ph \xrightarrow{-Mg(Br)OH} \text{EtN—NPh (aziridine, Me)}$$

$$\xrightarrow{PhMgBr} Et[Me(Ph)CH]NN(MgBr)Ph \qquad (118)$$

N-亚硝基二苯胺与 Grignard 试剂还能够按式 119 反应[115]。

$$Ph_2NNO + RMgX \xrightarrow[R = \text{烷基, 芳基}]{THF, -15\ ^{\circ}C} Ph_2NMgX + RNO \qquad (119)$$

4.13 与含活泼氢的化合物的反应

Grignard 试剂有强碱性，它遇到酸性氢会发生酸碱反应。因此，Grignard 试剂的制备、反应都要在非质子溶剂中无水条件下完成，反应底物中也最好不要含有酸性氢。Grignard 试剂与常见的酸的作用如下（式 120）[116]。

$$RMgX \begin{cases} \xrightarrow{H_2O} RH + Mg(OH)X \\ \xrightarrow{HX} RH + MgX_2 \\ \xrightarrow{R^1OH} RH + Mg(OR^1)X \\ \xrightarrow{R^1SH} RH + Mg(SR^1)X \\ \xrightarrow{R^1CO_2H} RH + Mg(O_2CR^1)X \\ \xrightarrow{R^1{}_2NH} RH + Mg(NR^1{}_2)X \\ \xrightarrow{R^1CONH_2} RH + Mg(NHCOR^1)X \\ \xrightarrow{R^1C\equiv CH} RH + R^1C\equiv CMgX \end{cases} \qquad (120)$$

在有些情况下，Grignard 试剂与酸性氢的反应在合成中是很有用的。如果需要将卤代烃转化成高纯的烷烃，就可以通过 Grignard 试剂的水解来实现。氘代烷烃的制备也可以通过 Grignard 试剂与 D_2O 或其它含活性氘试剂反应来实现（式 121）[5]。

$$RMgX + D_2O \longrightarrow RD \qquad (121)$$

代化合物用可以用类似的方法制备（式 122）[55]。

$$p\text{-BrMgC}_6\text{H}_4\text{MgBr} + \text{T}_2\text{O} \longrightarrow p\text{-TC}_6\text{H}_4\text{T} \tag{122}$$

对于有些含有酸性 C-H 键的化合物 (例如：末端炔烃、环戊二烯等)，它们与 Grignard 试剂发生氢-金属交换反应可以生成新的 Grignard 试剂 (见 2.2 节)。

胺基镁 R_2NMgX 被用于对芳基的邻位金属化，也用于乙酰乙酸乙酯和戊二酮的金属化，是一个有用的有机碱 (见 2.2 节)。其制备也是通过胺与 Grignard 试剂的反应实现的 (式 123)。

$$R_2NH + R^1MgX \longrightarrow R_2NMgX + R^1H \tag{123}$$

伯胺的两个活性氢都可以参与 Grignard 试剂的反应 (式 124)[55]，生成的胺基负离子可以用作配体转移试剂来合成胺基金属配合物。

$$ArNH_2 + 2\ EtMgBr \longrightarrow ArN(MgBr)_2 + 2\ EtH \tag{124}$$

4.14 与无机卤化物等的反应

对于式 125 所示的置换反应，只有在电动序里 M^1 位于 M 的下方时才能进行[4]。

$$RM + M^1X \longrightarrow RM^1 + MX \tag{125}$$

在电动序里，仅有少数金属元素在镁元素的上方 (例如：碱金属、碱土金属中的钙、 、 和镧系元素)。这使得 Grignard 试剂有可能与许多金属或非金属盐发生置换反应。事实上，Grignard 试剂与无机卤化物的置换反应是制备类金属和金属有机化合物的重要方法。许多类金属 (例如：B、Si、Ge、P、As、Sb、和 Bi 等)、主族金属和过渡金属的烃基化合物均可以用此方法来制备 (式 126~式 131)[117~122]。

$$2\ i\text{-PrMgCl} + PCl_3 \xrightarrow[55\%\sim60\%]{Et_2O,\ -30\ ^{\circ}C,\ 1.5\ h,\ \text{then reflux},\ 30\ min} i\text{-Pr}_2PCl \tag{126}$$

$$SbCl_3 \xrightarrow[64\%]{1.\ t\text{-BuMgCl},\ Et_2O,\ -50\ ^{\circ}C\sim rt;\ 2.\ 2\ MeMgBr,\ Et_2O,\ 0\ ^{\circ}C\sim rt} t\text{-BuSbMe}_2 \tag{127}$$

$$2,4,6\text{-Me}_3C_6H_2MgBr \xrightarrow[90\%]{PtCl_2(COD),\ Et_2O,\ 0\ ^{\circ}C,\ 5\ min,\ rt,\ 2\ h} 2,4,6\text{-Me}_3C_6H_2PtBr(COD) \tag{128}$$

$$2\ C_6F_5MgBr \xrightarrow[63\%\sim80\%]{\text{1. } Cu_2Br_2,\ Et_2O,\ \triangle,\ 30\ min \quad \text{2. 1,4-二氧六环, 30 min}} (C_6F_5Cu)_2\ \text{(1,4-二氧六环)} \tag{129}$$

$$4\ PhCH_2MgCl + ZrCl_4 \xrightarrow[30\%]{Et_2O,\ -15\sim0\ ^{\circ}C,\ 15\ h} Zr(CH_2Ph)_4 \tag{130}$$

$$3\ n\text{-}PrBr + 3\ Mg + BF_3 \cdot OEt_2 \xrightarrow[96\%]{Et_2O,\ \text{超声},\ 10\ min} n\text{-}Pr_3B \tag{131}$$

用硼酸酯与 Grignard 试剂反应能够得到烷基或芳基硼化合物 (式 132)[123]。

$$B(OMe)_3 + 2\ PhMgBr \xrightarrow[>80\%]{\text{1. } Et_2O,\ DME,\ 0\ ^{\circ}C,\ 1.5\ h;\ rt,\ 5\ h \quad \text{2. } H_3O^+} Ph_2BOH \tag{132}$$

在少量 $TiCl_4$ 存在下，烷基 Grignard 试剂的 MgX 能够从碳链的中间迁移到末端，其机理被认为是经过烷基钛中间体 (式 133)[4]。

$$H_3C-CH(MgX)-CH_3 \xrightarrow[-\ MgXCl]{TiCl_4} H_3C-CH(TiCl_3)-CH_3 \xrightarrow{-\ TiCl_3H} H_3C-CH=CH_2$$

$$\xrightarrow{TiCl_3H} H_3C-CH_2-CH_2-TiCl_3 \xrightarrow[-\ TiCl_4]{MgXCl} H_3C-CH_2-CH_2-MgX \tag{133}$$

烯丙基和环戊二烯基等的镁化合物与金属卤化物或其它金属盐反应可以制备 π-键结合的金属有机化合物 (式 134~式 136)[124~126]。

$$Cp^*MgCl + Sc(acac)_3 \xrightarrow[87\%]{PhCH_3,\ rt,\ 3\ h} Cp^*Sc(acac)_2 \tag{134}$$

$$Ni(acac)_2 + 2\ C_5H_5MgBr \xrightarrow[70\%]{C_6H_6,\ 0\ ^{\circ}C\sim rt,\ 1\ h} (C_5H_5)_2Ni \tag{135}$$

$$NiBr_2 + 2\ CH_2=CHCH_2MgCl \xrightarrow[63\%]{Et_2O,\ -10\ ^{\circ}C} (\eta^3\text{-}C_3H_5)_2Ni \tag{136}$$

在有些过渡金属化合物与 Grignard 试剂的反应里，Grignard 试剂起还原剂的作用，生成低价过渡金属化合物 (式 137)。

$$Cp_2TiCl_2 + i\text{-}PrMgBr \longrightarrow Cp_2Ti(\mu\text{-}Cl)_2TiCp_2 \quad (137)$$

4.15 手性 Grignard 试剂简介

本节介绍的手性 Grignard 试剂主要是指手性碳直接与金属镁相连的一类 Grignard 试剂。一般来讲，这类 Grignard 试剂具有很强的不对称诱导作用。如果其手性是可控制的，不仅在不对称合成中有很高的应用价值，也是研究 Grignard 试剂加成等反应中单电子转移机理的理想工具[127,128]。然而，有两个因素限制了手性 Grignard 试剂的使用：一是手性 Grignard 试剂的制备相对困难，二是与镁相连的碳原子的构型一般不稳定，尤其在较高的温度下。从一个手性的卤代烃 (手性碳与卤素相连) 与镁反应通常会得到外消旋的 Grignard 试剂。这主要是由于该反应是电子转移机理，由自由基中间体导致了最终产物的外消旋化 (式 138)[128]。

光学活性的 ⟶ 外消旋的; Mg^+; $-X^-$ (138)

因此，手性 Grignard 试剂的制备要避免经过自由基过程。一个成功的方法是由手性亚砜与普通 Grignard 试剂进行交换来制备 (式 139)[128]。

EtMgCl, THF, $-78\ ^\circ C$, 2 h; Ar = $p\text{-}MeC_6H_4$, $p\text{-}ClC_6H_4$; 97% ee; 93%, 97% ee; Me_2AlCl, PhCHO; 93% ee (139)

手性 Grignard 试剂的构型通常只在低温条件下稳定，稍高的温度则会发生外消旋化作用 (式 140)[129]。

MgCl 1. $PhSCH_2N_3$, THF, –60 °C 2. Ac_2O, THF, –60 °C → KOH → (140)

91% ee 92% ee

手性 Grignard 试剂是研究反应机理的有效工具。如式 141 和式 142 所示[128]：手性 Grignard 试剂在反应进行的温度下构型稳定，因此可以排除手性 Grignard 试剂自身发生外消旋的可能性。那么可以证明，消旋产物的形成主要是由单电子转移过程所致。

p-$MeOC_6H_4CHO$, ca. 86% ee → 极性加成

ClMg, ca. 90% ee (141)

C_6F_5CHO, ca. 45% ee → 极性加成伴随单电子转移

ca. 70% ee → 极性加成伴随少量单电子转移

ClMg, ca. 90% ee (142)

C_6F_5CHO, 0% ee → 单电子转移

5　Grignard 反应在天然产物合成中的应用

Grignard 试剂的发现已超过百年，在有机合成中发挥了巨大的作用。Grignard 反应在天然产物全合成中已经得到了非常广泛的应用，这里仅选择几个最近发表的例子来说明该反应的重要作用。

5.1　甘蔗甲虫性信息素的合成[130]

化合物 **1** 是甘蔗甲虫性信息素。2005 年，Breit 等完成了该天然产物的全合成，并确定它的绝对构型。他们采用的策略是将目标化合物分解为片段 **A** 和

片段 **B**，最后将它们对接。如式 143 所示：仅仅在片段 **A** 的合成中，作者连续三次利用了 Grignard 试剂进行的催化偶联反应。最后，高度立体选择性地得到了片段 **A**。

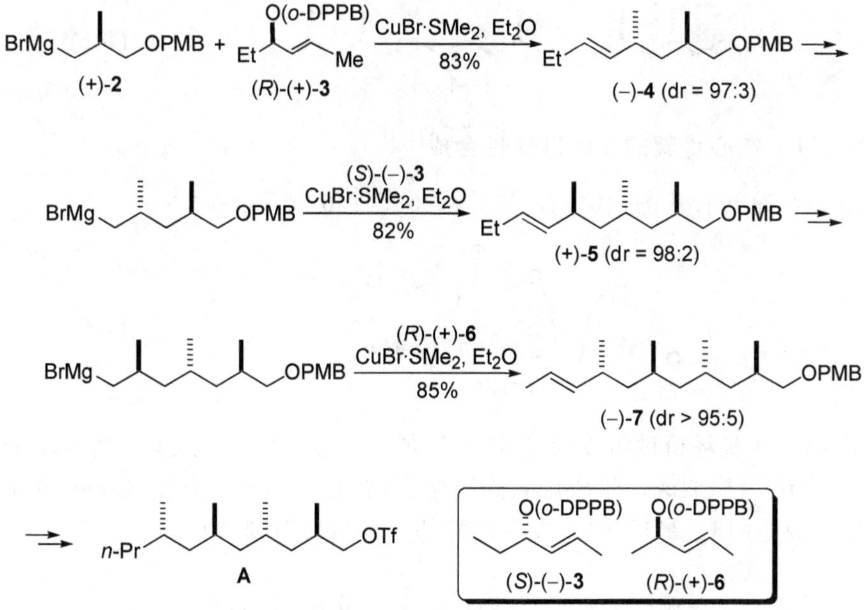

BrMg–…–OPMB (+)-**2** + Et–C(O(*o*-DPPB))–CH=CH–Me (*R*)-(+)-**3** —[CuBr·SMe_2, Et_2O, 83%]→ Et–…–OPMB (–)-**4** (dr = 97:3)

BrMg–…–OPMB —[(*S*)-(–)-**3**, CuBr·SMe_2, Et_2O, 82%]→ Et–…–OPMB (+)-**5** (dr = 98:2)

BrMg–…–OPMB —[(*R*)-(+)-**6**, CuBr·SMe_2, Et_2O, 85%]→ …–OPMB (–)-**7** (dr > 95:5)

→ *n*-Pr–…–OTf **A**　　O(*o*-DPPB) (*S*)-(–)-**3**　O(*o*-DPPB) (*R*)-(+)-**6**　　(143)

在片段 **B** 的合成中，作者连续二次利用了 Grignard 试剂进行的催化偶联反应。最后，高度立体选择性地得到了片段 **B** (式 144)。

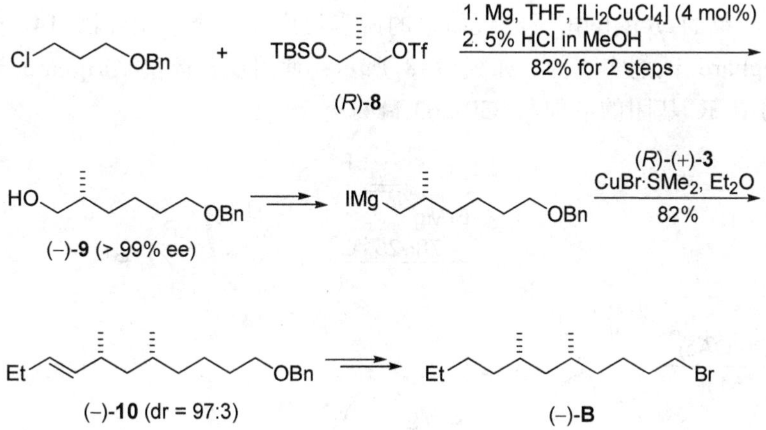

Cl–…–OBn + TBSO–…–OTf (*R*)-**8** —[1. Mg, THF, [Li_2CuCl_4] (4 mol%); 2. 5% HCl in MeOH; 82% for 2 steps]→

HO–…–OBn (–)-**9** (> 99% ee) → IMg–…–OBn —[(*R*)-(+)-**3**, CuBr·SMe_2, Et_2O, 82%]→

Et–…–OBn (–)-**10** (dr = 97:3) → Et–…–Br (–)-**B**　　(144)

在 [Li_2CuCl_4] 催化剂的存在下，由片段 **B** 衍生的 Grignard 试剂和片段 **A** 之间进行的 sp^3-sp^3 交叉偶联得到目标产物 (式 145)。

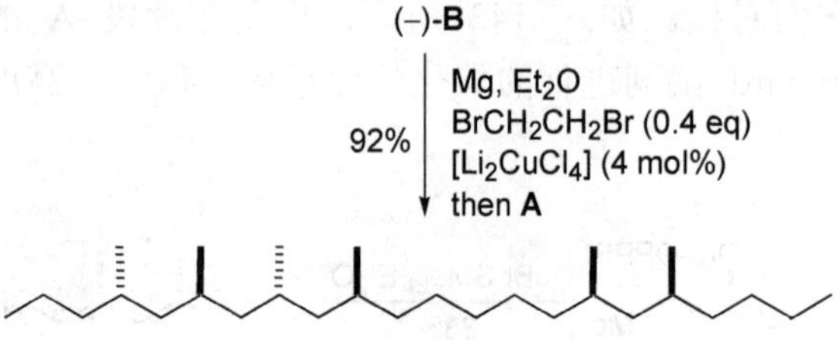

(−)-**B**

Mg, Et_2O
$BrCH_2CH_2Br$ (0.4 eq)
$[Li_2CuCl_4]$ (4 mol%)
then **A**
92%

(+)-**1** (145)

5.2 CP-263,114 核心骨架的立体选择性合成[131]

CP-263,114 是一种真菌代谢物，其结构如式 146 所示：

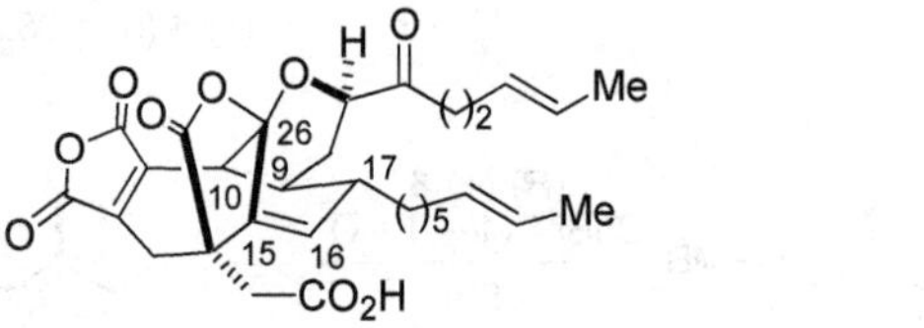

(146)

该分子中的 9-员环桥键可以通过式 147 所示的设计路线来实现。将烯基金属试剂与 *β*-酮酯 **11** 加成，生成烷氧金属化合物 **12**。接着，发生 Cope 重排形成九员环烯醇盐 **13**。最后，**13** 发生烯醇的 环酰化得到 **14**。

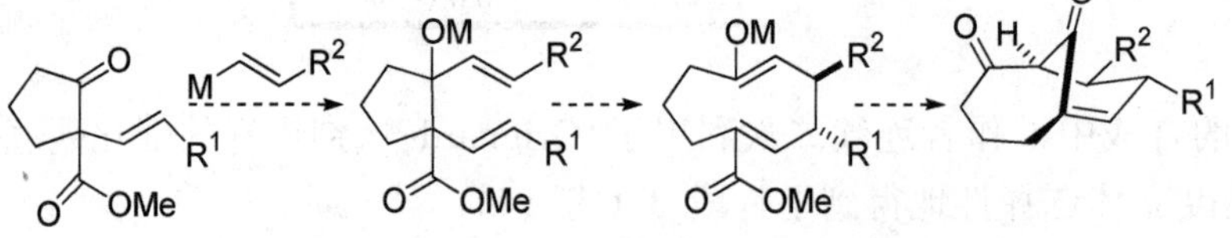

(147)

事实上，从简单的 *β*-酮酯出发经过简单的两步反应就合成了化合物 **14**，其中一步是由 Grignard 试剂实现的。如式 148 所示：使用反式烯基 Grignard 试剂，生成的产物中 R^2 基团的取向与 CP-263,114 完全一致。

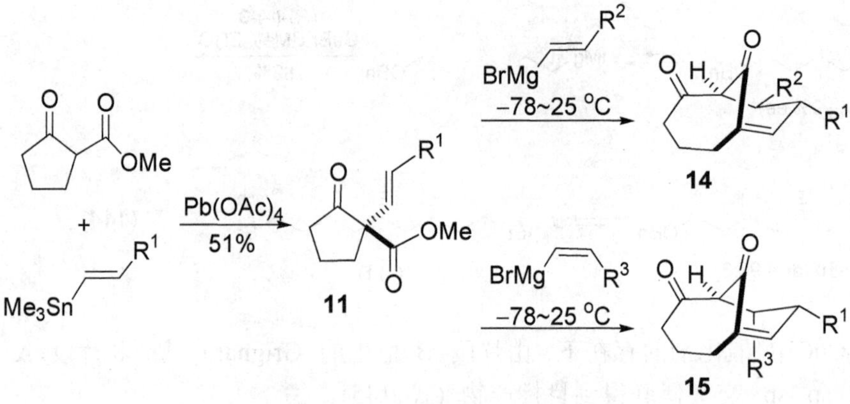

$Pb(OAc)_4$ 51%

−78~25 °C

(148)

5.3 生物碱 (−)-Isocyclocapitelline 和 (−)-Isochrysotricine 的合成[132]

1999 年，有人从茜 科植物 *Hedyotis capitellata* 中分离得到了天然生物碱 (−)-Isocyclocapitelline (**16**) 和 (−)-Isochrysotricine (**17**)。为了证实其绝对构型和得到足够的物质进行生物活性研究，Krause 等对该化合物进行了全合成。在他们的合成路线中，多次使用了 Grignard 反应。

如式 149 所示：炔酯 **18** 经过还原-Wittig 反应“一锅法”得到 **19** 后，再经连续的还原-氧化-Grignard 加成得到醇 **20**。**20** 在 Sharpless 不对称环氧化条件下，得到手性环氧化物 ent-**21**。将 **21** 氧化成酮后与过量的 MeMgCl 反应得到叔醇，并同时将炔烃转化成为甲基丙二烯 **22**。然后，再经过环化、还原、氧化和 Pictet-Spengler 环化等步骤后，得到目标产物 (−)-Isocyclocapitelline (**16**)。将 **16** 进行简单的 *N*-甲基化反应，即可得到另外一个目标产物 (−)-Isochrysotricine (**17**)。

1. DIBAH, −100 °C
2. $(EtO)_2P(O)CH_2CO_2Et$, NaH
92%

18 → **19**

1. $LiAlH_4$
2. MnO_2
3. MeMgCl

rac-**20** —Sharpless AE, 81%→ *ent*-**21**

Dess-Martin Oxidation, 89% → **22**

1. MeMgCl, CuCN, $(PhO)_3P$
2. excess MeMgCl
98%
→ **23**

→→ **16**

1. MeI
2. NaOH
100%
→ **17**

(149)

6 Grignard 试剂的制备和反应实例

例 一

1-乙烯基-3,6-二甲氧基苯并环丁-1-醇的合成
(Grignard 试剂对羰基化合物的加成)

$$\xrightarrow[\text{87\%}]{\text{1. } H_2C{=}CHMgBr,\ THF,\ -10\ ^\circ C,\ 1.5\ h;\ \text{2. aq. } NH_4Cl,\ -50\ ^\circ C} \tag{150}$$

(1) 乙烯基溴化镁[133,134]

配制乙烯基溴 (107 g, 70.5 mL, 1.0 mol) 的干燥 THF (200 mL) 溶液，在干冰-丙酮浴和氮气保护下，将部分 (约 70 mL) 配制好的乙烯基溴溶液首先加入到镁屑 (26.4 g, 1.09 mol) 和干燥 THF (800 mL) 的悬浮液中。然后，加入碘甲烷 (0.5 mL) 引发剂反应后，滴加其余的乙烯基溴溶液 (滴加的速度以保持溶液缓缓沸腾为宜)。滴加完成后，继续搅拌并加热回流 30~60 min。

(2) 1-乙烯基-3,6-二甲氧基苯并环丁-1-醇[135]

在 −10 °C 和搅拌下，将 3,6-二甲氧基苯并环丁酮 (0.10 g, 0.56 mmol) 的 THF (6 mL) 溶液滴加到乙烯基溴化镁 (约 1.0 mol/L, 2.7 mmol)的 THF 溶液中 (3 mL)。所得的深红色混合物在 −10 °C 搅拌 1.5 h 后，冷至 −50 °C。用冷的饱和 NH_4Cl 溶液处理，溶液的红色立刻消失。加入乙醚 (20 mL) 后使混合物升温至 0 °C。分出有机相，水相用乙醚提取 (4 × 5 mL)。合并的有机相依次用水、碳酸氢钠水溶液 (5%, 5 mL)、饱和氯化钠水溶液洗涤，经 $MgSO_4$ 干燥后蒸除溶剂。粗产品经柱色谱 (硅胶, 8:1 石油醚/乙酸乙酯) 纯化后得到产物 (0.109 g, 87%)，mp 54~56 °C。

例 二

1,3,3-三苯基-1-丙酮的合成[136]
(Grignard 试剂的共轭加成)

$$\xrightarrow[\text{69\%}]{\text{1. PhMgBr, } Et_2O\text{, reflux, 5 min; 2. aq. HCl}} \tag{151}$$

从镁 (0.54 g, 22 mmol) 和溴苯 (2.20 mL, 21 mmol) 在乙醚 (20 mL) 中制得苯基溴化镁溶液。此溶液在搅拌回流条件下滴加 1,3-二苯基丙烯酮 (2.08 g, 10 mmol) 的乙醚 (15 mL) 溶液，加完继续搅拌回流 5 min。冷至室温后滴加 6.0 mol/L 的盐酸直至分为清楚的两层。分液，水相用乙醚提取 (10 mL)。合并有机相，$MgSO_4$ 干燥后蒸除溶剂。残留物用甲醇重结晶得 1,3,3-三苯基-1-丙酮 (1.97 g, 69%)，mp 92~94 °C。

例 三

4-甲氧基联苯的合成[137]

(过渡金属催化的 Grignard 试剂与卤代烃的偶联)

MeO-C6H4-Cl + PhMgBr —[$Ni(COD)_2$ (3 mol%), $(t\text{-}Bu)_2P(S)H$ (3 mol%), THF, rt, 18 h; 96%]→ MeO-C6H4-Ph (152)

在手套 里将 $t\text{-}Bu_2P(S)H$ (54.0 mg, 0.303 mmol)，$Ni(COD)_2$ (83.4 mg, 0.303 mmol)和 THF (10 mL) 加入反应瓶。混合物在室温搅拌 10 min 后，加入对氯苯甲醚 (1.43 g, 10.0 mmol) 再搅拌 5 min。用注射器向反应瓶滴加 PhMgCl (2.0 mol/L 的 THF 溶液, 7.5 mL, 15.0 mmol)，5 min 滴完。所得混合物在室温搅拌 18 h 后加入水 (50 mL)，用乙醚 (400 mL) 提取。分液，有机相依次用水 (2 × 50 mL) 和 NaCl 水溶液 (50 mL) 洗涤，$MgSO_4$ 干燥。过滤，滤液用旋转蒸发器蒸干。残留物进行柱色谱分离 (硅胶，己烷 洗)。洗脱液用旋转蒸发器蒸出溶剂再在高真空下抽干，得 4-甲氧基联苯 (1.77 g, 96%)。

例 四

1-氧-2-苯基异吲哚啉-4-羧酸甲酯[138]

(含官能团的 Grignard 试剂的制备和反应)

CO_2Me, Cl, I —[i-PrMgBr, THF, −30 °C, 1 h]→ CO_2Me, Cl, MgBr —[PhN=C=O, rt, 2 h; 75%]→ CO_2Me, NPh, O (153)

(1) *i*-PrMgBr 的制备

在干燥的三颈瓶里加入镁屑 (12.8 g, 0.53 mol) 并用少量 THF 覆盖。滴加 *i*-PrBr (10 mL, 0.106 mol) 的 THF (100 mL) 溶液。用水浴保持温度不超过

35 °C，反应混合物在室温搅拌过夜，过量的镁过滤除去。

(2) 1-氧-2-苯基异吲哚啉-4-羧酸甲酯的制备

将 *i*-PrMgBr 的 THF 溶液 (0.88 mol/L, 1.25 mL, 1.1 mmol) 滴加到冷至 −30 °C 的 2-氯甲基-3-碘苯甲酸甲酯 (310 mg, 1.0 mmol) 的 THF (4 mL) 溶液中，同时搅拌。所得溶液继续搅拌 1 h 后，加异氰酸苯酯 (179 mg, 1.5 mmol)。反应液升至室温搅拌 2 h 后加入盐水。按常规方法处理并用乙酸乙酯重结晶得无色晶体 1-氧-2-苯基异吲哚啉-4-羧酸甲酯 (200 mg, 75%)。

例　五

1,2-双(三甲基硅基甲基)苯的合成[139]

(双 Grignard 试剂的制备及其与有机硅试剂的反应)

$$\text{1,2-}(ClCH_2)_2C_6H_4 \xrightarrow[\text{THF, 20 }^{\circ}\text{C, 20 h}]{\text{Mg, }BrCH_2CH_2Br} \text{1,2-}(ClMgCH_2)_2C_6H_4 \xrightarrow[71\%]{\text{TMSCl, rt, 2 h}} \text{1,2-}(TMSCH_2)_2C_6H_4 \quad (154)$$

(1) 双 Grignard 试剂的制备

500 mL 的三颈瓶上装置 250 mL 恒压滴液漏斗和连接到 250 mL 的 Schlenk 瓶上的过滤管。瓶内充满氮气或氩气，依次加入镁粉 (50 目, 1.20 g, 49 mmol) 和 1,2-二溴乙烷 (0.1 mL) 的 THF (5 mL) 溶液。缓缓加热反应瓶直至有气体逸出，再继续加热 2 min。将瓶内液体用注射器取出，加进新蒸的 THF (12.5 mL)。搅拌下往其中缓慢滴加新纯化过的 1,2-二(氯甲基)苯 (2.14 g, 12.2 mmol) 的 THF (150 mL) 溶液，3.5 h 加完。混合物在大约 20 °C 继续搅拌 15 h。

(2) 与 Me_3SiCl 的反应

将上面制得的双 Grignard 试剂溶液用冰浴冷却，快速搅拌下滴加 Me_3SiCl (4.4 mL, 35 mmol)，大约 2 h 滴完。加完后混合物在室温继续搅拌 2 h，用旋转蒸发　蒸除溶剂和过量的 Me_3SiCl。固体残留物用己烷提取 (3 × 20 mL) 并将提取液合并后用 1.0 mol/L 的盐酸 (5 mL) 洗涤。有机相用 Na_2CO_3 干燥、过滤并浓缩。减压蒸馏得到 1,2-双(三甲基硅基甲基)苯 (2.17 g, 71%), bp 60~62 °C/0.1 torr。

7　参　考　文　献

[1] *Nobel Lectures, Chemistry 1901-1921*, Elsevier Publishing Company, Amsterdam, 1966.

[2] . 大学化学 **2004**, *19*, 57.
[3] Kharasch, M. S.; Reinmuth, O. *Grignard reactions of nonmetallic substances*, Constable and Company, Ltd., London, 1954.
[4] Smith, M. B; March, J. *Advanced Organic Chemistry, Reactions, Mechanisms, and Structure*, 5th Edition, John Wiley & Sons, Inc., New York, 2001.
[5] Elschenbroich, C. (translated by Oliveira, J. and Elschenbroich, C.), *Organometallics*, 3rd Edition, Wiley-VCH Verlag GmbH & Co. LGaA, Weinheim, 2006.
[6] Rieke, R. D. *Acc. Chem. Res.* **1977**, *10*, 301.
[7] Bickeihaupt, F. *Pure Appl. Chem.* **1986**, *58*, 537.
[8] Brandsma, L.; Verkruijsse, H. D. *Synthesis of Acetylenes, Allenes and Cumulenes*, Elsevier, Amsterdam, 1981.
[9] Bestman, H. J.; Brosche, T.; Koschatzky, K. H.; Michaelis, K.; Platz, H.; Roth, K.; Suess, J.; Vostrowsky, O.; Knauf, W. *Tetrahedron Lett.* **1982**, *23*, 4007.
[10] Wilkinson, G.; Pauson, P. L.; Cotton, F. A. *J. Am. Chem. Soc.* **1954**, *76*, 1970.
[11] Harper, R. J.; Soloski, E. J.; Tamborski, C. *J. Org. Chem.* **1964**, *29*, 2385.
[12] Tamborski, C.; Moore, G. J. *J. Organomet. Chem.* **1971**, *26*, 153.
[13] Shilai, M.; Kondo, Y.; Sakamoto, T. *J. Chem. Soc., Perkin Trans. 1.* **2001**, 442.
[14] Schlecker, W.; Huth, A.; Ottow, E. *J. Org. Chem.* **1995**, *60*, 8414.
[15] Dinsmore, A.; Billing, D. G.; Mandy, K.; Michael, J. P.; Mogano, D.; Patil, S. *Org. Lett.* **2004**, *6*, 293.
[16] Ila, H.; Baron, O.; Wagner, A. J.; Knochel, P. *Chem. Commun.* **2006**, 583.
[17] Knochel, P.; Dohle, W.; Gommermann, N.; Kneisel, F. F.; Kopp, F.; Korn, T.; Sapountzis, I.; Vu, V. A. *Angew. Chem. Int. Ed.* **2003**, *42*, 4302.
[18] Boymond, L.; Rottländer, M.; Cahiez, G.; Knochel, P. *Angew. Chem. Int. Ed.* **1998**, *37*, 1701.
[19] Bérillon, L.; Leprêtre, A.; Turck, A.; Plé, N.; Quéguiner, G.; Cahiez, G.; Knochel, P. *Synlett* **1998**, 1359.
[20] Abarbri, M.; Thibonnet, J.; Bérillon, L.; Dehmel, F.; Rottländer, M.; Knochel, P. *J. Org. Chem.* **2000**, *65*, 4618.
[21] Abarbri, M.; Dehmel, F.; Knochel, P. *Tetrahedron Lett.* **1999**, *40*, 7449.
[22] Abarbri, M.; Knochel, P. *Synlett* **1999**, 1577.
[23] Dehmel, F.; Abarbri, M.; Knochel, P. *Synlett* **2000**, 345.
[24] Sapountzis, I.; Knochel, P. *Angew. Chem. Int. Ed.* **2002**, *41*, 1610;
[25] Sapountzis, I.; Dube, H.; Lewis, R.; Gommermann, N.; Knochel, P. *J. Org. Chem.* **2005**, *70*, 2445.
[26] Sapountzis, I.; Dohle, W.; Knochel, P. *Chem. Commun.* **2001**, 2068.
[27] Vu, V. A.; Bérillon, L.; Knochel, P. *Tetrahedron Lett.* **2001**, *42*, 6847.
[28] Vu, V. A.; Marek, I.; Polborn, K.; Knochel, P. *Angew. Chem. Int. Ed.* **2002**, *41*, 351.
[29] Gilman, H.; Swiss, J. *J. Am. Chem.* Soc. **1940**, *62*, 1847.
[30] Winkler, H. J. S.; Wittig, G. *J. Org. Chem.* **1963**, *28*, 1733.
[31] Walborsky, H. M.; Young, A. E. *J. Am. Chem. Soc.* **1964**, *86*, 3288.
[32] Kamienski, C. W.; Eastham, J. F. *J. Org. Chem.* **1969**, *34*, 1116.
[33] Glaze, W. H.; McDaniel, C. R. *J. Organomet. Chem.* **1973**, *51*, 23.
[34] Walborsky, H. M. *Acc. Chem. Res.* **1990**, *23*, 286.
[35] Richey, H. G. *Grignard Reagents New Developments*, John Wiley & Sons Ltd., 2000.
[36] Garst, J. F.; Soriaga, M. P. *Coord. Chem. Rev.* **2004**, *248*, 623.
[37] Holloway G. E. *Coord. Chem. Rev.* **1994**, *135/136*, 287.
[38] Molander, G. A. *Chem. Rev.* **1992**, *92*, 29.
[39] Maruyama, K.; Katagiri, T. *J. Phys. Org. Chem.* **1989**, *2*, 205.
[40] Walling, C. *J. Am. Chem. Soc.* **1988,** *110*, 6846.
[41] Cram, D. J.; Kopecky, K. R. *J. Am. Chem. Soc.* **1959**, *81*, 2748.
[42] Mengel, A.; Reiser, O. *Chem. Rev.* **1999**, *99*, 1191.

[43] Cram, D. J.; Abd Elhafez, F. A. *J. Am. Chem. Soc.* **1952**, *74*, 5828.
[44] Gault, Y.; Felkin, H. *Bull. Soc. Chim. Fr.* **1960**, 1342.
[45] Maruoka, K.; Itoh, T.; Yamamoto, H. *J. Am. Chem. Soc.* **1985**, *107*, 4573.
[46] Maruoka, K.; Itoh, T.; Sakurai, M.; Nonoshita, K., Yamamoto, H. *J. Am. Chem. Soc.* **1988**, *110*, 3588.
[47] Reetz, M. T.; Stanchev, S.; Haning, H. *Tetrahedron* **1992**, *48*, 6813.
[48] Kaino, M.; Ishihara, K.; Yamamoto, H. *Bull. Chem. Soc. Jpn.* **1989**, *62*, 3736.
[49] O'Neill, P.; Hegarty, A. F. *J. Org. Chem.* **1992**, *57*, 4421.
[50] Huet, F.; Pellet, M.; Conia, J. M. *Tetrahedron Lett.* **1976**, *17*, 3579;
[51] Newman, M. S.; Smith, A. S. *J. Org. Chem.* **1948**, *13*, 592;
[52] Edwards, W. R.; Kammann, K. P. *J. Org. Chem.* **1964**, 29, 913
[53] Deskus, J.; Fan, D.; Smith, M. B. *Synth. Commun.* **1998**, *28*, 1649.
[54] Shintani, R.; Fu, G. C. *Angew. Chem. Int. Ed.* **2002**, *41*, 1057.
[55] Wakefield, B. J. *Organomagnesium Methods in Organic Chemistry*, Elsevier, 1995.
[56] Wang, X.-J.; Zhang, L.; Sun, X.; Xu, Y.; Krishnamurthy, D.; Senanayake, C. H. *Org. Lett.* **2005**, *7*, 5593.
[57] Canonne, P.; Boulanger, R.; Angers, P. *Tetrahedron Lett.* **1991**, *32*, 5861.
[58] Canonne, P.; Bernatchez, M. *J. Org. Chem.* **1987**, *52*, 4025.
[59] Hansson, C.; Wickberg, B. *J. Org. Chem.* **1973**, *38*, 3074.
[60] Nahm, S.; Weinreb, S. M. *Tetrahedron Lett.* **1981**, *22*, 3815.
[61] Ward, J. S.; Merritt, L. *J. Heterocycl. Chem.* **1990**, *27*, 1709.
[62] Poirier, M.; Chen, F.; Bernard, C.; Wong, Y.-S.; Wu, G. G. *Org. Lett.* **2001**, *3*, 3795.
[63] Larcheveque, M.; Debal, A.; Cuvigny, T. *J. Organomet. Chem.* **1975**, *87*, 25.
[64] Gilman, H.; Kirby, J. E.; Kinney, C. R. *J. Am. Chem. Soc.* **1929**, *51*, 2252.
[65] Gilman, H.; Morton, J. *J. Am. Chem. Soc.* **1948**, *70*, 2514.
[66] Reinecke, M. G.; Kray, L. R.; Francis, R. F. *J. Org. Chem.* **1972**, *37*, 3489.
[67] Gommermann, N.; Koradin, C.; Knochel, P. *Synthesis* **2002**, 2143.
[68] Abarbri, M.; Thibonnet, J.; Bérillon, L.; Dehmel, F.; Rottländer, M.; Knochel, P. *J. Org. Chem.* **2000**, *65*, 4618.
[69] Schultz, A. G.; Flood, L.; Springer, J. P. *J. Org. Chem.* **1986**, *51*, 838.
[70] Sato, F.; Oguro, K.; Watanabe, H.; Sato, M. *Tetrahedron Lett.* **1980**, *21*, 2869.
[71] Blagouev, B.; Ivanov, D. *Synthesis* **1970**, 615.
[72] Oae, S. Organic Chemistry of Sulfur, Plenum Press, New York, 1977.
[73] Mornet, R.; Gouin, L. *J. Organometal. Chem.* **1975**, *86*, 297.
[74] Eisch, J. J.; Merkley, J. H.; Galle, J. E. *J. Org. Chem.* **1979**, *44,* 587.
[75] Von Rein, F.W.; Richey, Jr, H. G. *Tetrahedron Lett.* **1971**, 3777.
[76] Mornet, R.; Gouin, L. *Bull. Soc. Chim. Fr.* **1977**, 737.
[77] Eisch, J. J.; Husk, G. R. *J. Am. Chem. Soc.* **1965**, *87*, 4149.
[78] Eisch, J. J.; Merkley, J. H. *J. Am. Chem. Soc.* **1979**, *101*, 1148.
[79] Shinokubo, H.; Oshima, K. *Eur. J. Org. Chem.* **2004**, 2081.
[80] Hoveyda, A. H.; Xu, Z. *J. Am. Chem. Soc.* **1991**, *113,* 5079.
[81] Carey, F. A.; Sundberg, R. J. *Advanced Organic Chemistry, Part B: Reaction and Synthesis*, 2nd Ed., Plenum Press, New York, 1983.
[82] Paquette, L. A.; Han, Y.-K. *J. Am. Chem. Soc.* **1981**, *103*, 1831.
[83] López, F.; Minnaard, A. J.; Feringa, B. L. *Acc. Chem. Res.* **2007**, *40*, 179.
[84] Bartoli, G.; Leardini, R.; Medici, A.; Rosini, G.; *J. Chem. Soc., Perkin Transcations 1* **1978**, 692.
[85] Yankep, E.; Kapnang, H.; Charles, G. *Tetrahedron Lett.* **1989**, *30*, 7383.
[86] Wu, M.-J.; Pridgen, L. N. *J. Org. Chem.* **1991**, *56*, 1340.
[87] Bachman, G. B. *Org. Synth.* **1936**, *16*, 41.

[88] Duhamel, L.; Ancel, J.-E. *Tetrahedron* **1992**, *48,* 9237.

[89] Lespieau, R.; Bourguel, M. *Org. Synth.* **1926**, *6*, 20.

[90] Tamao, K.; Sumitani, K.; Kumada, M. *J. Am. Chem. Soc.* **1972**, *94*, 4374.

[91] Corriu, R. J. P.; Masse, J. P. *J. Chem. Soc., Chem. Commun.* **1972**, 144.

[92] Bohm, V. P. W.; Weskamp, T.; Gstottmayr, C. W. K.; Herrmann, W. A. *Angew. Chem., Int. Ed.* **2000**, *39*, 1602.

[93] Li, G. Y.; *Angew. Chem., Int. Ed.* **2001**, *40*, 1513.

[94] Dai, C.; Fu, G. C. *J. Am. Chem. Soc.* **2001**, *123*, 2719.

[95] Huang, J.; Nolan, S. P. *J. Am. Chem. Soc.* **1999**, *121*, 9889.

[96] Yoshikai, N.; Mashima, H.; Nakamura, E. *J. Am. Chem. Soc.* **2005**, *127*, 17978.

[97] Corbet, J.-P.; Mignani, G. *Chem. Rev.* **2006**, *106*, 2651.

[98] Terao, J.; Todo, H.; Watanabe, H.; Ikumi, A.; Kambe, N. *Angew. Chem., Int. Ed.* **2004**, *43*, 6180.

[99] Cahiez, G.; Habiak, V.; Duplais, C.; Moyeux, A. *Angew. Chem., Int. Ed.* **2007**, *46*, 1.

[100] Terao, J.; Watanabe, H.; Ikumi, A.; Kuniyasu, H.; Kambe, N. *J. Am. Chem. Soc.* **2002**, *124*, 4222.

[101] Terao, J.; Ikumi, A.; Kuniyasu, H.; Kambe, N. *J. Am. Chem. Soc.* **2003**, *125*, 5646.

[102] Tsuji, T.; Yorimitsu, H.; Oshima, K. *Angew. Chem., Int. Ed.* **2002**, *41*, 4137.

[103] Yamato, T.; Sakaue, N.; Suehiro, K.; Tashiro, M. *Org. Prep. Proced. Int.* **1991**, *23*, 617.

[104] Fleming, F. F.; Jiang T. *J. Org. Chem.* **1997,** *62,* 7890.

[105] Cymerman-Craig, J.; Loder, J. W. *Org. Synth.* **1955**, *35*, 85.

[106] Reich, H. J.; Cohenand, M. L.; Clark, P. S. *Org. Synth.* **1988**, *59*, 141.

[107] Mack. A.G.; Suschitzky, H.; Wakefield, B. J. *J. Chem. Soc., Perkin Trans. 1,* **1979**, 1472.

[108] Gilman, H.; Forthergill, R. E.; *J. Am. Chem. Soc.* **1929**, *51*, 3501.

[109] Bhattacharya, S. N.; Eaborn, C.; Walton, D. R. M. *J. Chem. Soc. C* **1968**, 1265.

[110] Erdik, E.; Ay, M. *Chem. Rev.* **1989**, *89*, 1947.

[111] Scriven, E. F. V.; Turnbull, K. *Chem. Rev.* **1988**, *88*, 297.

[112] Boyer, J. H.; Canter, F. C. *Chem. Rev.* **1954**, *54*, 1.

[113] Garst, M. E.; Lukton, D. *Synth. Commun.* **1980**, *10*, 155.

[114] Bartoli, G.; Marcantoni, E.; Petrini, M. *J. Org. Chem.* **1992**, *57*, 5834.

[115] Cardellini, L.; Greci, L.; Tosi, G. *Synth. Commun.* **1992**, *22*, 201.

[116] 顾可权编著. 重要有机化学反应 (第二版)，上海科学技术出版社，1983.

[117] Voskuil, W.; Arens, J. F. *Org. Synth.* 1968, 48, 47.

[118] Gedridge, Jr, R.W. *Organometallics* **1992**, *11*, 967.

[119] Fallis, K. A.; Anderson, G. K.; Rath, N. P. *Organometallics* 1993, 12, 2435.

[120] Cairncross, A.; Sheppard, W. A.; Wonchoba, E. *Org. Synth.* **1979**, *59*, 122.

[121] Zucchini, U.; Albizzati, E.; Giannini, U. *J. Organomet. Chem.* **1971**, *26*, 357)

[122] Brown, H.C.; Racherla, U. S. *J. Org. Chem.* **1986**, *51*, 427.

[123] Jacob, P. *J. Organomet. Chem.* **1978**, *156*, 101.

[124] Piers, W. E.; Bunei, E. E.; Bercaw, J. E. *J. Organomet. Chem.* **1991**, *407*, 51.

[125] Flid, V. R.; Manulik, O. S.; Grigor'ev, A. A.; Belov, A. P. *Kinet. Catal. (Engl. Transl.)* **2000**, *41*, 597.

[126] Wilkinson, G.; Pauson, P. L.; Cotton, F. A. *J. Am. Chem. Soc.* **1954**, *76*, 1970.

[127] Hanusa, T. P. in "*Comprehensive Organometallic Chemistry III*", Vol 2 (Ed. Meyer, K.), Elsevier, 2007.

[128] Hoffmann, R. W. *Chem. Soc. Rev.* **2003**, *32*, 225.

[129] Hoffmann, R. W.; Ho1lzer, B.; Knopff, O. *Org. Lett.* **2001**, *3*, 1945.

[130] Herber, C.; Breit, B. *Angew. Chem., Int. Ed.* **2005**, *44*, 5267.

[131] Chen, C.; Layton, M. E.; Shair, M. D. *J. Am. Chem. Soc.* **1998**, *120*, 10784.

[132] Volz, F.; Krause, N. *Org. Biomol. Chem.* **2007**, *5*, 1519.

[133] Seyferth, D. *Org. Synth.* **1963**, *39*, 10.

[134] Boeckman, R. K.; Blum, D. M.; Ganem, B.; Halvey, N. *Org. Synth.* **1978**, *58*, 152.
[135] Hickman, D. N.; Wallace, T. W.; Wardleworth, J. M. *Tetrahedron Lett.* **1991**, *32*, 819.
[136] Silversmith, E. F. *J. Chem. Educ.* **1991**, *68*, 688.
[137] Li, G. Y.; Marshall, W. J. *Organometallics* **2002**, *21*, 590.
[138] Delacroix, T.; Bérillon, L.; Cahiez, G.; Knochel, P. *J. Org. Chem.* **2000**, *65*, 8108.
[139] Lappert, M. F.; Martin, T. R.; Raston, C. L. *Inorg. Synth.* **1989**, *26*, 144.

麦克默瑞反应

(McMurry Reaction)

史达清

1 历史背景简述

20 世纪 70 年代初，波兰的 Tyrlik[1]、日本的 Mukaiyama[2]和美国的 McMurry[3]三国化学家几乎同时发现，低价钛试剂能使醛酮等羰基化合物发生脱氧偶联反应生成烯烃。由于 McMurry 对这类反应进行了系统的研究，所以称这类反应为 McMurry 反应。

John E. McMurry (1942) 出生于美国纽约市，1964 年哈佛大学本科毕业，1967 年在哥伦比亚大学获得博士学位。他于 1967-1980 年间在加利 尼亚大学任教，1980 年起任康 尔大学化学教授。

就像不少科学发现一样，McMurry 反应也是在偶然中发现的[4]。20 世纪 70 年代初，McMurry 的研究需要使用一种方法使 α,β-不饱和酮高产率地转变成相应烯烃且要求双键的位置不发生改变 (式 1)。在尝试了经典的酮脱氧 (如 Wolff-Kishner 反应) 和二硫代缩酮脱硫的方法均未获得成功后，他开始寻找一种新的方法。

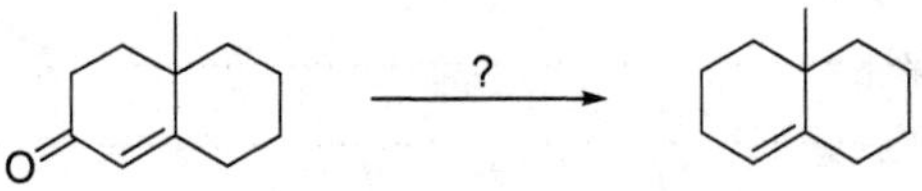

? (1)

McMurry 认为这种转变的理想方法应该是一步反应，在反应中需要联合使用像 $LiAlH_4$ 一样的好的氢负离子供体和适当的过渡金属盐。在反应中，第一步是氢负离子还原羰基后与金属离子形成强的烷氧负离子配合物，第二步是氢负离子发生 S_N2 反应形成目标产物。考虑到钛容易形成牢固的钛-氧键以及他本人在钛化学方面的研究经验，McMurry 想到 $TiCl_3$ 应该是一种理想的过渡金属盐，并尝试将 $TiCl_3$ 与 $LiAlH_4$ 作为还原试剂，实现羰基还原成亚甲基的转变。于是，McMurry 先在 $TiCl_3$·THF 复合物中加入 0.5 eq 的 $LiAlH_4$，然后加入烯酮反应。令人惊奇的是，该反应的确达到了脱羰基的目的。但得到的产物并不是预期的简单脱氧产物，而是以 80% 的产率得到了还原二聚的三烯烃产物 (式 2)。

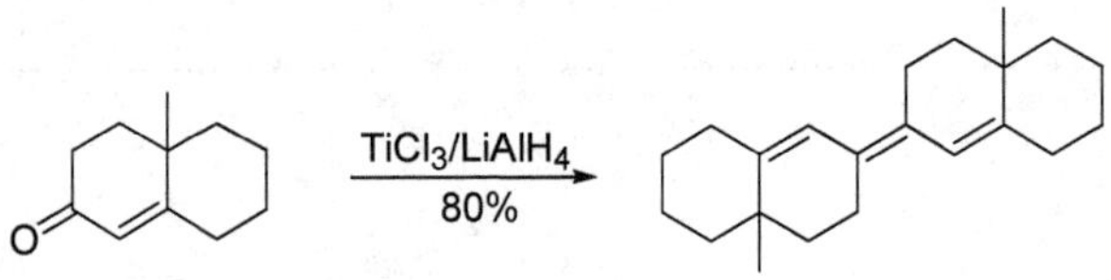

$TiCl_3/LiAlH_4$ 80% (2)

这种经酮的还原二聚生成烯烃的反应在当时是一个未知的反应，McMurry 马上意识到这个意外的结果比预想的产物更有意义，于是着手拓展这个反应的适应范围。他认为该反应不应局限于 α,β-不饱和酮，对大多数醛酮也应该能发生类似的反应。后来，McMurry 通过系统地研究了这种经醛酮脱氧偶联生成烯烃的反应[4]，使之成为合成烯烃的重要方法之一。羰基脱氧偶联成烯是一种新型的反应，它是继 Wittig 反应之后又一个具有合成意义的从醛酮制备烯烃的方法。虽然 Gattermann[5]早在 1895 年将铜和硫代二苯甲酮在高温 (180~200 °C) 下反应得到了四苯乙烯；Sharpless[6]用低价 也能还原偶联醛酮为烯，但这些反应都没有得到进一步的发展。自 McMurry 系统地研究了低价钛与羰基的还原偶联反应后，这种类型的反应才得到进一步的发展[7~11]，因此文献上称之为 McMurry 反应。在形式上，McMurry 反应可以看作为臭氧化反应的逆反应。

2 McMurry 反应的定义和低价钛试剂

2.1 McMurry 反应的定义

McMurry 反应是指在低价钛试剂作用下醛酮分子中的羰基发生脱氧偶联生成烯烃的反应 (式 3)。

$$2\ RC(=O)R^1 \xrightarrow[R,\ R^1 = H,\ 烷基,\ 芳基]{低价钛} R(R^1)C{=}C(R)R^1 \qquad (3)$$

该反应一般在四氢呋喃、二乙醇二甲醚或二噁烷溶剂中进行。进一步的研究表明：当反应在室温下进行时，得到另一种还原偶联产物——频哪醇[2] (式 4)。

$$2\ RC(=O)R^1 \xrightarrow{低价钛,\ rt} R{-}C(R^1)(OH){-}C(R^1)(OH){-}R \qquad (4)$$

最近的研究表明：在 McMurry 反应中除醛酮的羰基外，酯和酰胺的羰基也可以和醛酮中的羰基发生交叉脱氧偶联反应，为含氮和含氧杂环化合物的合成提供了新的方法[9]。

2.2 低价钛试剂

低价钛试剂 (Low-valent titanium reagent) 是指用金属或其氢化物还原 $TiCl_3$ 或 $TiCl_4$ 所形成的活性钛的物种，通常被认为是 Ti(0)、Ti(I) 或 Ti(II) 及其混合物，其价态一般随还原剂的还原活性及还原剂与 $TiCl_3$ 或 $TiCl_4$ 的物质的量之比的不同而变化。

$TiCl_3$ 在 THF 中被 Li、K 或 $LiAlH_4$ 等还原生成黑色糖 状的活性 Ti(0)，当它 露在空气中时能够产生 ，表明活性钛与氧有强的亲和力，最终生成稳

定的 TiO_2。

用石墨钾 (C_8K) 作为还原剂还原 $TiCl_3$，可得到分 在石墨上的高活性低价钛 (Ti-G) (式 5)。它可以有效地促进羰基化合物还原偶联，得到高产率的烯烃[12]。

$$TiCl_3 \ + \ 3\,C_8K \longrightarrow C_{24}Ti \ + \ 3\,KCl \qquad (5)$$

应用更普遍的低价钛试剂是 $TiCl_4$ 与 Zn、Zn-Cu、Mg、Mg-$HgCl_2$ 或 $LiAlH_4$ 等作用所生成的 Ti(II)，也叫低价钛盐或低价钛配合物。有文献报道[13] $TiCl_4$-Zn 或 $TiCl_4$-Mg 体系也可以生成 Ti(0)。但与 $TiCl_3$-$LiAlH_4$ 体系相比较，用这种方法制得的低价钛试剂的活性要低一些，它能使芳香羰基化合物还原偶联生成烯烃，而烷酮和环烷酮底物则主要形成频哪醇和少量的烯烃 (式 6)。若升高反应温度、延长反应时间或在还原体系中加入等摩尔的第三胺 (例如：吡啶、三乙胺或三丁胺等)，则可增加反应活性并用于烯烃的制备 (式 7)。因此，选择适当的反应条件，用低价钛 Ti(II) 还原偶联羰基化合物既可合成频哪醇也可以合成烯烃[1]。

$$\text{PhC(O)Me} \xrightarrow{TiCl_4\text{-}Zn,\ THF,\ rt,\ 2\ h} \underset{91\%}{\text{Ph–C(Me)(OH)–C(Me)(OH)–Ph}} \ + \ \underset{1\%}{\text{Ph(Me)C=C(Me)Ph}} \qquad (6)$$

$$\text{PhC(O)Me} \xrightarrow[92\%]{TiCl_4\text{-}Zn,\ \text{1,4-dioxane},\ reflux,\ 4\ h} \text{Ph(Me)C=C(Me)Ph} \qquad (7)$$

对于 McMurry 反应来说，虽然不要求一定要生成 Ti(0)，但采用不同方式获得的低价钛试剂对反应产率的影响较大。因此，在具体的制备时，要选择合适的低价钛体系。表 1 以 2-苯甲酰氨基二苯甲酮分子内成环生成 2,3-二苯基吲哚为例，说明了不同低价钛试剂对反应结果的影响[14]。

表 1 不同低价钛试剂对 McMurry 反应结果的影响

$$\text{2-(PhCONH)}C_6H_4\text{COPh} \xrightarrow{\text{低价钛试剂}} \text{2,3-二苯基吲哚}$$

低价钛试剂	钛的氧化价态	产率/%	低价钛试剂	钛的氧化价态	产率/%
$TiCl_3 + 3C_8K$	0	90①	[Ti(biphenyl)$_2$]	0	70①
$TiCl_3 + 2C_8K$	+1	90①	[TiHCl·(thf)$_{0.5}$]$_n$	+2	85①
$TiCl_4$ + 4K[BEt_3H]	0	67②	[CpTi(PMe_3)$_2$]	+2	79①
Ti cluster	0	45②	[TiH_2·(thf)$_2$($MgCl_2$)]$_n$	+2	69①
[Ti(toluene)$_2$]	0	75①			

① 分离产率。② 气相色谱产率。 通过电化学方法产生的低价钛试剂。

在 McMurry 反应中，反应一般是分两步进行的，首先是用还原剂还原 $TiCl_3$ 或 $TiCl_4$ 形成低价钛试剂；然后再加入底物，后者与低价钛试剂发生还原偶联反应。Fürstner[14]提出了原位形成低价钛试剂的一步反应方法，他首先将 $TiCl_3$ 或 $TiCl_4$ 与底物混合，然后再加入还原剂；还原剂立即将 $TiCl_3$ 或 $TiCl_4$ 还原，原位生成低价钛后接着与底物发生还原偶联反应 (式 8)。这种一步法与通常的两步法相比具有以下三个优点：(1) 试剂和底物可以预组装，活性低价钛可以在某些部位区域选择性地形成，从而使反应更加高度有序；(2) 将活性钛的制备和随后的反应合二为一，可以简化操作；(3) 反应溶剂不再局限于使用 THF、DME 和二噁烷，像乙酸乙酯、乙腈和 DMF 等非醇溶剂均可用作该反应的溶剂。

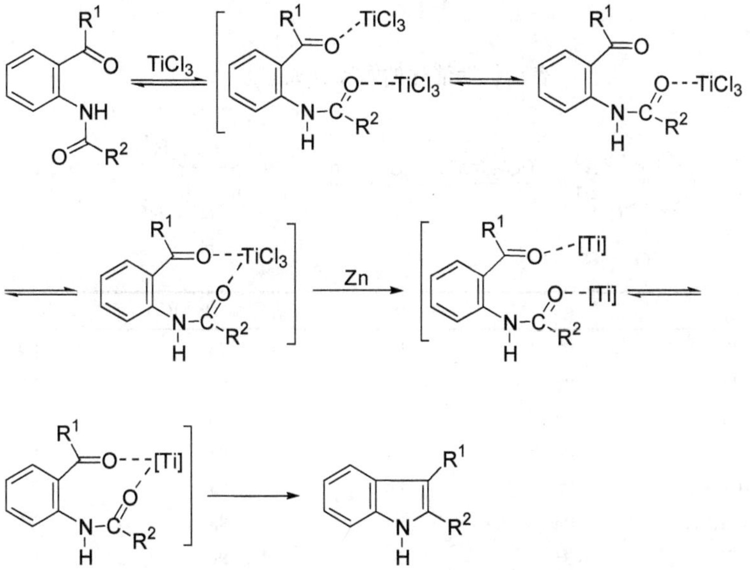

(8)

在 McMurry 反应中，由于形成的无机副产物是稳定的钛氧化合物而使反应强烈倾向于形成烯烃。由于钛氧化合物很难再次被还原成活性低价钛试剂，因此，McMurry 反应中钛试剂的用量至少是化学计量的。在实际应用时，一般都为过量的钛试剂，这就需要消耗大量的低价钛试剂和溶剂。受原位形成低价钛试剂的启发，Fürstner[15]提出了一种低价钛催化的 McMurry 反应。如果能将在原位反应中形成的钛氧化合物 [Cl−Ti=O] 转变成 $TiCl_3$，则可以实现钛的循环利用，只要催化量的钛试剂就能催化 McMurry 反应。经过研究表明：加入亲氧添加剂氯硅烷 (R_3SiCl)，即可实现 [Cl−Ti=O] 向 $TiCl_3$ 的转变 (式 9)，例如：三种氯硅烷 **9a~9c** 已经用于钛催化的吲哚合成 (表 2)。

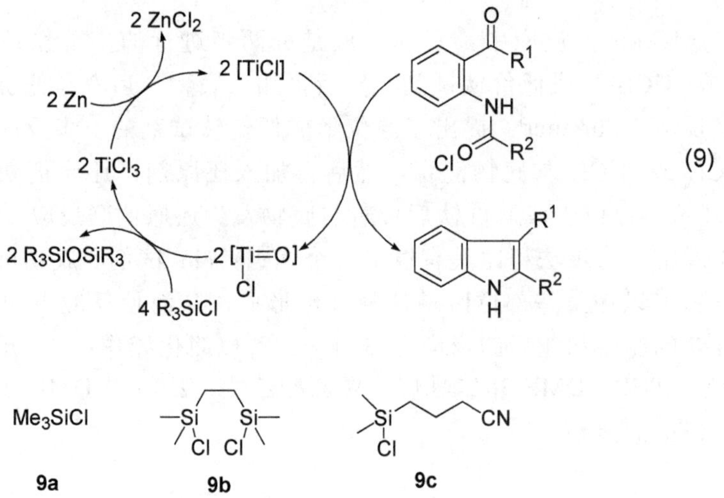

2 $ZnCl_2$
2 [TiCl]
2 Zn
2 $TiCl_3$
2 $R_3SiOSiR_3$
2 [Ti=O] Cl
4 R_3SiCl
O R^1 NH Cl O R^2
R^1 N H R^2

(9)

Me_3SiCl Si Cl Si Cl Si Cl CN

9a 9b 9c

表 2 钛催化的吲哚合成

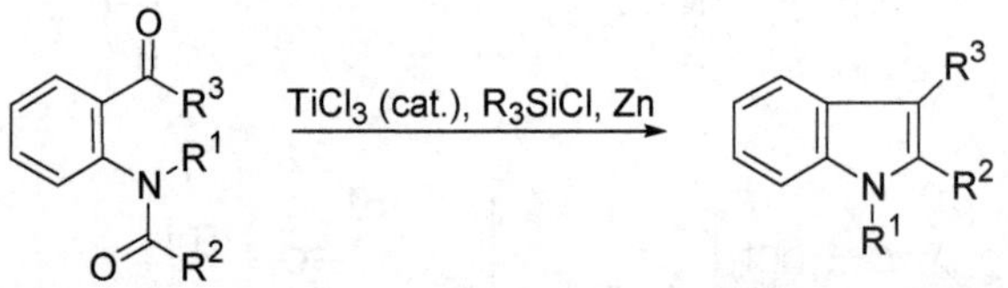

O R^3 N R^1 O R^2 —$TiCl_3$ (cat.), R_3SiCl, Zn→ R^3 N R^2 R^1

R^1	R^2	R^3	$TiCl_3$ /mol%	氯硅烷 (R_3SiCl)	分离产率/%
H	Ph	Ph	10	**9a**	80
H	Ph	Ph	5	**9a**	71
H	Ph	Ph	2	**9b**	85
H	CF_3	Ph	10	**9a**	88
H	$CF_2CF_2CF_3$	Ph	11	**9a**	73
H	$(CH_2)_{14}CH_3$	Ph	10	**9a**	77
H	Ph	CH_3	8	**9c**	82
CH_3	Ph	$(CH_2)_3CH_3$	8	**9c**	67

商品钛粉由于其表面形成氧化层而失去活性，很难引发羰基的偶联反应。在钛催化的 McMurry 反应中，既然钛氧化合物能被氯硅烷转变成 $TiCl_3$，这就促使人们研究以商品钛粉和氯硅烷作为 McMurry 反应的试剂。研究结果表明：100 ~ 325 目的商品钛粉和 TMSCl 可以用作 McMurry 反应的试剂[15]。该试剂不仅可用于芳酮、α,β-不饱和酮的偶联反应，而且可用于酮-酯及酮-酰胺的偶联反应。然而，该试剂却不能引发脂肪醛、酮的还原偶联反应。这使得该试剂用于化学或区域选择性的偶联反应成为可能。例如： 甾-1,4-二烯-3,17-二酮的二聚反应选择性地发生在烯酮的羰基上，而脂肪酮的羰基则不发生反应[15](式 10)。

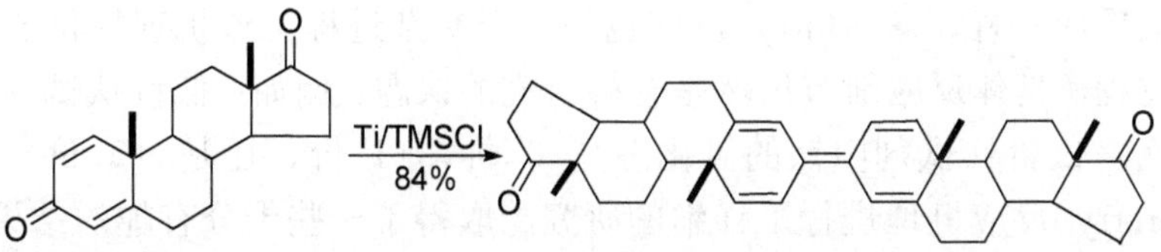

(10)

3 McMurry 反应的机理和立体化学

3.1 McMurry 反应的机理

如式 11 所示，McMurry 反应的机理一般认为经过两步反应：(1) 碳-碳键的形成——醛或酮分子中的羰基从低价钛试剂上获得一个电子，首先形成自由基负离子，这种自由基负离子已经由 ESR 谱证实[16~18]；然后，两个自由基负离子发生偶联形成 C-C 键。(2) 脱氧反应——1,2-二醇盐中间体发生脱氧反应生成烯烃。

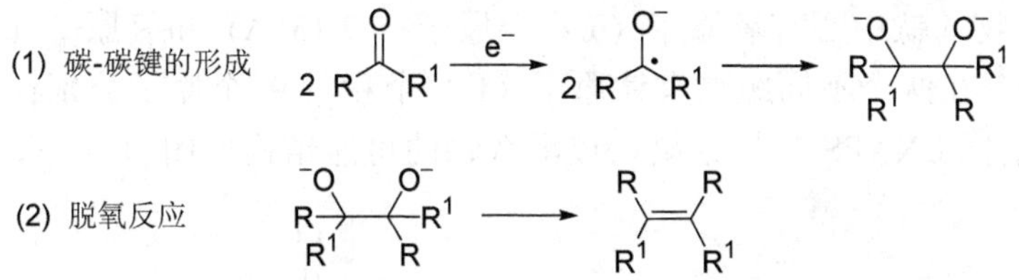

(1) 碳-碳键的形成

(2) 脱氧反应

(11)

第一步反应是一个简单的频哪醇反应，而且不是低价钛独有的反应。早在 1859 年[19]就已经发现，醛酮的羰基具有从还原性金属获得一个电子形成自由基负离子再发生二聚反应的能力，很显然低价钛试剂也具有这种提供电子的能力。实验证明，频哪醇的生成反应在 0 °C 时就能进行，而且频哪醇还可以分离出来。将分离出来的频哪醇在 60 °C 用低价钛试剂处理，同样可以发生脱氧反应形成产物烯烃。

考虑到 McMurry 反应应该是在活性钛表面进行的，一般将上述反应机理表示成在钛表面进行的反应过程 (式 12)。

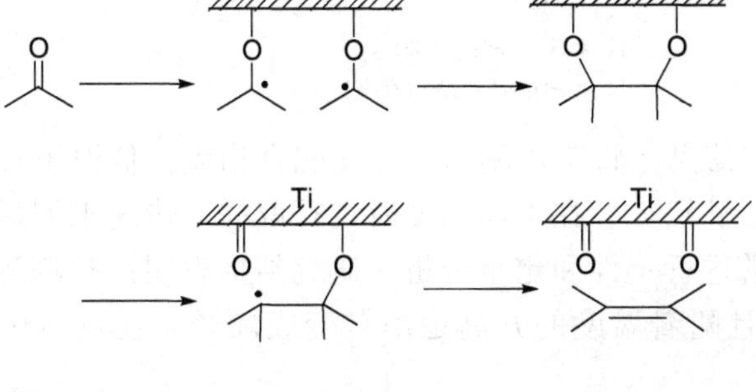

(12)

与其它有机反应一样，McMurry 反应也是一个复杂过程。该机理提供的只是一个大概的过程，具体反应细节仍然是有待研究的课题。例如：低价钛试剂的有效成分是 么 低价钛试剂中钛的氧化态是 0 价、+1 价、还是 +2 价 很多学者对 McMurry 反应机理进行了详细的研究，取得了一些十分有趣的结果，在此仅举一例进行说明 (以 $TiCl_3/LiAlH_4/THF$ 体系为例)。

当 $TiCl_3$ 用 0.5 eq 的 $LiAlH_4$ 在 THF 中还原时，会释放出氢气 (每摩尔 Ti 释放 0.5 mol H_2)。反应混合物中加入戊烷后，可以分离出一种氯氢钛配合物 $[HTiCl(thf)_{\approx 0.5}]$ 的黑色固体，产率约 46% (式 13a)。该配合物的结构与采用 MgH_2 还原 $TiCl_3$ 得到的配合物相同 (式 13b)，被认为是 McMurry 反应的活性试剂[20]。

$$[TiCl_3(thf)_3] + 0.5\ LiAlH_4 \longrightarrow [HTiCl(thf)_{\approx 0.5}] + 0.5\ H_2\uparrow + 0.5\ LiCl + 0.5\ AlCl_3 \qquad (13a)$$

$$[TiCl_3(thf)_3] + MgH_2 \longrightarrow \underset{(70\%\sim75\%)}{[HTiCl(thf)_{\approx 0.5}]} + 0.5\ H_2\uparrow + MgCl_2 \qquad (13b)$$

该氯氢钛配合物的 X 射线吸收光谱 (X-ray absorption spectroscopy) 研究表明：在配合物的钛中心有氧原子 (0.4 个原子在 2.13 Å) 和氯原子 (1.5 个原子在 2.44 Å)，在两个不同距离有钛原子 (1.3 个和 1.9 个原子分别在 3.10 Å 和 4.04 Å)。根据 EXAFS 分析结果，该配合物的可能结构如图 1 所示。

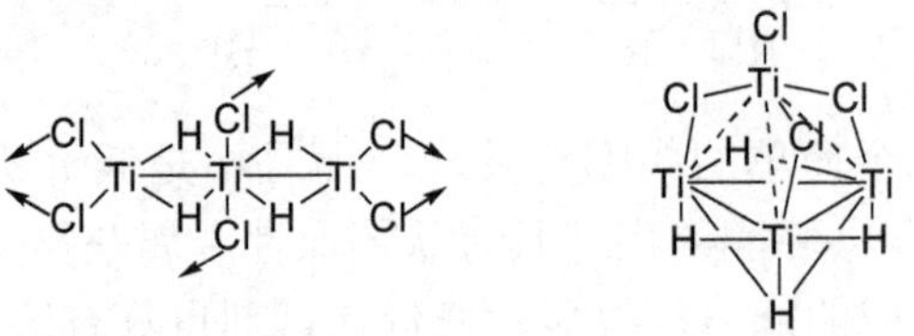

图 1 氯氢钛配合物的可能结构 (无 THF 分子)

这种氯氢钛配合物被证明是二苯甲酮还原偶联成四苯乙烯和苯乙酮还原偶联成 2,3-二苯基-2-丁烯的活性试剂 (式 14)。在反应中，每摩尔钛释放出 0.5 mol 的 H_2，同时生成无机产物钛(III) 的氧氯化合物。

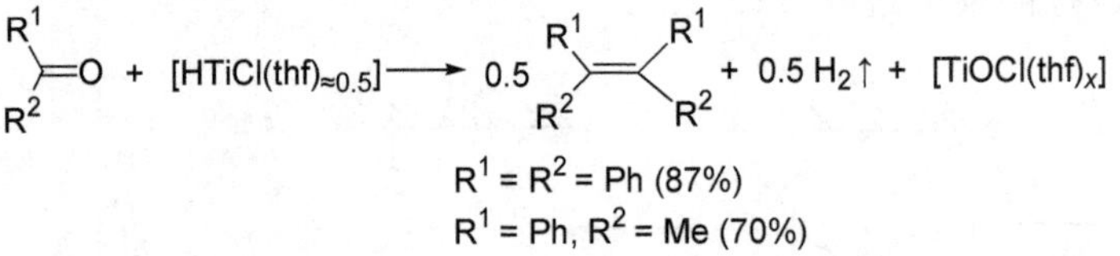

$$R^1R^2C{=}O + [HTiCl(thf)_{\approx 0.5}] \longrightarrow 0.5\ R^1R^2C{=}CR^1R^2 + 0.5\ H_2\uparrow + [TiOCl(thf)_x] \qquad (14)$$

$R^1 = R^2 = Ph$ (87%)
$R^1 = Ph, R^2 = Me$ (70%)

为了获得更多的反应信息，将苯乙酮与氯氢钛配合物先在低温下反应，然后逐步升高温度至溶剂的沸点，并在不同温度时进行取样，快速水解后对有机中间体和产物用气相色谱进行定性和定量分析。研究结构表明：频哪醇盐即使在低温下也能形成，而且随着温度的升高逐渐转变成烯烃。在反应中副产物

2,3-二苯基-2-丁醇的生成说明频哪醇盐在消除 TiOCl 过程中是分步进行的 (通过自由基历程，这与前面讨论的机理相　合)。

特别有趣的是，在反应的初始阶段捕获到频哪醇盐的一种前体，它水解后生成 1-苯基乙醇。在反应初始阶段这种前体达 20%~25%，但随着反应的进行逐渐彻底消失。所以，1-苯基乙醇好像是 McMurry 反应中假设的“酮双阴离子”中间体的水解产物。这种假设被低温下重水的水解实验所证实，实验得到 23% 的 1-氘代-1-苯基氘代乙醇。这一结果指出：“酮的双阴离子”就是频哪醇钛盐的前体。后来，二苯甲酮双锂盐[21]和二苯甲酮　盐[22]的 X 射线结构分析也证实了芳酮双阴离子的存在。在这两种结构中，羰基从侧面与金属中心配位。人们已经知道了 Zr 和 Hf 具有与羰基化合物从侧面配位形成配合物的能力，它们可以作为中间体参与 C-C 偶联反应[23~25]。这种从侧面配位的苯乙酮钛配合物作为 McMurry 反应中频哪醇盐的前体，在芳酮 C-C 偶联的反应步骤中应该更倾向于亲核加成机理而不是自由基机理[26]。这样，氯氢钛配合物参与的 McMurry 反应的机理可以表示如下 (式 15)。

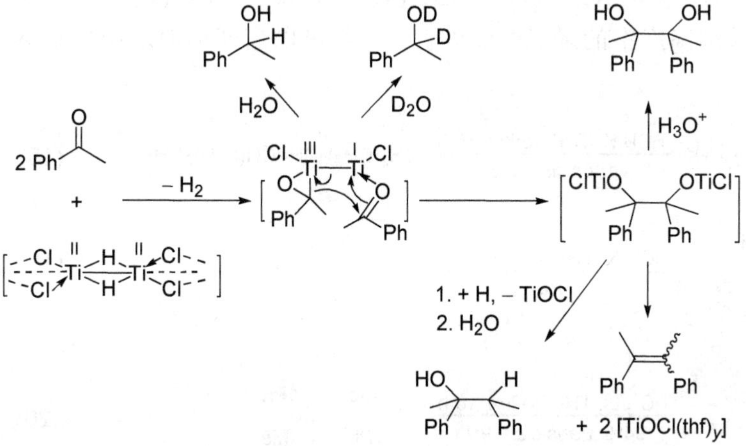

(15)

3.2 McMurry 反应的立体化学

醛和非对称酮发生 McMurry 反应时，其产物烯烃存在着顺反异构体。其比例与低价钛试剂有关，随着低价钛体系的不同，*E*/*Z* 比例随之变化[1~3] (式 16)。

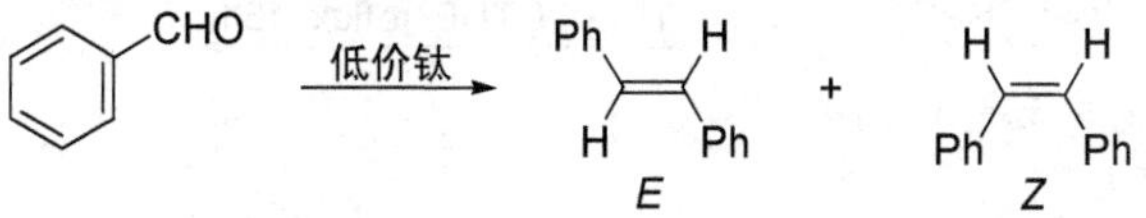

(16)

$TiCl_4$/Zn/THF，88%，*E*/*Z*＝1:4
$TiCl_3$/Zn/dioxane，98%，*E*/*Z*＝99:1
$TiCl_3$/$LiAlH_4$/THF，97%，*E*/*Z*＝85:15

对于甲基烷基酮而言，烯烃产物的立体化学与烷基的空间位阻有关。随着取代基体积的增大，*E*/*Z* 比例将增加 (式 17) [27]。

R(Me)C=O —$TiCl_4$/Zn/THF→ *E* + *Z* (17)

R	*E*/*Z*	R	*E*/*Z*
$CH_2CH_2CH_3$	3∶1	$CH(CH_3)_2$	6∶1
$CH_2C(CH_3)_3$	4∶1	$C(CH_3)_3$	>200∶1

4 McMurry 反应的类型综述

4.1 醛酮的还原偶联反应

在低价钛试剂作用下两分子醛或酮可以发生分子间的还原偶联反应，生成烯烃。醛 (式 18)、环酮 (式 19)、芳酮 (式 20) 和二芳酮 (式 21) 等发生这个反应后均可得到高产率的烯烃[28]。*β*-胡　　素可以高产率地从维生素 A 来制备 (式 22)[28]。

$CH_3(CH_2)_3CHO$ —$TiCl_3$/K, THF, reflux, 16 h; *trans*:*cis* = 7:3→ $CH_3(CH_2)_3CH{=}CH(CH_2)_3CH_3$ (18)

—$TiCl_3$/K, THF, reflux, 16 h; 90%→ (19)

PhC(O)Me —$TiCl_3$/Li, THF, reflux, 16 h; 94%, *trans*:*cis* = 9:1→ Me(Ph)C=C(Ph)Me (20)

PhC(O)Ph —$TiCl_3$/Li, THF, reflux, 16 h; 96%→ $Ph_2C{=}CPh_2$ (21)

维生素 A (CHO) —$TiCl_3$/Li, THF, reflux, 16 h; 95%→ *β*-胡萝卜素 (22)

合成高位阻的烯烃是 McMurry 反应的主要特点之一。例如，从金刚烷酮和 4-高金刚烷酮的双分子还原偶联可以方便地合成亚金刚基金刚烷[28] (式 23) 及 4,4'-亚高金刚基高金刚烷 (式 24)[29]。

金刚烷酮 —($TiCl_3$/K, THF, reflux, 16 h; 91%)→ 亚金刚基金刚烷 (23)

4-高金刚烷酮 —($TiCl_3/LiAlH_4$, THF, reflux, 8 h; 40%)→ 4,4'-亚高金刚基高金刚烷 (24)

但 Bottino[30] 进一步研究了高位阻酮与低价钛的还原反应，发现随着羰基化合物位阻的增加，McMurry 反应越来越困难 (式 25，式 26)，甚至只得到单分子还原的烷烃产物 (式 27)。

PhC(O)Me —($TiCl_3/LiAlH_4$, THF, reflux, 8 h; 70%)→ Ph(Me)C=C(Me)Ph (25)

Mes–C(O)–Ph —($TiCl_3/LiAlH_4$, THF, reflux, 8 h)→ Mes(Ph)C=C(Ph)Mes 18% + Mes(Ph)HC–CH(Ph)Mes 42% (26)

Mes–C(O)–Mes —($TiCl_3/LiAlH_4$, THF, reflux, 8 h; 57%)→ Mes–CH_2–Mes (27)

如果使用过量的低价钛试剂，则可使高位阻芳酮还原偶联[31]得到较高产率的双取代芳基乙烷。例如：10,11-二氢-5*H*-二苯并[*a*,*d*]环庚-5-酮在 McMurry 反应条件下，只得到取代芳基乙烷和一个新奇的手性桥联二苯基蒽[32] (式 28)。

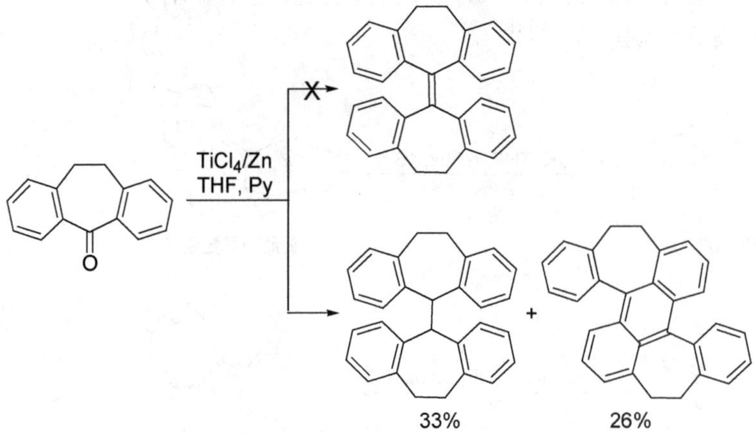

O

$TiCl_4/Zn$
THF, Py

X

33%

+

26%

(28)

醛酮分子中如果含有醚键，即使是苄基醚[33]或硅基醚[34]都不发生反应，同样，卤素对低价钛试剂也是稳定的[35] (式 29，式 30)。

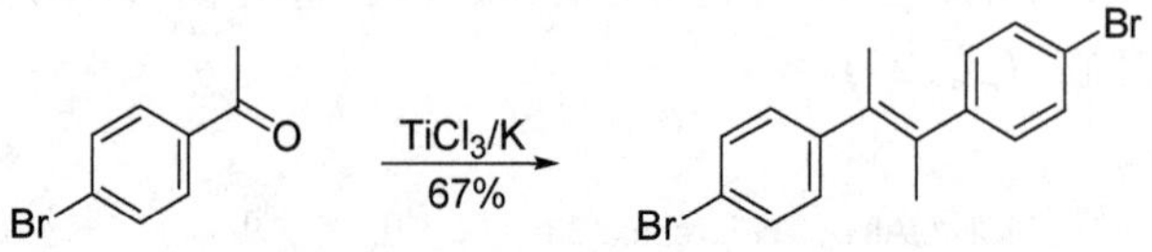

Br O

$TiCl_3/K$
67%

Br Br

(29)

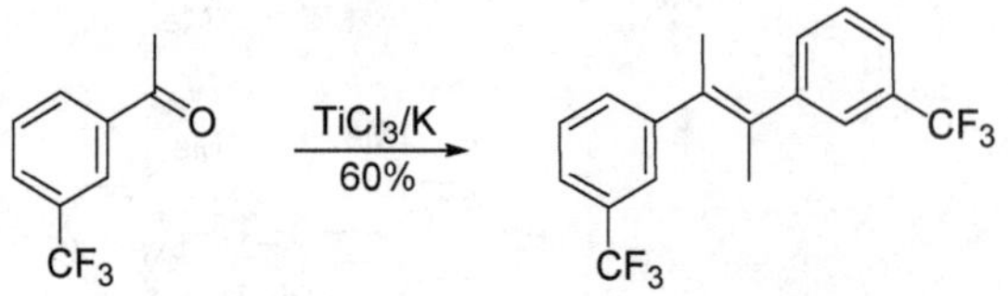

CF_3 O

$TiCl_3/K$
60%

CF_3 CF_3

(30)

在有些情况下，分子中的酰胺羰基 (式 31)[36]、酯羰基 (式 32，式 33)[37~41]、对甲苯磺酰基 (式 34)[37] 对低价钛试剂也是稳定的。

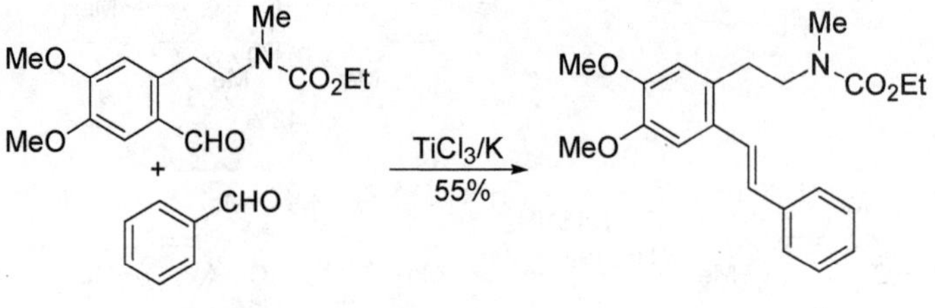

MeO MeO Me N CO_2Et CHO

+

CHO

$TiCl_3/K$
55%

MeO MeO Me N CO_2Et

(31)

MeO AcO O

$TiCl_3/Zn-Cu$
97%

MeO AcO OAc OMe

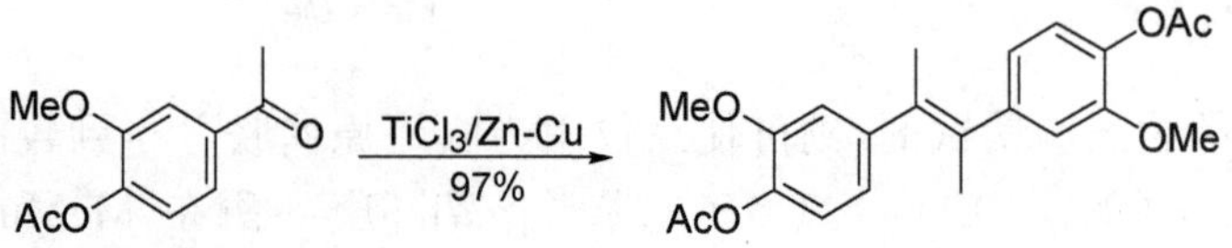

(32)

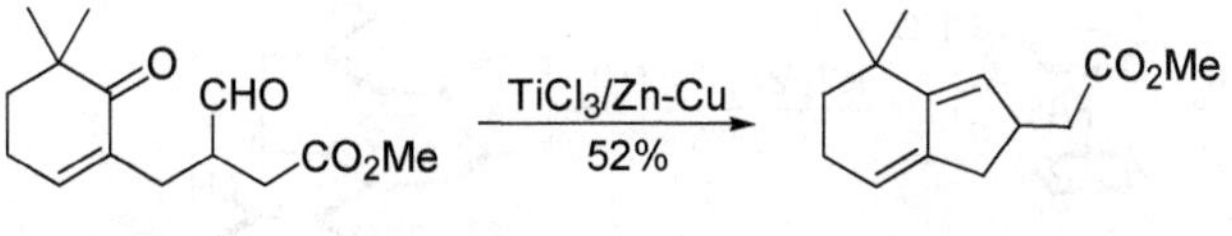

(33)

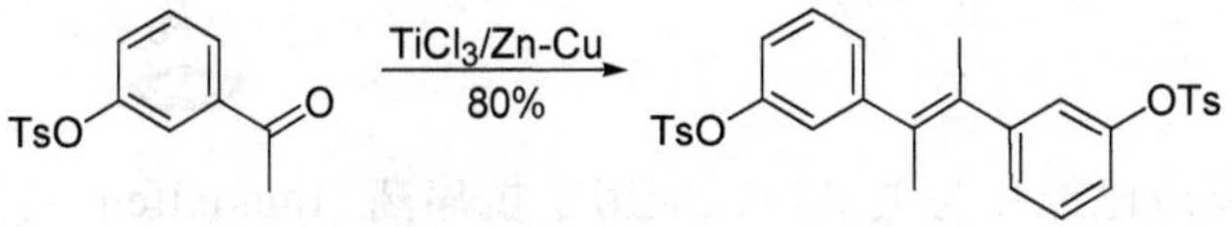

(34)

McMurry 反应非常适合在相同羰基化合物之间进行，但在一定条件下也可用于不同羰基化合物之间的交叉偶联。例如：使用过量廉价的丙酮与另一分子羰基化合物反应可得产率较高的交叉偶联产物[4]。由于丙酮自身偶联产物为低沸点的四甲基乙烯，非常容易与交叉偶联产物分离，所以该方法可以方便地制备亚异丙基烯烃 (式 35，式 36)[42]。

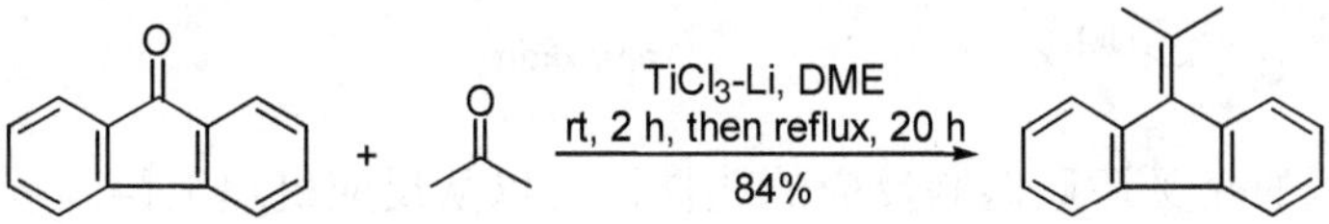

(35)

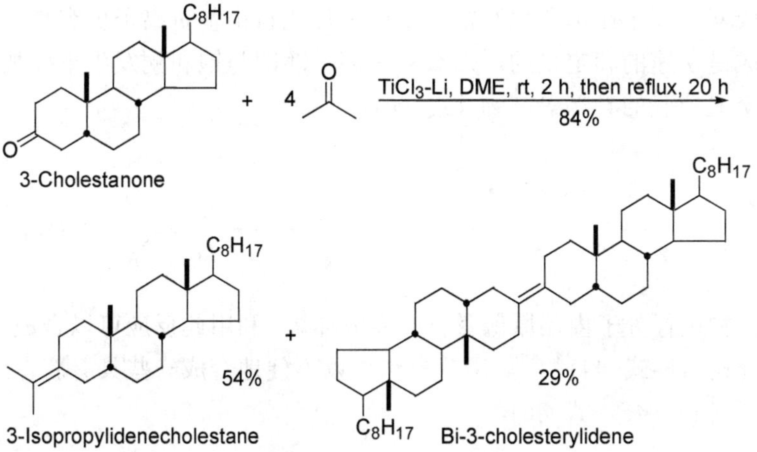

3-Cholestanone

3-Isopropylidenecholestane

Bi-3-cholesterylidene

(36)

用二芳甲酮与环酮进行交叉还原偶联也能得到高产率的交叉偶联产物 (式 37)[42]。

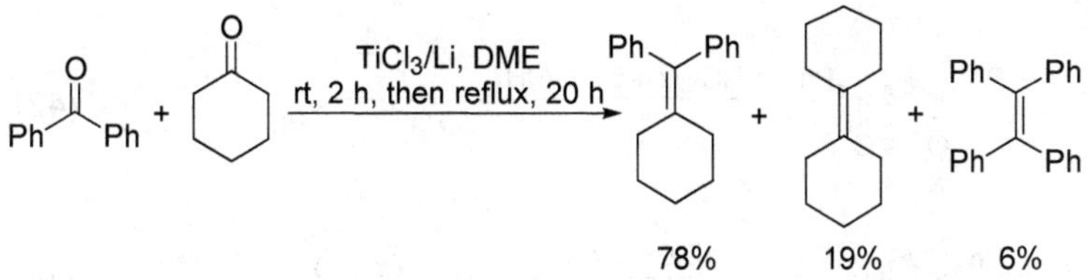

(37)

不同醛之间的交叉还原偶联反应也可用于制备非对称烯烃 (式 38)[43]。

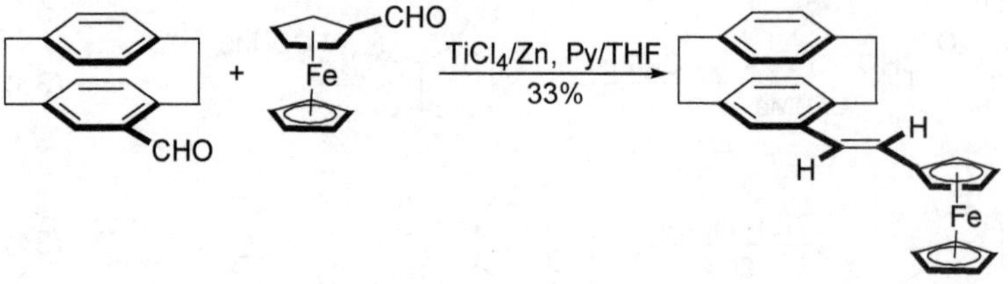

(38)

这种交叉偶联反应已经作为关键步骤应用于抗癌药 Tamoxifen 及其衍生物的合成 (式 39)[44,45]。

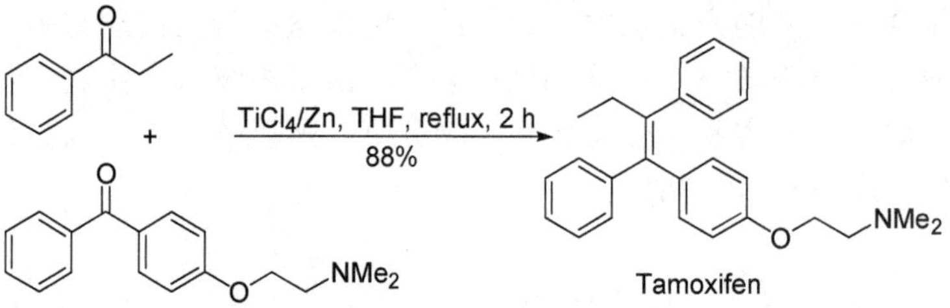

(39)

二芳酮与脂肪酮的交叉还原偶联反应的选择性可以从反应机理上得到解释：主要是由于二芳酮的第二还原电位比饱和酮的第一还原电位更负[46]，二芳酮接受两个电子形成双负离子比饱和酮获得一个电子形成自由基负离子更容易。如果双负离子的形成是快速的和定量的，那么双负离子随即与饱和酮发生亲核加成，选择性地生成交叉偶联的频哪醇产物 (式 40)。

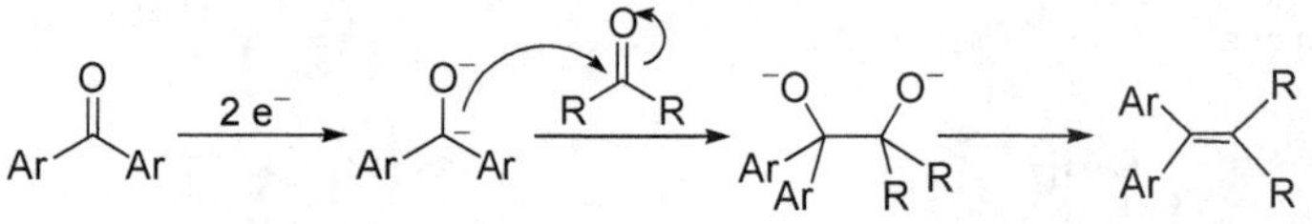

(40)

二羰基化合物进行分子内还原偶联反应生成环烯。利用此反应可以合成三员到十六员环烯 (式 41~式 44)[47,48]。用此方法可以方便地合成一些具有新奇结构的环状化合物[49,50] (式 45，式 46)。

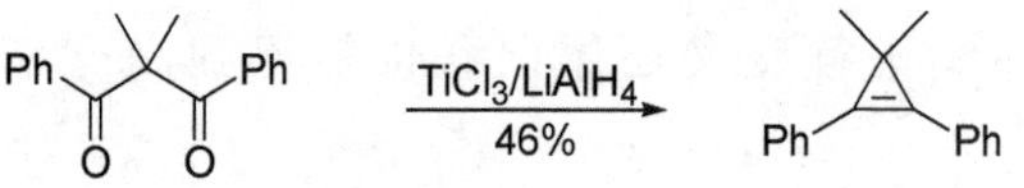

(41)

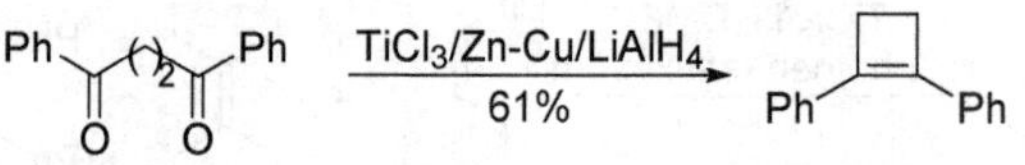

(42)

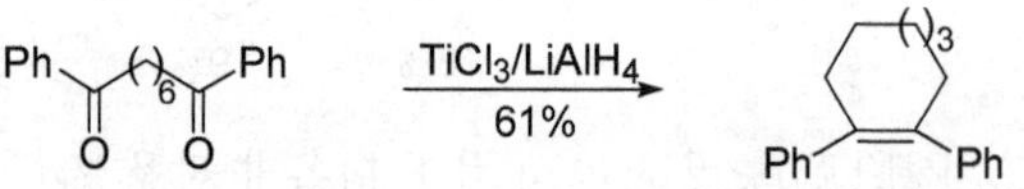

(43)

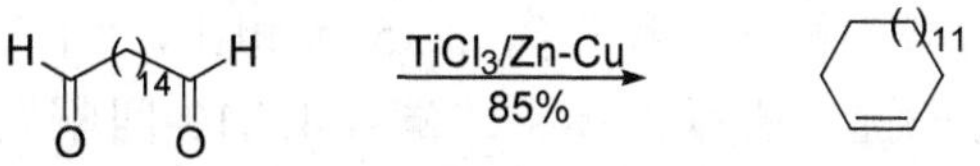

(44)

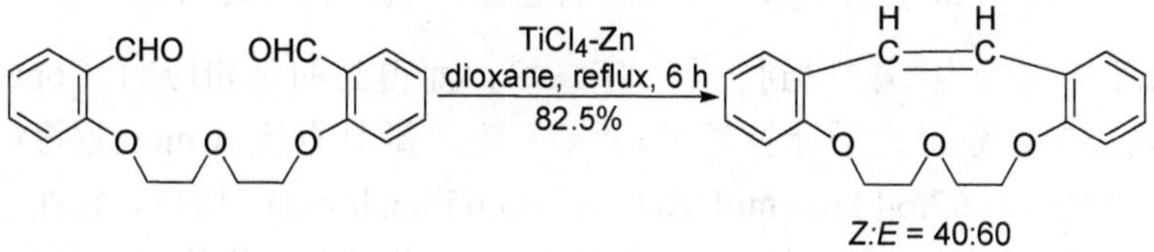

(45)

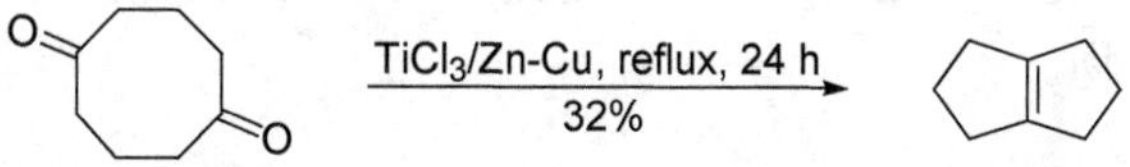

(46)

醛酮分子内的交叉还原偶联反应还可以应用于一些天然产物的合成。Ziegler 利用分子内醛酮的 McMurry 反应进行了　甾酮的全合成[51] (式 47)。

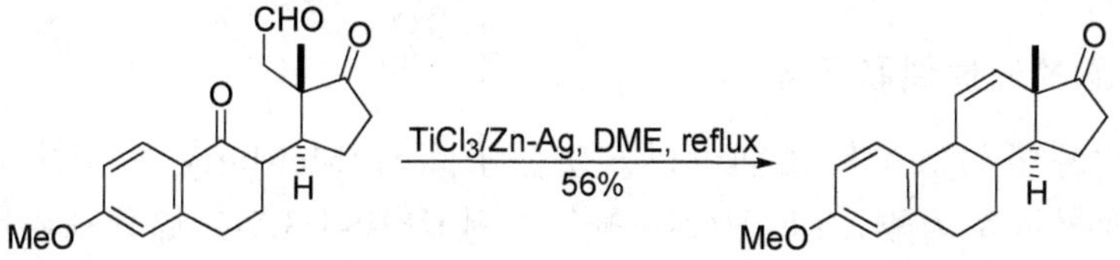

(47)

雌甾酮

Wu 等[52]用 $TiCl_3$/Zn-Cu 试剂合成了　兰　中芳香成分的母核 Isokhusimone。在该合成中有趣地观察到，三个酮羰基选择性地发生了六员环的成环反应，而不是生成三员环 (式 48)。

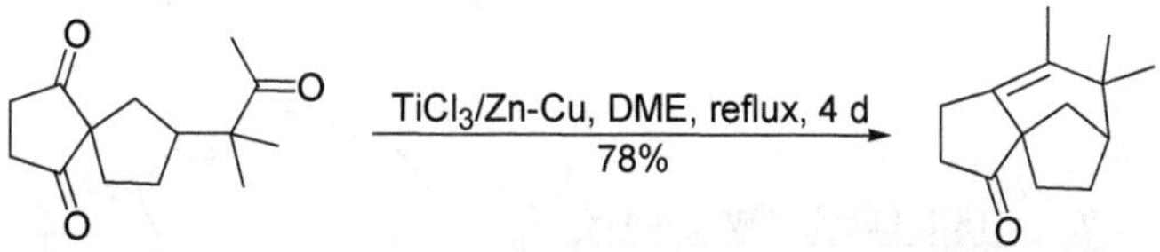

(48)

Isokhusimone

环十二碳-1,4,7,10-四酮的还原偶联反应也是一个有趣的区域选择性范例[53]。该底物如按对位(1,7:4,20)-羰基还原偶联应生成三环$[8.2^{1,10}.0^{1,7}.0^{4,10}]$-1(7),4(10)-十二碳二烯 (“十” 字形二烯)。但是，根据分子力学计算，此产物中二个双键之

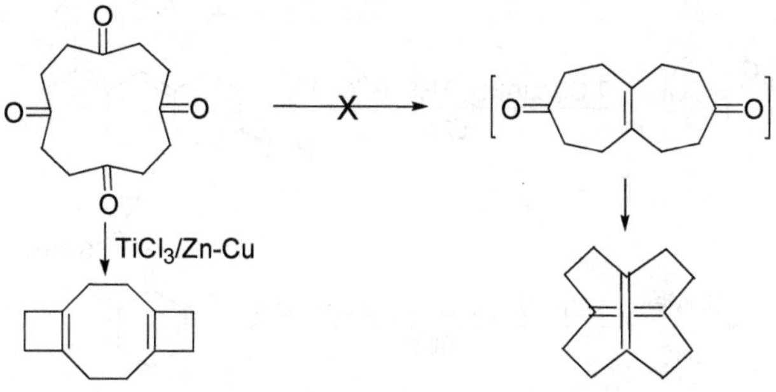

(49)

间的距离为 2.32 Å。与石墨中核间 积距离 3.35 Å 相比，“十” 字二烯的两个双键明显地受到较强烈的干扰。所以，环十二碳-1,4,7,10-四酮发生区域选择性 McMurry 反应，生成相邻 (1,4:7,10)-羰基间的还原偶联产物 (式 49)。

尝试使用双环烯二酮也不能得到 “十” 字二烯，而得到的是相应的 Cope 重排反应产物 (式 50)。分子力学计算显示，“十” 字二烯具有比 Cope 重排产物较低的稳定性 (ΔH_f = 67.64 kcal/mol, ΔH_f = 45.65 kcal/mol)。所以，它在一般情况下不能分离得到，即使 细地用 NMR 检测完成偶联反应以前的反应混合物，也只能观察到其重排产物。

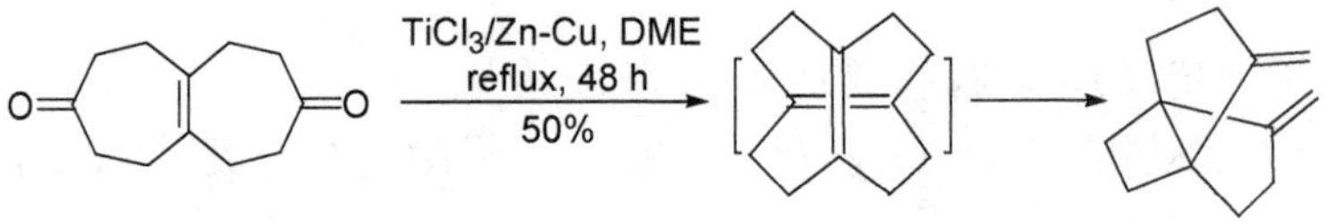

TiCl$_3$/Zn-Cu, DME
reflux, 48 h
50%
(50)

4.2 不饱和醛酮的还原偶联反应

α,β-不饱和醛酮与低价钛试剂可以发生分子间的 McMurry 反应生成共轭多烯。例如：亚异丙基丙酮，1,6-双(2-甲酰乙烯基)环庚-1,3,5-三烯分别还原偶联得辛三烯[54] (式 51) 和大环多烯[55] (式 52)。

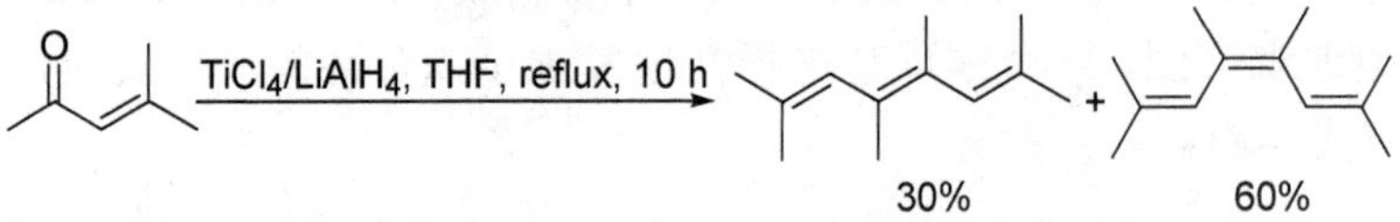

TiCl$_4$/LiAlH$_4$, THF, reflux, 10 h
30% 60%
(51)

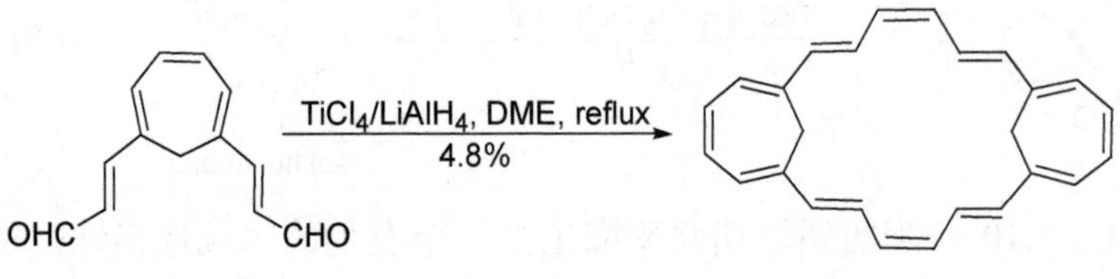

OHC CHO
TiCl$_4$/LiAlH$_4$, DME, reflux
4.8%
(52)

α,β-不饱和酮与过量丙酮[13] (式 53) 及其它醛酮[56] (式 54) 也可以发生交叉还原偶联反应。

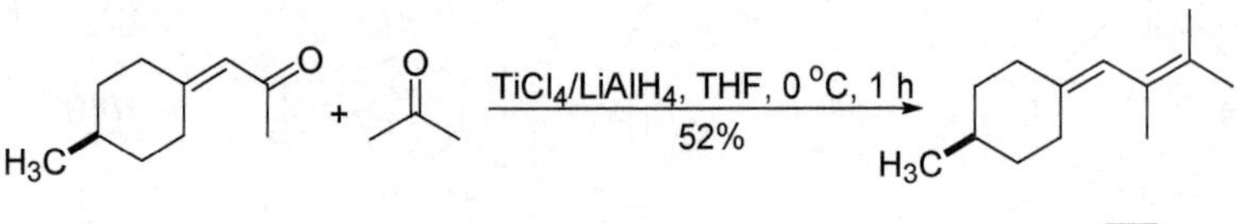

H$_3$C + TiCl$_4$/LiAlH$_4$, THF, 0 °C, 1 h
52%
H$_3$C
(53)

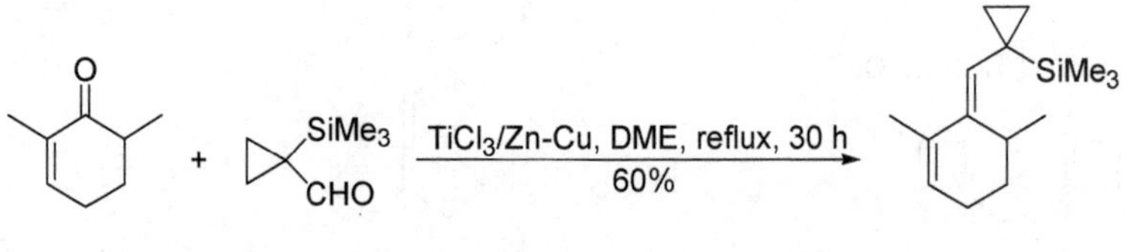

+ SiMe$_3$ CHO
TiCl$_3$/Zn-Cu, DME, reflux, 30 h
60%
SiMe$_3$
(54)

不同分子的 α,β-不饱和酮还原偶联则得到三种交叉偶联产物的混合物[57] (式 55)。

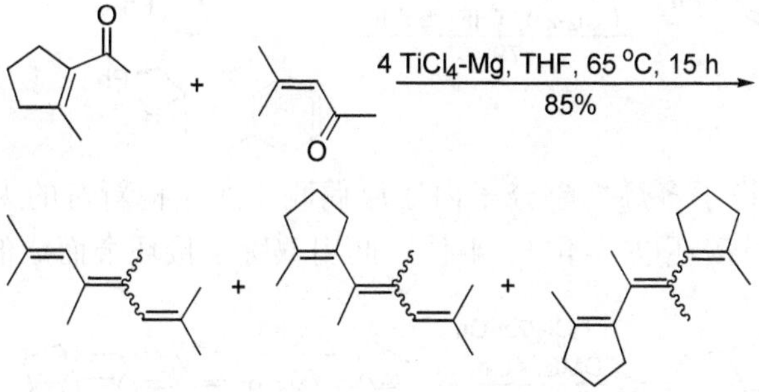

4 $TiCl_4$-Mg, THF, 65 °C, 15 h
85%
(55)

α,β-不饱和酮也可以发生分子内的还原偶联反应，生成大环多烯[58,59] (式 56，式 57)。

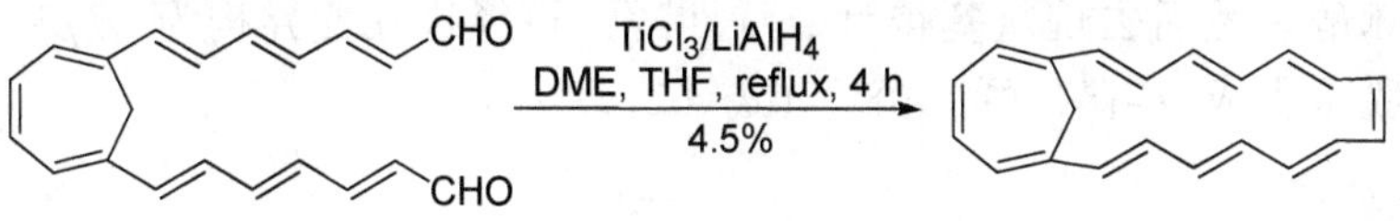

CHO
CHO
$TiCl_3/LiAlH_4$
DME, THF, reflux, 4 h
4.5%
(56)

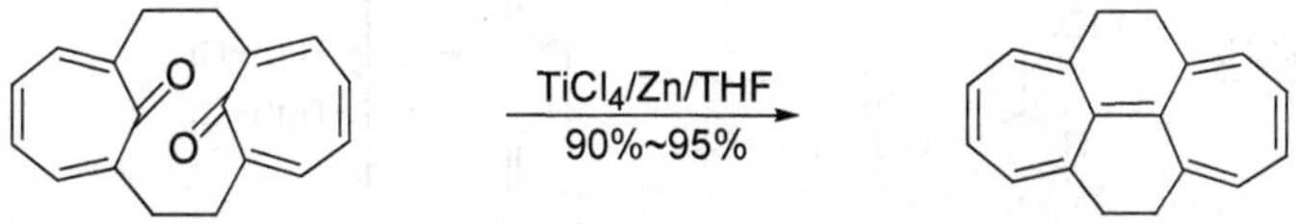

$TiCl_4$/Zn/THF
90%~95%
(57)

(+)-长叶薄荷酮与低价钛试剂反应时，得到的产物不是 McMurry 反应产物，而是得到两种还原二聚体，它们都是 3,3-成键产物[57] (即 C=C 键参与了反应) (式 58)。

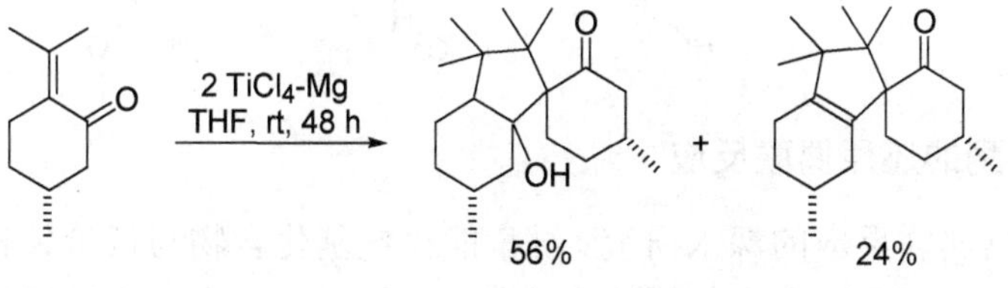

2 $TiCl_4$-Mg
THF, rt, 48 h
OH
56%
24%
(58)

当查尔酮及其衍生物与低价钛试剂发生反应时，得到两种非对映的环戊醇衍生物[60] (式 59)。

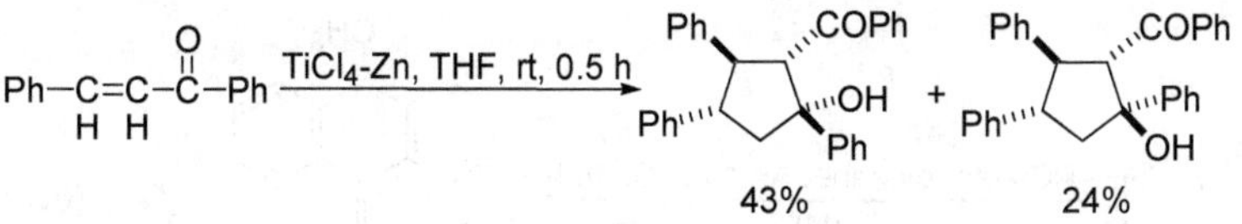

Ph—C=C—C(=O)—Ph (H H)
$TiCl_4$-Zn, THF, rt, 0.5 h
Ph, COPh, OH, Ph
43%
24%
(59)

而环状 α,β-不饱和酮与低价钛试剂反应时，则得到新型的螺环化合物，而且反应具有较高的选择性[61] (式 60)。

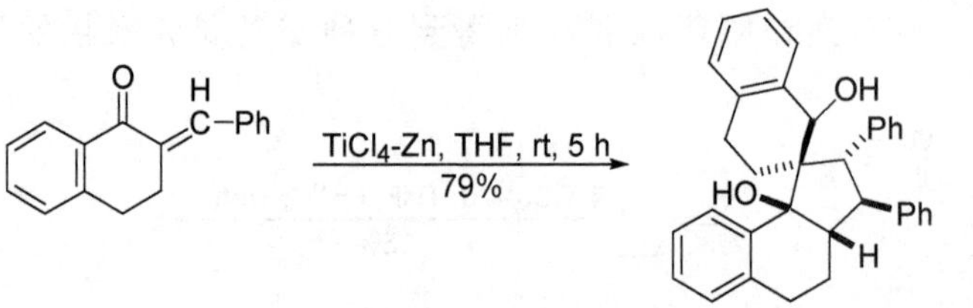

(60)

McMurry[62] 报道了多烯二酮分子内还原偶联生成结构新奇的大环多烯化合物。它是由多个六员碳环以 1-位和 4-位 此用双键连接环合而成的 (式 61)。

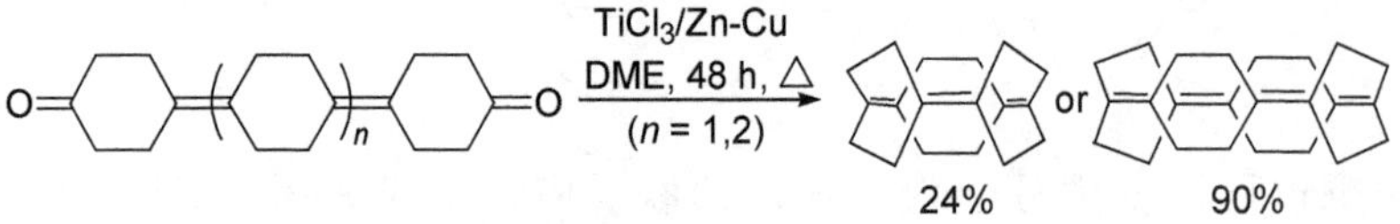

(61)

烷氧基取代的 α,β-不饱和醛与低价钛作用，生成已二烯二醛。其过程可能是首先生成频哪醇，然后去烷氧基得到二烯四醇；再经过互变异构为 β,β'-二羟基二醛；最后脱水生成 E-已二烯二醛[63] (式 62)。

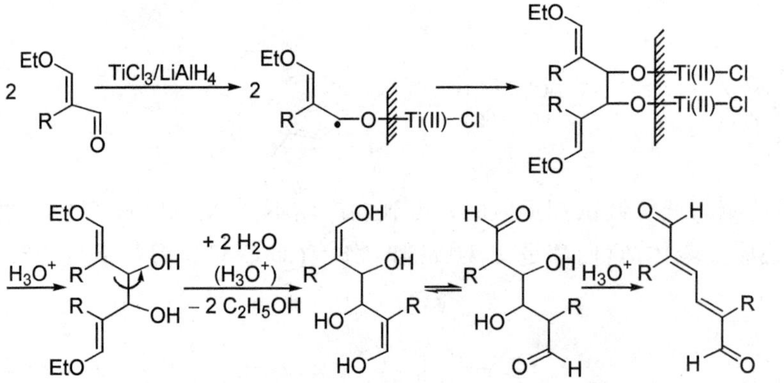

(62)

4.3 官能化醛酮的还原偶联反应

随着对醛酮偶联反应的深入研究，对官能化羰基化合物与低价钛试剂的反应也进行了研究。胺对于低价钛试剂是惰性的，在偶联反应中加入胺可以提高产率和保持反应介质为碱性[64]。含有氨基的醛酮在低价钛试剂作用下，可以发生还原偶联生成二氨基烯[65] (式 63)。

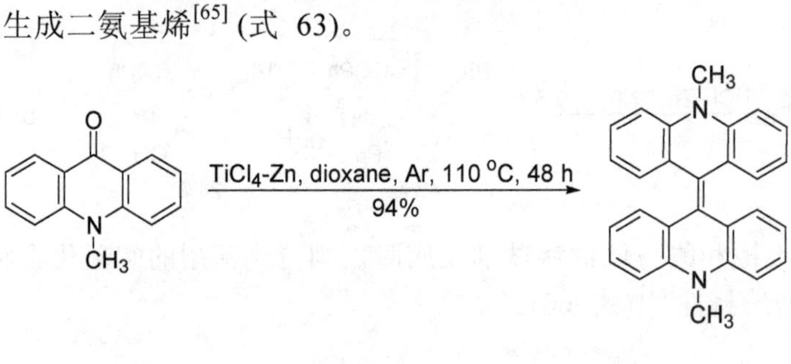

(63)

同样，含有吡啶结构和吡咯结构的醛酮也可以发生 McMurry 反应[66,67] (式 64，式 65)。

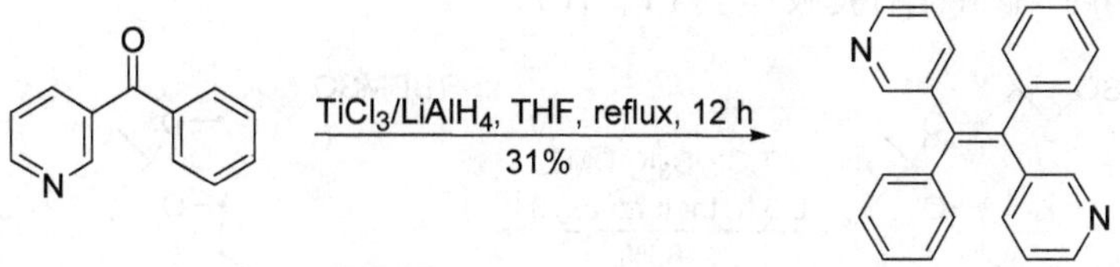

O; N → TiCl$_3$/LiAlH$_4$, THF, reflux, 12 h; 31% → N; N (64)

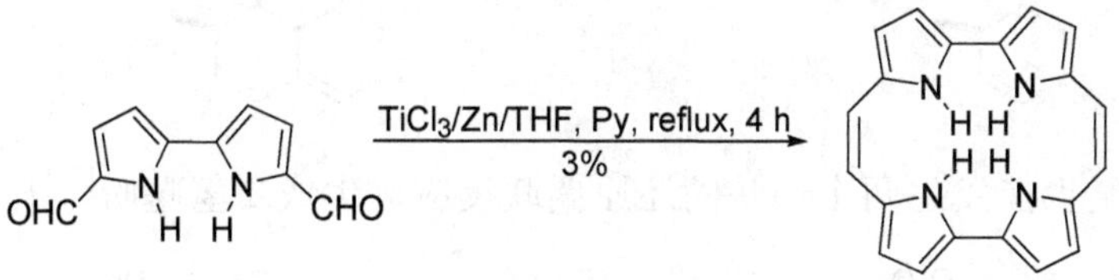

OHC; N H; N H; CHO → TiCl$_3$/Zn/THF, Py, reflux, 4 h; 3% → N H; N H; N H; N H (65)

β-氨基酮 (Mannich 碱) 与低价钛反应生成对称的 1,6-二氨基烯，产物主要为 *Z* 式 ($Z >> E$)。该反应为合成 ω,ω'-二元烯胺提供了有效的合成方法[68] (式 66)。

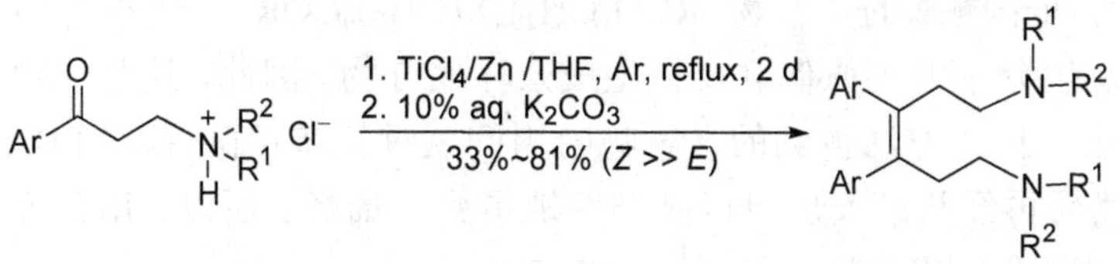

Ar−C(=O)−CH$_2$CH$_2$−$\overset{+}{N}$HR^1R^2 Cl^- → 1. TiCl$_4$/Zn /THF, Ar, reflux, 2 d; 2. 10% aq. K$_2$CO$_3$; 33%~81% ($Z >> E$) → Ar, Ar; N−R^2, R^1; N−R^1, R^2 (66)

在低价钛的作用下，二酮基胺中两个羰基能发生分子内还原偶联形成氮杂环烯[68]。例如：*N,N*-二(苯甲酰甲基)苄胺与低价钛作用生成二氢吡咯，而 *N,N*-二(苯甲酰乙基)丁胺则生成四氢氮杂环庚三烯 (式 67 和式 68)。

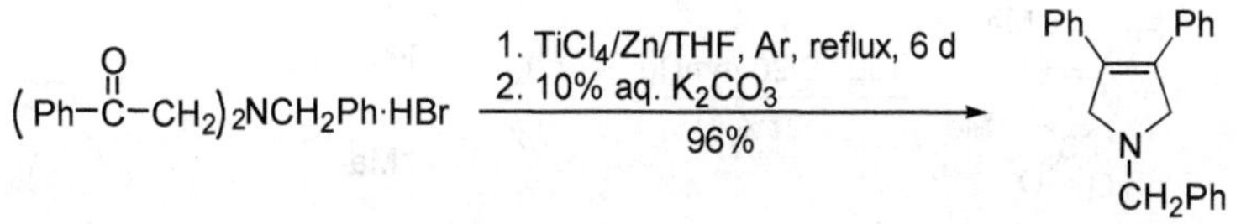

(Ph−C(=O)−CH$_2$)$_2$NCH$_2$Ph·HBr → 1. TiCl$_4$/Zn/THF, Ar, reflux, 6 d; 2. 10% aq. K$_2$CO$_3$; 96% → Ph, Ph; N; CH$_2$Ph (67)

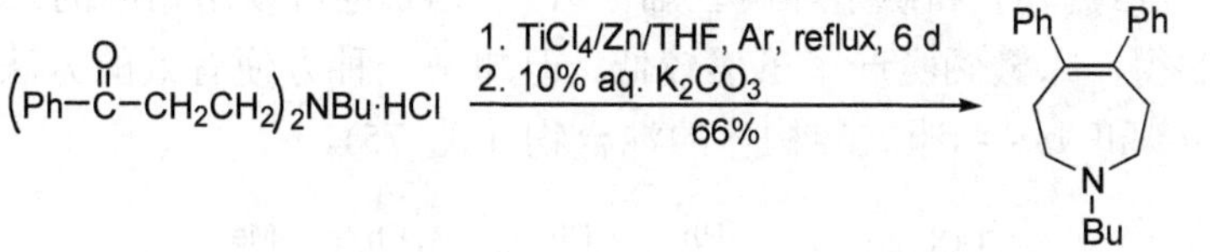

(Ph−C(=O)−CH$_2$CH$_2$)$_2$NBu·HCl → 1. TiCl$_4$/Zn/THF, Ar, reflux, 6 d; 2. 10% aq. K$_2$CO$_3$; 66% → Ph, Ph; N; Bu (68)

三甲硅基醛与低价钛作用，仅醛基发生还原偶联，而三甲硅基不受影响，生成相应的双三甲硅基烯[69] (式 69)。

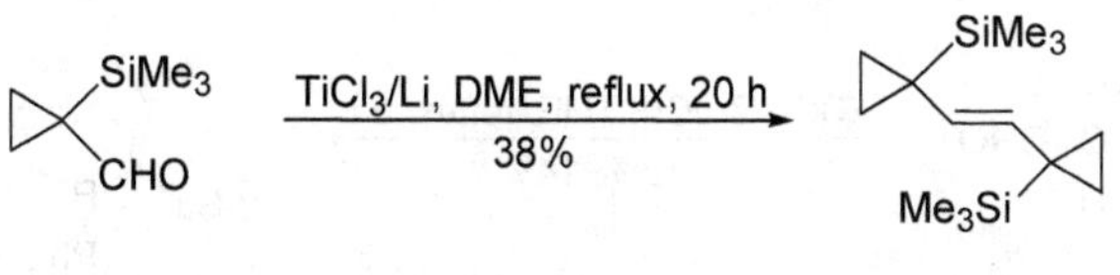

SiMe$_3$; CHO → TiCl$_3$/Li, DME, reflux, 20 h; 38% → SiMe$_3$; Me$_3$Si (69)

含有缩醛（酮）基的羰基化合物用低价钛试剂进行还原偶联时，缩醛（酮）可以得到保留。但是，在反应的后处理时，要使用 Na_2CO_3 或氨水的碱式分解，以避免酸式分解时缩醛(酮)被破坏[70] (式 70)。

TBDMSO　Et3SiO　OHC　O　→　TBDMSO　Et3SiO

$TiCl_3/C_8K$, DME
rt, 5 h, then reflux, 3 h
85%　(70)

二酮基硫醚也能发生两个羰基的还原偶联反应，生成二氢噻吩[71] (式 71)。

Ph　O　O　Ph　S　→　Ph　Ph　S

$TiCl_3$/Zn, THF, reflux, 5 h
77%　(71)

杂原子连有两个酮基的化合物 $RCO(CH_2)_nX(CH_2)_nCOR$ 一般很容易制备，它们与低价钛发生分子内还原偶联反应生成杂环化合物。因此，这是一种合成氢化杂环的好方法。将该方法得到的二氢噻吩用间氯过氧苯甲酸 (*m*-CPBA) 氧化成相应的砜，然后再经热解反应可以高产率地得到二烯烃。所以，用此方法又可以比较容易地制取多取代共轭二烯烃[72] (式 72)。

Ph　O　S　O　Me　Me　→ ($TiCl_4$-Zn, 82%) → Ph　Me　S　Me → (*m*-CPBA, 97%)

Ph　Me　S　O　O　Me → (160 °C/20 mmHg, 97%) → Ph　Me　Me　(72)

二氢硒酚[73] (式 73) 和磷杂环庚三烯[74] (式 74) 也可以用相应的二酮化合物经还原偶联制得。二氢硒吩产率虽然较低，但却是一种方便有效的方法；磷杂环庚三烯为 *syn*- 和 *anti*- 船式异构体的混合物 (式 75)。

(Ph　O)₂Se → ($TiCl_4$/Zn, THF, reflux, 2 h) → Ph　Ph　Me　Se　Me (20%) + Ph　Me　Me　Me (35%)　(73)

PhP(C(Bu-*t*)=C(H)−CHO)₂ → ($TiCl_4$/Zn/Cu, THF, reflux, 3 h, 12%~14%) → *t*-Bu　P　Ph　Bu-*t*　(74)

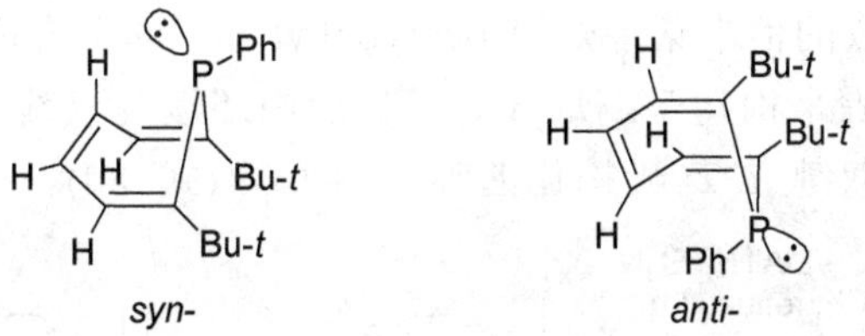

(75)

syn- anti-

4.4 酮酯的还原偶联反应

1983 年 McMurry 发现了低价钛试剂作用下分子内酮羰基与酯羰基的还原环化反应[75]，该反应将 McMurry 反应的羰基从醛酮的"羰基"扩展到了酯的"羰基"。在反应中，酮羰基与酯羰基发生脱氧偶联，生成环状烯醚，后者经水解生成环酮 (式 76)。

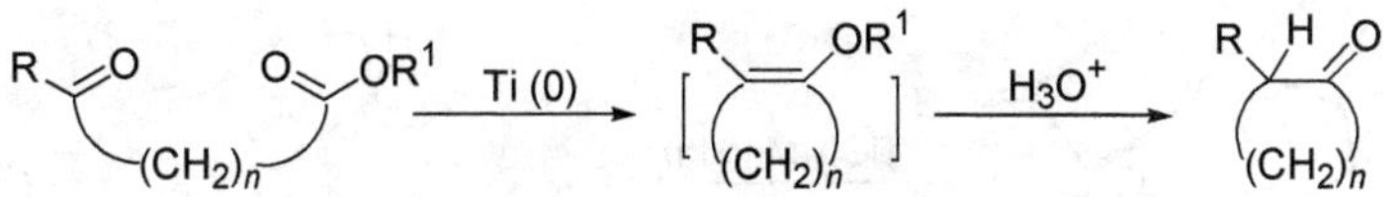

(76)

该反应可用于 4~16 员环酮的合成。5~7 员环酮一般可以得到较高的收率，而其它环酮可得到中等的收率。反应条件对该反应能否成功起着关键作用，尤其是低价钛试剂。研究表明：Ti-G (Titanium-graphite 石墨钛) 是较好的低价钛试剂，使用 $TiCl_3/LiAlH_4$ 并添加少量三乙胺时可以得到最好的结果。但是，使用 $TiCl_3$/Zn-Cu 和 $TiCl_3$ $(DME)_{1.5}$/Zn-Cu 制得的低价钛试剂都不能得到预期的产物[75] (式 77，式 78)。

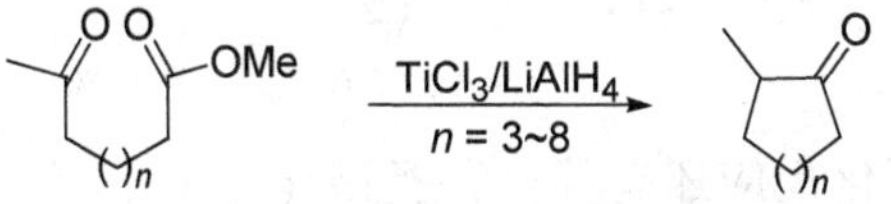

(77)

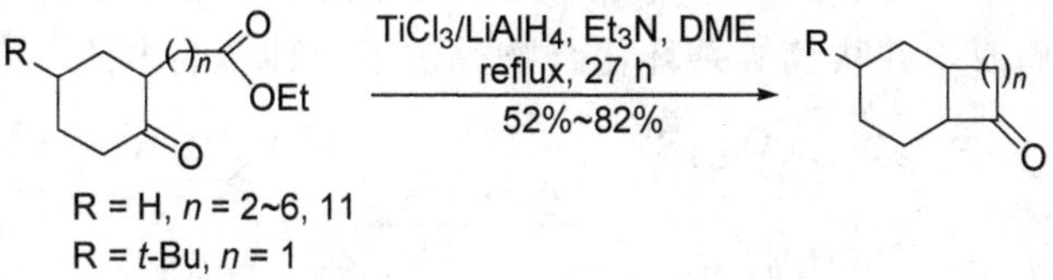

(78)

虽然酮酯还原偶联反应的收率有时不是很高，但作为一种方便方法，在一些天然产物的合成中发挥了重要作用。例如：在 Capnellene 的合成中，分子内酮酯的还原环化反应被用作关键步骤成功地构建了环戊酮环[76] (式 79)。

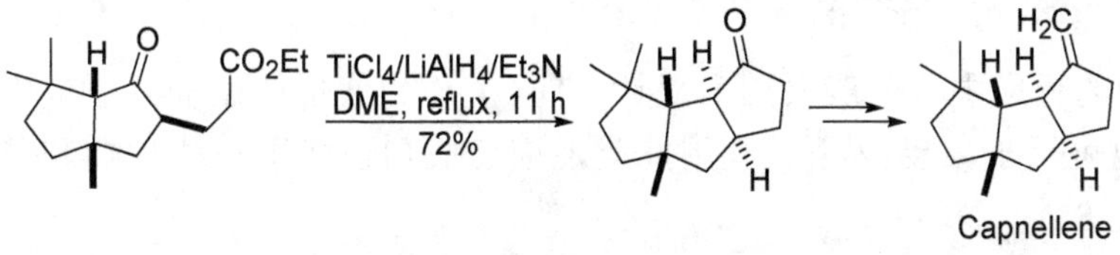

(79)

Capnellene

在从丁子香油提取的倍半萜烯烃 Isocaryophyllene 的全合成中，酮酯的低价钛环合被用作关键步骤来构建壬酮烯环。该反应中还涉及双键 *E/Z* 的异构化，这也是低价钛作用下双键 *E/Z* 异构化的唯一例子[77] (式 80)。

1. $TiCl_3/LiAlH_4$, Et_3N, DME, reflux, 3 h; 2. H_3O^+; 38%; CO_2Et; H_2C; Isocaryophyllene (80)

邻位含有醛基的环状二元酸酐也能发生不同羰基之间的交叉还原偶联反应，生成相应的酮酸产物[78] (式 81)。

$TiCl_3/Mg(Hg)$; CHO; HO_2C (81)

在低价钛试剂 $TiCl_4/Zn$ 作用下，二芳酮可以与酯或酰氯发生分子间的交叉还原偶联反应。该反应在生成相应酮的同时，还得到了少量二芳酮的自身偶联产物——四取代乙烯[79] (式 82)。

$$Ar^1C(O)Ar^2 + R{-}C(O){-}X \xrightarrow[X = Cl,\ OEt]{TiCl_4/Zn,\ THF} Ar^1{-}CH(Ar^2){-}C(O){-}R\ (44\%\sim70\%) + Ar^2Ar^1C{=}CAr^1Ar^2\ (15\%\sim30\%) \quad (82)$$

分子内酮酯的还原环化反应还有另一种类型 (式 83)。该反应生成了分子内的烯醇醚产物，这主要是由于该烯醇式结构比较稳定而不易发生水解的 故。因此，该反应为合成呋喃或苯并呋喃等杂环化合物提供了一种新的方法[80~82] (式 84)。

R, O, O, R^1, $(CH_2)_n$; 低价钛试剂 (83)

O, R^2, O, R^1; 低价钛试剂 (84)

在这种类型的反应中，一般采用石墨钛 (Ti-G) 作为低价钛试剂，原位生成的低价钛试剂也可用于该反应[14]。利用此类反应已成功合成了一些呋喃和苯并呋喃衍生物 (式 85)。

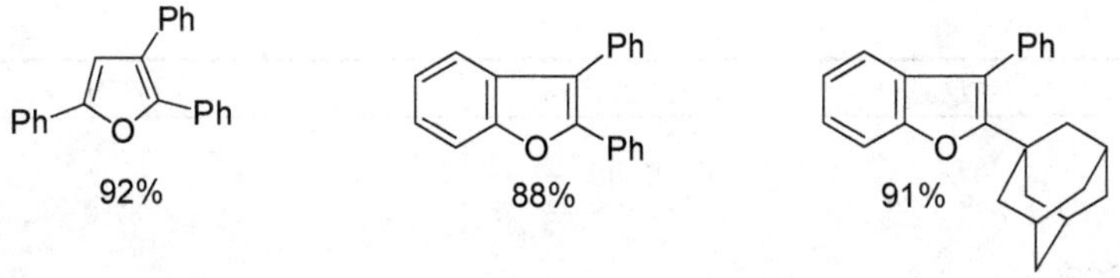

(85)

虽然酰胺基团对低价钛试剂是惰性的[7]，但当酰胺分子中有醛酮羰基存在且处于合适的位置时，则可以发生酮羰基与酰胺羰基的脱氧偶联反应，生成吡咯或吲哚。该反应为吡咯和吲哚衍生物的合成提供了新的方法[14,15,80,81,83~90](式 86)。

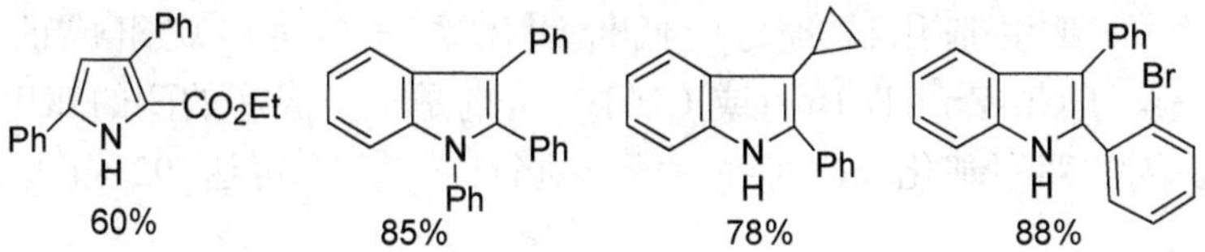

(86)

4.5 亚甲基化反应

所谓的亚甲基化反应 (methylenations) 是指在醛酮的羰基位置引入亚甲基($CH_2=$)的反应。常用的亚甲基试剂有两类，其中一类是 Tebbe 试剂——二环戊二烯基钛亚甲基配合物 ($Cp_2Ti=CH_2$)[91]，该试剂是由两当量三甲基铝与二环戊二烯二氯化钛(IV) 反应而得[91](式 87)。

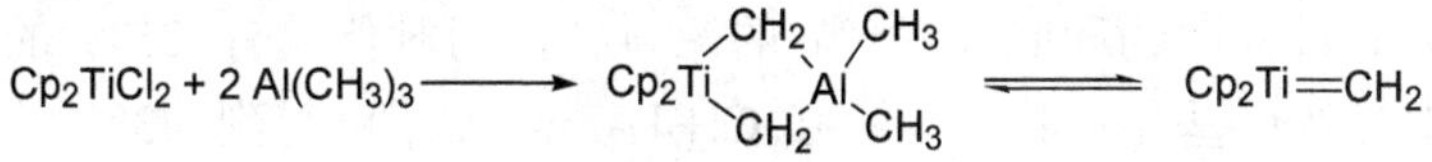

$$Cp_2TiCl_2 + 2\,Al(CH_3)_3 \longrightarrow Cp_2Ti(\mu\text{-}CH_2)_2Al(CH_3)_2 \rightleftharpoons Cp_2Ti{=}CH_2 \quad (87)$$

醛、酮、酯、酰胺和酰基酰胺中的羰基可以被 Tebbe 试剂亚甲基化生成相应的亚甲基化合物[91](式 88)。

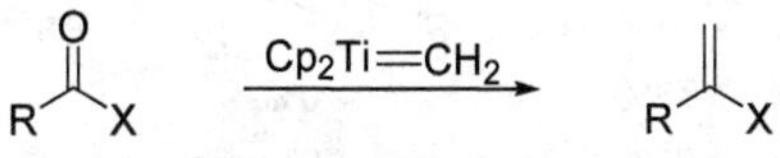

$$RC(=O)X \xrightarrow{Cp_2Ti=CH_2} RC(=CH_2)X \quad (88)$$

$X = H, Alkyl, OR^1, NR^1_2, NR^1COR^1$

该反应是一个具有合成意义的亚甲基化反应，对于位阻酮和对碱敏感酮来说，这种亚甲基化反应比经典的 Wittig 反应更具优越性。另外，对于酮酯而言，可以选择性地进行酮的亚甲基化。表 3 列举了酯和内酯亚甲基化反应的一些实例[92]。

表 3 酯和内酯亚甲基化的实例

原料	亚甲基化产物	产率
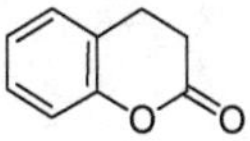 二氢香豆素	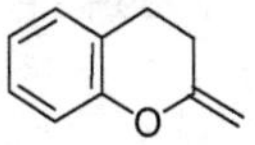 2-亚甲基色满	89%
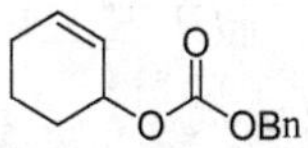 环己烯基 O-C(=O)-OBn	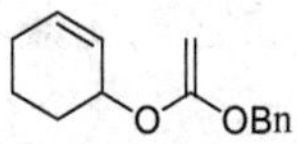 环己烯基 O-C(=CH₂)-OBn	96%

续表

原料	亚甲基化产物	产率
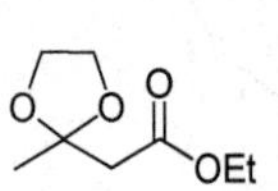 (2-甲基-1,3-二氧戊环-2-基)乙酸乙酯 (OEt)	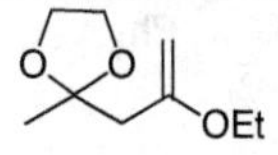 亚甲基化产物 (OEt)	87%
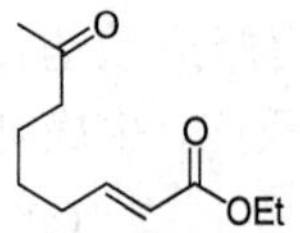 酮酯 (OEt)	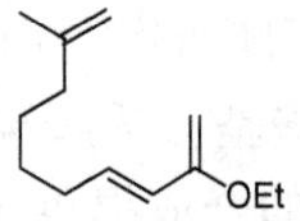 亚甲基化产物 (OEt)	81%

另一类常用的亚甲基化试剂是由低价钛体系与二卤甲烷组成的试剂($TiCl_4$-Zn-CH_2X_2)。$TiCl_4$-Zn-CH_2Br_2 (或 CH_2I_2) 试剂是一个温和的酮的亚甲基化试剂，例如 脑酮的亚甲基化反应可在室温下进行[93]，产率可达 92% (式 89)。

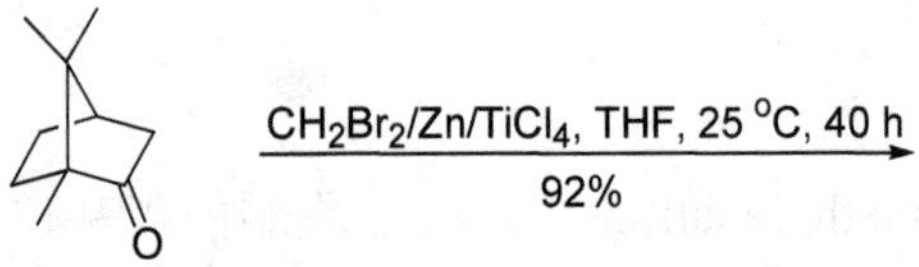

$$\xrightarrow[92\%]{CH_2Br_2/Zn/TiCl_4,\ THF,\ 25\ ^{\circ}C,\ 40\ h} \qquad (89)$$

亚甲基化反应也可用 Wittig 试剂 ($Ph_3P=CH_2$) 来实现。但 Wittig 试剂在强碱性条件下使用易夺去羰基的 α-H 而引起副反应，尤其是在易形成稳定烯醇盐的情况下。例如：β-乙酰氧基酮用 1 eq 的 Wittig 试剂 ($Ph_3P=CH_2$) 处理时，除了得到 39% 的目标产物和回收 16% 的原料外，同时伴随有 25% 的消除产物和 12% 烯酮的亚甲基化产物。而采用 CH_2I_2-Zn-$TiCl_4$ 可得到 73% 的目标产物[94] (式 90)。

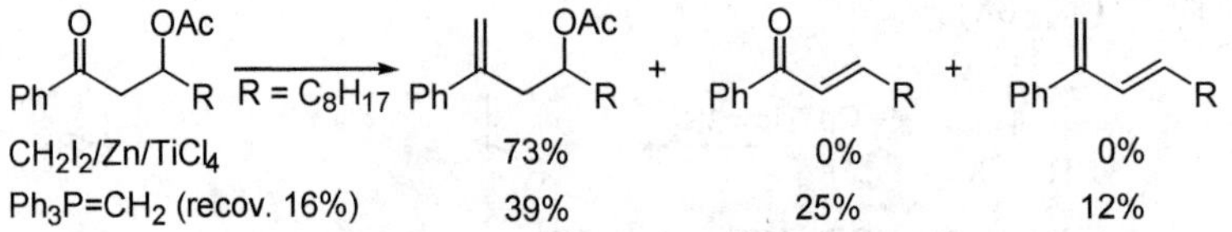

$$\xrightarrow{R = C_8H_{17}} \qquad (90)$$

	目标产物 (OAc)	消除产物	烯酮的亚甲基化产物
CH_2I_2/Zn/$TiCl_4$	73%	0%	0%
$Ph_3P=CH_2$ (recov. 16%)	39%	25%	12%

$TiCl_4$-Zn-CH_2Br_2 试剂是非碱性的，所以羰基 α-位的手性碳不会因烯醇化而发生差向异构化[95]，例如：(+)-异薄荷酮与该试剂作用可得到 (+)-顺-1-异丙基-4 甲基-2-亚甲基环己烷 (式 91)。

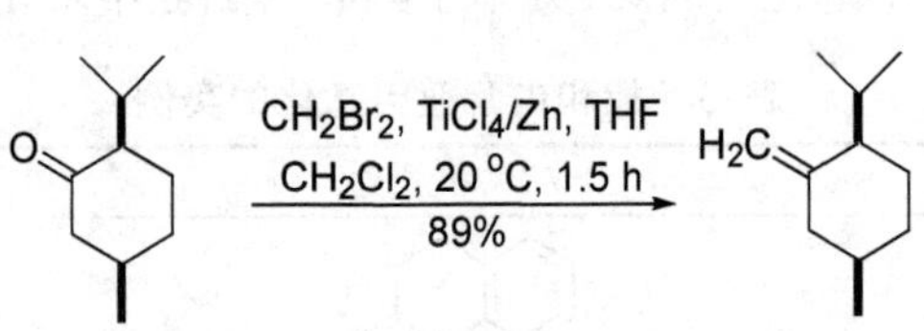

$$\xrightarrow[CH_2Cl_2,\ 20\ ^{\circ}C,\ 1.5\ h \quad 89\%]{CH_2Br_2,\ TiCl_4/Zn,\ THF} H_2C= \qquad (91)$$

$TiCl_4$-Zn-CH_2Br_2 试剂具有较好的官能团兼容性，对 THF、叔丁基二甲基硅醚、缩醛酯、羧酸和内酯等均无影响，是一个很有价值的合成试剂。

烯醚的制备方法较少，特别是三取代烯醚。应用 $TiCl_4$-Zn-$RCHBr_2$ ($RCHI_2$)-TMEDA (*N,N,N',N'*-四甲基乙二胺) 与酯羰基在室温反应是一种简单的立体选择性制备烯醚的方法[96] (式 92，式 93)。

$$BuCO_2Me + n\text{-}C_5H_{11}CHBr_2 \xrightarrow[96\%]{TiCl_4/Zn/TMEDA,\ THF,\ 25\,^{\circ}C,\ 2\,h} Bu(MeO)C{=}CH\text{-}C_5H_{11}\text{-}n \quad Z:E = 91:9 \tag{92}$$

$$MeCH{=}CHCO_2Et + n\text{-}C_5H_{11}CHBr_2 \xrightarrow[90\%]{TiCl_4/Zn/TMEDA,\ THF,\ 25\,^{\circ}C,\ 2.5\,h} MeCH{=}CH\text{-}C(OEt){=}CHC_5H_{11}\text{-}n \quad Z:E = 94:6 \tag{93}$$

文献报道，在酮的存在下，$Ti(OPr\text{-}i)_4$-Zn-CH_2I_2 试剂对醛的亚甲基化反应具有较高的选择性 (式 94)[97]。当羰基化合物用 $Ti(NEt_2)_4$ 预处理后再与 Zn-CH_2I_2 反应，可在醛的存在下选择性得到酮的亚甲基化产物 (式 95)。

$$\text{(oxo-aldehyde)}\ CHO \xrightarrow[83\%]{Ti(OPr\text{-}i)_4\text{-}Zn\text{-}CH_2I_2,\ THF,\ 25\,^{\circ}C,\ 3\,h} \text{(terminal alkene ketone)} \tag{94}$$

$$\text{ketone} + \text{aldehyde (CHO)} \xrightarrow{Ti(NEt_2)_4;\ Zn\text{-}CH_2I_2\text{-}TiCl_4,\ 25\,^{\circ}C,\ 0.5\,h} \text{1,1-disubstituted alkene}\ (95\%) + \text{CHO}\ (95\%) \tag{95}$$

5 McMurry 反应在有机合成中的应用

5.1 张力烯烃的合成

通过醛酮分子间羰基的脱氧偶联反应可以方便地制备烯烃，对于 McMurry 反应而言，制备张力烯烃 (高位阻烯烃) 是该反应的特点之一。张力烯烃用一般的方法很难制备，由于 McMurry 反应中脱氧形成十分稳定的钛氧化合物，强大的 动力使反应趋向于形成烯烃，即使张力烯烃也可以形成。虽然有些合成的收率不是很高，但 McMurry 反应仍然是制备张力烯烃的方便有效方法[98~109]。

Bomse 等[98]采用 $TiCl_3/LiAlH_4$ 体系在 THF 中还原二异丙基甲酮，得到 12% 的四异丙基乙烯。Langeler 等[99]则采用 $TiCl_3$/K 体系在 THF 中还原得到 37% 的目标产物。McMurry 等[100]采用 $TiCl_3$/Zn-Cu 体系在 DME 中反应，将

产率提高到 94% (式 96)。

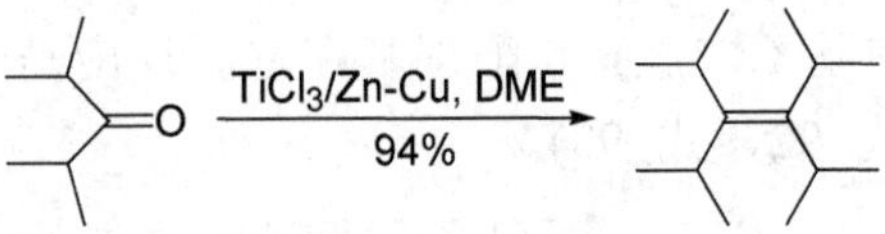

$\xrightarrow[94\%]{TiCl_3/Zn\text{-}Cu,\ DME}$ (96)

Olah 等[101]利用 $TiCl_3/LiAlH_4$ 体系在 THF 中还原二新戊基甲酮，得到了 38% 的四新戊基乙烯 (式 97)。

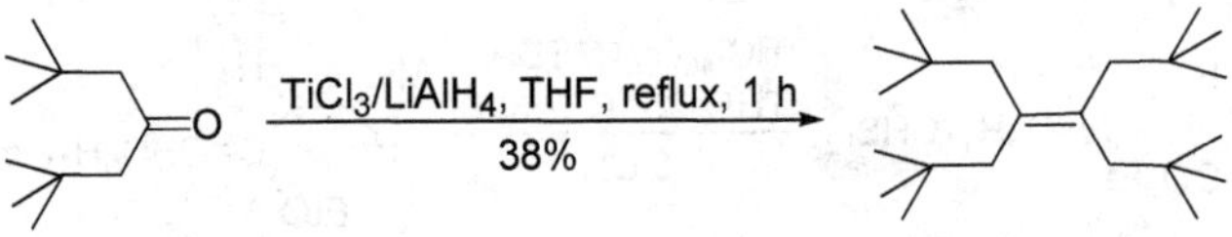

$\xrightarrow[38\%]{TiCl_3/LiAlH_4,\ THF,\ reflux,\ 1\ h}$ (97)

Lenoir 等[102]利用 $TiCl_4/Zn$ 体系在 THF 中还原甲基叔丁基甲酮，得到 68% 的二甲基二叔丁基乙烯，而且仅得到 *E* 式异构体 (式 98)。Gano 等[103]采用 $TiCl_4/LiAlH_4$ 体系在 THF 中还原时，得到 70% 的烯烃，但产物中两种异构体 *E*/*Z* 比例为 1:1，这些说明低价钛试剂的种类不同对产物的立体化学是有影响的。

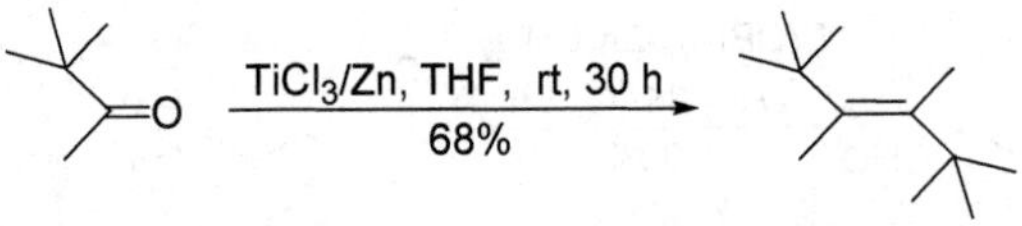

$\xrightarrow[68\%]{TiCl_3/Zn,\ THF,\ rt,\ 30\ h}$ (98)

Lenoir 等[104]采用 $TiCl_3/LiAlH_4$ 体系在 THF 中还原乙基叔丁基甲酮，得到 5.8% 的二乙基二叔丁基乙烯，两种异构体 *E*/*Z* 的比例为 12:1 (式 99)。

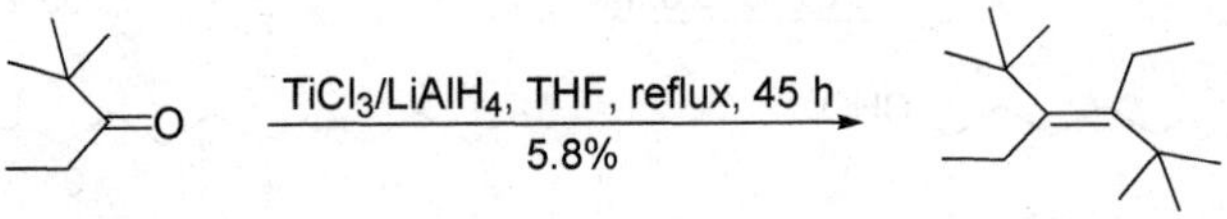

$\xrightarrow[5.8\%]{TiCl_3/LiAlH_4,\ THF,\ reflux,\ 45\ h}$ (99)

Willem 等[105]采用 $TiCl_3/LiAlH_4$ 体系在 THF 中还原二邻甲苯基甲酮，结果得到 15% 的四邻甲苯基乙烯 (式 100)。

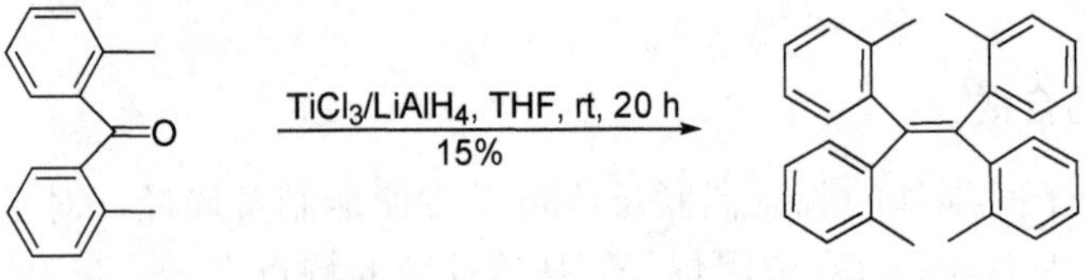

$\xrightarrow[15\%]{TiCl_3/LiAlH_4,\ THF,\ rt,\ 20\ h}$ (100)

Lenoir 等[106]采用 $TiCl_3/Zn$ 体系，还原 2,2-二甲基-1-茚酮，得到 42% 的还原偶联产物 (式 101)。

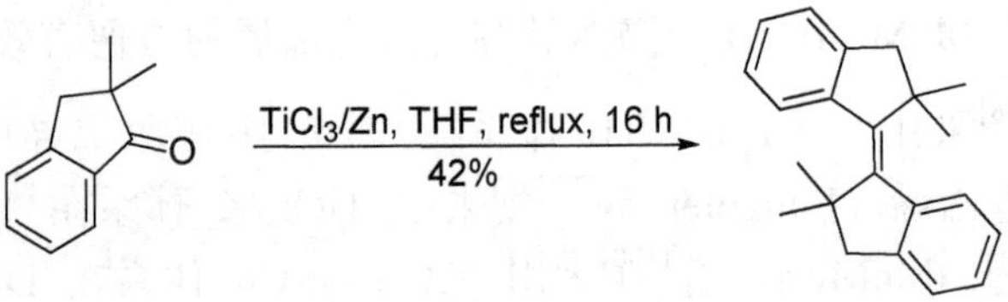

$\xrightarrow[42\%]{TiCl_3/Zn,\ THF,\ reflux,\ 16\ h}$ (101)

B hrer 等[107]采用 $TiCl_3/LiAlH_4$ 体系，在 THF 中还原二(1-甲基环丙基)甲酮，得到 13% 的四(1-甲基环丙基)乙烯 (式 102)。

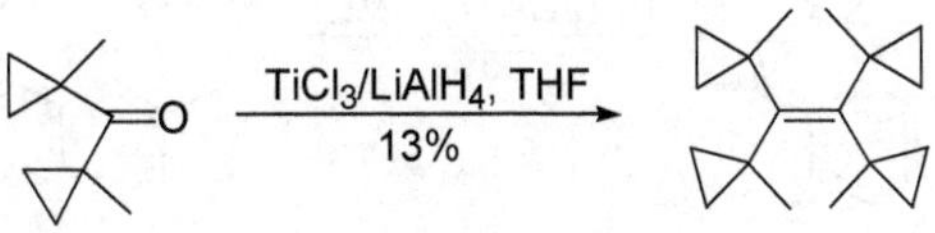

$TiCl_3/LiAlH_4$, THF
13%
(102)

Wenck 等[108]采用 $TiCl_3/LiAlH_4$ 体系，在 THF 中还原三螺[2.0.2.0.2.1]癸酮，得到 8% 的 10,10′-双(三螺[2.0.2.0.2.1]癸亚基) (式 103)。

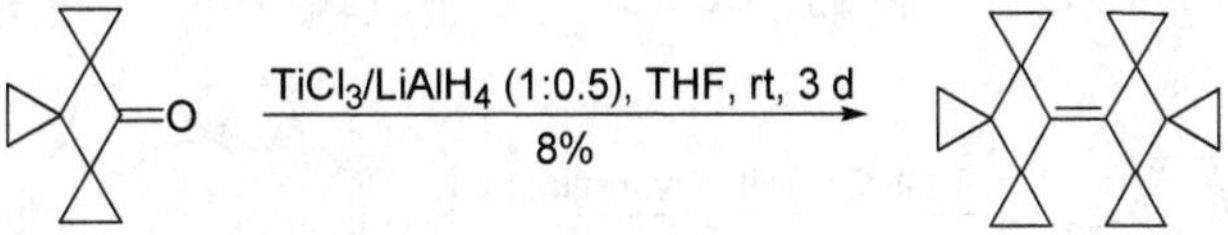

$TiCl_3/LiAlH_4$ (1:0.5), THF, rt, 3 d
8%
(103)

Lenoir 等[109]采用 $TiCl_4/Zn$ 体系在二噁烷中还原 1-乙基-2-金刚烷酮，得到 40% 的还原偶联产物 (式 104)。

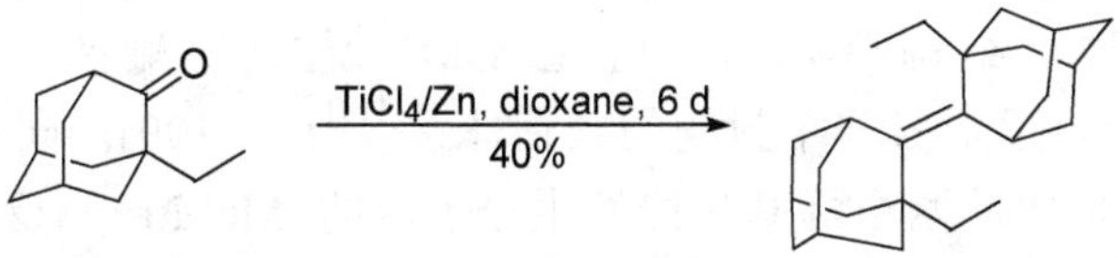

$TiCl_4/Zn$, dioxane, 6 d
40%
(104)

但 McMurry 反应制备张力烯烃的能力还是有一定的限制，例如：到目前为止，利用 McMurry 反应来合成四叔丁基乙烯还未获成功[7](式 105)。

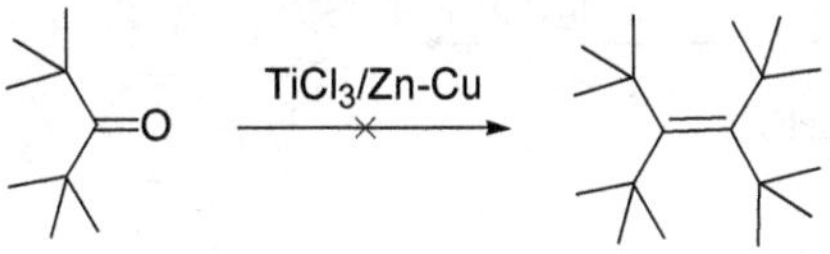

$TiCl_3$/Zn-Cu
(105)

5.2 非常规分子的合成

McMurry 反应的第二个特点是可以合成一些用其它方法无法得到或难于合成的非常规分子。由于 McMurry 反应适合合成中等到大环化合物和张力烯烃，所以，将这两者结合起来就能够构建一些结构新奇的非常规分子[110~141]。例如：Marshall 等[110]巧妙地将两个处于反位的长链醛基发生偶联，形成两个十二员环的烯烃 (式 106)。

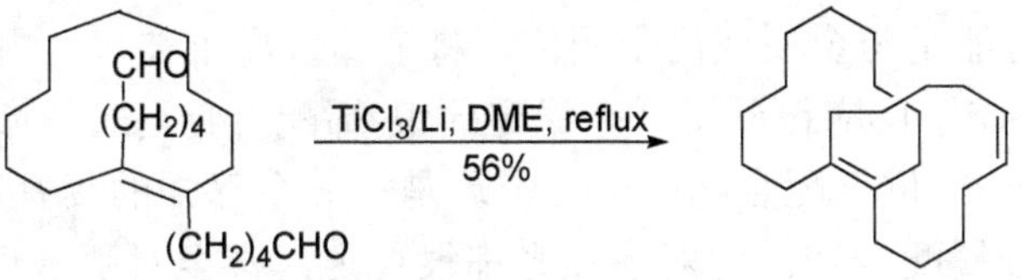

CHO
$(CH_2)_4$
$(CH_2)_4CHO$
$TiCl_3$/Li, DME, reflux
56%
(106)

Yamamoto 等[111,112]利用分子内两个醛基的 McMurry 反应成功地合成了[7]环烯 ([7]circulene) (式 107)。

OHC CHO

$TiCl_3/LiAlH_4$, DME
35%

(107)

Vogel 等[113]利用联呋喃二醛的 McMurry 反应，成功地合成了环状四呋喃。在该合成中实际上发生了两种 McMurry 反应，首先发生两个分子间的 McMurry 反应，接着是分子内的 McMurry 反应 (式 108)。

2 OHC CHO

$TiCl_3$/Zn/THF, Py, reflux, 4 h
16%

(108)

二茂铁是典型的金属有机化合物，它在低价钛试剂中是稳定的。将含有二茂铁结构单元和联苯结构单元的二醛化合物，通过链端两个醛基的分子内 McMurry 反应，可以形成一个封闭的共轭体系[114](式 109)。同时，含有二茂铁结构的具有较大位阻的两个醛基也能发生分子内的 McMurry 反应，形成共轭烯烃[114](式 110)。

Fe CHO CHO

$TiCl_4$/Zn, THF
Py, reflux, 20 h
32%

Fe

(109)

Fe OHC OHC

$TiCl_4$/Zn, THF, Py, reflux, 31 h
14.3%

Fe

(110)

通过多烯二酮的分子内 McMurry 反应可生成一个结构新奇的环状四烯化合物[63](式 111)。该四烯化合物由于四个双键环　在　内分布，是一个潜在的四配位的配体；它有可能是与金属或离子配位，将金属或离子装入　内。事实上，该四烯化合物与 $AgBF_4$ 反应得到了一个稳定的银-烯配合物 (式 112)。单晶 X 射线晶体分析证明 Ag^+ 位于配合物的中心，这是第一个已知的具有正方形结构的平面型 d^{10} 有机金属配合物。它对热和光都很稳定，甚至对那些促使银-烯配合物分解的含羟基溶剂都是稳定的。然而，该配合物与还原剂作用可产生金属银，同时得到原来的四烯[7,63]。

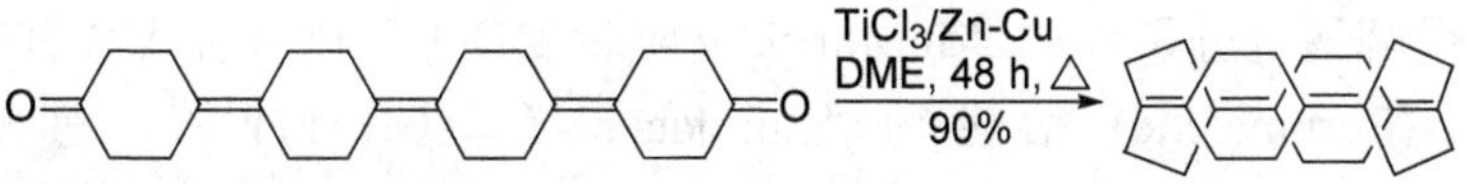

(111)

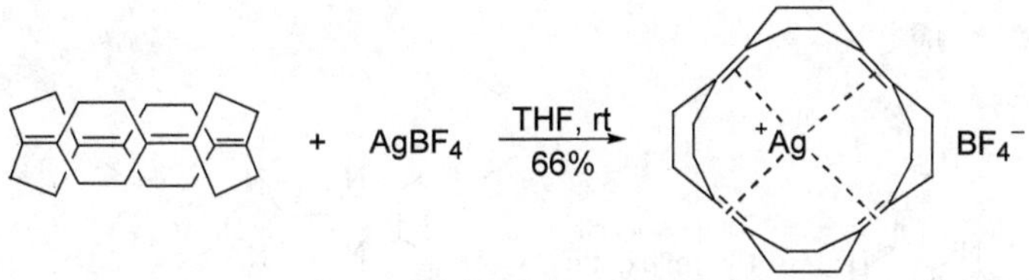

(112)

McMurry[116]通过分子内酮与醛的交叉还原偶联反应合成了内向-双环[4.4.4]十四烯 (in-bicyclo[4.4.4]tetradecene) (式 113)。作为一个合适的前体化合物，它可以用于制备内向,外向-双环[4.4.4]十四烷 (in,out-bicyclo[4.4.4]tetradecane) (式 114) 和内向-双环[4.4.4]-1-十四碳正离子 (in-bicyclo[4.4.4]tetradecyl cation) (式 115)。这种结构奇特的碳正离子是第一个稳定的含有一个三中心和两个电子的 C-H-C 键的有机正离子，由它可产生一些神奇的化学反应，而这种离子用其它方法是很难合成的。

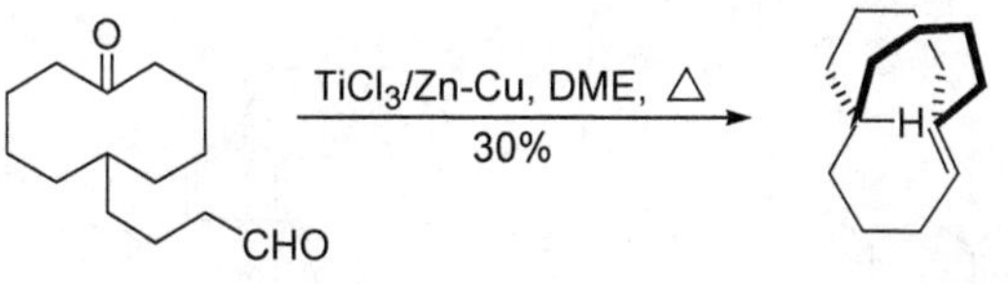

(113)

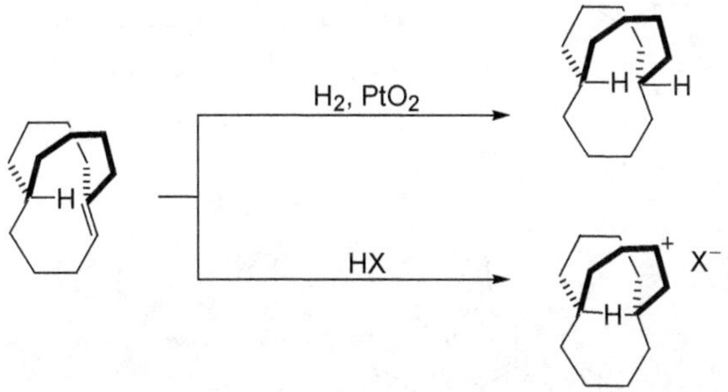

(114)

(115)

通过含有两个醛基的杯芳烃衍生物的分子内 McMurry 反应，可以制备出对中性分子无论在溶液中还是固相均具有良好配位能力的新颖受体[138](式 116)。

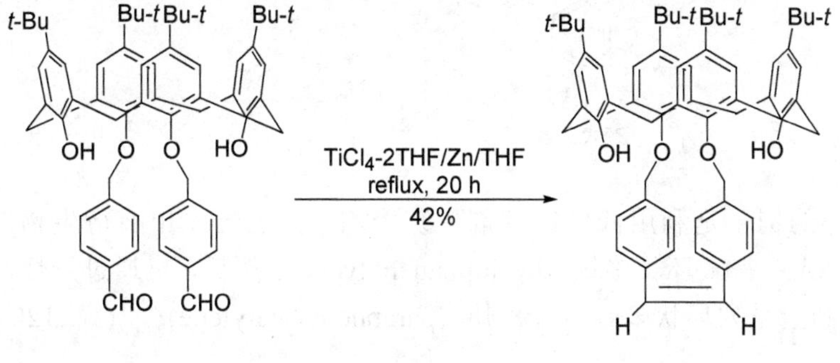

(116)

连二咪唑二甲醛通过分子间的 McMurry 反应和 DDQ 氧化可合成含有咪唑杂环的 啉烯 (Porphycene) 衍生物 “Imidacene” (式 117)[139]。吲哚 (Indolophanes) (式 118) 和顺式 (*cis*-Stilbenophanes) (式 119)[140] 也可以用十分类似的方法来合成。

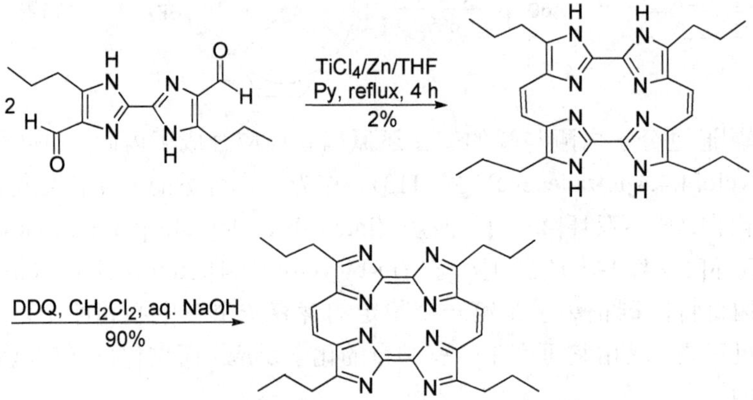

$TiCl_4/Zn/THF$, Py, reflux, 4 h, 2%

DDQ, CH_2Cl_2, aq. NaOH, 90%

(117)

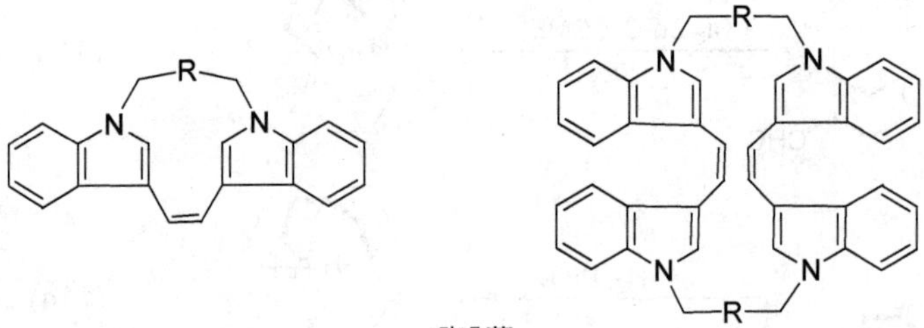

(118)

吲哚蕃

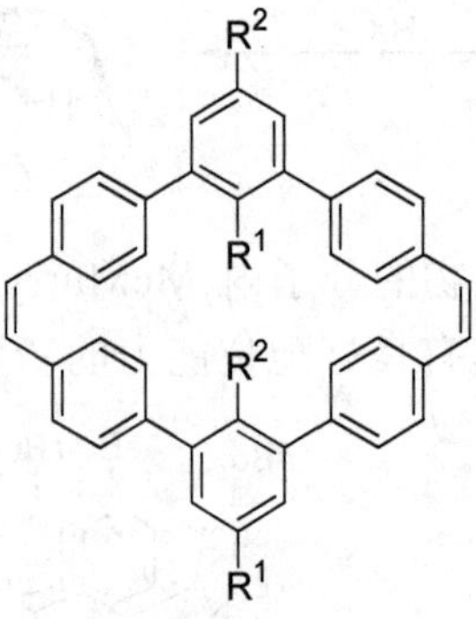

(119)

顺式芪蕃

另一个有趣的例子是利用低价钛试剂使寡聚均苯二乙烯二甲醛衍生物发生 McMurry 反应，先制得大环 多烯 (cyclophanepolyene)。然后，再通过烯烃的溴代-脱溴反应得到一系列环状多聚对苯乙炔 (paraphenylacetylene)[141] (式 120)。

$TiCl_4$-Zn(Cu), THF or DME or DME-PhMe
m = 4~7

CHO CHO

1. Br_2, $CDCl_3$
2. *t*-BuOK, ether
n = 1~4

(120)

5.3 在天然产物合成中的应用

碳-碳键的形成在有机合成中占有十分重要的地位，通过分子间或分子内的羰基偶联反应可以形成碳-碳键，该反应在天然产物的合成上具有广泛的应用，已有四十多种天然产物的合成中应用 McMurry 反应作为关键步骤。McMurry 反应在天然产物的合成中主要构建环状结构，可以构建五员到十五员环，例如合成五员环 (Hirsutene[142,143] 和 Strigol[39])、六员环 (Isokhusimone[53], Compactin[71] 和 Estrone[52])、八员环 (Taxane[144], Fusicoccane[145] 和 Ceroplastol[146])、十员环 (Helminthogermacrene[147], Bicyclogermacrene[148,149]和 Lepidozene[148])、十二员环 (Verticillene[150])、十四员环 (Casbene[149], Cannithrene II[151]和 Sarcophytol B[152]) 和十五员环 (Flexibilene[153,154]) 等。下面是几个 McMurry 反应在天然产物全合成中应用的具体例子。

紫杉醇 (Taxol) (式 121) 是从红豆杉树皮中分离出来的双萜类化合物，对多种癌症具有很好的治疗效果，1993 年被美国 FDA 准上市用于治疗乳腺癌和卵巢癌。随着紫杉醇在临床上的广泛应用，通过从 稀树皮中提取已远远不能满足人们的需要，紫杉醇的全合成已成为有机合成工作者研究的热点。在紫杉醇的 A、B、C、D 环中，A、C 和 D 环可通过一些经典的方法来构建，而八员环 B 环的构建有一定难度，成为紫杉醇合成的关键。

(121)

Taxol

Nicolaou 小组[155]通过 Diels-Alder 反应构建了紫杉醇骨架中的 A 环 (式 122)，再以环己烯二甲酸酯为原料，经还原、氢化、选择性保护和氧化构建了 C 环 (式 123)。

1. MeMgBr, Et_2O, 0~25 °C, 8 h; 2. TsOH, PhH, 65 °C, 3 h, 70%; $(i\text{-}Bu)_2AlH$, CH_2Cl_2, –78~25 °C, 12 h, 92%; Ac_2O, Et_3N, DMAP, CH_2Cl_2, 0~25 °C, 1 h, 96%; CN/Cl, 130 °C, 72 h, 80%; KOH, t-BuOH, 70 °C, 4 h, 90%; MEMCl, $(i\text{-}Pr)_2NEt$, CH_2Cl_2, 25 °C, 3 h, 95%; $ArSO_2NHNH_2$, MeOH, 25 °C, 4 h, 85%; Ar = 2,4,6-三异丙基苯基 (i-Pr, Pr-i, Pr-i) (122)

$(i\text{-}Bu)_2AlH$, CH_2Cl_2, –78~25 °C, 10 h, 95%; H_2, Pd/C, EtOAc, 3 h, 100%; KH, $PhCH_2Br$, THF, 0~25 °C, 1.5 h, 85%; PDC, Ms, CH_2Cl_2, 0~25 °C, 4 h, 90% (123)

将上述制得的 A 环和 C 环中间体，经加成、环氧化、还原开环、缩酮化、去保护和氧化等一系列反应，制得关键中间体二醛 (式 124)。

n-BuLi, THF, 5.5 h, 83%; t-BuOOH, $VO(acac)_2$, PhH, 25 °C, 2 h, 91%

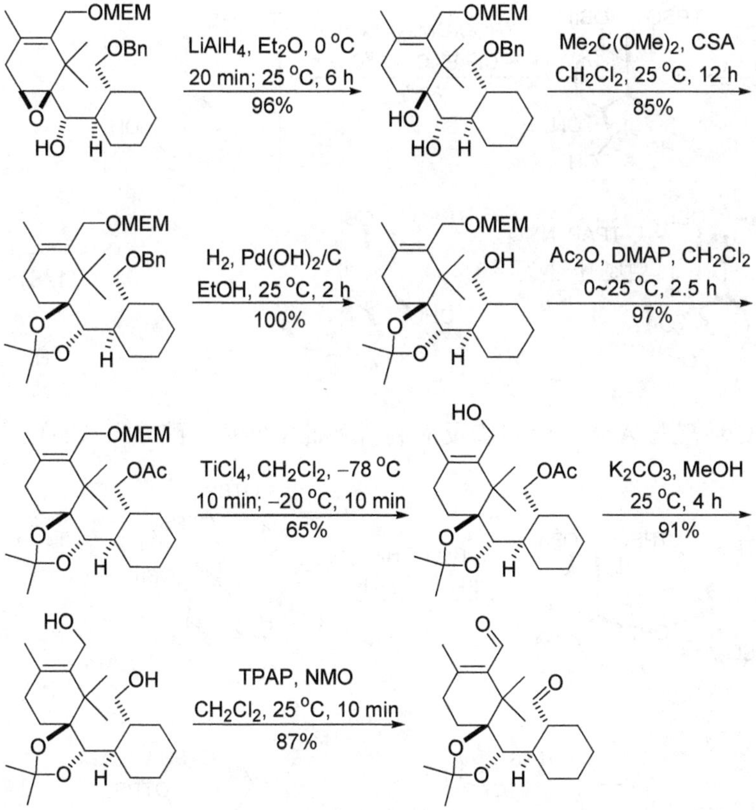

LiAlH4, Et2O, 0 °C 20 min; 25 °C, 6 h 96%; Me2C(OMe)2, CSA CH2Cl2, 25 °C, 12 h 85%; H2, Pd(OH)2/C EtOH, 25 °C, 2 h 100%; Ac2O, DMAP, CH2Cl2 0~25 °C, 2.5 h 97%; TiCl4, CH2Cl2, −78 °C 10 min; −20 °C, 10 min 65%; K2CO3, MeOH 25 °C, 4 h 91%; TPAP, NMO CH2Cl2, 25 °C, 10 min 87%

(124)

利用二醛的 McMurry 频哪醇偶联反应可以构建 B 环，在高度稀溶液中用 $TiCl_3$ 和 Zn-Cu 在 DME 中于 50 °C 反应，即可得到 40% 的目标产物二醇 (式 125)。

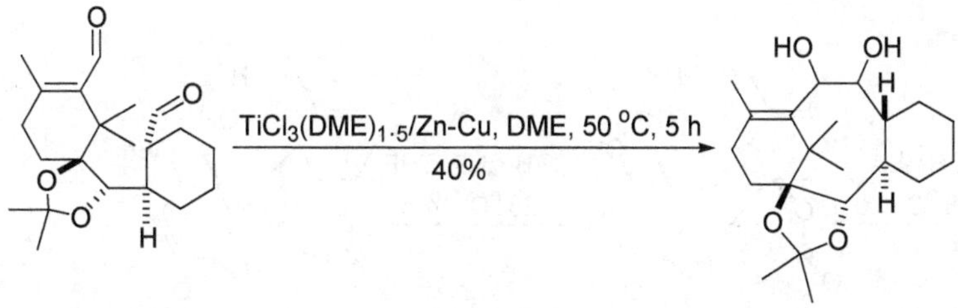

$TiCl_3(DME)_{1.5}$/Zn-Cu, DME, 50 °C, 5 h 40%

(125)

后来，Nicolaou 小组[156]采用类似方法构建了紫杉醇 ABC 环骨架。首先，从二醇出发经多步反应制得 C 环醛 (式 126)。

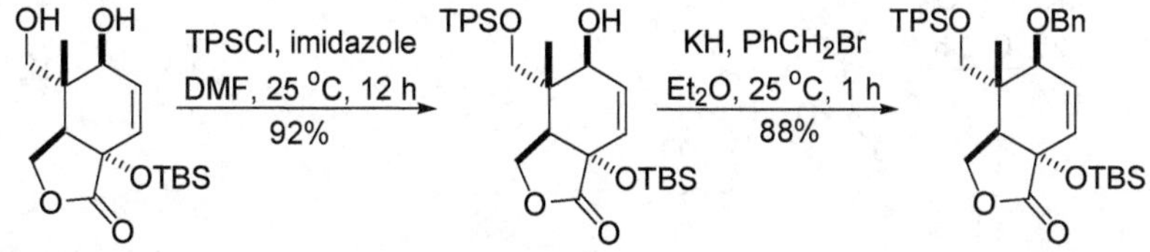

TPSCl, imidazole DMF, 25 °C, 12 h 92%; KH, $PhCH_2Br$ Et_2O, 25 °C, 1 h 88%

$$\xrightarrow[\substack{25\ ^\circ C,\ 12\ h \\ 80\%}]{LiAlH_4,\ Et_2O}$$ TPSO, OBn, OH, HO, OH $$\xrightarrow[\substack{CH_2Cl_2,\ Et_2O,\ 25\ ^\circ C,\ 7\ h \\ 82\%}]{Me_2C(OMe)_2,\ CSA}$$ [TPSO, OBn, OH]

$$\longrightarrow$$ TPSO, OBn, HO $$\xrightarrow[\substack{CH_3CN,\ 25\ ^\circ C,\ 2\ h \\ 97\%}]{TPAP,\ NMO}$$ TPSO, OBn, OHC (126)

然后再将 C 环醛与 A 环 经多步反应制得关键中间体二醛 (式 127)。

OTBS, $NNHSO_2Ar$ + TPSO, OBn, OHC $$\xrightarrow[\substack{-78\sim0\ ^\circ C,\ 0.5\ h \\ 82\%}]{n\text{-}BuLi,\ THF}$$ OTBS, OTPS, OBn, HO, H

$$\xrightarrow[\substack{PhH,\ 25\ ^\circ C,\ 14\ h \\ 87\%}]{VO(acac)_2,\ t\text{-}BuOOH}$$ OTBS, OTPS, OBn, HO, H $$\xrightarrow[\substack{Et_2O,\ 7\ h \\ 76\%}]{LiAlH_4,\ 25\ ^\circ C}$$ OTBS, OTPS, OBn, HO, HO, H

$$\xrightarrow[\substack{Phosgene,\ 25\ ^\circ C,\ 0.5\ h \\ 86\%}]{KH,\ Et_2O,\ HMPA}$$ OTBS, OTPS, OBn, H $$\xrightarrow[\substack{25\ ^\circ C,\ 14\ h \\ 80\%}]{n\text{-}Bu_4NF,\ THF}$$ OH, OH, OBn, H

$$\xrightarrow[\substack{CH_3CN,\ 25\ ^\circ C,\ 2\ h \\ 92\%}]{TPAP,\ NMO,\ CH_2Cl_2}$$ OBn, H (127)

最后，中间体二醛通过 McMurry 频哪醇偶联反应构建了 B 环。在详细考察了反应温度 (0~100 °C)、溶剂 (如 THF、DME、乙醚) 和各种碱作为添加剂对反应的影响后，最终确定使用 11 eq 的 $TiCl_3 \cdot (DME)_{1.5}$ 和 26 eq 的 Zn-Cu 在 DME 中于 70 °C 反应，成功地得到了目标产物二醇，产率为 25%，同时得到三种副产 物：烯烃 A (10%)、邻羟基内醚 B (40%) 和甲酸酯 C (15%) (式 128)。

$TiCl_3(DME)_{1.5}$/Zn-Cu, DME, 70 °C, 0.5 h; 25%

A (10%)　B (40%)　C (15%)　(128)

近年来，从海洋中提取的具有十四员环的二萜类化合物因其广泛的生物活性和特殊的大环结构引起人们的关注。其中有不少具有显著的抗癌活性 (如 Crassin, Isolobophytolide, Isosarcophytol-A 等) (式 129)。在这些化合物的全合成中，都采用 McMurry 反应作为关键步骤来构建十四员环。

Crassin　Isolobophytolide　Isosarcophytol-A　(129)

McMurry 小组[157]以香叶基丙酮为起始原料，经选择性氧化、缩酮保护、缩合等多步反应得到关键中间体酮醛 (式 130)。

SeO_2, t-BuO_2H, CH_2Cl_2, 76%; 1. $HOCH_2CH_2OH$, PhH 2. Ph_3P, NCS, THF, 85%; D

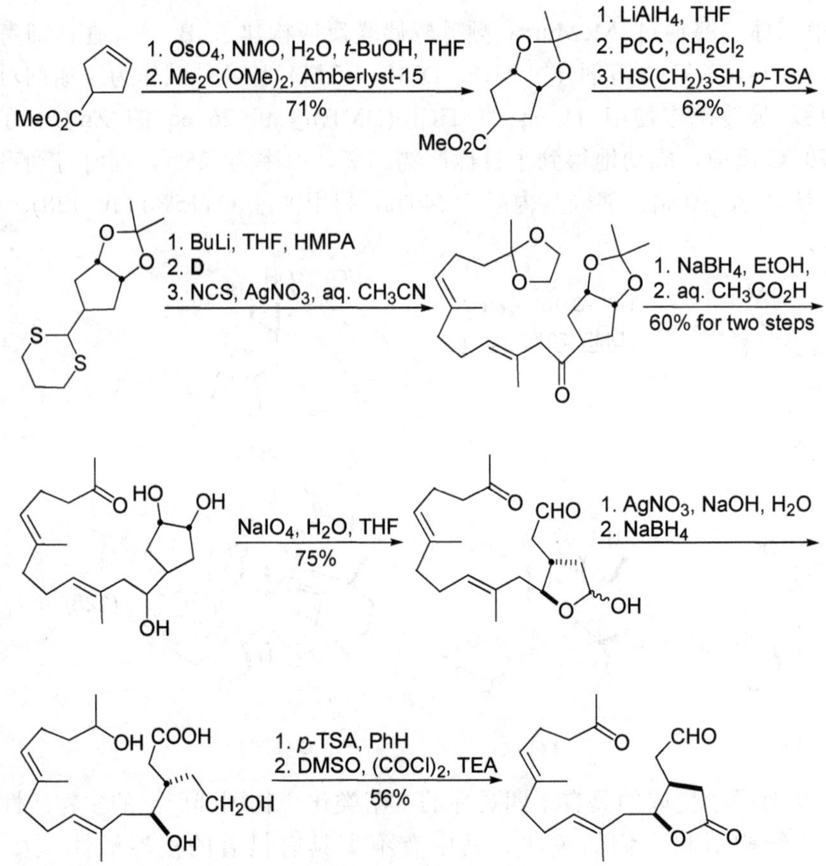

1. OsO_4, NMO, H_2O, *t*-BuOH, THF
2. $Me_2C(OMe)_2$, Amberlyst-15
71%

MeO_2C

1. $LiAlH_4$, THF
2. PCC, CH_2Cl_2
3. $HS(CH_2)_3SH$, *p*-TSA
62%

1. BuLi, THF, HMPA
2. **D**
3. NCS, $AgNO_3$, aq. CH_3CN

1. $NaBH_4$, EtOH,
2. aq. CH_3CO_2H
60% for two steps

$NaIO_4$, H_2O, THF
75%

1. $AgNO_3$, NaOH, H_2O
2. $NaBH_4$

1. *p*-TSA, PhH
2. DMSO, $(COCl)_2$, TEA
56%

(130)

醛酮经 McMurry 反应制得邻二醇后，再经脱水环氧化、水解、内酯化和亚甲基化等一系列反应，最终合成得到了 Crassin (式 131)。虽然利用 McMurry 反应的收率比较低，只有 20%，但它却是构建十四员环的有效方法，此前合成 Crassin 的尝试都未获得成功[158~161]。

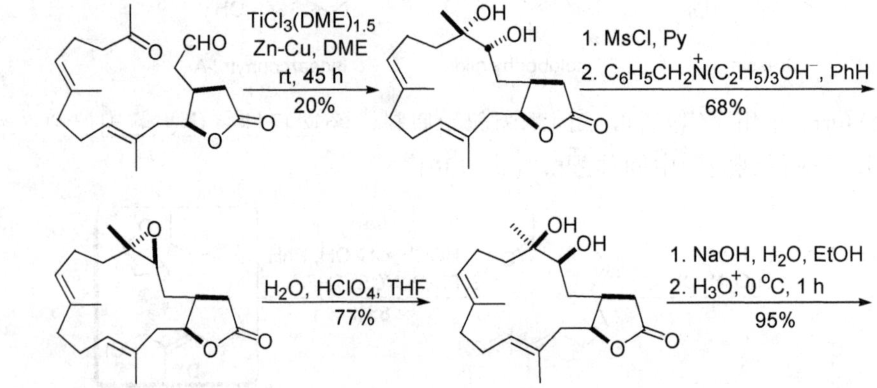

$TiCl_3(DME)_{1.5}$
Zn-Cu, DME
rt, 45 h
20%

1. MsCl, Py
2. $C_6H_5CH_2\overset{+}{N}(C_2H_5)_3OH^-$, PhH
68%

H_2O, $HClO_4$, THF
77%

1. NaOH, H_2O, EtOH
2. H_3O^+, 0 °C, 1 h
95%

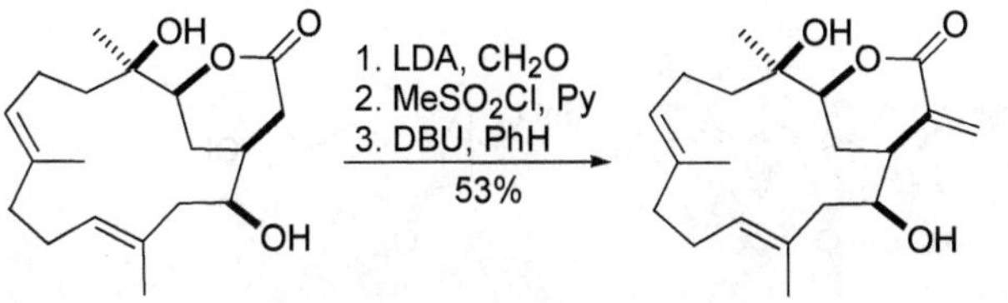

1. LDA, CH_2O
2. $MeSO_2Cl$, Py
3. DBU, PhH
53%

(±)-Crassin (131)

McMurry 小组[157]采用类似的方法，在制得具有相应立体构型的酮醛后，经 McMurry 反应、环氧化、缩合、脱水后，制得了另一个十四员环二萜——Isolobophytolide (式 132)。

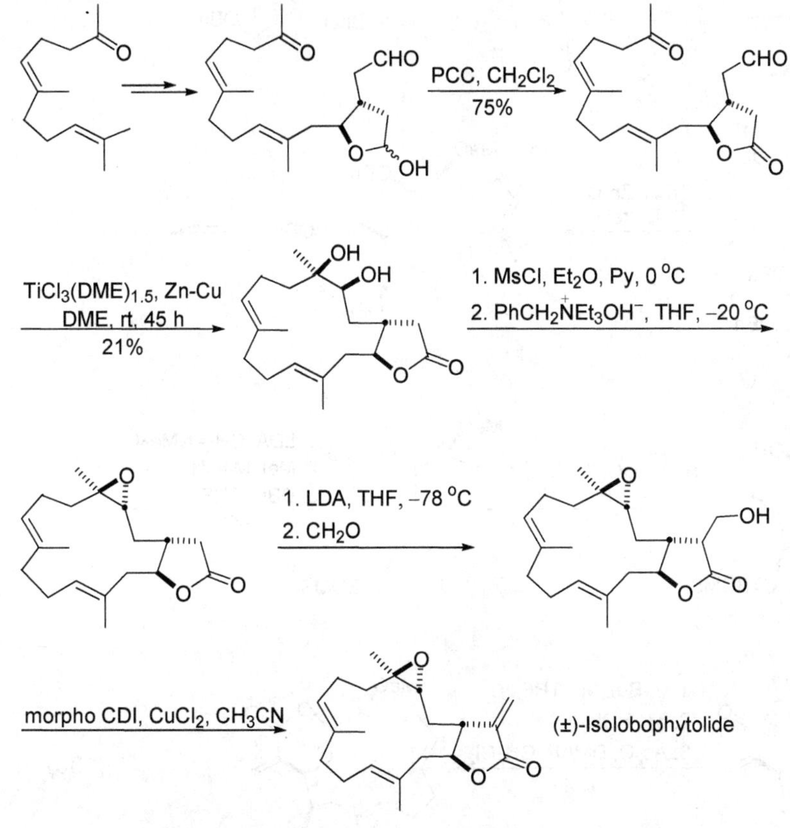

PCC, CH_2Cl_2
75%

$TiCl_3(DME)_{1.5}$, Zn-Cu
DME, rt, 45 h
21%

1. MsCl, Et_2O, Py, 0 °C
2. $PhCH_2\overset{+}{N}Et_3OH^-$, THF, −20 °C

1. LDA, THF, −78 °C
2. CH_2O

morpho CDI, $CuCl_2$, CH_3CN

(±)-Isolobophytolide (132)

morpho CDI=1-Cyclohexyl-3-(2-morpholinoethyl)-carbodiimide

Dauben 小组[162]则以桥环酮为起始原料，经多步反应制得具有一定构型的关键中间体酮醛，再利用醛酮的分子内 McMurry 反应，构建了十四员环中的 C7-C8 双键，产率为 65%，*trans* 和 *cis* 的比例为 4:3，经柱色谱分离后得 *trans* 构型产物，再经多步转换，成功地合成了 Crassin 的衍生物——Crassin 醋酸酯甲醚 (式 133)。

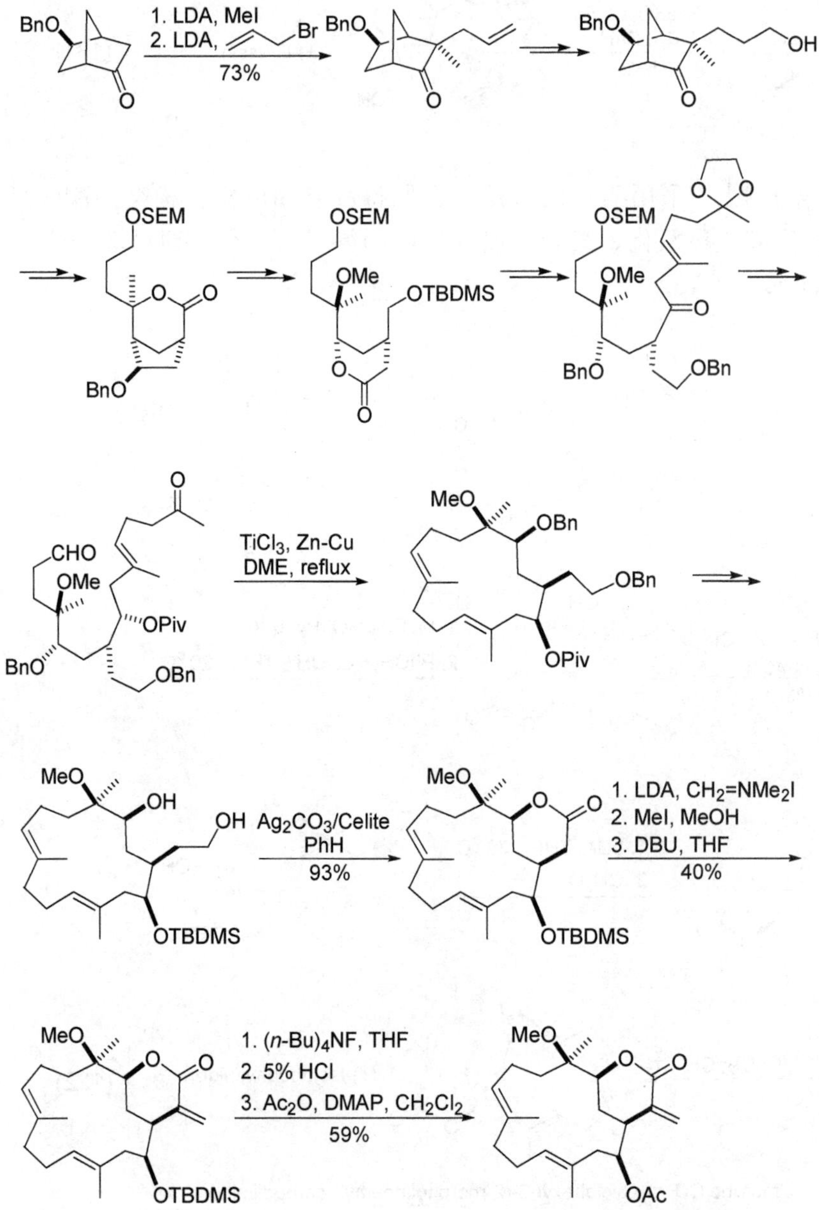

1. LDA, MeI
2. LDA, allyl bromide
73%

$TiCl_3$, Zn-Cu
DME, reflux

Ag_2CO_3/Celite
PhH
93%

1. LDA, $CH_2=NMe_2I$
2. MeI, MeOH
3. DBU, THF
40%

1. $(n\text{-}Bu)_4NF$, THF
2. 5% HCl
3. Ac_2O, DMAP, CH_2Cl_2
59%

(±)-Crassin acetate methyl ether

(133)

Li 小组[163]以 *E*,*E*-醋酸法　醇酯为起始原料，经氧化、还原等多步反应制得关键中间体酮醛，再利用 $TiCl_4$-Zn 体系促进的分子内酮醛的 McMurry 反应，成功地构建了十四员环，而且产率相当高，达到 78%，为 Isosarcophytol-A 的全合成提供了有效的方法 (式 134)。

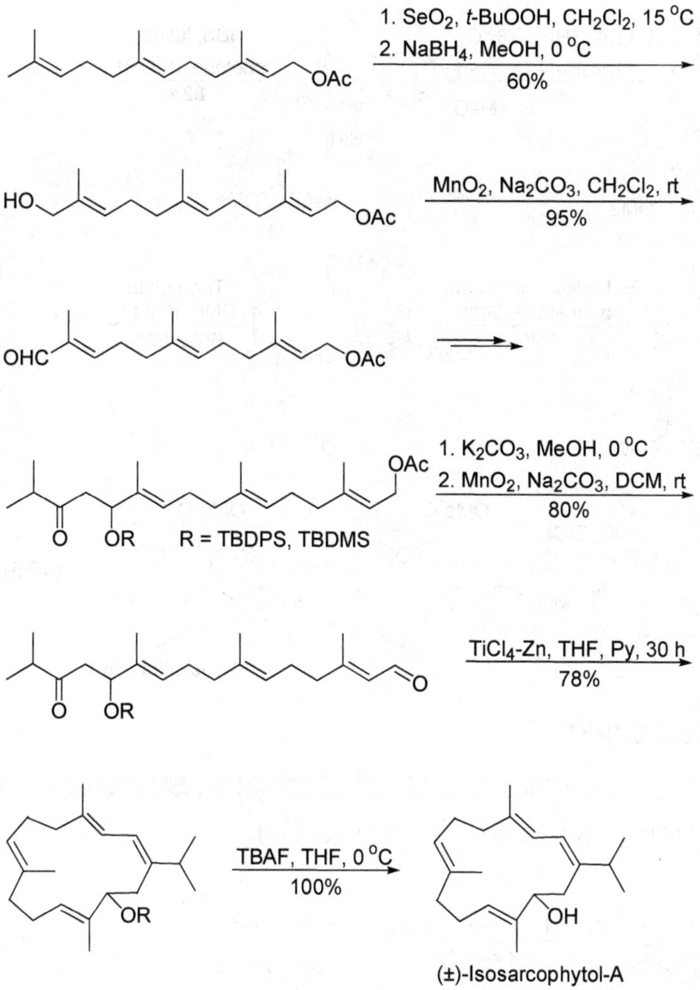

1. SeO_2, t-BuOOH, CH_2Cl_2, 15 °C
2. $NaBH_4$, MeOH, 0 °C
60%

OAc

HO OAc

MnO_2, Na_2CO_3, CH_2Cl_2, rt
95%

OHC OAc

OAc

1. K_2CO_3, MeOH, 0 °C
2. MnO_2, Na_2CO_3, DCM, rt
80%

O OR R = TBDPS, TBDMS

$TiCl_4$-Zn, THF, Py, 30 h
78%

O OR

OR

TBAF, THF, 0 °C
100%

OH

(±)-Isosarcophytol-A

(134)

R-(+)-Lasiodiplodin 是一种 色酸大环内酯，对前列腺素生物合成有明显的抑制作用，同时具有显著的抗白血病活性。Fürstner 小组[164] 以 3,5-二羟基甲苯为起始原料，经甲基化、溴化等一系列过程转变成关键中间体二醛，再利用分子内二醛的 McMurry 反应，以高收率 (60%~82%) 构建了十二员内酯环，再经氢化得到了 *R*-(+)-Lasiodiplodin (式 135)。该方法与已有方法相比，具有产率高、原料易得、反应条件温和、原子经济等优点。

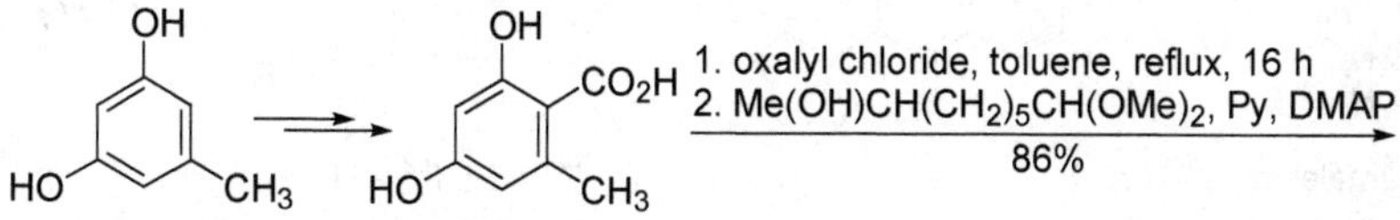

OH

HO CH_3

OH

CO_2H

HO CH_3

1. oxalyl chloride, toluene, reflux, 16 h
2. Me(OH)CH(CH_2)$_5$CH(OMe)$_2$, Py, DMAP
86%

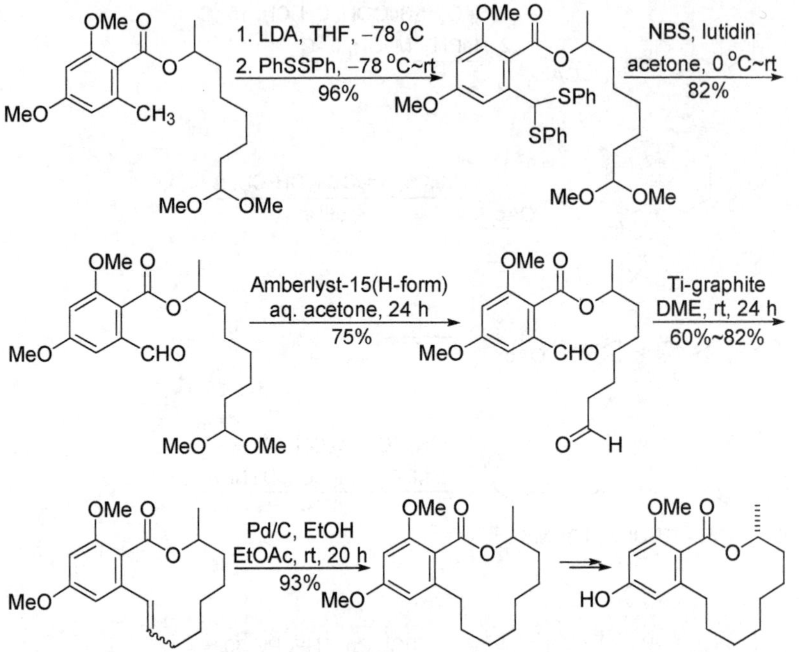

(135)

R-(+)-Lasiodiplodin

5.4 在杂环化合物合成中的应用

Fürstner 等[15,86]于 1995 年报道了在低价钛试剂作用下，酮与酯或酰胺羰基发生脱氧偶联构建吲哚环、苯并吡喃环的方法 (式 136)。

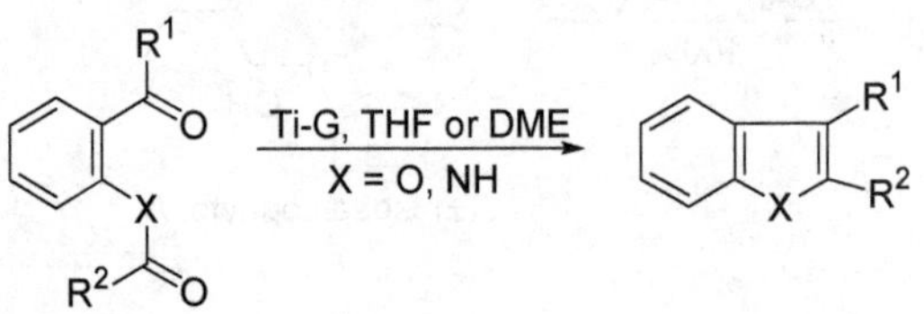

(136)

此方法可以用于多种 2,3-二取代吲哚的合成。由于相应的酰胺很容易实现结构的多样性，因此为获得不同的 2-取代吲哚提供了一条方便的途径。许多具有药理活性的生物碱可以用此方法合成 (式 137 所列化合物)，例如：Camalexin 和 Methoxycamalexin 具有抗真菌活性，Flavopereirine 具有抗肿瘤和抗病毒活性。

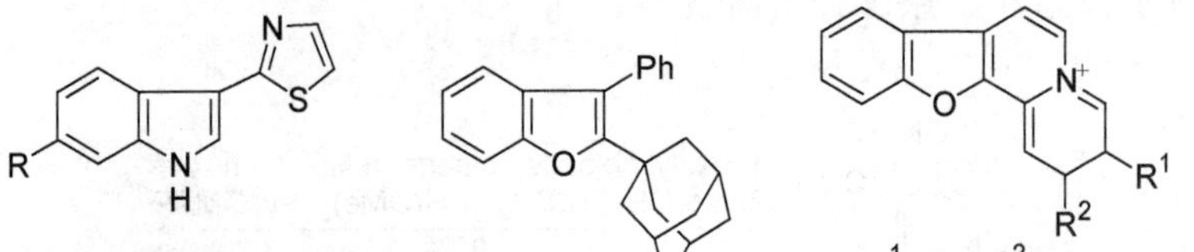

(137)

R = H, Camalexin

R = MeO, Methoxycamalexin

R^1 = Et, R^2 = H

Flavopereirine

当酰胺中含有手性基团时，使用该方法在构建杂环中不会发生消旋化[14] (式 138)。

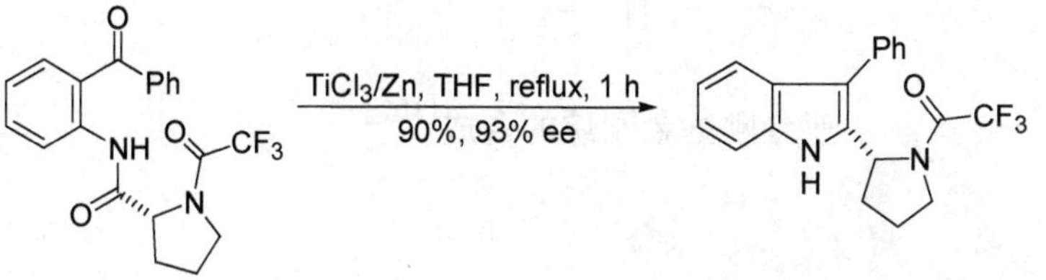

$TiCl_3/Zn$, THF, reflux, 1 h
90%, 93% ee
(138)

在五员杂环构建中，如果分子中同时存在酰胺基和酯基，则选择性发生酮羰基与酰胺羰基的偶联，而得不到酮-酯成环的产物。例如：在合成药物二氮杂环庚三烯的前体中，只区域选择性的发生酮-酰胺偶联[14,84] (式 139)。

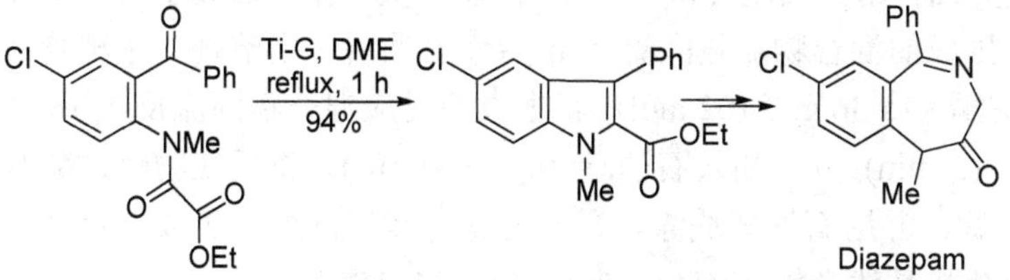

Ti-G, DME
reflux, 1 h
94%
Diazepam
(139)

对于有多个酰胺基的多官能团化合物，在成环时，一般都选择性地构建成五员环[88] (式 140)。

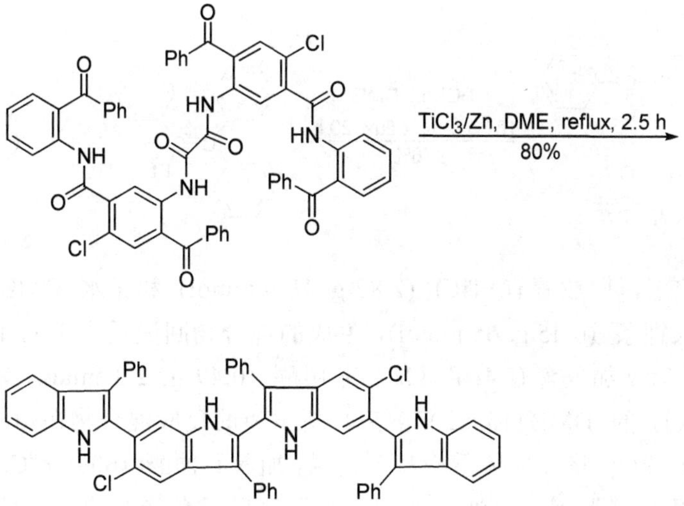

$TiCl_3/Zn$, DME, reflux, 2.5 h
80%
(140)

6 McMurry 反应实例

例 一

亚金刚基金刚烷的合成[165]

O

$TiCl_3$/Li, DME, reflux, 18 h

75%~76%

(141)

在氩气保护下，将无水 $TiCl_3$ (63.16 g, 0.409 mol) 加入到三颈烧瓶中，接着用针 注入无水 1,2-二甲氧基乙烷 (DME, 600 mL)。将金属锂 (8.52 g, 1.23 mol) 放在甲醇中 变亮后，用石油醚 (30~60 °C) 快速冲洗一下，切成小条后直接 入到三颈烧瓶中。生成的混合物加热回流 1 h 后移去油浴。当溶剂 止沸腾后，一次加入 2-金刚烷酮 (15.36 g, 0.102 mol)。新生成的反应混合物回流反应 18 h 后冷却至室温，间隔 (5 min) 分 加入石油醚 (6 × 100 mL)。将反应物经过装有硅胶 (50 g) 的漏斗过滤，并用石油醚洗涤。合并的滤液减压浓缩，生成的粗产物用甲醇重结晶得无色针状晶体产物 (75%~76%)，mp 184~186 °C。

例 二

(*E*/*Z*)-1-(4-甲氧基苯基)-1,2-二苯基-1-丁烯的合成[44]

MeO

+

Et

$TiCl_3$/Li, DME

18 °C, 2 h, reflux, 20 h

76%

MeO

Et

(142)

在氩气保护下，向放置有 $TiCl_3$ (2.87 g, 18.6 mmol) 和无水 DME (30 mL) 的反应瓶中加入锂条 (0.45 g, 65 mmol)，生成的混合物回流反应 1 h。将反应体系冷却到 18 °C 后，加入含有 4-甲氧基二苯甲酮 (0.49 g, 2.3 mmol) 和苯丙酮 (0.31 g, 2.3 mmol) 的 DME (15 mL) 溶液。新生成的反应混合物在 18 °C 下搅拌 2 h 后再回流 20 h。将反应体系冷却至室温，加入石油醚 (60~90 °C, 50 mL)。分出的有机层经浓缩得到 色油状液体，再用硅胶柱色谱分离 [己烷-乙酸乙酯 (9:1)] 纯化得到 (*E*/*Z*)-1-(4-甲氧基苯基)-1,2-二苯基-1-丁烯 (0.55 g, 76%)， mp 109~111°C。

例 三

(+)-顺-1-异丙基-4 甲基-2-亚甲基-环己烷的合成[95]

$$\xrightarrow[89\%]{Zn\text{-}CH_2Br_2\text{-}TiCl_4,\ THF,\ CH_2Cl_2,\ rt} \quad (143)$$

在氮气保护下，在反应瓶中依次加入活性锌粉 (28.75 g, 0.44 mol)、无水 THF (250 mL) 和 CH_2Br_2 (10.1mL, 0.144 mol)。生成的混合物冷却至 −40 °C 后，在 15 min 内加入 $TiCl_3$ (11.5 mL, 0.103 mol)。然后移去冷浴，在 5 °C 搅拌反应 3 d。将反应体系用冰水浴冷却后，加入无水 CH_2Cl_2 (50 mL)。然后，在 10 min 内向反应混合物中加入 (+)-异薄荷酮 (15.4 g, 0.1 mol) 的无水 CH_2Cl_2 溶液 (50 mL)。移去冷浴，在 20 °C 下搅拌反应 1.5 h。接着，反应混合物用戊烷 (300 mL) 稀释，在 1 h 内小心加入由碳酸钠 (150 g) 和水 (80 mL) 配成的 状物进行分解。将上层清亮的有机相倒出，剩余物用戊烷洗涤 (3 × 50 mL)。合并的有机相用硫酸钠和碳酸钠干燥，浓缩后的粗产物经减压蒸馏得无色液体产物 (13.6 g, 89%)，bp 105~107 °C/90 mmHg，n_D^{24}=1.45321，$[\alpha]_D^{23}$=+7.7°~+8.6° ($CHCl_3$, c 4.0)。

例 四

3-甲基环十三酮的合成[76]

$$\xrightarrow[60\%]{1.\ TiCl_3/LiAlH_4;\ 2.\ H_3O^+} \quad (144)$$

在氩气保护下，向悬浮有 $TiCl_3$ (925 mg, 6 mmol) 的无水 DME (40 mL) 溶液中加入 $LiAlH_4$ (114 mg, 3 mmol)。生成的混合物室温搅拌 10 min 后，加入三乙胺 (0.17 mL, 1.2 mmol)。将新生成的混合物加热回流 1.5 h 后，在 24 h 内向回流的反应物中加入 13-氧代十四酸甲酯 (154 mg, 0.6 mmol) 的无水 DME (20 mL) 溶液。加料完毕后继续回流反应 3 h，然后冷却至室温。用乙醚 (12 mL) 稀释后，再加入甲醇-水 (1: 1, 12 mL) 溶液小心分解反应混合物。混合物进一步用戊烷-乙醚混合液稀释后，通过硅胶过滤。分出的有机相用饱和食盐水洗涤，无水 $MgSO_4$ 干燥。减压下蒸去溶剂，得到的粗产物在稀乙醇/盐酸中搅拌 3 h 再进行分离，并用硅酸柱进行色谱纯化，得 2-甲基环十三酮 (60%)，mp 33~34 °C。

例 五

2,3-二苯基吲哚的合成[81]

$$\xrightarrow[\text{90\%}]{\text{Ti-G, THF, reflux, Ar}} \qquad (145)$$

在氩气保护下，将石墨 (3.0 g, 250 mmol) 加热到 150~160 °C。并在该温度和剧烈搅拌下加入新鲜、切细的金属钾 (1.20 g, 31 mmol) 至青铜色石墨-钾薄片 (C_8K) 形成 (大约 5~10 min)。冷却至室温后，将其悬浮在无水 THF (40 mL) 中，并向该溶液中加入 $TiCl_3$ (1.50 g, 10.2 mmol)。在加入过程中由于强放热会引起溶剂沸腾，放热 止后，混合物继续加热回流 1.5 h。接着，向新制备的钛-石墨的沸腾悬浮液中加入 *N*-苯甲酰基-2-氨基二苯甲酮 (1.51 g, 5 mmol) 的 THF (10 mL)溶液。反应体系回流 3 h 后，冷却至室温，然后用硅胶过滤。无机固体用乙酸乙酯洗涤 (4 × 50 mL)，合并有机相，蒸去溶剂后得到的粗产物经柱色谱纯化，得到 2,3-二苯基吲哚晶体 (90%)，mp 122~124 °C。

7 参 考 文 献

[1] Tyrlik, S.; Wolochowicz, I. *Bull. Soc. Chim. Fr.* **1973**, 2147.

[2] Mukaiyama, T.; Sato, T.; Hanna, J. *Chem. Lett.* **1973**, 1041.

[3] McMurry, J. E.; Fleming, M. P. *J. Am. Chem. Soc.* **1974**, *96*, 4708.

[4] McMurry, J. E. *Acc. Chem. Res.* **1983**, *16*, 405.

[5] Gattermann, L. *Ber. Dtsch. Chem. Ges.* **1895**, *88*, 8860.

[6] Sharpless, K. B.; Umbreit, M. A.; Nieh, M. T.; Flood, T. C. *J. Am. Chem. Soc.* **1972**, *94*, 6538.

[7] McMurry, J. E. *Chem. Rev.* **1989**, *89*, 1513.

[8] Lenoir, D. *Synthesis* **1989**, 883.

[9] Fürstner, A.; Bogdanovic, B. *Angew. Chem. Int. Ed. Engl.* **1996**, *35*, 2442.

[10] 史达清. 化学试剂, **1994**, *16*, 218.

[11] 杨 顺, 李英. 有机化学, **2005**, *25*, 1342.

[12] Fürstner, A.; Weidmann, H. *Synthesis* **1987**, 1071.

[13] Reddy, S. M.; Duraisamy, M.; Walborsky, H. M. *J. Org. Chem.* **1986**, *51*, 2361.

[14] Fürstner, A.; Hupperts, A.; Ptock, A.; Janssen, E. *J. Org. Chem.* **1994**, *59*, 5215.

[15] Fürstner, A.; Hupperts, A. *J. Am. Chem. Soc.* **1995**, *117*, 4468.

[16] Dams, R.; Malinowski, M.; Geise, H. J. *Bull. Soc. Chim. Belges* **1981**, *90*, 1141.

[17] Dams, R.; Malinowski, M.; Westdrop, I.; Geise, H. J. *J. Org. Chem.* **1982**, *47*, 248.

[18] Dams, R.; Malinowski, M.; Geise, H. J. *Transition Met. Chem.* **1982**, *7*, 37.

[19] Fittig, R. *Liebigs Ann. Chem.* **1859**, *110*, 23.

[20] Bertagnolli, H.; Ertel, T. S. *Angew. Chem.* **1994**, *106*, 15; *Angew. Chem. Int. Ed. Engl.* **1994**, *33*, 45.

[21] Bogdanovic, B.; Krüger, C.; Wermeckes, B. *Angew. Chem.* **1980**, *92*, 844; *Angew, Chem. Int. Ed. Engl.* **1980**, *19*, 817.

[22] (a) Hou, Z.; Yamazaki, H.; Kobayashi, K.; Fujiwara, Y.; Taniguchi, H. *J. Chem. Soc., Chem. Commun.* **1992**, 722; (b) *Organometallics*, **1992**, *11*, 2711.

[23] Roddick, D. M.; Bercaw, J. E. *Chem. Ber.* **1989**, *122*, 1579.

[24] Hofmann, P.; Stauffert, P.; Frede, M.; Tatsumi, K. *Chem. Ber.* **1989**,*122*, 1559.

[25] Erker, G.; Dorf, U.; Czisch, P.; Petersen, J. L. *Organometallics* **1986**, *5*, 668.

[26] Fürstner, A.; Jumbam, D. N. *Tetradedron* **1992**, *48*, 5991.

[27] Lenoir, D. *Synthesis* **1977**, 553.

[28] McMurry, J. E.; Fleming, M. P.; Kess, K. L.; Krepski, L. R. *J. Org. Chem.* **1978**, *43*, 3255.

[29] Olah, G. A.; Surya Prakash, G. K.; Liang, G. *Synthesis* **1976**, 318.

[30] Bottino, F. A.; Finocchiaro, P.; Libertini, E.; Reale, A.; Recca, A. *J. Chem. Soc., Perkin Trans. II*, **1982**, 77.

[31] 胡宏纹，沙 ， 和亮， 伟兴. 南京大学学报(自然科学版)，**1986**，*22*，739.

[32] Agranat, I.; Suissa, M. R.; Cohen, S.; Isaksson, R.; Sandstrom, J.; Dade, J.; Grace, D. *J. Chem. Soc., Chem. Commun.* **1987**, 381.

[33] Castedo, L.; Saa, J. M.; Suau, R.; Tojo, G. *Tetrahedron Lett.* **1983**, *24*, 5419.

[34] Pattenden, G.; Robertson, G. M. *Tetrahedron Lett.* **1986**, *27*, 399.

[35] Richardson, W. H. *Synth. Commun.* **1981**, *11*, 895.

[36] Seijas, J. A.; deLera, A. R.; Villaverde, M. C.; Castedo, L. *J. Chem. Soc., Chem. Commun.* **1985**, 839.

[37] Castedo, L.; Saa, J. M.; Suau, R.; Tojo, G. *J. Org. Chem.* **1981**, *46*, 4292.

[38] Witiak, D. T.; Kamat, P. L.; Allison, D. L.; Liebowitz, S. M.; Glaser, R.; Holliday, J. E.; Moeschderger, M. L.; Schaller, J. P. *J. Med. Chem.* **1983**, *26*, 1679.

[39] Berlage, U.; Schmidt, J.; Peters, U.; Welzel, P. *Tetrahedron Lett.* **1987**, *28*, 3091.

[40] Takeshita, H.; Hatsui, T.; Kato, N.; Masuda, T.; Tagoshi, H. *Chem. Lett.* **1982**, 1153.

[41] Shibassaki, M.; Torisawa, Y.; Ikegami, S. *Tetrahedron Lett.* **1983**, *24*, 3493.

[42] McMurry, J. E.; Krepski, L. R. *J. Org. Chem.* **1976**, *41*, 3929.

[43] Hopf, H.; El-Tamany, S.; Raulfs, F. W. *Angew. Chem. Int. Ed. Engl.* **1983**, *22*, 633.

[44] Coe, P. L.; Scriven, C. E. *J. Chem. Soc., Perkin Trans. I* **1986**, 475.

[45] Shani, J.; Gazit, A.; Livshitz, T.; Biran, S. *J. Med. Chem.* **1985**, *28*, 1504.

[46] Meites, L. Polarographic Techniques, 2nd, ed.; Wiley-Interscience: New York, 1965.

[47] Baumstark, A. L.; McCloskey, C. J.; Witt, K. E. *J. Org. Chem.* **1978**, *43*, 3609.

[48] McMurry, J. E.; Kees, K. L. *J. Org. Chem.* **1977**, *42*, 2655.

[49] Tirado-Rives, J.; Oliver, M. A.; Fronczek, F. R.; Gandour, R. D. *J. Org. Chem.* **1984**, *49*, 1627.

[50] Okarma,P. J.; Caringi, J. J. *Org. Prep. Proced. Int.* **1985**, *17*, 812.

[51] Ziegler, F. E.; Lim, H. *J. Org. Chem.* **1982**, *47*, 5229.

[52] Wu, Y. J.; Burnell, D. J. *Tetrahedron Lett.* **1988**, *29*, 4369.

[53] McMurry, J. E.; Swenson, R. *Tetrahedron Lett.* **1987**, *28*, 3209.

[54] Pons, J. M.; Zahra, J. P.; Santelli, M. *Tetrahedron Lett.* **1981**, *22*, 3965.

[55] Yamamoto, K.; Shibutani, M.; Kuroda, S.; Ejiri, E.; Ojima, J. *Tetrahedron Lett.* **1986**, *27*, 975.

[56] Paquette, L. A.; Yan, T. H.; Wells, G. J. *J. Org. Chem.* **1984**, *49*, 3610.

[57] Pons, J. M.; Santelli, M.; *Tetrahedron Lett.* **1986**, *27*, 4153.

[58] Yamamoto, K.; Kuroda, S.; Shibutani, M.; Yoneyama, Y.; Ojima, J.; Fujita, S.; Ejiri, E.; Yanagihara, K. *J. Chem. Soc., Perkin Trans. I* **1988**, 395.

[59] Vogel, E.; Nuemann, B.; Klug, W.; Schmickler, H.; Lex, J. *Angew. Chem., Int. Ed. Engl.* **1985**, *24*, 1046.

[60] Zhou, L. H.; Shi, D. Q.; Gao, Y.; Shen, W. B.; Dai, G. Y.; Chen, W. X. *Tetrahedron Lett.* **1997**, *38*, 2729.

[61] Shi, D. Q.; Dou, G. L.; Li, Z. Y.; Shi, C. L.; Li, X. Y.; Jiang, H.; Ni, S. N.; Ji, S. J. *Synthesis* **2007**, 1797.

[62] McMurry, J. E.; Haley, G. J.; Matz, J. R.; Clardy, J. C.; Mitchell, J. *J. Am. Chem. Soc.* **1986**, *108*, 515.

[63] Dormagen, W.; Breitmaier, E. *Chem. Ber.* **1986**, *119*, 1734.

[64] Ishida, A.; Mukaiyama, T. *Chem. Lett.* **1976**, 1127.

[65] Surgi, M. R. *Org. Prep. Proced. Int.* **1988**, *20*, 295.
[66] Newkome, G. R.; Roper, J. M. *J. Org. Chem.* **1979**, *44*, 502.
[67] Vogel, E.; Köcher, M.; Schmickler, H.; Lex, J. *Angew. Chem., Int. Ed. Engl.* **1986**, *25*, 257.
[68] Chen, W. X.; Feng, J. C.; Zhau, Z. L.; Zhang, J. H. *Synthesis* **1989**, 182.
[69] Paquette, L. A.; Wells, G. J.; Wickham, G. *J. Org. Chem.* **1984**, *49*, 3618.
[70] Clive, D. L. J.; Murthy, K. S. K.; Wee, A. G. H.; Prasad, J. S.; da Silva, G. V. J.; Majewski, M.; Anderson, P. C.; Haugen, R. D.; Heerze, L. D. *J. Am. Chem. Soc.* **1988**, *110*, 6914.
[71] Nakayama, J.; Machida, H.; Hoshino, M. *Tetrahedron Lett.* **1985**, *26*, 1981.
[72] Nakayama, J.; Machida, H.; Saito, R.; Akimoto, K.; Hoshino, M. *Chem. Lett.* **1985**, 1173.
[73] Nakayama, J.; Ikuina, Y.; Murai, F.; Hoshino, H. *J. Chem. Soc., Chem. Commun.* **1987**, 1072.
[74] M rkl, G.; Burger, W. *Angew. Chem. Int., Ed. Engl.* **1984**, *23*, 894.
[75] McMurry, J. E.; Miller, D. D. *J. Am. Chem. Soc.* **1983**, *105*, 1660.
[76] Iyoda, M.; Kushida, T.; Kitami, S.; Oda, M. *J. Chem. Soc., Chem. Commun.* **1987**, 1607.
[77] McMurry, J. E.; Miller, D. D. *Tetrahedron Lett.* **1983**, *24*, 1885.
[78] Davis, C. A.; Hanson, J. R.; Tellado, F. G. *J. Chem. Res. Synop.* **1989**, 226.
[79] Shi, D. Q.; Chen, J. X.; Chai, W. Y.; Chen, W. X.; Kao, T. Y. *Tetrahedron Lett.* **1993**, *34*, 2963.
[80] Fürstner, A.; Jumbam, D. N. *Tetrahedron* **1992**, *48*, 5991.
[81] Fürstner, A.; Jumbam, D. N.; Weidmann, H. *Tetrahedron Lett.* **1991**, 32, 6695.
[82] Banerji, A.; Nayak, S. K. *J. Chem. Soc., Chem. Commun.* **1990**, 150.
[83] Fürstner, A.; Jumbam, D. N. *J. Chem. Soc., Chem. Commun.* **1993**, 211.
[84] Fürstner, A.; Jumbam, D. N.; Seidel, G. *Chem. Ber.* **1994**, *127*, 1125.
[85] Fürstner, A.; Ernst, A. *Tetrahedron* **1995**, *51*, 773.
[86] Fürstner, A.; Ernst, A.; Krause, H.; Ptock, A. *Tetrahedron* **1996**, *52*, 7329.
[87] Fürstner, A.; Ptock, A.; Weintritt, H.; Goddard, R.; Krüger, C. *Angew. Chem.* **1995**, *107*, 725.
[88] Fürstner, A.; Ptock, A.; Weintritt, H.; Goddard, R.; Krüger, C. *Angew. Chem. Int. Ed. Engl.* **1995**, *34*, 678.
[89] Fürstner, A.; Weintritt, H.; Hupperts, A. *J. Org. Chem.* **1995**, *60*, 6637.
[90] Fürstner, A.; Jumbam, D. N.; Shi, N. *Naturforsch. B* **1995**, *50*, 326.
[91] Tebbe, F. N.; Parshall, G. W.; Reddy, G. S. *J. Am. Chem. Soc.* **1978**, *100*, 3611.
[92] Brown-wensley, K. A.; Buchwald, S. L.; Cannizzo, L.; Clawson, L.; Ho, S.; Meinhardt, D.; Stille, J. R.; Straus, D.; Grubbs, R. H. *Pure and Appl. Chem.* **1983**, *55*, 1733.
[93] Takai, K.; Hotta, Y.; Oshima, K.; Nozaki, H. *Tetrahedron Lett.* **1978**, *19*, 2417.
[94] Hibino, J. I.; Okazoe, T.; Takai, K.; Nozaki, H. *Tetrahedron Lett.* **1985**, *26*, 5579.
[95] Vodais, E. (Ed). "Organic Synthesis", Vol. 65, Wiley, New York, **1987**, p 387.
[96] Okazoe, T.; Takai, K.; Oshima, K.; Utimoto, K. *J. Org. Chem.* **1987**, *52*, 4410.
[97] Okazoe, T.; Hibino, J. I.; Takai, K.; Nozaki, H. *Tetrahedron Lett.* **1985**, *26*, 581.
[98] Bomse, D. S.; Morton, T. H. *Tetrahedron Lett.* **1975**, *10*, 781.
[99] Langler, R. F.; Tidwell, T. T. *Tetrahedron Lett.* **1975**, *10*, 775.
[100] McMurry, J. E.; Lectka, T.; Rico, J. G. *J. Org. Chem.* **1989**, *54*, 3748.
[101] Olah, G. A.; Surya Prakash, G. K. *J. Org. Chem.* **1977**, *42*, 582.
[102] Lenoir, D. *Chem. Ber.* **1978**, *111*, 411.
[103] Gano, J. E.; Lenoir, D.; Park, B. S.; Roesner, R. A. *J. Org. Chem.* **1987**, *52*, 5636.
[104] Lenoir, D.; Malwitz, D.; Meyer, B. *Tetrahedron Lett.* **1984**, *25*, 2965.
[105] Willem, R.; Pepermans, H.; Hallenga, K.; Gielen, M.; Dams, R.; Geise, H. J. *J. Org. Chem.* **1983**, *48*, 1890.
[106] Lenoir, D.; Lemmen, P. *Chem. Ber.* **1980**, *113*, 3112.
[107] Böhrer, G.; Knorr, R. *Tetrahedron Lett.* **1984**, *25*, 3675.
[108] Wenck, H.; de Meijere, A.; Gerson, F.; Gleiter, R. *Angew. Chem., Int. Ed. Engl.* **1986**, *25*, 335.
[109] Lenoir, D.; Burghard, H. *J. Chem. Res. (s)*, **1980**, 396.
[110] Marshall, J. A.; Flynn, K. E. *J. Am. Chem. Soc.* **1984**, *106*, 723.
[111] Yamamoto, K.; Harada, T.; Nakazaki, M. *J. Am. Chem. Soc.* **1983**, *105*, 7171.

[112] Yamamoto, K.; Harada, T.; Okamoto, Y.; Chikamatsu, H.; Nakazaki, M.; Kai, Y.; Nakao, T.; Tanaka, M.; Harada, S.; Kasai, N. *J. Am. Chem. Soc.* **1988**, *110*, 3578.
[113] Vogel, E.; Sicken, M.; Röhrig, P.; Schmickler, H.; Lex, J.; Ermer, O. *Angew. Chem., Int. Ed. Engl.* **1988**, *27*, 411.
[114] Shimizu, I.; Kamei, Y.; Tezuka, T.; Izumi, T.; Kasahara, A. *Bull. Chem. Soc. Jpn.* **1983**, *56*, 192.
[115] Shimizu, I.; Umezawa, H.; Kanno, T.; Izumi, T.; Kasahara, A. *Bull. Chem. Soc. Jpn.* **1983**, *56*, 2023.
[116] McMurry, J. E.; Hodge, C. N. *J. Am. Chem. Soc.* **1984**, *106*, 6450.
[117] Feringa, B.; Wynberg, H. *J. Am. Chem. Soc.* **1977**, *99*, 602.
[118] Tirado-Rives, J.; Oliver, M. A.; Fronzek, F. R.; Gandour, R. D. *J. Org. Chem.* **1984**, *49*, 1627.
[119] Paquette, L. A.; Dressel, J.; Pansegrau, P. D. *Tetrahedron Lett.* **1987**, *28*, 4965.
[120] Vogel, E.; Püttmann, W.; Duchatsch, W.; Schieb, T.; Schmickler, H.; Lex, J. *Angew. Chem., Int. Ed. Engl.* **1986**, *25*, 720.
[121] Yamamoto, K.; Ojima, T.; Morita, N.; Asao, T. *Bull. Chem. Soc. Jpn.* **1988**, *61*, 1281.
[122] Yamamoto, K.; Kuroda, S.; Shibutami, M.; Yoneyama, Y.; Ojima, J.; Fujita, S.; Ejiri, E.; Yanigihara, K. *J. Chem. Soc., Perkin Trans. 1* **1988**, 395.
[123] Vogel, E.; Nuemann, B.; Klug, W.; Schmickler, H.; Lex, J. *Angew. Chem., Int. Ed. Engl.* **1985**, *24*, 1046.
[124] Brudermüller, M.; Musso, H. *Angew. Chem., Int. Ed. Engl.* **1988**, *27*, 298.
[125] Timberlake, J. W.; Jun, Y. M. *J. Org. Chem.* **1979**, *44*, 4729.
[126] Ojima, J.; Yamamoto, K.; Kato, T.; Wada, K.; Yoneyama, Y.; Ejiri, E. *Bull. Chem. Soc. Jpn.* **1986**, *59*, 2209.
[127] Kasahara, K.; Izumi, T.; Shimizu, I.; Satou, M.; Katou, T. *Bull. Chem. Soc. Jpn.* **1982**, *55*, 2434.
[128] Eaton, P. E.; Jobe, P. G.; Nyi, K. *J. Am. Chem. Soc.* **1980**, *102*, 6636.
[129] Hagenbruch, B.; Hünig, S. *Liebigs Ann. Chem.* **1984**, 340.
[130] Janssen, J.; Lüttke, W. *Chem. Ber.* **1982**, *115*, 1234.
[131] Schwager, H.; Wilke, G. *Chem. Ber.* **1987**, *120*, 79.
[132] Vogel, E.; Balci, M.; Pramod, K.; Koch, P.; Lex, J.; Ermer, O. *Angew. Chem., Int. Ed. Engl.* **1987**, *26*, 928.
[133] Kasahara, A.; Izumi, T.; Schimizu, I. *Chem. Lett.* **1979**, 1119.
[134] Agranat, I.; Suissa, M. R.; Cohen, S.; Isssson, R.; Sandstrom, J.; Dale, J.; Grace, D. *J. Chem. Soc., Chem. Commun.* **1987**, 381.
[135] McMurry, J. E.; Haley, G. J.; Matz, J. R.; Clardy, J. C.; Van, Duyne, G.; Gleiter, R.; Schäfer, W.; White, D. H. *J. Am. Chem. Soc.* **1984**, *106*, 5018.
[136] McMurry, J. E.; Haley, G. J.; Matz, J. R.; Clardy, J. C.; Van Duyne, G.; Gleiter, R.; Schäfer, W.; White, D. H. *J. Am. Chem. Soc.* **1986**, *108*, 2932.
[137] McMurry, J. E.; Swenson, R. *Tetrahedron Lett.* **1987**, *28*, 3209.
[138] Lhotak, P.; Zieba, R.; Hromadko, V.; Stibor, I.; Sykora, J. *Tetrahedron Lett.* **2003**, *44*, 4519.
[139] Sargent, A. L.; Hawkins, I. C.; Allen, W. E.; Liu, H.; Sessler, J. L.; Fowler, C. J. *Chem. Eur. J.* **2003**, *9*, 3065.
[140] Rajakumar, P.; Swaroop, M. G. *Tetrahedron Lett.* **2004**, *45*, 6165.
[141] Kawase, T.; Ueda, N.; Tanaka, K.; Seirai, Y.; Oda, M. *Tetrahedron Lett.* **2001**, *42*, 5509.
[142] Disanayaka, B. W.; Weedon, A. C. *J. Chem. Soc., Chem. Commun.* **1985**, 1282.
[143] Disanayaka, B. W.; Weedon, A. C. *J. Org. Chem.* **1987**, *52*, 2905.
[144] Kende, A. S.; Johnson, S.; Sanfilippo, P.; Hodges, J. C.; Jungheim, L. N. *J. Am. Chem. Soc.* **1986**, *108*, 3513.
[145] Kato, N.; Nakanishi, K.; Takeshita, H. *Bull. Chem. Soc. Jpn.* **1986**, *59*, 1109.
[146] Kato, N.; Kataoka, H.; Ohbuchi, S.; Tanaka, S.; Takeshita, H. *J. Chem. Soc.; Chem. Commun.* **1988**, 354.
[147] McMurry, J. E.; Kocovsky, P. *Tetrahedron Lett.* **1985**, *26*, 2171.
[148] McMurry, J. E.; Bosch, G. K. *Tetrahedron Lett.* **1985**, *26*, 2167.
[149] McMurry, J. E.; Bosch, G. K. *J. Org. Chem.* **1987**, *52*, 4885.
[150] Jackson, C. B.; Pattenden, G. *Tetrahedron Lett.* **1985**, *26*, 3393.
[151] Ben, I.; Castedo, L.; Saa, J. M.; Seijas, J. A.; Suau, R.; Tojo, G. *J. Org. Chem.* **1985**, *50*, 2236.
[152] McMurry, J. E.; Rico, J. G. *Tetrahedron Lett.* **1989**, *30*, 1169.

[153] McMurry, J. E.; Matz, J. R.; Kees, K. L.; Bock, P. A. *Tetrahedron Lett.* **1982**, *23*, 1777.
[154] McMurry, J. E.; Matz, J. R.; Kees, K. L. *Tetrahedron* **1987**, *43*, 5489.
[155] Nicolaou, K. C.; Liu, J. J.; Yang, Z.; Ueno, H.; Sorensen, E. J.; Claiborne, C. F.; Guy, R. K.; Hwang, C. K.; Nakada, M.; Nantermet, P. G.; *J. Am. Chem. Soc.* **1995**, *117*, 634.
[156] Nicolaou, K. C.; Yang, Z.; Liu, J. J.; Nantermet, P. G.; Claiborne, C. F.; Renauld, J.; Guy, R. K.; Shibayama, K. *J. Am. Chem. Soc.* **1995**, *117*, 645.
[157] McMurry, J. E.; Dushin, R. G. *J. Am. Chem. Soc.* **1990**, *112*, 6942.
[158] Marshall, J. A.; Karas, L. J.; Coghlan, M. J. *J. Org. Chem.* **1982**, *47*, 699.
[159] Dauben, W. G.; Saugier, R. K.; Fleischauer, I. *J. Org. Chem.* **1985**, *50*, 3767.
[160] Marshall, J. A.; Royce, R. D. *J. Org. Chem.* **1982**, *47*, 693.
[161] Marshall, J. A.; Coghlan, M. J.; Watanabe, M. *J. Org. Chem.* **1984**, *49*, 747.
[162] Dauben, W. G.; Wang, T. Z.; Stephens, R.W. *Tetrahedron Lett.* **1990**, *31*, 2393.
[163] Li, Y. L.; Li, W. D.; Li, Y. *J. Chem. Soc., Perkin Trans.* 1, **1993**, 2953.
[164] Fürstner, A.; Thiel, O. R.; Kindler, N.; Bartkowska, B. *J. Org. Chem.* **2000**, *65*, 7990.
[165] Fleming, M. P.; McMurry, J. E. "Organic Synthesis", Vol. 60, Wiley, New York, 1981, p113.

迈克尔反应

(Michael Reaction)

王歆燕

1 历史背景简述

Michael 反应[1]是有机合成中碳-碳键生成的基础反应之一，由美国化学家 Arthur Michael 于 1887 年发现。Michael (1853-1942) 出生于美国纽约州布法罗市，18 岁时来到欧洲。他先后跟随 Bunsen、Hofmann、Wurtz 和 Mendeleev 等多位当时最著名的化学家学习，有趣的是却从未获得过任何大学的学位。但是，这并不影响他在化学研究领域的出色表现。1880 年，Michael 回到美国，在塔夫斯大学担任教授，于 1907 年从该校退休。1912 年，他又被哈佛大学化学系聘为教授，并一直工作至 1936 年。

早在 1883 年，Komnenos 等人已经报道了第一例碳负离子与 α,β-不饱和酯的共轭加成反应 (式 1)[2]。但是，直到 1887 年 Michael 发现使用乙醇钠可以催化丙二酸二乙酯与肉桂酸乙酯的 1,4-共轭加成后 (式 2)[3]，对该类反应的研究才真正得以发展。此后，Michael 又系统地研究了各类稳定的碳负离子与 α,β-不饱和体系进行的共轭加成反应，并在 1894 年报道了缺电子炔烃也可以与碳负离子发生类似的反应 (式 3)[4]。

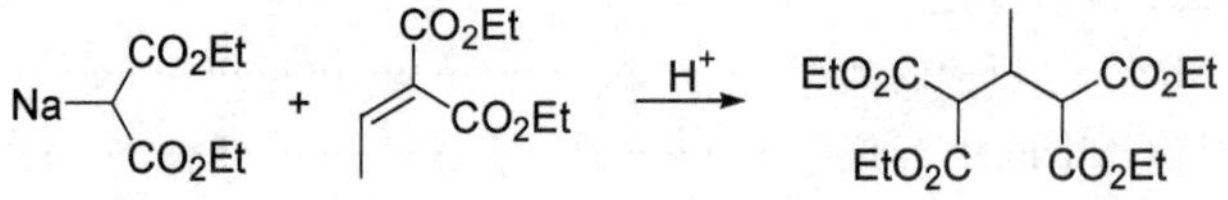

(1)

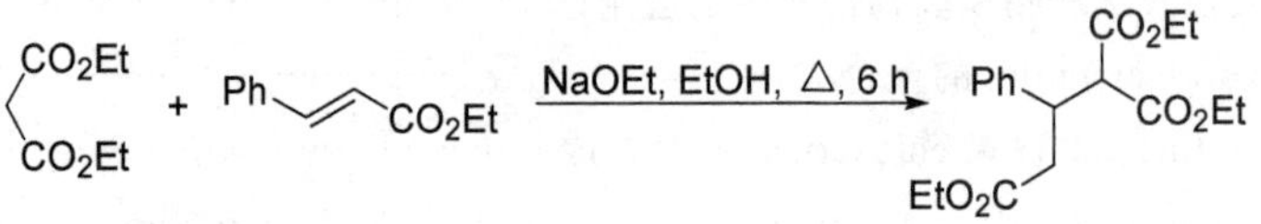

(2)

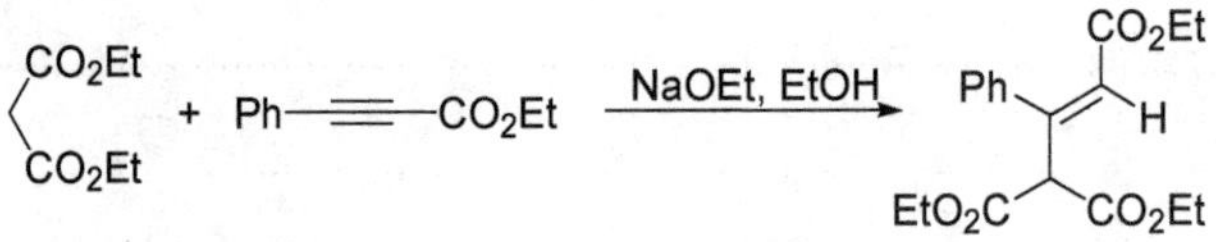

(3)

随后，人们不断地开发 Michael 反应在复杂结构化合物和天然产物合成中的应用。20 世纪 30 年代，Robinson 在进行甾体化合物的合成时[5]，将 Michael 反应与分子内羟醛缩合反应联用成功地构筑出了 6,6-稠环体系 (式 4)。后来，这类反应被命名为 Robinson 增环反应，它们是 Michael 反应在有机合成中最成功的应用方式之一。

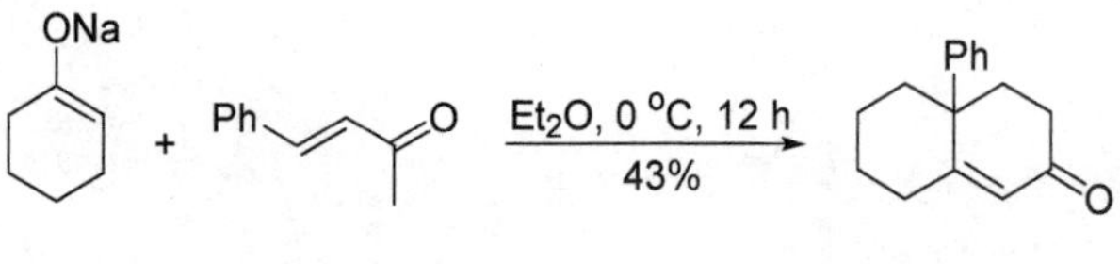

(4)

Robert Robinson (1886-1975) 出生于英国中部，1906 年和 1910 年分别在曼彻斯特大学获得学士学位和博士学位。1912-1915 年，在悉尼大学担任教授。1915 年回到英国后，曾先后在利物浦大学、圣安德鲁斯大学、曼彻斯特大学和伦敦大学担任教授。1930 年起，Robinson 在牛津大学担任教授，并一直工作至 1955 年退休。Robinson 主要从事天然产物和药物的合成研究，他曾成功地合成了青霉素和马钱子碱等药物，并准确测定了青霉素等抗生素的结构与药理和生理方面的作用机理。由于在天然产物化学方面所作出的突出贡献，他获得了 1947 年的诺贝尔化学奖。

100 多年来，随着其底物适用范围不断扩大，Michael 反应在有机合成中得到了越来越广泛的应用。在早期的研究中，人们普遍关注的是该反应可靠的化学选择性和区域选择性。自 1975 年，Wynberg 小组[6]首次使用光学活性的金鸡纳碱衍生物进行催化不对称 Michael 反应后，该反应在不对称合成领域、特别是在构筑复杂天然产物和药物分子的手性季碳中心方面也表现出独特的作用。

2 Michael 反应的定义和机理

2.1 Michael 反应的定义

传统的 Michael 反应是指在强碱作用下，稳定的碳负离子与 α,β-不饱和羰基化合物的共轭加成反应。因此，该反应也可以被称为 Michael 加成反应或者 Michael 缩合反应 (式 5)。在该反应中，可以生成碳负离子的底物被称为 Michael 给体，带有与拉电子基团共轭的烯烃或炔烃底物被称为 Michael 受体，反应产物也被称为 Michael 加成产物。

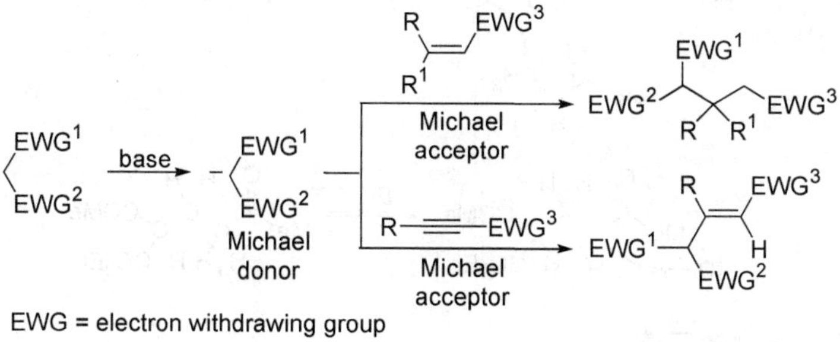
EWG1
EWG2
base
EWG1
EWG2
Michael donor
R
EWG3
R1
Michael acceptor
R—≡—EWG3
Michael acceptor
EWG1
EWG2
EWG3
R
R1
R
EWG3
EWG1
H
EWG2
EWG = electron withdrawing group

(5)

随着人们对 Michael 反应体系研究的不断深入，该反应的给体、受体和催化剂类型得到了很大的扩展。现在人们把任何带有活泼氢的亲核试剂与活性 π-体系发生共轭加成的过程统称为 Michael 反应 (式 6)。

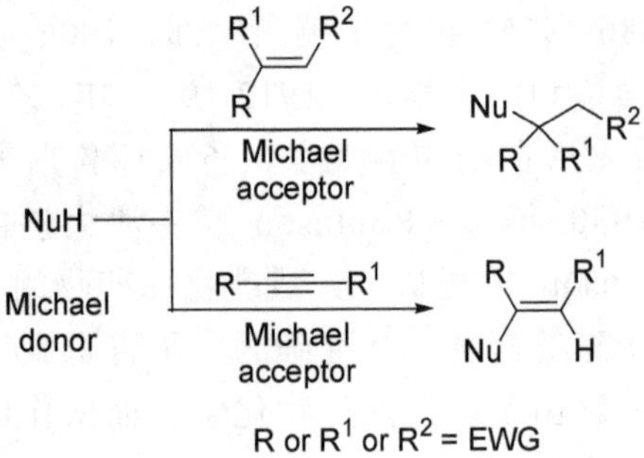

R or R^1 or R^2 = EWG　　(6)

Michael 反应可以分为分子间反应和分子内反应。在常见的分子间反应中，给体和受体分别代表不同的分子。当在同一分子中既带有给体官能团又带有受体官能团时，该分子就可以发生分子内 Michael 反应，形成碳环或者杂环化合物 (式 7)。

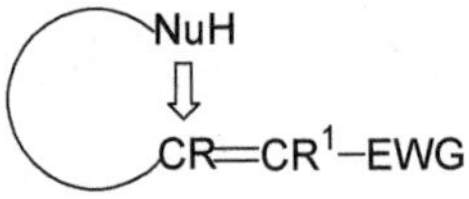

(7)

2.2 Michael 反应的机理

2.2.1 反应的步骤

以 β-酮酸酯与甲基乙烯基酮的反应为例，Michael 反应的机理主要包括三个步骤。如式 8 所示：首先，由体系中的碱夺去 Michael 给体 (β-酮酸酯) 中 α-碳上的活泼氢，形成稳定的碳负离子；接着，碳负离子对 Michael 受体 (甲基乙烯基酮) 的 β-碳原子进行亲核进攻，生成烯醇盐中间体；最后，烯醇盐中间体吸收一个酸性质子生成 Michael 加成产物。

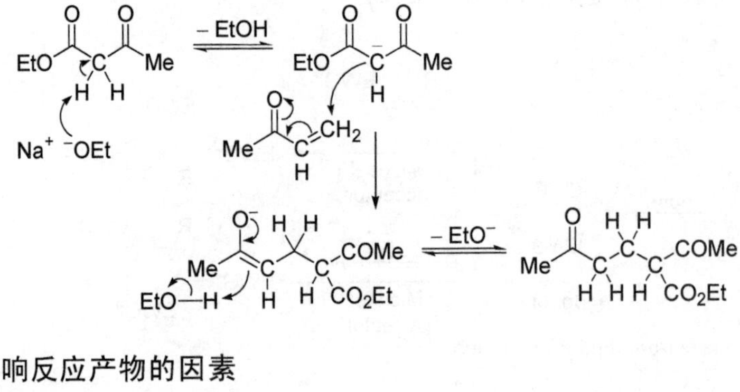

(8)

2.2.2 影响反应产物的因素

在传统 Michael 受体 (α,β-不饱和羰基化合物) 分子中含有两个亲电反应的位点：羰基碳原子和 β-烯烃碳原子。从理论上说，Michael 反应会产生 1,2-加成和 1,4-加成两种产物。因此，区域选择性是传统 Michael 反应中一个非常重要的问题。

在传统的 Michael 反应中，给体首先进攻羰基形成动力学控制的 1,2-加成产物。但是，1,4-加成反应经烯醇异构化后生成的是热力学上更为稳定的羰基产物。由于 Michael 反应是一个可逆过程，反应过程中生成的 1,2-加成产物可以重新分解为原料，并最终转化成为热力学控制的 1,4-加成产物 (式 9)。

1,2-addition　　1,4-addition　　(9)

3　Michael 反应的条件综述

3.1　Michael 反应中的给体类型

Michael 反应中可用的给体化合物范围很广泛。含有活泼 C-H 键的分子能够生成稳定的碳负离子，可以直接用于 Michael 反应。一些含不活泼 C-H 键结构的分子可以在金属试剂或其它催化剂的作用下原位转化为碳负离子后，接着与受体化合物发生反应。除碳亲核试剂外，其它杂原子亲核试剂 (例如：N、S、O、P、Si、Se、Sn、H 和 I 等) 也可用作 Michael 反应的给体。

3.1.1　稳定的碳负离子给体

3.1.1.1　与单个杂原子形成 π-共轭的碳负离子

简单羰基化合物在碱的作用下发生烯醇化生成的烯醇盐是常见的 Michael 给体之一，它们发生的反应一般只生成 1,4-加成产物。该反应最大的特点是：在较宽的温度范围内都可以获得很好的立体选择性，产物的立体结构与烯醇盐的立体结构紧密相关[7,8]。如式 10~式 12 所示：使用 *Z*-烯醇盐可以得到 *anti*-产物，而使用 *E*-烯醇盐则得到 *syn*-产物。

Z:*E* > 99:1　　THF, –78 °C, 15 min　70%　　> 99:1　　(10)

THF, 20 °C, 15 min　65%　　100%　　(11)

OLi; *i*-Pr; *Z*:*E* = 1:9 + Ph–CH=CH–CO–Bu-*t* —THF, −78 °C, 15 min; 78%→ *i*-Pr–CO–CH(Me)–CH(Ph)–CH₂–CO–Bu-*t* (1:9) (12)

以酯的烯醇盐作为给体时，加成反应在低温时生成 1,2- 和 1,4-加成产物的混合物，当反应在 −40 °C 以上进行时主要得到 1,4-加成产物。如式 13 所示：生成产物的立体选择性主要受到所用烯醇盐结构的控制。

OLi; *t*-BuO; *Z*:*E* = 5:95 + Ph–CH=CH–CO–Bu-*t* —THF, 25 °C; 90%→ *t*-BuO–CO–CH(Me)–CH(Ph)–CH₂–CO–Bu-t (94:6) (13)

使用非对称的简单羰基化合物为给体时，受体主要在取代基较多的 α-碳原子上发生反应 (式 14 和式 15)[9,10]。使用烯胺化合物为给体则正好相反，主要生成受体在取代基较少的 α-碳原子上反应的产物 (式 16)[11]。

—*t*-BuOK, *t*-BuOH, rt~65 °C; 85%→ (CN, H) (14)

+ CO$_2$Me —*t*-BuOK, *t*-BuOH; 93%→ CO$_2$Me (15)

+ (N–H) → (N) —1. H$_2$C=CHCN; 2. H$_3$O$^+$; 55%→ (O, CN) (16)

硝基烷烃 α-碳上的氢酸性很强，是一种非常活泼的 Michael 给体。在它们参与的反应中可以使用许多较弱的碱催化剂，例如：DBU、TMG、HCO$_2$Na、KOAc 或者 PTC 等。如式 17 所示[12]：在 DBU 存在下，硝基异丙烷与查尔酮的反应产率高达 95%。Bailini 报道[13]：在无溶剂的条件下，使用氧化铝催化硝基烷烃与 α,β-不饱和化合物发生 Michael 反应可以得到中等的产率 (式 18)。

NO$_2$ + Ph–CH=CH–CO–Ph —1. DBU (1 eq), MeCN, rt, 12 h; 2. aq. HCl; 95%→ NO$_2$, Ph, Ph, O (17)

R–CH$_2$–NO$_2$ + CH$_2$=CH–CHO —Al$_2$O$_3$, neat, 0 °C, 6 h; 50%~56%→ R–CH(NO$_2$)–CH$_2$CH$_2$–CHO (18)

硝基官能团很容易在温和的条件下通过还原的方法除去，甚至不会影响底物分子内同时存在的敏感官能团。因此，在合成实践中可以将硝基官能团用作烷基化合物进行 Michael 反应的临时活化基团。如式 19 所示[14]：使用三丁基锡可以还原 Michael 反应产物中的硝基官能团，而醛基却不受到影响。

1. Et_3N (0.1 eq), MeCN, rt; 2. aq. HCl, 72%; Bu_3SnH (1.3 eq), AIBN (0.2 eq), PhH, 80 °C, 2 h (19)

如式 20 所示：Stevens 等人[15]将硝基化合物参与的 Michael 反应成功地用于生物碱 (±)-Monomorine 的全合成，以 64% 的产率将 α,β-不饱和酮 **1** 转化成为关键中间体 **2**。在天然产物 (±)-Bonellin 二甲酯的全合成中，大位阻 α,β-不饱和酮 **3** 与硝基化合物 **4** 的 Michael 反应也发挥了重要作用 (式 21)[16]。在季铵碱的作用下，该反应的产率可以达到 79%。

1. TMG (0.2 eq), rt, 2 d; 2. aq. HCl, 64%; (±)-Monomorine (20)

Bu_4NF, THF, DMF, 50 °C, 44 h, 79%; (±)-Bonellin dimethyl ester (21)

在强碱作用下，α-硫代亚砜化合物也可以作为 Michael 给体与 α,β-不饱和酮反应。例如：在 Methylenemycin B 的全合成中，给体 **5** 和受体 **6** 在丁基锂催化下生成 50% 的 Michael 加成产物 **7** (式 22)[17]。虽然该反应只得到中等的

1. n-BuLi, THF, −20 °C, 12 h; 2. aq. NH_4Cl; Methylenemycin B (22)

产率，但却具有很好的选择性，在反应过程中没有生成甲硫基发生消去的副产物。

3.1.1.2 与多个杂原子形成 π-共轭的碳负离子

这类高度稳定的碳负离子在与受体反应时不存在区域选择性问题，一般只生成 1,4-加成的产物。此外，这些含杂原子的稳定基团大多容易离去，它们在反应中同时起到保证 1,4-加成反应的发生以及反应完成后离去或进一步修饰的作用。因此，这些基团在某种程度上可以被看作是共轭辅助基团。

1,3-二羰基化合物具有很强的酸性，在 Michael 反应中有时甚至不需要额外加入碱催化剂。如式 23 所示[18,19]：在水溶液中，2-甲基-1,3-环戊二酮与丙烯醛或甲基乙烯基酮的反应可以在没有碱催化剂存在下进行。

H_2O, rt; R = H, 100%; R = Me, 82% (23)

如果所形成的碳负离子的空间位阻比较大，在常压下的反应产率一般较低。如式 24 所示[20,21]：增加压力通常可以显著提高反应的产率。

1. THF, rt; 2. H_2O; TBAF, 常压, 28%; Et_3N, 10 Kbar, 67% (24)

在天然产物 (±)-Malyngolide 的全合成中，2-甲基丙二酸二乙酯 (**8**) 与 α,β-不饱和酮 **9** 在乙醇钠的催化下以 83% 的产率生成中间体 **10** (式 25)[22]。

1. NaOEt, EtOH, rt, 22 h; 2. aq. HCl (0.05 mol/L); 83% (25)

与硝基烷烃化合物类似，α-硝基酮与 α,β-不饱和醛酮或 α,β-不饱和醛的反应也比较容易进行。如式 26 和式 27 所示[23]：α-硝基酮与 α,β-不饱和酮或 α,β-

PPh_3 (0.1 eq), THF, rt, 24 h, 81%; Bu_3SnH (1.3 eq), AIBN (0.2 eq), PhH, 80 °C, 2 h, 78% (26)

PPh_3 (0.1 eq), THF, rt, 1 h, 84%; Bu_3SnH (1.3 eq), AIBN (0.2 eq), PhH, 80 °C, 2 h, 76% (27)

不饱和醛的反应产率都在 80% 以上，但与前者的反应要比与后者的反应快得多。

氰基负离子容易与 α,β-不饱和酮受体发生 Michael 反应 (式 28)[24]，即使在受体的 β-位存在较大位阻时对产率也不会有明显的影响 (式 29)[25]。

NaCN, AcOH, H_2O, EtOH, rt; 65% (28)

NaCN, AcOH, H_2O, EtOH, rt; 70%~75% (29)

丙二腈与丙二酸酯化合物类似，在分子中含有高活性的亚甲基。因此，它们与 α,β-不饱和酮的反应可以得到很高的产率。当使用手性胺作为催化剂时，还可以得到高度的对映选择性产物 (式 30)[26]。

Cat. 1 (20 mol%), TFA (40 mol%), DCM, 22 °C, 12 h; 93%, 95% ee (30)

Cat. 1 =

3.1.1.3 通过一个或多个 α-杂原子稳定的碳负离子

在这类碳负离子中，最常见的是由二硫代缩醛结构形成的碳负离子。人们尝试了多种方法试图增加该类碳负离子与 Michael 受体之间进行 1,4-加成反应的趋势，其中较有成效的一种方法是在体系中加入一倍或多倍量的 HMPA。如式 31 所示[27]：在没有 HMPA 存在时，巴豆醛与二硫代缩醛试剂的反应只生成 1,2-加成产物；而当加入 HMPA 后，则可以生成将近一半的 1,4-加成产物。

THF, −70 °C; 70%; no HMPA, **11**:**12** = 0:100; with HMPA, **11**:**12** = 45:55 (31)

虽然该类碳负离子的反应活性很高，但反应结果明显地受到反应底物位阻的影响。当碳负离子本身或者受体的 β-碳原子上带有很大的位阻时，反应的产率降低且 1,2-加成产物的比例增大。如式 32 所示[28]：较小位阻的二硫代缩醛化合物与受体分子反应主要生成 1,4-加成产物。而增大二硫代缩醛化合物和受体分子中的位阻后，即使在体系中加入 HMPA 仍然主要得到 1,2-加成产物 (式 33)。

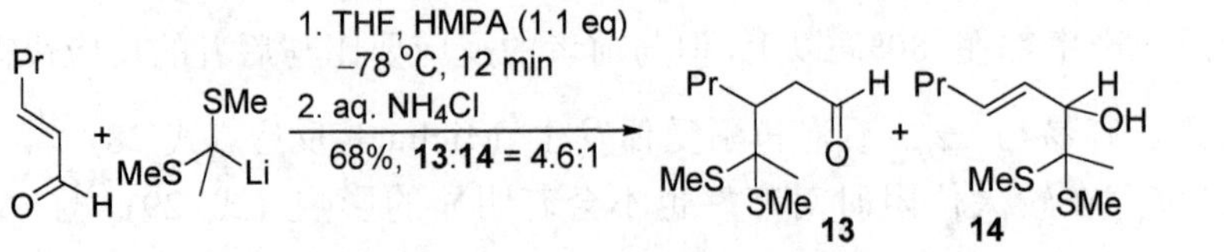

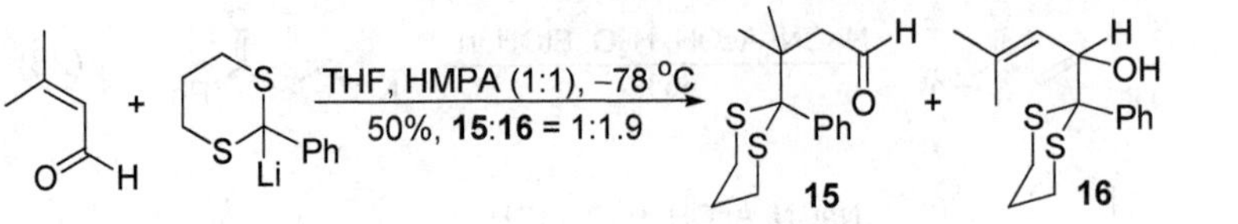

(32)

(33)

3.1.2 无杂原子稳定的碳负离子

分子中不含活泼亚甲基的化合物在传统的 Michael 反应条件下不易生成碳负离子，因此不能直接与受体化合物进行反应。但是，使用金属试剂或其它方法可以使其临时转化成碳负离子，然后即可与受体化合物发生 Michael 反应。

3.1.2.1 铜试剂

1941 年，Kharasch 等人报道了铜的卤化物促进的共轭加成反应。在 MeMgBr 与 α,β-不饱和环酮化合物的反应中，不加入金属盐只能得到 1,2-加成产物。而加入催化量的氯化亚铜后，则以 83% 的产率得到 1,4-加成产物。如式 34 所示[29]：这是最早使用铜试剂进行 Michael 反应的例子。

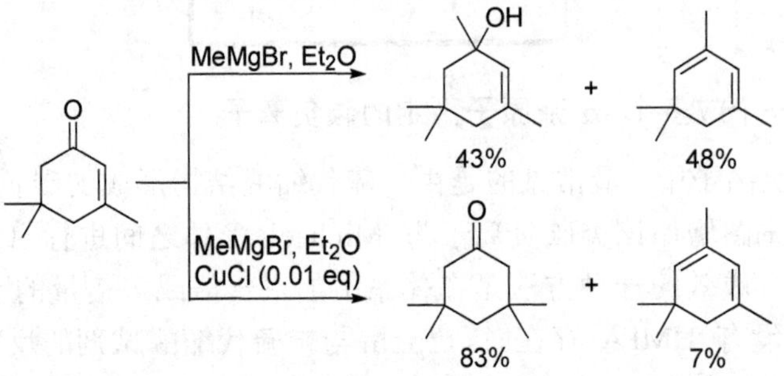

(34)

Hallnemo 等[30]使用 Me_2CuLi 与 α,β-不饱和酮进行 Michael 反应，可以得到大于 90% 的产率 (式 35)。他们在该反应中观察到，溶剂对反应速率有

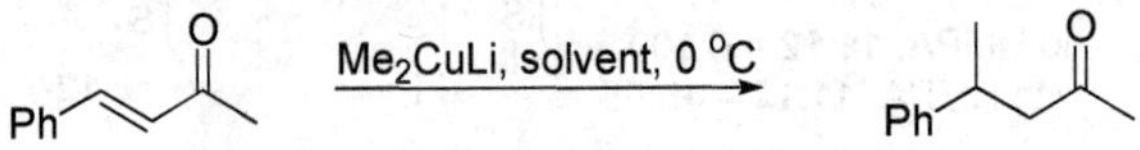

(35)

溶剂	反应时间/min	产率/%
己烷	1	> 98
甲苯	1	> 98
Et_2O	1	> 98
THF	1	35
THF	60	90

极大的影响。使用正己烷、甲苯和乙醚为溶剂，在 0 °C 下 1 min 内即可获得大于 98% 的产率。当换用四氢呋喃时，该反应在 1 min 只得到 35% 的产率；延长至 1 h 可以得到 90% 的产率。但是，使用 DMF 或者 DMSO 等具有高度配位能力的溶剂时，则根本不能发生 Michael 反应。

溶剂对反应的影响不仅表现在反应时间上，有时也会影响产物的立体化学。如式 36 所示[31]：α,β-不饱和酮化合物与二正丁基铜锂的反应经过了一个加成-消去机理，在 THF 中反应得到构型保持的产物，而在 Et_2O 中得到的却是构型反转的产物。

1. $(n\text{-Bu})_2CuLi$, THF, DMS, –78 °C
2. aq. NH_4Cl
93%
97:3

SMe

1. $(n\text{-Bu})_2CuLi$, Et_2O, –65 °C
2. aq. NH_4Cl
97%
95:5

(36)

使用有机铜试剂进行的反应通常可以得到很高的立体选择性。当在反应体系中加入 TMSCl 和 HMPA 时，可以直接得到三甲基硅基醚化合物 (式 37 和式 38)[32]。

$(n\text{-Bu})_2CuLi$ (0.6 eq), TMSCl (2 eq), HMPA (2 eq)
80%, E:Z = 98:2

$(n\text{-Bu})_2CuLi$ (1.2 eq) TMSCl (2 eq)
88%, E:Z = 89:11

OTMS

(37)

CHO

Ph_2CuLi (0.6 eq), TMSCl (2 eq), HMPA (2 eq)
99%, E:Z = 97:3

Ph OTMS

(38)

3.1.2.2 其它金属试剂

有机锌试剂与 α,β-不饱和酮的加成通常可以得到高度的区域选择性。但是，这类试剂受反应物中位阻的影响很大，不能与 β,β-二取代 α,β-不饱和酮发生 Michael 反应。如式 39 和式 40 所示[33]：使用该类试剂的反应最好在 0 °C 以下进行。

1. $n\text{-BuMe}_2ZnLi\cdot TMEDA$ (1 eq) THF, –78 °C, 45 min
2. aq. NH_4Cl
80%

(39)

$$\text{PhCH=CHCOCH}_3 \xrightarrow[\text{2. aq. HCl (1 mol/L)}\quad 95\%]{\text{1. }(i\text{-Pr})_2(t\text{-BuO})\text{ZnMgBr·TMEDA (1.0 eq), THF, Et}_2\text{O, 0 }^\circ\text{C, 30 min}} \text{PhCH}(i\text{-Pr})\text{CH}_2\text{COCH}_3 \tag{40}$$

锌配合物也可以作为催化剂用于有机镁试剂的 Michael 反应中，反应的产率与使用化学计量的有机锌试剂接近，但反应的区域选择性则取决于有机镁试剂中的取代基。如式 41 所示[34]：使用 EtMgBr 得到的是等量的 1,2- 和 1,4-加成产物的混合物，而使用 *i*-PrMgBr 则主要得到 1,4-加成产物。

$$\text{CH}_2\text{=CHCOCH}_3 \xrightarrow[\substack{\text{2. aq. NH}_4\text{Cl}\\ \text{R = Et, 48\%, \textbf{17}:\textbf{18} = 1:1}\\ \text{R = }i\text{-Pr, 51\%, \textbf{17}:\textbf{18} = 9:1}}]{\text{1. RMgBr (1 eq), }(t\text{-BuO})\text{ZnCl·TMEDA (0.01 eq), THF, 0 }^\circ\text{C, 30 min}} \underset{\textbf{17}}{\text{CH}_3\text{COCH}_2\text{CH}_2\text{R}} + \underset{\textbf{18}}{\text{CH}_2\text{=CHC(OH)(R)CH}_3} \tag{41}$$

丙二烯取代的锡化合物 **19** 能与 α,β-不饱和酮迅速发生反应，这是少数几个通过 1,4-加成反应引入炔丙基的有效方法之一 (式 42)[35]。

$$(\text{CH}_3)_2\text{C=CHCOPh} + \underset{\textbf{19}}{\text{Ph}_3\text{SnCH=C=CH}_2} \xrightarrow[78\%]{\text{1. TiCl}_4\text{ (1.2 eq), DME, }-40\sim0\ ^\circ\text{C, 1 h; 2. H}_2\text{O}} \text{HC≡CCH}_2\text{C(CH}_3)_2\text{CH}_2\text{COPh} \tag{42}$$

Hooz 和 Layton 报道：炔基铝化合物与 α,β-不饱和酮反应可以将炔基转移到 α,β-不饱和酮分子中。如式 43 所示[36]：二乙基(2-苯乙炔基)铝与查尔酮发生 1,4-加成反应，在室温下即可在底物分子中引入苯乙炔基。

$$\text{PhCH=CHCOPh} + \text{Et}_2\text{Al—C≡C—Ph} \xrightarrow[81\%]{\text{hexane, rt, 4 h}} \text{PhC≡CCH(Ph)CH}_2\text{COPh} \tag{43}$$

如果在 α,β-不饱和酮分子中的羰基邻位存在很大位阻的话，则可以直接使用炔基锂与之发生 1,4-加成反应 (式 44)[37]。

$$\text{CH}_3\text{CH=CHCOCPh}_3 + \text{Li—C≡C—Ph} \xrightarrow[89\%]{\text{1. THF, hexane, }-50\ ^\circ\text{C then rt, 12 h; 2. H}_2\text{O}} \text{PhC≡CCH(CH}_3)\text{CH}_2\text{COCPh}_3 \tag{44}$$

$$n\text{-BuLi} + \text{Ni(CO)}_4 \xrightarrow{\text{Et}_2\text{O, pentane, 2 h}} \left[n\text{-BuC(O)Ni(CO)}_3\right]$$

$$(\text{CH}_3)_2\text{C=CHCOCH}_3 \xrightarrow{\text{1. Et}_2\text{O, }-50\ ^\circ\text{C, 16 h; 2. aq. NH}_4\text{Cl; 3. I}_2\text{, Et}_2\text{O}} n\text{-BuCOC(CH}_3)_2\text{CH}_2\text{COCH}_3 \tag{45}$$

有机锂试剂与四羰基合镍共用可以生成酰基负离子，接着可以与 α,β-不饱和酮发生 1,4-加成反应 (式 45)[38]。这一方法虽然非常有效，但四羰基合镍的毒性使其应用受到了很大的限制。

3.1.3 烯胺和烯醇醚

烯胺与 α,β-不饱和酮的反应可以作为经典 Robinson 增环反应的替代方法。如式 46 所示[39]：烯胺 **20** 与 α,β-不饱和酮 **21** 反应，以 75% 的产率生成稠环 α,β-不饱和酮 **22**。

1. dioxane, rt, 14 h
2. AcOH, NaOAc, H_2O, reflux
75%
(46)

吲哚也可以作为一种烯胺化合物与 α,β-不饱和酮反应。如式 47 所示[40]：在蒙脱土催化下，吲哚与甲基乙烯基酮反应可以生成中等产率的 Michael 加成产物。

Montmorillonite clay
CH_2Cl_2, reflux, 2 h
(47)

使用烯醇硅醚化合物作为给体的反应也被称为 Mukaiyama-Michael 反应。硅烯缩醛化合物也是 Michael 反应中常用的给体，但一般需要在路易斯酸的催化下进行。使用 $TiCl_4$ 催化的反应速度很快，即使在 −78 °C 的低温也能迅速完成 (式 48)[41]。而使用 $ZnCl_4$ 的反应条件比较温和，可以在室温下进行 (式 49)[42]。

1. $TiCl_4$ (1.0 eq), CH_2Cl_2, −78 °C, 2 min
2. aq. K_2CO_3
76%
(48)

1. $ZnCl_4$ (cat.), CH_2Cl_2, rt, 45 min
2. MeOH, aq. HCl, rt, 5 min
68%
(49)

3.1.4 其它杂原子亲核基团

除碳亲核试剂外，还有一些含杂原子基团 (例如：含氮、硫、氧基团等) 都可以作为 Michael 反应的给体。

用作 Michael 给体的含氮化合物多为烷基胺或芳基胺 (式 50 和式 51)[43]。该反应的化学选择性较好，一般不会生成亚胺副产物。但是，当使用 *N*-卤代胺进行反应时，生成卤原子和胺基分别加成到双键上的产物 (式 52)[44]。

ArNH2 + CH2=CHCOPh —[50% aq. dioxane, NaH_2PO_4 (0.025 mol/L), rt; 65%~80%]→ ArHNCH2CH2COPh (50)

哌啶 + 2-亚苄基环己酮 —[neat, rt, 12 h; 80%~90%]→ 产物 (51)

N-溴代吗啉 + 4-硝基查耳酮 —[PhH, rt, 12 h; 100%]→ 产物 (52)

伯胺有两个活性氢原子，因此可以与两分子的受体化合物进行加成。如式 53 所示[45]：在聚苯乙烯磺酸 (PSSA) 的催化下，一分子乙二胺可以与四分子的丙烯酸甲酯或丙烯腈发生 Michael 反应。

H_2NCH2CH2NH_2 + CH2=CHR —[PSSA (20 %), H_2O, 80 °C, MW, 10~15 min]→ R = CO_2Me, 90%; R = CN, 89% (53)

如式 54 所示[46]：含硫亲核基团非常容易发生 Michael 反应。使用中等强度的碱作为催化剂，在室温下反应数小时即可得到大于 90% 的产率。如果使用手性碱催化，则可以得到较好的对映选择性 (式 55)[47]。

—[RSH, TBAF (0.02 eq), THF, rt]→ RS 产物；R = Ph, 5 h, 94%；R = Bn, 2 h, 93% (54)

—[RSH, **Cat. 2** (10~20 mol%), PhMe]→ R = Bn, –20 °C, 66 h, 90%, 85% ee；R = *t*-Bu, rt, 116 h, 72%, 95% ee (55)

Cat. 2 = (BocHN–CH(Ph)–CO_2^-)$_2$; $^+NH_3$; OMe ; N ; H

含氧亲核基团的活性通常比含氮和含硫基团的活性要弱，但在合适的条件下仍然能得到较好的产率。如式 56 所示[48]：在季铵盐相转移催化剂的作用下，丁醇与丙烯腈的反应可以得到 86% 的产率。如式 57 和式 58 所示[49]：分子内的 *O*-Michael 反应也常被用来合成各种大小的含氧杂环化合物。

BuOH + CN —$BnN^+Me_3OH^-$→ BuO CN (56)

OH, Bu-*t*, OH —MnO_2, CH_2Cl_2, rt, 1.5 h; 100%→ O, Bu-*t*, O (57)

O, OH —NaOH, H_2O, rt, 2 h; 80%→ O, O (58)

除常用的含氮、硫和氧亲核基团外，含硅、锡、碘等杂原子的亲核基团也可以作为给体参与 Michael 反应。如式 59 所示[50]：在四(三苯基膦)钯的催化下，α,β-不饱和酮可以与乙硅烷化合物发生 Michael 反应。如式 60 和式 61 所示[51,52]：在不使用催化剂的条件下，含锡和含碘的亲核基团与 α,β-不饱和酮的反应仍然能够得到较高的产率。

O, Ph —1. $PhCl_2SiSiMe_3$, Pd $(PPh_3)_4$ (0.5 mol%), PhH, 80 °C, 1.5 h; 2. EtOH, Et_3N; 65% overall→ $Ph(EtO)_2Si$, O, Ph (59)

O —1. $(n\text{-}Bu)_3SnLi$, THF, HMPA, –78 °C, 5 min; 2. EtOH, aq. NH_4Cl, –78 °C~rt; 51%→ $(n\text{-}Bu)_3Sn$, O (60)

O, Ph —1. TMSI (1.2 eq), CH_2Cl_2, –20 °C, 2 h; 2. aq. $Na_2S_2O_3$; 93%→ I, O, Ph (61)

3.2 Michael 反应中的受体类型

Michael 受体的分子结构包括拉电子基团和不饱和体系两个部分，几乎所有拉电子基团取代的烯烃化合物都可以被用作 Michael 反应的受体。常见的受体类型有：α,β-不饱和酮、酯、醛、酰胺、酸、内酯、氰化物、亚砜、硝基化合物、膦酸酯、磷酸酯、醌和乙烯基吡啶等。

如果受体分子中同时含有两个及以上拉电子基团，反应的区域选择性通常由相对活性较强的基团所控制。常见的拉电子基团的活性顺序如下：$NO_2 > RCO > CO_2R > CN \approx CONR_2$。此外，环状化合物通常比链状化合物的反应活性高。

3.2.1 α,β-不饱和酮

根据结构的不同，该类受体可以分为链状和环状 α,β-不饱和酮，后者通常可以在反应中获得较高的立体选择性。α,β-不饱和环酮与稳定的碳负离子可以在较短的反应时间内发生 Michael 反应，以较高的产率得到 1,4-加成产物。如式 62 所示[53]：环戊烯酮或环己烯酮与化合物 **23** 反应 2 h 即可得到 90% 左右的产率。

LDA (1.0 eq), THF, –78 °C; rt, 2 h; *n* = 1, 90%; *n* = 2, 87% (62)

α,β-不饱和环酮也可以有效地与那些从有机金属试剂形成的碳负离子进行 Michael 反应。环戊烯酮化合物 **24** 与铜试剂 **25** 反应 3 min 即可得到 92% 的产物 (式 63a)[54]，有机锌试剂与环己烯酮在 0 °C 反应给出几乎定量的产率 (式 63b)[33b]。

$MeLi_2(NC)Cu$; 1. THF, Et_2O, –64~–35 °C, 3 min; 2. aq. NH_4Cl, NH_4OH; 92% (63a)

1. *n*-$BuMe_2ZnLi\cdot TMEDA$ (1.0 eq), THF, 0 °C, 45 min; 2. aq. NH_4Cl; ~100% (63b)

使用 LHMDS 作为碱催化剂，环己烯酮与 $PhSO_2CF_2H$ 以接近定量的产率得到 1,2-加成产物。但在反应体系中加入部分 HMPA 后，却生成单一的 1,4-加成产物 (式 64)[55]。

$PhSO_2CF_2H$; LHMDS (1.2 eq), –78 °C, 30 min (64)
THF, 98%, **26**:**27** = 99:1
THF:HMPA = 5:1, 98%, **26**:**27** = 3:97

当 α,β-不饱和环酮分子内同时含有适当的给体时，可以在 Michael 反应条件下生成稠环产物 (式 65a[56]和式 65b[57])。

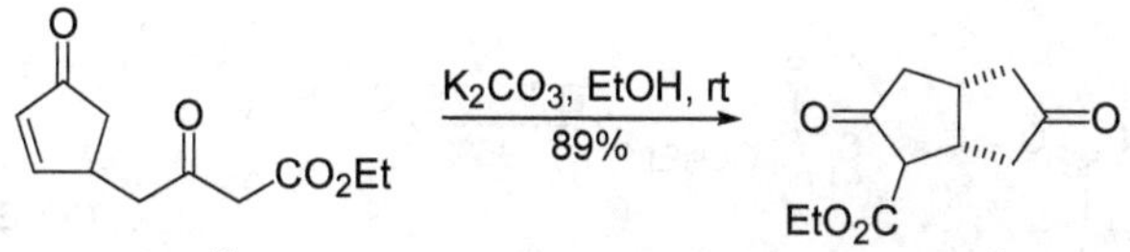

K_2CO_3, EtOH, rt
89%
(65a)

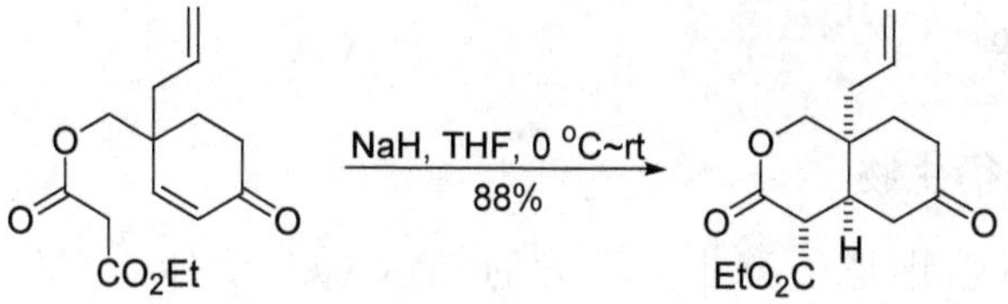

NaH, THF, 0 °C~rt
88%
(65b)

3.2.2 α,β-不饱和羧酸衍生物

该类化合物是使用最普遍的一类 Michael 受体 (主要包括 α,β-不饱和酯、α,β-不饱和酰胺和丙烯腈类化合物)，它们与各种 Michael 给体的反应一般均能得到较满意的结果[58]。例如：2-甲基丙烯酸甲酯与丙二酸二甲酯在甲醇钠的催化下进行反应得到 76% 的 Michael 加成产物 (式 66)[58a]；只需使用较弱的碱就可以催化丙烯腈与高活性给体 **28** 的 Michael 反应 (式 67)[58b]。α,β-不饱和酰胺活性稍低，在 HMPA 的存在下可以给出中等的产率 (式 68)[58c]。

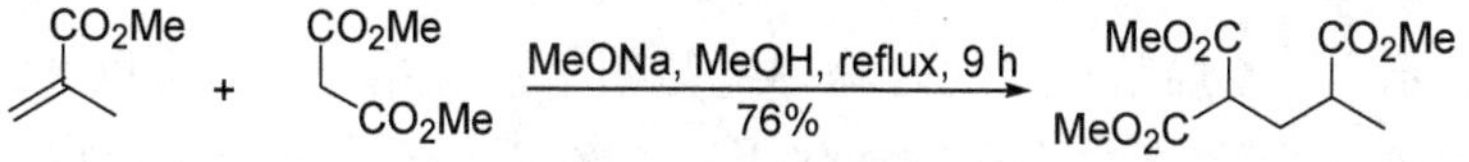

MeONa, MeOH, reflux, 9 h
76%
(66)

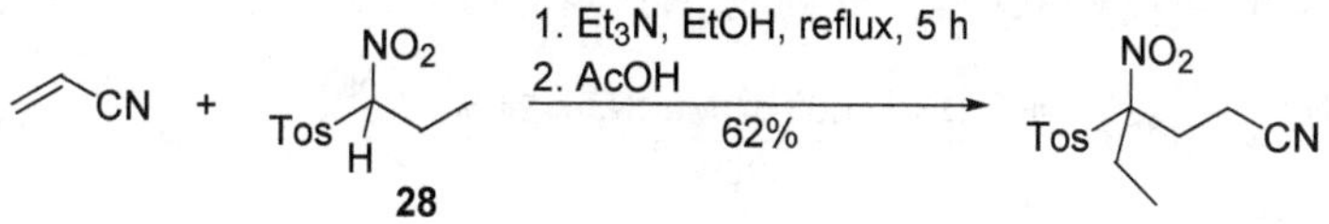

1. Et_3N, EtOH, reflux, 5 h
2. AcOH
62%
(67)

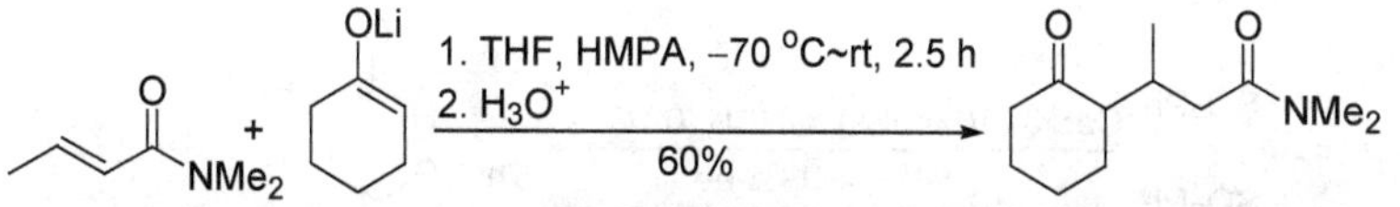

1. THF, HMPA, –70 °C~rt, 2.5 h
2. H_3O^+
60%
(68)

3.2.3 α,β-不饱和内酯和 α,β-不饱和内酰胺

虽然该类化合物在 Michael 反应中的应用不如前两类化合物普遍，但由于可产生较高的立体选择性而在一些天然产物的全合成中得到较广泛的应用[59]。例如：α,β-不饱和内酯 **29** 在强碱催化下以 96% 的高产率得到单一的异构体 (式 69a)；α,β-不饱和内酰胺 **30** 的 Michael 反应同样能得到很好的结果 (式 69b)。

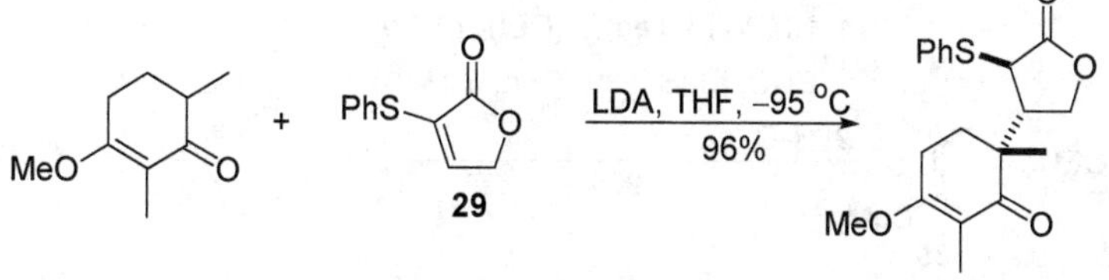

LDA, THF, –95 °C
96%
(69a)

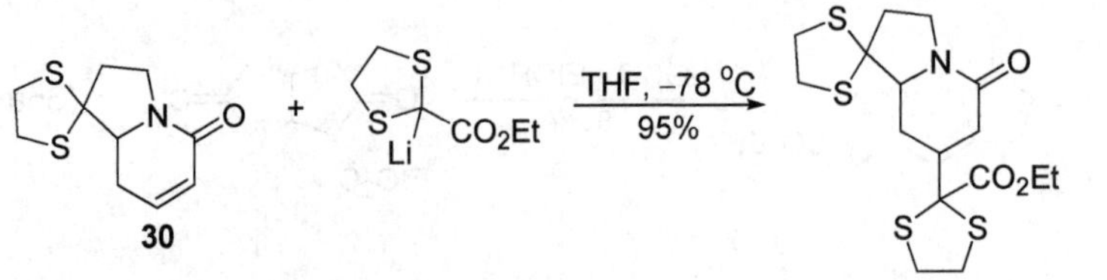

(69b)

3.2.4 硝基乙烯衍生物

硝基乙烯衍生物是一类非常活泼的 Michael 受体，它们与各种 Michael 给体一般都可以在温和的条件下迅速发生反应。例如：1-硝基环己烯与 1,3-二羰基化合物在室温下 30 min 即可完成 Michael 反应，产物经水解除去酯基和硝基后得到化合物 **31** (式 70)[60]。

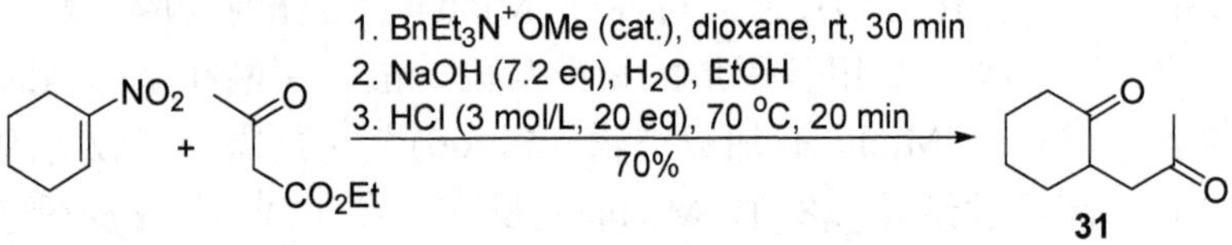

(70)

3.2.5 硫和磷取代的乙烯衍生物

如式 71 所示[61]：乙烯基亚砜化合物 **32** 与硝基乙烷在室温即可以 95% 的产率完成 Michael 反应。在手性胺的催化下，乙烯基二苯磺酰基化合物 **33** 与醛在室温反应 2 h 即可得到高达 99% ee 的产物 (式 72)[62]。

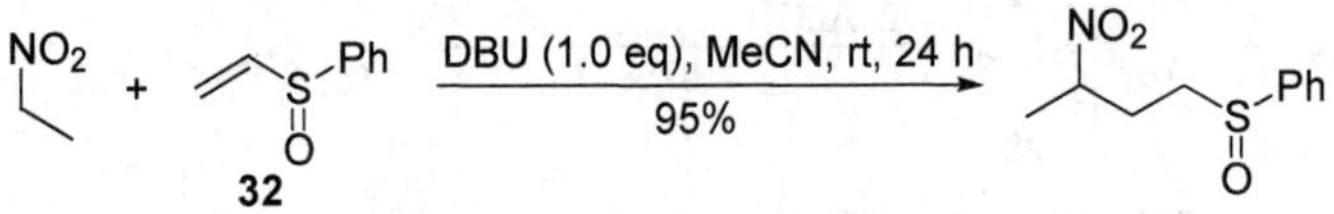

(71)

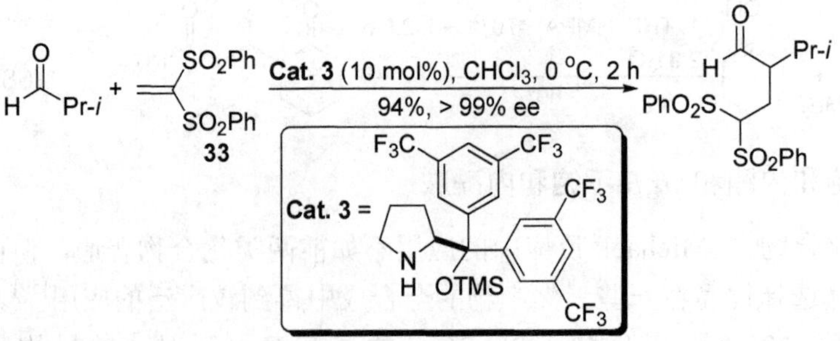

(72)

如式 73 所示[63]：在 HMPA 和 $P(OEt)_3$ 的存在下，乙烯基膦酸酯化合物 **34** 与铜试剂 **35** 的 Michael 反应可以得到 90% 的产率。

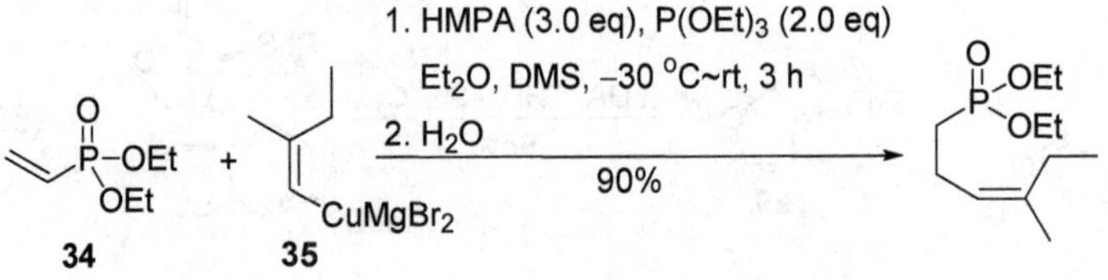

(73)

3.3 Michael 反应中的催化剂

3.3.1 碱性催化剂

强碱是传统 Michael 反应中常用的催化剂，最常见的包括金属烷氧化物 (例如：NaOEt 和 *t*-BuOK 等)、金属氢化物 (例如：NaH 等) 以及锂氨化合物 (例如：LDA 等)。如式 74 所示[64]：*t*-BuOK 可以高效率地催化丙二烯化合物与 2-烯丙基丙二酸二乙酯的 Michael 反应。

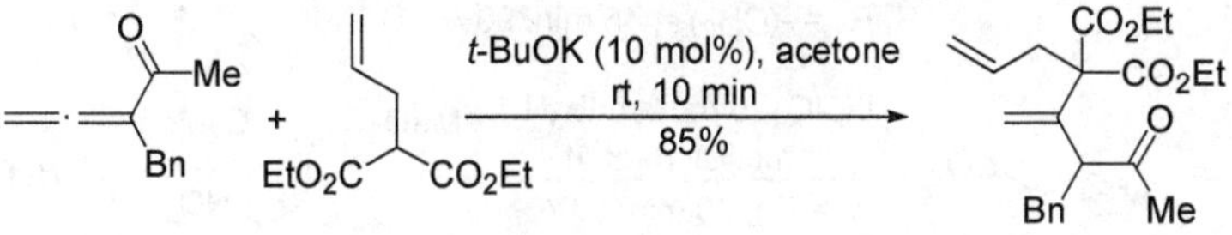

t-BuOK (10 mol%), acetone, rt, 10 min, 85% (74)

对于那些活性非常高的受体而言，弱碱就足以起到催化的作用 [例如：Et_3N、NaOAc、PPh_3、DBU 或 TMG (四甲基胍) 等] (式 75 和式 76)[65]。如式 77 所示[66]：在 PPh_3 的催化下，2-硝基环己酮与甲基乙烯基酮室温反应 24 h 即可得到高达 94% 的加成产物。

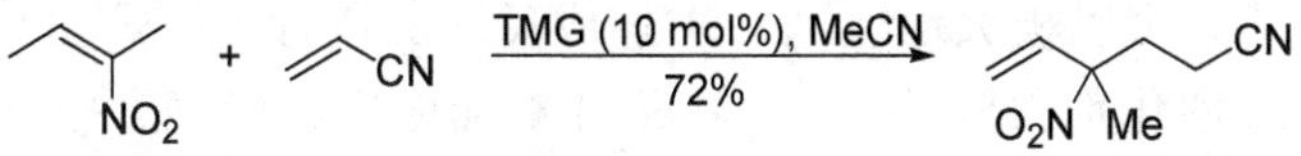

TMG (10 mol%), MeCN, 72% (75)

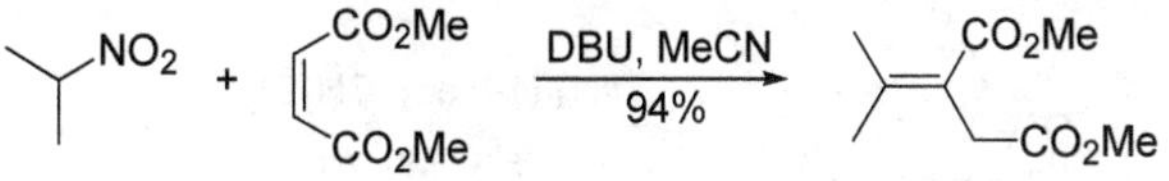

DBU, MeCN, 94% (76)

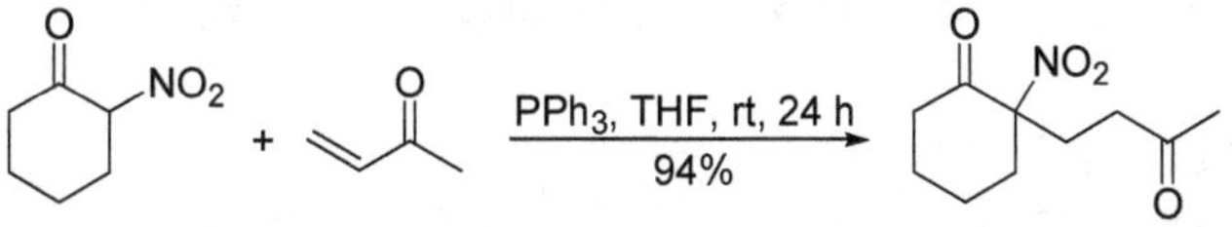

PPh_3, THF, rt, 24 h, 94% (77)

许多相转移催化剂也被用于 Michael 反应，最常用的是四烷基卤化铵 (特别是氟化铵)。在非质子溶剂中，氟离子季铵盐的碱性比三烷基胺稍强，但明显弱于金属烷氧化物[46a]。如式 78 所示[67]：在四丁基氟化铵 (TBAF) 的催化下，丙二烯化合物与丙烯酸甲酯反应可以得到 88% 的加成产物。又如式 79 所示[68]：在四丁基溴化铵 (TBAB) 的催化下，硝基烷烃与丙炔酸甲酯的反应在室温和 1 h 内即可完成。

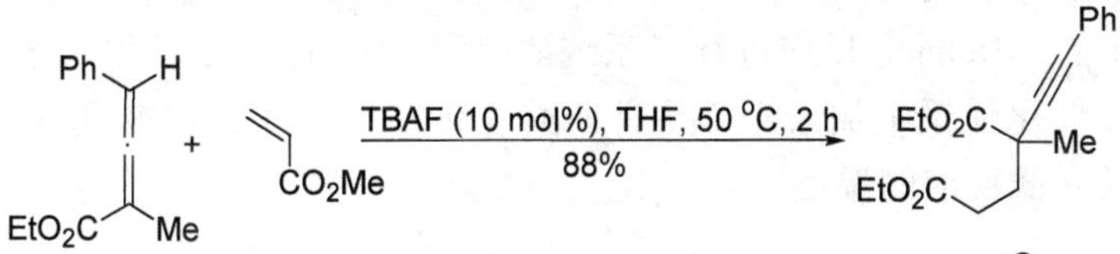

TBAF (10 mol%), THF, 50 °C, 2 h, 88% (78)

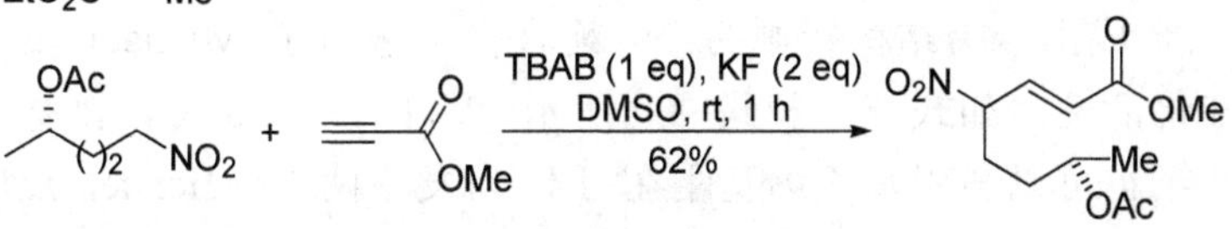

TBAB (1 eq), KF (2 eq), DMSO, rt, 1 h, 62% (79)

2008 年，Ebrahimi 报道了一例无溶剂的 Michael 反应。在该反应中，使用 $LiClO_4$ 和 Et_3N 作为催化剂可以得到非常优异的结果 (式 80 和式 81)[69]。

$LiClO_4$ (5 mol%), Et_3N (1 mol%), neat, rt
R = R^1 = Ph, 5 min, 97%
R = Ph, R^1 = Me, 30 min, 97%
R = H, R^1 = Me, 60 min, 97%
R, R^1 = -$(CH_2)_3$-, 45 min, 90%
(80)

$LiClO_4$ (5 mol%), Et_3N (1 mol%), neat, rt
Ar = Ph, 30 min, 97%
Ar = 3-$NO_2C_6H_4$, 50 min, 95%
Ar = 2-$MeOC_6H_4$, 60 min, 90%
(81)

3.3.2 Lewis 酸试剂

Majetich 等人发现：在链状 α,β-不饱和酮的 Hosomi-Sakurai 反应体系中加入路易斯酸 $TiCl_4$，可以极大地促进 1,4-加成反应的进行。如式 82 所示[70]：使用季铵盐 TBAF 催化剂得到的是 1,2- 和 1,4-加成产物的混合物 (50%)；而换用 $TiCl_4$ 则以 89% 的产率得到单一的 1,4-加成产物。

$TiCl_4$ (1.0 eq), CH_2Cl_2, –78 °C, 30 min, 89%
(82)

3.3.3 金属试剂

虽然强碱催化的 Michael 反应可以得到很高的产率，但许多时候会引起碱敏性副反应。最有价值的改进方法是使用过渡金属化合物和镧系金属化合物作为催化剂，因为这些反应可以在中性条件下完成[71]。

1972 年，Saegusa 等[72]报道了第一例过渡金属催化的 Michael 反应。在该反应中，氧化亚铜与异腈原位生成的配合物被成功地用于催化 1,3-二羰基化合物与甲基乙烯基酮的加成反应。1980 年起，Watanabe 等人[73]对 Ni、Co 和 Fe 金属配合物催化的 Michael 反应进行了系统的研究。他们发现：使用无水 $FeCl_3$ 作为催化剂、在催化体系中加入少量路易斯酸 (例如：BF_3) 或者使用高聚物负载催化剂均可以降低反应的温度[74]。

Tanaka 等人合成出一类结构新颖的 Ni 配合物，它们在 Michael 反应中表现出非常高的催化活性。如式 83 和式 84 所示[75]：即使在 0 °C，氰基乙酸乙酯中的两个活性氢也可以与甲基乙烯基酮在 1 h 内发生两次 Michael 反应。

NC-CH$_2$-CO$_2$Et + CH$_2$=CH-CO-CH$_3$ —[Cat. 4 (5 mol%), (i-Pr)$_2$NEt (10 mol%), CH_2Cl_2, 0 °C, 1 h; quant.]→ NC-C(CO$_2$Et)(CH$_2$CH$_2$COCH$_3$)$_2$ (83)

NC-CH(CH$_3$)-CO$_2$Et + CH$_2$=CH-CO-CH$_3$ —[Cat. 4 (5 mol%), (i-Pr)$_2$NEt (10 mol%), CH_2Cl_2, rt, 4.5 h; 99%]→ NC-C(CH$_3$)(CO$_2$Et)CH$_2$CH$_2$COCH$_3$ (84)

Cat. 4 = [Ni(L)]$^+$ BF^- (O, N—Ni—N, O, L)

1993 年，Scettri 等人[76]首次将镧系氯化物 $EuCl_3$ 用于催化 Michael 反应。随后，Feringa 等人[77]报道了 $Yb(OTf)_3$ 催化的水相 Michael 反应。如式 85 所示：该反应具有条件简单、转化率高、后处理方便和催化剂可以重复使用的多重优点。

(O, O, OEt) + (O) —[$Yb(OTf)_3$ (10 mol%), H_2O, rt, 3 d; > 98%]→ (O, O, OEt, O) (85)

1997 年，金属催化的 Michael 反应出现了一个重要的突破。有人报道使用 $FeCl_3{\cdot}6H_2O$ 可以在室温下催化 β-二酮或 β-酮酸酯与甲基乙烯基酮的反应，大多数底物都能得到定量的产率 (式 86)[78]。在该反应中，催化剂的用量可以低至 1 mol%，反应不需要使用有机溶剂和无氧无水条件，几乎没有任何副反应发生。

(O, O, OEt) + (O) —[$FeCl_3{\cdot}6H_2O$ (1 mol%), H_2O, rt, 12 h; 94%]→ (O, O, OEt, O) (86)

3.3.4 Brønsted 酸催化剂

使用 Brønsted 酸催化 Michael 反应的历史可以追溯到上世纪初[79]。1951 年，Stephens 等人[80]明确提出盐酸可以加速硫醇化合物与 4-甲基-2-戊酮的 Michael 反应。如式 87 所示[81]：有人使用 TSOH 催化的分子内 Michael 反应的产率可以达到 80%。后来又有人发现：一些在传统 Michael 反应条件下不能进行的反应，改用 Brønsted 酸催化后便可以顺利进行。如式 88 所示[82]：烯基亚胺与 1,3-二羰基化合物在碱性条件下不能发生 Michael 反应，而在催化量

TSOH 的存在下却可以得到 50% 的 Michael 反应产物。

TsOH (25 mol%), $ClCH_2CH_2Cl$, reflux, 24 h
80%
(87)

1. TsOH (2 mol%), PhH, rt, 24 h
2. H_2O
50%
(88)

Tf_2NH 是已知最强的 Brønsted 酸之一[83]，在许多酸催化的有机反应中表现出优异的催化能力[84]。2003 年，Spencer 等人[85]成功地将该催化剂用于氮、氧和硫等杂原子的 Michael 反应。如式 89 所示：在室温和 Tf_2NH 的催化下，1-苯基-2-戊烯-1-酮与苄基碳酰胺反应 10 min 即可定量地得到相应的 1,4-加成产物。在类似的条件下，乙基乙烯基酮与萘甲醇的 *O*-Michael 反应可以得到 89% 的产率 (式 90)。由于硫醇化合物会毒化金属催化剂，通常不能使用该类催化剂来催化 *S*-Michael 反应。这时，将 Tf_2NH 用作 *S*-Michael 反应的催化剂是一个很好的选择 (式 91)。

H_2NCbz — Tf_2NH (10 mol%), MeCN, rt, 10 min, 98%
(89)

Tf_2NH (10 mol%), MeOH, rt, 12 h, 89%
(90)

HSR — Tf_2NH (10 mol%), CH_2Cl_2, rt, 10 min
R = Bn, R^1 = H, R^2 = H, R^3 = Et, 91%
R = Bn, R^1 = Me, R^2 = H, R^3 = Et, 93%
R = Bn, R^1 = Me, R^2 = Me, R^3 = Me, 98%
(91)

3.3.5 其它反应体系

Kumar 等人最近报道：Michael 反应可以在 PEG-400 介质中进行，不需要额外加入其它试剂和溶剂。由于 PEG-400 可以回收和重复使用，该反应非常符合当前绿色化学的需求 (式 92~式 94)[86]。

PEG-400, 130 °C
Ar = Ph, 1 h, 63%
Ar = 4-ClC_6H_4, 2.5 h, 74%
(92)

PEG-400, 130 °C; R = NH_2, Ar = Ph, 12 h, 91%; R = NH_2, Ar = 4-ClC_6H_4, 11 h, 87% (93)

PEG-400, 130 °C, 5 h; 92% (94)

4 不对称 Michael 反应综述

4.1 不对称 Michael 反应的类型

在 Michael 反应中生成手性加成产物的方法主要有三种类型[87]。一种是使用非手性给体与手性受体进行反应，由受体的手性来诱导产物的手性。例如：二烷基铜锂与带有手性取代基的 α,β-不饱和酯发生 Michael 反应，可以得到 90%~96% ee 的加成产物 (式 95)[88]。又例如：芳基二硫代缩醛化合物 **36** 与手性受体 **37** 反应，产物的对映选择性大于 98% ee (式 96)[89]。

1. R_2CuLi, Et_2O, 0 °C; 2. H_3O^+; 80%~90%, 90%~96% ee (95)

36 + **37** → n-BuLi, THF, –78 °C~rt; 60%

1. Raney Ni, DME, 0 °C; 2. H_2, Pd/C, AcOH/H_2O, 6.5 h; 52%, > 98% ee (96)

另一种方法是使用手性给体与非手性受体进行反应，由给体的手性来诱导产物的手性。例如：手性烯胺化合物 **38** 与受体化合物 **39** 发生反应，产物的对映选择性大于 90% ee (式 97)[90]。

38 + 39 (Ar/NO$_2$) —— 1. Et_2O, –80 °C~rt, 6 h; 2. aq. HCl, EtOH, 60 °C, 30 min; 68%~80%, > 90% ee (97)

由于手性给体并不容易获得，使该方法在应用上受到了很大的限制。因此，人们尝试采用将手性配体与非手性给体形成手性金属配合物的方法来制备手性给体。研究表明：这些手性金属配合物与前手性的 Michael 受体进行反应，可以得到较高的对映选择性。如式 98 所示[91]：二丁基铜锂与手性羟基配体生成的配合物与环己烯酮的反应可以得到 92% ee 的加成产物。

LiCu(OL*)Bu-*n*, THF, –78 °C, 1.5 h; 92% ee (98)

L*OH = Ph(OH)CH–CH(CH_3)–N(Me)–CH_2CH_2–NMe_2

但是，该方法仍然存在一定的缺陷。例如：需要使用化学计量或者超过化学计量的金属盐以及手性配体。又例如：一种特定的手性金属配合物往往只能与一种或很少几种 Michael 受体反应时能得到预期的对映选择性，因此不具有普遍意义。

第三种方法是目前最常用的一种方法，该方法使用催化量的手性化合物作为催化剂来实现非手性受体和非手性给体之间的不对称反应。

4.2 催化不对称 Michael 反应

4.2.1 手性金属配合物催化剂

1984 年，Brunner 等人[92]报道了第一例使用过渡金属催化的不对称 Michael 反应。如式 99 所示：在 $Co(acac)_2$ 和手性二苯基乙二胺原位生成的配合物催化下，1,3-二羰基化合物与甲基乙烯基酮以 50% 的产率和 66% ee 得到了相应的 Michael 加成产物。

$Co(acac)_2$ (4.4 mol%), L* (4.4 mol%), –50 °C, 64 h; 50%, 66% ee (99)

L* = PhCH(NH_2)–CH(NH_2)Ph

后来，Desimoni 等人[93]使用 1 mol% 的铜配合物作为催化剂，在同样的反应上不仅实现定量的化学产率，而且也将对映选择性提高到 73% ee (式 100)。在此后几十年中，金属催化不对称 Michael 反应已经成为催化不对称反应中的研究热点之一，反应的对映选择性不断得到提高。

Cat. 5 (1 mol%), –50 °C, 3 d; quant., 73% ee (100)

Cat. 5 = ... Cu ... HO ·H_2O

在催化不对称 Michael 反应中，常用的金属包括铜、镍、铑和镧系金属等，常用的配体包括联萘酚、TADDOL 和噁唑啉衍生物等。

4.2.1.1 手性铜配合物催化剂

1996 年，Feringa 等人[94]使用亚磷酰胺类配体 **40** 与 CuOTf 或 $Cu(OTf)_2$ 一起催化环己烯酮化合物与二乙基锌的不对称 Michael 反应，得到大于 60% ee 的对映选择性 (式 101)。随后，Zhang 等人[95]将该配体用于查尔酮与二乙基锌的反应，产物的对映选择性最高可以达到 87% ee (式 102)。1997 年，Feringa 等人[96]又合成出了亚磷酰胺类配体 **41** (式 103)。实验证明：用 **41** 为

Et_2Zn, Cu salt (3 mol%), (*S*)-**40** (6.5 mol%)
R = H, CuOTf, 60% ee
R = H, $Cu(OTf)_2$, 63% ee
R = Me, $Cu(OTf)_2$, 81% ee (101)

Et_2Zn, $Cu(OTf)_2$ (3 mol%), (*S*)-**40** (6.5 mol%); 87% ee (102)

R'_2Zn, $Cu(OTf)_2$ (3 mol%), (S_a,*R*,*R*)-**41** (4 mol%)
R = H, R' = Et, > 98% ee
R = H, R' = Me, > 98% ee
R = H, R' = *i*-Pr, 94% ee
R = Ph, R' = Et, > 98% ee (103)

(*S*)-**40**　　(S_a,*R*,*R*)-**41**

配体催化的反应可以得到非常优异的对映选择性，反应中所用给体和受体的位阻不会影响反应的对映选择性。到目前为止，该配体已经成为铜催化的不对称 Michael 反应中最常用的手性配体之一[97]。

Reetz 将二茂铁与两分子的 BINOL 连接，制备出了结构新颖的配体 **42**。如式 104 所示[98]：在该配体形成的配合物催化下，不饱和环内酯受体反应的对映选择性可以达到 98% ee。

Et_2Zn, $Cu(OTf)_2$ (1 mol%), (*R*,*R*)-**42** (1 mol%)
X = CH_2, *n* = 1, 96% ee
X = CH_2, *n* = 2, 93% ee
X = O, *n* = 1, 98% ee
(104)

(*R*,*R*)-**42**

1997 年，Seebach 首次将 TADDOL-Cu 催化剂用于不对称 Michael 反应。如式 105 所示[99]：α,β-不饱和环酮与丁基镁格氏试剂的反应可以得到中等的对映选择性。Alexakis 将磷引入 TADDOL 配体合成出配体 **43**，仅使用 1 mol% 的该配体即可将环己烯酮与二乙基锌反应的对映选择性提高到 96% ee (式 106)[100]。

n-BuMgCl, **Cat. 6** (5~10 mol%)
n = 1, (*R*,*R*)-**Cat. 6a**, 64% ee
n = 1, (*S*,*R*)-**Cat. 6b**, 78% ee
n = 2, (*R*,*R*)-**Cat. 6a**, 74% ee
n = 2, (*S*,*R*)-**Cat. 6b**, 82% ee
(105)

(*R*,*R*)-**Cat. 6a** X = OLi
(*S*,*R*)-**Cat. 6b** X = NMe_2

Et_2Zn, $Cu(OTf)_2$ (0.5 mol%)
(*R*,*R*,*S*,*R*)-**43** (1 mol%)
96% ee
(106)

(*R*,*R*,*S*,*R*)-**43**

Evans 等人将双噁唑啉与铜盐生成的配合物用于催化丙二酸酯或噁唑烷酮的不对称 Michael 反应[101]。如式 107~式 109 所示：该催化剂在反应中起到手性路易斯酸的作用，所得产物的对映选择性均在 93% ee 以上。

R–CH=C(CO_2Me)$_2$ + t-BuS–C(OSiMe$_3$)=CH$_2$ →[(S,S)-**Cat. 7** (10 mol%), $(CF_3)_2CHOH$; R = Ph, 93% ee; R = c-Hex, 95% ee; R = i-Pr, 93% ee] t-BuS(O)C–CH$_2$–CH(R)–CH(CO_2Me)(CO_2Me) (107)

EtO$_2$C–CH=CH–C(O)–N(oxazolidinone) + Ph–C(OSiMe$_3$)=CH–R →[(S,S)-**Cat. 7** (10 mol%), $(CF_3)_2CHOH$; R = Me, 92% ee, 95% ds; R = Et, 94% ee, > 99% ds; R = i-Pr, 94% ee, > 99% ds] Ph–C(O)–CH(R)–CH(CO_2Et)–CH$_2$–C(O)–N(oxazolidinone) (108)

Cl$_3$C–CH$_2$–O–C(O)–N=N–C(O)–N(oxazolidinone) + Ph–C(OSiMe$_3$)=CH–R →[(S,S)-**Cat. 7** (5 mol%), $(CF_3)_2CHOH$; R = Me, 92% ee, 99% ds; R = Et, 94% ee, 98% ds; R = i-Pr, 94% ee, 98% ds] Ph–C(O)–C*H(R)–N(CO$_2$CH$_2$CCl$_3$)–NH–C(O)–N(oxazolidinone) (109)

2+ 2SbF$^-$; t-Bu ; Cu ; Bu-t ; (S,S)-**Cat. 7**

4.2.1.2 手性镍配合物催化剂

镍催化的不对称 Michael 反应的立体选择性一般不如铜催化的好，并且对底物的适用范围比较窄。但是，该类配合物仍然是不对称 Michael 反应中常用的催化剂。

1988 年，Soai 等[102]报道了第一例镍催化的不对称 Michael 反应。如式 110 所示：他们使用手性胺基醇配体 **44** 与 $Ni(acac)_2$ 原位生成的手性催化剂作用于查尔酮与二乙基锌的反应，得到了 47% 的产率和 90% ee。Bolm 等人[103]使用类似的配体 **45** 催化同样的反应，明显地改善了产物的化学产率。但是，使用具有类似结构的胺基硫醇作为配体却会引起对映选择性的下降[104]。

4-R-C$_6$H$_4$–CH=CH–C(O)Ph →[Et_2Zn, $Ni(acac)_2$, **L**; R = H, **L** = (1S,2R)-**44**, 90% ee; R = H, **L** = (R)-**45**, 86% ee; R = Cl, **L** = (R)-**45**, 90% ee] 4-R-C$_6$H$_4$–CH(Et)–CH$_2$–C(O)Ph (110)

44: $(n\text{-Bu})_2N$–CH(Me)–CH(OH)–Ph

45: 6-Ph-pyridin-2-yl–CH(OH)–Bu-t

由于催化活性的原因，一些胺基醇配体与镍形成的手性催化剂只能催化查尔酮类化合物与二乙基锌的反应。2000 年，Christoffers 使用 (1*R*,2*R*)-1,2-环己二胺配体 [(*R*,*R*)-**46**] 与 $Ni(OAc)_2 \cdot 4H_2O$ 原位生成的手性配合物催化六员环 *β*-酮酯与甲基乙烯基酮的反应 (式 111)[105]。该催化剂对水和空气均不敏感，因此操作很容易进行。虽然反应产物的产率只有 37%，但对映选择性却可以达到 90% ee。遗憾的是，该催化剂在五员环 *β*-酮酯的反应中一般给出较低的对映选择性。

$Ni(OAc)_2 \cdot 4H_2O$ (5 mol%), (*R*,*R*)-**46** (37.5 mol%)
n = 1, R = Et, 37%, 91% ee
n = 0, R = Et, 40% ee
n = 0, R = *i*-Bu, 74% ee　　(111)

与碳亲核试剂相比，硫亲核试剂很少用于立体选择性 Michael 反应。Kanemasa 等人使用三齿手性配体 DBFOX/Ph 与镍盐原位生成的催化剂可以高效地催化苯硫酚化合物与噁唑烷酮化合物的不对称 Michael 反应，所得产物的对映选择性高达 97% ee (式 112)[106]。

DBFOX/Ph (10 mol%), 1,8-diaminonaphthalene (10 mol%), $Ni(ClO_4)_2 \cdot 6H_2O$ (10 mol%), 97% ee　　(112)

DBFOX/Ph

4.2.1.3 手性碱土金属配合物催化剂

自 20 世纪 80 年代以来，碱土金属就经常被用作不对称 Michael 反应的催化剂，但通常只能得到中等的对映选择性。如式 113 和式 114 所示[107]：Toke 使用手性冠醚与叔丁醇钾或叔丁醇钠生成的配合物为催化剂可以得到 84% ee 的产物。

$CH_2=CHCO_2Me$ + $PhCH_2CO_2Me$ → (**47** (6 mol%), *t*-BuOK (34 mol%), 84% ee) → MeO_2C–CH(Ph)–CH_2CH_2–CO_2Me　　(113)

PhCH=CHCOPh + $(CH_3)_2CHNO_2$ → (**48** (7 mol%), *t*-BuONa (35 mol%), 84% ee) → O_2N–C(Me)₂–CH(Ph)–CH_2COPh　　(114)

Tomioka 使用 2-三甲基硅基苯硫酚与 α,β-不饱和酯的加成反应是一类特殊的例子，产物的对映选择性普遍高于 93% ee (式 115)[108]。

$$\text{(115)}$$

49 (10 mol%), 2-$Me_3SiC_6H_4SLi$ (8 mol%)

(R,R)-49

R = Me, 97% ee
R = Et, 93% ee
R = i-Bu, 94% ee
R = Bn, 95% ee

4.2.1.4 其它金属手性配合物催化剂

为了提高反应的对映选择性，近年来人们还尝试了一些手性钌和铑配合物催化剂在不对称 Michael 反应中的应用。如式 116 所示[109]：Ito 等人使用双膦配体 PhTRAP 与铑形成的配合物作为催化剂，在 2-氰基丙酸酯与各种 α,β-不饱和酮或丙烯基醛的反应中得到了 83%~92% ee。

$$\text{(116)}$$

$RhH(CO)(PPh_3)_3$ (0.1~1 mol%)
(S,S,R,R)-PhTRAP (0.1~1 mol%)

(S,S,R,R)-PhTRAP

R^1 = 4-$MeOC_6H_4$, R^2 = i-Pr, 89% ee
R^1 = Et, R^2 = CH(i-Pr)$_2$, 91% ee
R^1 = H, R^2 = CH(i-Pr)$_2$, 92% ee

1998 年，Hayashi 和 Miyaura[110]报道了 (S)-BINAP 与 $Rh(acac)(C_2H_4)_2$ 原位生成的手性配合物，并在芳基硼酸或烯基硼酸与 α,β-不饱和酮的 Michael 反应中得到高度的对映选择性 (式 117)。事实上，这也是目前最有效的铑催化体系。如式 118 所示：即使是与选择性最差的受体环戊烯酮反应也可以得到 97% ee 的产物。

$$\text{(117)}$$

$PhB(OH)_2$, $Rh(acac)(C_2H_4)_2$ (3 mol%)
(S)-BINAP (3 mol%)
92% ee

$PhB(OH)_2$, $Rh(acac)(C_2H_4)_2$ (3 mol%)
(*S*)-BINAP (3 mol%)
n = 1, 97% ee
n = 2, 93% ee
n = 0, 97% ee
(118)

除各种取代硼酸类的 Michael 给体外[110a,110b]，该催化剂还适用于烯基邻苯二酚硼酸酯[110c]以及原位生成的芳基硼酸酯[110d]等给体。但是，该催化体系不适用于简单烷基取代的 Michael 给体。该催化剂适用的受体范围也很宽，α,β-不饱和酯 (式 119)[111]、烯基膦酸酯 (式 120)[112]和硝基烯烃 (式 121)[113]等受体均可在该催化剂作用下反应。如果受体中具有合适的位阻条件，反应产物的对映选择性可以高于 95%ee。

$Li^+[PhB(OMe)_3]^-$, $Rh(acac)(C_2H_4)_2$
(3 mol%), (*S*)-BINAP (3 mol%)
R = Et, 91% ee
R = *t*-Bu, 96% ee
(119)

$(PhBO)_3$, $Rh(acac)(C_2H_4)_2$
(3 mol%), (*S*)-BINAP (3 mol%)
96% ee
(120)

$PhB(OH)_2$, $Rh(acac)(C_2H_4)_2$ (3 mol%)
(*S*)-BINAP (3 mol%), aq. dioxane, 100 °C, 3 h
89%, 98.5% ee
(121)

Mezzetti 等人使用手性钌催化剂 $RuCl_2(PNNP)$ 催化甲基乙烯基酮与 1,3-二酮化合物的 Michael 反应，在乙醚和二氯甲烷的混合溶剂中可以得到定量的产率和 93% ee (式 122)[114]。

$[RuCl_2(PNNP)]$ (5 mol%), $(Et_3O)PF_5$
(10 mol%), Et_2O-DCM (1:1), rt, 18 h
> 99%, 93% ee
PNNP =
(122)

Feng 等人使用镧系金属与手性 *N,O*-化合物原位生成的配合物催化硝基烷烃与芳基硝基烯烃的 Michael 反应，可以得到较好的产率和对映选择性 (式 123)[115]。

$La(OTf)_3$ (10 mol%), **L*** (12 mol%)
imidazole (10 mol%), CH_2Cl_2, 30 °C
(123)

L* =

R = Ph, 80%, *syn*:*anti* = 93:7, 96%
R = 4-$MeOC_6H_4$, 88%, *syn*:*anti* = 88:12, 96%
R = 4-BrC_6H_4, 88%, *syn*:*anti* = 89:11, 96%
R = 2-naphthyl, 71%, *syn*:*anti* = 92:8, 92%
R = *i*-Pr, 22%, *syn*:*anti* = 78:22, 83%

4.2.1.5 手性双金属配合物催化剂

手性双金属配合物是一种特殊的催化剂，两种金属对反应的对映选择性可以起到不同的作用[116]。Shibasaki 最早将碱金属、镧与手性 BINOL 形成的双金属配合物用来催化丙二酸酯与受体的加成反应，在环状和链状受体的反应中都能获得很高的对映选择性。其中，La-Na-BINOL 配合物 (LSB) 对前手性的 β-酮酯与甲基乙烯基酮的加成反应表现出很好的选择性 (式 124 和式 125)[117]。但是，在 β-酮酯与 α,β-不饱和环酮的加成反应中，使用 Ga-Na-BINOL (GaSB) 或者 Al-Li-BINOL (ALB) 配合物能得到更高的对映选择性 (式 126)[118~120]。

CO_2Et + ; LSB (5 mol%), 91% ee; COMe, CO_2Et (124)

CO_2Bn + ; LSB (5 mol%), 89% ee; COMe, CO_2Bn (125)

CO_2Bn, CO_2Bn + ; **Cat.** (10 mol%); CO_2Bn, CO_2Bn (126)

n = 1, (*R*,*R*,*R*)-LSB, 88% ee
n = 1, (*R*,*R*)-GaSB/*t*-BuONa (9 mol%), 98% ee
n = 1, (*R*,*R*)-ALB, 99% ee
n = 2, (*R*,*R*)-GaSB/*t*-BuONa (9 mol%), > 99% ee
n = 1, (*R*,*R*)-ALB, 97% ee
n = 0, (*R*,*R*)-GaSB/*t*-BuONa (9 mol%), 98% ee

(*R*,*R*,*R*)-LSB (*R*,*R*)-GaSB (*R*,*R*)-ALB

4.2.2 有机小分子催化剂

近年来，有机小分子催化由于具有环境友好、原子经济性以及操作简便等特点被广泛用于各种不对称催化反应。在种类繁多的有机小分子催化剂中，脯氨酸类、硫脲类和金鸡纳碱类催化剂表现出卓越的对映诱导能力[121]。

由 Michael 反应的机理可知 (式 127)，给体对受体的 β-碳原子进行不对称加成的对映选择性可以通过两种方法实现：(1) 使用手性碱夺去 Michael 给体 NuH 中的质子形成手性离子对，接着对受体进行不对称加成；(2) 使用非手性碱在水相中夺去 Michael 给体 NuH 中的质子形成 Nu^-，然后与手性相转移催化剂结合形成手性离子对，最后被转移至有机相对受体进行不对称加成。这两种方法为亲核进攻提供了一个手性的环境，被认为是传统的有机小分子催化方法。

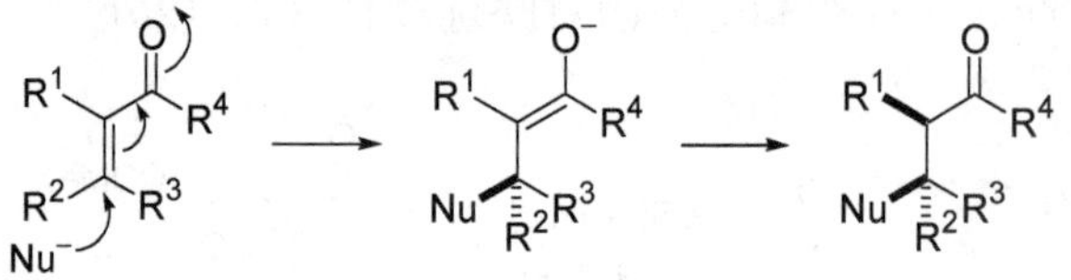

(127)

近年来，在有机小分子催化的不对称 Michael 反应领域又出现了两种高效和实用的新方法。一种是对给体活化的过程，被称为烯胺催化的不对称 Michael 反应。如式 128 所示：如果亲核试剂是烯醇负离子，那么它可以与手性仲胺可逆地生成手性烯胺中间体，再与受体发生加成反应。另一种是对受体进行活化的过程，被称为亚胺催化的不对称 Michael 反应。如式 129 所示：使用手性胺通过可逆的缩合反应，首先将 α,β-不饱和酮受体转变成为手性亚胺离子。接着亲核试剂对其进攻形成手性烯胺中间体，最后经水解得到不对称 Michael 反应产物。

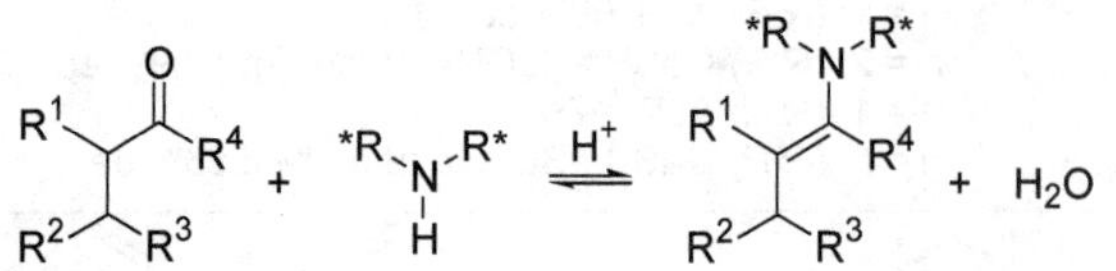

(128)

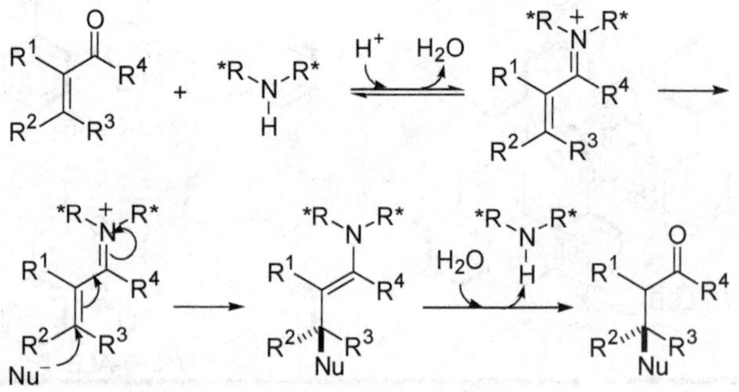

(129)

4.2.2.1 使用手性碱或手性相转移催化剂的方法

许多金鸡纳碱衍生物被用作不对称 Michael 反应的手性催化剂，部分代表性的结构式如图 1 所示。

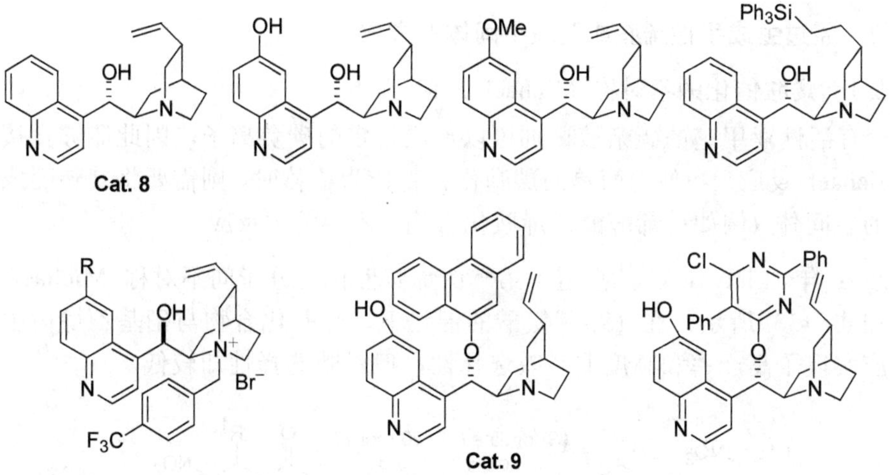

Cat. 8

Cat. 9

图 1 代表性的手性生物碱衍生物催化剂

1975 年，Wynberg 使用金鸡纳碱衍生物为催化剂，通过甲基乙烯基酮与 β-酮酯化合物的反应得到了含有手性季碳中心的 Michael 加成产物 (式 130)。虽然产物仅有 68% ee [6a]，但这是催化不对称 Michael 反应的第一个范例。

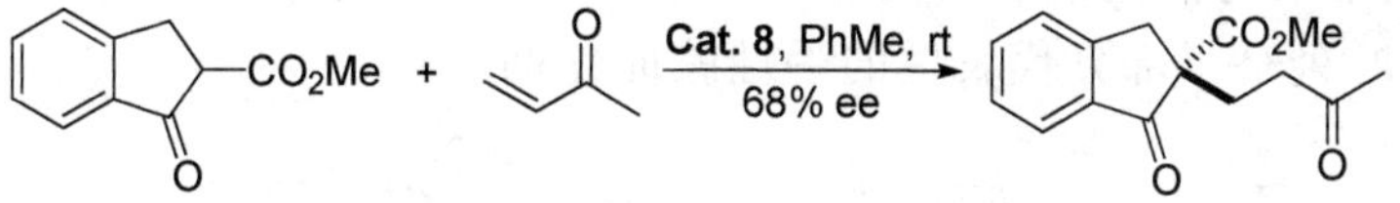

Cat. 8, PhMe, rt; 68% ee (130)

金鸡纳碱类催化剂具有良好对映选择能力的原因主要在于分子内存在奎宁环结构。由于奎宁环中氮原子的亲核性能，使其可以直接作为不对称催化的反应中心。其次，它还可以与卤化物反应生成季铵盐，因此也被用作相转移催化剂。其中，催化剂 **Cat. 9** (见图 1) 具有最广泛的底物适应性，在大多数情况下均能获得令人满意的产率和对映选择性。如式 131[122]和式 132[123]所示：在催化剂 **Cat. 9** 的存在下，β-酮酯化合物与丙烯醛的反应可以得到定量的产率和 95% ee；α-氰基乙酸酯化合物与苯磺酰基乙烯的反应可以得到 96% 的产率和 97% ee。

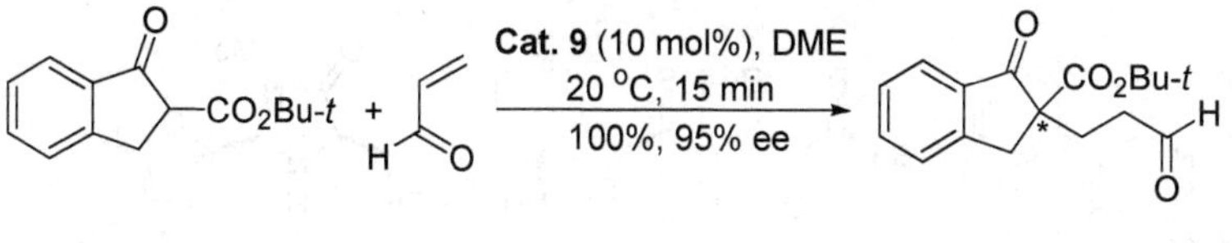

Cat. 9 (10 mol%), DME; 20 °C, 15 min; 100%, 95% ee (131)

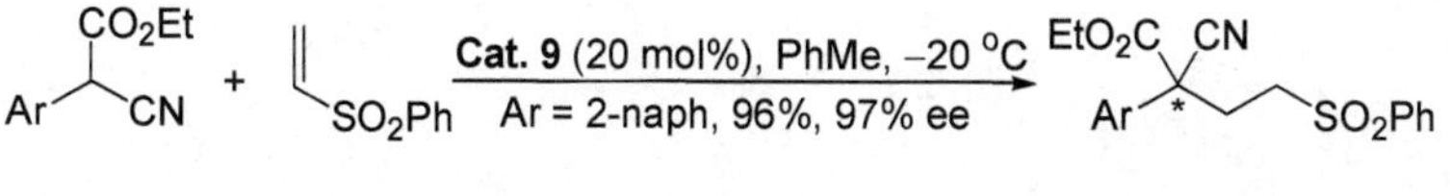

Cat. 9 (20 mol%), PhMe, –20 °C; Ar = 2-naph, 96%, 97% ee (132)

4.2.2.2 通过生成手性烯胺或亚胺中间体的方法

4.2.2.2.1 烯胺催化的不对称 Michael 反应

含有活性亚甲基的碳亲核试剂可以形成稳定的碳负离子，因此能够直接进行 Michael 反应。当使用简单的羰基化合物作为给体时，则需要将其转变成更活泼的中间体 (例如：烯醇醚或烯胺化合物) 才能发生反应。

2001 年，List 等人[124]报道了第一例烯胺催化的分子间不对称 Michael 反应。如式 133 所示：在 (*S*)-脯氨酸的催化下，羰基化合物与硝基乙烯衍生物的反应实现了高产率和高度非对映选择性，但对映选择性却较低。

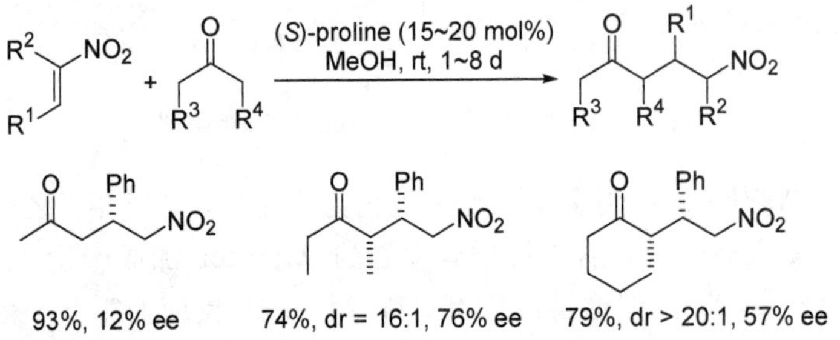

(*S*)-proline (15~20 mol%)
MeOH, rt, 1~8 d
(133)

93%, 12% ee　　74%, dr = 16:1, 76% ee　　79%, dr > 20:1, 57% ee

此后，人们不断对催化剂的结构进行改进，合成出一系列结构新颖的手性胺催化剂，图 2 列举了部分代表性的手性胺催化剂。

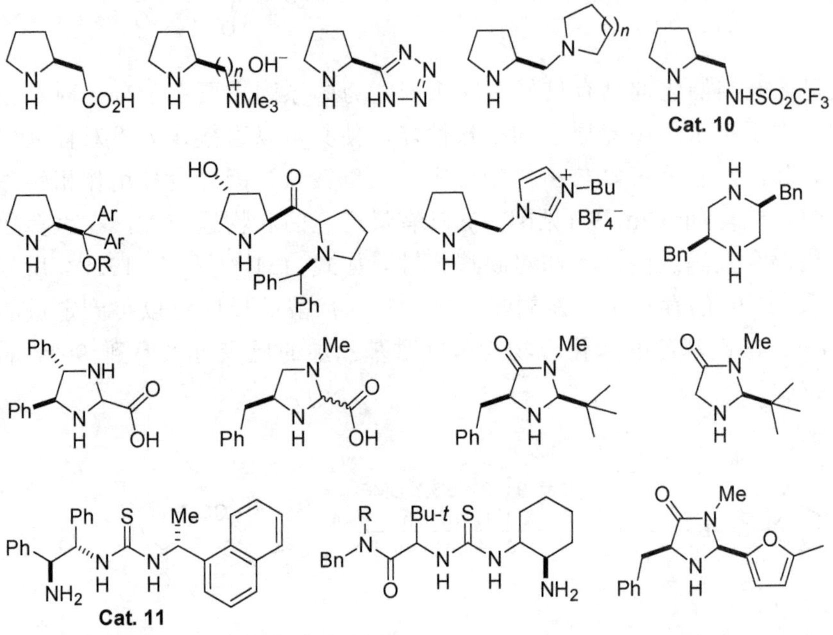

Cat. 10

Cat. 11

图 2

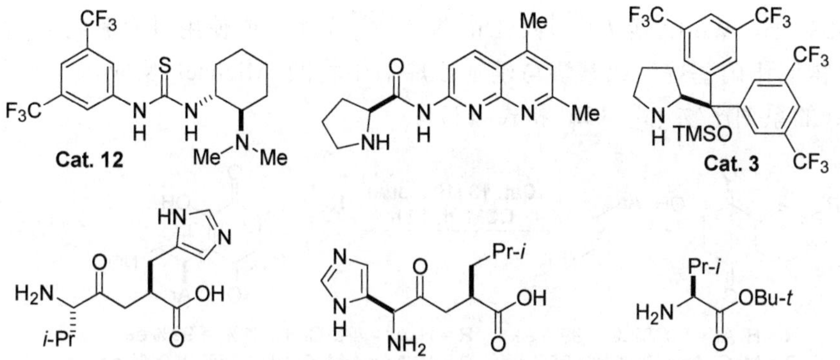

图 2 部分代表性的手性胺催化剂

现在，烯胺催化的不对称 Michael 反应已经可以获得大于 90% ee 的产物，部分反应的产物甚至可以达到 99% ee。如式 134 和式 135 所示[125~127]：在脯氨酸衍生物或硫脲催化剂的作用下，芳基取代的硝基烯烃与醛或酮的加成反应可以得到非常满意的结果。

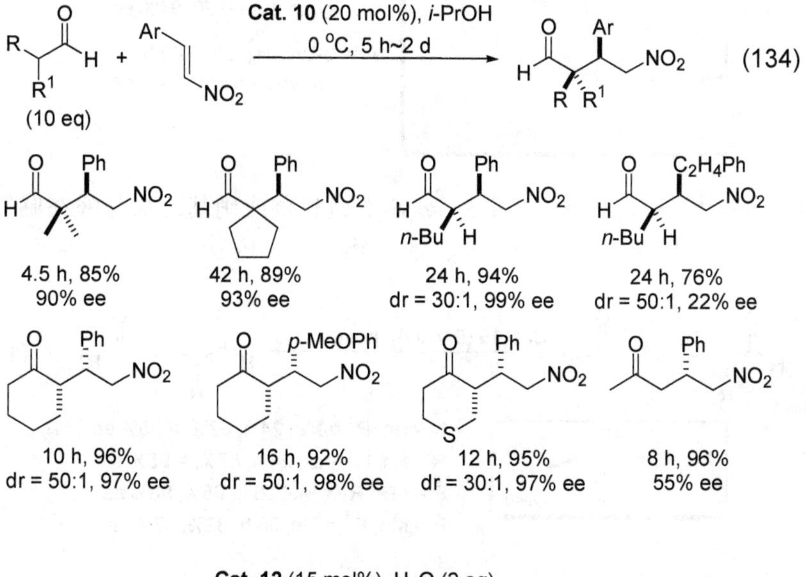

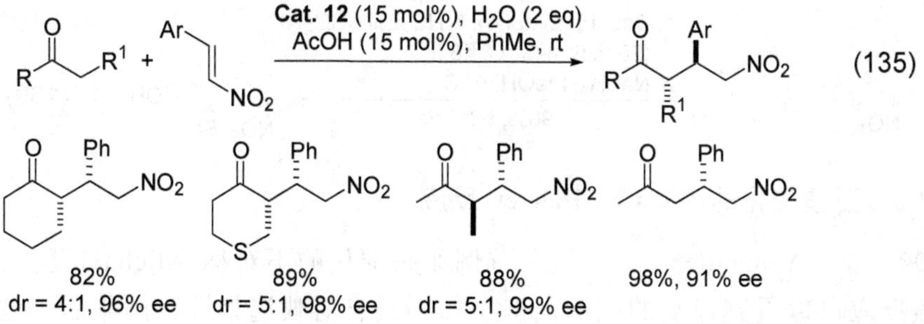

Cat. 10 (20 mol%), i-PrOH, 0 °C, 5 h~2 d (134)

(10 eq)

4.5 h, 85%, 90% ee | 42 h, 89%, 93% ee | 24 h, 94%, dr = 30:1, 99% ee | 24 h, 76%, dr = 50:1, 22% ee

10 h, 96%, dr = 50:1, 97% ee | 16 h, 92%, dr = 50:1, 98% ee | 12 h, 95%, dr = 30:1, 97% ee | 8 h, 96%, 55% ee

Cat. 12 (15 mol%), H_2O (2 eq), AcOH (15 mol%), PhMe, rt (135)

82%, dr = 4:1, 96% ee | 89%, dr = 5:1, 98% ee | 88%, dr = 5:1, 99% ee | 98%, 91% ee

2008 年，Wulff 等人[128]和 Du 等人[129]分别报道使用具有独特结构的硫脲化合物催化硝基烷烃或萘醌与硝基乙烯衍生物的 Michael 反应，得到了大于 90% ee 的系列产物 (式 136 和式 137)。

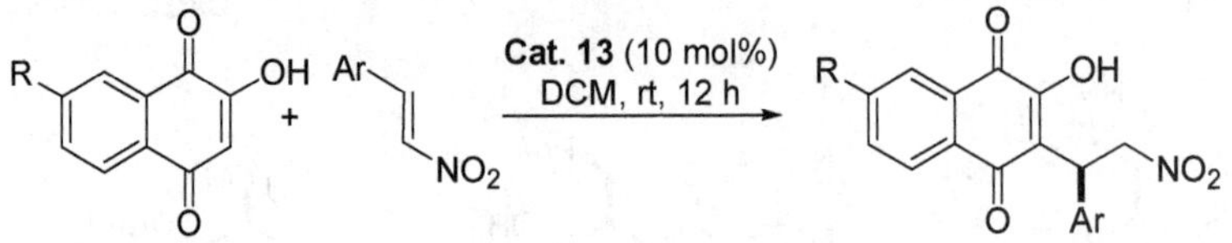

Cat. 13 (10 mol%), DCM, rt, 12 h (136)

R = H, Ar = Ph, 82%, > 99% ee　R = H, Ar = 4-BrC_6H_4, 81%, > 99% ee
R = MeO, Ar = Ph, 61%, 95% ee　R = H, Ar = 4-MeOC_6H_4, 75%, > 99% ee

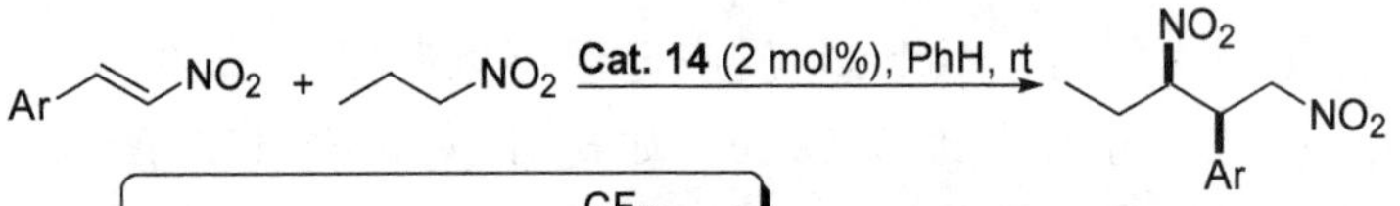

Cat. 14 (2 mol%), PhH, rt (137)

Cat. 14 =

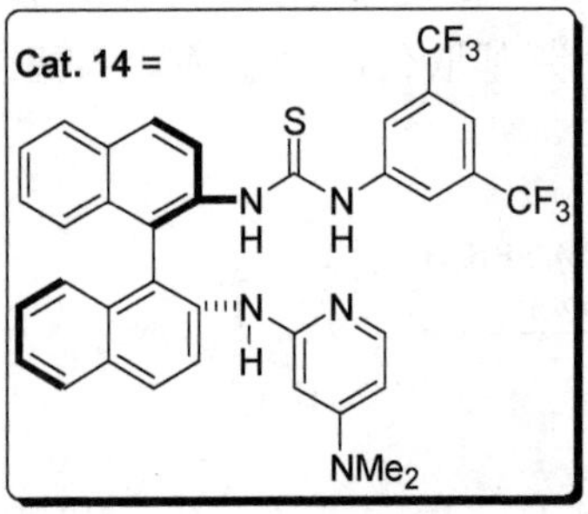

Ar = Ph, 80%, 40 h, *syn*:*anti* = 84:16, 95% ee
Ar = 2-MeOC_6H_4, 94%, 60 h, *syn*:*anti* = 80:20, 94% ee
Ar = 3-BrC_6H_4, 69%, 40 h, *syn*:*anti* = 90:10, 94% ee

如式 138[130]和式 139[131]所示：α,β-不饱和酮或硝基乙烯与醛在脯氨酸衍生物的催化下，可以得到大于 95% ee 的产物。

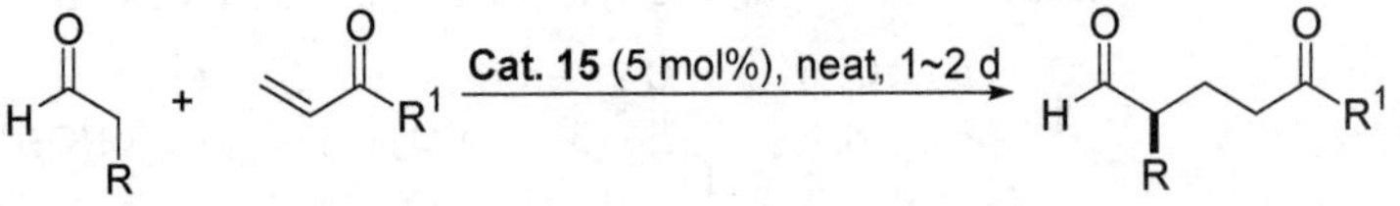

Cat. 15 (5 mol%), neat, 1~2 d (138)

Cat. 15 =

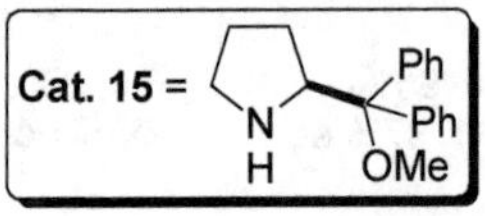

R = Bn, R^1 = Me, 24 h, 82%, > 95% ee
R = Bn, R^1 = Et, 24 h, 87%, > 95% ee
R = *i*-Pr, R^1 = Me, 36 h, 65%, 98% ee
R = Me, R^1 = Me, 36 h, 82%, 97% ee

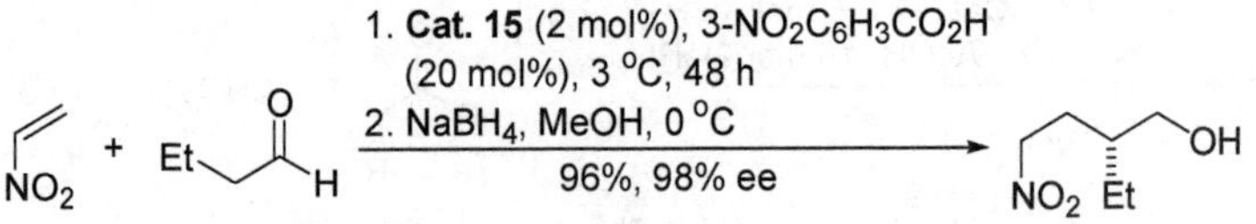

1. Cat. 15 (2 mol%), 3-$NO_2C_6H_3CO_2H$ (20 mol%), 3 °C, 48 h
2. $NaBH_4$, MeOH, 0 °C
96%, 98% ee (139)

4.2.2.2.2　亚胺催化的不对称 Michael 反应

1991 年，Yamaguchi 等报道了首例亚胺催化的不对称 Michael 反应[132]。虽然该反应可以得到很高的产率，但是却不具有对映选择性。两年后，他们使用脯氨酸的铷盐催化丙二酸二异丙基酯与 α,β-不饱和酮的 Michael 反应，得到了 35%~77% ee 的对映选择性 (式 140 和式 141)[133]。

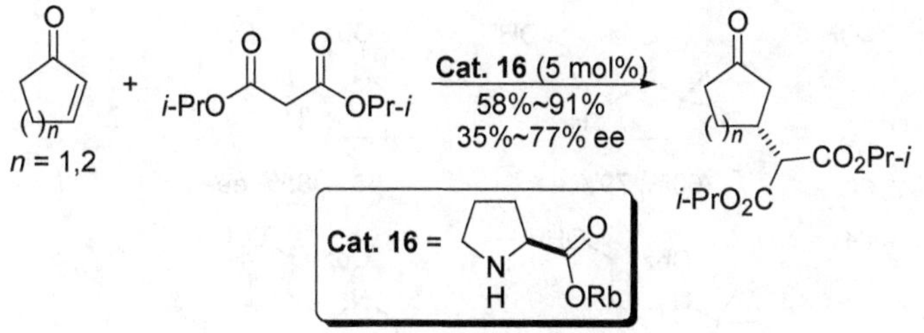

Cat. 16 (5 mol%)
58%~91%
35%~77% ee
(140)

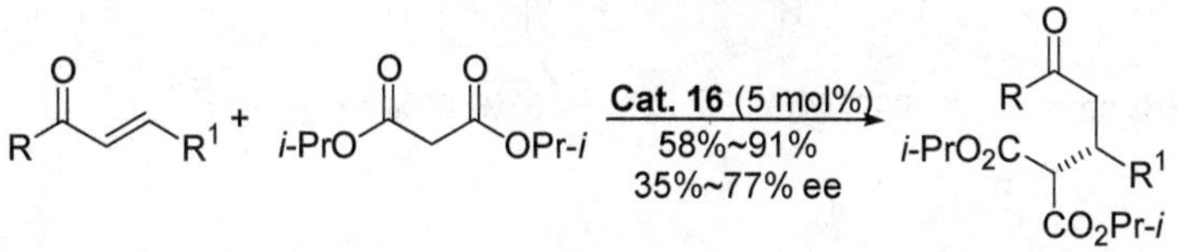

Cat. 16 (5 mol%)
58%~91%
35%~77% ee
(141)

在烯醇硅醚与 α,β-不饱和醛的 Mukaiyama-Michael 反应中，使用脯氨酸衍生物作为催化剂一般可以得到高度的对映选择性[134]。如式 142 所示[135]：Robichaud 等人使用脯氨酸衍生物催化的 Mukaiyama-Michael 反应，以高产率和较高的对映选择性得到了天然产物 Compactin 全合成的中间体 **50**。

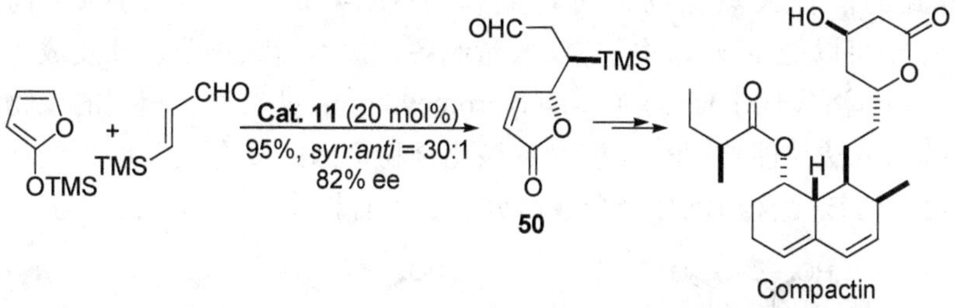

Cat. 11 (20 mol%)
95%, *syn*:*anti* = 30:1
82% ee
(142)

2007 年，Jørgensen 等人使用脯氨酸衍生物催化剂 **Cat. 3** 完成了苯甲醛肟与 α,β-不饱和醛的 *O*-Michael 反应。如式 143 所示[136]：生成的产物具有 88%~97% ee。

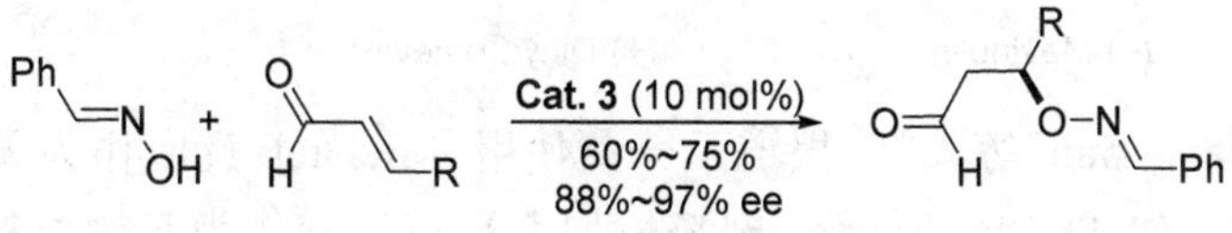

Cat. 3 (10 mol%)
60%~75%
88%~97% ee
(143)

Carter 等人使用上述相同的催化剂进行分子内 *N*-Michael 反应，合成出了一系列手性吡咯烷和手性哌啶化合物 (式 144)[137]。实验证明：氮原子邻位的位阻对反应的对映选择性有负面影响。当在氮原子的邻位没有取代基时，一般都可以得到大于 90% ee 的产物。

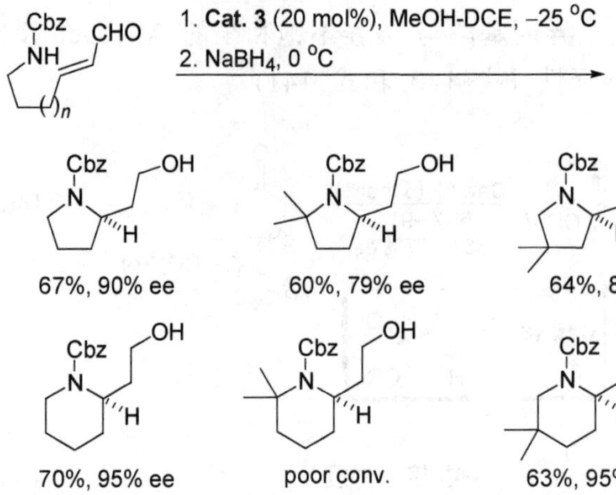

1. **Cat. 3** (20 mol%), MeOH-DCE, −25 °C
2. $NaBH_4$, 0 °C

(144)

67%, 90% ee　60%, 79% ee　64%, 85% ee

70%, 95% ee　poor conv.　63%, 95% ee

5 Michael 反应在天然产物和药物合成中的应用

5.1 (+)-Dihydromevinolin 的全合成

(+)-Mevinolin 及其类似物 (+)-Dihydromevinolin (式 145) 是从红曲霉菌的发酵液中分离得到的两种天然产物，可以用作 HMG-CoA 还原酶的抑制剂。(+)-Mevinolin 由于可以经生物发酵的方法大量制备，被美国默克公司开发成为降血脂药物 Mevacor (洛伐他丁)。而 (+)-Dihydromevinolin 虽然具有相同的生物活性，但生物发酵的方法只能在很小规模制备该化合物，因此没有被发展为候选药物。正因为如此，对该化合物进行全合成研究引起了有机化学家的广泛兴趣。

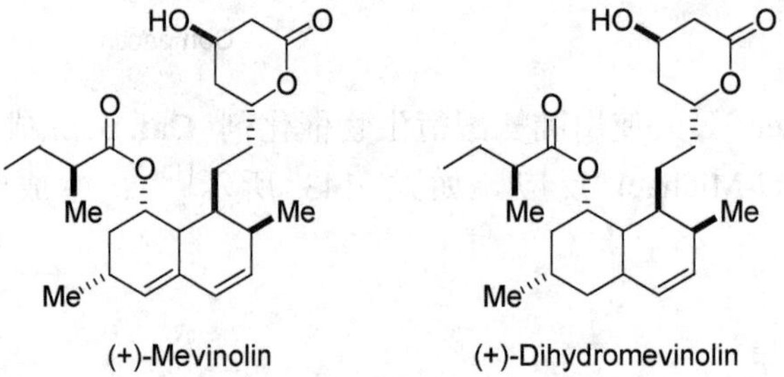

(145)

(+)-Mevinolin　(+)-Dihydromevinolin

1990 年，Hanessian 等人[138]报道了一条使用 Michael 反应作为关键步骤之一的全合成路线。如式 146 所示：该路线使用 L-谷氨酸作为起始原料，经数步反应首先得到硝基烷烃化合物 **51**。接着，在固相催化剂 Amberlyst A-21 的作用下与环戊烯酮化合物发生 Michael 反应，以 70% 的产率得到加成产物 **52**，完成了母核结构的构筑。然后，脱去硝基的中间体 **53** 再经过数步官能团转化构筑出环戊内酯结构。最后，脱去苄基保护基完成了 (+)-Dihydromevinolin 的全合成。

Amberlyst A-21, Et_2O, rt, 2 h, 70%

n-Bu_3SnH, AIBN, reflux, 30 min, 55%

(+)-Dihydromevinolin (146)

5.2 (–)-Paroxetine 和 (+)-Femoxetine 的全合成

(–)-Paroxetine 是美国 GlaxoSmithKline 公司生产的抗抑郁药 Paxil/Seroxat (帕罗西汀) 的化学成分。(+)-Femoxetine 是血液中复合胺再吸收的选择性抑制剂，可以被用于治疗抑郁症、强迫症和惊恐症。在这两个化合物的分子中都含有苯基哌啶母核结构，而且在其中的 C3 和 C4 位带有两个相互成反式取代的手性基团 (式 147)。关于它们的合成主要集中在酶催化的去对称化反应、手性辅助合成以及不对称去质子化反应等方面。在已有的全合成路线中，普遍需要通过 12~14 步反应才能完成。

(–)-Paroxetine　(+)-Femoxetine (147)

2006 年，Jørgensen 报道了一条简洁的合成路线，仅使用 6 步和 7 步反应分别完成了 (–)-Paroxetine 和 (+)-Femoxetine 的全合成[139]。该路线以有机小分子催化的不对称 Michael 反应作为关键步骤，也是首例使用有机小分子催化丙二酸酯对 α,β-不饱和芳香醛进行不对称 Michael 反应的报道。如式 148 所示：

在 (*S*)-脯氨酸衍生物的催化下，丙二酸二苄酯与 3-(4-氟苯基)-丙烯醛反应以 72% 的产率和 86% ee 得到手性中间体 **54**。接着，通过还原胺化反应构筑出手性内酰胺化合物 **55**。最后，再经过数步官能团转化，完成了 (–)-Paroxetine 的全合成。

Cat. 3 (10 mol%), EtOH, 0 °C, 4 d
R = F, (*S*)-**Cat.**, 72%, 86% ee

54 → **55** ⟹ (–)-Paroxetine (148)

(+)-Femoxetine 的全合成过程与 (–)-Paroxetine 的全合成类似。首先，使用丙二酸二苄酯与 3-苯基丙烯醛在 (*R*)-脯氨酸衍生物的催化下反应，以 75% 的产率和 90% ee 得到了构型相反的手性中间体 **54**。然后，使用与 (–)-Paroxetine 全合成相同的步骤完成了该化合物的合成。

5.3 (–)-Baclofen 的全合成

Baclofen 是 $GABA_B$ 受体的强激动剂，其药物名称为巴氯芬。它已经有 30 多年的临床应用，用于治疗由于脑部或脊髓损伤引起的肌肉痉挛、肌张力障碍和多发性硬化症等疾病。近年来，该药物又被证明可以治疗尼古丁等药物及酒精依赖症。市售的 Baclofen 为由两种对映异构体组成的混旋物，但是其中 (–)-Baclofen 的活性是其异构体的 100 倍。

2005 年，Takemoto 等人使用对氯苯甲醛为原料成功进行了 (–)-Baclofen 的全合成[140]。如式 149 所示：对氯苯甲醛与硝基甲烷反应后，脱去羟基形成硝基乙烯化合物 **56**。接着与丙二酸二乙酯在手性双官能团硫脲催化剂的作用下在室温进行不对称 Michael 反应，以 80% 的产率和 94% ee 得到手性加成产物 **57**，使用正己烷/乙酸乙酯经过一步简单的重结晶即可得到大于 99% ee 的单一对映异构体。将化合物 **57** 中的硝基还原后经过原位酰胺化得到环酰胺中间体 **58**。最后脱去酯基以及水解内酰胺官能团即生成了 (–)-Baclofen 盐酸盐产物。

56 → **57**: $CH_2(CO_2Et)_2$, **Cat. 13** (10 mol%), PhMe, rt, 24 h; 80%, 94% ee (> 99% ee after recrystallization)

→ **58** ⟹ (–)-Baclofen (NH_2·HCl) (149)

6 Michael 反应实例

例 一

2-(3-羰基环己基)-丙二酸二乙酯的合成[141]

(稳定的碳负离子与 α,β-不饱和羰基化合物的 Michael 反应)

NaOEt, EtOH, rt, 6 h 90% (150)

在 −5 °C 下，将环己烯酮 (8.7 g, 90.5 mmol) 的无水乙醇 (10 mL) 溶液缓慢滴加到乙醇钠 (5 mmol, 由 0.2 g 金属钠制备) 和丙二酸二乙酯 (15.0 g, 93.7 mmol) 的无水乙醇 (30 mL) 溶液中。将反应体系升至室温搅拌 6 h 后，加入少量乙酸分解体系中的乙醇钠。减压蒸去乙醇后的残余物溶于乙醚中，用水洗涤数次，再用无水 Na_2SO_4 干燥。蒸去溶剂后的粗产物在 1~2 mmHg 下蒸馏，收集 135~137 °C 的馏分，得到无色油状产物 (20.9 g, 90%)。

例 二

cis-4,4a,5,6,7,8-六氢-4a,5-二甲基-2(3*H*)-萘酮的合成[142]

(金属试剂促进的 Michael 加成及增环反应)

Me_2CuLi, Et_2O, −78~−20 °C, 1 h; 1. 3-三甲基硅基-3-丁烯-2-酮, −20 °C, 1 h; 2. aq. NH_4Cl, NH_4OH; aq. KOH, MeOH, reflux, 4 h (151)

在冰浴下，将 MeLi (10 mL, 20 mmol, 2 mol/L 的乙醚溶液) 加入到 CuI (1.9 g, 10 mmol) 和无水乙醚 (40 mL) 的混合体系中。将生成的 Me_2CuLi 溶液冷却到 −78 °C 后，在 2~3 min 内注入 2-甲基-2-环己烯酮 (1.1 g, 10 mmol, 溶于 10 mL 的乙醚溶液)。混合物在 1 h 内缓慢升至 −20 °C，在 5 min 内注入 3-三甲基硅基-3-丁烯-2-酮 (2.13 g, 15 mmol) 的乙醚溶液 (10 mL)。反应体系在 −20~−30 °C

保持 1 h 后，倒入 NH_4Cl-NH_4OH 的缓冲溶液中 (100 mL, pH = 8)，并在 0 °C 搅拌 0.5 h。分出有机层，用上述缓冲溶液继续洗涤有机层 2~3 次，直到水层不出现蓝色为止。再用饱和 NaCl 水溶液洗涤有机层一次，经无水 Na_2SO_4 干燥。蒸去溶剂后的粗产物溶于 KOH (5 mL，4% 的水溶液) 和 MeOH (40 mL) 的混合溶液中，在氩气保护下回流 4 h 后，减压蒸去甲醇。残余物溶于乙醚 (50 mL) 中，依次用水洗涤和无水 Na_2SO_4 干燥。蒸去溶剂后的粗产物使用 Kugelrohr 蒸馏装置在 0.5 mmHg 和 85~90 °C 下蒸馏得到油状产物 (0.76~1.01 g, 43%~57%)。经气相色谱检验，95% 为顺式产物。

例 三

2-(2-羰基丙基)-环己酮的合成[143]
(路易斯酸催化的 Michael 反应)

$SnCl_4$, CH_2Cl_2, −78~−5 °C, 3~3.5 h; 61%~70% (152)

OTMS; NO_2

在 −78 °C 和氩气保护下，用注射器将无水 $SnCl_4$ (5.21 g, 2.3 mL, 20 mmol) 快速注入到干燥的 CH_2Cl_2 (50 mL) 中。接着，在 5~10 min 内再注入 2-硝基丙烯 (2.0 g, 2.0 mL, 23 mmol)。混合体系在 −78 °C 继续搅拌 20 min 后，于 1 h 内缓慢滴加 1-三甲基硅氧基-1-环己烯 (3.4 g, 4.0 mL, 20 mmol)。所得浅黄色溶液在 −78 °C 搅拌 1 h 后，在 3~3.5 h 内缓慢升至 −5 °C。然后，在体系中加入水 (28 mL)，猛烈搅拌回流 2 h 后，分出有机相。水层用 CH_2Cl_2 提取，合并的提取液依次用水 (2 × 10 mL) 和饱和 NaCl 水溶液洗涤，再经无水 $MgSO_4$ 干燥。蒸去溶剂后的粗产物在 0.8 mmHg 经 10 cm Vigreux 柱蒸馏，收集 84~85 °C 的馏分，得到油状产物 (1.87~2.15 g, 61%~70%)。

例 四

2-羰基-1-(1-甲基-3-羰基丁基)-环戊基叔丁基碳酸酯的合成[144]
(手性金属配合物催化的不对称 Michael 反应)

Cat. 17 (5 mol%), THF, −20 °C, 24 h; 89%, ds = 8:1, 99% ee (major) (153)

t-BuO; OBu-t

Cat. 17 = *(P,P)Pd^{2+}(OH_2)$_2$ 2TfO$^-$; *(P,P) = (R)-BINAP

在室温和氮气保护下，将化合物 β-酮酸酯 (0.44 g, 4.0 mmol) 加入到催化剂 (0.15 g, 5 mol%, 0.2 mmol) 的 THF (1.0 mL) 溶液中。反应体系降至 $-20\ ^{\circ}C$ 后，加入 3-戊烯-2-酮 (0.67 g, 8.0 mmol)。接着，在该温度搅拌 24 h。向体系中加入饱和 NH_4Cl 水溶液 (20 mL)，再加入乙醚 (3 × 50 mL) 萃取产物。分出有机层，用饱和 NaCl 水溶液洗涤，再经无水 Na_2SO_4 干燥。蒸去溶剂后的粗产物经柱色谱分离和纯化，得到油状产物 (0.70 g, 89%)，$[\alpha]_D^{20} = -28.4^{\circ}$ (c 1.01, $CHCl_3$) (99% ee)。

例 五

(*R*)-4-氟-1,3-二苯基-4,4-双(苯磺酰基)-1-丁酮的合成[145]
(手性有机小分子催化的不对称 Michael 反应)

Cat. 18 (10 mol%), Cs_2CO_3 (3.0 eq), CH_2Cl_2, $-40\ ^{\circ}C$, 24 h
80%, 97% ee
(154)

Cat. 18 = ... Br^- Ar = ...

在 $-40\ ^{\circ}C$ 下，将查尔酮 (0.8 g, 3.85 mmol) 加入到 1-氟-双(苯磺酰基)甲烷 (1.11 g, 3.85 mmol)、催化剂 (0.16 g, 0.18 mmol) 和 Cs_2CO_3 的 CH_2Cl_2 (7.0 mL) 溶液中。反应 24 h 后，向体系中加入饱和 NH_4Cl 水溶液。用 CH_2Cl_2 萃取产物，合并的有机层用无水 Na_2SO_4 干燥。蒸去溶剂后的粗产物经柱色谱分离和纯化，得到白色固体产物 (1.46 g, 80%)；$[\alpha]_D^{25} = -226.4^{\circ}$ (c 1.0, $CHCl_3$) (99% ee)。

7 参考文献

[1] Michael 反应的综述见：(a) Bergmann, E. D.; Ginsburg, D.; Pappo, R. *Organic Reactions*, Wiley: New York, **1959**, Vol. 10, p 179. (b) Perlmutter, P. *Conjugate Addition Reactions in Organic Synthesis*; Pergamon Press: Oxford, 1992. (c) Little, R. D.; Masjedizadeh, M. R.; Wallquist, O.; McLoughlin, J. I. *Org. React.* **1995**, *47*, 315. (d) Jung, M. E. *Comprehensive Organic Synthesis* Pergamon: Oxford, **1991**, Vol. 4, p 1. (e) Lee, V. J. *Comprehensive Organic Synthesis* Pergamon: Oxford, **1991**, Vol. 4, p 69. (f) Lee, V. J. *Comprehensive Organic Synthesis* Pergamon: Oxford, **1991**, Vol. 4, p 139. (g) Kozlowski, J. A. *Comprehensive Organic Synthesis* Pergamon: Oxford, **1991**, Vol. 4, p 169. (h) Schmalz, H.-G. *Comprehensive Organic Synthesis* Pergamon: Oxford, **1991**, Vol. 4, p 199. (i) Hulce, M. *Comprehensive Organic Synthesis* Pergamon: Oxford, **1991**, Vol. 4, p

237.
[2] Komnenos, T. *Liebigs Ann. Chem.* **1883**, *218*, 145.
[3] Michael, A. *J. Prakt. Chem./Chem.-Ztg.* **1887**, *35*, 349.
[4] Michael, A. *J. Prakt. Chem./Chem.-Ztg.* **1894**, *49*, 20.
[5] Rapson, W. S.; Robinson, R. *J. Chem. Soc.* **1935**, 1285.
[6] (a) Wynberg, H.; Helder, R. *Tetrahedron Lett.* **1975**, *16*, 4057. (b) Hermann, K.; Wynberg, H. *Helv. Chim. Acta* **1977**, *60*, 2208.
[7] Oare, D. A.; Heathcock, C. H. *Topics in Stereochemistry*; Wiley: New York, **1989**, Vol. 10, p 227.
[8] Oare, D. A.; Heathcock, C. H. *J. Org. Chem.* **1990**, *55*, 157.
[9] Brattesani, D.; Heathcock, C. H. *J. Org. Chem.* **1975**, *40*, 2165.
[10] House, H. O.; Roelofs, W. L.; Trost, B. M. *J. Org. Chem.* **1975**, *40*, 646.
[11] Stork, G.; Brizzolara, A.; Landesman, H. K.; Szmuszkovicz, J.; Terrell, R. *J. Am. Chem. Soc.* **1963**, *85*, 207.
[12] (a) Ono, N.; Kamimura, A.; Kaji, A. *Synthesis* **1984**, 226. (b) Hashimoto, S.; Matsumoto, K.; Otani, S. *J. Org. Chem.* **1984**, *49*, 4543.
[13] Bailini, R.; Petrini, M.; Rosini, G. *Synthesis* **1987**, 711.
[14] Ono, N.; Kamimura, A.; Miyake, H.; Hamamoto, I.; Koji, A. *J. Org. Chem.* **1985**, *50*, 3692.
[15] Stevens, R. V.; Lee, A. W. M. *J. Chem. Soc., Chem. Commun.* **1982**, 102.
[16] Battersby, A. R.; Dutton, C. J.; Fooks, C. J. R. *J. Chem. Soc., Perkin Trans. I* **1988**, 1569.
[17] Mikolajczyk, M.; Balczewski, P. *Synthesis* **1984**, 691.
[18] Lavallee, J.-F.; Deslongchamos, P. *Tetrahedron Lett.* **1988**, *29*, 6033.
[19] (a) Eder, U.; Sauer, G.; Wlechert, R. *Angew. Chem., Int. Ed. Engl.* **1971**, *10*, 496. (b) Hajos, Z. G.; Parrish, D. R. *J. Org. Chem.* **1974**, *39*, 1612.
[20] Matsumoto, K. *Angew. Chem., Int. Ed. Engl.* **1981**, *20*, 770.
[21] Matsumoto, K. *Synthesis* **1980**, 1013.
[22] Babler, J. H.; Invergo, B. J.; Sarussi, S. J. *J. Org. Chem.* **1980**, *45*, 4241.
[23] Ono, N.; Miyake, H.; Wehinger, E. *J. Chem. Soc., Chem. Commun.* **1983**, 875.
[24] Nagata, W.; Yoshioka, M.; Murakami, M. *J. Am. Chem. Soc.* **1972**, *94*, 4654.
[25] Mayer, N.; Gantert, G. E. Ger. Pat. 1085871, **1960** (*Chem. Abstr.*, **1962**, *54*, 4639f).
[26] Li, X.; Xun, L.; Lian, C.; Zhong, L.; Chen, Y.; Liao, J.; Zhu, J.; Deng, J. *Org. Biomol. Chem.*, **2008**, *6*, 703.
[27] Wartski, L.; El-Bouz, M. *Tetrahedron* **1982**, *38*, 3285.
[28] (a) Luchetti, J.; Krief, A. *J. Organomet. Chem.* **1980**, *194*, C49. (b) El-Bouz, M.; Wartski, L. *Tetrahedron Lett.* **1980**, *21*, 2897.
[29] Kharasch, M. S.; Tawney, P. O. *J. Am. Chem. Soc.* **1941**, *63*, 2308.
[30] Hallnemo, G.; Ullenius, C. *Tetrahedron* **1983**, *39*, 1621.
[31] Dieter, R. K.; Silks, L. A. *J. Org. Chem.* **1986**, *51*, 4687.
[32] (a) Horiguchi, Y.; Maisuzawa, S.; Nakamura, E.; Kuwajima, I. *Tetrahedron Lett.* **1986**, *27*, 4025. (b) Nakamura, E.; Maisuzawa, S.; Horiguchi, Y.; Kuwajima, I. *Tetrahedron Lett.* **1986**, *27*, 4029.
[33] (a) Kjonaas, R. A.; Hoffer, R. K. *J. Org. Chem.* **1988**, *53*, 4133. (b) Watson, R. A.; Kjonaas, R. A. *Tetrahedron Lett.* **1986**, *27*, 1437. (c) Jansen, J. F. G. A.; Feringa, B. L. *Tetrahedron Lett.* **1988**, *29*, 3593.
[34] Jansen, J. F. G. A.; Feringa, B. L. *J. Chem. Soc., Chem. Commun.* **1989**, 741.
[35] Hurata, J.-I.; Nishi, K.; Matsuda, S.; Tamura, Y.; Kita, Y. *J. Chem. Soc., Chem. Commun.* **1989**, 1065.
[36] Hooz, J.; Layton, R. B. *J. Am. Chem. Soc.* **1971**, *93*, 7320.
[37] Locker, R.; Seebach, D. *Angew. Chem., Int. Ed. Engl.* **1981**, *20*, 569.
[38] Corey, E. J.; Hegedus, L. S. *J. Am. Chem. Soc.* **1969**, *91*, 4926.
[39] (a) Stork, G.; Brizzolara, A.; Landesman, H.; Szmuszkovicz, J.; Terrell, R. *J. Am. Chem. Soc.* **1963**, *85*, 207. (b) Stork, G.; Landesman, H. *J. Am. Chem. Soc.* **1956**, *78*, 5128.
[40] Mitch, C. H. *Tetrahedron Lett.* **1988**, *29*, 6831.

[41] Narasaka, K.; Soai, K.; Mukaiyama, T. *Chem. Lett.* **1974**, 1223.

[42] Reetz, M. T.; Heimbach, H.; Schwelhus, K. *Tetrahedron Lett.* **1984**, *25*, 511.

[43] (a) Ogata, Y.; Kawasaki, A.; Kishi, I. *J. Chem. Soc. B*, **1968**, 703. (b) Baltzly, R.; Lorz, E.; Russell, P. B.; Smith, F. M. *J. Am. Chem. Soc.* **1955**, *77*, 624.

[44] Southwick, P. L.; Shozda, R. J. *J. Am. Chem. Soc.* **1959**, *81*, 5435.

[45] Polshettiwar, V.; Varma, R. S. *Tetrahedron Lett.* **2007**, *48*, 8735.

[46] (a) Kuwajima, I.; Murobushi, T.; Nakamura, E. *Synthesis* **1978**, 602. (b) Kozikowsky, A. P.; Hojung, S. *Tetrahedron Lett.* **1986**, *27*, 3227.

[47] Ricci, P.; Carlone, A.; Bartoli, G.; Bosco, M.; Sambri, L.; Melchiorre, P. *Adv. Synth. Catal.* **2008**, *350*, 49.

[48] Ross, N. C.; Levine, R. *J. Org. Chem.* **1964**, *29*, 2346.

[49] Baldwin, J. E.; Thomas, R. C.; Kruse, L. I.; Silberman, L. *J. Org. Chem.* **1977**, *42*, 3846.

[50] Hayashi, T.; Matsumoto, Y.; Ito, Y. *Tetrahedron Lett.* **1988**, *29*, 4147.

[51] Fleming, I.; Urch, C. J. *J. Organomet. Chem.* **1985**, *285*, 173.

[52] Miller, R. D.; McKean, D. R. *Tetrahedron Lett.* **1979**, *20*, 2305.

[53] Wang, N.-Y.; Su, S.-S.; Tsai, L.-Y. *Tetrahedron Lett.* **1979**, *20*, 1121.

[54] Behling, J. R.; Babiak, K. A.; Ng, J. S.; Campbell, A. l.;Moretti, R.; Koerner, M.; Lipshutz, B. H. *J. Am. Chem. Soc.* **1988**, *110*, 2641.

[55] Ni, C.; Zhang, L.; Hu, J. *J. Org. Chem.* **2008**, *73*, 5699.

[56] Barco, A.; Benetti, S.; Pollini, G. P.; Baraldi, P. G.; Gandolfi, C. *J. Org. Chem.* **1980**, *45*, 4776.

[57] Iio, H.; Isobe, M.; Kawai, T.; Goto, T. *Tetrahedron* **1979**, *35*, 941.

[58] (a) Cartier, D.; Patigny, D.; Levy, J. *Tetrahedron Lett.* **1982**, *23*, 1897. (b) Zeistra, J. L.; Egberts, J. B. F. N. *J. Org. Chem.* **1974**, *39*, 3215. (c) Mpango, G. B.; Mahalanabis, K. K.; Mahdavi-Damghani, Z.; Snieckus, V. *Tetrahedron Lett.* **1980**, *21*, 4823.

[59] (a) Krafft, M. E.; Kennedy, R. M.; Holton, R. A. *Tetrahedron Lett.* **1986**, *27*, 2087. (b) Richman, J. E.; Herrmann, J. L.; Schlessinger, R. H. *Tetrahedron Lett.* **1973**, *14*, 3271.

[60] Corey, E. J.; Estreicher, H. *J. Am. Chem. Soc.* **1978**, *100*, 6294.

[61] Ono, N.; Miyake, H.; Kamimura, A.; Tsukui, N.; Kaji, A. *Tetrahedron Lett.* **1982**, *23*, 2957.

[62] Zhu, Q.; Lu, Y. *Org. Lett.* **2008**, *10*, 4803.

[63] Nicotra, F.; Ponza, L.; Russo, G. *J. Chem. Soc., Chem. Commun.* **1984**, 5.

[64] Ma, S.; Yu, S.; Qian, W. *Tetrahedron* **2005**, *61*, 4157.

[65] (a) Ono, N.; Hamamoto, I.; Kamimura, A.; Kajim A.; Tamura, R. *Synthesis* **1987**, 258. (b) Ballini, R.; Bosica, G.; Damiani, M.; Righi, P. *Tetrahedron* **1999**, *55*, 13451.

[66] Nakashita, N.; Hesse, M. *Helv. Chim. Acta* **1986**, *66*, 845.

[67] Liu, L.-P.; Xu, B.; Hammond, G. B. *Org. Lett.* **2008**, *10*, 3887.

[68] Kalita, D.; Khan, A. T.; Saikia, A. K.; Bez, G.; Barua, N. C. *Synthesis* **1998**, 975.

[69] Saidi, M. R.; Azizi, N.; Akbari, E.; Ebrahimi, F. *J. Mol. Catal. A: Chem.* **2008**, *292*, 44.

[70] Majetich, G.; Casares, A. M.; Chapman, D.; Behnke, M. *Tetrahedron Lett.* **1983**, *24*, 1909.

[71] Corain, B.; Basato, M.; Veronese, A. C. *J. Mol. Catal.* **1993**, *81*, 133.

[72] Saegusa, T.; Ito, Y.; Tomita, S.; Kinoshita, H. *Bull. Chem. Soc. Jpn.* **1972**, *45*, 496.

[73] (a) Irie, K.; Miyazu, K.; Watanabe, K. *Chem. Lett.* **1980**, 353. (b) Watanabe, K.; Miyazu, K.; Irie, K. *Bull. Chem. Soc. Jpn.* **1982**, *55*, 3212. (c) Nelson, J. H.; Howells, P. N.; DeLullo, D. C.; Landen, G. L. Henrym R. A. *J. Org. Chem.* **1980**, *45*, 1246. (d) Fei, C. P.; Chan, T. H. *Synthesis* **1982**, 467. (e) Coda, A. C.; Desimoni, G.; Righetti, P.; Tacconi, G.; *Gazz. Chim. Ital.* **1984**, *114*, 417. (f) Naota, T.; Taki, H.; Mizuno, M.; Murahashi, S.-I. *J. Am. Chem. Soc.* **1989**, *111*, 5954.

[74] Kocovsky, P.; Dvorak, D. *Tetrahedron Lett.* **1986**, *27*, 5015.

[75] Mitsudo, K.; Imura, T.; Yamaguchi, T.; Tanaka, H. *Tetrahedron Lett.* **2008**, *49*, 7287.

[76] Bonadies, F.; Lattanzi, A.; Orelli, L. R.; Pesci, S.; Scettri, A. *Tetrahedron Lett.* **1993**, *34*, 7649.

[77] Keller, E.; Feringa, B. L. *Tetrahedron Lett.* **1996**, *37*, 1879.
[78] (a) Christoffers, J. *J. Chem. Soc.,Chem. Commun* **1997**, 943. (b) Christoffers, J. *J. Chem. Soc., Perkin Trans. I* **1997**, 3141.
[79] Posner, T. *Chem. Ber.* **1902**, *35*, 799.
[80] Stephens, J. R.; Hydock, J. J.; Kleinholz, M. P. *J. Am. Chem. Soc.* **1951**, *73*, 4050.
[81] Baldwin, J. E.; Thomas, R. C.; Kruse, L. I.; Silberman, L. *J. Org. Chem.* **1977**, *42*, 3846.
[82] Geirsson, J. K. F.; Gudmundsdottir, A. D. *Acta Chem. Scand.* **1989**, *43*, 618.
[83] Koppel, I. A.; Taft, R. W.; Anvia, F.; Zhu, S.-Z.; Hu, L.-Q.; Sung, K.-S.; DesMarteau, D. D.; Yagupolskii, L. M.; Yagupolskii, Y. L.; Ignat'ev, N. V.; Kondratenko, N.; Volkonskii, A. Y.; Vlasov, V.; Notario, R.; Maria, P.-C. *J. Am. Chem. Soc.* **1994**, *116*, 3047.
[84] (a) Isihara, K.; Kubota, M.; Yamamoto, H. *Synlett* **1996**, 1045. (b) Tsuchimoto, T.; Joya, T.; Shirakawa, E.; Kawakami, Y. *Synlett* **2000**, 1777. (c) Cossy, J.; Lutz, F.; Alauze, V.; Meyer, C. *Synlett* **2002**, 45. (d) Kuhnert, N.; Peverley, J.; Robertson, J. *Tetrahedron Lett.* **1998**, *39*, 3215. (e) Desmurs, J.-R.; Ghosez, L.; Martins, J.; Deforth, T.; Mignani, G. *J. Organomet. Chem.* **2002**, *646*, 171.
[85] Wabnitz, T. C.; Spencer, J. B. *Org. Lett.* **2003**, *5*, 2141.
[86] Kumar, D.; Patel, G.; Mishra, B. G.; Varma, R. S. *Tetrahedron Lett.* **2008**, *49*, 6974.
[87] 不对称 Michael 反应的综述见：(a) Erkkilä, A.; Majander, I.; Pihko, P. M. *Chem. Rev.* **2007**, *107*, 5416. (b) Mukherjee, S.; Yang, J. W.; Hoffmann, S.; List, B. *Chem. Rev.* **2007**, *107*, 5471. (c) Sulzer-Mossé, S.; Alexakis, A. *Chem. Commun.* **2007**, 3123. (d) Tsogoeva, S. B. *Eur. J. Org. Chem.* **2007**, 1701. (e) Pellissier, H. *Tetrahedron* **2007**, *63*, 9267. (f) Lpez, F.; Minnaard, A. J.; Feringa, B. L. *Acc. Chem. Res.* **2007**, *40*, 179. (g) Christoffers, J.; Baro, A. *Angew. Chem., Int. Ed. Engl.* **2003**, *42*, 1688. (h) Krause, N.; Hoffmann-Röder, A. *Synthesis* **2001**, 171. (i) Sibi, M. P.; Manyem, S. *Tetrahedron* **2000**, *56*, 8033. (j) Leonard, J.; Díez-Barra, E.; Merino, S. *Eur. J. Org. Chem.* **1998**, 2051. (k) Rossiter, B. E.; Swingle, N. M.; *Chem. Rev.* **1992**, *92*, 771.
[88] Alexakis, A.; Sedrani, R.; Mangeney, P.; Normant, J. F. *Tetrahedron Lett.* **1988**, *29*, 4411.
[89] (a) Rehnberg, N.; Magnusson, G. *Tetrahedron Lett.* **1988**, *29*, 3599. (b) Rehnberg, N.; Frejd, T.; Magnusson, G. *Tetrahedron Lett.* **1987**, *28*, 3589.
[90] Blarer, S. J.; Schweizer, W. B.; Seebach, D. *Helv. Chim. Acta.* **1982**, *65*, 1637.
[91] Corey, E. J.; Naef, R.; Hannon, F. J. *J. Am. Chem. Soc.* **1986**, *108*, 7114.
[92] Brunner, H.; Hammer, B. *Angew. Chem., Int. Ed. Engl.* **1984**, *23*, 312.
[93] (a) Desimoni, G.; Quadrelli, P.; Righetti, P. P. *Tetrahedron* **1990**, *46*, 2927. (b) Desimoni, G.; Dusi, G.; Faita, G.; Quadrelli, P. Righetti, P. P. *Tetrahedron* **1995**, *51*, 4131. (c) Desimoni, G.; Faita, G.; Filippone, S.; Mella, M.; Zampori, M. G.; Zema, M. *Tetrahedron* **2001**, *57*, 10203.
[94] De Vries, A. H. M.; Meetsma, A.; Feringa, B. L. *Angew. Chem., Int. Ed. Engl.* **1996**, *35*, 2374.
[95] Zhang, F.-Y.; Chan, A. S. C. *Tetrahedron: Asymmetry* **1998**, *9*, 1179.
[96] Feringa, B. L.; Pineschi, M.; Arnold, L. A.; Imbos, R.; De Vries, A. H. M. *Angew. Chem., Int. Ed. Engl.* **1997**, *36*, 2620.
[97] (a) Feringa, B. L. *Acc. Chem. Res.* **2000**, *33*, 346. (b) Arnold, A.; Imbos, R.; Mandoli, A.; De Vries, A. H. M.; Naasz, R.; Feringa, B. L. *Tetrahedron* **2000**, *56*, 2865.
[98] Reetz, M. T. *Pure Appl. Chem.* **1999**, *71*, 1503.
[99] Seebach, D.; Jaeschke, G.; Pichota, A.; Audergon, L. *Helv. Chim. Acta.* **1997**, *80*, 2515.
[100] Alexakis, A.; Vastra, J.; Burton, J. Benhaim, C.; Mangeney, P. *Tetrahedron Lett.* **1998**, *39*, 7869.
[101] (a) Evans, D. A.; Rovis, T.; Kozlowski, M. C.; Tedrow, J. S. *J. Am. Chem. Soc.* **1999**, *121*, 1994. (b) Evans, D. A.; Willis, M. C.; Johnston, J. N. *Org. Lett.* **1999**, *1*, 865. (c) Evans, D. A.; Johnston, D. S. *Org. Lett.* **1999**, *1*, 595.
[102] (a) Soai, K.; Hayasaka, T.; Ugajin, S.; Yokoyama, S. *Chem. Lett.* **1988**, 1571. (b) Soai, K.; Yokoyama, S.; Hayasaka, T.; Ebihara, K. *J. Org. Chem.* **1988**, *53*, 4148. (c) Soai, K.; Hayasaka, T.; Ugajin, S. *J. Chem. Soc., Chem. Commun.* **1989**, 516.
[103] (a) Bolm, C.; Ewald, M. *Tetrahedron Lett.* **1990**, *31*, 5011. (b) Bolm, C. *Tetrahedron: Asymmetry* **1991**, *2*,

701. (c) Bolm, C.; Ewald, M.; Felder, M. *Chem. Ber.* **1992**, *125*, 1205.

[104] Kang, J.; Kim, J.; Lee, J. H.; Kim, H. J.; Byun, Y. H. *Bull. Korean, Chem. Soc.* **1998**, *19*, 601.

[105] Christoffers, J.; Rößler, U.; Werner, T. *Eur. J. Org. Chem.* **2000**, 701.

[106] Kanemasa, S.; Oderaotoshi, Y.; Wada, E. *J. Am. Chem. Soc.* **1999**, *121*, 8675.

[107] (a) Toke, L.; Fenichel, L.; Albert, M. *Tetrahedron Lett.* **1995**, *36*, 5951. (b) Toke, L.; Bakó, P.; Keserü, G. M.; Albert, M.; Fenichel, L. *Tetrahedron* **1998**, *54*, 213. (c) Bakó, P.; Vizvárdi, K.; Bajor, Z.; Toke, L. *J. Chem. Soc., Chem. Commun.* **1998**, 1193.

[108] (a) Nishimura, K.; Ono, M.; Nagaoka, Y.; Tomioka, K. *J. Am. Chem. Soc.* **1997**, *119*, 12974. (b) Tomioka, K.; Okuda, M.; Nishimura, K.; Manabe, S.; Kanai, M,; Nagaoka, Y.; Koga, K. *Tetrahedron Lett.* **1998**, *39*, 2141.

[109] (a) Sawamura, M.; Hamashima, H.; Ito, Y. *J. Am. Chem. Soc.* **1992**, *114*, 8295. (b) Sawamura, M.; Hamashima, H.; Ito, Y. *Tetrahedron* **1994**, *50*, 4439. (c) Sawamura, M.; Hamashima, H.; Shinoto, H.; Ito, Y. *Tetrahedron Lett.* **1995**, *36*, 6479.

[110] (a) Takaya, Y.; Ogasawara, M.; Hayashi, T.; Sakai, M.; Miyaura, N. *J. Am. Chem. Soc.* **1998**, *120*, 5579. (b) Takaya, Y.; Ogasawara, M.; Hayashi, T. *Chirality* **2000**, *12*, 469. (c) Takaya, Y.; Ogasawara, M.; Hayashi, T. *Tetrahedron Lett.* **1998**, *39*, 8479. (d) Takaya, Y.; Ogasawara, M.; Hayashi, T. *Tetrahedron Lett.* **1999**, *40*, 6957.

[111] (a) Takaya, Y.; Senda, T.; Kurushima, H.; Ogasawara, M.; Hayashi, T. *Tetrahedron: Asymmetry* **1999**, *10*, 4047. (b) Sakuma, S.; Sakai, M.;Itooka, R.; Miyaura, N. *J. Org. Chem.* **2000**, *65*, 5951.

[112] Hayashi, T.; Senda, T.; Takaya, Y.; Ogasawara, M. *J. Am. Chem. Soc.* **1999**, *121*, 11591.

[113] Hayashi, T.; Senda, T.; Ogasawara, M. *J. Am. Chem. Soc.* **2000**, *122*, 10716.

[114] Santoro, F.; Althaus, M.; Bonaccorsi, C.; Gischig, S.; Mezzetti, A. *Organometallics* **2008**, *27*, 3866.

[115] Yang, X.; Zhou, X.; Lin, L.; Chang, L.; Liu, X.; Feng, X. *Angew. Chem. Int. Ed. Engl.* **2008**, *47*, 7079.

[116] (a) Shibasaki, M.; Sasai, H. *Pure Appl. Chem.* **1996**, *68*, 523. (b) Shibasaki, M.; Sasai, H.; Arai, T. *Angew. Chem., Int. Ed. Engl.* **1997**, *36*, 1236.

[117] (a) Sasai, H.; Arai, T.; Shibasaki, M. *J. Am. Chem. Soc.* **1994**, *116*, 1571. (b) Sasai, H.; Arai, T.; Satow, Y.; Houk, K. N.; Shibasaki, M. *J. Am. Chem. Soc.* **1995**, *117*, 6194. (c) Sasai, H.; Emori, E.; Arai, T.; Shibasaki, M. *Tetrahedron Lett.* **1996**, *37*, 5561.

[118] Arai, T.; Sasai, H.; Aoe, K.; Okamura, K.; Date, T.; Shibasaki, M. *Angew. Chem., Int. Ed. Engl.* **1996**, *35*, 104.

[119] Arai, T.; Yamada, Y. M. A.; Yamamoto, N.; Sasai, H.; Shibasaki, M. *Chem. Eur. J.* **1996**, *2*, 1368.

[120] Choudary, B. M.; Chowdari, N. S.; Kantam, M. L. *J. Mol. Catal. A.* **1999**, 142, 389.

[121] Yoon, T. P.; Jacobsen, E. N. *Science* **2003**, *299*, 1691.

[122] Wu, F.; Hong, R.; Khan, J.; Liu, X.; Deng, L. *Angew. Chem. Int. Ed. Engl.* **2006**, *45*, 4301.

[123] Liu, T.-Y.; Long, J.; Li, B.-J.; Jiang, L.; Li, R.; Wu, Y.; Ding, L.-S.; Chen, Y.-C. *Org. Biomol. Chem.* **2006**, *4*, 2097.

[124] Wang, J.; Li, H.; Lou, B.; Zu, L.; Guo, H.; Wang, W. *Chem.-Eur. J.* **2006**, *12*, 4321.

[125] Yalalov, D. A.; Tsogoeva, S. B.; Schmatz, S. B.; Schmatz, S. *Adv. Synth. Catal.* **2006**, *348*, 826.

[126] Tsogoeva, S. B.; Wei, S. *Chem. Commun.* **2006**, 1451.

[127] (a) Yalalov, D. A.; Tsogoeva, S. B.; Schmatz, S. B.; Schmatz, S. *Adv. Synth. Catal.* **2006**, *348*, 826. (b) Tsogoeva, S. B.; Wei, S. *Chem. Commun.* **2006**, 1451.

[128] Rabalakos, C.; Wulff, W. D. *J. Am. Chem. Soc.* **2008**, *130*, 13524.

[129] Zhou, W.-M.; Liu, H.; Du, D.-M. *Org. Lett.* **2008**, *10*, 2817.

[130] Chi, Y.; Gellman, S. H. *Org. Lett.* **2005**, *7*, 4253.

[131] Chi, Y.; Guo, L.; Kopf, N. A.; Gellman, S. H. *J. Am. Chem. Soc.* **2008**, *130*, 5608.

[132] Yamaguchi, M.; Yokota, N.; Minami, T.; *J. Chem. Soc., Chem. Commun.* **1991**, 1088.

[133] Yamaguchi, M.; Shiraishi, T.; Hirama, M. *Angew. Chem., Int. Ed. Engl.* **1993**, *32*, 1176.

[134] Wang, W.; Li, H.; Wang, J. *Org. Lett.* **2005**, *7*, 1637.

[135] Robichaud, J.; Tremblay, F. *Org. Lett.* **2006**, *8*, 597.

[136] Bertelsen, S.; Dinér, P.; Johansen, R. L.; Jørgensen, K. A. *J. Am. Chem. Soc.* **2007**, *129*, 1536.

[137] Carlson, E. C.; Rathbone, L. K.; Yang, H.; Collett, N. D.; Carter, R. G. *J. Org. Chem.* **2008**, *73*, 5155.

[138] Hanessian, S.; Roy, P. J.; Petrini, M.; Hodges, P. J.; Fabio, R. D.; Carganico, G. *J. Org. Chem.* **1990**, *55*, 5766.

[139] Brandau, S.; Landa, A.; Franzén, J.; Marigo, M.; Jørgensen, K. A. *Angew. Chem., Int. Ed. Engl.* **2006**, *45*, 4305.

[140] Okino, T.; Hoashi, Y.; Furukawa, T.; Xu, X.; Takemoto, Y. *J. Am. Chem. Soc.* **2005**, *127*, 119.

[141] Bartlett, P. D.; Woods, G. F. *J. Am. Chem. Soc.* **1940**, *62*, 2933.

[142] Boeckman, Jr., R. K.; Blum, D. M.; Ganem, B. *Org. Synth.* **1978**, *58*, 158.

[143] Miyashita, M.; Yanami, T.; Yoshikoshi, A. *Org. Synth.* **1981**, *60*, 117.

[144] Hamashima, Y.; Hotta, D.; Sodeoka, M. *J. Am. Chem. Soc.* **2002**, *124*, 11240.

[145] Furukawa, T.; Shibata, N.; Mizuta, S.; Nakamura, S.; Toru, T.; Shiro, M. *Angew. Chem., Int. Ed. Engl.* **2008**, *47*, 8051.

森田-贝利斯-希尔曼反应

(Morita-Baylis-Hillman Reaction)

李 茜 余志祥*

1 Morita-Baylis-Hillman 反应简介

1968 年，K. Morita 报道了由三环己基膦 (PCy_3) 催化的乙醛与丙烯酸乙酯生成 2-亚甲基-3-羟基丁酸乙酯的反应 (式 1)[1]。1972 年，A. B. Baylis 和 M. E. D. Hillman 使用便宜易得且低毒性的 1,4-二氮二环[2.2.2]辛烷 (DABCO) 代替 PCy_3 作为催化剂，也成功地实现了同样的反应，并以此获得了一项德国专利 (式 2)[2]。此后，人们便将这类由碱性亲核试剂所催化的 α,β-不饱和羰基化合物 (以及其类似物) 和碳亲电试剂之间的偶联反应称为 Morita-Baylis-Hillman 反应 (简称 MBH 反应或 B-H 反应，也有文献称之为 Rauhut-Currier 反应)。

$$+ \; CH_3CHO \xrightarrow{PCy_3} \quad (1)$$

$$+ \; CH_3CHO \xrightarrow{DABCO} \quad (2)$$

MBH 反应为人们提供了一种既简便又符合原子经济性的合成多官能团化合物的方法。但是，在其被发现后的十多年中，几乎没有引起有机化学家们的关注。直到 20 世纪 80 年代，人们才开始对该反应的机理、反应性质和应用进行全面的研究。现在，MBH 反应已经成为了构建碳-碳键最有效和应用最广泛的方法之一。随着人们对 MBH 反应认识的深入，该反应也在复杂化合物合成中显示出越来越重要的应用价值[3~9]。

经典 MBH 反应主要是指叔胺或叔膦催化的缺电子烯烃与碳亲电试剂之间形成碳-碳键的反应 (式 3)[3]。当 X = N 时，反应被称为 aza-MBH 反应[3~9]。

$$R^1C(=X)R^2 + R^3CH=CH\text{-}EWG \xrightarrow{NR_3\ (R \neq H)} R^1R^2C(XH)\text{-}C(EWG)=CHR^3 \quad (3)$$

缺电子烯烃通常包括丙烯酸酯、丙烯腈、乙烯基酮、乙烯基砜和丙烯醛等 (图 1)[3~9]。碳亲电试剂可以是醛、α-烷氧羰基酮、亚胺以及 Michael 受体等 (图 2)[3~9]。反应的催化剂则可以是各种各样叔胺和叔膦化合物 (图 3)[3~9]。

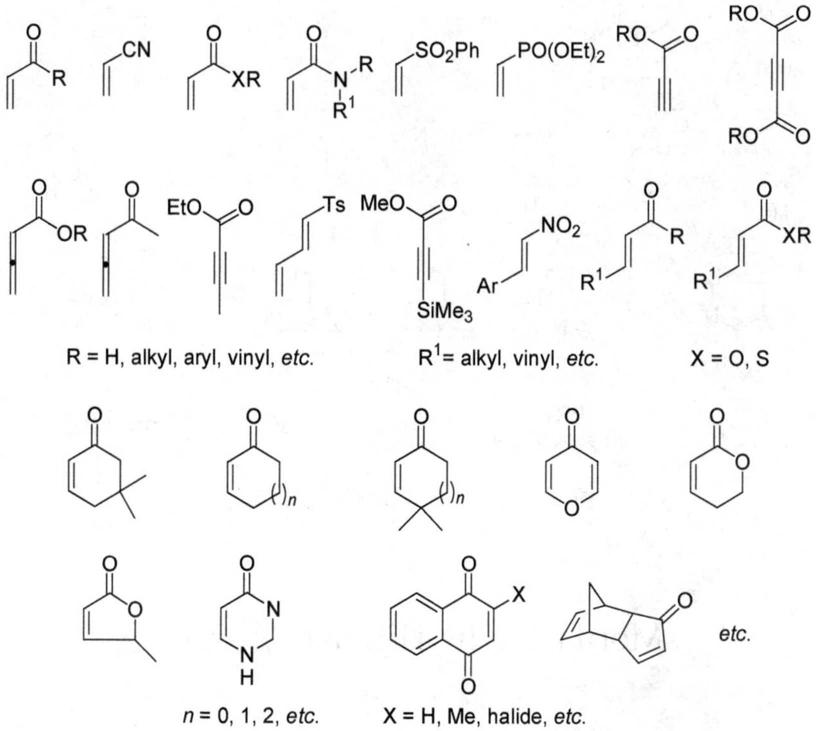

R = H, alkyl, aryl, vinyl, *etc.* R^1= alkyl, vinyl, *etc.* X = O, S

n = 0, 1, 2, *etc.* X = H, Me, halide, *etc.*

图 1 用于 MBH 反应的不饱和缺电子烯烃化合物

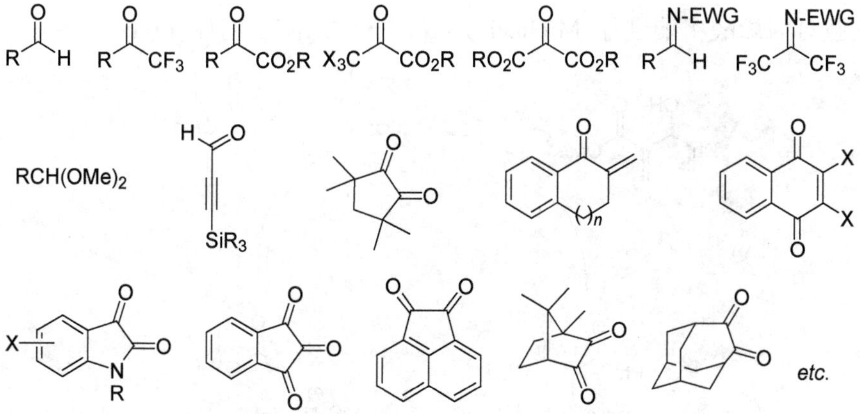

图 2 用于 MBH 反应的亲电试剂

经过近几十年的研究，MBH 反应的三个重要组成部分得到了极大的丰富，反应产物的多样性和反应的实用性也随之得到很大提升。

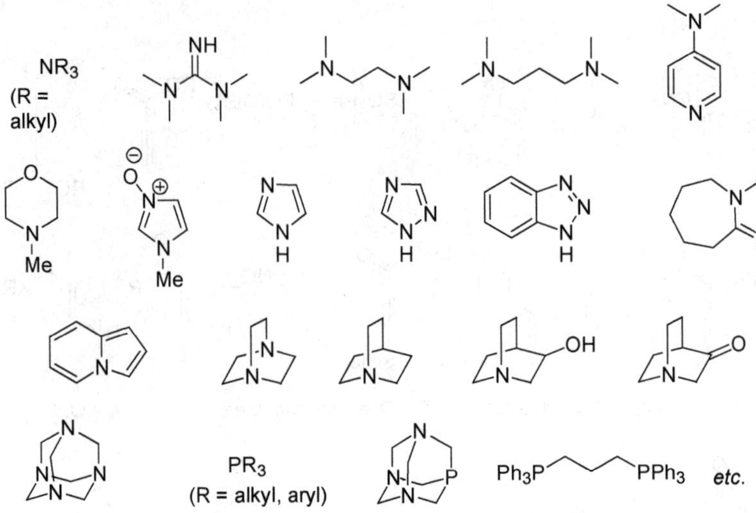

图 3 用于 MBH 反应的催化剂

2 Morita-Baylis-Hillman 反应机理

2.1 早期研究

20 世纪 80 年代后期[10~12]，Hill 小组通过测定压力对反应的影响、反应速率以及动力学同位素效应，提出了最早的 MBH 反应机理。如图 4 所示：首先，催化剂胺对丙烯酸甲酯进行 Michael 加成，产生烯醇中间体 **int1**；然后，烯醇

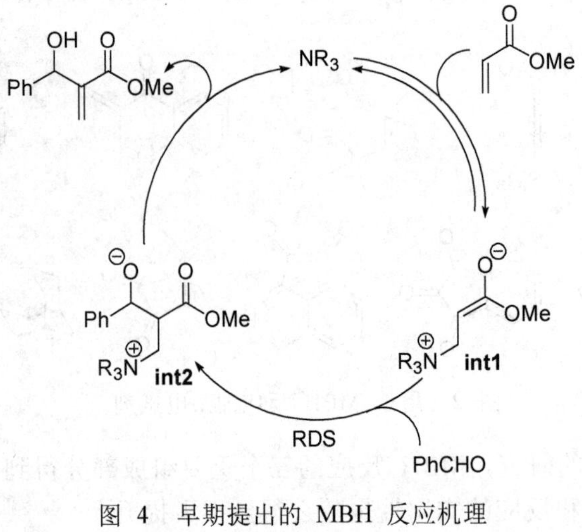

图 4 早期提出的 MBH 反应机理

对醛进行亲核加成，生成中间体 **int2**；最后，**int2** 经分子内质子转移和催化剂离去释放出 MBH 反应产物。

Hill 小组经研究认为，MBH 反应的决速步 (RDS) 是亲核试剂对羰基化合物加成这一步。他们还发现：质子性溶剂能明显提高该反应的速率，并猜测反应加速的原因可能是氢键对反应底物醛起了活化作用。

2.2 近期研究

近期一些实验和计算两方面的研究均表明，MBH 反应的机理并不像 Hill 小组提出的那样简单。反应机理会随着底物和反应条件的改变而改变。

2007 年，Aggarwal 和 Harvey 等人[13]在 McQaude 小组工作[14]的基础上，运用密度泛函理论对 MBH 反应中可能存在的中间体和过渡态进行了计算。如图 5 所示：他们以三甲胺催化的丙烯酸甲酯和苯甲醛的反应为模型，提出了更有指导意义的反应机理。Aggarwal 小组指出，MBH 反应在不同的反应介质中会经历不同的中间体和过渡态。

计算表明：当醇为反应溶剂时 (图 5，左侧)，**int2-MeOH** 向 **int3-MeOH** 转化的步骤为反应的决速步。在这一步中，醇分子会作为质子的载体，通过分子间的氢键作用将质子从 **int2-MeOH** 中羰基的 α-位转移到氧负离子上。该过程有效地降低了 **int2-MeOH** 向 **int3-MeOH** 转化的能垒，起到了促进反应的作用。

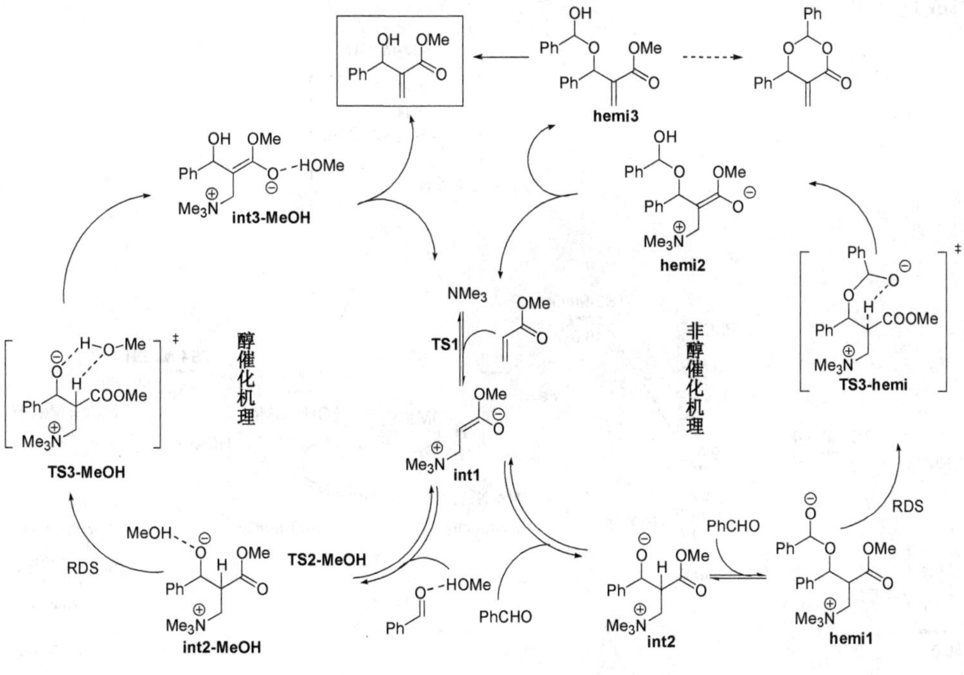

图 5 不同溶剂体系中的反应机理

在非醇溶剂中 (图 5，右侧)，McQaude 小组的动力学实验表明：醛的反应级数为 2，故在决速步中应有两分子醛参与了反应。于是他们提出：在决速步中，**int2** 首先与另一分子醛反应生成 **hemi1**；然后，再经过一个六员环过渡态 **TS3-hemi** 实现质子转移，形成 **hemi2**；最后，**Hemi2** 失去一分子催化剂得到反应产物。

Aggarwal 和 Harvey 等人经计算得到的醇与非醇两种体系的势能图 (图 6 和图 7) 表明：MBH 反应是一个轻度吸热的反应，总能量变化分别只有 1.7 kcal/mol 和 0.6 kcal/mol。由于获得最终产物所需的总活化能分别为 25.8 kcal/mol 和 28.7 kcal/mol，因此很好地解释了为　么 MBH 反应在通常情况下速率较慢。

同时可以看到，醇催化机理所需的反应总活化能较非醇催化机理低。因此，相同反应在醇溶剂中进行时速率明显增大。特殊的是，即使在非醇溶剂中，MBH 反应也存在自加速现象。因为反应刚开始是按照无醇参与的反应机理 (图 7) 进行的，可是随着含醇羟基产物 (即 MBH 反应产物) 浓度的增加，反应将倾向于按照活化能较低的醇催化的反应途径 (图 6) 进行。这实际上是一种自催化现象，这种现象在 Aggarwal 小组的工作中也得到了证实[13]。

但并非所有醇作溶剂的 MBH 反应都遵循图 6 的机理，这还要取决于反应底物的性质。如果反应底物十分活泼 (例如：脂肪醛)，即使在醇溶剂中反应也仍然遵循图 7 的机理。在有些条件下，反应的决速步甚至会变为 **int1** 对醛的加成这一步。

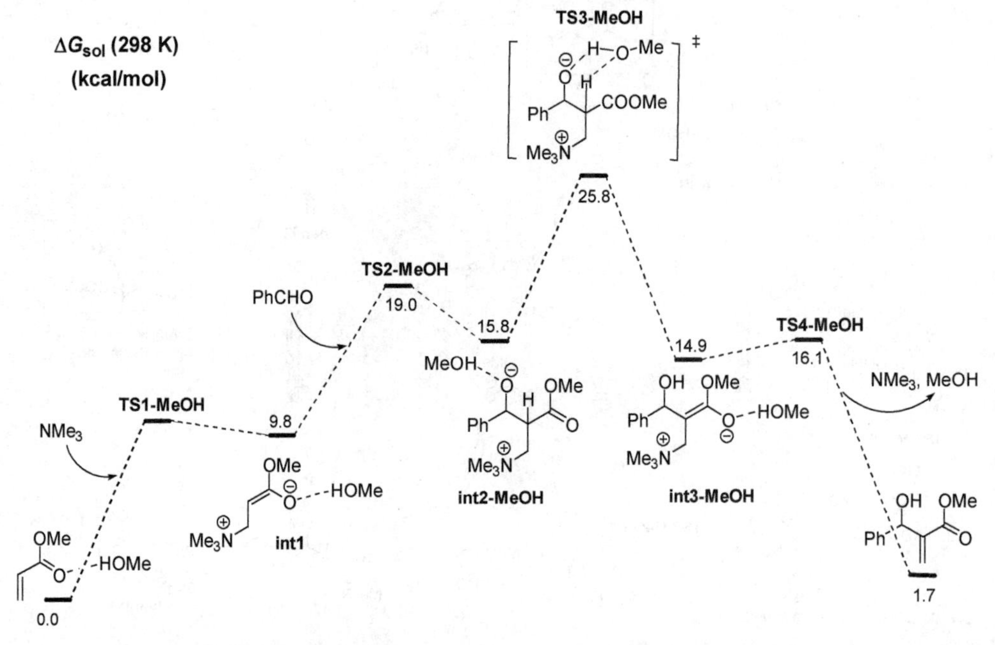

图 6　醇催化机理 [B3LYP/6-311+G** (THF)//B3LYP/6-31+G* (THF)]

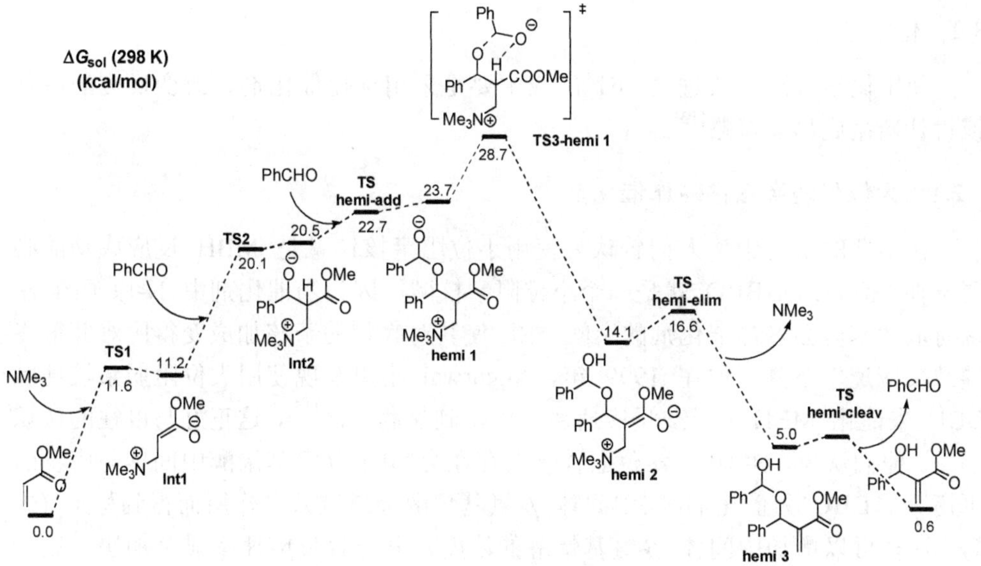

图 7 非醇催化机理 [B3LYP/6-311+G** (THF)//B3LYP/6-31+G* (THF)]

aza-MBH 反应机理与 MBH 反应非常相似，主要是遵循图 5 左侧的机理，反应的决速步也是分子内质子转移步骤。但是，在 aza-MBH 反应中还没有发现如图 5 右侧所示的两个亚胺分子参与的反应机理[6,13]。

3 Morita-Baylis-Hillman 反应条件综述

3.1 反应特点[4,5]

MBH 反应的条件一般都非常温和，反应几乎没有　　物生成，符合原子经济性的要求。该反应的另一个特点是反应的原料简单，但可生成具有至少三个官能团 (双键、拉电子基和羟基或氨基) 的产物。此外，MBH 反应产物会产生一个新的手性碳原子，通过控制反应条件来稳定不同构型的中间体，就有可能得到手性产物。

经典的 MBH 反应有两个非常明显的缺点：一个是反应速率通常较慢，较快的反应也需要一两天，而慢的则需要十几天甚至几十天才能达到可以接受的产率。另一个则是反应的产率普遍较低，很多情况下在 50% 左右。如果将反应的规模放大，反应产率将会进一步降低，因此限制了它在复杂分子合成中的应用。

为了克服上述缺点，化学家们提出了许多方案来改进 MBH 反应，主要有化学方法和物理方法两大类。此外，发展分子内的 MBH 反应也是一条非常有效的加快反应速率的途径。

3.2 化学方法

使用化学方法来改进 MBH 反应主要是采用优化催化剂、改变反应的溶剂或设计新型底物等策略[13]。

3.2.1 大位阻弱亲核性碱作催化剂

在早期的研究中，人们曾认为使用小位阻亲核性碱是 MBH 反应成功的必要条件 (例如：DABCO 就是一个小位阻亲核碱)。因为当催化剂中 N-原子的 α-位有取代基时会增加催化剂的空间位阻，使其对底物的亲核加成变得困难并最终导致反应速率下降。但在 1999 年，Aggarwal 小组发现使用大位阻弱亲核性碱 DBU 来催化 MBH 反应，反应速率可以得到显著提高[15]，这正好与以往的认识相反。他们认为，N-原子 α-位取代基的存在会影响 β-氨基烯醇中间体与底物的平衡。当 DBU 为催化剂时，中间体 β-氨基烯醇会通过共振作用而得到稳定 (式 4)。这样可以增加中间体 β-氨基烯醇的浓度，并导致反应速率显著加快。这一研究表明：要提高 MBH 反应的速率，增加中间体 β-氨基烯醇的稳定性比增加催化剂的亲核性更为重要。

R_3N^+, O^-, OMe —DBU→ ⟷ (4)

β-氨基烯醇

3.2.2 奎宁及其类似物作催化剂

2003 年，Aggarwal 小组发现：在 DABCO 及其类似物作催化剂的 MBH 反应中，催化剂共轭酸的 pK_a 与反应速率有关，pK_a 越大反应速率越快 (图 8)[16]。这是因为共轭酸 pK_a 大的催化剂能更好地增加中间体氨基烯醇的稳定性，从而提高反应的速率。

这一规律为预测催化剂的活性和设计新催化剂提供了很大的帮助。奎宁定

catalyst	DABCO	QD	3-HQD	3-AcOQD	3-ClQD	QD=O
pK_a[a]	8.5	11.3	9.9	9.3	8.9	6.9
k_{rel}	1	9.0	4.3	0.15	0.04	0.006

[a] pK_a is determined in water. $R_3\overset{+}{N}H \longrightarrow R_3N + H^+$ pK_a = $-\lg[H^+]$

图 8 催化剂活性与其共轭酸的 pK_a 之间的关系

(QD) 曾被认为是一种低效的 MBH 反应催化剂。Aggarwal 小组重新对这一催化剂进行研究发现：其共轭酸的 pK_a 比其类似物共轭酸的都要高，且在实际反应中奎宁定也确实有着比其类似物更加优良的催化活性。

3.2.3 Lewis 酸作共催化剂

在等当量的 DABCO 存在下，向反应体系中加入 5 mol% 的 $La(OTf)_3$ 或 $Sm(OTf)_3$ 等 Lewis 酸作为共催化剂，可以将丙烯酸叔丁酯与苯甲醛的 MBH 反应的速率提高到无 Lewis 酸存在时的 5 倍左右 (式 5)。

DABCO (1 eq), co-catalyst or none, MeCN (100 μL), 24 h
none: 3.8%, k_{rel} = 1
co-catalyst: $Sm(OTf)_3$, 16.3%, k_{rel} = 4.9
$La(OTf)_3$, 15.9%, k_{rel} = 4.7
(5)

但是，若将 DABCO 的用量降低到 10 mol%，则反应不能发生。这主要是由于 DABCO 与金属形成了配合物 [$La(OTf)_n$-$(DABCO)_2$] (式 6)[18]，使得体系中不存在游离的 DABCO。由此可知，单独的 Lewis 酸-DABCO 复合物不具备催化活性。只有加大 DABCO 的用量，使 DABCO 与 Lewis 酸-DABCO 复合物共存，才能得到良好的催化活性。如式 6 所示：该反应的活化模型可用过渡态 **1** 解释。

$La(OTf)_3$ ⇌ $La(OTf)_x(DABCO)$ ⇌ $La(OTf)_y(DABCO)_2$
$(OTf)_y(DABCO)_2$ La ... O ... Bu-*t* ... **1**
(6)

Aggarwal 小组还发现：使用含富氧配体 [例如：(+)-BINOL、L-二乙基酒石酸和三乙醇胺] 的 Lewis 酸作为 MBH 反应的共催化剂，能进一步提高反应速率[17]。在此条件下，只需小于 10 mol% 的 DABCO 就可以有效地催化反应。这说明了富氧配体优先与亲氧的金属配位，释放出游离的 DABCO 以保证有效的催化活性。此外，富氧配体与金属中心配位后，配体上羟基的酸性增加，更容易与反应物形成氢键作用，加快反应过程中质子的转移，进而提高整个反应的速率。然而，外消旋的 BINOL 配体并不能有效提高反应速率，因为它们与金属形成了非常稳定且低活性的配合物 $La(OTf)_n$-(*R*-BINOL)(*S*-BINOL)。使用光学纯的 BINOL 作为配体时，虽然反应速率有明显增加，但产物中并没有显著的对映体过量现象。这是因为 Lewis 酸在反应中主要起到提供氢键的作用，而氢键作用发生在 Lewis 酸外围，与其内部的手性环境无太大关联。

为了进一步提高反应速率，Aggarwal 小组采用溶解性更好的三乙醇胺配体代替 BINOL。与单独使用 DABCO 作为催化剂相比，丙烯酸酯和丙烯腈两种底物的 MBH 反应速率可分别增加 40 倍 (式 7) 和 5 倍 (式 8)。

(7)

catalytic system	rate (% per min)	k_{rel}
DABCO (1 eq)	0.009	1
DABCO (1 eq), $La(OTf)_3$ (5 mol%) $N(CH_2CH_2OH)_3$ (50 mol%)	0.357	39.7

(8)

catalytic system	rate (% per min)	k_{rel}
DABCO (1 eq)	0.412	1
DABCO (1 eq), $La(OTf)_3$ (5 mol%) $N(CH_2CH_2OH)_3$ (50 mol%)	2.091	5.07

三乙醇胺能够加速反应的原因主要是由于它可以同时与两种底物配位，拉近了底物之间的距离，从而有利于反应的快速进行 (配合物 **2**)[18]。这个反应体系的普适性较好，对于不同的丙烯酸酯及不同活性的醛均能得到满意的结果。

2

3.2.4 氢键添加剂和质子性溶剂

在 MBH 反应中，如果在体系里加入一些能与底物形成氢键的添加剂或使用质子性溶剂，就可以通过氢键作用加快质子转移的过程，从而加快整个反应的速率。

研究表明：在醇/水均相溶液中，芳香醛与丙烯腈或丙烯酸酯的 MBH 反应明显快于相同底物在非质子性溶剂中的反应，并且在常温下就能达到很好的收率 (式 9 和表 1)[19]。此外，使用水溶性非质子有机溶剂 (例如：四氢呋喃、1,4-二氧六环和乙腈) 来代替低级醇也可以得到很理想的效果。在这些反应体系中，三甲胺、DMAP、DABCO 和六次甲基四胺都是非常有效的催化剂。

$$ArCHO + CH_2{=}CH{-}EWG \xrightarrow{H_2O/solvent,\ Cat.,\ rt} RCH(OH)C({=}CH_2)EWG \qquad (9)$$

表 1 反应溶剂对 MBH 反应 (式 9) 的影响

序号	R	EWG	Cat.	溶剂	时间/h	产率/%
1	4-$O_2NC_6H_4$	CN	Me_3N	MeOH	0.5	85
2	4-$O_2NC_6H_4$	CO_2Me	Me_3N	MeOH	2	86
3	4-$O_2NC_6H_4$	CO_2Et	Me_3N	EtOH	3.5	92
4	4-$O_2NC_6H_4$	CO_2Bu-*t*	Me_3N	*t*-BuOH	4	92
5	3-$O_2NC_6H_4$	CO_2Me	Me_3N	1,4-dioxane	48	45 (99% de)
6	2-furan	CO_2Me	Me_3N	MeOH	2.5	91
7	C_6H_5	CN	Me_3N	MeOH	6	92
8	4-ClC_6H_4	CN	Me_3N	MeOH	2.5	79
9	4-FC_6H_4	CO_2Me	Me_3N	MeOH	60	87
10	4-MeC_6H_4	CO_2Me	Me_3N	MeOH	168	92

在纯水反应介质中，环己烯酮与苯甲醛的 MBH 反应速率有显著的增加 (式 10)。但是，当丙烯酸甲酯和丙烯酸乙酯作为 MBH 反应的底物时，它们在碱性水溶液中会发生水解，从而无法得到 MBH 反应产物 (式 11)。只有大位阻的丙烯酸叔丁酯在此条件下能够与活泼的亲电试剂发生 MBH 反应，并以较好的产率得到目标产物 (式 12)。

$$\text{cyclohexenone} + PhCHO \xrightarrow[82\%]{3\text{-HQD},\ H_2O,\ 4\ h,\ rt} \text{2-(hydroxy(phenyl)methyl)cyclohex-2-enone} \qquad (10)$$

$$RCHO + CH_2{=}CHCO_2R^1 \xrightarrow[R^1 = Me,\ Et]{3\text{-HQD},\ H_2O,\ rt\ (\times)} RCH(OH)C({=}CH_2)CO_2R^1 \qquad (11)$$

$$RCHO + CH_2{=}CHCO_2Bu\text{-}t \xrightarrow[4\sim72\ h,\ 33\%\sim97\%]{3\text{-HQD},\ H_2O,\ rt} RCH(OH)C({=}CH_2)CO_2Bu\text{-}t \qquad (12)$$

进一步的研究发现：当使用甲酰胺 (5 eq) 作为极性溶剂时，反应速率比在水溶液中更快。如果在此体系中加入催化量的 $Yb(OTf)_3$ (5 mol%)，它不仅可以加快反应速率，同时还可以拓展底物的适用范围。如式 13 所示[20]：许多 Michael 受体 (例如：丙烯酸甲酯和丙烯酸乙酯) 与亲电试剂均能在此体系中快速有效地发生反应。

使用辛醇作为添加剂也能够加快 MBH 反应的速率。如式 14 所示[19]：当向具有拉电子基团的芳香醛与 *α,β*-不饱和酮进行无溶剂的 MBH 反应中加入辛

醇 (2 eq) 时，可以定量地得到 MBH 反应产物。在同样条件下，脂肪醛也可以高效地参与无溶剂的 MBH 反应。

RCHO + 丙烯酸酯 (OR^1) —— $Yb(OTf)_3$ (0.05 eq), 3-HQD (1 eq), HCO_2NH_2 (25 eq), 10 min~72 h; 10%~99%, R^1 = Me, Et, *t*-Bu (13)

DABCO (0.15 eq), $CH_3(CH_2)_7OH$ (2 eq), rt, 12 h; 100% (14)

3.2.5 新型底物

在经典的 MBH 反应中，亲电试剂一般为醛、酮或亚胺。自 2002 年以来，Roush 等多个研究小组分别报道了烯酮、烯丙基化合物和卤代烃等作为亲电试剂的 MBH 反应 (称为非经典 MBH 反应)[21]。这些新型亲电试剂的出现，不仅丰富了 MBH 反应产物的结构，也大大增强了此反应在合成中的实用性。

例如，2004 年 Krische 小组报道了二氯三芳基铋作为亲电试剂的非经典 MBH 反应[21i]。如式 15 和式 16 所示：在所得产物中，芳基代替了经典 MBH 反应产物中的羟基或氨基。当用 β-取代的烯醛为底物时，也能够顺利地以中等产率得到 β-取代的目标产物。

PBu_3 (0.2 eq), $BiAr_3Cl_2$ (1 eq), (*i*-Pr)$_2$NEt (1 eq), DCM:*t*-BuOH (9:1), 25 °C; *n* = 1, 62%~89%; *n* = 2, 44%~93% (15)

PBu_3 (0.2 eq), $BiAr_3Cl_2$ (1 eq), (*i*-Pr)$_2$NEt (1 eq), DCM:*t*-BuOH (9:1), 25 °C; 49%~70% (16)

3.3 物理方法

3.3.1 温度

MBH 反应一般选择在室温下进行，这主要是因为加热可能导致 MBH 反应中不饱和缺电子化合物发生聚合等副反应。有意思的是，DABCO 催化的丙烯酸酯与醛的 MBH 反应在 0 °C 下的反应速率明显比在室温下快 (式 17, 式

18)[22]。这种现象虽然与升高温度可以加快反应速率的一般认识有出入，但至今还没有得到很好的解释。

$$\text{methyl acrylate} + \text{EtCHO} \xrightarrow[\text{DCM, rt, 10 d; 84\%}]{\text{DABCO (cat.)}} \text{EtCH(OH)C(=CH}_2\text{)CO}_2\text{Me} \quad (17)$$

$$\text{methyl acrylate} + \text{EtCHO} \xrightarrow[\text{DCM, 0 °C, 8 h; 71\%}]{\text{DABCO (cat.)}} \text{EtCH(OH)C(=CH}_2\text{)CO}_2\text{Me} \quad (18)$$

3.3.2 微波辐射

微波辐射是一种较为常用的加速反应的手段。Bhat 小组[23]通过对比反应探索了在常温常压下微波辐射对 MBH 反应的影响，证明微波辐射对反应有明显的加速作用 (式 19 和表 2)。

$$\text{RCHO} + \text{R}^1\text{CH=CHX} \xrightarrow{\text{DABCO}} \text{R}^1\text{CH=C(X)CH(OH)R} \quad (19)$$

表 2 微波辐射对 MBH 反应 (式 19) 的影响

序号	R	R^1	X	rt 时间/d	rt 产率/%	MW① 时间/min	MW① 产率②/%
1	C_6H_5	H	CO_2CH_3	2	25	10	34
2	$2\text{-}OHC_6H_4$	H	CO_2CH_3	3	10	10	70
3	$3,4,5\text{-}(CH_3O)_3C_6H_2$	H	CO_2CH_3	4	5	30	15
4	$3,4,5\text{-}(CH_3O)_3C_6H_2$	H	CN	3	80	10	55
5	$4\text{-}CH_3OC_6H_4$	H	CN	3	13	10	25
6	$4\text{-}NO_2C_6H_4$	H	CN	3	45	10	95
7③	$3,4,5\text{-}(CH_3O)_3C_6H_2$	H	$CONH_2$	3	0	25	40
8	$C_6H_5CH{=}CH$	H	CN	3	10	25	44
9	$C_6H_5CH{=}CH$	H	CO_2CH_3	14	28	45	15
10	CH_3CH_2	H	CO_2CH_3	4	61	10	70
11	CH_3	H	CO_2CH_3	4	90	10	40
12	$4\text{-}NO_2C_6H_4$	CH_3	CO_2CH_3	-	-	40	10

① 家用微波炉 Microwin MX-1000, 650 W, 封管实验。
② 以所用醛为计算基础。
③ 甲醇作为溶剂。

此外，还有很多其它物理方法可以用来加速 MBH 反应，例如：采用高压、超声波、超临界 CO_2 作为反应体系等方法，均可得到满意的结果[3,24]。

3.4 分子内反应[4,5]

许多分子间的 MBH 反应效果不好，可能是由于熵效应的 故。因此，当亲电试剂和活化烯烃存在于同一分子内时，如果它们具有合适的取向且反应活性匹配，那么它们将克服分子间 MBH 反应的不利因素，顺利得到 MBH 反应产物，使反应效率得到提高。此外，分子内 MBH 反应也是在同一分子内进行官能团转换的一种有效且符合原子经济性的好方法。目前，分子内 MBH 反应已发展成为制备具有多官能团的五员、六员及七员环化合物的有效方法。

Murphy 小组曾用胺、膦和硫醇等亲核试剂对包含活泼烯烃和亲电基团的分子内 联的 Michael/Aldol 反应进行了较为系统的研究。他们发现：用硫醇和硫醇盐共同催化反应能够生成五员或六员环的 Aldol 反应产物 (式 20)；而三丁基膦催化反应则能直接得到五员或六员环的分子内 MBH 反应产物。当底物的碳链进一步延长时，得到的主要产物却为取代环庚二烯 (式 21)。此外，Murphy 小组还发现：使用化学计量的哌啶进行反应能以高产率得到五员或六员环的 Aldol 反应产物；但使用催化量的哌啶则得到中等产率的单一 MBH 反应产物 (式 22)[25~27]。

TolSH (1.3~2 eq), TolSNa (0.2 eq)
$CHCl_3$, 12~16 h
R = Ph, n = 1, 77%; n = 2, 93%
R = OEt, n = 1, 72%, n = 2, 75%
R = STol, n =1, 56%; n = 2, 60%
TolS 100% de
(20)

Bu_3P (0.2~0.4 eq), $CHCl_3$, rt
R = Ph, n = 1, 20%; n = 2, 75%
R = OEt, n = 1, 40%; n = 2, 50%

Bu_3P (0.2~0.4 eq), $CHCl_3$, rt
R = Ph, n = 3, 77%
R = OEt, n = 3, 10%
(21)

piperidine (1.3 eq), rt
n = 1, 90%
n = 2, 90%
100% de

piperidine (0.3 eq), rt
n = 1, 50%
n = 2, 24%~30%
(22)

2002 年，Krische 小组发展了一种以三叔丁基膦作催化剂高效地生成五员或六员环产物的分子内 MBH 反应，并探索了电子效应 (式 23 和 式 24) 和位阻

效应 (式 25) 对此反应的影响。如式 26 所示[28]：他们还将这一方法学成功运用于光学活性的 糖衍生物作底物的反应中，生成的目标产物具有高于 95:5 的非对映选择性。

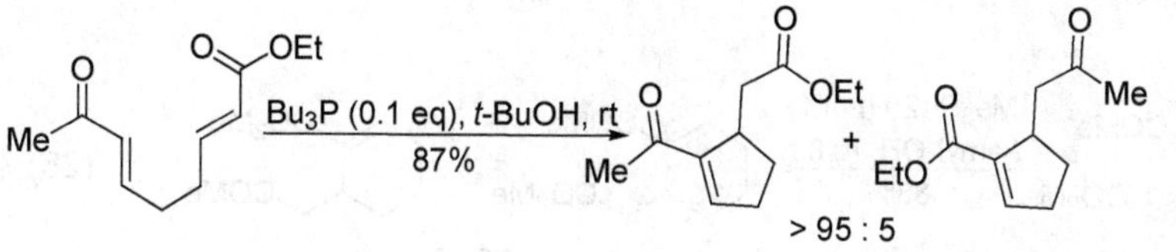

Bu_3P (0.1 eq), *t*-BuOH, rt
87%
> 95 : 5
(23)

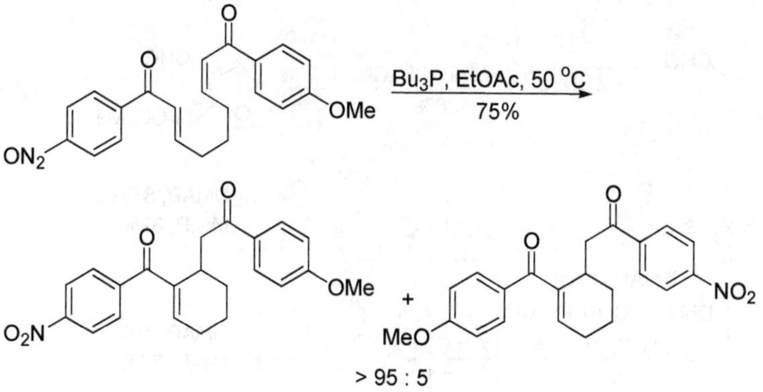

Bu_3P, EtOAc, 50 °C
75%
> 95 : 5
(24)

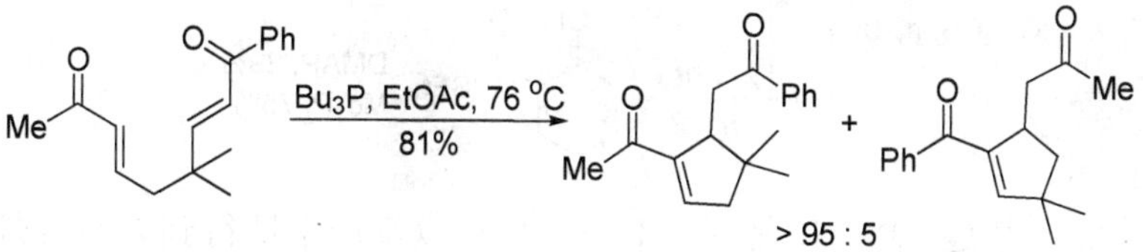

Bu_3P, EtOAc, 76 °C
81%
> 95 : 5
(25)

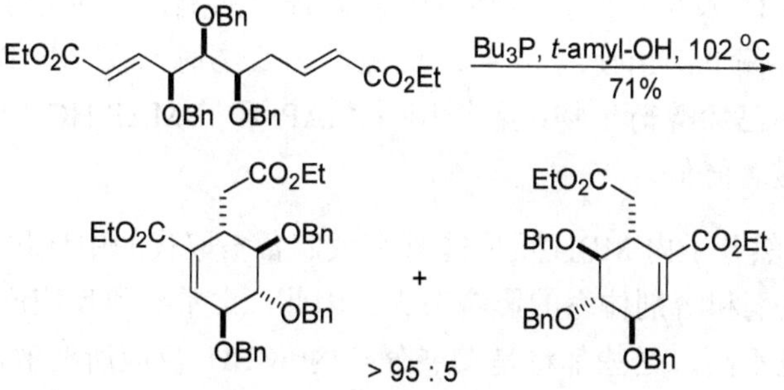

Bu_3P, *t*-amyl-OH, 102 °C
71%
> 95 : 5
(26)

与此同时，Roush 小组也报道了膦催化的 1,5-己二烯和 1,6-庚二烯衍生物的分子内 MBH 反应[29]，通过这种方法可以高效地合成多官能团取代的环戊烯 (式 27) 和环己烯 (式 28)。如式 29 所示：他们还成功地将这一方法学应用于含多个取代基的二氢呋喃的合成中。

2002 年，Keck 和 Welch 小组报道了含有脂肪醛基及 α,β-不饱和酯或硫酯基团的底物的分子内 MBH 反应。如式 30 所示[30]：当使用 $n = 1$ 的硫酯

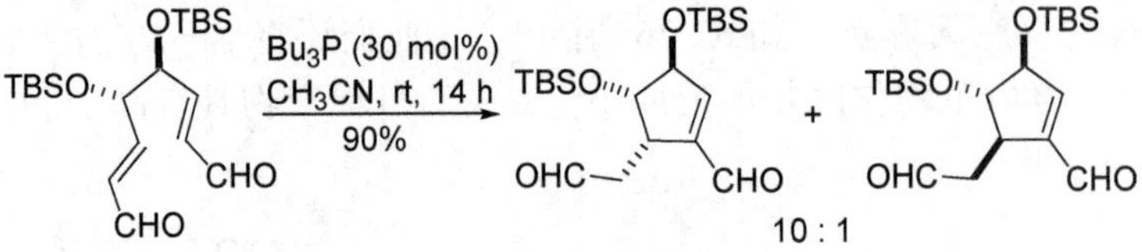

为底物时，无论催化剂是 DMAP 还是 Me_3P，均可以高产率地得到以环戊烯醇衍生物为主的 MBH 反应产物；若将硫酯换为普通的酯，此时分子内 MBH 反应的产率只有中等偏下。当使用 $n = 2$ 的硫酯为底物时，在 Me_3P 催化下，可以较高收率得到环己烯醇衍生物；若换用 DMAP 和 DMAP·HCl 共同作为催化剂，反应产率则显著降低。

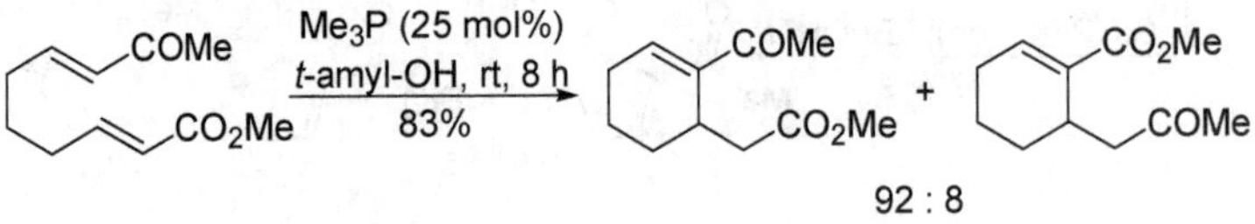

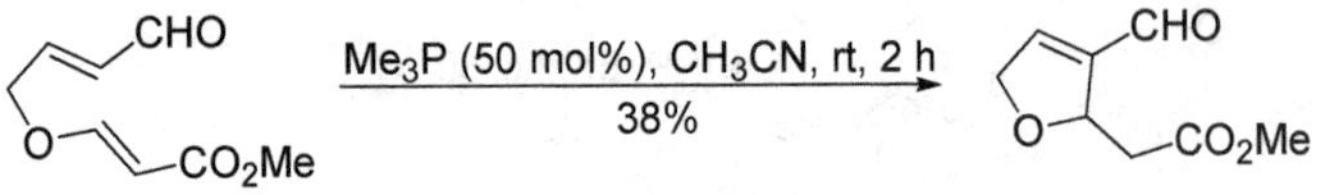

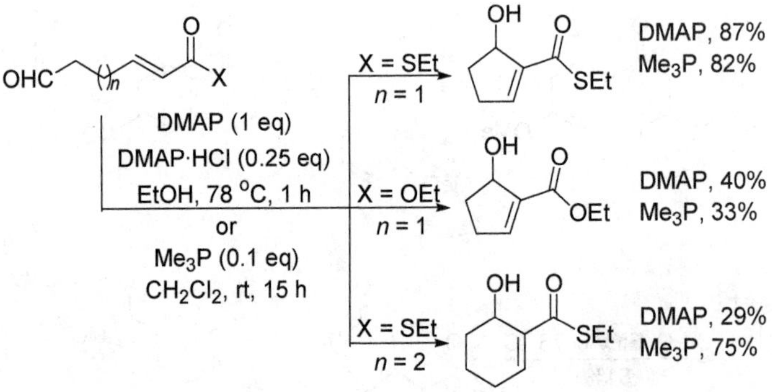

综上所述，虽然分子内 MBH 反应能够有效制备多取代的中环化合物，但是其受反应底物、催化剂和溶剂体系的影响很大。因此，常常导致反应产物较为复杂，有时反应选择性也不高，这些都将是发展分子内 MBH 反应所要解决的问题。

4 不对称 Morita-Baylis-Hillman 反应[6]

MBH 反应最终只产生一个手性碳，但机理研究表明在反应过程中可以有多个手性中心的变化。如图 5 所示[13]，在醇溶剂中，决定立体选择性的过渡态

TS3-MeOH 中存在 2 个手性碳，这就意味着共有 4 个非对映异构体形成。而在非醇溶剂体系里，决定立体选择性的过渡态 **TS3-hemi** 中存在 3 个手性中心，即共有 8 个可能的非对映异构体存在。因此，要想得到高度立体专一性的产物，手性催化剂必须能够有效区分 4 个或 8 个非对映异构体，而不是传统意义上的 2 个对映异构体。此外，通过计算可以看出，大多数中间体和过渡态的各非对映异构体之间的能量差别都比较小，较难区分。所以，发展不对称 MBH 反应面临着严 的挑战。

如上所述，在非醇溶剂中过渡态的非对映异构体数目为醇溶剂体系中的两倍。因此，在非醇溶剂体系中对于 MBH 反应的不对称诱导更加困难。如果在反应中适当加入质子性添加剂改变反应的机理，减少过渡态异构体的数目，则可以在一定程度上提高反应的立体选择性。但当亲电试剂很活泼时，质子性添加剂并不能改变反应途径，反应仍然遵循非醇溶剂体系的机理，这时就较难得到高度立体专一性的产物。

多数情况下，由于质子转移才是决定反应立体选择性的关键步骤。所以，如果想得到好的立体选择性，则必须将研究的重点着 于氢键相互作用和如何控制质子转移的立体专一性这两个方面。手性双官能催化剂恰好能满足这些要求，并且在催化不对称 MBH 反应中得到了良好的效果。这一体系的成功可以归因于催化剂中氢键给体具有恰当的取向，以及催化剂对其中一种醇盐中间体进行分子内质子转移时具有明显高于其它三种异构体的选择性 (图 9)。

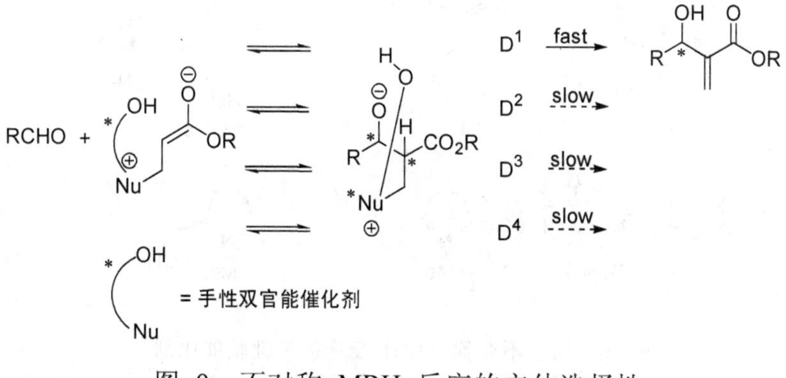

图 9 不对称 MBH 反应的立体选择性

当使用脂肪醛或者活性很高的芳香醛进行 MBH 反应时，情况会发生微妙的变化。由于烯醇对醛的加成不可逆，因此这一步有可能会成为反应的立体控制步骤。如果此步骤具有很高的立体选择性，那么将会促使整个反应获得高立体选择性。这较好地解释了相同条件下，脂肪醛可以比芳香醛有更好立体选择性这一事实。在 aza-MBH 反应中，烯醇对亚胺加成是不可逆的，从而可以通过控制这一步的立体选择性来提高整个反应的对映体选择性。

综上所述，MBH 反应的立体选择性主要源于烯醇对亲电试剂加成的可逆程度和亲电试剂本身的性质。这也就强调了实现高选择性的不对称 MBH 反应的两个重要因素：烯醇对醛加成的立体选择性及质子转移时的立体选择性。因此，获得高对映选择性 MBH 反应产物的最理想条件为：在对醛加成时催化剂具有很高的立体选择性，并且在随后的质子转移步骤中，催化剂对之前的优势异构体同样具有最快的质子转移速率。

由于 MBH 反应是由亲核试剂 (叔胺或叔膦) 所催化的，因此在研究不对称 MBH 反应的初期，人们会很自然地将注意力集中在对亲核试剂的研究上。通过设计不同结构的以 N-或 P-原子为中心的手性催化剂，人们实现了不对称的 MBH 反应。其中双官能催化剂的应用，以及脲和硫脲等催化体系的出现为不对称 MBH 反应提供了新的思路。

4.1 手性胺催化剂

4.1.1 由四氢吡咯和金鸡纳碱衍生的双官能催化剂

手性胺作为手性配体在不对称合成中有着极其广泛的应用，其中有不少也可以作为有效的不对称 MBH 反应的催化剂 (图 10)[31]。

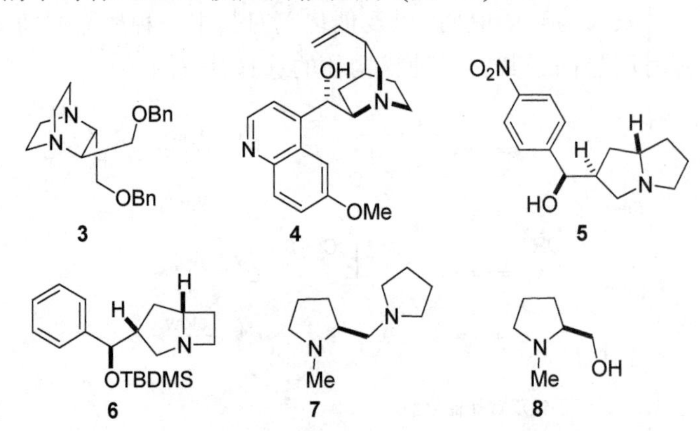

图 10 用于不对称 MBH 反应的手性胺催化剂

1992 年，Hirama 小组制备了具有 C_2-对称性的手性 DABCO 衍生物 **3**。但是，使用催化剂 **3** 在高压下反应时，MBH 反应产物的立体选择性最高只有 47% ee (式 31)[32,33]。

O_2N-C$_6$H$_4$-CHO + CH$_2$=CHCOMe —— **3** (15 mol%), HQ (1 mol%), THF, 30 °C, 12 h; 45%, 47% ee → 产物 (31)

许多金鸡纳碱分子中既有酸性的羟基又有碱性的氨基，这就预示着此类生物碱具有作为双官能催化剂的潜力。其中羟基既可以作为质子的载体加速反应，又可以通过氢键作用有效地控制反应中间体及过渡态的立体构型，进而提高反应的立体选择性。

Markó 小组首次使用金鸡纳碱衍生物 **4** 作为催化剂来进行不对称 MBH 反应。如式 32 所示[34]：在优化的反应条件下，脂肪醛能与甲基乙烯基酮反应以 45% ee 值得到 *S*-构型产物。实验结果显示：催化剂 **4** 分子中的自由羟基对于手性诱导具有非常重要的作用。当此羟基用乙酰基保护时，在相同反应体系中没有任何手性诱导作用。当 N-原子转变成季铵盐时，催化剂的催化效果也显著降低。

$$\text{RCHO} + \text{CH}_2\text{=CHCOMe} \xrightarrow[\text{40\%\sim50\%, 17\%\sim45\% ee}]{\textbf{4}\text{ (10 mol\%), CH}_2\text{Cl}_2\text{; 3\sim15 kbar, rt, 20\sim26 h}} \text{RCH(OH)C(=CH}_2\text{)COMe} \quad (32)$$

R = alkyl

1998 年，Barrett 小组报道了手性双环四氢吡咯衍生物 **5** 所催化的乙基乙烯基酮与缺电子醛的不对称 MBH 反应 (式 33)[35,36]。这一催化剂的优点是可以使 MBH 反应在常压下获得较高的手性诱导结果。他们发现当反应体系中有金属盐 (例如：$NaBF_4$ 或 $NaBPh_4$) 存在时，反应的对映选择性得到提高。随后，他们又发展了一种手性双环氮杂环丁烷衍生物 **6** 作为催化剂。该分子中氮原子所处键角更趋于正四面体构型中的键角，所以他们推测这一新的催化剂会比 **5** 具有更好的催化效果。但实验结果显示：该催化剂虽然可以显著提高反应速率，但产物的对映选择性仅有 26% ee，这可能是由于催化剂中的羟基被 TBDMS 保护所导致的。

$$\text{ArCHO} + \text{CH}_2\text{=CHCOEt} \xrightarrow[\text{17\%\sim93\%, 21\%\sim72\% ee}]{\textbf{5}\text{ (15 mol\%), NaBF}_4\text{; MeCN, }-40\ ^\circ\text{C, 12\sim48 h}} \text{ArCH(OH)C(=CH}_2\text{)COEt} \quad (33)$$

2004 年，Hayashi 小组报道了由 L-脯氨酸制备的手性二胺催化剂 **7**。当用它来催化不对称 MBH 反应时，最高可以 75% ee 值得到 *S*-构型产物 (式 34)[37]。

$$\text{ArCHO} + \text{CH}_2\text{=CHCOMe} \xrightarrow[\text{40\%\sim96\%, 44\%\sim75\% ee}]{\textbf{7}\text{ (10 mol\%), 0 }^\circ\text{C; EtOH, 2\sim6 d}} \text{ArCH(OH)C(=CH}_2\text{)COMe} \quad (34)$$

同年，Krishna 小组报道了使用 *N*-甲基脯氨醇 **8** 作催化剂的不对称 MBH 反应 (式 35)[38]，此催化剂在质子性溶剂中反应效果更好。他们还指出：催化剂中伯醇羟基的存在对于提高反应活性和立体选择性都具有不可忽视的作用。

$$\text{ArCHO} + \text{CH}_2\text{=CHCOMe} \xrightarrow[\text{64\%\sim94\%, 15\%\sim78\% ee}]{\textbf{8}\text{ (50 mol\%), 0 }^\circ\text{C; dioxane/H}_2\text{O, 8\sim40 h}} \text{ArCH(OH)C(=CH}_2\text{)COMe} \quad (35)$$

上述例子表明：自由羟基的存在对加快反应速率以及提高立体选择性均具有重要意义。Markó、Barrett 和 Leahy 等人分别指出：在有机分子催化体系或在金属存在的催化体系中，叔胺催化剂分子内的自由羟基可以与被进攻的醛在过渡态 (**9** 和 **10**) 中通过氢键或配位作用来影响反应的选择性 (图 11)[34,35,39]。在两种过渡态中 *Z*-构型的烯醇均能被分子内的电荷相互作用所稳定。对于过渡态 **9**，烯醇从醛的 *Re*-面进攻为优势构象，最终形成 *S*-构型产物 **11**；而在过渡态 **10** 中，烯醇从醛的 *Si*-面进攻为优势构象，最终形成 *R*-构型的主产物 **12**。

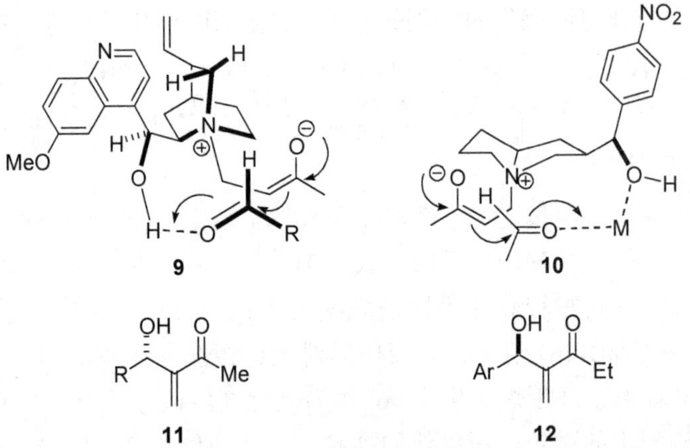

图 11 自由羟基对加快反应速率以及提高立体选择性均具有重要作用

1999 年，Hatakeyama 小组报道了由金鸡纳碱衍生的催化剂 *β*-ICD (**15**)。这一催化剂的发现和使用在不对称 MBH 反应发展中是一个突破性的进展[40,41]。其后，该催化剂在很多天然产物的全合成中也得到了应用[42~45]。如式 36 所示：在 10 mol% 催化剂 **15** 催化下，丙烯酸酯可以与多种芳香醛和脂肪醛发生 MBH 反应，以中等收率和高达 99% ee 得到相应的 MBH 反应产物。

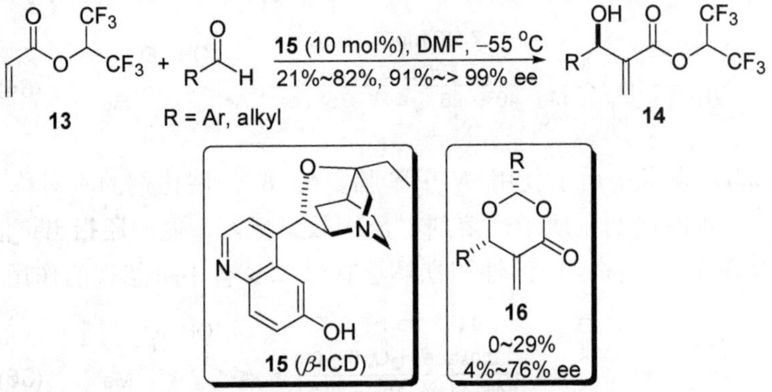

13 + RCHO (R = Ar, alkyl) —— **15** (10 mol%), DMF, $-55\ ^{\circ}C$; 21%~82%, 91%~> 99% ee → **14** (36)

15 (*β*-ICD)

16 0~29%, 4%~76% ee

此外，他们在反应体系中还分离得到了一个由 MBH 反应产物与底物醛形成的六员环副产物 **16**。此副产物相应的手性碳构型与 MBH 反应产物 **14** 正好相反，这一有趣的现象引起了 Hatakeyama 小组的进一步关注。如图 12 所示：假设通过 Aldol 反应均得到顺式非对映异构体，顺式异构体 **17** 易通过反式消除脱去催化剂从而得到 *R*-构型产物 **14**；但顺式异构体 **18** 由于空间位阻效应，反式消除不易发生，而更容易对另一分子醛进行加成反应从而得到半缩醛中间体，最终转化为副产物 **16**[40~42]。

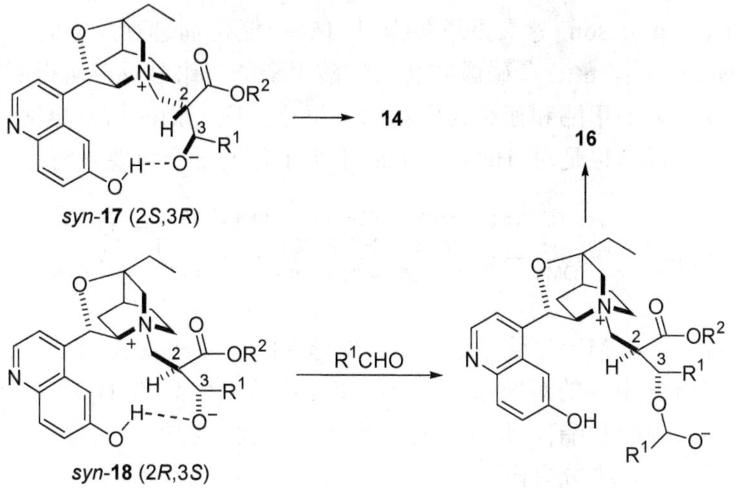

syn-**17** (2*S*,3*R*) → **14**

syn-**18** (2*R*,3*S*) —R^1CHO→ … → **16**

图 12 Hatakeyama 小组对反应选择性的解释

两种顺式异构体均具有一个张力很大的十三员环，但是它们均能通过分子内氢键作用得到稳定。进一步研究发现，催化剂 **15** 中的刚性三环骨架对于获得高立体选择性的产物具有很大贡献。

自 1984 年 Perlmutter 小组[46]报道了用手性辅基保护的亚胺所参与的 aza-MBH 反应以后，对非对映选择性的 aza-MBH 反应的研究才相继出现[47~49]。但是，关于不对称 aza-MBH 反应的成功报道直到催化剂 **15** 问世后才相继出现[50~53]。虽然催化剂 **15** 是一种高效的不对称 aza-MBH 反应催化剂，但是只有氮端为拉电子基保护的亚胺才有足够的活性进行 aza-MBH 反应。反应产物的绝对构型会受到反应介质的影响，但主要是受到底物结构的影响（式 37~式 39）。

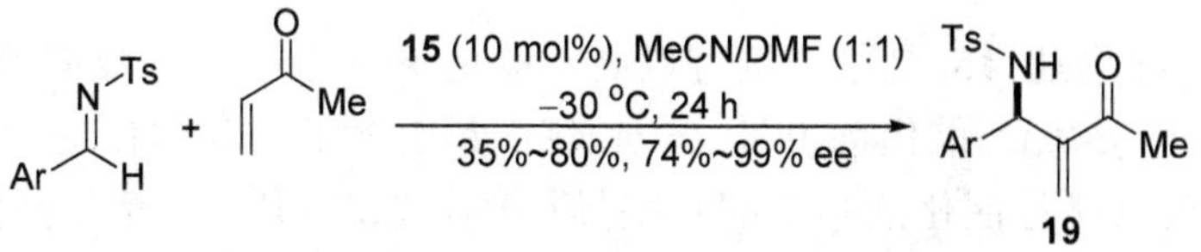

15 (10 mol%), MeCN/DMF (1:1), −30 °C, 24 h; 35%~80%, 74%~99% ee → **19** (37)

15 (10 mol%), MeCN, –55 °C
55%~87%, 67%~89% ee
R = H, OMe, OPh, O(α-Nap)
(S)-**20** (38)

15 (10 mol%)
DMF, –55 °C
42%~97%, 67%~72% ee
21 (39)

2003 年，Adolfsson 等人报道：当以 **15** 为催化剂进行反应时，如果加入催化量的 Ti(Oi-Pr)$_4$，醛、苯磺酰胺和丙烯酸甲酯的三组分反应所得到产物的绝对构型将与以丙烯酸甲酯和亚胺为底物的二组分反应产物的构型相反。如式 40 所示[52,53]，这一报道也是对 Hatakeyama 小组工作的一个重要补充。

15 (15 mol%), Ti(OPr-i)$_4$, (2 mol%)
4Å MS, THF, rt, 48 h
78%~95%, 49%~74% ee (40)

虽然不对称 aza-MBH 反应得到了越来越多的关注和发展，但是对于很多亚胺底物也仅能得到中等的对映选择性 [即使使用活性较高的 HFIP (丙烯酸六氟异丙酯) 或者丙烯酸萘酯]。此外，对于脂肪亚胺化合物的不对称 aza-MBH 反应的成功报道至今还十分有限[51~54]。

2008 年，Zhu 小组报道了新型金鸡纳碱衍生的催化剂 β-ICD (**22**, 式 41)[55]。使用该催化剂不仅可以高效催化芳香亚胺的不对称 aza-MBH 反应，而且也首次实现了脂肪亚胺参与的高对映选择性的不对称 aza-MBH 反应。

22 (0.1 eq), β-萘酚 (2 eq), CH_2Cl_2
R = Ar, –30 °C, 47~80 h, 67%~95%, 85%~95% ee
R = alkyl, 0 °C, 24 h, 38%~57%, 82%~87% ee
22 (β-ICD) = (41)

综上所述，催化剂 **15** 是第一例可以高效催化不对称 MBH 反应的催化剂，以 **15** 为先 的 β-ICD 催化剂也是这一领域中最有效的一类催化剂。但是，它们的一个致命缺点就是催化剂本身的对映异构体难以获得[56]。近来也有一些研究小组报道了具有光学活性的催化剂 **15** 的合成方法[57]，但是步骤十分烦琐，这也在一定程度上限制了它的应用。

4.1.2 以 BINOL 为骨架的双官能催化剂

2005 年，Sasai 小组[58,59]报道了一种以 BINOL 为骨架的双官能有机催化剂 **23**，并证明了其在 aza-MBH 反应中的高效性 (式 42 和图 13)。

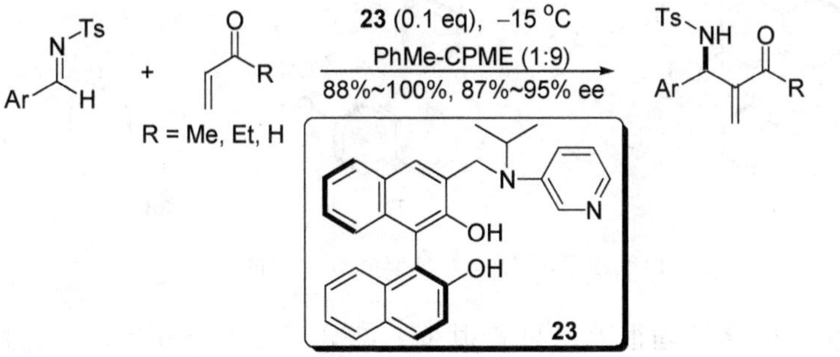

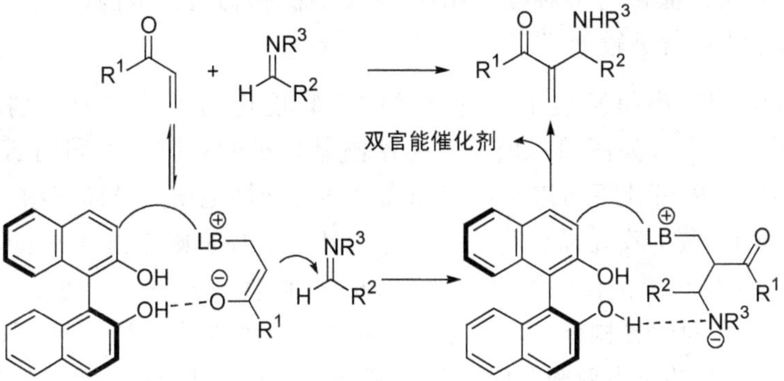

图 13 以 BINOL 为骨架的双官能催化剂的反应机理

他们发现：是否恰当地组合催化剂上的活性官能团，对于能否获得高效的双官能催化剂有着重要影响。在图 14 中所列出的众多催化剂里，只有 **23** 能有效催化不对称 aza-MBH 反应，并且可以达到与催化剂 **15** 相当的立体选择性。即使对催化剂结构做微小的改动 [例如：**24**、**25**、**26** 以及 (**27** + **28**)]，都会使它们的催化效果大打　　。此外，**23** 作为催化剂的另一个显著优势是可以通过比较简便的方法来制备它的对映体。

4.2 手性膦催化剂

许多手性膦配体是商业产品，并且在过渡金属催化的不对称合成中被广泛应用[60]。由于三烷基膦是 MBH 反应的有效催化剂，人们发展了许多手性膦催化剂来进行不对称 MBH 反应。非常遗憾的是，大部分手性膦催化的 MBH 反应的

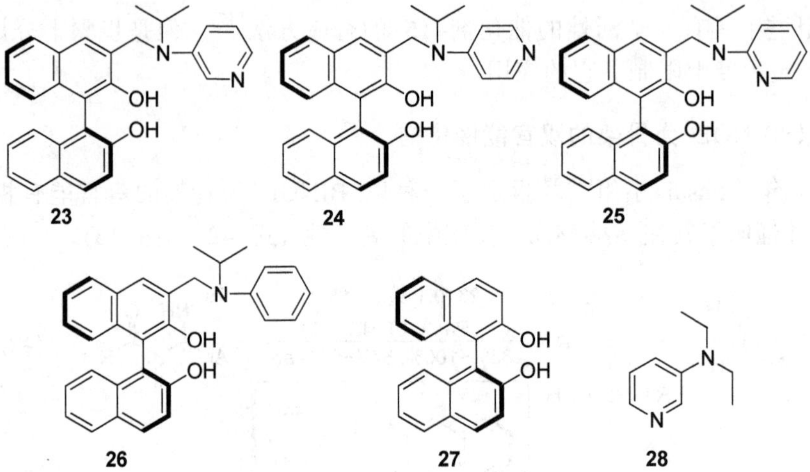
23
24
25
26
27
28

图 14 以 BINOL 为骨架的双官能催化剂

立体选择性和反应活性均很差，只有很少一部分手性膦能够给出较好的催化活性。总之，手性膦催化的不对称 MBH 反应不仅底物适用范围比较窄，而且反应的对映选择性也普遍较低[61~64]。

2003 年，Shi 小组发展了一种高效的双官能化的手性膦催化剂用于催化 aza-MBH 反应[65,66]。如图 15 所示：*N*-磺酰基保护的亚胺与不同的活泼烯烃在 BINOL 衍生物 **29** 催化下可以高产率和高立体专一性地得到目标产物。首先，磷原子作为 Lewis 碱进攻烯烃启动整个催化循环。酚羟基则作为 Lewis 酸来活化亲电试剂，并且通过氢键作用稳定中间体 **30**。中间体 **30** 与磺酰基保护的亚胺反应能生成 4 个非对映异构体，但是只有异构体 **31** 在其后的质子转移和催化剂离去步骤中没有显著的位阻效应，因此可以高度立体专一性地得到反应产物 **20**。

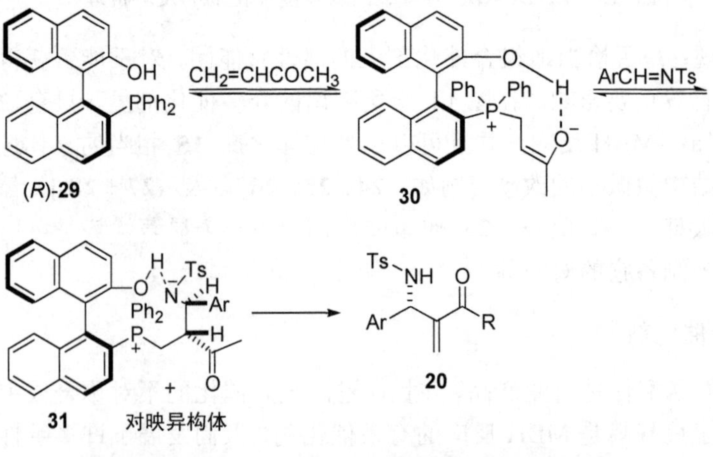
OH
PPh2
(R)-29
CH2=CHCOCH3
Ph
Ph
P
H
O
30
ArCH=NTs
Ts
N
H
Ar
Ph2
P
H
O
31
+
对映异构体
Ts
NH
Ar
O
R
20

图 15 BINOL 衍生的双官能催化剂 **29** 的反应机理

为了进一步提高催化剂的活性和对映体选择性，他们还设计并合成了新的手性膦催化剂 **32**[67]和 **33**[68]。实验证明，这两种催化剂的催化效果与催化剂 **23** 相比均有提高。出乎意料的是：当用 **33** 催化反应时，所得产物的绝对构型与用催化剂 **23** 和 **32** 催化同一反应时所得产物的构型正好相反 (式 43 和表 3)。

Cat. (10 mol%), THF (43)

表 3 不同催化剂对反应（式 43）选择性的影响

序号	Cat.	T/°C	t/h	产率/%	ee/%
1	**23**	-30	24	85	61 (*R*)
2	**32**	-20	48	90	89 (*R*)
3	**33**	-20	36	85	90 (*S*)

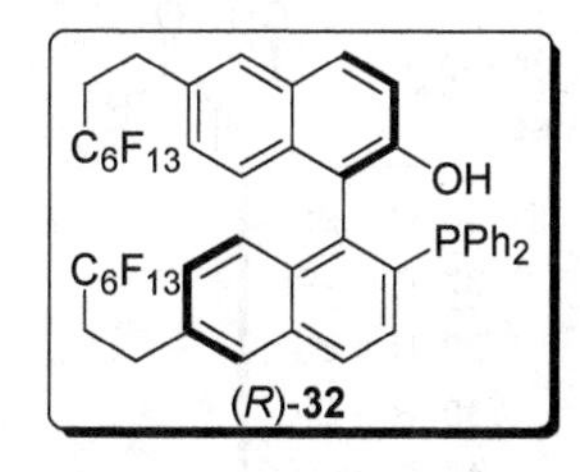

(*R*)-**32**

OH HO
PPh_2HO
(*R,R*)-**33**

2005 年，该小组报道了一种亲核性更强的手性膦催化剂 **34**，并使用该催化剂扩展了不对称 aza-MBH 反应的底物范围。如式 44 所示[69]：催化剂 **34** 能催化亚胺与环戊烯酮反应，以高产率和中等对映选择性得到反应产物，而这一结果是催化剂 **23** 所不能实现的。

(*R*)-**34** (10 mol%), THF, –78 °C~rt, 83%, 55% ee (44)

(*R*)-**34**

与此同时，Sasai 小组也发展了另一种以 BINOL 为骨架的手性膦催化剂 (*S*)-**35**。值得强调的是：虽然 (*S*)-**35**[70] 与催化剂 **23** 的轴手性相同，但在 (*S*)-**35** 催化下，亚胺与甲基乙烯基酮或乙基乙烯基酮反应所得产物的绝对构型却与使用

催化剂 **23** 时相反。这一结果表明，可以通过 *N*- 和 *P*-催化剂位阻及电子效应的不同来有效地调控 MBH 反应产物的立体构型。

PPh2 OH OH (*S*)-**35**

近两年来，Shi 小组基于以往的工作，对原来所报道的 BINOL 为骨架的双官能化不对称 MBH 反应催化剂进行了改造。例如：他们于 2008 年报道了一系列以 BINOL 为骨架的手性 Lewis 碱催化剂 **36~40**[71]。其中催化剂 **38** 在室温下就可以催化醛与甲基乙烯基酮或乙基乙烯基酮的不对称 MBH 反应，目标产物可以达到中等的产率和对映选择性 (式 45)。

R^1CHO + (vinyl ketone, R^2) —— **38** (10 mol%), THF, 25 °C, 24~30 h; 65%~78%, 28%~51% ee → product (45)

R^1 = alkyl, aryl
R^2 = Me, Et

OH PPhR
36 R = Et
37 R = *i*-Pr
38 R = Bu
39 R = Cy
40 R = *i*-Bu

对于 aza-MBH 反应，他们也发展了一类 BINOL 骨架的双官能手性膦-酰胺催化剂 **41~47**[72]。当以催化剂 **45** 催化亚胺和甲基乙烯基酮或乙基乙烯基酮的 aza-MBH 反应时，在 0 °C 或室温条件下均可以高产率和高对映选择性的预期产物 (式 46)。

ArCH=NTs + (vinyl ketone, R) —— **45** (10 mol%); DCE, rt, 12~60 h, 77%~99%, 46%~85% ee; DCM, 0 °C, 7~60 h, 86%~99%, 51%~90% ee → product (46)

NHR PPh2
41 R = SO_2CH_3
42 R = SO_2CH_3
43 R = SO_2CF_3
44 R = $SO_2C_6H_4CH_3$-*p*
45 R = COC_6H_5
46 R = CO_2CH_3
47 R = $PO(C_6H_5)_2$

由于观察到催化剂 **45** 对不对称 aza-MBH 反应具有较好的催化活性，他们又合成了一系列新型的以 BINOL 为骨架、立体 的手性膦-酰胺双官能催化剂 **48~50**[73]。在优化的反应条件下，催化剂 **48~50** 均可获得高达 90% 以上的产率和对映选择性。

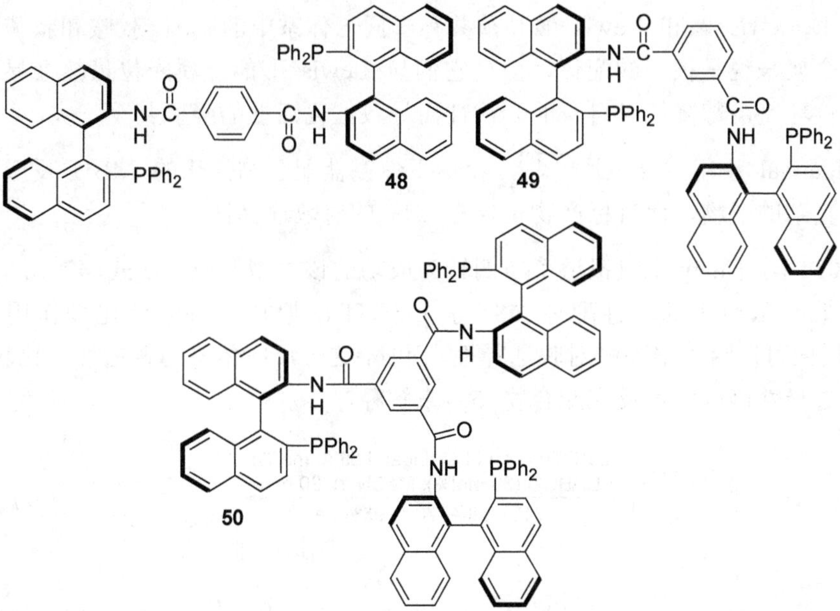

除了提高催化剂的活性以外，如何提高催化剂的使用效率一直以来也都是有机化学家们十分关注的一个问题。Shi 小组也在这一方面进行了有益的探索，他们合成了一系列聚合物支载的手性 Lewis 碱催化剂 (*R*)-DPLB (催化剂 **51~57**)[74]。使用该系列催化剂，在低温下可获得高达 99% 的产率和 97% 的对映选择性。而且，这些催化剂经简单处理便可以回收再利用，大大提高了催化剂的使用效率。

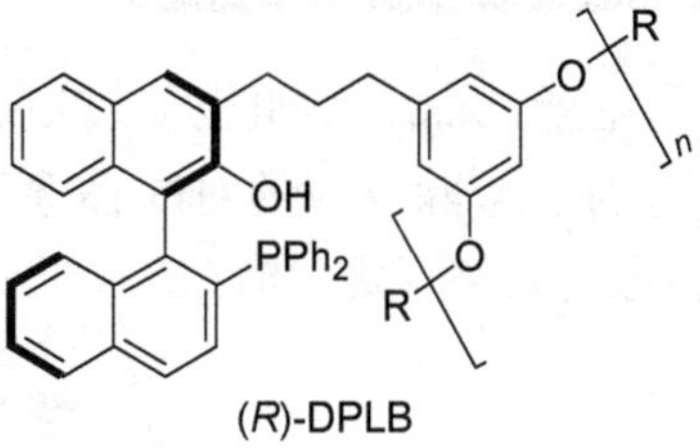

(*R*)-DPLB

51 (*R*)-DPLB1, $n = 0$, R = Bn
52 (*R*)-DPLB2, $n = 1$, R = Bn
53 (*R*)-DPLB3, $n = 2$, R = Bn
54 (*R*)-DPLB4, $n = 3$, R = Bn
55 (*R*)-DPLB5, $n = 1$, R = C_6H_{13}
56 (*R*)-DPLB6, $n = 2$, R = C_6H_{13}
57 (*R*)-DPLB7, $n = 2$, R = $C_{13}H_{27}$

4.3 手性酸催化剂

MBH 反应通常为一个 α,β-不饱和羰基化合物与醛的反应。因此，探索通过手性酸来活化亲电试剂，进而诱导不对称的 MBH 反应也是一个可行的途径。至今已有许多关于手性 Lewis 酸或者 Brønsted 酸催化的不对称 MBH 反应的成功报道[75~77]。

4.3.1 手性 Lewis 酸催化剂

手性 Lewis 酸催化的不对称反应在近二十多年来取得了丰硕的成果。但金属 Lewis 酸催化的不对称 MBH 反应的成功报道却很少，这可能是由于 MBH 反应要求 Lewis 碱和 Lewis 酸必须共存于同一体系中的原因。叔胺和叔膦对于大多数金属来说是很好的配体，但是它们与 Lewis 酸的金属配位虽然会显著地改变手性环境，却降低了自身的亲核性而导致催化活性的降低甚至 失。

Aggarwal 小组曾经报道[78,79]，使用手性镧盐配合物催化的 MBH 反应会得到极其复杂的产物，而目标产物也仅有 5% 的对映选择性。

2003 年，Chen 小组报道了一例较为成功的该类型反应。如式 47 所示[80]：在由二联 脑衍生的手性配体 **58** 与 La(OTf)$_3$ 原位制备的催化剂作用下，MBH 反应可以给出很高的对映选择性。而且，这一反应体系的普适性也比较好，其立体选择性可以通过反应配合物 **59** 来解释。

RCHO + [naphthyl acrylate] —La(OTf)$_3$ (3 mol%), Ligand **58** (6 mol%), DABCO (30 mol%), MeCN, rt, 20 min; 71%~88%, 70%~95% ee→ (47)

通过组合硼锂配合物 **60**[81,82]和三正丁基膦，Sasai 小组也能以很高的收率得到烯丙醇产物。但是，这一反应体系还很不成熟。除反应的对映体选择性较低以外，反应还需要较长时间才能达到令人满意的收率 (式 48)。

4.3.2 手性 Brønsted 酸催化剂

由于 MBH 反应是由亲核的 Lewis 碱催化的，一般认为应避免使用 Brønsted 酸与催化剂发生中和反应而使其 失催化活性。但有实验表明：向反应体系里加入合适强度的 Brønsted 酸，不仅不会将亲核性的 Lewis 碱质子化和破坏其催化活性，而且还可以通过引入氢键作用来活化反应底物，从而提高反应的立体选择性[83~96]。

$$\text{cyclopentenone} + \text{RCHO} \xrightarrow[\substack{<120\ \text{h},\ 32\%\sim93\%,\ 15\%\sim63\%\ \text{ee} \\ >240\ \text{h},\ 49\%\sim94\%,\ 52\%\sim99\%\ \text{ee} \\ \text{R} = \text{CH}_2\text{CH}_2\text{Ph, Et, } i\text{-Pr,} \\ t\text{-Bu, Ph, C}_5\text{H}_9\text{, C}_6\text{H}_{11}}]{\mathbf{60}\ (16\ \text{mol\%}),\ (n\text{-Bu})_3\text{P}\ (10\ \text{mol\%}),\ \text{THF},\ -40\ ^\circ\text{C}\sim\text{rt}} \text{product} \quad (48)$$

60

4.3.2.1 硫脲作催化剂

由于硫脲和脲能够通过双重氢键作用活化羰基和亚胺，同时又不是强的 Brønsted 酸。因此，它们可以作为合适的不对称 MBH 和 aza-MBH 反应的催化剂[97~102]。

2004 年，Nagasawa 小组曾报道硫脲容易与环己烯酮和醛形成氢键，这一研究结果促使他们合成了手性硫脲衍生物 **61** (式 49)[102]。在 DMAP 存在下，**61** 能催化环己烯酮与醛发生不对称 MBH 反应。尽管以芳香醛为底物时，反应的对映选择性普遍较低。但是，使用脂肪醛为底物时反应的对映选择性可高达 99% ee。研究表

$$\text{RCHO} + \text{cyclohexenone} \xrightarrow[33\%\sim99\%,\ 33\%\sim90\%\ \text{ee}]{\mathbf{61}\ (40\ \text{mol\%}),\ \text{DMAP}\ (40\ \text{mol\%}),\ \text{neat},\ -5\ ^\circ\text{C},\ 3\sim5\ \text{d}} \text{product} \quad (49)$$

R = alkyl, Ar

$R_3\ddot{N}$

61　　62

明：该硫脲催化体系对 MBH 反应有明显的加速作用，主要是由于硫脲能够通过氢键作用同时活化环己烯酮和醛，并使得它们之间取得有利的空间相互关系。这一双重活化模式是非常重要的。当 Nagasawa 等人以单一硫脲催化剂 **62** 代替 **61** 催化同一反应时，可以观察到反应效率明显降低，从而印证了上述推断的正确性。

2005 年，Jacobsen 小组报道了手性硫脲衍生物 **63** 在 DABCO 体系中可以作为一种有效的 Brønsted 酸催化剂。如式 50 所示[103]：**63** 可以催化对硝基苯磺酰亚胺和丙烯酸甲酯的 aza-MBH 反应，并以很高的对映选择性得到目标产物。Jacobsen 等人指出：反应底物中对硝基苯磺酰保护基的存在，对此反应的成功非常重要。将此保护基换为 Boc 或对甲基苯磺酰基等基团时，反应几乎没有立体选择性。此外，溶剂和反应底物的浓度对反应的立体选择性也有重要影响。在非极性溶剂二甲苯中，此反应得到最高的对映选择性。在优化的反应条件下，不论亚胺芳香基团的电子性质如何，产物的对映选择性均能达到 90% ee 以上。

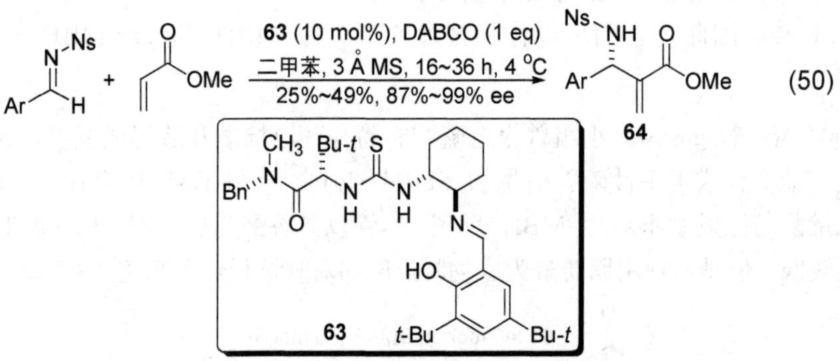

63 (10 mol%), DABCO (1 eq)
二甲苯, 3 Å MS, 16~36 h, 4 °C
25%~49%, 87%~99% ee (50)

他们还观察到，反应的高化学产率和高光学产率是不可兼得的。因此，他们细分析了反应的全过程，并首次分离得到从反应体系中沉淀出的反式双极离子中间体 **65** (图 16)[103]。低光学活性的反式构型中间体 **65** 在分子内存在不利的空间位阻，因此减慢了质子转移的速率；而高光学活性的顺式构型双极离子 **66** 中没有明显的位阻效应，能够很快地进行质子转移和催化剂脱除从而得到高对映选择性的产物。因此，在这样的反应体系中，能够以牺牲反应产率为代价来提高反应的对映选择性。

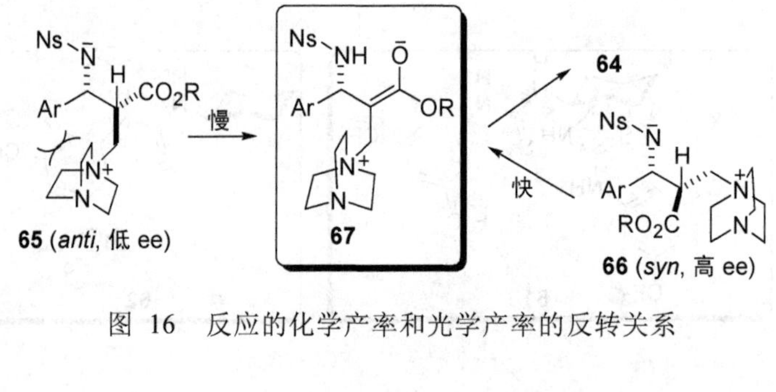

图 16 反应的化学产率和光学产率的反转关系

2005 年，Wang 小组发展了一种手性氨基硫脲催化剂 **68**[104]。他们推测分子中的叔胺部分能作为 Lewis 碱来激活反应，而硫脲基团则可作为 Brønsted 酸来活化亲电试剂的羰基。在优化的反应条件下，环己烯酮可以与多种脂肪醛反应，并以高产率和 60%~94% ee 得到相应的烯丙醇产物 (式 51)。特别值得强调的是，邻氯取代的苯甲醛也可以 55% 的收率和 60% ee 得到相应产物。除此之外，其它的硫脲催化体系均没有得到有制备意义的芳香醇产物。

68 (10 mol%), 0 °C, CH_3CN, 48~108 h, 63%~84%, 60%~94% ee; R = alkyl (51)

在以往的研究中，Nagasawa 和 Berkessel 等小组分别报道过手性二联硫脲催化剂所催化的不对称 MBH 反应[102,105]。在优化的反应条件下，这些二联硫脲催化的脂肪醛参与的反应，均能得到大于 90% ee 的选择性。但是，当芳香醛为底物时，反应最高仅能得到 77% ee。为了解决这个困难，Shi 小组在 2008 年报道了一种新型手性二联硫脲催化剂 **69**[106]，从而首次将芳香醛参与的不对称 MBH 反应提高到 88% ee (式 52)。

69 (20 mol%), DABCO (20 mol%), PhMe, rt, 43%~99%, 60%~88% ee; n = 0, 1 (52)

手性硫脲催化剂为不对称 MBH 反应提供了一种新的思路，但相关的研究还不是十分成熟。尤其是反应底物主要局限在脂肪醛，这便大大限制了产物的多样性。随着人们对 MBH 反应机理的深入理解以及对催化剂结构的进一步改进，相信这一领域能得到进一步 大和发展。

4.3.2.2 脯氨酸作共催化剂

2006 年，Zhao 小组报道了手性苯并氮杂化合物 **70** (图 17) 能与 L-脯氨酸共同催化甲基乙烯基酮的 MBH 反应[107]，且所得产物可达到中等对映选择性。但是，这一反应体系仅局限于 α,β-不饱和醛或酮。脯氨酸在体系中的具体作用至今还不甚明确，相信它不止起到了 Brønsted 酸的作用。如图 17 所示：反应过程中脯氨酸可能先与甲基乙烯基酮形成亚胺中间体 **71**；然后，Lewis 碱对 **71** 进行 Michael 加成生成烯胺 **72**；接着，发生 Aldol 反应生成带有多电荷的中间体 **73**，中间体 **73** 经分子内质子转移和 Lewis 碱的释放生成亚胺 **74**；最后，亚胺 **74** 经水解得到 MBH 反应产物和脯氨酸。此外，**70** 和脯氨酸共同使用并不能催化丙烯酸酯或丙烯腈参与的 MBH 反应，这也为上述反应机理提供了有力支持。

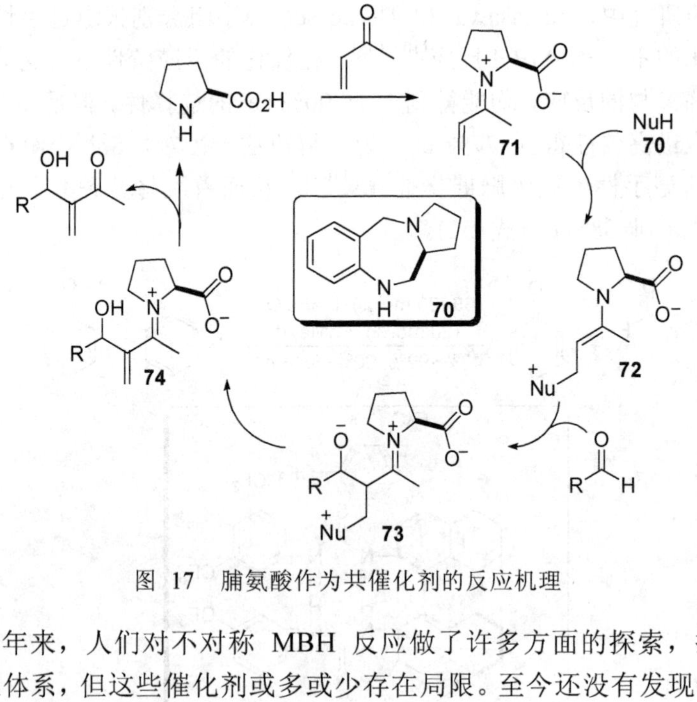

图 17 脯氨酸作为共催化剂的反应机理

近十多年来，人们对不对称 MBH 反应做了许多方面的探索，报道了许多可行的催化体系，但这些催化剂或多或少存在局限。至今还没有发现一种既高普适性又高效的不对称 MBH 反应催化剂。

MBH 反应中包含两种亲电底物和一种亲核催化剂，因此这一反应从本质上非常适合发展有机催化体系，尤其是通过双官能催化剂来实现不对称的 MBH 反应。事实上，大多数有效的不对称 MBH 反应的催化剂也都是有机小分子，

MBH 反应也是为数不多的手性有机小分子催化优于手性金属催化的反应之一。

从结构的角度看，大多数双官能催化剂都具有刚性骨架。虽然双重氢键作用并不是必要条件 (尤其是在有分子内氢键存在的情况下)，但是双重或多重的催化剂-底物之间的相互作用能够限制反应中间体构象的自由度，从而增强反应的立体专一性。同时，催化剂与底物之间的相互作用也不能像 Lewis 酸碱相互作用那样强烈，否则会导致亲核试剂 (Lewis 碱) 失效，而得不到目标产物。

总之，在设计双官能催化剂时最重要的一点就是要考虑两种官能团的协同作用。这一作用不仅能够增加底物之间的化学反应活性，而且也能有效地调整过渡态的三维结构以得到更好的立体诱导效果。尽管不对称 MBH 反应的发展已经取得了很大的进步，但是在这个极具挑战性的领域中仍然存在着很大的发展空间。

5 类 Morita-Baylis-Hillman 反应

除应用前面所讨论的经典 MBH 反应外，文献中也有许多关于用金属试剂催化活泼烯烃与亲电试剂的类 MBH 反应 (MBH-type reactions) 的报道[5,108~114]。这些类 MBH 反应克服了经典 MBH 反应速度慢、产率低和不对称诱导效率差等缺点，有的还能够非常顺利地得到经典 MBH 反应难以得到的 β-单取代或 β,β-双取代的产物。

5.1 锂试剂参与的类 MBH 反应

1997 年，Marino 小组以光学纯的 β-取代乙烯基亚砜 **75** 为底物，在 LDA 和醛存在的条件下，制得了 MBH 反应产物 (式 53)[115]。由于亚砜 **75** 分子中 α-位的氢具有酸性，在强碱 LDA 存在时很容易生成碳负离子。碳负离子迅速进攻体系中的醛，得到双键 β-位具有取代基的 MBH 反应产物。尽管此反应的非对映选择性很低，但是两种互为非对映异构体的醇可以通过进一步转化而得到分离。

(*R*)-**75** —— LDA, R^1CHO, THF, –78 °C; 80%~86% → (53)

R = Ph, Me, Bu

R^1 = Et, $PhCH_2CH_2$

随后，Satoh 小组将这一策略扩展为有效制备不对称 MBH 反应产物的方法。他们选用光学纯的化合物 **76** 作为反应底物，所得 MBH 反应产物经简单柱色谱分离便可以得到两种具有光学活性的非对映异构体。如式 54 所示[116]：

这些产物均可进一步转化为具有高光学活性的联烯化合物。

p-Tol···S(O) (R)-76 Ph; LDA, R^1CHO, −100 °C → p-Tol···S(O) HO R[1] (R) H Ph → 95% ee → H H Ph R^1 (R)-(−); p-Tol···S(O) HO H (S) R^1 Ph → 74% ee → H R^1 Ph H (S)-(+) (54)

1998 年，Tius 小组以炔丙基硅醚为起始物，在锂试剂作用下原位制备硅烷 **77**；然后用醛或酮与 **77** 反应，方便地得到经典 MBH 反应难以获得的 α,β-不饱和酰基硅烷化合物 (式 55~式 58)[117,118]。

OX; X = TBDMS, TIPS; t-BuLi → [Li OX CH_2] → [LiO X CH_2] **77** (55)

[LiO X CH_2] **77** X = TBDMS; RCHO, −78 °C, 53%~85% → TBDMS C(O) OH R; R = Ph, 4-(OMe)Ph, fur-2-yl, $PhCH_2CH_2$, propen-1-yl, propen-2-yl, naphth-1-yl, *ect.* (56)

[LiO X CH_2] **77** X = TIPS; $MgBr_2$ (1.2 eq), −78 °C, ArC(O)Me, 84%, Ar = naphth-2-yl → TIPS O Me OH (57)

[LiO X CH_2] **77** X = TIPS; $ZnCl_2$-TMEDA (1.0 eq), −78 °C, $(Me)_2CHCHO$, 91% → TIPS O OH Me Me (58)

2000 年，Davies 小组通过手性氨基锂试剂 **78** 成功地发展了一种制备不对称 MBH 反应产物的方法。他们通过三步转化可以获得高达 99% ee 的目标产物 (式 59)[119]。

Warren 小组也曾应用手性氨基锂试剂 **79** 来催化乙烯基磷酸酯与醛进行不对称的类 MBH 反应 (式 60)[120]。

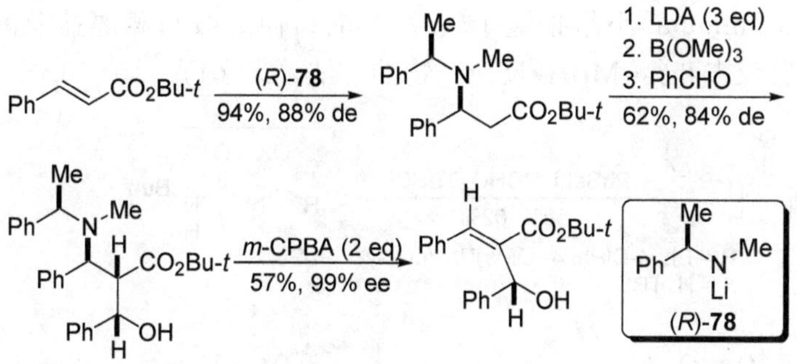

(59)

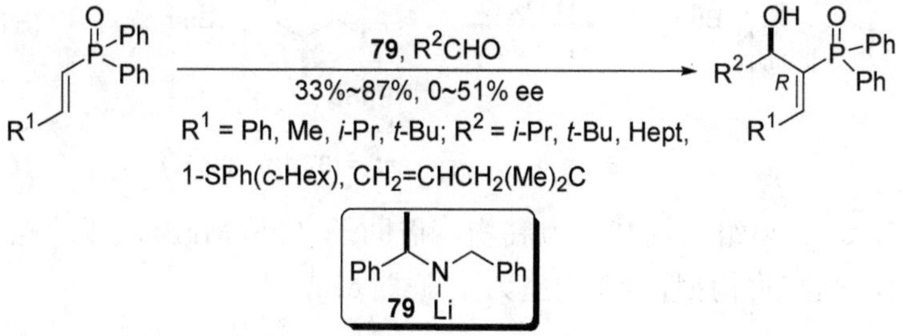

(60)

5.2 硒试剂参与的类 MBH 反应

许多研究小组借助于硒试剂来制备 β-取代的 MBH 反应产物，并将这一策略有效地应用于一些复杂化合物的合成中。如图 18 所示[121]：Jauch 小组使用 PhSeLi 试剂，以活泼的光学纯烯烃 **80** 为底物合成了一系列不对称 MBH 反应产物。

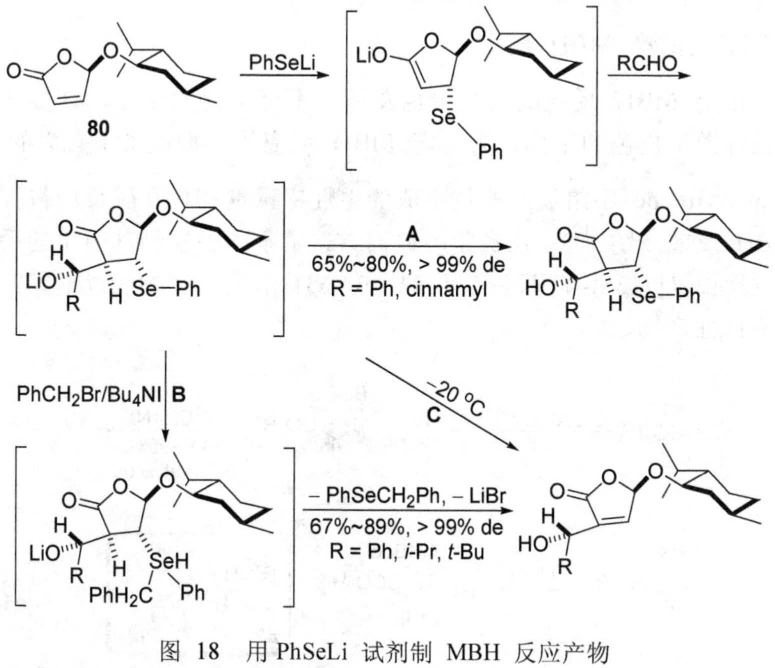

图 18 用 PhSeLi 试剂制 MBH 反应产物

2000 年，Kamimura 小组报道了 α,β-不饱和仲酰胺与硒醇盐及醛的联 Michael/Aldol 反应来获得 MBH 反应产物的方法 (式 61)[122]。

PhSeLi, RCHO, TBSCl 52%~82%
R = Ph, 4-ClPh, 4-(OMe)Ph, fur-2-yl
X = H, TBS
H_2O_2, rt 77%~94%
syn:anti = (87:13)~(89:11)
(61)

2002 年，Huang 小组以炔基砜为底物，借助于 PhSeMgBr，成功地合成出 MBH 反应产物，此产物构型以 Z-构型为主 (式 62)[123]。

R^1—≡—SO_2Tol + PhSeMgBr + R^2CHO
THF, CH_2Cl_2, −20 °C, 50~90 min
73%~89%, Z/E = (96:4)~(99:1)
R^1 = Ph, Bu, Pent
R^2 = Ph, 4-ClPh, 4-(OMe)Ph, fur-2-yl, Bu, 4-(NMe_2)Ph, cinnamyl
(Z)
(62)

5.3 铝试剂参与的类 MBH 反应

铝试剂在类 MBH 反应的研究中也发挥了不可小视的作用，许多研究小组在这一领域都做了出色的工作，为丰富 MBH 反应的产物提供了有力的支持。

1996 年，Greene 小组通过原位生成的手性铝试剂 **81** 和醛反应得到了高选择性的 MBH 反应产物 [124]。在实验中他们尝试了不同手性辅基衍生的手性乙炔酯，最后发现由 (1*R*,2*S*)-苯基环己醇 **82** (式 63) 衍生的底物能以最好的非对映选择性生成目标产物。

≡—CO_2R^* DIBAL-H-HMPA → [**81**] R^1CH=NX 34%~90% 86%~98% de
LiOH
R^*OH = **82**
(63)

随后，Li 小组报道了在 Bu_2BOTf 催化下通过 β-取代的铝盐中间体 **83** 与亲电试剂合成 β-取代 MBH 反应产物的方法 (式 64 和式 65)[125]。Ramachandran 小组则用 β-取代的乙烯基铝与不同的亲电试剂 (如氟原子取代的酮、α-酮酸酯等) 进行反应，可以较高产率得到不同 β-取代的 MBH 反应产物 (式 66 和式 67)[126,127]。

CO_2Et / R (alkyne) —DIBAL-H/HMPA→ $(i\text{-}Bu)_2Al$, CO_2Et, R **83** (64)

$(i\text{-}Bu)_2Al$, CO_2Et, R **83** (R = Me, Ph) —Bu_2BOTf (cat.), R^1R^2CO; < 40%~60%; R^1 = H, Me; R^2 = Me, Ph, propen-1-yl, fur-2-yl→ R^2, R^1, OH, CO_2Et, R (65)

$(i\text{-}Bu)_2Al$, CO_2Et, R **83** (R = H, Ph) —R^1R^FCO; 65%~82%; R^F = CF_3, C_3F_7, C_6F_5, CCl_3; R^1 = H, Me, Ph, thiophen-2-yl→ R^1, R^F, OH, CO_2Et, R (66)

$(i\text{-}Bu)_2Al$, CO_2Et, R **83** (R = H, Me, Ph) —R^1COCO_2Me; 60%~75%; R^1 = Me, Ph→ R^1, MeO_2C, OH, CO_2Et, R (67)

此外，Ramachandran 小组还尝试了用 NMO (*N*-甲基吗啉氧化物) 代替强致癌性的 HMPA 作为反应溶剂，发展了一种环境友好的类 MBH 反应 (式 68)[128]。

R—≡—COX —DIBAL, NMO→ $(i\text{-}Bu)_2Al$, COX, R —R^1COR^2; 70%~96%→ R^1, R^2, OH, COX, R (68)

X = OEt, Me
R = H, Me, Ph
R^1 = Me, Et, Pr, *i*-Pr, *t*-Bu, CF_3, Ph
R^2 = H, Me, CF_3, CO_2Et

2002 年，Li 小组还报道了在 Et_2AlI 催化下，醛可分别与丙炔酸酯、丙烯酸硫醇酯和环状烯酮等高效地进行类 MBH 反应 (式 69)[129~131]。

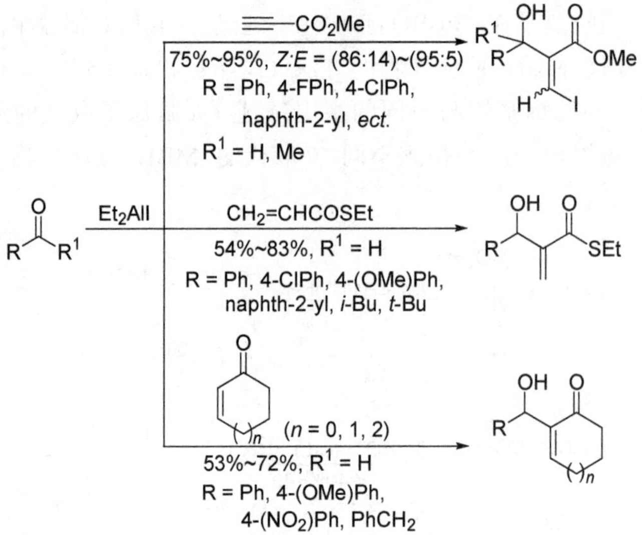

$\equiv$—CO_2Me
75%~95%, Z:E = (86:14)~(95:5)
R = Ph, 4-FPh, 4-ClPh, naphth-2-yl, ect.
R^1 = H, Me

Et_2AlI

CH_2=CHCOSEt
54%~83%, R^1 = H
R = Ph, 4-ClPh, 4-(OMe)Ph, naphth-2-yl, *i*-Bu, *t*-Bu

(*n* = 0, 1, 2)
53%~72%, R^1 = H
R = Ph, 4-(OMe)Ph, 4-(NO_2)Ph, $PhCH_2$

(69)

通过经典 MBH 反应制备 *β*,*β*-二取代的 MBH 反应产物是比较困难的。但是，在 Et_2AlCl 存在下，烷基铜锂试剂可以对由醇 **85** 衍生的手性炔基酯进行加成生成乙烯基铜 **86**，进而对醛进攻生成具多官能团的四取代乙烯衍生物 (式 70)[132,133]。

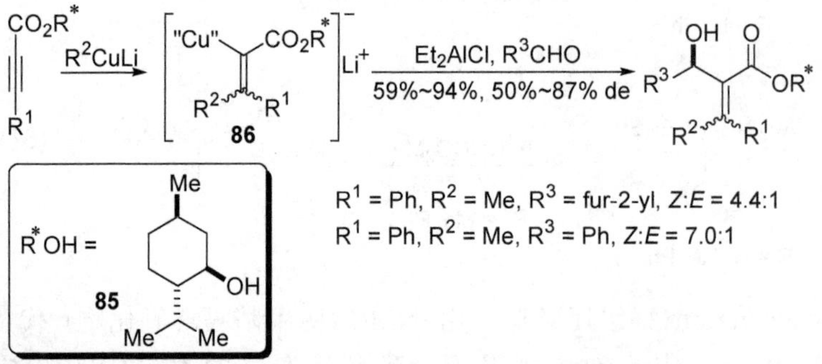

R^2CuLi → **86** → Et_2AlCl, R^3CHO, 59%~94%, 50%~87% de

(70)

R^*OH = **85**

R^1 = Ph, R^2 = Me, R^3 = fur-2-yl, Z:E = 4.4:1
R^1 = Ph, R^2 = Me, R^3 = Ph, Z:E = 7.0:1

光学纯的对甲苯基亚磺酰亚胺 **87** (式 71) 与炔基酸酯反应，可以高产率地得到 *β*-单取代或 *β*,*β*-二取代的 aza-MBH 反应产物 **88** (式 71)，并且获得很高的非对映选择性。由于一些对甲苯基亚磺酰亚胺 **87** 在低温下不溶于乙醚，因此反应要使用乙醚-二氯甲烷的混合体系并以 $Yb(OTf)_3$ 为催化剂才能获得理想的收率[134~137]。

5.4 其它试剂参与的类 MBH 反应

除上面提到的锂、硒和铝试剂以外，　、碲、汞、铟和铬等试剂[138~142]也可以用来实现类 MBH 反应。其中 Trost 和 Oi 小组在 2001 年报道的由　试剂催化烯丙基醇的合成就是一个很好的例子 (式 72)[138]。此法以高立体选择性和 42%~95% 的收率得到了经典 MBH 反应难以获得的 *β*-取代产物，反应机理如图 19 所示。

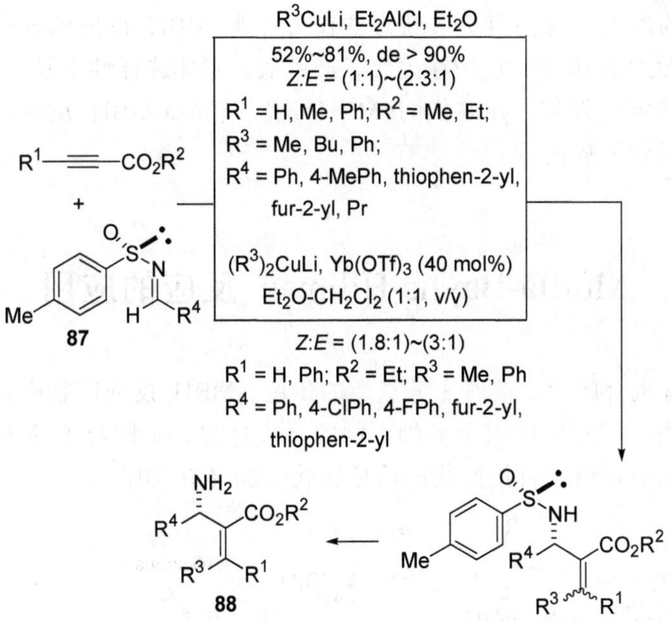

R³CuLi, Et₂AlCl, Et₂O
52%~81%, de > 90%
Z:E = (1:1)~(2.3:1)
R¹ = H, Me, Ph; R² = Me, Et;
R³ = Me, Bu, Ph;
R⁴ = Ph, 4-MePh, thiophen-2-yl, fur-2-yl, Pr

(R³)₂CuLi, Yb(OTf)₃ (40 mol%)
Et₂O-CH₂Cl₂ (1:1, v/v)

Z:E = (1.8:1)~(3:1)
R¹ = H, Ph; R² = Et; R³ = Me, Ph
R⁴ = Ph, 4-ClPh, 4-FPh, fur-2-yl, thiophen-2-yl

(71)

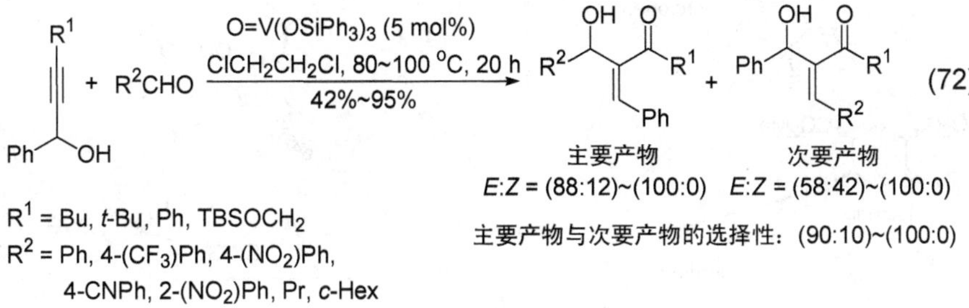

O=V(OSiPh₃)₃ (5 mol%)
ClCH₂CH₂Cl, 80~100 °C, 20 h
42%~95%

主要产物 E:Z = (88:12)~(100:0)

次要产物 E:Z = (58:42)~(100:0)

主要产物与次要产物的选择性：(90:10)~(100:0)

(72)

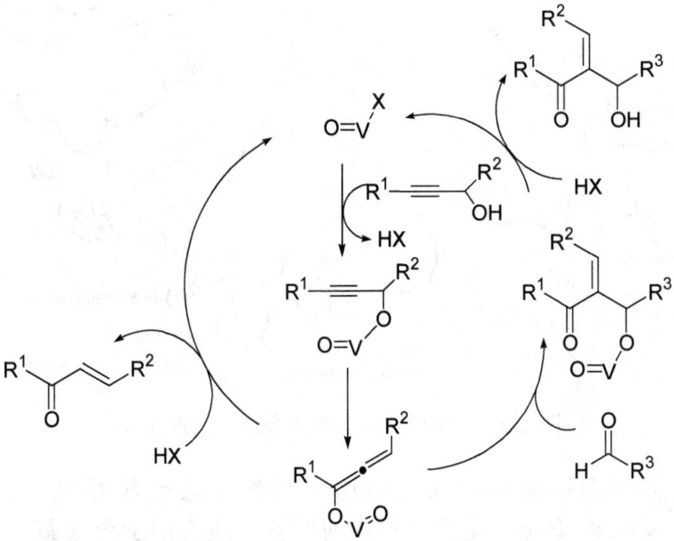

R¹ = Bu, t-Bu, Ph, TBSOCH₂
R² = Ph, 4-(CF₃)Ph, 4-(NO₂)Ph, 4-CNPh, 2-(NO₂)Ph, Pr, c-Hex

图 19 催化的类 MBH 反应机理

随着研究的深入，将会有更多新方法作为经典 MBH 反应的补充以克服经典 MBH 反应底物范围窄、反应速度慢、产率低、立体选择性不易控制等缺陷。随着这一研究领域的发展，β-取代的 MBH 反应及 aza-MBH 反应产物难以制备的大问题也得到了解决。

6 Morita-Baylis-Hillman 反应的应用

官能团在有机合成中 演着十分重要的角色。MBH 反应产物中包含至少三个不同的官能团，因此可以用于多种不同的合成目的。早期对于 MBH 反应应用的研究主要集中在对其直接产物的简单转化方面 (图 20)[5]。

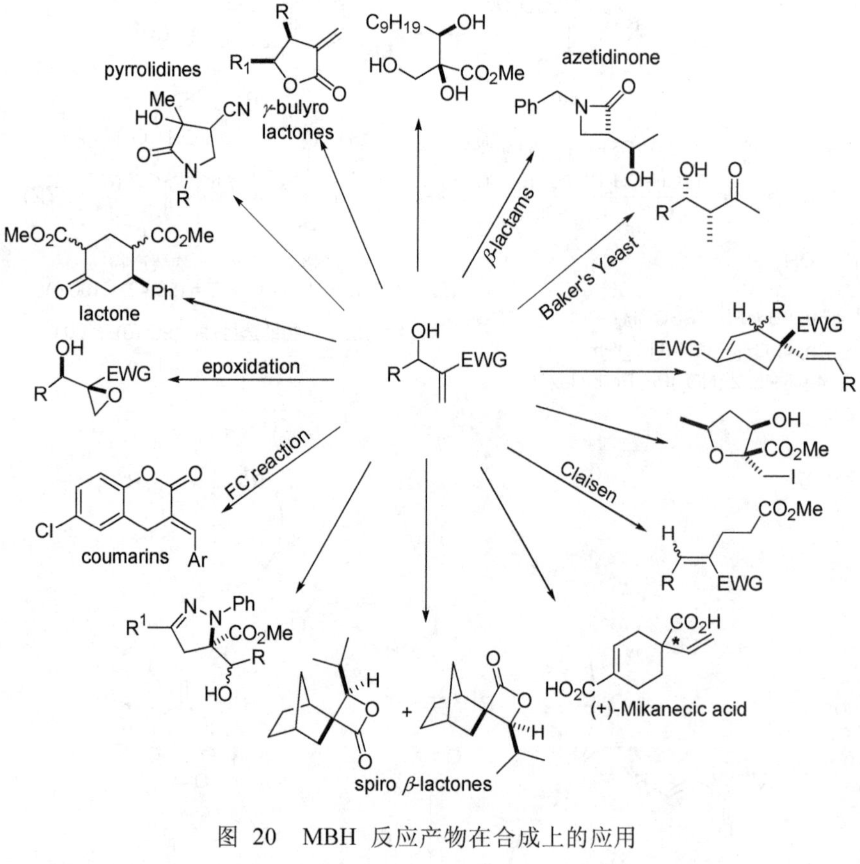

图 20 MBH 反应产物在合成上的应用

近十年来，MBH 反应产物的应用又得到了进一步拓展，例如：用于 Friedel-Crafts 反应和 Heck 反应等底物的制备，或者用于合成萘、吲哚、喹啉和 啶等衍生物以及天然产物的全合成。

6.1 Friedel-Crafts 反应

Basavaiah 小组曾报道：在 $AlCl_3$ 催化下，羟基乙酰化的 MBH 反应产物可以与苯发生 Friedel-Crafts 反应生成三取代烯烃产物 (式 73)[143]。其双键的顺反构型比例主要受到拉电子取代基的影响，使用 -CN 与 $-CO_2Me$ 作为取代基会给出正好相反的结果。

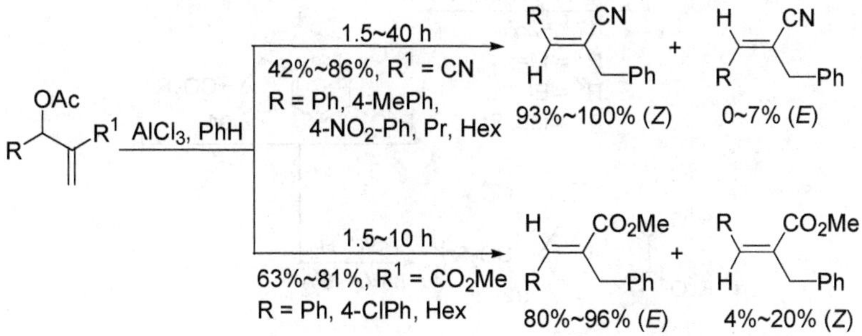

OAc, R, R^1; $AlCl_3$, PhH

1.5~40 h; 42%~86%, R^1 = CN; R = Ph, 4-MePh, 4-NO_2-Ph, Pr, Hex → 93%~100% (*Z*) + 0~7% (*E*)

1.5~10 h; 63%~81%, R^1 = CO_2Me; R = Ph, 4-ClPh, Hex → 80%~96% (*E*) + 4%~20% (*Z*)

(73)

他们观察到：在没有外加芳烃时，含有苯环的反应底物并不会发生分子内 Friedel-Crafts 反应，而是以较好的收率得到 *Z*-构型的烯丙基氯衍生物 (式 74)。这可能是由于拉电子的 $-CO_2Me$ 基团使得碳正离子 **89** 不稳定，从而迅速被体系中的 Cl^- 捕捉 (式 75)[144]。

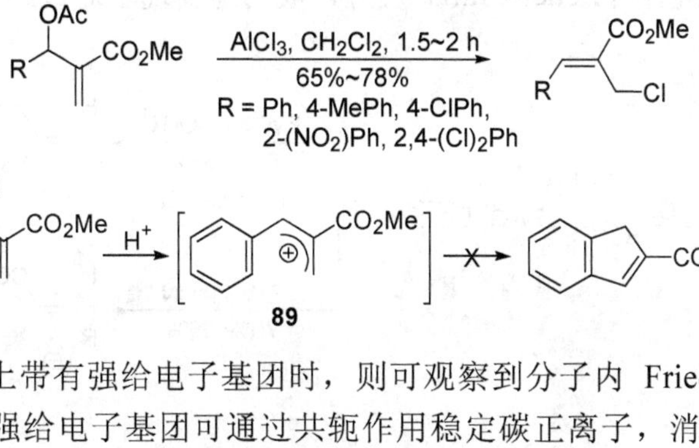

$AlCl_3$, CH_2Cl_2, 1.5~2 h; 65%~78%; R = Ph, 4-MePh, 4-ClPh, 2-(NO_2)Ph, 2,4-$(Cl)_2$Ph (74)

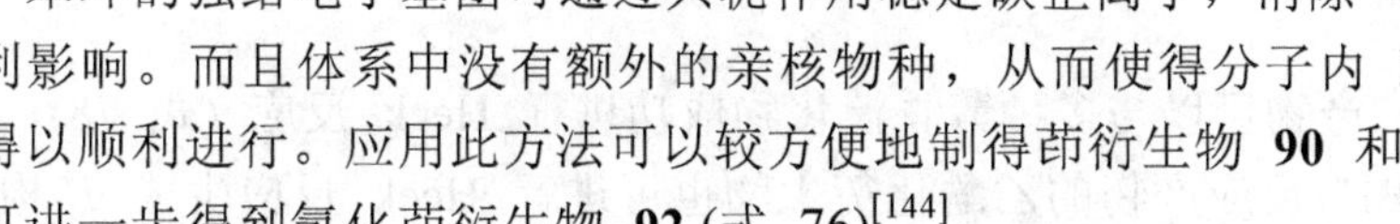

H^+; **89** (75)

而当苯环上带有强给电子基团时，则可观察到分子内 Friedel-Crafts 反应的发生。苯环的强给电子基团可通过共轭作用稳定碳正离子，消除 $-CO_2Me$ 基团的不利影响。而且体系中没有额外的亲核物种，从而使得分子内 Friedel-Crafts 反应得以顺利进行。应用此方法可以较方便地制得茚衍生物 **90** 和 **91**，经还原后则可进一步得到氢化茚衍生物 **92** (式 76)[144]。

随后，Basavaiah 小组又以硫酸为催化剂，使用含有自由羟基的 MBH 反应产物作为底物来研究 Friedel-Crafts 反应的顺反选择性[145]。与之前的实验结果一致，拉电子基团对产物双键的顺反比例影响最大，-CN 与 $-CO_2Me$ 对反应的影响相反。此外，反应底物的性质对产物的顺反比例也有一定的影响。当使用丙烯酸甲酯与芳香醛的 MBH 反应产物作为 Friedel-Crafts 反应底物时，可以较专

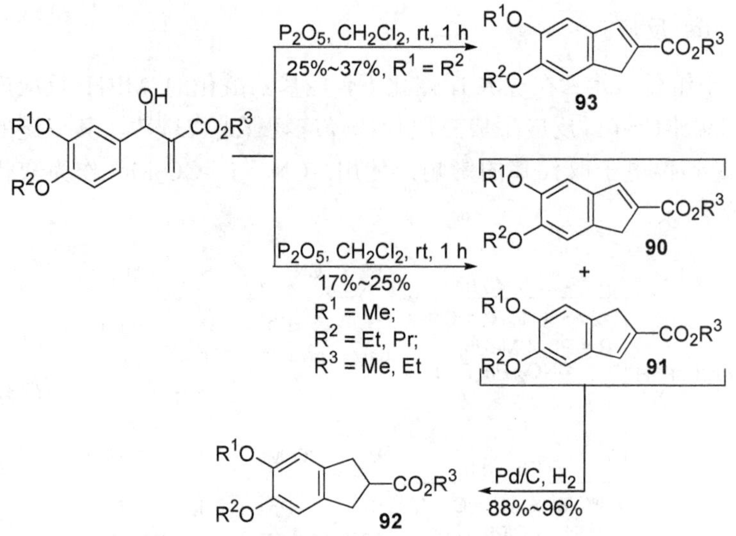

(76)

一地得到 E-构型产物；而当使用丙烯酸甲酯与脂肪醛制得的 MBH 反应产物为底物时，顺反选择性并不十分显著。

Kim 小组还报道了以 aza-MBH 反应产物为底物的 Friedel-Crafts 反应。如式 77 所示[146]：他们同样以硫酸为催化剂，通过使用具有不同拉电子基团的 MBH 反应产物来进行 Friedel-Crafts 反应，成功地实现了对最终产物顺反构型选择性的控制。

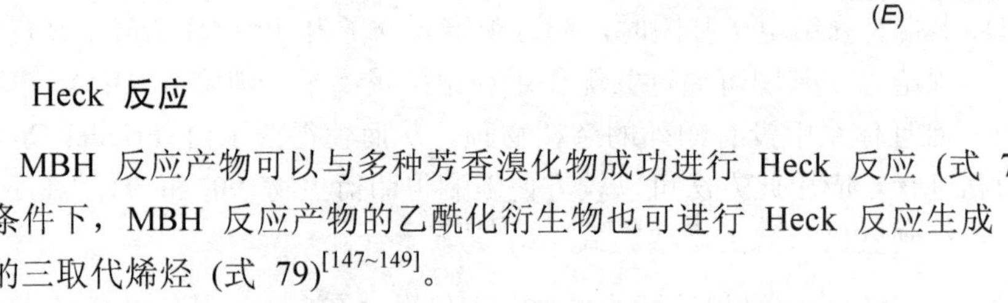

(77)

6.2 Heck 反应

MBH 反应产物可以与多种芳香溴化物成功进行 Heck 反应 (式 78)。在相同条件下，MBH 反应产物的乙酰化衍生物也可进行 Heck 反应生成 E-构型为主的三取代烯烃 (式 79)[147~149]。

Kulakarni 和 Ganesan 小组运用固相合成， 联 MBH 反应和 Heck 反应，有效地制得了 β-芳基酮衍生物 (式 80)[150]。

Calo 小组也从 MBH 反应产物起始，通过一步 Heck 反应和脱羧反应，高效地制备了 β-芳基酮 (式 81)[151]。

PhI, Pd(PPh_3)$_4$, K_2CO_3
60%~80%

PhBr, Pd(OAc)$_2$, Ph_3P, Et_3N
sealed tube, 100 °C, 7~20 h
R = Ph, Me, Et, 4-(OMe)Ph,
2,5-(OMe)$_2$Ph, 3,4-(OMe)$_2$Ph

(56%~86%) + (11%~20%) (78)

ArBr, Pd(OAc)$_2$, TBAB
$NaHCO_3$, THF, reflux, 7~18 h
60%~83%
R = Ph, *i*-Pr, Pent, 4-(*i*-Pr)Ph,
2-(OMe)Ph, 4-MePh, 4-ClPh
Ar = Ph, 4-MePh, naphth-1-yl

PhI, Pd(PPh_3)$_4$, K_2CO_3
62%~70%
E:*Z* = (60~85):(15~40)
R = Et, Pr, *i*-Pr, Ph, fur-2-yl (79)

DABCO (20 eq), La(OTf)$_3$ (1 eq)
RCHO, DMF-CH_3CN (3:1), 4 d

94

ArBr (1.0 eq), $Pd_2(dba)_3$ (0.33 eq)
(*o*-Tol)$_3$P (0.66 eq), Et_3N (10 eq)
DMF, 100 °C, 24 h
Ar = Ph, 4-(NH_2)Ph, 4-(OH)Ph,
3-(OMe)Ph, 2-(NO_2)-4-MePh,
2-(NO_2)Ph, pyrid-3-yl

95

75% TFA-CH_2Cl_2, 1 h
总产率: 2%~49% (80)

96, ArBr, TBAB, HCO_2Na
$NaHCO_3$, 130 °C, 4~22 h
66%~82%
Ar = Ph, 4-MePh, 4-(OMe)Ph,
4-(COMe)Ph, naphth-1-yl;
R = Ph, Me, Pr, *i*-Pr, Oct (81)

Cat. = **96**

6.3 萘及其衍生物的合成

Kim 小组以羟基乙酰化的 MBH 反应产物为原料，通过与具有活性亚甲基的化合物 (例如：RCH_2NO_2 和 RSO_3CH_2Z 等) 发生 联的 S_N2'/S_NAr-消除等反应，实现了 2-位取代的萘的合成 (式 82)[152,153]。

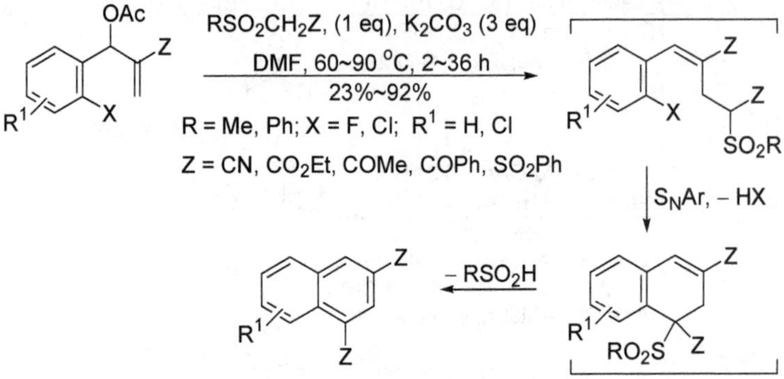

(82)

他们以同样类型的 MBH 反应产物为原料，在三醋酸锰的辅助下，经自由基环化及芳构化等重要步骤可以实现 1,3-二取代萘的合成 (式 83 和式 84)[154]。

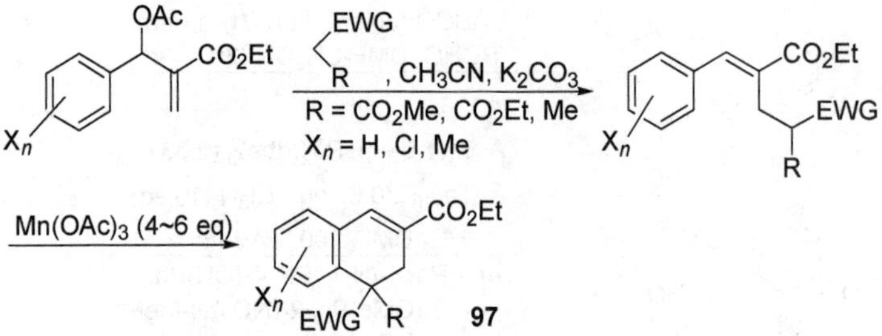

(83)

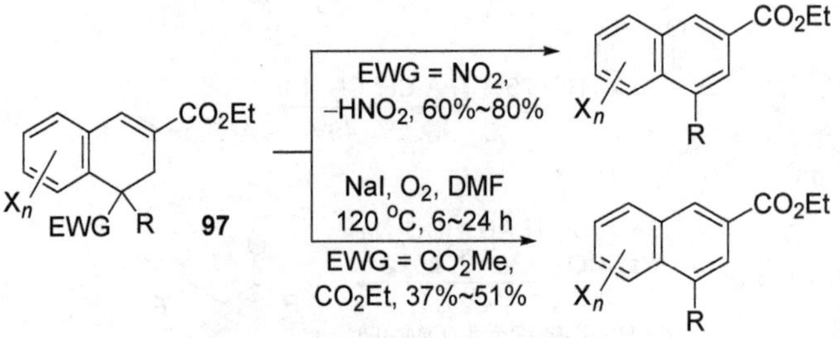

(84)

6.4 吲哚衍生物的合成

2007 年，Chen 等人报道了一种在温和条件下制备吲哚衍生物的方法[155]。如式 85 所示：他们用环状 MBH 反应产物的醋酸酯为底物，在 AgOTf 为催化剂的条件下与吲哚发生亲核取代反应，以高产率得到了 α-取代的吲哚产物。

当使用 4-NO_2-吲哚为反应物时，上述反应的产物再经过 联的还原/ Michael

加成反应便可得到一类新的吲哚衍生物 azepino-[4,3,2-*cd*]-indole **98** (式 86)。

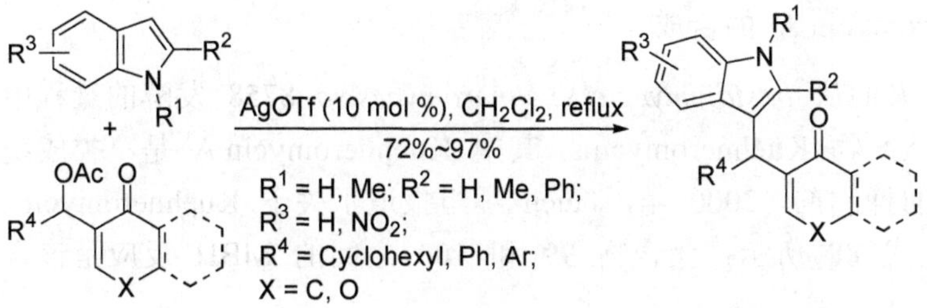

AgOTf (10 mol %), CH_2Cl_2, reflux
72%~97%
R^1 = H, Me; R^2 = H, Me, Ph;
R^3 = H, NO_2;
R^4 = Cyclohexyl, Ph, Ar;
X = C, O
(85)

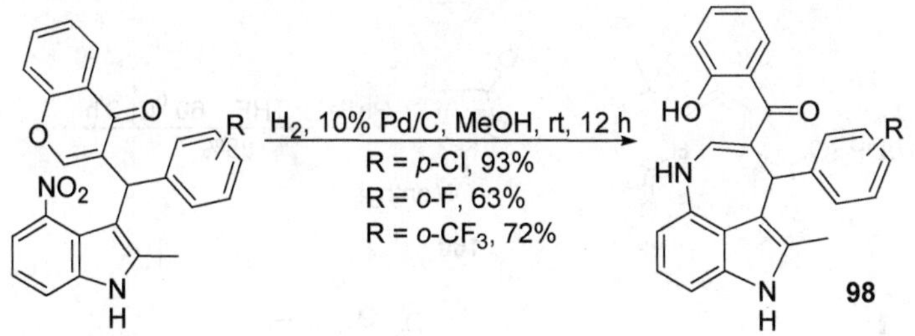

H_2, 10% Pd/C, MeOH, rt, 12 h
R = *p*-Cl, 93%
R = *o*-F, 63%
R = *o*-CF_3, 72%
(86)

6.5 Lu-[3+2] 反应

缺电子联二烯或炔基酸酯在膦 (如 PPh_3) 催化下可以与活泼的烯烃或亚胺发生 [3+2] 环加成反应 (即 Lu-[3+2] 环加成反应)[156]。最近 Lu 小组发现：MBH 反应产物的衍生物也可以用作 Lu-[3+2] 反应的底物 (式 87)[157]。其中，MBH 衍生物中的取代基 R^1 可以是烷基或芳基，反应机理如图 21 所示。

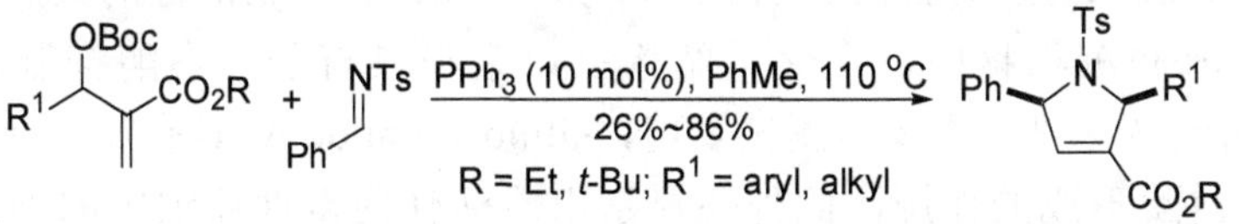

PPh_3 (10 mol%), PhMe, 110 °C
26%~86%
R = Et, *t*-Bu; R^1 = aryl, alkyl
(87)

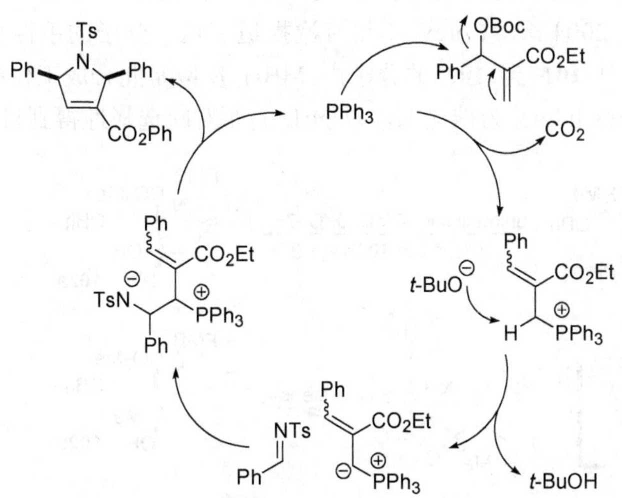

图 21 以 MBH 衍生物为底物的 Lu-[3+2] 反应机理

6.6 天然产物的合成

6.6.1 Kuehneromycin A 的合成

1995 年，人们从 *basidiomycete Kuehneromyces sp.* 8758 发酵的过程中分离得到了一类天然产物 Kuehneromycins。其中 Kuehneromycin A 是 类成髓 白病毒反转录酶的抑制剂。2000 年，Jauch 小组报道了关于 Kuehneromycin A 的全合成[158]，如式 88 所示：化合物 **99** 和 **100** 之间的 MBH 反应是该合成路线的关键步骤。

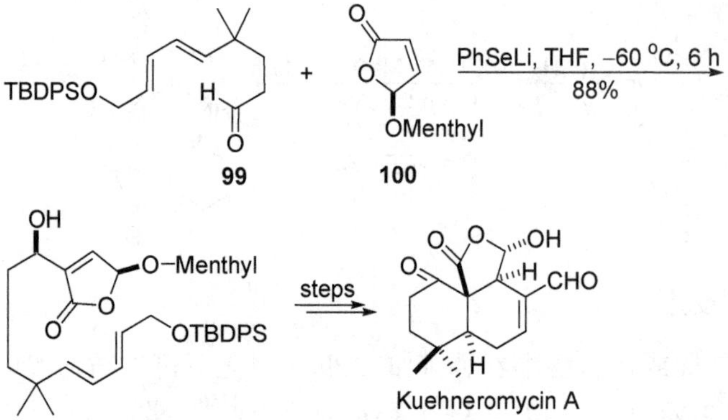

(88)

6.6.2 Salinosporamide A 的合成

Salinospramide A 是从海洋微生物中发现的一种具有生物活性的天然产物，它广泛分布于海底沉积物中。在化学结构上，它与具有强 白酶抑制功能的 Omuralide 分子十分相似。生物学测试发现，Salinospramide A 具有比 Omuralide 更强的抑制 白酶形成的作用，此外还显示出对活体内毒性癌细胞的抑制作用 (IC_{50} = 10 nmol/L)。2004 年，Corey 小组首次报道了这一分子的手性全合成[159]。如式 89 所示：其中 **101** 到 **102** 的分子内 MBH 反应是此合成工作中的关键步骤。该反应以 Quinuclidine 为催化剂，以 9:1 的非对映选择性得到目标产物。

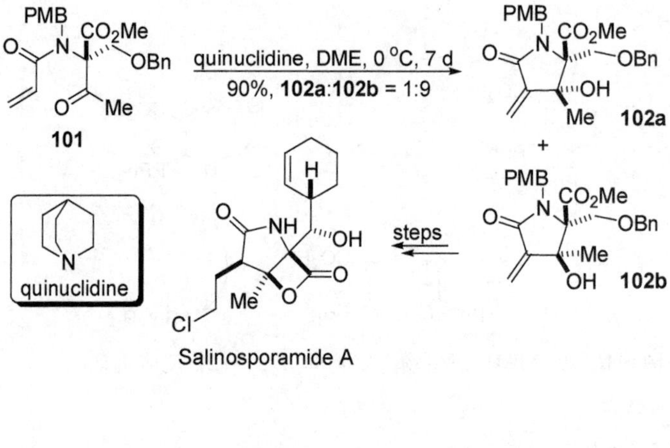

(89)

7 Morita-Baylis-Hillman 反应实例

例 一

2-(1-羟基丙基)丙烯酸甲酯的合成[2b]
(DABCO 催化室温下分子间的 MBH 反应)

$$\text{EtCHO} + \text{CH}_2\text{=CHCO}_2\text{Me} \xrightarrow[84\%]{\text{DABCO, CH}_2\text{Cl}_2\text{, rt, 10 d}} \text{EtCH(OH)C(=CH}_2\text{)CO}_2\text{Me} \quad (90)$$

将丙醛 (24.7 mL, 342 mmol) 和丙烯酸甲酯 (18.3 mL, 203 mmol) 溶于 CH_2Cl_2 (25 mL) 中，然后加入 DABCO (1.0 g, 8.9 mmol)，于室温下搅拌 10 天。用 CH_2Cl_2 (25 mL) 稀释反应混合物，再用 HCl 溶液 (1 mol/L) 洗涤。分液得到有机相，将有机相干燥后在低压下浓缩。最后通过快速柱色谱分离得到无色油状纯品 (24.68 g, 84%)。

例 二

2-(1-羟基丙基)丙烯酸甲酯的合成[22b]
(PBu_3 催化室温下分子间的 MBH 反应)

$$\text{EtCHO} + \text{CH}_2\text{=CHCO}_2\text{Me} \xrightarrow[80\%]{\text{PBu}_3\text{, CH}_2\text{Cl}_2\text{, rt, 2 d}} \text{EtCH(OH)C(=CH}_2\text{)CO}_2\text{Me} \quad (91)$$

将丙醛 (10.0 mL, 139 mmol) 和丙烯酸甲酯 (7.5 mL, 83.3 mmol) 溶于 CH_2Cl_2 (15 mL) 中，然后加入 PBu_3 (1.0 g, 4.9 mmol)，于室温下搅拌 2 天，用 CH_2Cl_2 (150 mL) 稀释反应混合物，再用 HCl 溶液 (1 mol/L) 洗涤。分液得到有机相，将有机相干燥后在低压下浓缩。最后通过快速柱色谱分离得到无色油状纯品 (9.59 g, 80%)。

例 三

2-(1-羟基丙基)丙烯酸甲酯的合成[22b]
(DABCO 催化低温下分子间的 MBH 反应)

$$\text{EtCHO} + \text{CH}_2\text{=CHCO}_2\text{Me} \xrightarrow[71\%]{\text{DABCO, CH}_2\text{Cl}_2\text{, 0 }^\circ\text{C, 8 h}} \text{EtCH(OH)C(=CH}_2\text{)CO}_2\text{Me} \quad (92)$$

将丙醛 (6.5 mL, 90.1 mmol) 和丙烯酸甲酯 (5.0 mL, 55.5 mmol) 溶于 CH_2Cl_2 (25 mL) 中，将此溶液冷却到 0 °C，再加入 DABCO (0.5 g, 4.4 mmol)，于 0 °C 搅拌 8 h。将混合物在低压下浓缩。最后通过快速柱色谱分离得到无色油状纯品 (5.69 g, 71%)。

例 四

5-羟基-环戊烯-1-羧酸乙酯的合成[30]
(PMe_3 催化室温下分子内的 MBH 反应)

$$\xrightarrow[33\%]{PMe_3,\ CH_2Cl_2,\ rt,\ 5.5\ h} \quad (93)$$

将底物 (50 mg, 0.31 mmol) 溶于 CH_2Cl_2 (15.5 mL) 中制得浓度为 0.02 mol/L 的溶液。然后，加入 PMe_3 (1 eq) 并在室温下搅拌 5.5 h。将混合物用 CH_2Cl_2 (175 mL) 稀释后，分别用水和饱和氯化钠溶液洗涤。有机相经无水硫酸钠干燥后，在低压下浓缩。最后通过快速柱色谱分离得到产物 (16.5 mg, 33%)。

例 五

3-[(4-甲苯磺酰氨基)(4-氯苯基)甲基-]-丁-3-烯-2-酮的合成[58]
(不对称分子间 aza-MBH 反应)

$$\xrightarrow[96\%,\ 95\%\ ee]{\textbf{23}\ (10\ mol\%),\ 甲苯:环戊基甲基醚\ (1:9),\ -15\ ^{\circ}C,\ 60\ h} \quad (94)$$

在 −15 °C 下，向溶有 *S*-构型催化剂 (**23**, 2.2 mg, 0.005 mmol) 的溶剂中 (甲苯:甲基环戊基醚 = 1:9) 分别加入甲基乙烯基酮 (10.51 mg, 0.15 mmol) 和亚胺 (15.39 mg, 0.05 mmol)。保持 −15 °C 搅拌 60 h 后，将混合物直接进行快速柱色谱分离 (正己烷/乙酸乙酯 = 2/1)，得到白色固体 (18.31 mg, 96%)，95% ee (DAICEL CHIRALPAK AD-H 高效液相色谱柱)。

8 参 考 文 献

[1] Morita, K.; Suzuki, Z.; Hirose, H. *Bull. Chem. Soc. Jpn.* **1968**, *41*, 2815.
[2] Baylis, A. B.; Hillman, M. E. D. *German Patent* 2155113, **1972** (*Chem. Abstr.* **1972**, *77*, 34174q).
[3] Li, J. J. *Name Reactions: A Collection of Detailed Reaction Mechanisms* (Third Edition), Springer-Verlag

Berlin Heidelberg **2006**.
[4] Basavaiah, D.; Rao, P. D.; Hyma, R. S. *Tetrahedron* **1996**, *52*, 8001 and references therein.
[5] Basavaiah, D.; Rao, A. J.; Satyanarayana, T. *Chem. Rev.* **2003**, *103,* 811 and references therein.
[6] Masson, G.; Housseman, C.; Zhu, J.-P. *Angew. Chem. Int. Ed.* **2007**, *46*, 4614 and references therein.
[7] Basavaiah, D.; Rao, K. V.; Reddy, R. J. *Chem. Soc. Rev.* **2007**, *36*, 1581 and references therein.
[8] Lee, K. Y.; Gowrisankar, S.; Kim, J. N. *Bull. Korean Chem. Soc.* **2005**, *26*, 1481 and references therein.
[9] Kim. J. N.; Lee, K. Y. *Curr. Org. Chem.* **2002**, *6*, 627 and references therein.
[10] Hill, J. S.; Isaacs, N. S. *J. Phys. Org. Chem.* **1990**, *3*, 285.
[11] Hill, J. S.; Isaacs, N. S. *J. Chem. Res.* **1988**, 330.
[12] Hill, J. S.; Isaacs, N.S. *Tetrahedron Lett.* **1986**, *27*, 5007.
[13] Robiette, R; Aggarwal, V. K.; Harvey, J. N. *J. Am. Chem. Soc.* **2007**, *129*, 15513 and references therein.
[14] (a) Price, K. E.; Broadwater, S. J.; Jung, H. M.; McQuade, D. T. *Org. Lett.* **2005**, *7*, 147. (b) Price, K. E.; Broadwater, S. J.; Walker, B. J.; McQuade, D. T. *J. Org. Chem.* **2005**, *70*, 3980. (c) References in ref. 13.
[15] Aggarwal, V. K.; Mereu, A. *Chem. Commun.* **1999**, 2311.
[16] Aggarwal, V. K.; Emme, I.; Fulford, S. Y. *J. Org. Chem.* **2003**, *68*, 692.
[17] Park, K.-S.; Kim, J.; Choo, H.; Chong, Y. *Synlett* **2007**, 395.
[18] Aggarwal, V. K.; Mereu, A.; Tarver, G. J.; McCague, R. *J. Org. Chem.* **1998**, *63*, 7183.
[19] Cai, J.; Zhou, Z.; Tang, C. *Org. Lett.* **2002**, *4*, 4723.
[20] Aggarwal, V. K.; Fean, D. K.; Mereu, A.; Williams, R. *J. Org. Chem.* **2002**, *67*, 510.
[21] (a) Wang, L. C.; Luis, A.L.; Agapiou, K.; Jang, H.-Y. ; Krische, M. J. *J. Am. Chem. Soc.* **2002**, *124*, 2402; (b) Frank, S. A.; Mergott, D. J.; Roush, W.R. *J. Am. Chem. Soc.* **2002**, *124*, 2404; (c) Krafft, M. E.; Haxell, T. F. N. *J. Am. Chem. Soc.* **2005**, *127*, 10168; (d) Jellerichs, B. G; Kong, J.-R.; Krische, M. J. *J. Am. Chem. Soc.* **2003**, *125*, 7758; (e) Krafft, M. E.; Seibert, K. A.; Haxell, T.F.N.; Hirosawa, C. *Chem. Commun.* **2005**, 5772; (f) Krafft, M. E.; Wright, J. A. *Chem. Commun.* **2006**, 2977; (g) Koech, P. K.; Krische, M. J. *J. Am. Chem. Soc.* **2004**, *126*, 5350; (h) P.K. Koech, M. J. Krische, *Tetrahedron* **2006, 62**, 10594; (i) Pigge,F. C.; Dhanya,R.; Hoefgen, E. R. *Angew. Chem. Int. Ed.* **2007**, *46*, 2887.
[22] (a) Roos, G. H. P.; Rampersadh, P. *Synth. Commun.* **1993**, *23,* 1261. (b) Basavaiah, D.; Gowriswari, V. V. L.; Sarma, P. K. S.; Rao, P. D. *Tetrahedron Lett.* **1990**, *31,* 1621.
[23] Kundu, M. K.; Mukherjee, S. B.; Balu, N.; Padmakumar, R.; Bhat, S. V. *Synlett* **1994**, *6*, 444.
[24] Rose, P. M.; Clifford, A. A.; Rayner, C. M. *Chem. Commun.* **2002**, 968.
[25] Black, G. P.; Dinon, F.; Fratucello, S.; Murphy, P. J.; Nielsen, M.; Williams, H. L.; Walshe, N. D. A. *Tetrahedron Lett.* **1997**, *38*, 8561.
[26] Dinon, F.; Richards, E.; Murphy, P. J.; Hibbs, D. E.; Hursthouse, M. B.; Malic, K. M. A. *Tetrahedron Lett.* **1999**, *40*, 3279.
[27] Richards, E. L.; Murphy, P. J.; Dinon, F.; Fratucello, S.; Brown, P. M.; Gelbrich, T.; Hursthouse, M. B. *Tetrahedron* **2001**, *57*, 7771.
[28] Wang, L.-C.; Luis, A. L.; Agapiou, K.; Jang, H.-Y.; Krische, M. J. *J. Am. Chem. Soc.* **2002**, *124*, 2402.
[29] Frank, S. A.; Mergott, D. J.; Roush, W. R. *J. Am. Chem. Soc.* **2002**, *124*, 2404.
[30] Keck, G. E.; Welch, D. S. *Org. Lett.* **2002**, *4*, 3687.
[31] France, S.; Guerin, D. J.; Miller, S.; Lectka, T. *Chem. Rev.* **2003**, *103*, 2985.
[32] Oishi, T.; Hirama, M. *Tetrahedron Lett.* **1992**, *33*, 639.
[33] Oishi, T.; Oguri, H.; Hirama, M. *Tetrahedron: Asymmetry* **1995**, *6*, 1241.
[34] Markó, I. E.; Giles, P. R.; Hindley, N. J. *Tetrahedron* **1997**, *53*, 1015.
[35] Barrett, A. G. M.; Cook, A. S.; Kamimura, A. *Chem. Commun.* **1998**, 2533.
[36] Barrett, A. G. M.; Dozzo, P.; White, A. J. P.; Williams, D. J. *Tetrahedron* **2002**, *58*, 7303.
[37] Hayashi, Y.; Tamura, T.; Shoji, M. *Adv. Synth. Catal.* **2004**, *346*, 1106.
[38] Krishna, P. R.; Kannan, V.; Reddy, P. V. N. *Adv. Synth. Catal.* **2004**, *346*, 603.
[39] Brzezinski, L. J.; Rafel, S.; Leahy, J. W. *J. Am. Chem. Soc.* **1997**, *119*, 4317.
[40] Iwabuchi, Y.; Nakatani, M.; Yokoyama, N.; Hatakeyama, S. *J. Am. Chem. Soc.* **1999**, *121*, 10219.

[41] Iwabuchi, Y.; Hatakeyama, S. *J. Synth. Org. Chem. Jpn.* **2002**, *60*, 2.
[42] Blankenstein, B.; Zhu, J. *Eur. J. Org. Chem.* **2005**, 1949.
[43] Iwabuchi, Y.; Furukawa, M.; Esumi, T.; Hatakeyama, S. *Chem. Commun.* **2001**, 2030.
[44] Iwabuchi, Y.; Sugihara, T.; Esumi, T.; Hatakeyama, S. *Tetrahedron Lett.* **2001**, *42*, 7867.
[45] Nakano, A.; Takahashi, K.; Ishihara, J.; Hatakeyama, S. *Org. Lett.* **2006**, *8*, 5357.
[46] Perlmutter, P.; Teo, C. C. *Tetrahedron Lett.* **1984**, *25*, 5951.
[47] Kündig, E. P.; Zu, L. H.; Romanens, P.; Bernardinelli, G. *Tetrahedron Lett.* **1993**, *34*, 7049.
[48] Génisson, Y.; Massardier, C.; Gautier-Luneau, I. ; Greene, A. E. *J. Chem. Soc., Perkin Trans. 1* **1996**, 2869.
[49] Aggarwal, V. K.; Castro, A. M. M.; Mereu, A.; Adams, H. *Tetrahedron Lett.* **2002**, *43*, 1577, and references therein.
[50] Shi, M.; Xu, Y.-M. *Angew. Chem. Int. Ed.* **2002**, *41*, 4507.
[51] Shi, M.; Xu, Y.-M.; Shi, Y.-L. *Chem. Eur. J.* **2005**, 1794.
[52] Balan, D.; Adolfsson, H. *Tetrahedron Lett.* **2003**, *44*, 2521.
[53] Kawahara, S.; Nakano, A.; Esumi, T.; Iwabuchi, Y.; Hatakeyama, S. *Org. Lett.* **2003**, *5*, 3103.
[54] Takizawa, S.; Matsui, K.; Sasai, H. *J. Synth. Org. Chem. Jpn.* **2007**, *65*, 1089.
[55] Abermil, N.; Masson, G.; Zhu, J. *J. Am. Chem. Soc.* **2008**, *130*, 12596.
[56] Hoffmann, H. M. R.; Frackenpohl, *J. Eur. J. Org. Chem.* **2004**, 4293.
[57] Nakano, A.; Ushiyama, M.; Iwabuchi, Y.; Hatakeyama, S. *Adv. Synth. Catal.* **2005**, *347*, 1790.
[58] Matsui, K.; Takizawa, S.; Sasai, H. *J. Am. Chem. Soc.* **2005**, *127*, 3680.
[59] Matsui, K.; Tanaka, K.; Horii, A.; Takizawa, S.; Sasai, H. *Tetrahedron: Asymmetry* **2006**, *17*, 578.
[60] Berthod, M.; Mignani, G.; Woodward, G.; Lemaire, M. *Chem. Rev.* **2005**, *105*, 1801, and references therein.
[61] Roth, F.; Gygax, P.; Frator, G. *Tetrahedron Lett.* **1992**, *33*, 1045.
[62] Hayase, T.; Shibata, T.; Soai, K.; Wakatsuki, Y. *Chem. Commun.* **1998**, 1271.
[63] Li, W.; Zhang, Z.; Xiao, D.; Zhang, X. *J. Org. Chem.* **2000**, *65*, 3489.
[64] Pereira, S. I.; Adrio, J.; Silva, A. M. S.; Carretero, J. C. *J. Org. Chem.* **2005**, *70*, 10175.
[65] Shi, M.; Chen, L. H. *Chem. Commun.* **2003**, 1310.
[66] Shi, M.; Chen, L. H.; Li, C.-Q. *J. Am. Chem. Soc.* **2005**, *127*, 3790.
[67] Shi, M.; Chen, L. H.; Teng, W.-D. *Adv. Synth. Catal.* **2005**, *347*, 1781.
[68] Liu, Y.-H.; Chen, L. H.; Shi, M. *Adv. Synth. Catal.* **2006**, *348*, 973.
[69] Shi, M.; Chen, L. H.; Li, C.-Q. *Tetrahedron: Asymmetry* **2005**, *16*, 1385.
[70] Matsui, K.; Takizawa, S.; Sasai, H. *Synlett* **2006**, 761.
[71] Lei, Z.-Y.; Liu, X.-G.; Shi, M.; Zhao, M. *Tetrahedron: Asymmetry* **2008**, *19*, 2058.
[72] Qi, M.-J.; Ai, T.; Shi, M.; Li, G. *Tetrahedron* **2008**, *64*, 1181.
[73] Guan, X.-Y.; Jiang, Y.-Q.; Shi, M. *Eur. J. Org. Chem.* **2008**, 2150.
[74] Liu, Y.; Shi, M. *Adv. Synth. Catal.* **2008**, *350*, 122.
[75] *Lewis Acids in Organic Synthesis, Vols. 1 and 2* (Ed.: Yamamoto, H.), Wiley, New York, **2000**.
[76] *Comprehensive Asymmetric Catalysis, Vols. 1-3* (Eds.: Jacobsen, E. N.; Pfaltz, A.; Yamamoto, H.), Springer, Berlin, **1999**.
[77] Santelli, M.; Pons, J.-M. *Lewis Acids and Selectivity in Organic Synthesis*, CRC, Boca Raton, FL, **1996**.
[78] Aggarwal, V. K.; Mereu, A.; Tarver, G. J.; McCague, R. *J. Org. Chem.* **1998**, *63*, 7183.
[79] Aggarwal, V. K.; Tarver, G. J.; McCague, R. *Chem. Commun.* **1996**, 2713.
[80] Yang, K.-S.; Lee, W.-D.; Pan, J.-F.; Chen, K. M. *J. Org. Chem.* **2003**, *68*, 915.
[81] Shibasaki, M.; Sasai, H.; Arai, T. *Angew. Chem. Int. Ed. Engl.* **1997**, *36*, 1236.
[82] Matsui, K.; Takizawa, S.; Sasai, H. *Tetrahedron Lett.* **2005**, *46*, 1943.
[83] Wassermann, A. *J. Chem. Soc.* **1942**, 618.
[84] Taylor, M. S.; Jacobsen, E. N. *Angew. Chem. Int. Ed.* **2006**, *45*, 1520.
[85] Akiyama, T.; Itoh, J.; Fuchibe, K. *Adv. Synth. Catal.* **2006**, *348*, 999.
[86] Duhamel, L.; Duhamel, P.; Plaquevent, J.-C. *Tetrahedron: Asymmetry* **2004**, *15*, 3653.
[87] Yanagisawa, A.; Yamamoto H. in *Comprehensive Asymmetric Catalysis, Vol. III*, Eds.: Jacobsen, E. N.; Pfaltz,

A.; Yamamoto, H., Springer, Berlin, **1999**.
[88] Yanagisawa, A. in *Comprehensive Asymmetric Catalysis, Supplement 2*, Eds.: Jacobsen, E. N.; Pfaltz, A.; Yamamoto, H., Springer, Berlin, **2004**.
[89] Steiner, T. *Angew. Chem. Int. Ed.* **2002**, *41*, 48.
[90] Yoon, T. P.; Jacobsen, E. N. *Science* **2003**, *299*, 1691.
[91] Pihko, P. M. *Angew. Chem. Int. Ed.* **2004**, *43*, 2062.
[92] Seebach, D.; Beck, A. K.; Heckel, A. *Angew. Chem. Int. Ed.* **2001**, *40*, 92.
[93] Brunel, J. M. *Chem. Rev.* **2005**, *105*, 857.
[94] Yamamoto, H.; Futatsugi, K. *Angew. Chem. Int. Ed.* **2005**, *44*, 1924.
[95] Huang, Y.; Unni, A. K.; Thadani, A. N.; Rawal, V. H. *Nature* **2003**, *424*, 146.
[96] Thadani, A. N.; Stankovic, A. R.; Rawal, V. H. *Proc. Nat. Acad. Sci. USA* **2004**, *101*, 5846.
[97] Kacprzak, K.; Gawronski, J. *Synthesis* **2001**, 961.
[98] Tian, S.-K.; Chen, Y.; Hang, J.; Tang, L.; McDaid, P.; Deng, L. *Acc. Chem. Res.* **2004**, *37*, 621.
[99] Takemoto, Y. *Org. Biomol. Chem.* **2005**, *3*, 4299.
[100] Connon, S. J. *Chem. Eur. J.* **2006**, *12*, 5418.
[101] Hamza, A.; Schubert, G.; Soós, T.; Pápai, I. *J. Am. Chem. Soc.* **2006**, *128*, 13151.
[102] Sohtome, Y.; Tanatani, A.; Hashimoto, Y.; Nagasawa, K. *Tetrahedron Lett.* **2004**, *45*, 5589.
[103] Raheem, I. T.; Jacobsen, E. N. *Adv. Synth. Catal.* **2005**, *347*, 1701.
[104] Wang, J.; Li, H.; Yu, X.; Zu, L.; Wang, W. *Org. Lett.* **2005**, *7*, 4293.
[105] (a) Berkessel, A.; Roland, K.; Neudo¨rfl, J. M. *Org. Lett.* **2006**, *8*, 4195; (b) Roussel, C.; Roman, M.; Andreoli, F.; Delrio, A.; Faure, R.; Vanthuyne, N. *Chirality* **2006**, *18*, 762.
[106] Shi, M.; Liu, X.-G. *Org. Lett.* **2008**, *10*, 1043.
[107] Tang, H.; Zhao, G.; Zhou, Z.; Zhou, Q.; Tang, C. *Tetrahedron Lett.* **2006**, *47*, 5717.
[108] Drewes, S. E.; Roos, G. H. P. *Tetrahedron* **1988**, *44*, 4653.
[109] Ciganek, E. *Organic Reactions*; Paquette, L. A., Ed.; Wiley: New York, **1997**; Vol. 51, p 201.
[110] Langer, P. *Angew. Chem. Int. Ed.* **2000**, *39*, 3049.
[111] (a) Sato, S.; Matsuda, I.; Shibata, M. *J. Organomet. Chem.* **1989**, *377*, 347. (b) Sato, S.; Matsuda, I.; Izumi, Y. *Chem. Lett.* **1985**, 1875.
[112] Matsuda, I.; Shibata, M.; Sato, S. *J. Organomet. Chem.* **1988**, *340*, C_5.
[113] Moiseenkov, A. M.; Ceskis, B.; Shpiro, N. A.; Stashina, G. A.; Zhulin, V. M. *Izv. Akad. Nauk SSSR, Ser. Khim.* **1990**, 595 (*CA:* **1990**, *113*, 114922j).
[114] Roos, G. H. P.; Haines, R. J.; Raab, C. E. *Synth. Commun.* **1993**, *23*, 1251.
[115] Marino, J. P.; Viso, A.; Lee, J.-D.; de la Pradilla, R. F.; Fernandez, P.; Rubio, M. B. *J. Org. Chem.* **1997**, *62*, 645.
[116] Satoh, T.; Kuramochi, Y.; Inoue, Y. *Tetrahedron Lett.* **1999**, *40*, 8815.
[117] Tius, M. A.; Hu, H. *Tetrahedron Lett.* **1998**, *39*, 5937.
[118] Stergiades, I. A.; Tius, M. A. *J. Org. Chem.* **1999**, *64*, 7547.
[119] Davies, S. G.; Smethurst, C. A. P.; Smith, A. D.; Smyth, G. D. *Tetrahedron: Asymmetry* **2000**, *11*, 2437.
[120] Fox, D. J.; Medlock, J. A.; Vosser, R.; Warren, S. *J. Chem. Soc., Perkin Trans. 1* **2001**, 2240.
[121] Jauch, J. *J. Org. Chem.* **2001**, *66*, 609.
[122] Kamimura, A.; Omata, Y.; Mitsudera, H.; Kakehi, A. *J. Chem. Soc., Perkin Trans. 1* **2000**, 4499.
[123] Huang, X.; Xie, M. *Org. Lett.* **2002**, *4*, 1331.
[124] Genisson, Y.; Massardier, C.; Gautier-Luneau, I.; Greene, A. E. *J. Chem. Soc., Perkin Trans. 1* **1996**, 2869.
[125] Li, G.; Wei, H.-X.; Wills, S. *Tetrahedron Lett.* **1998**, *39*, 4607.
[126] Ramachandran, P. V.; Ram Reddy, M. V.; Rudd, M. T.; de Alaniz, J. R. *Tetrahedron Lett.* **1998**, *39*, 8791.
[127] Ramachandran, P. V.; Ram Reddy, M. V.; Rudd, M. T. *Tetrahedron Lett.* **1999**, *40*, 627.
[128] Ramachandran, P. V.; Ram Reddy, M. V.; Rudd, M. T. *Chem. Commun.* **1999**, 1979.
[129] Wei, H.-X.; Gao, J. J.; Li, G.; Pare, P. W.*Tetrahedron Lett.* **2002**, *43*, 5677.
[130] Pei, W.; Wei, H.-X.; Li, G. *Chem. Commun.* **2002**, 1856.

[131] Pei, W.; Wei, H.-X.; Li, G. *Chem. Commun.* **2002**, 2412.
[132] Wei, H.-X.; Willis, S.; Li, G. *Tetrahedron Lett.* **1998**, *39*, 8203.
[133] Wei, H.-X.; Willis, S.; Li, G. *Synth. Commun.* **1999**, *29*, 2959.
[134] Wei, H.-X.; Hook, J. D.; Fitzgerald, K. A.; Li, G. *Tetrahedron: Asymmetry* **1999**, *10*, 661.
[135] Li, G.; Wei, H.-X.; Whittlesey, B. R.; Batrice, N. N. *J. Org. Chem.* **1999**, *64*, 1061.
[136] Li, G.; Wei, H.-X.; Hook, J. D. *Tetrahedron Lett.* **1999**, *40*, 4611.
[137] Li, G.; Kim, S. H.; Wei, H.-X. *Tetrahedron* **2000**, *56*, 719.
[138] Trost, B. M.; Oi, S. *J. Am. Chem. Soc.* **2001**, *123*, 1230.
[139] Marino, J. P.; Nguyen, H. N. *J. Org. Chem.* **2002**, *67*, 6291.
[140] Bansal, V.; Sharma, J.; Khanna, R. N. *J. Chem. Res. (S)* **1998**, 720.
[141] Cha, J. H.; Pae, A. N.; Choi, K II II.; Cho, Y. S.; Koh, H. Y.; Lee, E. *J. Chem. Soc., Perkin Trans. 1* **2001**, 2079.
[142] Comins, D. L.; Hiebel, A.-C.; Huang, S. *Org. Lett.* **2001**, *3*, 769.
[143] Basavaiah, D.; Pandiaraju, S.; Padmaja, K. *Synlett* **1996**, 393.
[144] Basavaiah, D.; Bakthadoss, M.; Jayapal Reddy, G. *Synthesis* **2001**, 919.
[145] Basavaiah, D.; Krishnamacharyulu, M.; Suguna Hyma, R.; Pandiaraju, S. *Tetrahedron Lett.* **1997**, *38*, 2141.
[146] Lee, H. J.; Seong, M. R.; Kim, J. N. *Tetrahedron Lett.* **1998**, *39*, 6223.
[147] Basavaiah, D.; Muthukumaran, K. *Tetrahedron* **1998**, *54*, 4943.
[148] Sundar, N.; Bhat, S. V. *Synth. Commun.* **1998**, *28*, 2311.
[149] Kumareswaran, R.; Vankar, Y. D. *Synth. Commun.* **1998**, *28*, 2291.
[150] Kulkarni, B. A.; Ganesan, A. *J. Comb. Chem.* **1999**, *1*, 373.
[151] Calo, V.; Nacci, A.; Lopez, L.; Napola, A. *Tetrahedron Lett.* **2001**, *42*, 4701.
[152] Kim, J. N.; Im, Y. J.; Gong, J. H.; Lee, K. Y. *Tetrahedron Lett.* **2001**, *42*, 4195.
[153] Jin, Y.; Chung, Y. M.; Gong, J. H.; Kim, J. N. *Bull. Korean Chem. Soc.* **2002**, *23*, 787.
[154] Im, Y. J.; Lee, K. Y.; Kim, T. H.; Kim, J. N. *Tetrahedron Lett.* **2002**, *43*, 4675.
[155] Shafiq, Z.; Liu, L.; Liu, Z.; Wang, D.; Chen, Y.-J. *Org. Lett.* **2007**, 9, 2525.
[156] (a) Lu, X.; Zhang, C.; Xu, Z. *Acc. Chem. Res.* **2001**, *34*, 535. For mechanistic studies of Lu-(3+2) reactions, see: (b) Xia, Y.; Liang, Y.; Chen, Y.; Wang, M.; Jiao, L.; Huang, F.; Liu, S.; Li, Y.; Yu, Z.-X. *J. Am. Chem. Soc.* **2007**, *129,* 3470. (c) Liang, Y.; Liu, S.; Xia, Y.; Li, Y.; Yu, Z.-X. *Chem. Eur. J.*, **2008**, *14*, 4361.
[157] Zheng, S.; Lu, X. *Org. Lett.* **2008**, *10*, 4481.
[158] Jauch, J. *Angew. Chem. Int. Ed.* **2000**, *39*, 2764.
[159] Reddy, L. R.; Saravanan, P.; Corey, E. J. *J. Am. Chem. Soc.* **2004**, *126*, 6230.

纳扎罗夫反应

(Nazarov Reaction)

曹丽娅

1 历史背景简述

Nazarov 反应是有机化学领域非常重要的成环反应之一，命名于俄国著名化学家 Nazarov Ivan Nikolayevich (1906-1957)。20 世纪 40 年代，Nazarov 等人在用汞盐 (Hg^{2+}) 和酸催化氢化二烯炔以合成丙烯乙烯酮的过程中，得到了 2-环戊烯酮[1~38]。最初，Nazarov 认为该反应是一种酸催化条件下丙烯乙烯酮的直接成环反应，并通过这样的方法制备了多种不同的 2-环戊烯酮化合物。然而在 1952 年，Brande 和 Coles 提出了碳离子中间体成环机理，并且认为 α,α'-二烯酮是形成 2-环戊烯酮的中间体[39]。

Nazarov 反应的历史可以追溯到 1903 年。D. vorländer 等人发现用硫酸和醋酸酐处理二亚苄基丙酮后，再用氢氧化钠水解，得到一种环状酮[40]。但是，一直到 1955 年该产物的结构才被确定[41]。在早期的一些文献中，还有一些关于酸催化二烯酮成环反应的例子，以及一些通过二烯酮中间体来成环的例子[42, 43]。

许多能够被转化成二烯酮或者具有二烯酮等价结构的化合物，都可以发生 Nazarov 反应形成环戊烯酮。例如：二烯酮和四氢吡喃酮都可以在 HCl-EtOH 的催化下发生 Nazarov 反应，得到同一种环戊烯酮产物 (式 1)[44]。反应前体的多样性极大地拓展了 Nazarov 反应在合成上的用途。

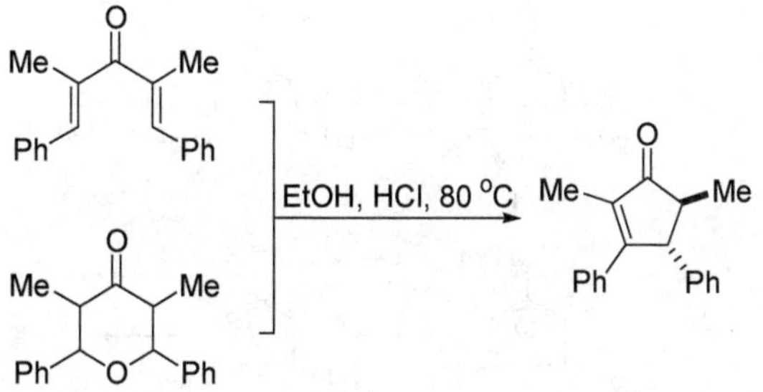

(1)

2 Nazarov 反应的定义和机理

在酸催化条件下，从二烯酮生成环戊烯酮的过程被称之为 Nazarov 成环反应(式 2)。

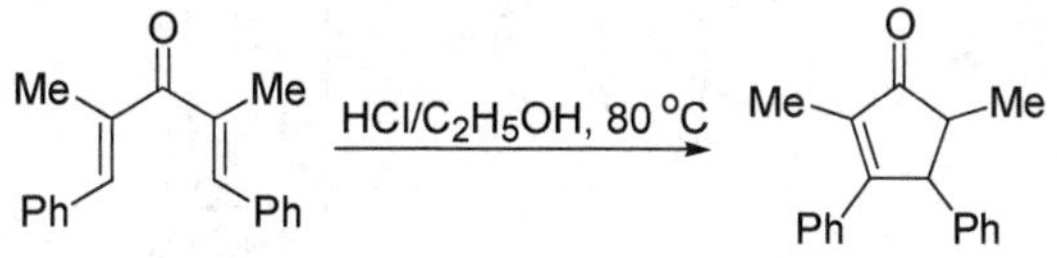

(2)

在对该反应机理的早期研究中，Braude 和 Coles 认为该反应经过了碳正离子中间体过程[39](式 3)：

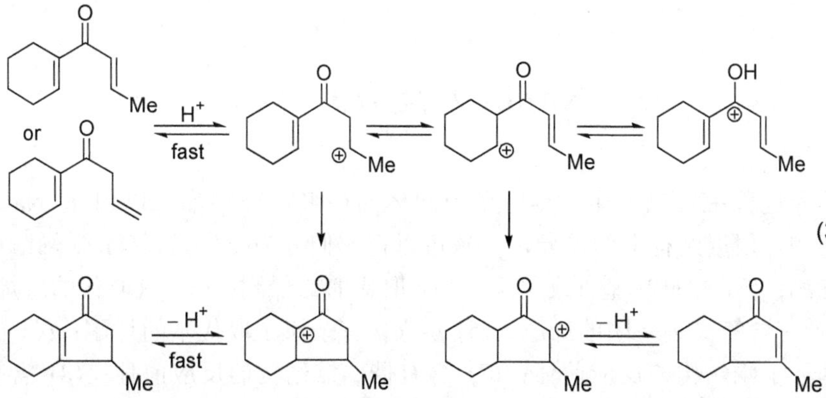

(3)

十几年后，Shoppee 等人提出该反应其实是一个分子内电环化反应。如式 4 所示：质子化的二烯酮 **2** 是戊二烯醇正离子 **3** 的共振结构，该结构是一个典型的 4π-电子体系[43,44]。

借助于手性化学和光谱化学的研究结果，现在已基本确定 Nazarov 反应是一个 4π-电子的电成环反应[45]。在热力学控制的条件下，该反应按照顺旋的方式成环；在光化学条件下，该反应按照逆旋的方式成环[46]。二烯酮在不同的反应条

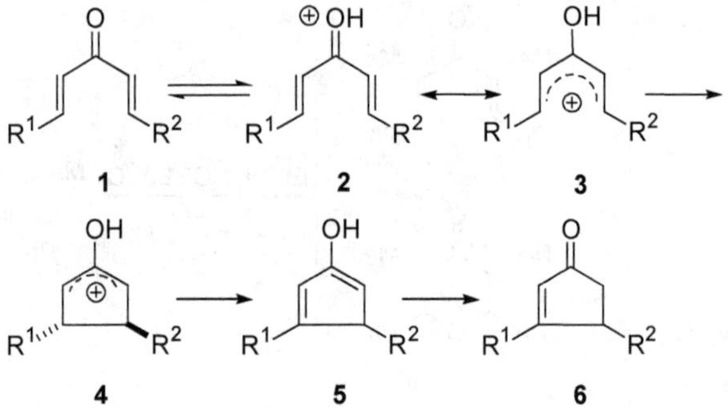

(4)

件下通过不同的方式成环，可以得到不同的产物。光化学条件下得到顺式产物为主，而在酸催化条件下生成的产物则以反式结构为主 (式 5)。

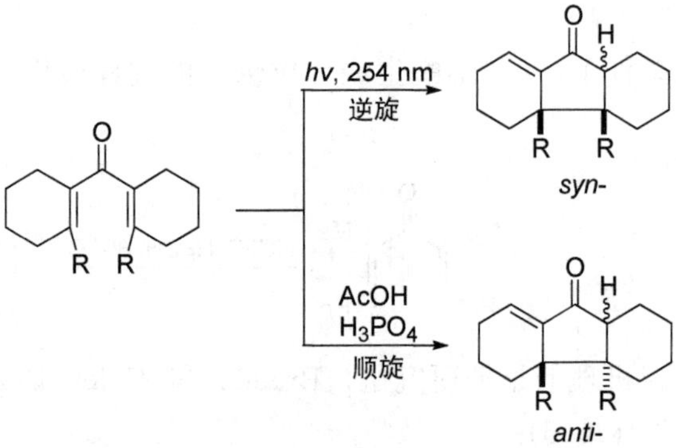

$h\nu$, 254 nm
逆旋
syn-
AcOH
H_3PO_4
顺旋
anti-

(5)

3 Nazarov 反应的底物

在反应过程中可以产生 4π-电子中间体的许多化合物都可以用作 Nazarov 反应的底物。根据结构上的差异，大致可以把它们分为 11 类：(1) 二烯酮以及丙烯乙烯酮；(2) 甲硅烷基 (或甲锡烷基) 取代的二烯酮；(3) 氟取代的二烯酮；(4) α-位带有含氧离去基团的烯酮；(5) β-位含有杂原子取代基的烯酮；(6) 含有 α-乙烯基环丁酮结构的反应前体；(7) 含有偕二氯结构的反应前体；(8) 含有呋喃醇结构的反应前体；(9) 含有乙烯丙二烯结构的反应前体；(10) 含有乙炔基团的反应前体；(11) 通过偶合反应来形成二烯酮中间体。

3.1 二烯酮和烯丙基乙烯基酮

在酸催化的条件下，烯丙基乙烯基酮首先异构化成二烯基酮 (式 6)，然后再发生 Nazarov 反应。所以，在 Nazarov 反应中，烯丙基乙烯基酮可以看作是二烯基酮的等价反应前体[32,35,36]。

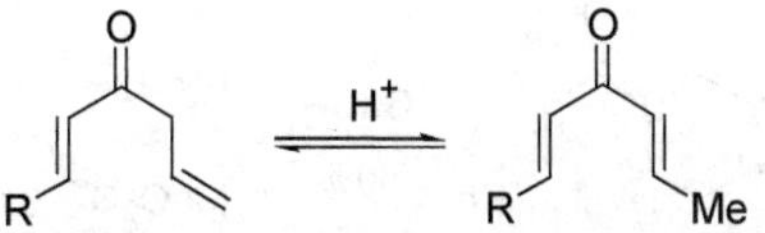

(6)

二乙烯基酮可以通过式 7 的方式来合成[47]：先用格式试剂与乙烯基酮反应，然后将所得到的羟基氧化成羰基。

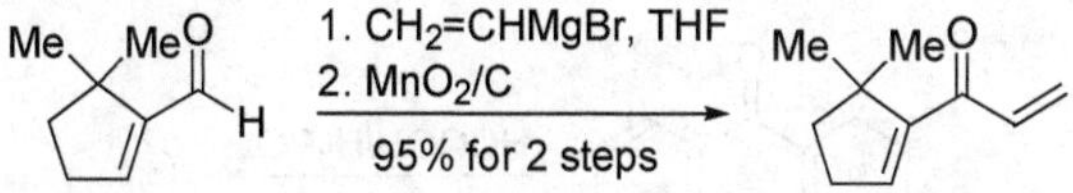

1. CH_2=CHMgBr, THF
2. MnO_2/C
95% for 2 steps

(7)

如式 8 所示：用磷酸酯在碱的水溶液中与醛发生 Horner-Wadsworth-Emmons 反应，也可以得到二乙烯酮[48]。

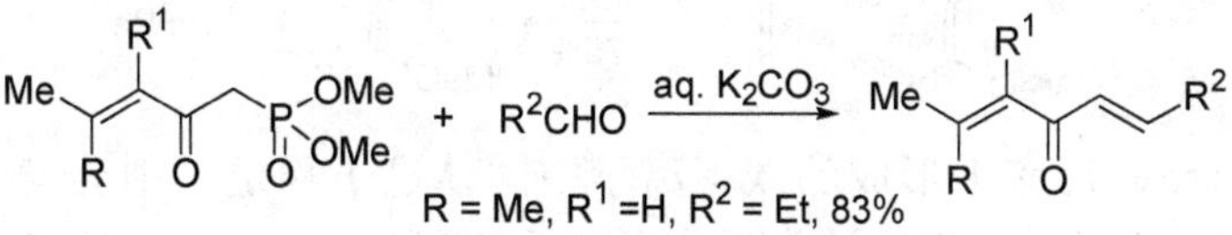

R^2CHO aq. K_2CO_3

(8)

R = Me, R^1 =H, R^2 = Et, 83%
R = Me, R^1 = H, R^2 = *n*-Pr, 59%
R = Me, R^1 = H, R^2 = *i*-Pr, 73%
R = H, R^1 = Me, R^2 = Me, 40%
R = H, R^1 = Me, R^2 = Et, 44%

在二烯酮和烯丙基乙烯基酮的 Nazarov 反应中，磷酸和甲酸的混合物最常被作为催化剂。多数情况下，反应需要在加热的条件下进行，从而得到具有单环、双环甚至多环结构的化合物。当反应底物含有手性的时候，该反应还有一定的立体选择性 (式 9~式 14)[7,44,47,49,50]。

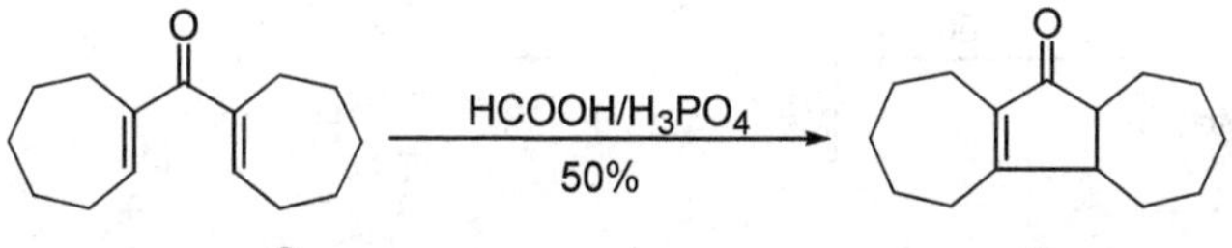

HCOOH/H_3PO_4, 50% (9)

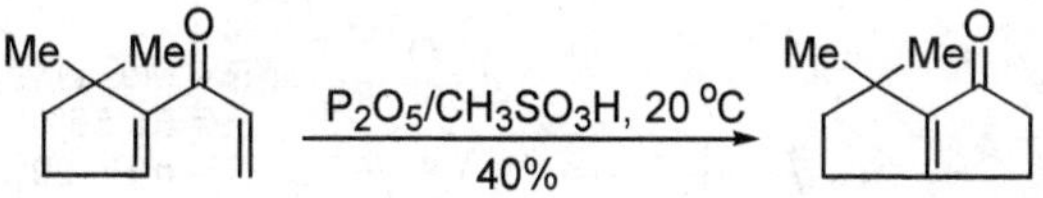

P_2O_5/CH_3SO_3H, 20 °C, 40% (10)

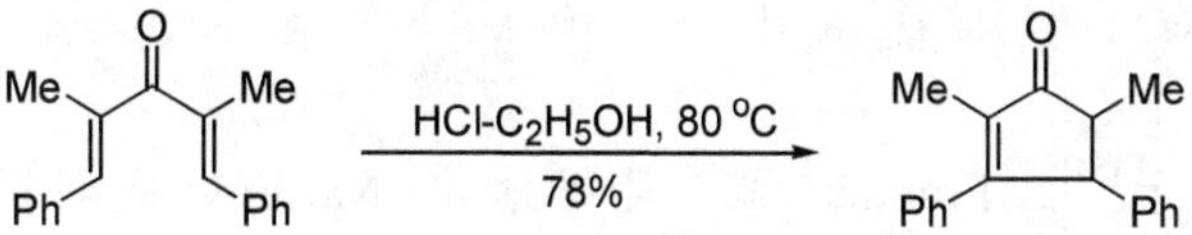

HCl-C_2H_5OH, 80 °C, 78% (11)

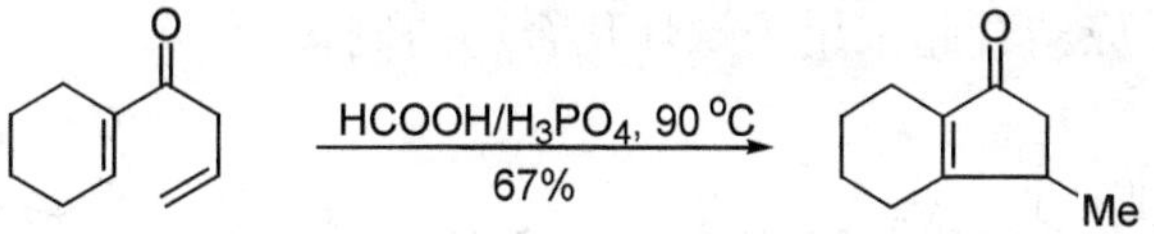

HCOOH/H_3PO_4, 90 °C, 67% (12)

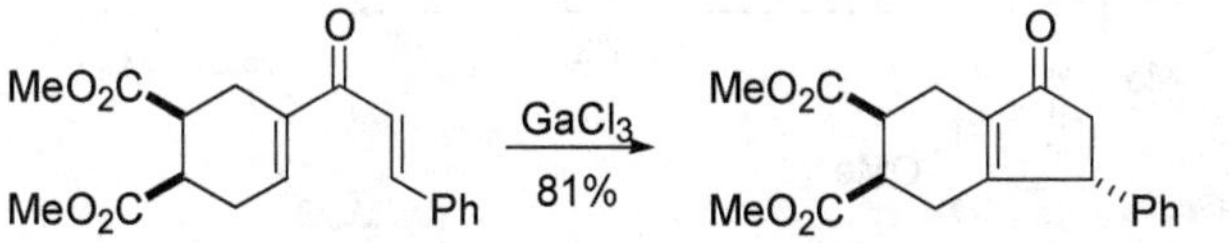

$GaCl_3$, 81% (13)

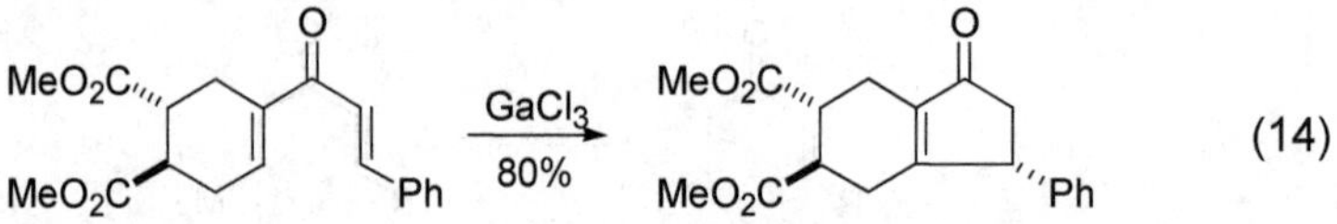

(14)

如式 15 和式 16 所示[51,52]：芳基乙烯基酮在类似的条件下，也可以作为 Nazarov 反应的前体。当乙烯基团的 α-位带有取代基的时候，更有利于反应的进行。

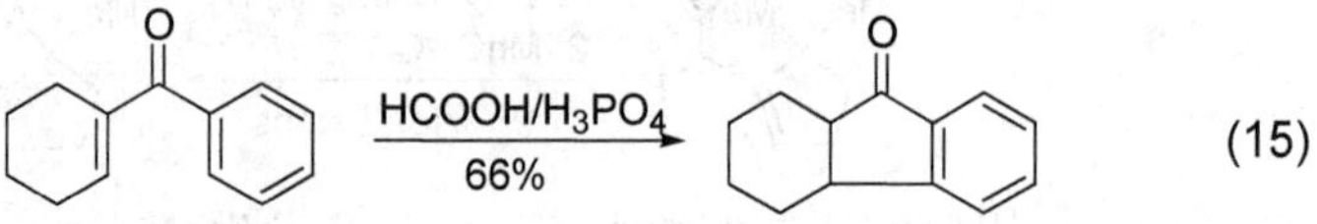

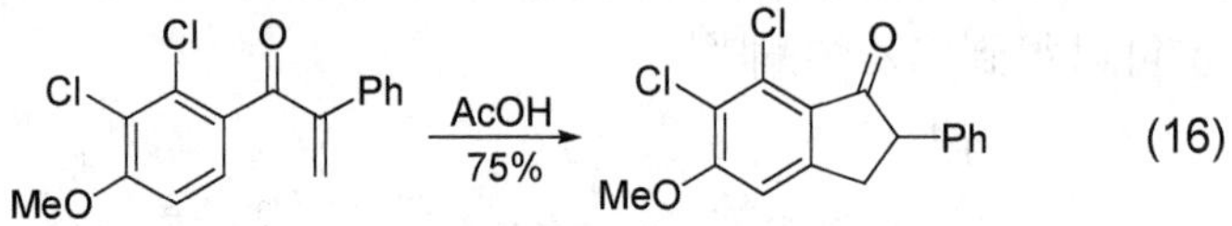

(15)

(16)

如果 Nazarov 反应中形成的碳正离子中间体过于稳定，则会发生重排反应得到不同于正常成环的产物。这类反应通称为不规则 Nazarov 反应[53]，主要有如下三种类型。

第一类属于简单的 Wagner-Meerwein 重排。如式 17 所示：二烯酮首先发生质子化形成戊二烯正离子，该正离子通过顺旋的方式成环形成中间体 **3**，接着失去一个质子得到 **4**。在强酸条件下，**4** 被质子化形成碳正离子中间体 **5**。最后，**5** 发生 Wagner-Meerwein 重排得到 **6**，从而得到不同于正常 Nazarov 反应的产物 **7**[48]。

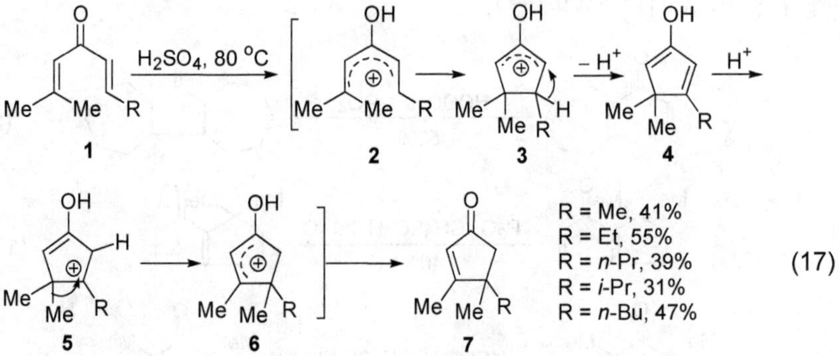

(17)

如式 18 所示[54]：Frontier 等人巧妙地将 Nazarov 成环反应和 Wagner-Meerwein 重排反应结合起来用于螺环化合物的制备。

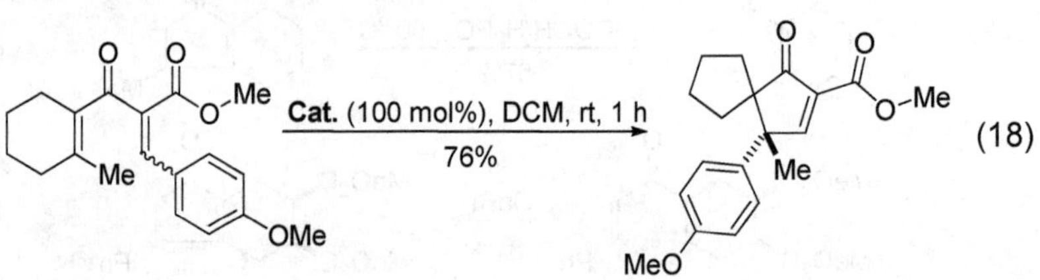

(18)

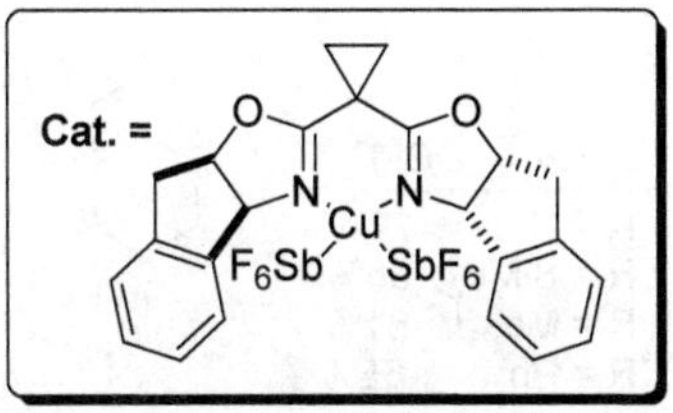

在该反应中，二烯酮首先在 Lewis 酸的催化下发生 4π-电子顺旋的 Nazarov 反应，生成正离子中间体；随后发生两次 Wagner-Meerwein 重排，得到式 18 中所示的重排产物 (式 19)。

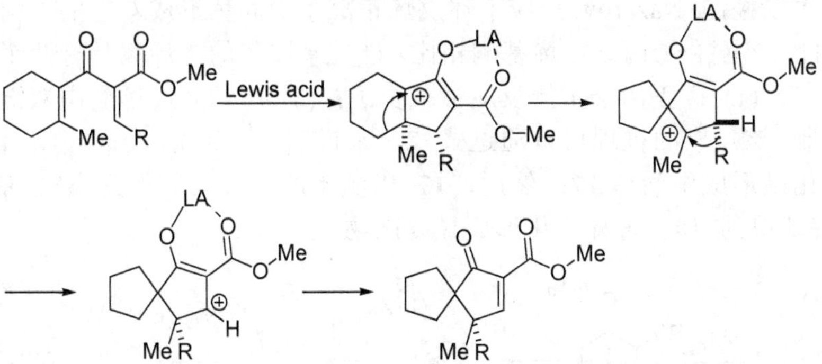

(19)

第二类是通常所称的非正常 Nazarov 反应。这种反应是由于在酸性体系中，水或者羧酸对于环戊烯酮正离子的捕获所引起的[55,56]。如式 20 所示[56]：首先通过正常的 Nazarov 反应形成碳正离子 **10**。然后由于反应体系中水或者羧酸的存在，发生亲核反应得到中间体 **11**。**11** 经过互变异构得到 **12** 后，在酸性条件下脱去羟基得到 **13**。**13** 经异构化，最后得到具有稳定结构的非正常 Nazarov 反应产物 **15**。

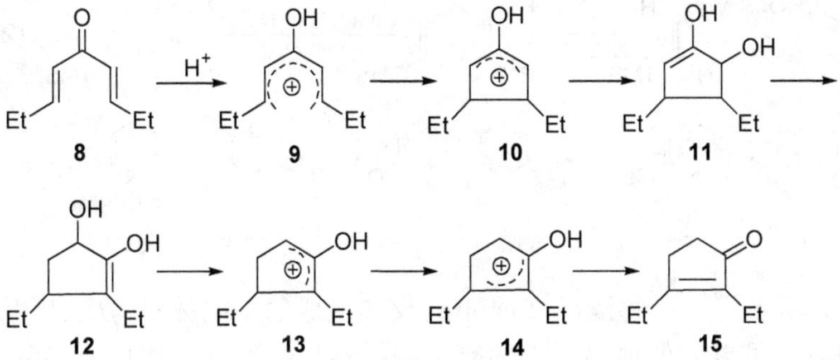

(20)

第三类不规则 Nazarov 反应是在线性共轭二烯酮的电成环过程中产生的。如式 21 所示[57]：反应底物在路易斯酸 $FeCl_3$ 的催化下，首先发生电成环反应；然后，乙烯 R-基团进行一个快速的 Wagner-Meerwein 迁移而生成最终产物。

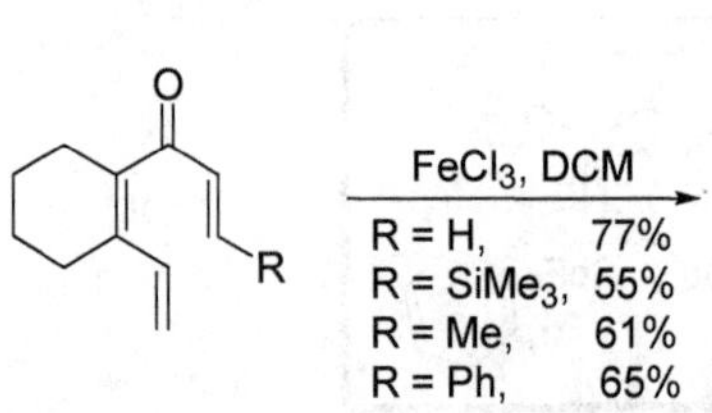

FeCl₃, DCM
R = H, 77%
R = SiMe₃, 55%
R = Me, 61%
R = Ph, 65%
(21)

3.2 硅烷基 (或锡烷基) 取代的二烯酮

α- 或者 β-硅烷基或者锡烷基取代的二烯酮也是常见的 Nazarov 反应底物[57~64]。由于硅烷基的超共轭效应，硅烷基对于 β-位的正离子有很好的稳定作用[65]，从而可以控制 Nazarov 反应中环戊烯正离子中间体形成双键的方向。所以，与单纯的二烯酮和烯丙基乙烯基酮相比，硅烷基取代的二烯酮具有两个非常显著的优点[66]：(1) 碳正离子重排反应被减少了；(2) 产物环戊烯酮中双键的位置得到了控制。该反应的机理可以通过式 22 来说明[66]：首先，反应底物 **16** 被路易斯酸活化以形成中间体 **17**；然后，**17** 以顺旋的方式成环得到 **18**；最后，**18** 脱去硅烷基得到 **19**，再异构化形成最终产物。

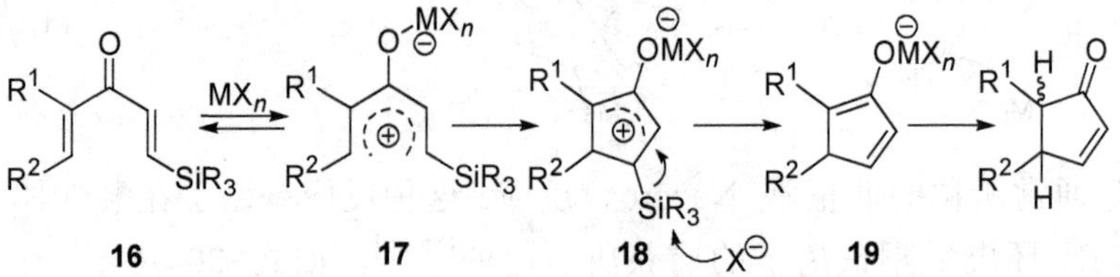

(22)

有许多方法可以得到 α- 或者 β-硅烷基或者锡烷基取代的二烯酮，式 23 给出了一种合成 β-三甲基硅取代二烯酮的简单方法[62]。先通过 β-三甲基硅取代格氏试剂与醛的反应得到醇，然后进一步氧化得到 β-三甲基硅取代的二烯酮。

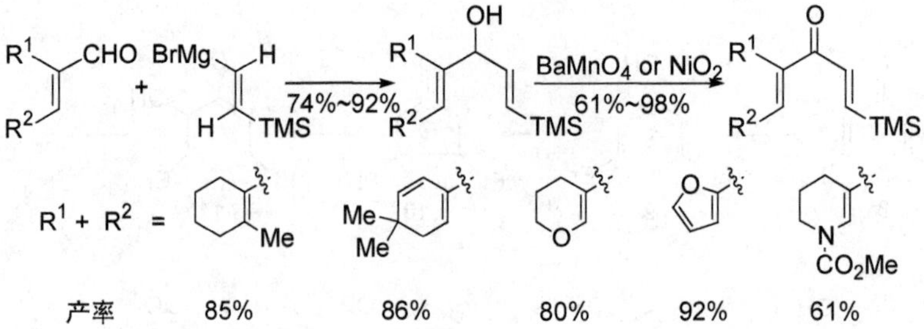

(23)

产率	85%	86%	80%	92%	61%

如式 24 所示[59,62]：将酮经 Shapiro 反应生成的中间体对 β-三甲基硅取代的醛进行加成，可以方便地得到二烯醇结构；然后，经过氧化反应得到 β-三甲基硅取代的二烯酮。

β-三甲基硅取代的二烯酮可以通过如式 25 所示的过程来制备[63]。首先在烯丙基位上引入三甲基硅基，然后再从该中间体得到目标化合物。

HN–Trisyl; R^1, R^2 + OHC, R^4, R^3, TMS $\xrightarrow[47\%\sim92\%]{s\text{-BuLi}}$ OH, R^1, R^4, R^2, R^3, TMS $\xrightarrow[44\%\sim96\%]{BaMnO_4\ \text{or}\ NiO_2}$ O, R^1, R^4, R^2, R^3, TMS (24)

TMS 55%　　TMS 44%　　TMS 69%　　TMS 96%

O, Br $\xrightarrow[73\%]{NaBH_4/CeCl_3}$ OH, Br $\xrightarrow[48\%]{1.\ MeLi;\ 2.\ MeSO_2Cl;\ 3.\ TMSCu}$ TMS, Br $\xrightarrow{t\text{-BuLi/THF},\ -78\ ^{\circ}C,\ 1.5\ h}$

O, H, R^1, R^2, n $\xrightarrow{75\%\sim82\%}$ TMS, OH, R^1, R^2, n $\xrightarrow[70\%\sim80\%]{BaMnO_4}$ TMS, O, R^1, R^2, n (25)

n	R^1	R^2	产率/%	
			醇	酮
1	H	H	77	70
0	H	H	78	80
0	CH_3	H	82	80
0	H	CH_3	75	78

β-锡烷基取代的二烯酮可以通过式 26 的过程来制备[67]。首先用酰氯和 1,2-二(三丁基锡)乙烯反应得到中间体 **20**； 随后通过 Aldol 反应得到中间体 **21**；**21** 中的羟基经甲磺酰化后在碱性条件下脱去，便可得到锡烷基二烯酮产物 **22**。

Bu_3Sn, $SnBu_3$ $\xrightarrow{R^1CH_2COCl/AlCl_3}$ O, R^1, Bu_3Sn **20** $\xrightarrow{LDA,\ R^2CHO}$

O, R^1, Bu_3Sn, HO, R^2 **21** $\xrightarrow{1.\ Et_3N,\ MsCl;\ 2.\ DBU}$ O, R^1, Bu_3Sn, R^2 **22** (26)

R^1	R^2	**20**/%	**21**/%	**22**/%
H	n-C_7H_{15}	58	83	71
H	Ph		63	70
H	(E)-CH=CH		65	68
n-C_4H_9	Me	60	69	68
n-C_4H_9	n-C_7H_{15}		61	65
n-C_4H_9	Ph		69	61
n-C_4H_9	(E)-CH=CH		66	76
n-C_4H_9	(E)-PhCH=CH			42

如式 27~式 31 所示：β-硅烷基取代的二烯酮可以用于合成一系列含有环戊烯酮结构的化合物。例如：带有不同取代基的单环化合物[59]、双环化合物[62]以及多环化合物[68]。形成双环或者多环化合物时，以顺式产物为主。

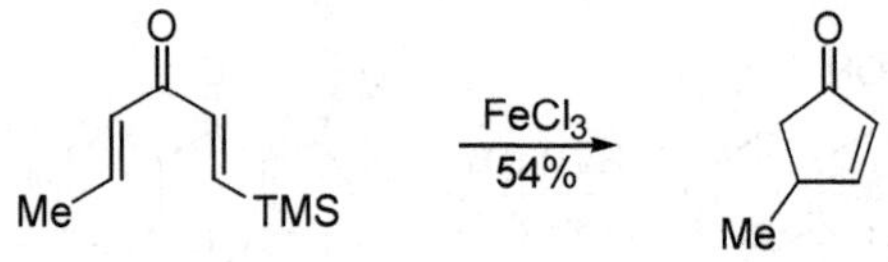

$FeCl_3$, 54% (27)

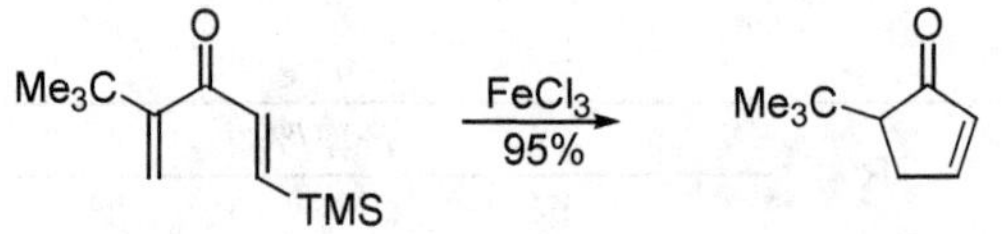

$FeCl_3$, 95% (28)

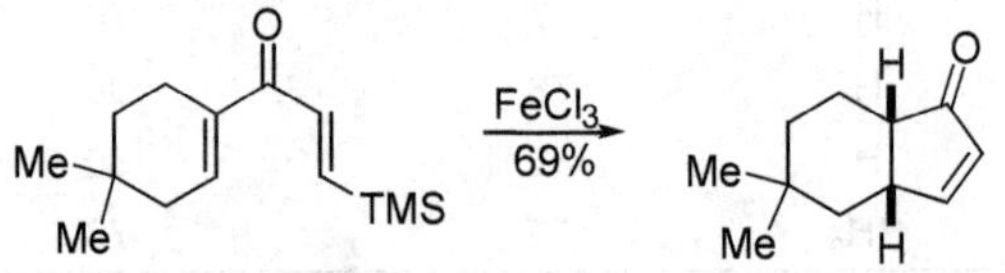

$FeCl_3$, 69% (29)

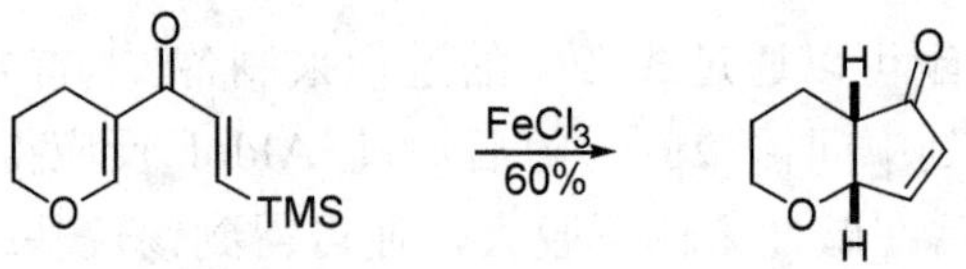

$FeCl_3$, 60% (30)

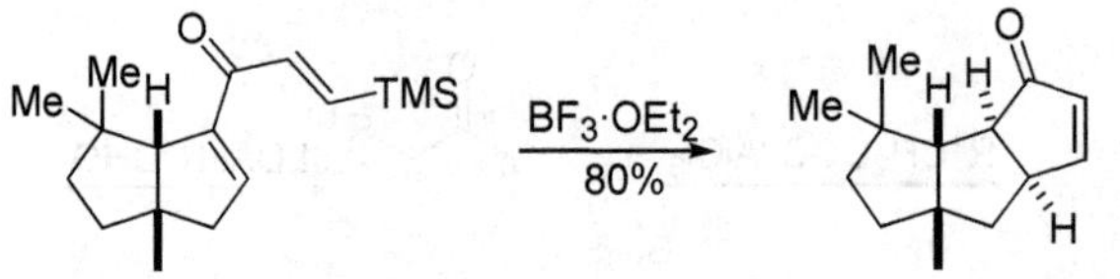

$BF_3 \cdot OEt_2$, 80% (31)

β'-硅烷基取代的二烯酮与 β-硅烷基取代的二烯酮相比，不仅具有更快的反应速度[64]，而且有更好的立体选择性[64]。如式 32 和式 33 所示：对于互为对映异构体的反应底物，产物也互为对映异构体，手性在反应中完全得到保持。这是由于 β-硅烷基对于成环过程中的正离子有持续的稳定化作用，这种稳定化作用导致了立体专一性的产物，并且可以加速成环反应[65,69,70]。

TMS
88% ee
$FeCl_3$, DCM, –50 °C
58%
H H H
88% ee
(32)

TMS
86% ee
$FeCl_3$, DCM, –50 °C
72%
H H H
86% ee
(33)

如式 34 所示[67]：β-锡烷基取代的二烯酮也可以在类似的反应条件下发生 Nazarov 反应，得到类似的反应产物。

R^1 R^2 Sn(*n*-Bu)$_3$
$BF_3·OEt_2$ (4 eq), DCM, 20 °C
R^1 = H, R^2 = Ph, 44%
R^1 = H, R^2 = *n*-Bu, 47%
R^1 = *n*-Bu, R^2 = Me, 61%
R^1 R^1
(34)

在 β-硅烷基取代的二烯酮底物分子中，当有第三个双键直接与二烯酮的双键相连的时候，会发生不规则 Nazarov 反应[71]。如式 35 所示：在不同的温度下，不规则 Nazarov 反应也会产生不同的产物。

TMS
$FeCl_3$, DCM
–30~–20 °C, 0.75 h
59%
TMS
$FeCl_3$, DCM
20 °C, 2h
44%
23 **24**
(35)

式 36 和式 37 给出了形成两种产物的反应机理[71]。在路线 a 中，中间体 **2a** 按照顺旋的方式成环得到 **3a**；然后，**3a** 发生一个类似于频哪醇重排的反应得到 1,2-乙烯基迁移的产物 **23**。在路线 b 中，中间体 **2b** 以顺旋的方式成环形成中间体 **3b**；然后，在硅烷基团的帮助下，乙烯基发生 1,2-迁移得到产物 **24**。

3.3 氟取代的二烯酮

氟取代基的位置不同，Nazarov 反应过程中正电荷中间体的稳定性也 然不同。由于氟原子还可以作为离去基团 (F^-) 离去，因此氟也可以作为 Nazarov 电环化反应途径的控制基团[72,73]。如式 38 所示：氟取代基团会降低正电荷在氟的 β-位的中间体 **25** 的稳定性，所以反应主要通过中间体 **26** 生成产物 **27**[74]。

路线 a

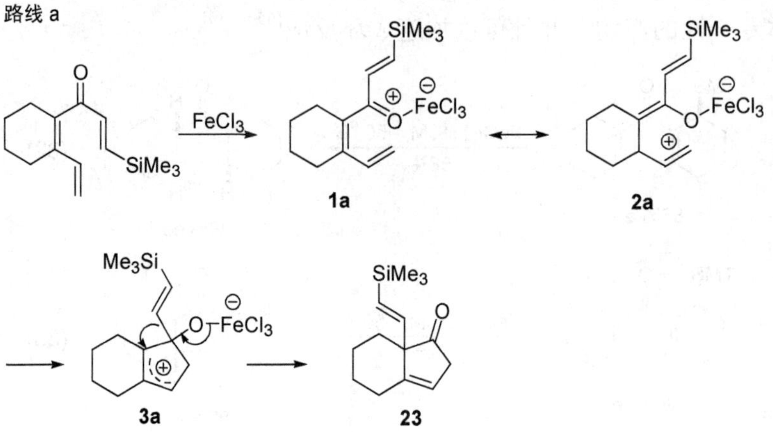

(36)

路线 b

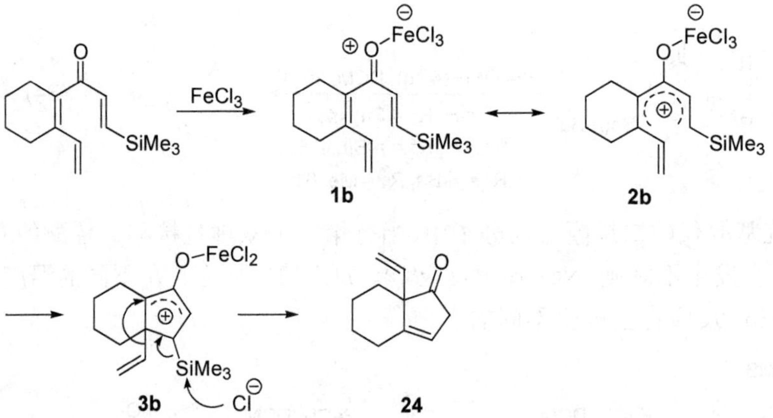

(37)

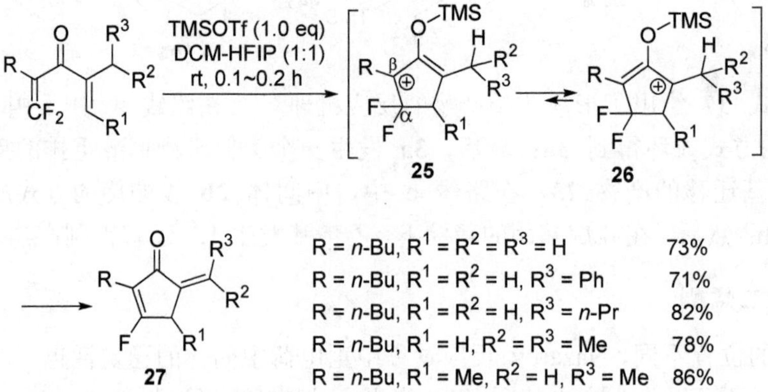

(38)

然而，当正电荷在氟原子的 α-位时，氟原子又对 α-位正电荷有一定的稳定作用[75]。如式 39 所示：反应通过相对稳定的中间体 **29** 进行得到产物 **30**。

3.4 α-位带有含氧离去基团的烯酮

这类烯酮底物中最常见的含氧基团有三种：简单的羟基、三甲基硅烷保护的羟基和乙酰基保护的羟基。α-三甲基硅醚烯酮的制备方法如式 40 所示[76]。

在酸性条件下，这类含有氧离去基团的烯酮首先脱去羟基保护基，然后消去一分子水后形成二烯酮底物。在酸催华下形成 4π-电子正离子中间体后，再以顺旋方式成环得到产物 (式 41 和式 42)[76]。

3.5 β-位连有杂原子取代基的烯酮

在这类烯酮分子中，β-位取代的杂原子主要包括氯原子[77]和氧原子[78]。在酸性条件下，这些基团非常容易发生 β-消去反应形成二烯酮底物。式 43 给出了 β-氯代烯酮的制备和反应过程[77]。

+ Cl Cl (O) —AlCl3, DCM→ [Cl Cl (O)] —H+ 79%→

(O) Cl —H+, DCM→ [(O)] —63%→ (O) (43)

如式 44 所示[78]：在 TMSOTf 的催化下，反应底物能够发生两次 β-消去反应。形成的二烯酮中间体进一步发生 Nazarov 反应，得到环戊烯酮结构的成环产物。

R^1, R^2, O, CO_2Et, Me —TMSOTf, DCM, rt→ [R^1, R^2, O, CO_2Et, Me] → R^1, R^2, O, CO_2Et, Me (44)

$R^1 = R^2 =$ Me, 55%
$R^1 + R^2 = -(CH_2)_4-$, 77%

3.6 含有 α-乙烯基环丁酮结构的反应底物

这类反应底物的合成可以通过 [2+2] 环加成反应来实现[79]。如式 45 所示：在三乙胺的作用下，α,β-不饱和酰氯首先脱去一分子 HCl 得到乙烯基乙烯酮；然后，乙烯酮与另一分子烯烃发生 [2+2] 环加成反应，便可得到含有 α-乙烯基环丁酮结构的产物。

Cl, O, Me, Me —Et_3N, sealed tube→ O= —R^1, R^2→ R^1, R^2, O (45)

12% 79% 42% 28%

在 CH_3SO_3H 的催化作用下，α-乙烯基环丁酮发生 Nazarov 反应得到含有环戊烯酮结构的产物 (式 46)[80]。在该反应中，首先发生了 C(α)-C(β) 键的断裂，形成稳定的叔碳离子中间体。然后，α'-位或者 γ'-位的质子发生消去，得到两种中间体。在酸性条件下，这两种中间体都可以发生 Nazarov 反应得到最终产物。

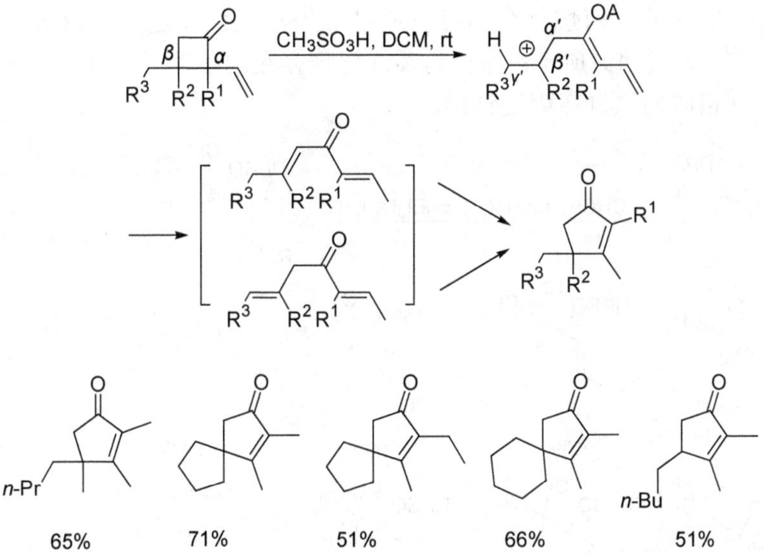

(46)

65% 71% 51% 66% 51%

3.7 含有偕二氯结构的反应底物

用于 Nazarov 反应的偕二氯底物主要有两种：一种是含有偕二氯烯丙基结构的醇，另一种是偕二氯环取代的环丙烷化合物。

含有偕二氯烯丙基结构的醇可以通过 1,1-二氯烯丙基锂对酮的加成来合成[81,82]。如式 47 所示：在酸性条件下，醇发生消去反应生成二烯中间体 **33**；随后，**33** 脱去 Cl-原子生成具有 4π-电子结构的中间体 **34**；最后，**34** 再以顺旋的方式发生 Nazarov 反应，水解后得到环戊烯酮的产物 **35**。

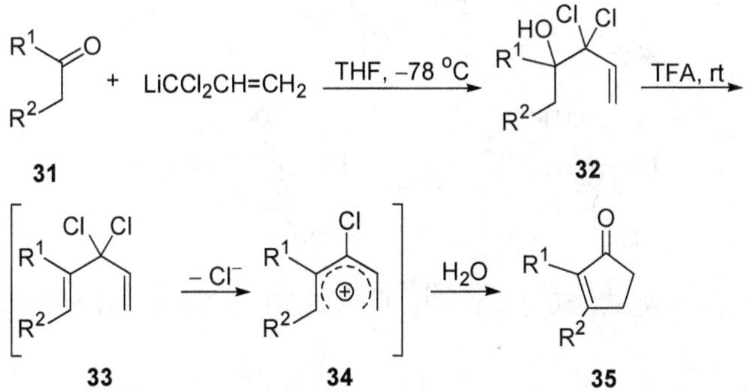

(47)

R^1	R^2	32	35
CH_3	n-C_5H_{11}	73%	87%
$-(CH_2)_4-$		56%	71%
$-(CH_2)_5-$		63%	87%
$-(CH_2)_6-$		68%	80%
$-(CH_2)_{10}-$		66%	90%

偕二氯环取代的环丙烷化合物可以通过烯烃与氯仿在氢氧化钠溶剂的作用下来制备[83,84]。如式 48 所示：在相转移催化剂存在的条件下，由烯基硅醚一步反应就能得到相应的二氯环丙烷结构。

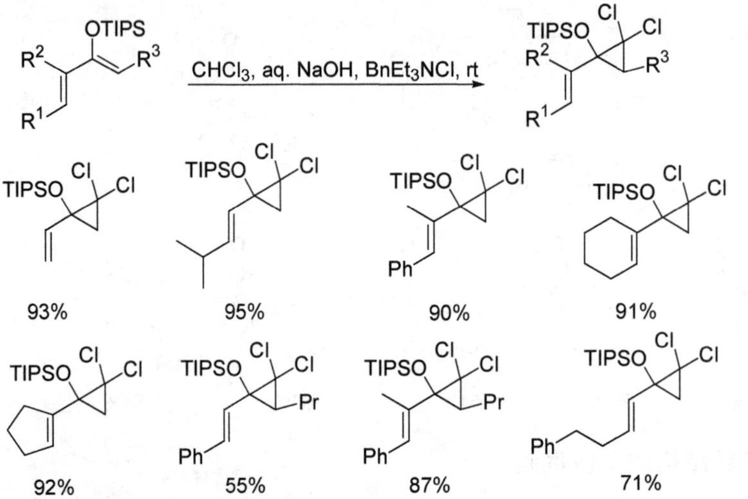

OTIPS
R^2 R^3
R^1
$CHCl_3$, aq. NaOH, $BnEt_3NCl$, rt
TIPSO Cl Cl
R^2 R^3
R^1
(48)

TIPSO Cl Cl 93%
TIPSO Cl Cl 95%
TIPSO Cl Cl Ph 90%
TIPSO Cl Cl 91%

TIPSO Cl Cl 92%
TIPSO Cl Cl Pr Ph 55%
TIPSO Cl Cl Pr Ph 87%
TIPSO Cl Cl Ph 71%

在加热或者 Ag(I) 催化的条件下，偕二氯环丙烷可以按照 2π-逆旋的方式打开[85~87]。如式 49 所示[83,84]：在 $AgBF_4$ 的作用下，反应底物中的二氯环丙烷结构打开，形成带一个正电荷的 4π-电子中间体；然后，经顺旋成环后脱去硅基，得到含有环丙烯酮结构的最终产物。

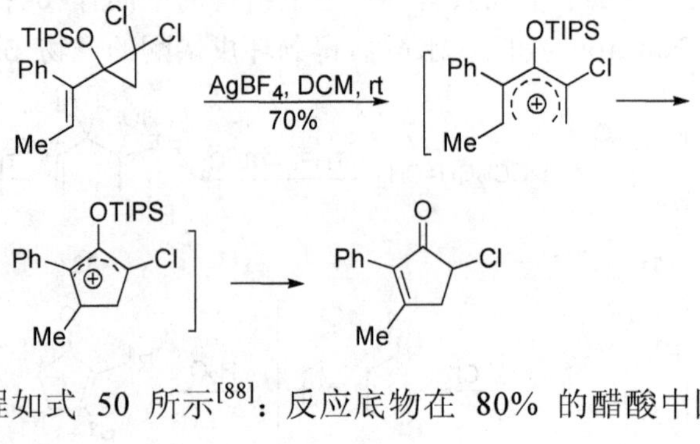

TIPSO Cl Cl
Ph
Me
$AgBF_4$, DCM, rt
70%
OTIPS
Ph Cl
⊕
Me

OTIPS
Ph Cl
⊕
Me
O
Ph Cl
Me
(49)

另一种反应过程如式 50 所示[88]：反应底物在 80% 的醋酸中回流，首先失

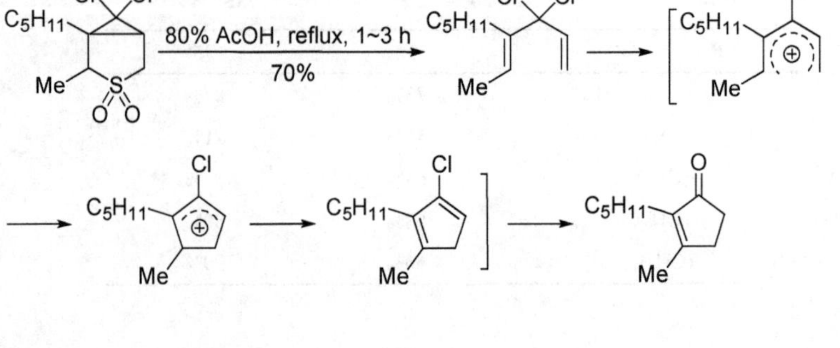

Cl Cl
C_5H_{11}
Me S
O O
80% AcOH, reflux, 1~3 h
70%
Cl Cl
C_5H_{11}
Me
Cl
C_5H_{11}
⊕
Me

Cl
C_5H_{11}
⊕
Me
Cl
C_5H_{11}
Me
O
C_5H_{11}
Me
(50)

去一分子 SO_2 形成二烯中间体；随后，该中间体失去氯离子形成带一个正电荷的 4π-电子中间体；最后，再发生 Nazarov 反应成环，并水解得到含有环戊烯酮结构的产物。

3.8 含有呋喃醇结构的反应底物

制备该类化合物的过程非常简单，用格氏试剂与呋喃甲醛反应，或者用 2-呋喃锂试剂与烷基醛反应 (式 51)[89~91]。

$$\text{2-furyl-CHO} \xrightarrow[\text{quant.}]{i\text{-PrMgBr, THF}} \text{2-furyl-CH(OH)-}i\text{-Pr} \quad (51)$$

在质子酸或者路易斯酸催化条件下，含有呋喃甲醇结构的化合物可以通过一系列的重排完成 Nazarov 成环反应，生成相应的 4-羟基-2-环戊烯酮。其反应以及机理如式 52~式 54 所示[89~92]：反应经过了 4π-电子中间体，并以顺旋的方式发生 Nazarov 反应。

$$\text{2-furyl-CH(OH)-}i\text{-Pr} \xrightarrow[85\%]{ZnCl_2} \text{4-hydroxy-2-}i\text{-Pr-2-cyclopentenone} \quad (52)$$

$$\text{2-furyl-CH(OH)CH}_2\text{CH}_2\text{(CH}_2)_4\text{CO}_2\text{Me} \xrightarrow[72\%]{\text{1. }ZnCl_2\text{, dioxane/}H_2O\text{; 2. }Et_3N\text{, }Cl_3CCHO} \text{4-HO-cyclopentenone-CH}_2\text{(CH}_2)_4\text{CO}_2\text{Me} \quad (53)$$

(54): 2-furyl-CH(OH)R ⇌ (H^+) 2-furyl-CH(OH_2^+)R ⇌ 2-furyl-CH^+R ↔ oxonium ion (=CHR) ⇌ H_2O^+-dihydrofuran ⇌ HO-dihydrofuran oxonium ⇌ HO=CH-CH=CH-C(OH)=CHR ⇌ pentadienyl cation (HO, OH, R) → protonated cyclopentenone (OH⁺, R, OH) → 4-hydroxy-5-R-2-cyclopentenone (trans)

3.9 含有乙烯丙二烯结构的反应底物

具有该类结构的反应底物可以根据乙烯基和丙二烯基的相对位置分为两类：一类是乙烯基与丙二烯直接相连，一类是乙烯基与丙二烯基之间相隔一个碳原子。

该类结构的反应底物可以根据式 55 所示的方法来制备[93]。首先，让炔烃在强碱条件下与环氧化合物反应得到炔烃醇中间体，依次通过脱保护反应、磺硫化反应以及消去反应得到炔烃基烯；然后，再进一步反应得到乙烯丙二烯化合物。

THPO + LiNH$_2$ → THPO, HO → H$^+$ → HO, HO

1. TsCl 2. KOH → TsO, Me → RMgX-CuBr → Me, R (55)

在环氧化反应的条件下，此类化合物的丙二烯位置发生环氧化反应形成环氧中间体 (式 56)。该中间体的环氧结构按照 头所示的方向打开，形成环丙酮中间体；环丙酮经开环后得到 4π-电子中间体，接着发生 Nazarov 成环反应得到环戊二烯酮产物[94]。

R^2, R, R^1 + NO_2, CO_3H → O, R, R^2, R^1 →

O, R, R^2, R^1 → O, R, R^2, R^1 → O, R, R^2, R^1 (56)

Me 60% C_3H_7 60% C_3H_7 50%   Me, Me 33%

但是，当丙二烯基团上有取代基的时候，环氧化反应就会发生在乙烯基团上，形成稳定的环氧化产物 (式 57)[66]。

R^2, R^3, R^1, H → PNPBA, DCM, 0 °C, 24 h → O, R^2, R^3, R^1 + R^2, O, R^3, R^1, H (57)

R^1 = n-Pr, R^2 = R^3 = H	55%	0
R^1 = R^3 = H, R^3 = i-Pr	0	60%
R^1 = R^2 = H, R^3 = n-Pr	3%	52%

这个问题可以利用羟基对于环氧化反应的导向作用得到解决。如式 58 所示：当 1-位取代基中带有羟基基团时，环氧化反应选择性地发生在丙二烯的位

置。在该反应中，羟基可以位于丙二烯的邻位 ($n = 1$)，也可以位于间位 ($n = 2$)。在这两种情况下，都没有乙烯基被环氧化的产物生成[95~98]。在 *t*-BuOOH 和 $VO(acac)_2$ 的作用下，环氧化反应选择性地生成中间体 **37**。虽然 **37** 中的环氧可以发生两种不同方式的开环反应生成 **38** 或 **39**，但它们在进一步发生的 Nazarov 反应中生成同一种环戊烯酮产物 **40**。在这种情况下，即使是一个叔羟基，对于该反应也具有良好的导向作用[95,97]。

t-BuOOH, VO(acac)$_2$, PhH, 20~80 °C, n = 1,2

36 → [**37** → **38** + **39**] → **40** (58)

55% 63% 45% 70%

当羟基的取代基位于丙二烯结构的 3-位置时，环氧化反应的区域选择性取决于羟基的位置和羟基取代基本身[66]。如式 59~式 61 所示：当羟基位于邻位时，伯醇和仲醇的主要产物是环戊烯酮，而叔醇则全部生成乙烯基被氧化的环氧化产物；当羟基位于间位时，无论取代基的状况如何，环戊烯酮都是主要产物[96,98]。

t-BuOOH, VO(acac)$_2$, PhH → 60% + 20% (59)

t-BuOOH, VO(acac)$_2$, PhH, 100% (60)

t-BuOOH, VO(acac)$_2$, PhH, 50% (61)

含乙烯丙二烯结构的反应底物也可以在金属化合物的催化下发生 Nazarov 反应，常用的金属有醋酸汞(II) 和醋酸铊(III)。它们的反应机理如式 62 所示：首先，丙二烯被醋酸盐活化形成中间体 **43**；接着，由两种方式生成中间体 **44** 后转化成环戊烯酮产物[99,100]。

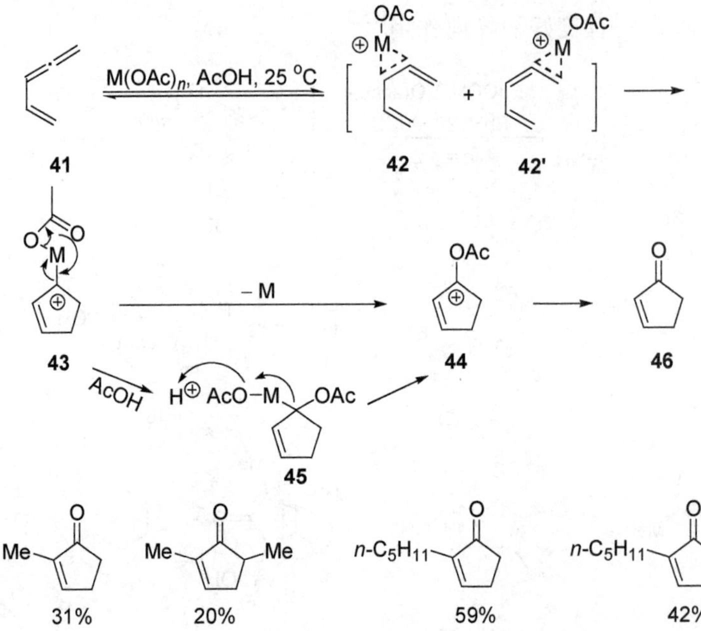
M(OAc)n, AcOH, 25 °C
OAc
41
42
42'
43
– M
44
46
AcOH
AcO–M
45
Me
n-C5H11
31%
20%
59%
42%

(62)

使用乙烯基与丙二烯基之间相隔一个碳的反应底物的 Nazarov 反应，可以得到含有环外双键环戊烯酮结构的化合物 (式 63)[101~106]。

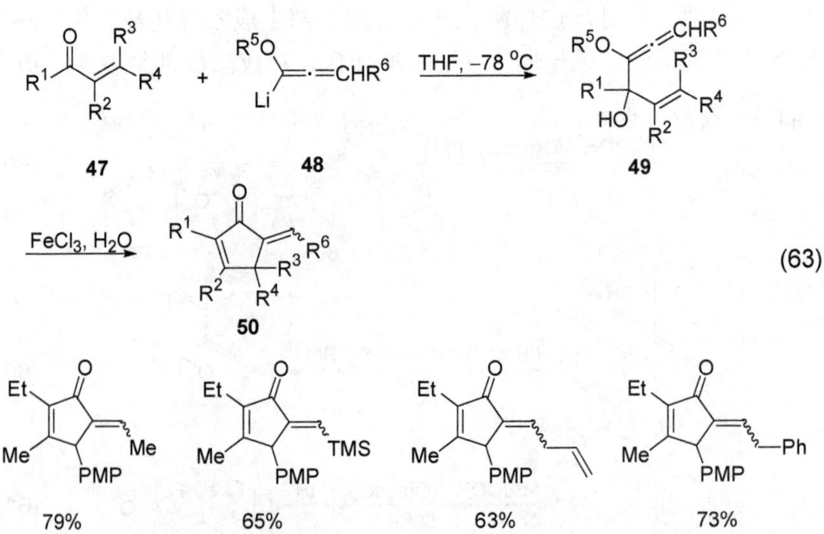
THF, –78 °C
47
48
49
FeCl3, H2O
50
Et
Me
PMP
TMS
Ph
79%
65%
63%
73%

(63)

3.10 含有乙炔基团的反应底物

这类反应底物在反应过程中，通常要经过二烯酮中间体来发生 Nazarov 反应。所以，这类反应底物一般都含有能够产生额外双键的基团，例如：烯、羟基、氨基和缩醛等[66]。合成这类反应底物最为简单的途径是用炔基镁试剂与酮反应(式 64)[107]。

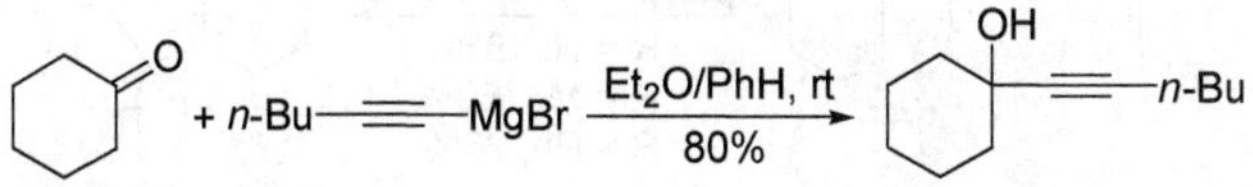

(64)

Nazarov 曾经对这类反应底物做过非常详尽的研究[13~15,22~25,31,66]。如式 65 所示：反应底物首先在酸的催化下脱去一分子水，形成具有二烯炔结构的中间体；然后，中间体在酸的进一步催化下发生 Nazarov 反应。

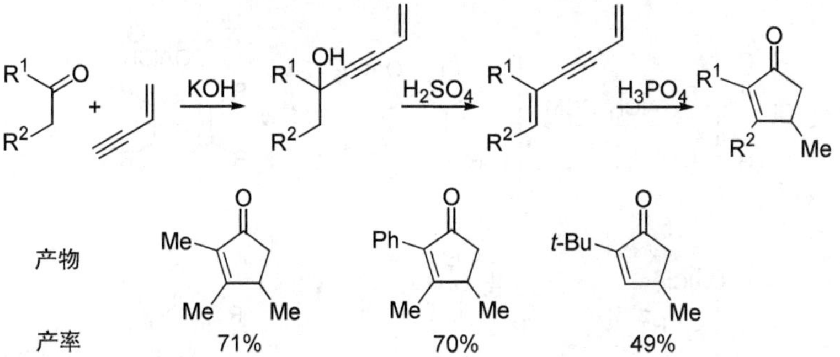

(65)

式 66 给出了炔丙二醇的反应机理[108]：反应底物在酸催化的条件下，首先通过 Rupe 重排得到 4π-电子的反应中间体，然后进一步发生 Nazarov 反应得到环戊二烯酮的产物。

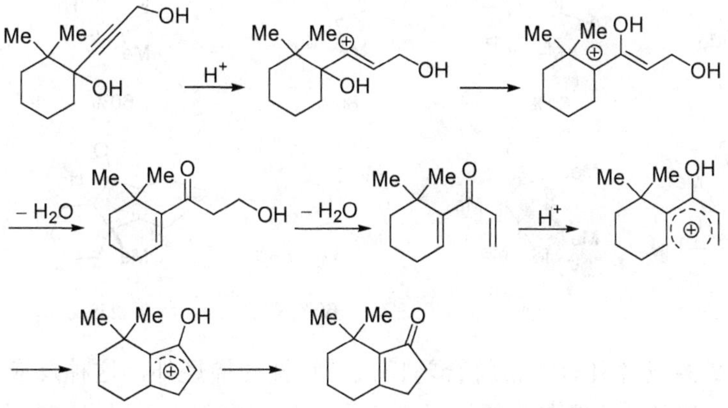

(66)

3.11 通过偶合反应来形成二烯酮反应底物

这种类型的 Nazarov 反应主要有两种反应前体：一种是 α,β-不饱和酸或酸酐，另一种是 α,β-不饱和酰氯。

α,β-不饱和酸或酸酐可以与环状烯烃发生 Friedel-Crafts 反应，得到含有环戊烯酮结构的产物 (式 67)[66]。

polyphosphoric acid
R = H, 16%
R = Me, 60%
R = Ph, 26%
(67)

不饱和羧酸的酰氯或酰溴也常常用于该反应。如式 68 所示[109]：烯烃在酰化条件下首先与这些试剂发生反应形成二烯酮中间体，然后再进一步发生 Nazarov 反应以形成环戊烯酮。

$AlCl_3$, DCM　　– HCl

(68)

60%　60%　60%　60%

60%　60%　60%　25%

除了对称烯烃或者具有非常符合马氏规则特性的烯烃外，这种反应一般缺乏区域选择性。但是。硅烷取代的烯烃则不存在这样的问题。如式 69 和式 70 所示[110~112]：硅烷取代的烯烃试剂可以作为烯烃基团的等价体参与反应，主要生成热力学稳定的产物。

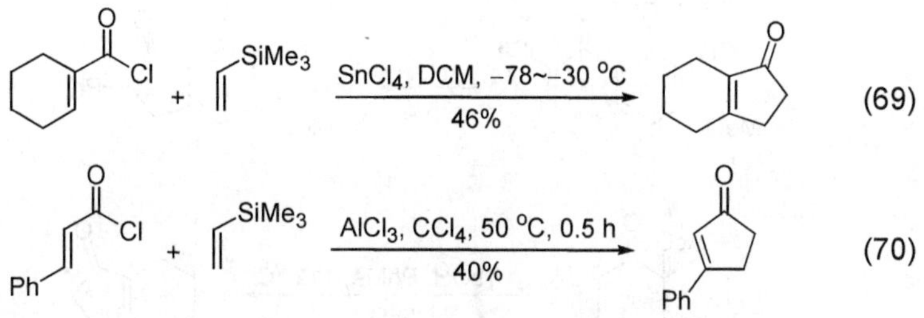

(69)

(70)

α,β-不饱和酰氯还可以与炔烃发生酰化反应，形成环戊烯酮 (式 71)[113~116]。

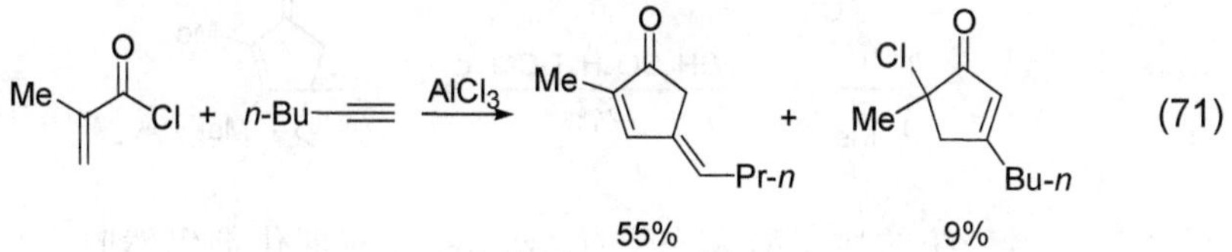

(71)

4 Nazarov 反应的条件

在传统的 Nazarov 反应条件下，强路易斯酸或强质子酸被用来促进戊二烯正离子的生成。其中，最常用的酸催化剂是 85% 磷酸和 85% 甲酸配成的混酸。其它常用的质子酸还包括硫酸和盐酸。通常情况下，酸的用量为一个当量或者多于一个当量[117]。采用路易斯酸作为催化剂是 Nazarov 反应的一个重大进步。而近几年来金属催化剂的发展，将催化剂的用量降低到催化当量级，并且在手性配体的存在下，还可以发生催化不对称 Nazarov 反应。

4.1 质子酸催化的 Nazarov 反应

在早期报道的 Nazarov 反应中，质子酸最常被用作催化剂。常用的质子酸有：磷酸、三氟醋酸、醋酸、盐酸、硫酸和磺酸 (式 72~式 76)[12,44,52,76,80]。

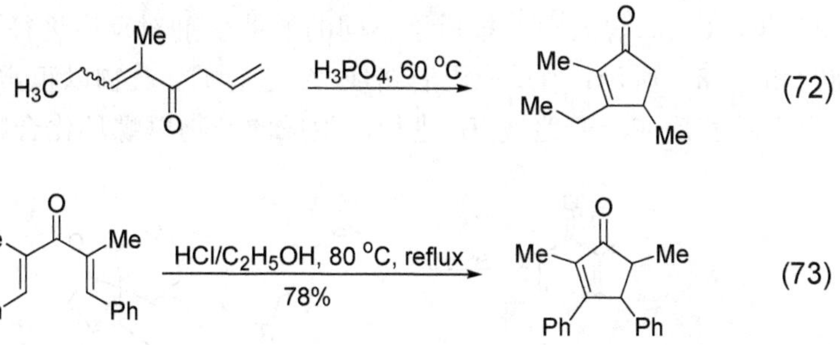

(72)

(73)

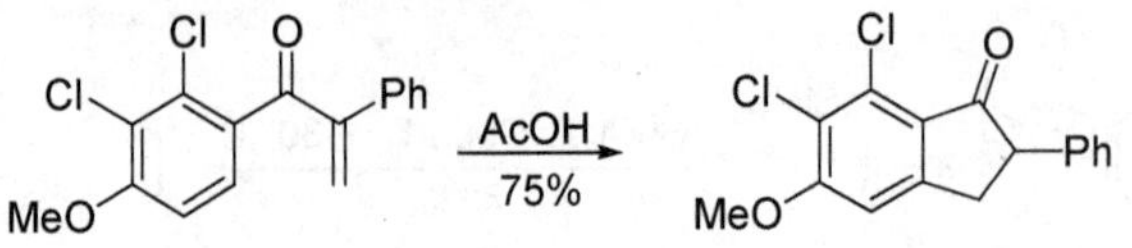

(74)

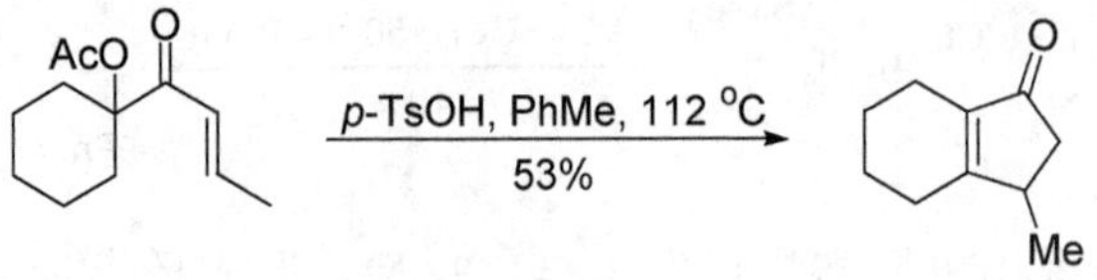

(75)

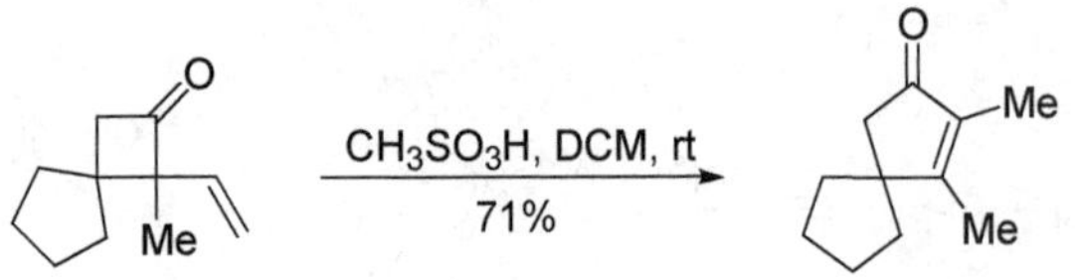

(76)

时至今日，用传统的质子酸来作为 Nazarov 反应催化剂仍然时常见 于报道 (式 77~式 79)[118,119]。

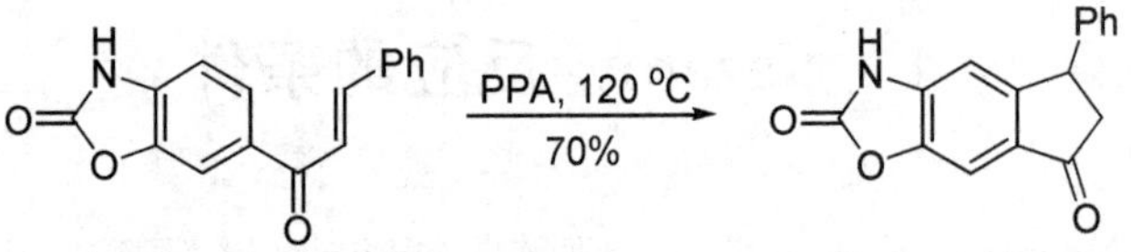

(77)

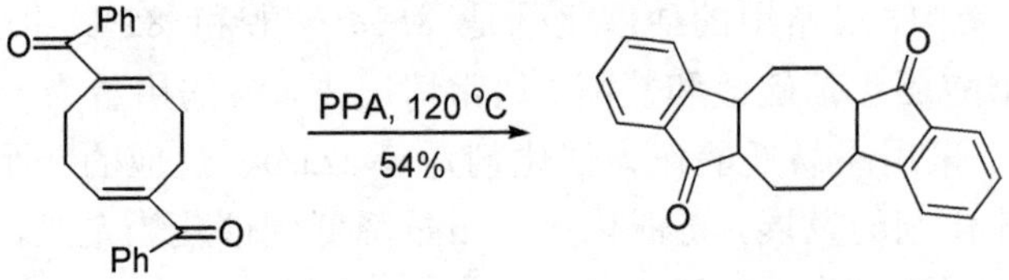

(78)

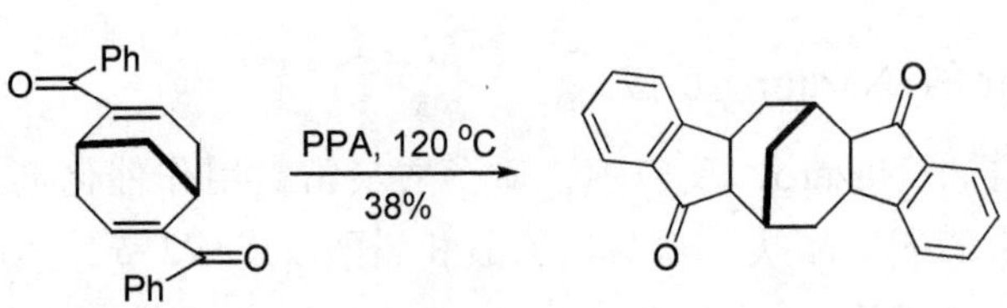

(79)

2004 年，Chiu 等人[120] 报道了不同的酸催化剂对反应途径和产物的影响。如式 80 和式 81 所示：当反应沿着路线 A 进行时，产物以正常的 Nazarov 反应产物为主。若反应沿着路线 B 进行，生成的产物以螺环化合物为主。

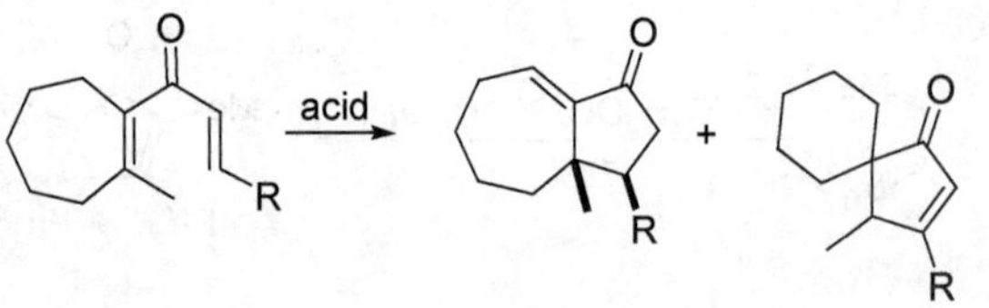

(80)

反应机理:

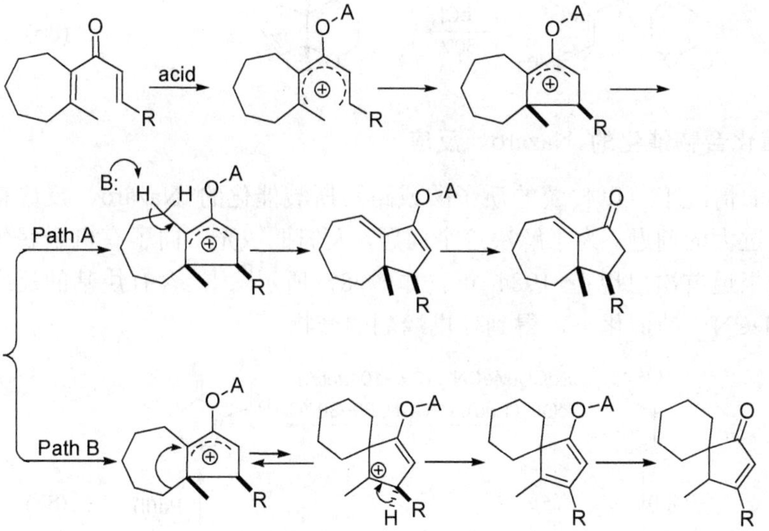

(81)

低浓度的 $HClO_4$ 也可以作为这类反应的催化剂 (式 82)[121]。

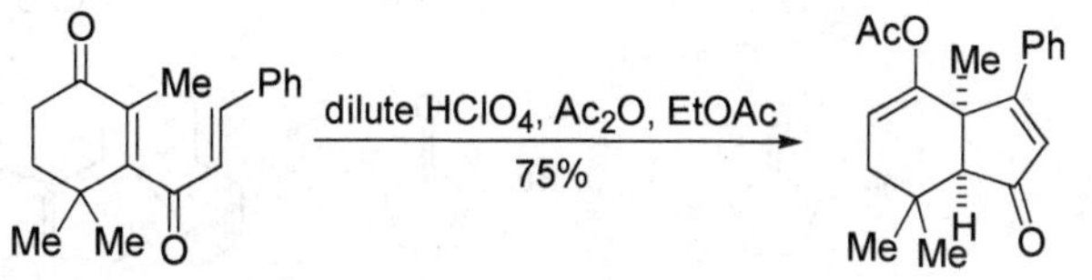

(82)

4.2 路易斯酸催化的 Nazarov 反应

路易斯酸也是 Nazarov 反应的常用催化剂，例如：$BF_3·OEt_2$、$SnCl_4$、$FeCl_3$、$TiCl_4$ 和 $AlCl_3$ 等 (式 83~式 86)[62,68,110,111]。

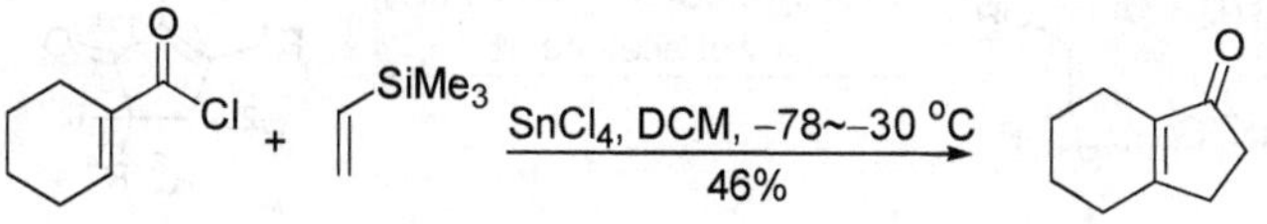

(83)

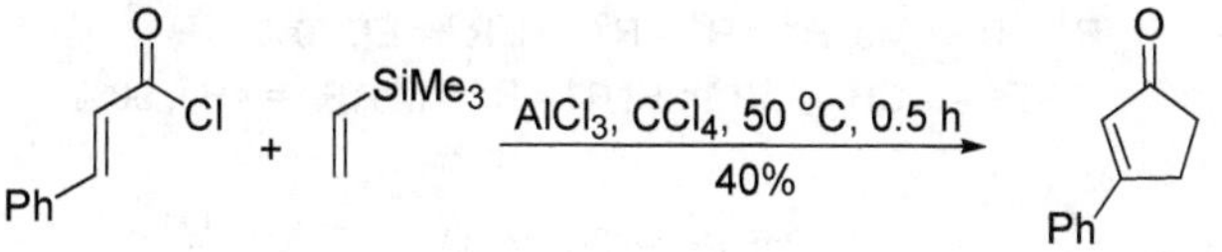

(84)

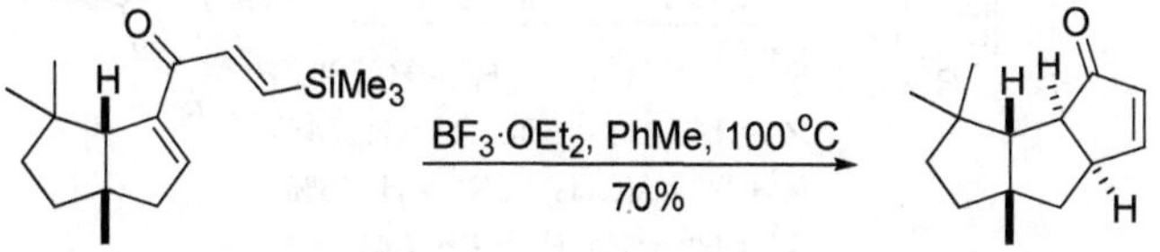

(85)

$FeCl_3$
60%
SiMe$_3$
(86)

4.3 有机金属化合物催化的 Nazarov 反应

在大多数的情况下，以传统的质子酸或路易斯酸催化的 Nazarov 反应存在着催化剂用量过大的问题。为了解决这个问题，人们把 光 向了有机金属化合物，这方面的报道首次出现在 1984 年。如式 87 所示[122]：含有炔基的反应底物在 $PdCl_2(MeCN)_2$ 的催化下，得到环戊烯酮的产物。

$PdCl_2(MeCN)_2$ (2.5~10 mol%)
AcOH (1 eq), CH_3CN, 60~80 °C
Pd(II)
(87)

61%　66%　89%

目前，常用于 Nazarov 反应的有机金属催化剂包括：$PdCl_2(MeCN)_2$、$Pd(OAc)_2$、$Cu(OTf)_2$、$Pd(PPh_3)_4$ 和某些铳配合物 (式 88~式 90)[123,124]。

$PdCl_2(MeCN)_2$ (1~10 mol%)
wet acetone, rt
(88)

R^1 = Me, R^2 = Ph, R^3 = R^4 = R^5 = H, R^6 = Et, 91%
R^1 = R^2 = Me, R^3 = R^4 = R^5 = H, R^6 = Et, 70%
R^1+R^2 = -$(CH_2)_4$-, R^3 = H, R^4 = R^5 = Me, R^6 = *i*-Bu, 90%

$Pd(OAc)_2$ (20 mol%)
DMSO, O_2, 80 °C, 24 h
(89)

R^1 = Me, R^2 = Ph, R^3 = H, 78%
R^1 = Me, R^2 = *t*-Bu, R^3 = H, 74%
R^1+ R^2 = -$(CH_2)_4$-, R^3 = H, 53%
R^1 = R^3 = Me, R^2 = Ph, 64%

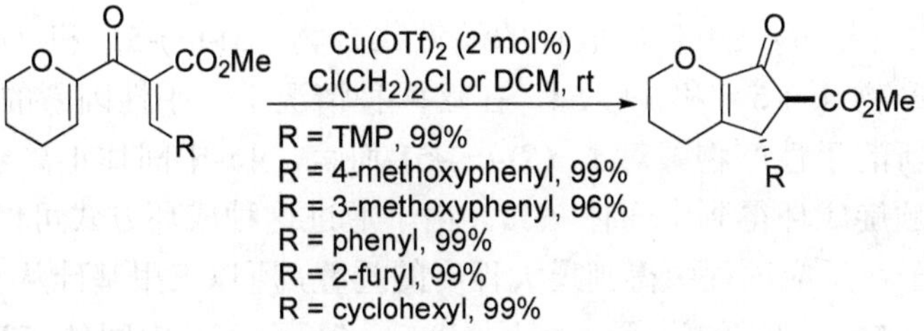

$Cu(OTf)_2$ (2 mol%)
$Cl(CH_2)_2Cl$ or DCM, rt
R = TMP, 99%
R = 4-methoxyphenyl, 99%
R = 3-methoxyphenyl, 96%
R = phenyl, 99%
R = 2-furyl, 99%
R = cyclohexyl, 99%
(90)

5 不对称 Nazarov 反应

发展具有高度立体选择性的反应一直是有机化学研究的重要领域之一。实现立体选择性 Nazarov 反应主要有三种方法：手性转移方法、手性辅助试剂方法以及手性催化方法。

5.1 手性转移控制的不对称 Nazarov 反应

手性转移方法实际上是使用手性化合物作为反应的底物或者前体化合物，它们带入的手性因素在反应过程中被立体专一性地转移到产物分子中。如式 91 和

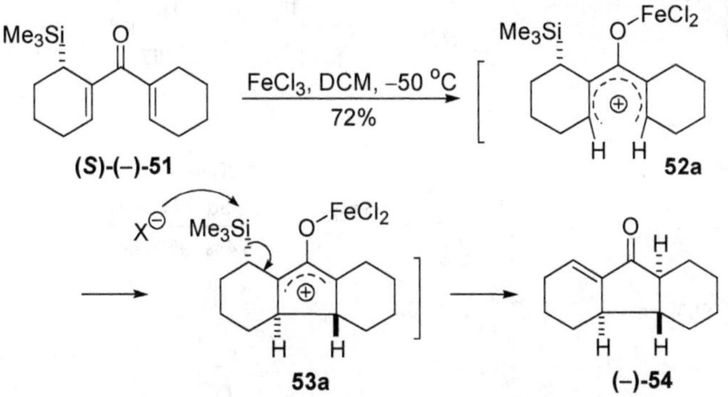

$FeCl_3$, DCM, –50 °C, 72%
(*S*)-(–)-51 → 52a → 53a → (–)-54
(91)

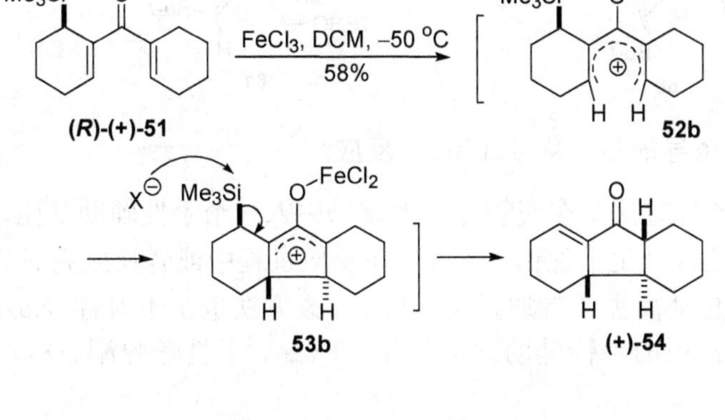

$FeCl_3$, DCM, –50 °C, 58%
(*R*)-(+)-51 → 52b → 53b → (+)-54
(92)

式 92 所示[64]：从 β-三甲基硅取代的手性化合物 (*S*)-(−)-**51** 和 (*R*)-(+)-**51** 出发分别得到了产物 (−)-**54** 和 (+)-**54**。在这两种情况下，手性因素的原位置被转移了，生成了新的手性产物。对于 (*S*)-(−)-**51** 而言，4π-中间体正离子 **52a** 按照顺时针的方向顺旋成环得到中间体 **53a**。由于通过这种成环方式可以使 C-Si 键与烯丙基正离子在反应过程中得到最大程度的重叠，所以三甲基硅从 **53a** 离去后便得到产物 (−)-**54**。同样的道理，对于 (*R*)-(+)-**51** 而言，中间体 **52b** 按照逆时针方向顺旋成环可以使反应过程中的 C-Si 键与烯丙基正离子最大程度地重叠。

丙二烯基团也是 Nazarov 反应中引起手性转移的常用基团[125~132]。如式 93 所示[127]：虽然正离子 **55** 存在有逆时针和顺时针两种顺旋方式，但逆时针顺旋更有利。因为这种方式可以使得 R^2 和 R^3 在反应过程中互相远离，从而得到产物 **56**。反之，在顺时针顺旋方式中 R^2 和 R^3 互相靠近，空间位阻不利于反应的进行。尤其是当 R^3 为一个大的位阻基团时，这种差别更加明显。如式 94 所示[127]：在 **58** 和 **59** 进行的 Nazarov 反应中，所得到产物 **61** 的光学纯度大于 95% ee。

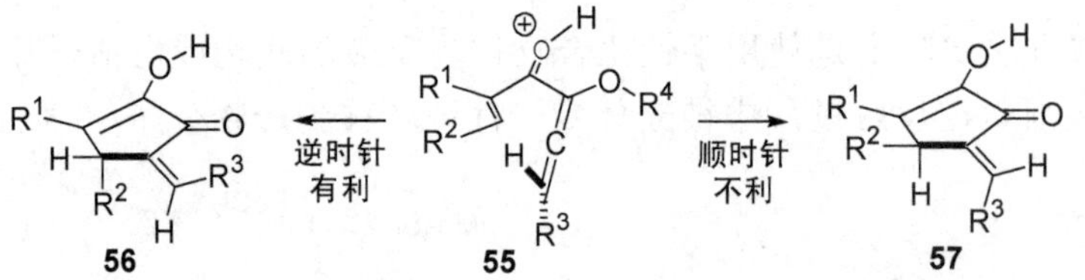

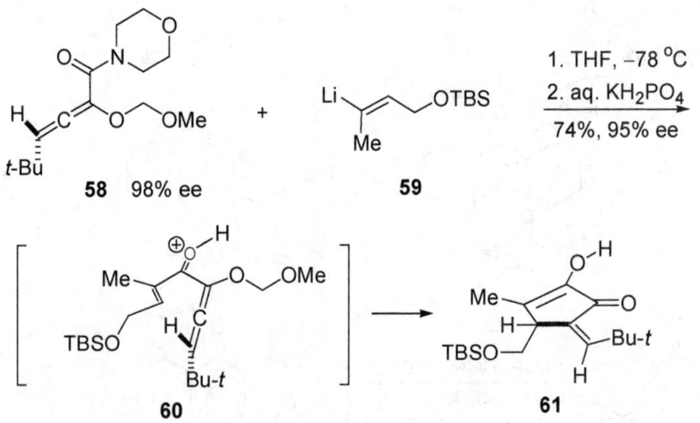

5.2 手性辅助试剂诱导的不对称 Nazarov 反应

手性辅助试剂诱导方法是在底物分子上首先引入一个手性辅助基团，由手性辅助基团对后续的反应产生手性诱导作用，在反应过程中或者反应完成后，手性辅助基团从产物中自动离去或者通过反应除去。该方法也是不对称 Nazarov 反应中的重要手段，常用的手性辅助试剂包括：Evans 手性噁唑酮、8-苯基薄荷醇、葡萄糖衍生物和 脑衍生物等。

1999 年，Pridgen 等[133]报道了采用 Evans 手性噁唑酮和 8-苯基薄荷醇作为手性辅助试剂的不对称 Nazarov 反应 (式 95)。他们最初打算利用金属与羰基的配位来实现反应的立体选择性，但是实验结果显示即使是在质子酸的催化下也能获得较好的立体选择性。

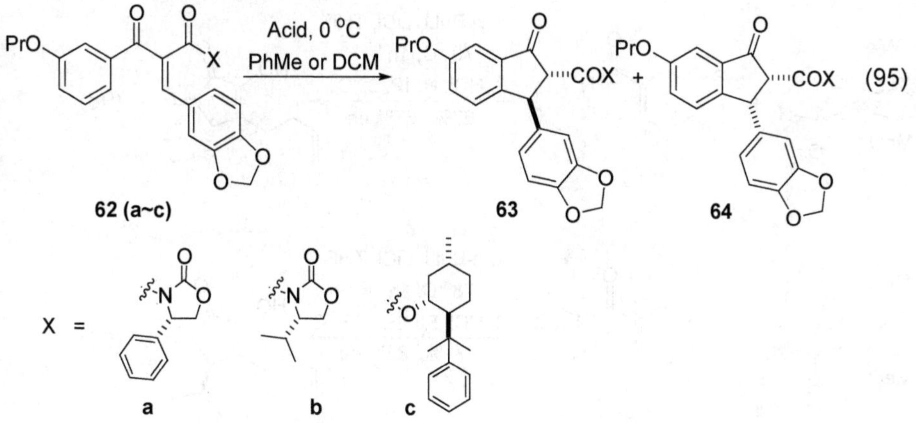

Acid, 0 °C
PhMe or DCM

62 (a~c) → 63 + 64 (95)

X = a, b, c

反应底物	催化酸	产率/ %	63 : 64 : 其它
62a	$SnCl_4$ (1.1 eq)	85	88 : 12 : 0
62b	$SnCl_4$ (1.1 eq)	74	71 : 16 : 14
62c	$SnCl_4$ (1.1 eq)	90	92 : 4 : 4
62a	CH_3SO_3H (2 eq)	88	85 : 15 : 0
62a	$TiCl_4$ (1.1 eq)	60	70 : 30 : 0

2003 年，Flynn 等[134]发展了 Evans 手性噁唑酮在不对称 Nazarov 反应中的应用 (式 96 和式 97)。他们发现：当反应底物与 $MeSO_3H$ 在 −78 °C 的条件下预先处理，而后升到 0 °C 的反应过程中，得到顺式为主的产物。但是，当反应底物用 $Cu(OTf)_2$ 催化在 −78~0 °C 反应或者用 $MeSO_3H$ 在室温下反应的

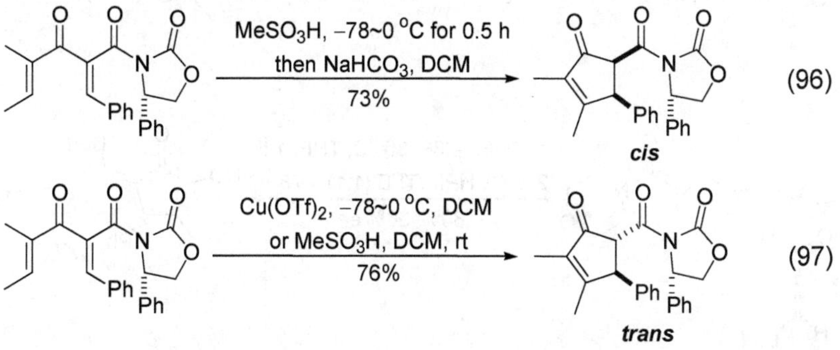

$MeSO_3H$, −78~0 °C for 0.5 h
then $NaHCO_3$, DCM
73%
cis (96)

$Cu(OTf)_2$, −78~0 °C, DCM
or $MeSO_3H$, DCM, rt
76%
trans (97)

时候，则得到以反式为主的产物。如果使用 *R*-构型和 *S*-构型的 Evans 手性噁唑酮，通过这种方法可以方便地得到环戊烯酮的全部四种立体异构体。

2000 年，Tius 等[128]报道了利用不同的葡萄糖衍生物作为手性辅助试剂的不对称 Nazarov 反应。如式 98~式 100 所示：这种诱导基团的独特优点就是在反应过程中手性诱导基团会自动离去，从而不需要额外的脱去辅助试剂的步骤。

1. *n*-BuLi, LiCl, THF, –78 °C, 1h
2. HCl, HFIP, 0 °C
67%, 67% ee (98)

1. *n*-BuLi, LiCl, THF, –78 °C, 1h
2. HCl, EtOH, –78 °C
71%, 82% ee (99)

1. *n*-BuLi, LiCl, THF, –78 °C, 1h
2. HCl, EtOH, –78 °C
61%, 61% ee (100)

脑衍生物与葡萄糖衍生物相比，能得到更好的立体选择性。2002 年，Tius[129]等报道了把　脑衍生物用于不对称 Nazarov 反应 (式 101 和式 102)。

1. THF, –78~–30 °C, THF, 1 h
2. HCl, HPIP/TFE (1:1), –78 °C
78%, 86% ee (101)

1. THF, –78~–30 °C, THF, 1 h
2. HCl, HPIP/TFE (1:1), –78 °C
80%, 96% ee (102)

74%, 55% ee　84%, 87% ee　66%, 83% ee　53%, 78% ee

69%, 74% ee　81%, 65% ee　60%, 85% ee

5.3 催化不对称 Nazarov 反应

不对称催化反应一直是有机化学领域深具 力的课题。但是，直到 2003 年才出现不对称催化 Nazarov 反应的报道[135]。这可能是由于 Nazarov 反应机理的复杂性，其中包括失去质子和得到质子的步骤。显然，这样的步骤会给反应的区域选择性和立体选择性带来困难。特别是当反应速度较慢的时候，产物很容易在反应的过程中发生外消旋化。另一方面，由于 Nazarov 反应大多在酸性条件下进行或者需要化学计量的路易斯酸来催化，这意味着催化剂很难在反应过程中循环利用[117]。

目前，用于不对称 Nazarov 反应的手性催化剂主要是钪(III)[135,136]和铜[137]的金属配合物等。Trauner 等人[135]在第一篇关于不对称 Nazarov 反应的报道中采用钪(III) 的 PYBOX 配合物作为催化剂，产物的立体选择性达到 61% ee (式 103)。

Cat. (20 mol%), THF
53%, 61% ee　(103)

Cat. = N—Sc—N (OTf)$_3$, Ph, Ph

2004 年，Trauner 等人再次报道了钪(III) 配合物催化的不对称 Nazarov 反应[136]。如式 104 所示：他们采用了位阻更大的配体形成的催化剂 PYBOX·Sc(OTf)$_3$，大大提高了产物的化学产率和光学产率。

Cat. (10 mol%), MeCN
3 Å MS, 0 °C or rt　(104)

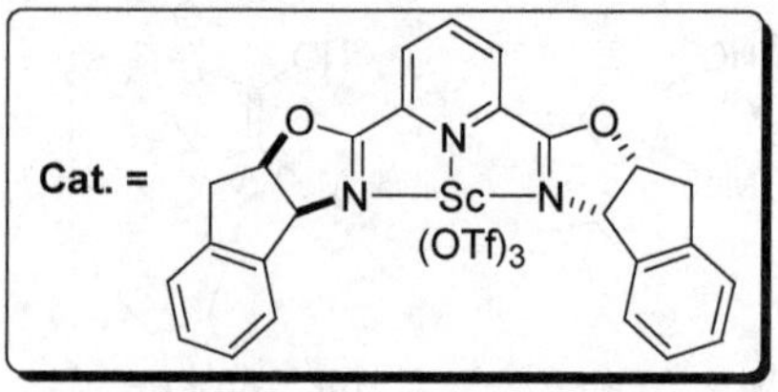

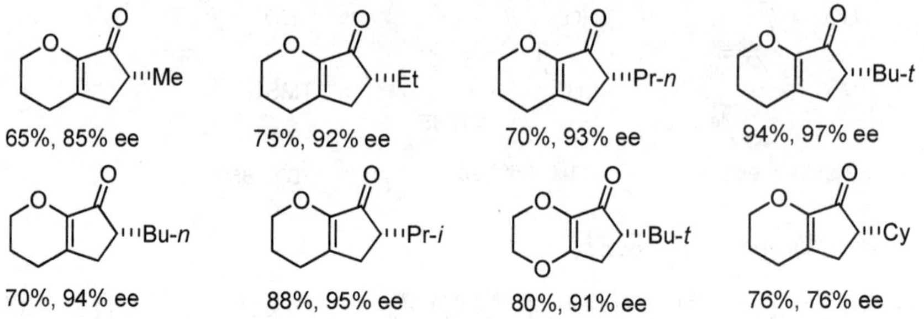

Cat. =

O N O
N—Sc—N
(OTf)$_3$

Me　Et　Pr-*n*　Bu-*t*

65%, 85% ee　75%, 92% ee　70%, 93% ee　94%, 97% ee

Bu-*n*　Pr-*i*　Bu-*t*　Cy

70%, 94% ee　88%, 95% ee　80%, 91% ee　76%, 76% ee

Aggarwal 等人[137]报道了采用 Cu(II)·PYBOX 和 Cu(II)·BOX 作为催化剂的不对称 Nazarov 反应 (式 105 和式 106)。在 50~100 mol% 催化剂的作用下，Nazarov 反应具有比较高的立体选择性。当酯基或酰胺的 β-位有苯基取代的时候，能够得到很高的立体选择性。

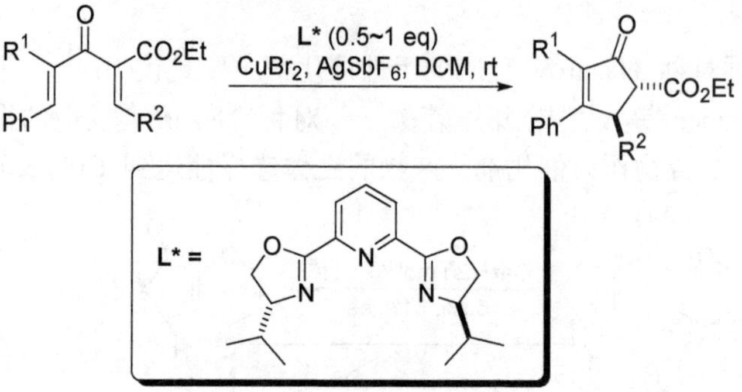

R^1, O, CO_2Et, Ph, R^2
L* (0.5~1 eq)
$CuBr_2$, $AgSbF_6$, DCM, rt
R^1, O, CO_2Et, Ph, R^2　(105)

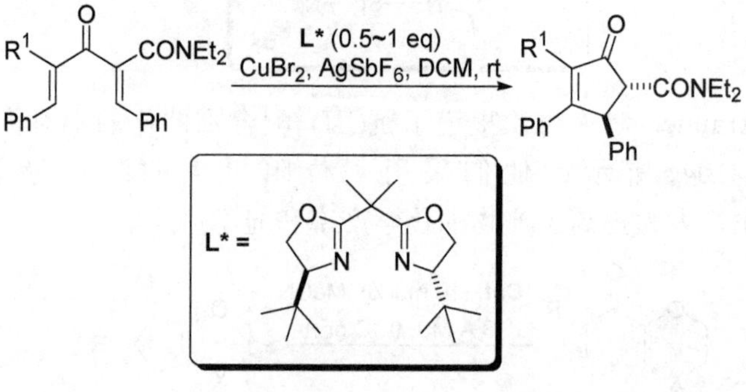

L* =
O N O
N　N

R^1, O, $CONEt_2$, Ph, Ph
L* (0.5~1 eq)
$CuBr_2$, $AgSbF_6$, DCM, rt
R^1, O, $CONEt_2$, Ph, Ph　(106)

L* =
O　O
N　N

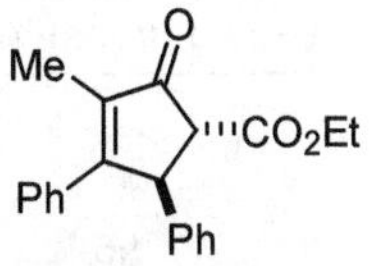

73%, 76% ee 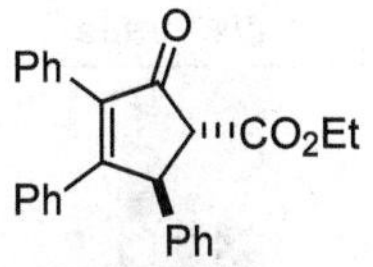　　98%, 86% ee 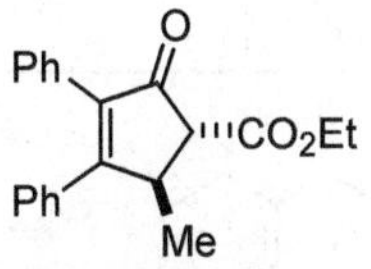　　86%, 42% ee

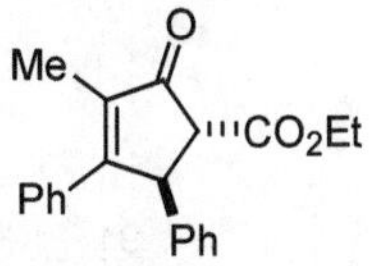

24%, 74% ee 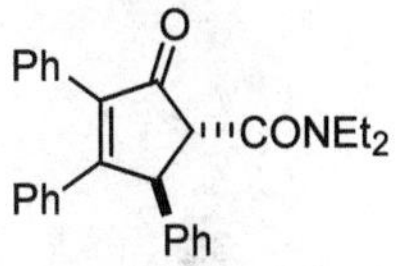　　92%, 86% ee 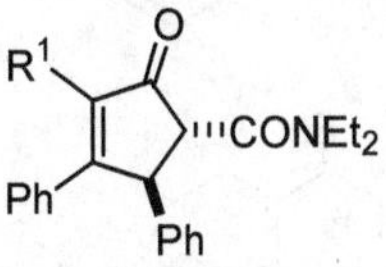　　72%, 84% ee

Rueping 等人[138]报道了采用手性磷酰胺作为催化剂的不对称 Nazarov 反应。如式 107 所示：反应底物在手性磷酰胺的催化下，得到顺式和反式两种产物。与不对称金属催化的不对称 Nazarov 反应相比，该反应具有催化剂用量小(2 mol%)、立体选择性好和反应条件温和的特点。

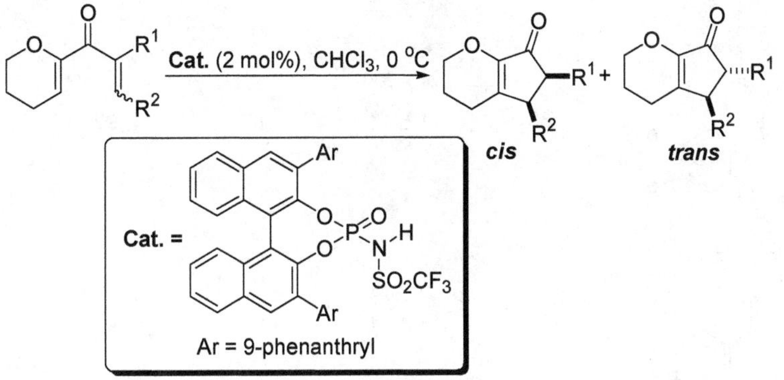

Cat. (2 mol%), $CHCl_3$, 0 °C　　*cis*　　*trans*　　(107)

Cat. =　Ar = 9-phenanthryl

反应底物	产率/%	*cis*∶*trans*	ee (*cis*)/%	ee (*trans*)/%
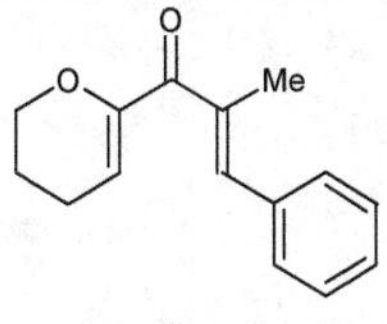	88	6∶1	87	95
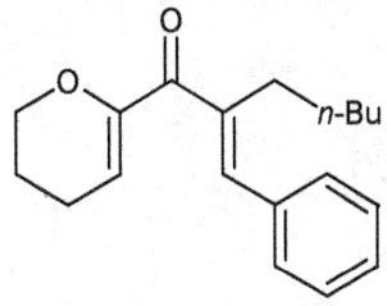	78	3.2∶1	91	91
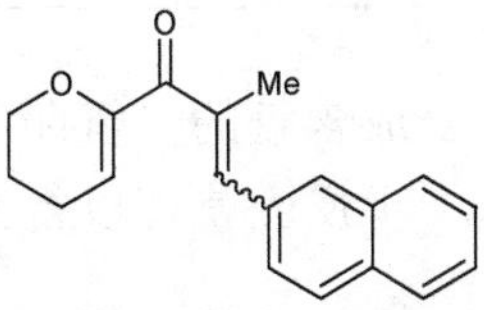	92	9.3∶1	88	98

反应底物	产率/%	*cis*∶*trans*	ee (*cis*)/%	ee (*trans*)/%
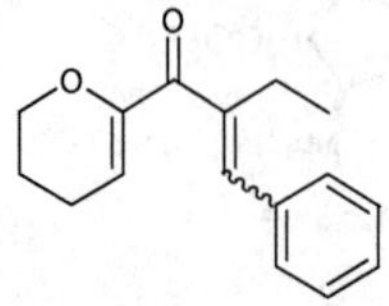	61	4.3∶1	92	96
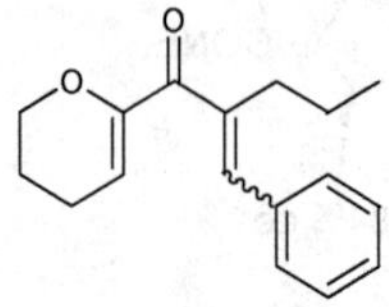	85	3.2∶1	93	91
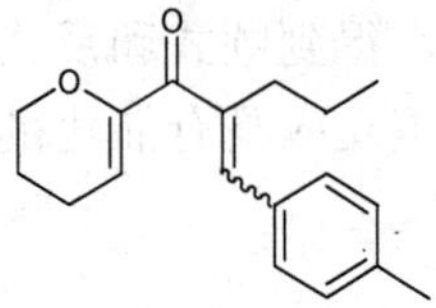	77	1.2∶1	91	90
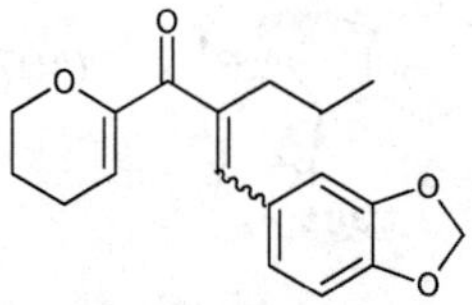	83	1.5∶1	87	92
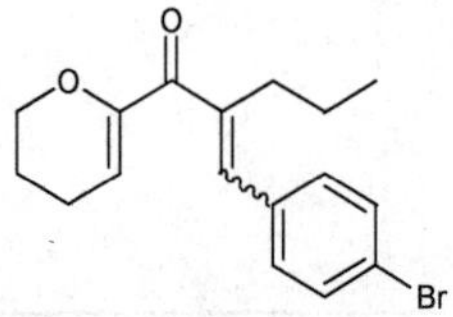 Br	87	4.6∶1	92	92
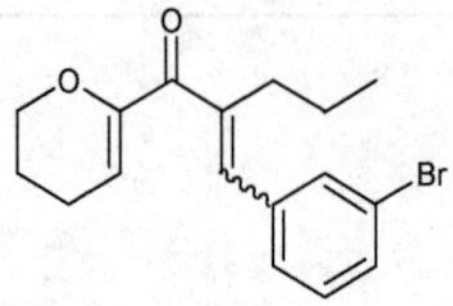 Br	72	3.7∶1	90	91
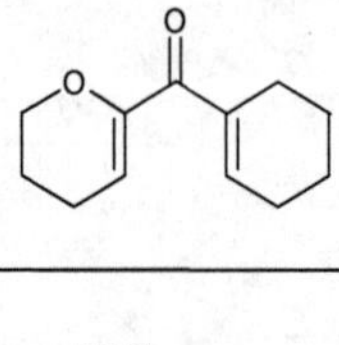	68	*cis*	86	

Ma 等人[139]成功地将 Cu(II)·BOX 作为催化剂用于合成含氟的二氢茚酮衍生物。如式 108 所示：在不对称催化剂的条件下，通过一步反应就可以得到单一手性的含氟产物。

L*(10 mol%), DCM, 80 °C, 8 h, 80%, *trans*: 96% ee, *trans*/*cis* > 49/1 (108)

6 阻断型 Nazarov 反应

1998 年，West 等人首次提出了阻断型 Nazarov 反应 (Interrupted Nazarov Reaction) 的概念[140]，即通过某些亲核试剂来 获 Nazarov 反应过程中所产生的正离子中间体。这种 获过程使得 Nazarov 反应被用于合成许多结构复杂的化合物，尤其是多米诺 (Domino) 类型的反应[141]，在近年来更是引起了人们的广泛关注。可用于间 Nazarov 反应的亲核基团主要包括烯烃和芳香环等。

6.1 与烯烃的反应

West[140]等人首次报道了利用烯烃来 获 Nazarov 反应的正离子 (式 109)，并由此提出了阻断型 Nazarov 成环反应的概念。如式 109 所示：首先是路易斯酸对于反应底物的活化，形成相应的 4π-电子中间体；然后，在 Nazarov 反应中生成氧烯丙基正离子。这样的正离子按照 5-*exo* 成环的方式被侧链中的双键所 获，从而得到叔碳正离子，最终得到具有双环结构的反应产物。

$BF_3·OEt_2$, DCM, –78 °C~rt; H_3O^+ (109)

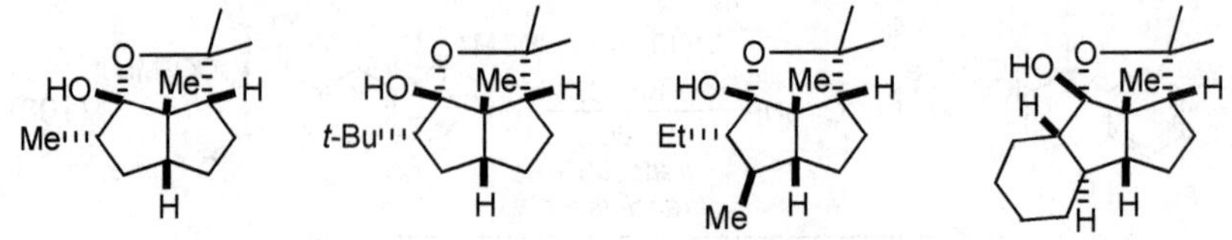

利用烯烃对正离子的　获还会引发多米诺 (Domino) 类型的反应。如式 110 所示[142]：三烯烃反应底物在 $TiCl_4$ 的催化下，在同一次反应中得到了多步合成的稠环产物。

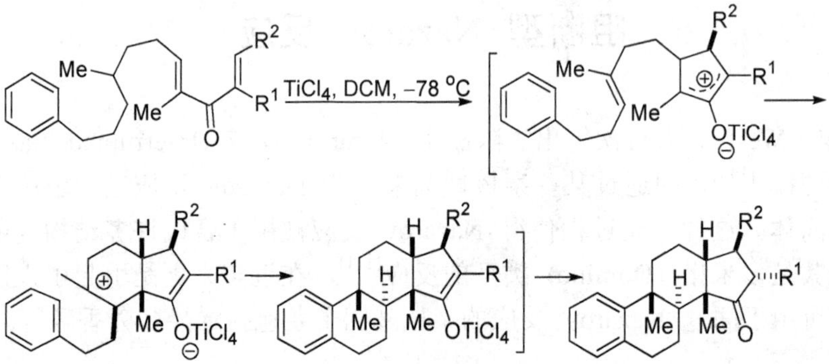

(110)

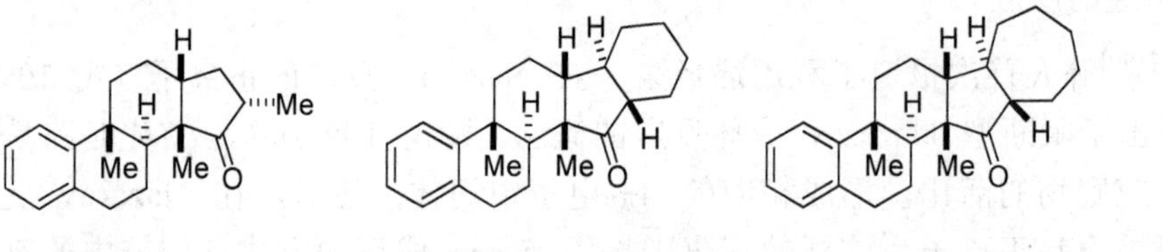

利用烯烃　获 Nazarov 反应正离子中间体的另一种方式是通过分子间的 [3+2] 成环反应来实现的。如式 111 和式 112 所示[143]：二烯酮与烯丙基硅烷在路易斯酸的作用下，发生连续的 Nazarov 发应和 [3+2] 成环发应，直接得到桥环类型的产物。

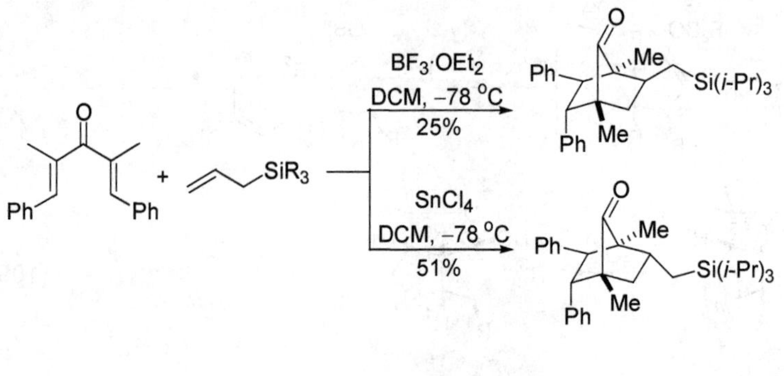

(111)

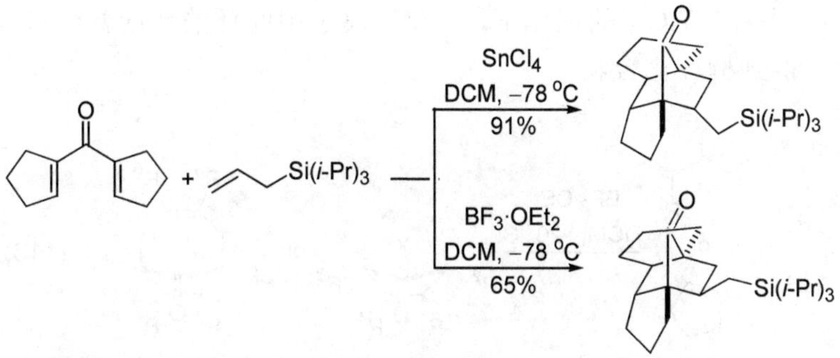

SnCl$_4$, DCM, –78 °C, 91%

BF$_3$·OEt$_2$, DCM, –78 °C, 65%

Si(*i*-Pr)$_3$

(112)

6.2 与共轭二烯发生 [4+3] 环加成反应

Nazarov 反应中的正离子中间体在路易斯酸的催化下，也能被共轭二烯以 [4+3] 成环方式被 获。如式 113~式 115 所示[144]：反应所形成的烯丙基正离子中间体与端基二烯发生分子内成环反应，得到 *exo*-类型的桥环产物。

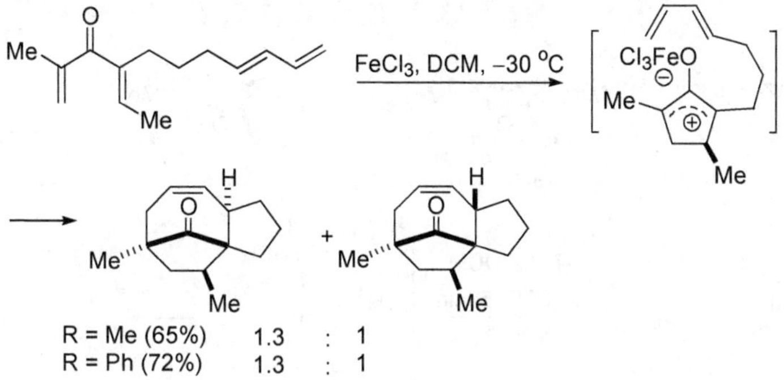

FeCl$_3$, DCM, –30 °C

Cl$_3$FeO

R = Me (65%) 1.3 : 1

R = Ph (72%) 1.3 : 1

(113)

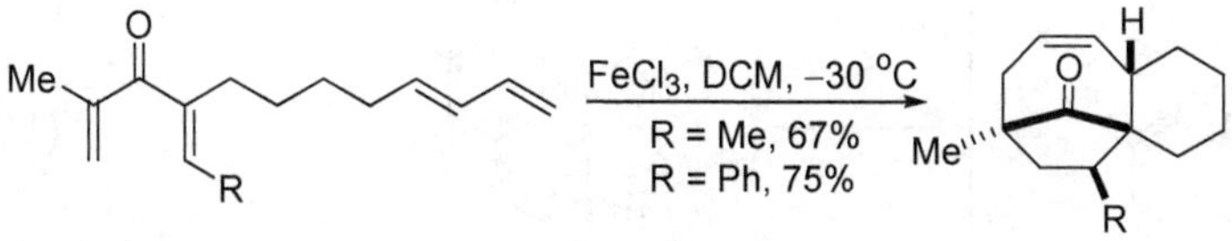

FeCl$_3$, DCM, –30 °C

R = Me, 67%

R = Ph, 75%

(114)

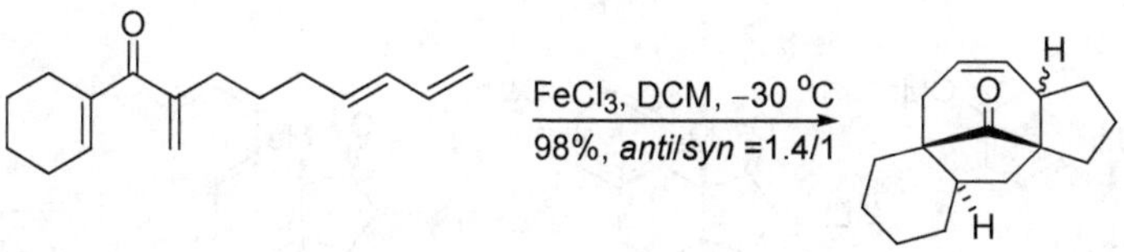

FeCl$_3$, DCM, –30 °C

98%, *anti*/*syn* =1.4/1

(115)

也可以通过分子间的 [4+3] 环加成反应来 获反应过程中产生的正离子。如式 116 所示[145,146]：二烯酮与共轭二烯在 BF$_3$·OEt$_2$ 存在的情况下，得到相应的桥环化合物。

6.3 与芳香基团的反应

富电子的芳香基团也能有效地 获 Nazarov 间 反应中的正离子中间体。

如式 117 所示[147]：在 $TiCl_4$ 的催化下， 获正离子中间体的反应甚至可以在低温条件下进行，得到稠环化合物。

$BF_3 \cdot OEt_2$, DCM, $-20\ ^\circ C$ (116)

70% 71% 91%

72% 93% 92%

$TiCl_4$, DCM, $-78\ ^\circ C$, 5 min, 90%~99%

H^+ (117)

6.4 与还原试剂的反应

Nazarov 反应中产生的正离子甚至可以通过分子间的 H^- 转移被还原剂获。如式 118 所示[148]：二烯酮与三乙基硅烷在路易斯酸 $BF_3 \cdot OEt_2$ 存在的情况下，二烯酮成环得到硅烷烯醇醚和环戊酮的产物。

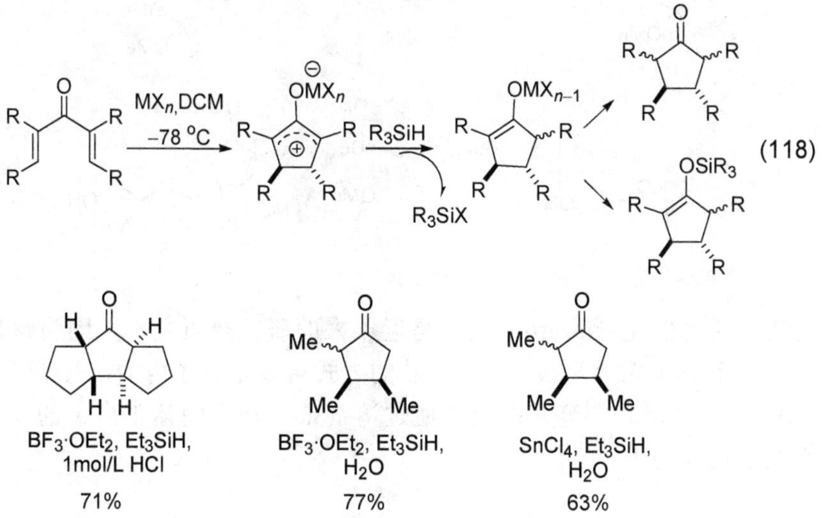

(118)

$BF_3 \cdot OEt_2$, Et_3SiH, 1mol/L HCl 71%

$BF_3 \cdot OEt_2$, Et_3SiH, H_2O 77%

$SnCl_4$, Et_3SiH, H_2O 63%

7 光催化的 Nazarov 反应

二烯酮在光催化条件下也可以发生 Nazarov 反应，4π-电子中间体通过逆旋的方式成环 (式 119)[149]。

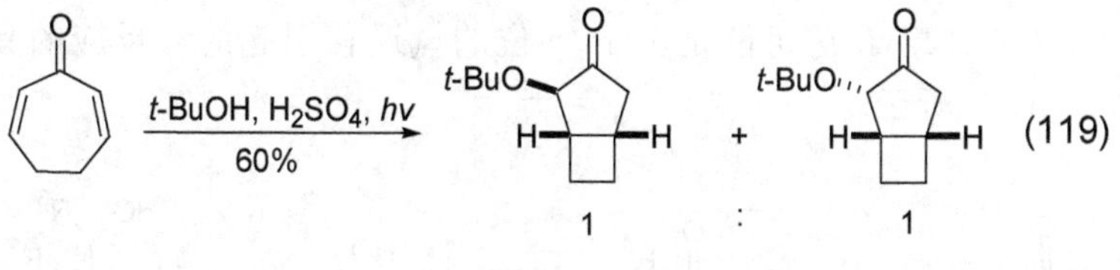

t-BuOH, H_2SO_4, *hv*, 60%; 1 : 1 (119)

光催化的 Nazarov 反应还常常被应用在许多天然产物全合成的路线中[150~152]。在大部分的时候，光催化的 Nazarov 反应都会产生碳骨架的重排。然而重排并不是必然的[153~161]，在某些条件下，也有可能得到不发生重排的产物[162]。

7.1 发生重排的光催化 Nazarov 反应

在光催化反应条件下产生的 Nazarov 反应的中间体正离子，容易发生重排反应，同时也容易被溶剂或者其它亲核基团所捕获。如式 120 所示：二烯酮在在光催化下成环，得到含有环丙烷的正离子中间体[163]；然后，环丙烷环被甲醇进攻而开环得到重排产物。

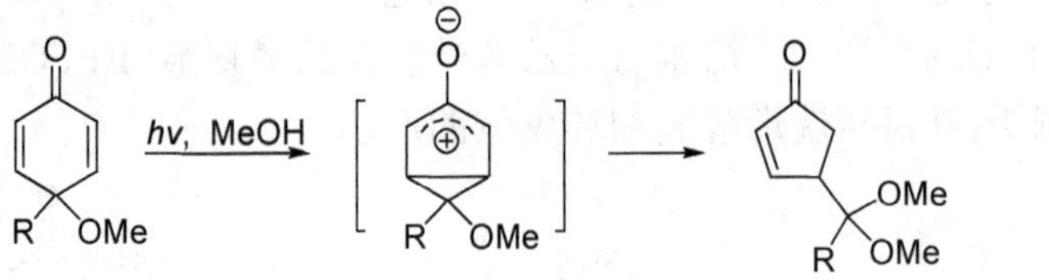

O
R OMe
$h\nu$, MeOH
⊖ O ⊕
R OMe
O
OMe
R OMe
(120)

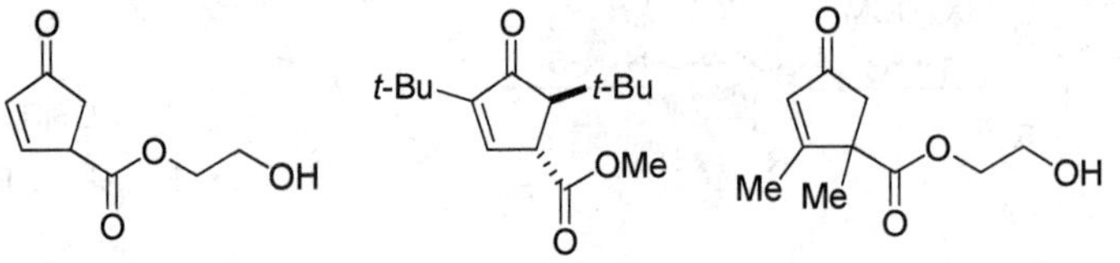

O
O
OH
O
82%

O
t-Bu
t-Bu
OMe
O
60%

O
Me Me
O
OH
O
79%

4-吡喃酮的光催化 Nazarov 反应是近年来的研究热点之一，因为该反应产生的正离子中间体非常容易被　获。　获的方式可以是分子内的，也可以是分子间的。1993 年，West[164]等人报道了通过溶剂来　获中间体正离子的反应 (式 121)，产物以反式为主。

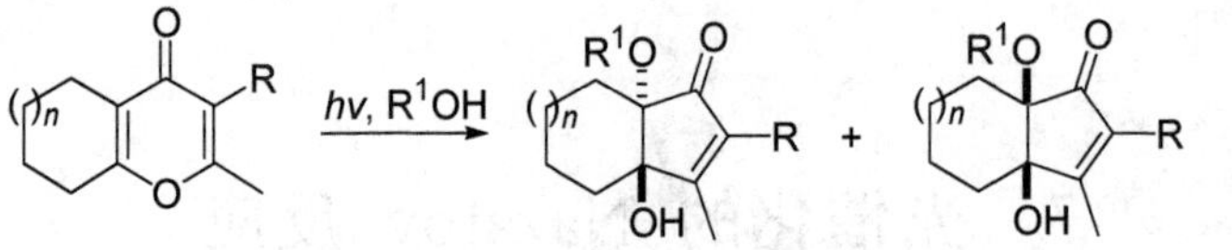

( )n O R O
$h\nu$, R^1OH
R^1O O ( )n R OH
+
R^1O O ( )n R OH
(121)

n = 2, R = H, R^1 = Me, 70% (80:20)
n = 3, R = H, R^1 = Me, 59% (100:0)
n = 1, R = R^1 = Me, 27% (100:0)

1999 年，West[165]等人发现在延长辐射时间的情况下，反应可以得到二次光催化产物 (式 122)。这可能是由于 γ-位的氢迁移引起的，反应的具体过程以及机理如式 123 所示。

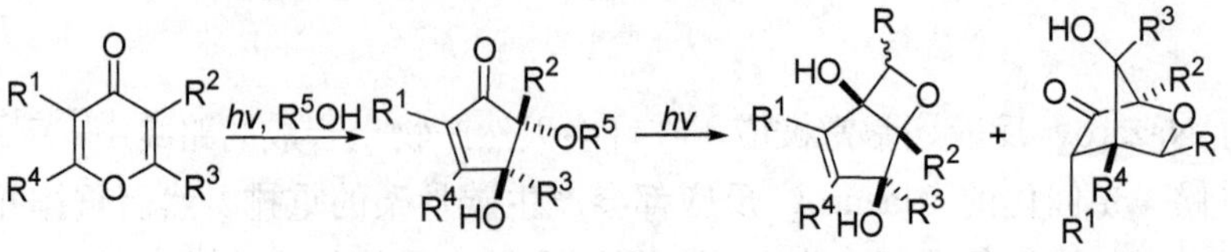

R^1 O R^2
R^4 O R^3
$h\nu$, R^5OH
R^1 O R^2 OR^5
R^4 HO R^3
$h\nu$
R HO R^1 O R^2
R^4 HO R^3
+
HO R^3 R^2 O O R R^4 R^1
(122)

R^1~R^5 = Me, R = H	30%	29%
R^1~R^4 = Me, R = H, R^5 = Et	45%	19%
R, R^1~R^5 = Me	23%	14%
R = R^1 = R^2 = Me, R^3 = R^4 = R^5 = Et	35%	14%
R = R^1 = H, R^2~R^5 = Me	20%	17%

O R^1 R^2 OCH_2R R^4 HO R^3 *hv* O H R O R^1 R^2 R^4 HO R^3 → b OH a O R R^1 a a R^2 b R^4 HO R^3 a → R HO O R^1 R^2 R^4 HO R^3 b → HO R^3 O R^2 O R R^4 R^1

(123)

烯烃和共轭烯烃也可以 获光催化所产生的正离子中间体。如式 124 和式 125 所示[166,167]：West 等人报道了在烯烃和共轭二烯烃存在下的光催化 Nazarov 反应。

O R^2 R^3 R^1 O

TFE, *hv*, H_3O^+

$R^1 = R^2 = R^3 = Me$, 69%

$R^1 = R^2 = H$, $R^3 = OMe$, 75%

O R^3 OH R^2 R^1 OH

(124)

O R^2 X Y ( )$_n$ O R^1 O R^3

hv, TFE

O R^2 R^1 O R^3 X Y ( )$_n$ O + O R^2 O R^1 O R^3 X Y ( )$_n$

(125)

$R^1 = R^2 = R^3 = Me$, $X = CH_2$, $Y = O$, $n = 1$	30%	20%
$R^1 = R^2 = R^3 = Me$, $X = Y = CH_2$, $n = 1$	17%	52%
$R^1 = H$, $R^2 = Me$, $R^3 = H$, $X = CH_2$, $Y = O$, $n = 1$	0%	10%
$R^1 = Et$, $R^2 = Me$, $R^3 = Et$, $X = CH_2$, $Y = O$, $n = 1$	19%	19%

7.2 不发生重排的光催化 Nazarov 反应

虽然光催化 Nazarov 反应容易发生重排，但是在某些情况下也可以得到不发生重排的产物 (式 126 和式 127)[162,168]。

D O D

H_2SO_4, *hv*

H D H O D + O D D H

71% 29%

(126)

OTBDPS O

hv, AcOH

17%

AcO H OTBDPS O + H OTBDPS O OAc

2 : 1

(127)

8 Nazarov 反应在天然产物合成中的应用

五员环结构单元是许多天然化合物的重要结构片段，因此形成五员环结构的化学方法得到了合成化学家的广泛关注。近几年，Nazarov 反应作为一种构成环戊烯酮的重要手段，在许多天然产物和复杂化合物的合成中得到了广泛的应用。

8.1 天然产物 Roseophilin 的全合成

1992 年，Seto 等人[169]从 绿菌素链霉菌的发酵物中提取出一种天然产物 Roseophilin。体外实验结果表明，这种化合物能够有效阻抑人体红细胞 K562 (白血病相关细胞) 以及鼻 癌 KB 细胞的活性。Roseophilin 含有一个与吡咯呋喃和 状大环结构相连的氮杂富烯结构，这种富于挑战性的结构引起了许多合成化学家的兴趣。

2001 年，Tius 等人[170]首次利用不对称 Nazarov 反应作为关键步骤完成了 Roseophilin 的全合成。如式 128 所示：该合成路线开始于 5-己烯醛，经过多步简单反应得到酰胺中间体。该酰胺中间体与含手性 脑基团的丙二烯锂试剂经过不对称 Nazarov 反应，以 78% 的产率和 86% ee 得到了含环外双键的环戊烯酮结构。然后，再经由多步反应得到天然产物 Roseophilin。

1. THF, –78~–30 °C, 1 h
2. HCl, –78 °C
HFIP/TFE (1:1)
78%, 86% ee

Roseophilin (128)

8.2 天然产物 (±)-Trichodiene 的全合成

Trichodiene 是具有生物活性的天然产物 Trichothecenes 的前体化合物，其结构中含有两个手性季碳原子，并通过一个开链单键相连。对于合成化学家而言，这是一种富于挑战性的结构。1989 年，Harding 等人[171]利用成环-开环策略成功地合成了 Trichodiene。如式 129 所示：合成开始于 α,β-不饱和酰氯，经过多步反应得到 Nazarov 反应所需要的二烯酮中间体；然后，在 $BF_3 \cdot OEt_2$ 的作用下，二烯酮发生 Nazarov 反应，以 89% 的产率得到三环化合物中间体。这一步的 Nazarov 反应需要 3 天的反应时间和使用 10 摩尔倍量的 $BF_3 \cdot OEt_2$。三环化合物中间体随后经过一系列的反应，最终得到 Trichodiene。

$SnCl_4$, DCM, −78~−10 °C, 91%; KOH; $BF_3 \cdot OEt_2$, $CHCl_3$, 89%; Trichodiene (129)

8.3 天然产物粗榧碱的全合成

粗 碱 (Cephalotaxine, CET) 是 Cephaalataxus 生物碱家族中的一员，具有独特的生物活性。自然界中产生的 CET 酯类衍生物三尖杉酯碱和高三尖杉酯碱能有效治疗白血病，现在已经用于临床实验中。Cephalotaxine 含有 ABCDE-五员环骨架，这种充满挑战的结构特点和潜在的 用前景，使得它成为全合成的热点目标产物之一。

2000 年，Kim 和 Cha[172]报道了利用 aza-Nazarov 反应来合成 CET 的过程。如式 130 所示：在加热条件下，烯胺在空气中与醋酸作用，以 57% 的产率被转化成含有环戊烯酮结构的化合物，从而得到 Cephalotaxine 的基本骨架。然

AcOH, $FeSO_4$, air, 57%; H^+; CET (130)

后，再经过多步简单的化学转化，最终得到 Cephalotaxine。反应的过程如括号中所示，经过了一个 4π-电子的中间体。

8.4 天然产物 Cucumin H 的全合成

1998 年，Steglich 和 Anke[173]等首次分离出了天然产物 Cucumin H，该化合物具有高度的细胞溶解和抗菌活性。通过高分　率的核磁共振谱图，Cucumin H 的基本结构得到确定。然而，他们却没有足够的样品来确定它的绝对立体构型。出于这样的原因，Srikrishna[174]等人开展了对 Cucumin H 的不对称全合成。如式 131 所示：全合成路线的关键技术在于 Nazarov 反应的成功运用。全合成开始于 (*R*)-　烯，通过多步反应得到重要的炔烃中间体；然后，在 P_2O_5 和甲磺酸的作用下，炔烃中间体发生 Nazarov 反应生成含有环戊烯酮的三环化合物；通过完成的三环化合物的构型，基本确定了 Cucumin H 的骨架结构和绝对立体构型；随后，再经过多步简单反应得到目标产物 Cucumin H。

P_2O_5, MsOH (4 eq), DCM, rt, 1 h, 70%

Cucumin H

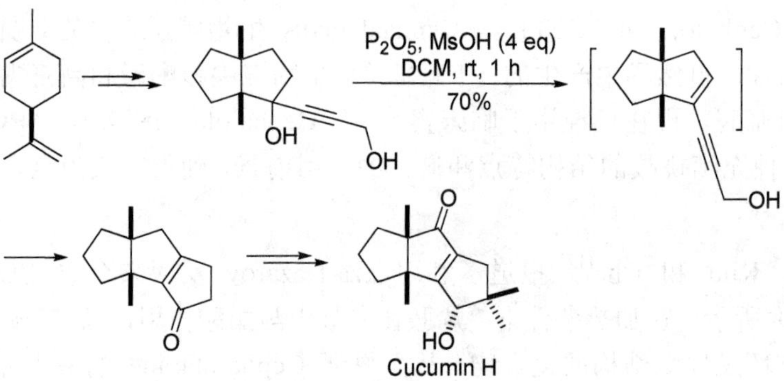

(131)

9 Nazarov 反应实例

例 一

5,8,9-三甲基三环[7.3.0.0^{3,8}]十二烷-4-烯-2-酮[171]

(路易斯酸催化的 Nazarov 反应)

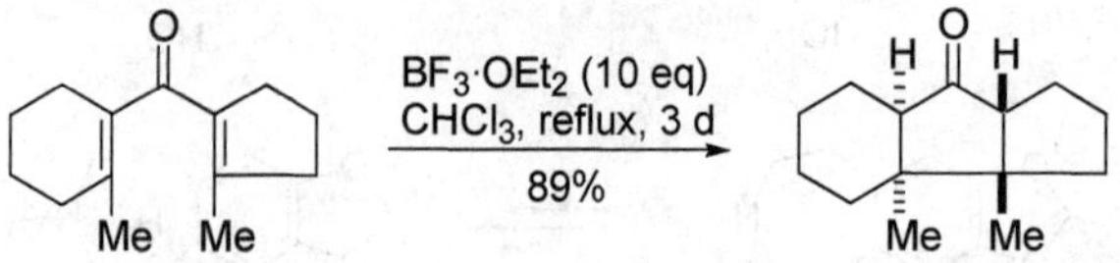

$BF_3 \cdot OEt_2$ (10 eq), $CHCl_3$, reflux, 3 d, 89%

(132)

在氮气保护下，将新蒸馏的二烯酮 (1.4 g, 4.95 mmol) 溶解在干燥的氯仿 (75 mL) 中，然后加入 $BF_3 \cdot OEt_2$ (6.5 g, 5.6 mL, 49.5 mmol)。生成的混合物在氮

气保护下回流 3 天后，倒入水 (50 mL) 中。分离出有机相，水相用二氯甲烷提取。合并的有机相和提取液经水洗和干燥后，在减压下蒸去溶剂得到油状产物。将油状产物重新溶解在乙醚中，依次经过水、碳酸氢钠溶液以及饱和食盐水的洗涤。再经无水硫酸镁干燥后蒸去乙醚，得到粗产物 (1.38 g, 98.6%)。粗产物经过柱色谱分离和纯化 [硅胶，己烷-乙醚 (4:1)]，得到纯的目标产物 (1.25 g, 89%)。

例 二

2,3,4,5,6,7-六氢-3-甲基茚-1-酮[76]

(质子酸催化的 Nazarov 反应)

AcO O Me — p-TsOH, 4 Å MS, PhMe, reflux / 53% → O Me (133)

将 *p*-TsOH·H_2O (114 mg, 0.60 mmol) 溶解在干燥的甲苯 (5 mL) 中，并在装有 4 Å 分子筛的 Soxhlet 抽提　中加热回流 4~6 h。然后加入反应底物 (105 mg, 0.50 mmol) 继续回流，直到底物完全消失 (用 GC 或者 TLC 跟　)。反应完成后在体系中加入乙醚和饱和食盐水，并用氢氧化钠水溶液中和，生成的混合物用乙醚提取 3 次。合并的提取液经无水 $MgSO_4$ 干燥，在减压下蒸去溶剂，生成的粗产物经过柱色谱分离和纯化 [硅胶，己烷-乙醚 (4:1)]，Kugelrohr 蒸馏 (bp 90~100 °C/0.05 Torr)，得到纯化产物 (40 mg, 53%)。

例 三

4-(叔丁基二甲基硅氧甲基)-5-(2,2-二甲基丙亚甲基)-2-羟基-3-甲基环戊-2-烯酮[127]

(手性转移方法实现的不对称 Nazarov 反应)

Li Me TBSO + O N O OMe H Bu-*t* 98% ee — THF, –78 °C, 30 min / 64%, 95% ee → OH O Me H H TBSO Bu-*t* (134)

在 −78 °C，将叔丁基锂试剂 (1.70 mol/L, 1.07 mmol, 0.63 mL) 加入到 TBS 醚化合物 (170 mg, 0.54 mmol) 的无水 THF (5 mL) 溶液中。搅拌 30 min 后，通过转移针头加入丙二烯底物 (110 mg, 0.41 mmol, 98% ee)。再搅拌反应 30 min 后，用饱和磷酸二氢钾溶液淬灭反应，用乙醚和己烷混合物进行提取。合并的提取液用饱和食盐水洗涤和无水硫酸钠干燥后，蒸去溶剂得到的残留物。残留物通过色谱柱分离纯化，得到纯净的油状产物 (85 mg, 64%, 95% ee)。

例 四

6-甲基-3,4,5,6-四氢-2*H*-环戊烯并吡喃-7-酮[136]
(催化不对称 Nazarov 反应)

Cat. (10 mol%), MeCN, 3 Å MS
65%, 85% ee
(135)

Cat. = $Sc(OTf)_3$

将 $Sc(OTf)_3$ (18.0 mg, 0.0366 mmol) 与 PYBOX 配体 (25.0 mg, 0.0636 mmol) 溶解在 MeCN (4 mL) 中，加入 3 Å 分子筛 (210.0 mg)。生成的混合物搅拌 80 min 后，加入二烯酮底物 (56 mg, 0.366 mmol) 的 MeCN 溶液 (1 mL)。当反应完成后，混合物通过硅藻土过滤，并用乙酸乙酯 (15 mL) 冲洗硅藻土。在减压条件下除去溶剂，所得到的残留物通过色谱柱分离纯化 [乙酸乙酯-已烷 (1:4)]，得到油状的产物 (36.0 mg, 65%)。

例 五

2,5-二甲基-3,4-二苯基-9-氧杂三环[4.2.1.1^{2,5}]-7-癸烯-10-酮[145]
(阻断型 Nazarov 反应)

$BF_3·OEt_2$, DCM, –50 °C, 3 h
74%
(136)

在 −78 °C，将 $BF_3·OEt_2$ (52 μL, 0.41 mmol) 加入到由二烯酮 (76 mg, 0.41 mmol) 和呋喃 (55 mg, 0.82 mmol) 生成的二氯甲烷 (20 mL) 溶液中。然后升温到 −50 °C，并在此温度下继续搅拌 3 h。反应经饱和碳酸氢钠溶液 (5 mL) 淬灭后，升到室温。分离出有机相，水相用二氯甲烷萃取 (2 × 10 mL)。合并的有机相和萃取液，用饱和食盐水洗涤和无水硫酸镁干燥。蒸去有机溶剂，所得的残留物通过色谱柱分离纯化 [硅胶, 乙酸乙酯-已烷 (1:10)]，得到白色固体产物 (78 mg, 74%)，mp 124~125 °C。

例 六

2-羟基乙基 4-羰基-2-环戊烯酸酯[163]
(光催化 Nazarov 反应)

$h\nu$, AcOH
82%
(137)

向冰醋酸中通入氮气或者氩气 15 min 后，加入反应底物，并使其浓度大约为 20~50 mol/L。然后，继续通入氮气或者氩气，直到底物完全溶解。接着，在搅拌下，将反应体系置于 450 W 的 Hanovia 下 (679A3, 通过 滤光)。底物完全消失后 (TLC 跟)，在减压条件下蒸去溶剂。将所得的残留物溶解在二氯甲烷中，以饱和碳酸氢钠溶液中和。分出有机相，水相继续用二氯甲烷萃取两次。合并的有机相和萃取液，用食盐水洗涤和无水硫酸钠干燥。蒸去溶剂，粗产物用色谱柱分离纯化 [硅胶, 乙酸乙酯-己烷 (1:4)]，得到油状纯化产物 (82%)。

10 参 考 文 献

[1] Nazarov, I. N.; Zaretskaya, I. I. *Izv. Akad. Nauk SSSR, Ser. Khim.* **1941**, 211.
[2] Nazarov, I. N.; Zaretskaya, I. I. *Izv. Akad. Nauk SSSR, Ser. Khim.* **1942**, 200.
[3] Nazarov, I. N.; Kuznetsova, A. I. *Izv. Akad. Nauk SSSR, Ser. Khim.* **1942**, 392.
[4] Nazarov, I. N.; Yanbikov, Ya. M. *Izv. Akad. Nauk SSSR, Ser. Khim.* **1943**, 389.
[5] Nazarov, I. N.; Zaretskaya, I. I. *Izv. Akad. Nauk SSSR, Ser. Khim.* **1944**, 65.
[6] Nazarov, I. N.; Zaretskaya, I. I. *Izv. Akad. Nauk SSSR, Ser. Khim.* **1946**, 529.
[7] Nazarov, I. N.; Pinkina, L. N. *Izv. Akad. Nauk SSSR, Ser. Khim.* **1946**, 633.
[8] Nazarov, I. N.; Burmistrova, M. S. *Izv. Akad. Nauk SSSR, Ser. Khim.* **1947**, 51.
[9] Nazarov, I. N.; Bukhmutskaya, S. S. *Izv. Akad. Nauk SSSR, Ser. Khim.* **1947**, 205.
[10] Nazarov, I. N.; Verkholetova, G. P. *Izv. Akad. Nauk SSSR, Ser. Khim.* **1947**, 277.
[11] Nazarov, I. N.; Burmistrova, M. S. *Izv. Akad. Nauk SSSR, Ser. Khim.* **1947**, 533.
[12] Nazarov, I. N.; Zaretskaya, I. I. *Zh. Obshch. Khim.* **1948**, *18*, 665.
[13] Nazarov, I. N.; Pinkina, L. N. *Zh. Obshch. Khim.* **1948**, *18*, 675.
[14] Nazarov, I. N.; Pinkina, L. N. *Zh. Obshch. Khim.* **1948**, *18*, 681.
[15] Nazarov, I. N.; Kotlyarevskii, I. L. *Zh. Obshch. Khim.* **1948**, *18*, 896.
[16] Nazarov, I. N.; Kotlyarevskii, I. L. *Zh. Obshch. Khim.* **1948**, *18*, 903.
[17] Nazarov, I. N.; Kotlyarevskii, I. L. *Zh. Obshch. Khim.* **1948**, *18*, 911.
[18] Nazarov, I. N.; Bakhmutskaya, S. S. *Zh. Obshch. Khim.* **1948**, *18*, 1077.
[19] Nazarov, I. N.; Verkholetova, G. P. *Zh. Obshch. Khim.* **1948**, *18*, 1083.
[20] Nazarov, I. N.; Nagibina, T. D. *Zh. Obshch. Khim.* **1948**, *18*, 1090.
[21] Nazarov, I. N.; Torgov, I. V. *Zh. Obshch. Khim.* **1948**, *18*, 1338.
[22] Nazarov, I. N.; Burmistrova, M. S. *J. Gen. Chem. USSR* **1950**, *20*, 1335.
[23] Nazarov, I. N.; Kotlyarevsky, I. L. *J. Gen. Chem. USSR* **1950**, *20*, 1491.

[24] Nazarov, I. N.; Kotlyarevsky, I. L. *J. Gen. Chem. USSR* **1950**, *20*, 1501.
[25] Nazarov, I. N.; Kotlyarevsky, I. L. *J. Gen. Chem. USSR* **1950**, *20*, 1509.
[26] Nazarov, I. N.; Bakhmutskaya, S. S. *J. Gen. Chem. USSR* **1949**, *19*, a223.
[27] Nazarov, I. N.; Pinkina, L. N. *J. Gen. Chem. USSR* **1949**, *19*, a331.
[28] Nazarov, I. N.; Zaretskaya, I. I. *Izv. Akad. Nauk SSSR, Ser. Khim.* **1949**, 178.
[29] Nazarov, I. N.; Zaretskaya, I. I. *Izv. Akad. Nauk SSSR, Ser. Khim.*, **1949**, 184.
[30] Nazarov, I. N.; Kotlyarevskii, I. L. *Izv. Akad. Nauk SSSR, Ser. Khim.* **1949**, 293.
[31] Nazarov, I. N.; Pinkina, L. N. *J. Gen. Chem. USSR* **1950**, *20*, 2079.
[32] Kursanov, D. N.; Parnes, Z. N.; Zaretskaya, I. I.; Nzazrov, I. N. *Izv. Akad. Nauk SSSR, Ser. Khim.* **1953**, 114.
[33] Nazarov, I. N.; Brumistrova, M. S. *J. Gen. Chem. USSR* **1950**, *20*, 2091.
[34] Nazarov, I. N.; Nagibina, T. D. *J. Gen. Chem. USSR* **1953**, *23*, 839.
[35] Nzazrov, I. N.; Zaretskaya, I. I.; Parnes, Z. N.; Kursanov, D. N. *Izv. Akad. Nauk SSSR, Ser. Khim.* **1953**, 519.
[36] Kursanov, D. N.; Parnes, Z. N.; Zaretskaya, I. I.; Nzazrov, I. N. *Izv. Akad. Nauk SSSR, Ser. Khim.* **1954**, 859.
[37] Nazarov, I. N.; Zaretskaya, I. I. *J. Gen. Chem. USSR* **1957**, *27*, 693.
[38] Nazarov, I. N.; Zaretskaya, I. I.; Sorkina, T. I. *J. Gen. Chem. USSR* **1960**, *30*, 765.
[39] Braude, E. A.; Coles, J. A. *J. Chem. Soc,* **1952**, 1430.
[40] Vorländer, D.; Schroeter, G. *Chem. Ber.* **1903**, *36*, 1490.
[41] Allen, C. F. H.; Van Allen J. A.; Tinker J. F. *J. Org. Chem.* **1955**, *20*, 1387.
[42] Francis,F.; Willson, F. G. *J. Chem. Soc.* **1913**, 2238.
[43] Shoppee, C. W.; Lack, R. E. *J. Chem. Soc.* **1969**, 1346.
[44] Shoppee, C. W.; Cooke, B. J. A. *J. Chem. Soc., Perkin Trans. 1* **1973**, 1026.
[45] Woodward, R. B.; Hoffmann, R. *The Conservation of Orbital Symmetry* **1971**, pp. 38-64.
[46] Woodward, R. B. *Chem. Soc. Special Publication* No. 21 **1967**, pp. 237-239.
[47] Stevens, K. E.; Paquette, L. A. *Tetraheron Lett.* **1981**, *22*, 4393.
[48] Motoyoshiya, J.; Yazaki, T.; Hayashi, S. *J. Org. Chem.* **1991**, *56*,735.
[49] Braude, E. A.; Forbes, W. F.; Evans, E. A. *J. Chem. Soc.* **1953**, 2202.
[50] Wada, E.; Funiuara, I.; Kanemasa, S.; Tsuge, O. *Bull. Chem. Soc. Jpn.* **1987**, *60*, 325.
[51] Braude, E. A.; Forbes, W. F. *J. Chem. Soc.* **1953**, 2208.
[52] deSolms, S. J.; Woltersdorf, Jr., O. W.; Cragor, Jr., E. J.; Watson, L. S.; Fanelli, Jr., G. M. *J. Med. Chem.* **1978**, *21*, 437.
[53] Shoppee, C. W.; Cooke, B. J. A. *J. Chem. Soc., Perkin Trans. 1* **1972**, 2271.
[54] Huang, J.; Frontier, A. J. *J. Am. Chem. Soc.* **2007**, *129*, 8060.
[55] Hirano, S.; Hiyama, T.; Nozaki, H. *Tetrahedron Lett.* **1974**, 1429.
[56] Hirano, S.; Takagi, S., Hiyama, T.; Nozaki, H. *Bull. Chem. Soc. Jpn.* **1980**, *53,* 169.
[57] Denmark, S. E.; Hite, G. A. *Helv. Chim. Acta.* **1988**, *71*, 195.
[58] Denmark, S. E.; Jones, T. K. *J. Am. Chem. Soc.* **1982**, *104*, 2642.
[59] Jones, T. K.; Denmark, S. E. *Helv. Chim. Acta.* **1983**, *66*, 2377.
[60] Jones, T. K.; Denmark, S. E. *Helv. Chim. Acta.* **1983**, *66*, 2397.
[61] Denmark, S. E.; Habermas, K. L.; Hite, G. A.; Jones, T. K. *Tetrahedron* **1986**, *42*, 2821.
[62] Denmark, S. E.; Habermas, K. L.; Hite, G. A. *Helv. Chim. Acta.* **1988**, *71*, 168.
[63] Denmark, S. E.; Klix, R. C. *Tetrahedron* **1988**, *44*, 4043.
[64] Denmark, S. E.; Wallace, M. A.; Walker, Jr., C. B. *J. Org. Chem.* **1990**, *55*, 5543.
[65] Lambert, J. B.; Wang, G.; Finzel, R. B.; Tetamura, D. H. *J. Am. Chem. Soc.* **1987**, *109*, 7838.
[66] Habermas, K. L.; Denmark, S. E.; Jones, T. K. *Org. React.* **1994**, *45*, 1.
[67] Peel, M. R.; Johnson, C. R. *Tetrahedron Lett.* **1986**, *27*, 5947.
[68] Crisp, G. T.; Scott, W. J.; Stille, J. K. *J. Am. Chem. Soc.* **1984**, *106*, 7500.
[69] Ibrahim, M. R.; Jorgensen, W. L. *Ibid.* **1989**, *111*, 819.
[70] Lambert, J. B.; Wang, G. *J. Phys. Org. Chem.* **1989**, *1*, 169.
[71] Denmark, S. E.; Hite, G. A. *Helv. Chim. Acta.* **1988**, *71*, 199.
[72] Ichikawa, J.; Miyazaki, S.; Fujiwara, M.; Minami, T. *J. Org. Chem.* **1995**, *60*, 2320.
[73] Ichikawa, J.; Fujiwara, M.; Mianmi, T. *Synlett* **1998**, 927.
[74] Pellissier, H. *Tetrahedron* **2005**, *61*, 6479.

[75] Ichikawa, J. *Pure. Appl. Chem.* **2000**, *72*, 1685.
[76] Jacobson, R. M.; Lahm, G. P.; Clader, J. W. *J. Org. Chem.* **1980**, *45*, 395.
[77] Baddeley, G.; Taylor, H. T.; Pickles, W. *J. Chem. Soc.* **1953**, 124.
[78] Andrews, J. F. P.; Regan, A. C. *Tetrahedron Lett.* **1991**, *32*, 7731.
[79] Jackson, D. A.; Rey, M.; Dreiding, A. S. *Helv. Chim. Acta.* **1983**, *66*, 2330.
[80] Jackson, D. A.; Rey, M.; Dreiding, A. S. *Helv. Chim. Acta.* **1985**, *68*, 439.
[81] Hiyama, T.; shinoda, M.; Nozaki, H. *Tetrahedron Lett.* **1978**, *19*, 771.
[82] Hiyama, T.; shinoda, M.; Tsukanaka, M.; Nozaki, H. *Bull. Chem. Soc. Jpn.* **1980**, *53*, 1010.
[83] Grant, T. N.; West, F. G. *J. Am. Chem. Soc.* **2006**, *128*, 9348.
[84] Grant, T. N.; West, F. G. *Org. Lett.* **2007**, *9*, 3789.
[85] Kostikov, R. R.; Molchanov, A. P.; Hopf, H. *Top. Curr. Chem.* **1990**, *155*, 41.
[86] Banwell, M. G.; Reum, M. E. In *Advances in Strain in Organic Chemistry*; Halton, B., Ed.; JAI Press: Greenwich, CT, 1991; Vol. 1, PP 19-64.
[87] Fedorynski, M. *Chem. Rev.* **2003**, *103*, 1099.
[88] Gaoni, Y. *Tetrahedron Lett.* **1978**, *19*, 3277.
[89] Csakÿ, A. G.; Mba, M.; Plumet, J. *Tetrahedron Asymmetry* **2004**, *15*, 647.
[90] Csakÿ, A. G.; Mba, M.; Plumet, J. *Synlett* **2003**, *13*, 2092.
[91] Csakÿ, A. G.; Contreras, C.; Mba, M.; Plumet, J. *Synlett* **2002**, *9*, 1451.
[92] Faza, O. N.; Lopez, C. S.; Alvarez, R.; de Lera, A. R. *Chem. Eur. J.* **2004**, *10*, 4324.
[93] Bandouy, R.; Gore, F. D. J. *Tetrahedron* **1980**, *36*, 189.
[94] Grimaldi, J.; Bertrand, M. *Tetrahedron Lett.* **1969**, *25*, 3269.
[95] Doutheau, A.; Sartoretti, J.; Goré, J. *Tetrahedron* **1983**, *39*, 3059.
[96] Doutheau, A.; Goré, J.; Diab, J. *Tetrahedron* **1985**, *41*, 329.
[97] Kim, S. J.; Cha, J. K. *Tetrahedron Lett.* **1988**, *29*, 5613.
[98] Doutheau, A.; Goré, J.; Malacria, M. *Tetrahedron* **1977**, *33*, 2393.
[99] Delbecq, F.; Goré, J. *Tetrahedron Lett.* **1976**, *17*, 3459.
[100] Baudouy, R.; Delbecq, F. Goré, J. *Tetrahedron* **1980**, *36*, 189.
[101] Tius, M. A.; Astrab, D. P.; *Tetrahedron Lett.* **1984**, *25*, 1539.
[102] Tius, M. A. Stud. Nat. Prod. Chem. **1994**, 14, 583.
[103] Tius, M. A.; Kwok, C. K.; Gu, X. Q.; Zhao, C. *Synth. Commun.* **1994**, *24*, 871.
[104] Bee, C.; Tius, M. A. *Org. Lett.* **2003**, *5*, 1681.
[105] Tius, M. A.; Drake, D. J. *Tetrahedron* **1996**, *52*, 14651.
[106] Tius, M. A.; Kwok, C. K.; Gu, X. -q; Zhao, C. *Synth. Commun.* **1994**, *24*. 871.
[107] Hamlet, J. C.; Henbest, H. B.; Jones, E. R. H. *J. Chem. Soc.* **1951**, 2652.
[108] Macalpine, G. A.; Rephael, R. A.; Shaw, A.; Taylor, A. W.; Wild, H. J. *J. Chem. Soc. PT1.* **1976**, 410.
[109] Fourrier, M.; Dulcère, J. P.; Santelli, M. *J. Am. Chem. Soc.* **1991**, *113*, 8062.
[110] Cooke, F.; Schwindeman, J.; Magnus, P. *Tetrahedron Lett.* **1979**, *20*, 1995.
[111] Cooke, F.; Moerck, R.; Schwindeman, J.; Magnus, P. *J. Org. Chem.* **1980**, *45*, 1046.
[112] Kjeldsen, G.; Knudsen, J. S.; Ravn-Petersen, L. S.; Eorssell, K. B. G. *Tetrahedron* **1983**, *39*, 2237.
[113] Martin, G. J.; Daviaud, G. *Bull. Chim. Soc. Fr.* **1970**, 3098.
[114] Martin, G. J.; Rabiller, C.; Mabon, G. *Tetrahedron Lett.* **1970**, *11*, 3131.
[115] Martin, G, J.; Rabiller, C.; Mabon, G. *Tetrahedron* **1972**, *28*, 4027.
[116] Rabiller, C.; Mabon, G.; Martin, G. J. *Bull. Chim. Soc. Fr.* **1973**, 3462.
[117] Pellissier, H. *Tetrahedron* **2005**, *61*, 6479.
[118] Depreux, P.; Aichaoui, H.; Lesieur, I. *Heterocycles* **1993**, *36*, 1051.
[119] Halterman, R. L.; Tretyakov, A.; Combs, D.; Chang, J.; Khan, M. A. *Organometallics* **1997**, *16*, 3333.
[120] Chiu, P.; Li, S. *Org. Lett.* **2004**, *6*, 613.
[121] Mateos, A. F.; de la Nava, E. M.; González, R. R. *Tetrahedron* **2001**, *57*, 1049.
[122] Rautenstrauch, V. *J. Org. Chem.* **1984**, *49*, 950.
[123] Bee, B.; Leclerc, E.; Tius, M. A. *Org. Lett.* **2003**, *5*, 4927.
[124] He, W.; Sun, X.; Frontier, A. J. *J. Am. Chem. Soc.* **2003**,*125*, 14278.
[125] Harrington, P. E.; Tius, M. A. *J. Am. Chem. Soc.* **2001**,*123*, 8509.

[126] Fürstner, A. *Angew. Chem. Int. Ed.* **2003**, *42*, 3582.
[127] Hu, H.; Smith, D.; Cramer, R. E.; Tius, M. A. *J. Am. Chem. Soc.* **1999**, *121*, 9895.
[128] Harrington, P. E.; Tius, M. A. *Org. Lett.* **2000**, *2*, 2447.
[129] Harrington, P. E.; Murai, T.; Chu, C.; Tius, M. A. *J. Am. Chem. Soc.* **2002**, *124*, 10091.
[130] Schultz-Fademrecht, C.; Tius, M. A.; Grimme, S.; Wibbeling, B.; Hoppe, D. *Angew. Chem. Int. Ed.* **2002**, *42*, 1532.
[131] Schultz-Fademrecht, C.; Wibbeling, B.; Fröhlich, R.; Hoppe, D. *Org. Lett.* **2001**, *3*, 1221.
[132] Zimmermann, M.; Wibbeling, B.; Hoppe, D. *Synthesis* **2004**, *5*, 765.
[133] Pridgen, L. N.; Huang, K.; Shilcrat, S.; Tickner-Eldridge, A.; Debrosse, C.; Haltiwanger, R. C. *Synlett* **1999**, *10*, 1612.
[134] Kerr, D. J.; Metje, C.; Flynn, B. L. *J.Chem. Soc. Chem. Commun.* **2003**, 1380.
[135] Liang, G.; Gradl. S. N.; Trauner, D. *Org. Lett.* **2003**, *5*, 4931.
[136] Liang, G.; Trauner, D. *J. Am. Chem. Soc.* **2004**, *126*, 9544.
[137] Aggarwal, V. K.; Belfield, A. *J. Org. Lett.* **2003**, *5*, 5075.
[138] Rueping, M.; Ieawsuwan, W.; Antonchick, A. P.; Nachtsheim, B. J. *Angew. Chem. Int. Ed.* **2007**, *46*, 2097.
[139] Nie, J.; Zhu, H.; Cui, H.; Hua, M.; Ma, J. *Org. Lett.* **2007**, *9*, 3053.
[140] Bender, J. A.; Blize, A. E.; Browder, C. C.; Giese, S.; West, F. G. *J. Org. Chem.* **1998**, *63*, 2430.
[141] Hudicky, T. *Chem. Rev.* **1996**, *96*, 3.
[142] Bender, J. A.; Arif, A. M.; West, F. G. *J. Am. Chem. Soc.* **1999**, *121*, 7443.
[143] Giese, S. Kastrup, L. Stiens, D. West, F. G. *Angew. Chem. Int. Ed.* **2000**, *39*, 1970.
[144] Wang, Y.; Arif, A. M.; West, F. G. *J. Am. Chem. Soc.* **1999**, *121*, 876.
[145] Wang, Y.; Schill, B. D.; Arif, A. M.; West, F. G. *Org. Lett.* **2003**, *5*, 2747.
[146] Yungai, A.; West, F. G. *Tetrahedron Lett.* **2004**, *45*, 5445.
[147] Browder, C. C.; Marmsäter, F. P.; West, F. G. *Org. Lett.* **2001**, *3*, 3033.
[148] Giese, S.; West, F. G. *Tetrahedron* **2000**, *56*, 10221.
[149] Nozaki, H.; Kurita, M. *Tetrahedron Lett.* **1968**, 3635.
[150] Caine, D. In CRC *Handbook of Organic Photochemistry and Photobiology*; Horspool, W. M., Song, P. S., Eds.; CRC: Boca Raton, 1994, pp 701-715.
[151] Caine, D.; Chu, C.-Y.; Graham, S. L. *J. Org. Chem.* **1980**, *45*, 3790.
[152] Schultz, A. G. *Pure Appl. Chem.* **1988**, *60*, 981.
[153] Schultz, A. G.; Reilly, J. E.; Wang, Y. *Tetrahedron Lett.* **1995**, *36*, 2893.
[154] Schultz, A. G.; Antoulinakis, E. G. Cyclohexadienone Photochemistry: Trapping Reactions. In *CRC Handbook of Photochemistry and Photobiology*; Horspool, W. M., Ed.; CRC: Boca Raton, 1995; p 716.
[155] Dauben, W. G.; Hecht, S. J. *J. Org. Chem.* **1998**, *63*, 6102.
[156] Hong, F.-T.; Lee, K.-S.; Liao, C.-C. *Tetrahedron Lett.* **1992**, *33*, 2155.
[157] Blay, G.; Bargues, V.; Cardona, L.; Garcia, B.; Pedro, J. R. *J. Org. Chem.* **2000**, *65*, 6703.
[158] Schultz, A. G.; Lockwood, L. O. *J. Org. Chem.* **2000**, *65*, 6354.
[159] Ricci, A.; Fasani, E.; Mella, M.; Albini, A. *J. Org. Chem.* **2001**, *66*, 8086.
[160] Ricci, A.; Fasani, E.; Mella, M.; Albini, A. *J. Org. Chem.* **2001**, *68*, 4361.
[161] Corbett, R. M.; Lee, C.-S.; Sulikowski, M. M.; Reibenspies, J.; Sulikowski, G. A. *Tetrahedron* **1997**, *53*, 11099.
[162] Caine, D.; Kotian, P. L. *J. Org. Chem.* **1992**, *57*, 6587.
[163] Pirrung, M. C.; Nunn, D. S. *Tetrahedron* **1996**, *52*, 5707.
[164] West, F. G.; Fisher, P. V.; Gunawardena, G. U.; Mitchell, S. *Tetrahedron Lett.* **1993**, *34*, 4583.
[165] Fleming, M.; Basta, R.; Fisher, P. V.; Mitchell, S.; West, F. G. *J. Org. Chem.* **1999**, *64*, 1626.
[166] West, F. G.; Fisher, P. V.; Arif, A. M. *J. Am. Chem. Soc.* **1993**, *115*, 1595.
[167] West, F. G.; Hartke-Karger, C.; Koch, D. J.; Kuehn, C. E.; Arif, A. M. *J. Org. Chem.* **1993**, *58*, 6795.
[168] Noyori, R.; Ohnishi, Y.; Katô, M. *J. Am. Chem. Soc.* **1975**, *97*, 928.
[169] Hayakawa, Y.; Kawakami, K.; Seto, H.; Furihata, K. *Tetrahedron Lett.* **1992**, *33*, 2701.
[170] Harrington, P. E.; Tius, M. A. *J. Am. Chem. Soc.* **2001**, *123*, 8509.
[171] Harding, K. E.; Clement, K. S.; Tseng, C. Y. *J. Org. Chem.* **1990**, *55*, 4403.
[172] Kim, S. H.; Cha, J. K. *Synthesis* **2000**, 2113.
[173] Hellwig, V.; Dasenbrock, J.; Schumann, S.; Steglich, W.; Leonhardt, K.; Anke, T. *Eur. J. Org. Chem.* **1998**, 73.
[174] Srikrishna, A.; Dethe, D. H. *Org. Lett.* **2003**, *5*, 2295.

瑞佛马茨基反应

(Reformatsky Reaction)

梁永民

1 历史背景简述

Reformatsky 反应是有机合成中形成 C-C 键的重要反应之一。该反应是由俄国化学家 Sergei Nikolayevich Reformatsky 于 1887 年首次发现的，并因此而被命名。

Reformatsky (1860-1934) 于 1882 年毕业于喀山 (Kasan) 大学。1889 年在 Zaitsev 的指导下完成了硕士论文。1889-1890 年分别在哥廷根大学、海德尔堡大学 (师从 Victor Meyer) 和莱比锡大学 (师从 Ostwald) 学习，并在华沙 (Warsaw) 大学获得博士学位。1891 年，他任职基辅 (Kiev) 大学化学教授，并于 1928 年成为苏联科学院院士。他一生最重要的工作是在通过有机锌化合物制备 β-羟基酸，并对取代戊二酸、取代多元醇和立体化学中的立体异构等课题也多有研究。

如式 1 所示：Reformatsky 在他的博士论文中首次报道了用金属锌促进的醛/酮与 α-卤代酯缩合生成 β-羟基酯的反应[1]。在该反应中，用锌粉处理 α-卤代酯首先生成有机锌试剂 (也称之为 Reformatsky 烯醇盐或者 Reformatsky 试剂)。由于 Reformatsky 试剂比格氏试剂的活性小，因此不会发生对酯基的加成。

$$R^1C(O)R^2 + BrCH_2C(O)OR^3 \xrightarrow{Zn(0)} R^1R^2C(OH)CH_2C(O)OR^3 \quad (1)$$

经历了 100 多年的发展后，Reformatsky 反应的使用范围和选择性已大为扩展[2]。许多影响反应的因素，例如：金属的活性、反应温度、溶剂、反应底物的选用等都已经得到了详细地研究。现在，Reformatsky 反应已不局限于使用金属锌，还可以使用一系列其它金属 (例如：Li、Mg、Cd、Ba、In、Ge、Ni、Co、Ce) 或金属盐 ($CrCl_2$, $SmCl_2$, $TiCl_2$)。其中，过渡金属促进的 Reformatsky 反应具有许多优越性，例如：反应条件温和、重复性好和立体选择性更高等。

现在的 Reformatsky 反应不仅适用于 α-卤代酯，也使适用于 β-、γ-，甚至更高的卤代酯。炔、酰胺、酮、二元羧酸酯及腈的卤化物也是合适的 Reformatsky 反应的底物。除了醛或酮以外，酯、腈、酰卤、二元酯、Schiff 碱甚至环氧化合物均可以用作 Reformatsky 反应中的亲核试剂。Reformatsky 反应的发展，充分展现了一个经典的有机反应向现代有机反应过渡的过程。

2 Reformatsky 反应的定义和机理

经典的 Reformatsky 反应是指 α-卤代羧酸酯与醛或酮的混合物在惰性溶剂中与锌粉反应，生成 β-羟基羧酸酯产物的反应。β-羟基羧酸酯进一步脱水可得到 α,β-不饱和羧酸酯 (式 2)。

$$BrCH_2\overset{O}{\overset{\|}{C}}OEt + C_6H_5\overset{O}{\overset{\|}{C}}CH_3 \xrightarrow{Zn,\ H_3O^+} C_6H_5-\underset{OH}{\overset{CH_3}{C}}-CH_2CO_2Et \xrightarrow{-H_2O} (H_3C)(C_6H_5)C{=}CHCO_2Et \quad (2)$$

在该反应中，α-卤代羧酸酯中的卤素可以是碘、溴或氯。它们的反应活性为：I > Br > Cl，但最常用的是 α-溴代酸酯。对亲核试剂而言，醛羰基一般具有比酮更高的反应活性。四氢呋喃、乙腈、乙二醇二甲醚、二甲基亚砜、二噁烷、二甲基甲酰胺、二氯甲烷、苯、乙醚、二甲氧基甲烷等或者这些溶剂的混合物都可以用作该反应的溶剂。

现代 Reformatsky 反应的广义概念是指，将金属插入到被邻位羰基、羰基衍生物或者相关基团活化的碳-卤键之间，形成一个金属有机化合物，然后再与各种亲电试剂进行的反应 (式 3)。

$$XCH(R^2)C(O)R^1 \xrightarrow{M} \left[X{-}M{-}CH(R^2)C(O)R^1 \rightleftharpoons R^2CH{=}C(O{-}M{-}X)R^1 \right] \xrightarrow{E^+} ECH(R^2)C(O)R^1 \text{ and/or } R^2CH{=}C(O{-}E)R^1 \quad (3)$$

Reformatsky 反应中的有机卤代物包括：α-卤代物 (α-卤代酸酯、硫酯、腈、氨基化合物、酰亚胺、酸酐、内酯、磷酯、唑烷酮和嗪酮等)，α-多卤代物和 β-，γ-甚至更远的卤代物。除了有机卤代物外，含有其它离去基团 (Me_3Si-, -OBz 或 -S-Py) 的有机化合物也可以发生 Reformatsky 型反应。Reformatsky 反应中的亲电试剂除了醛、酮、酯、腈、酰卤和亚胺等化合物外，还包括二羰基化合物、α,β-不饱和羰基化合物和缩醛类化合物等。

Reformatsky 反应被认为是一种醇醛缩合反应。与传统的碱促进的醇醛过程相比，该反应最明显的特点是烯醇盐不是通过酸-碱反应形成的，而是利用一个金属-卤素的氧化还原反应完成的。而且，该烯醇化物的补偿离子是锌离子。

有人认为：Reformatsky 试剂与羰基化合物加成的反应历程类似于 Grignard 试剂与羰基化合物加成的反应 (式 4)[3]。从形式上看，Reformatsky 试剂与醛、酮的加成确实类似于 Grignard 反应。

$$ (CH_3)_2C{=}O + BrZnCH_2CO_2Et \longrightarrow (CH_3)_2C(OZnBr)CH_2CO_2Et \xrightarrow{H_3O^+} (CH_3)_2C(OH)CH_2CO_2Et \quad (4) $$

然而，根据该反应的立体选择性，Balsamo 等人提出了一个周环机理，即反应经过了一个六电子的环状过渡态 (式 5)[4]。

(5)

根据理论的 MNDO 计算，Dewar 等人[5]认为：在羰基化合物作用下，Reformatsky 试剂的二聚体首先解离为 *C*-金属化单体 **1**。然后，**1** 通过 1,3-迁移形成 *O*-金属化的烯醇化物 **2**。接着，该活泼中间体通过椅式过渡态的 [3,3]-σ-迁移 (metallo-Claisen rearrangement) 形成 C-C 键。最后，中间体 **3** 经水解生成 *β*-羟基羧酸酯 (式 6)。在该反应过程中，从 **1** 生成 **2** 的转化是反应的决速步骤。

1 —1,3-shift→ 2 —Claisen rearrangement→ 3 —H_3O^+→ $ROC(O)CH_2C(OH)R^1R^2$ (6)

Reformatsky 反应是一个放热反应，一般在中性条件下进行。该反应最显著的特点是位阻很大的酮也可以顺利地得到预期的产物。如果使用合适的双官能团底物，也可以发生分子内的 Reformatsky 反应 (式 7)。

$$ CH_3CH(Br)CO_2(CH_2)_{11}CHO \xrightarrow{Zn\text{-}Ag,\ Et_2AlCl,\ THF} \text{macrolactone (OH)} \quad (7) $$

3 Reformatsky 试剂及其反应

3.1 Reformatsky 试剂[6]

Reformatsky 试剂是 Reformatsky 反应中原位生成的一个中间体，它既是共价型有机金属化合物，也含有一定的离子化成分。该试剂较不稳定，很容易发生自身的水解和缩合反应 (式 8)。

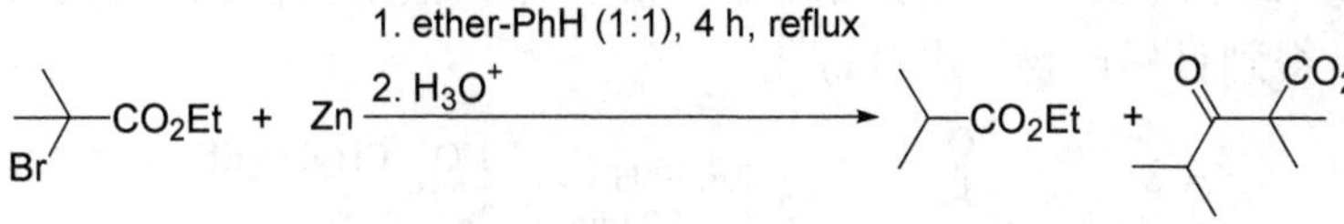

1. ether-PhH (1:1), 4 h, reflux
2. H_3O^+

(8)

然而，在醚溶液和低温条件下，Reformatsky 试剂也可以稳定存在。Orsini[7] 最先得到了晶体状的 $BrZnCH_2COO$*t*-BuTHF 配合物。在 THF 溶液中，该配合物可以在室温下稳定存在 4~6 天。随后，Boersma[8a,b]得到了该试剂的单晶，其 X 射线分析证明它是一个环状二聚体配合物 (式 9)。最近，Miki[8c]及其合作者也分离到了溴乙酸乙酯的 Reformatsky 试剂的晶体，其结构也是二聚体。

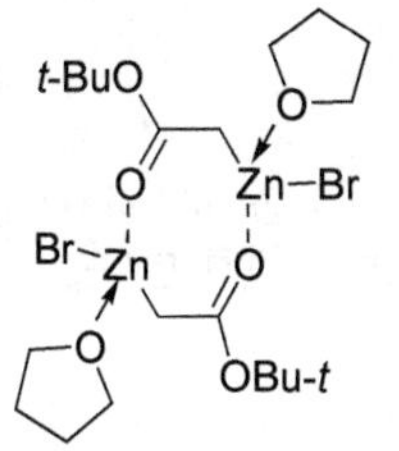

(9)

由于 Reformatsky 试剂的不稳定性，所以在反应过程中一般不进行分离和鉴定。在大多数情况下，Reformatsky 反应采用将 *α*-卤代羧酸酯与羰基化合物的混合物加入到活化的锌粉悬浮液中一步完成。Reformatsky 试剂可以由卤代物与金属锌在惰性溶剂中反应而制得。

$$\text{FG–R–I} + \text{Zn} \xrightarrow{\text{THF, 5~45 °C}} \text{FG–RZnI} \quad (10)$$

在卤代物的 C-X 键之间直接插入单质锌，其反应速率主要与锌的活化方法、卤代物的结构、卤素的种类以及反应条件等因素有关。为了获得洁净而具有新鲜表面的锌，反应中的锌粉一般需要活化。溴化物常用于该反应，而且在操作中保持缓慢的滴加速度效果更好。常用的溶剂有苯、乙醚、二甲氧基甲烷、四氢呋喃和二甲基亚砜等。此外，反应也需要充分的搅拌并在干燥的氮气保护下进行。

3.2 Reformatsky 试剂与各种亲电试剂的反应

Reformatsky 试剂实际上是一个碳亲核试剂。它的亲核性比 Grignard 试剂弱些，这主要是因为金属 Mg 较 Zn 活泼。金属越活泼，其相应的有机金属化合物的活性越大。Reformatsky 试剂可与一系列亲电试剂进行反应，从而获得多种多样的产物[6]。

3.2.1 与醛、酮的反应

Reformatsky 试剂可以与醛或酮反应生成 β-羟基羧酸酯，即使位阻很大的酮也能参与反应，得到目标产物 (式 11)[9]。

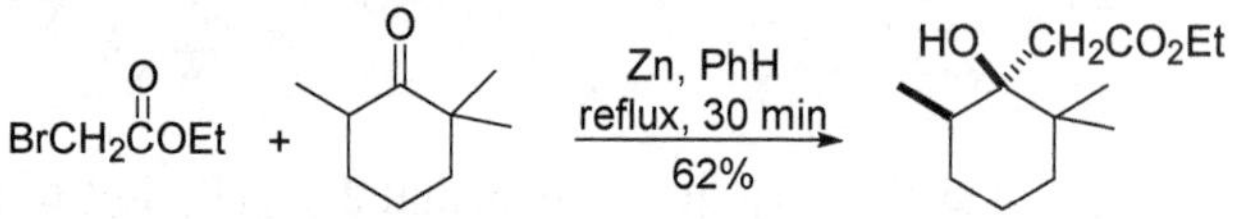

(11)

最近，Ferraz 和 Silva 发展了一个以 Reformatsky 反应为关键步骤[10]，通过四步反应有效构建官能团化二氢茚的方法。如式 12 所示：首先，1-四氢萘酮 (**4**) 与 α-溴代羧酸酯 **5** 进行 Reformatsky 反应转化为 β-羟基酯 **6**。接着，**6** 脱水得到不饱和酯 **7** 后，经还原得到高烯丙醇 **8**。最后，**8** 在 AcOH/H_2O 混合物中用三硝酸铊 (TTN) 处理实现了 3-烯醇的氧化重排，给出很好产率的缩环产物 **9**。

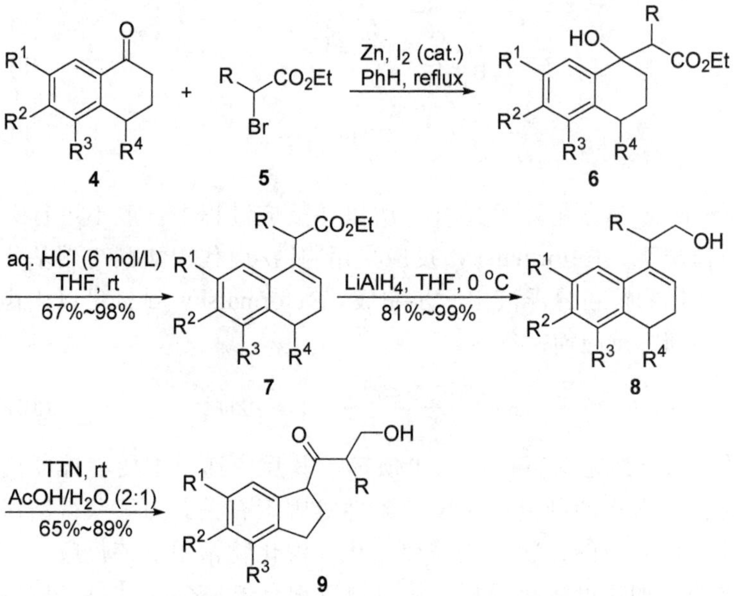

(12)

Hagadorn[11]用 $Zn(tmp)_2$ (tmp = 2,2,6,6-四甲基哌啶阴离子) 与简单酰胺和酯作用，使它们脱去 α-质子生成 Reformatsky 试剂。使用该方法制备 Reformatsky

试剂非常适于那些对碱敏感官能团的底物 (式 13 和式 14)，生成 β-羟基酰胺和 β-羟基酸酯。使用该方法制备的 Reformatsky 试剂也可以与芳基溴进行钯催化偶联，生成 α-位芳基化的酯或酰胺 (式 15)。

Et_2N, O, R; $Zn(tmp)_2$, rt, 2 h; Et_2N, O, Zn, 2, R; R^1CHO, rt, 4 h; 80%~99%; Et_2N, O, OH, R^1, R (13)

RO, O; $Zn(tmp)_2$, 1 h; RO, O, Zn, 2; R^1CHO, 5 °C, 3 h; 42%~95%; RO, O, OH, R^1 (14)

Y, O; $Zn(tmp)_2$, 2 h; Y = OBu-*t*, NEt_2; Y, O, Zn, 2; ArBr, $Pd_2(dba)_3$; $P(t\text{-}Bu)_3$, rt, 24 h; 45%~96%; Y, O, Ar (15)

3.2.2 与缩醛的反应

在路易斯酸 ($TiCl_4$ 或 $BF_3 \cdot Et_2O$) 存在下，环状的缩醛可以与 Reformatsky 试剂进行开环反应，高产率的生成 3-烷氧基羧酸酯 (式 16)[12]。当采用手性的缩醛为底物时，可以得到光学活性的产物，最高立体选择性可达 84% ee。

MeO_2C, MeO_2C, O, O, Ph; $BrCH_2CO_2Et$; Zn-Cu/$TiCl_4$; –78 °C, CH_2Cl_2; 73%; CO_2Me, O, OH, Ph, CO_2Me, EtO, O + CO_2Me, O, OH, Ph, CO_2Me, EtO, O (16)

3.2.3 与羧酸酯、酰卤的反应

Hauser[13]报道了 α-溴代异丁酸酯与羧酸酯或酰卤作用生成 β-羰基化合物的反应 (式 17 和式 18)。

Br, CO_2Et + Ar, O, OPh; Zn, PhH-PhMe, reflux; 35%~59%; Ar, O, CO_2Et (17)

Br, CO_2Et + Ar, O, Cl; Zn, ether, reflux; 57%~72%; Ar, O, CO_2Et (18)

3.2.4 与腈的反应

Reformatsky 试剂与腈作用生成 β-氨基不饱和酯，该产物进一步水解为 β-羰基酯化合物 (式 19)[14]。

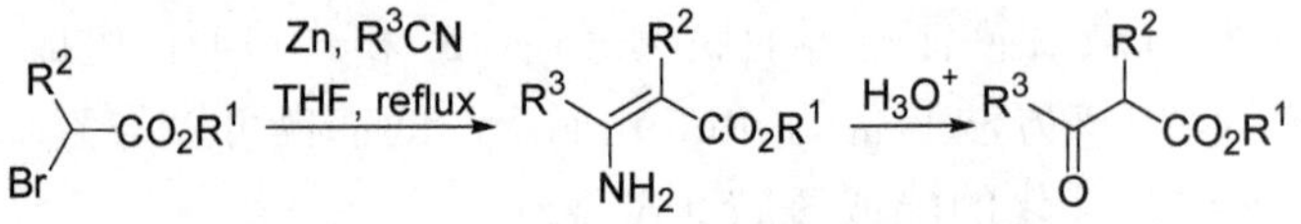

(19)

3.2.5 与对称的 1,3-二酮的反应

Reformatsky 试剂与对称的二酮反应时，可以通过控制 Reformatsky 试剂的量得到不同的产物 (式 20 和式 21)[15]。

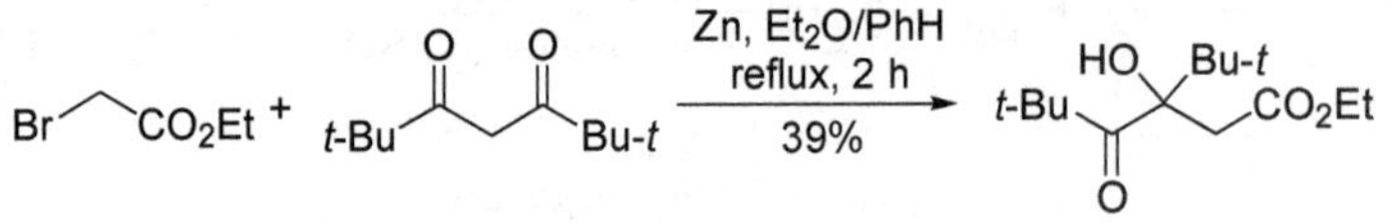

(20)

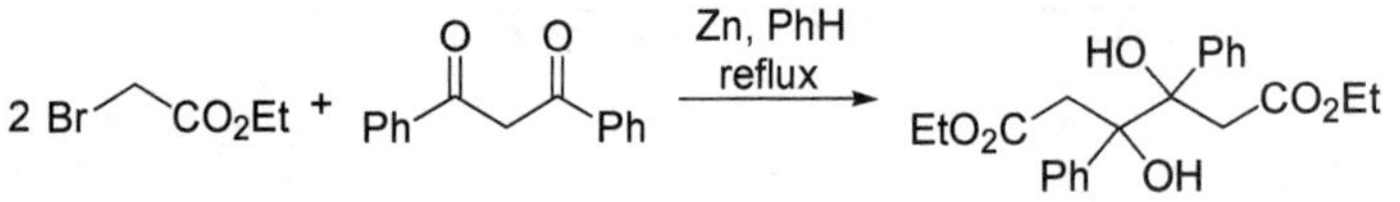

(21)

3.2.6 与酮胺、酮腈和酮酯反应

当该试剂与酮胺[16]、酮腈[17]和酮酯[18]反应时，可以选择性地只与酮羰基反应，而不触动其它官能团。因此，在 Reformatsky 反应中可以用酯化的方法来保护羟基 (式 22)[19]。

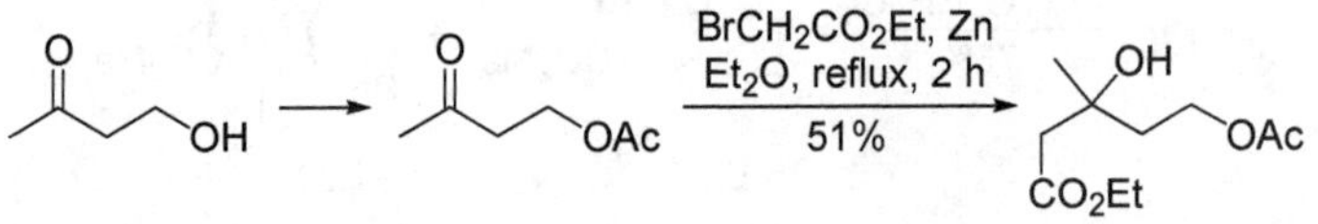

(22)

3.2.7 与亚胺反应

Rformatsky 试剂与亚胺反应，可以生成 β-内酰胺化合物，也可以生成 β-氨基酸酯。1943 年，Gilman 等首次报道了 α-溴乙酸乙酯的 Reformatsky 试剂与亚胺生成 β-内酰胺化合物的反应 (式 23)[20]。

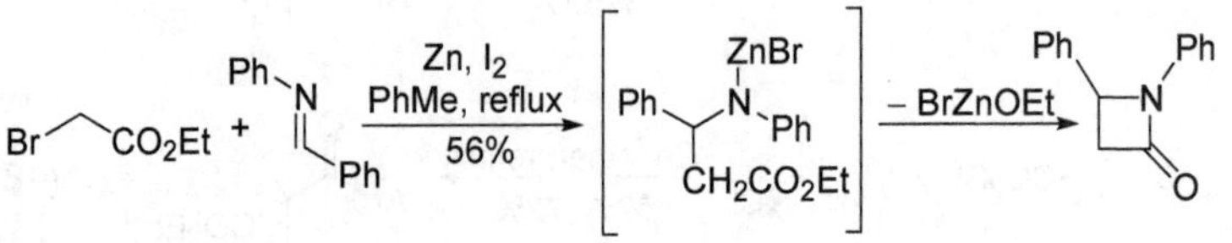

(23)

在 Luo[21]等人的研究中，Reformatsky 试剂与亚胺反应主要得到 β-氨基酸酯 (式 24)。通过这个分步的一锅法反应，可以方便、高效地合成了各种外消旋的 *N*-芳基的天门冬氨基酸酯。

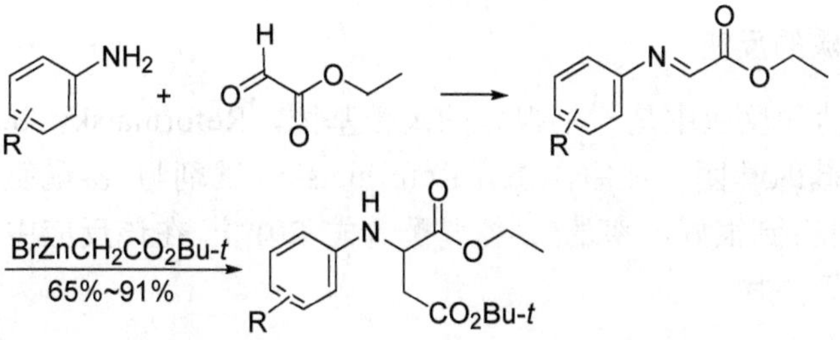

(24)

Boyer 等人的研究表明[22] (式 25)：亚胺的结构和反应溶剂对产物的选择性影响较大。当亚胺中 R 基为吡啶基，R′ 基为 4-甲氧基苯基时，产物中内酰胺 **10** 与氨基酸酯 **11** 的比例为 84:16。当 R′ 基为 2-甲氧基苯基时，则得到单一的产物氨基酸酯 **11**。

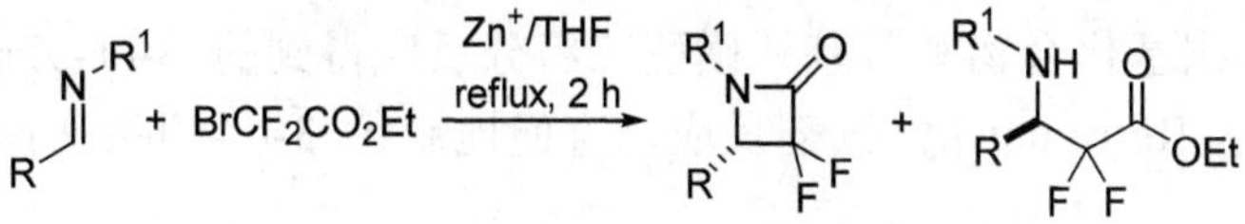

10 **11**

(25)

溶剂	添加物	产物 **10**	产物 **11**
THF	—	89%	11%
CH_2Cl_2	—	93%	7%
DMSO	—	11%	89%
THF	吡啶（5 eq）	84%	16%

3.2.8 与 α,β-不饱和羰基化合物反应

Reformatsky 试剂与 α,β-不饱和羰基化合物的反应可以发生 1,2-加成反应生成 β-羟基酯，也可以发生 1,4-加成生成 δ-酮酯 (式 26)。

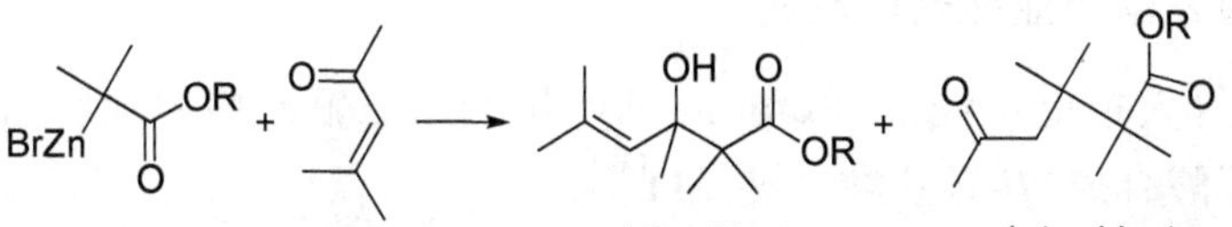

1,2-adduct 1,4-adduct

(26)

通常，在回流的醚溶液中，位阻小的 α-溴代羧酸酯 (溴乙酸乙酯) 与不饱和甲基酮反应利于生成 1,2-加成产物 (式 27)[23]。在回流的四氢呋喃中，位阻大的 α-溴代羧酸酯 (α-溴代异丁酸乙酯) 利于生成 1,4-加成产物 (式 28)[24]。

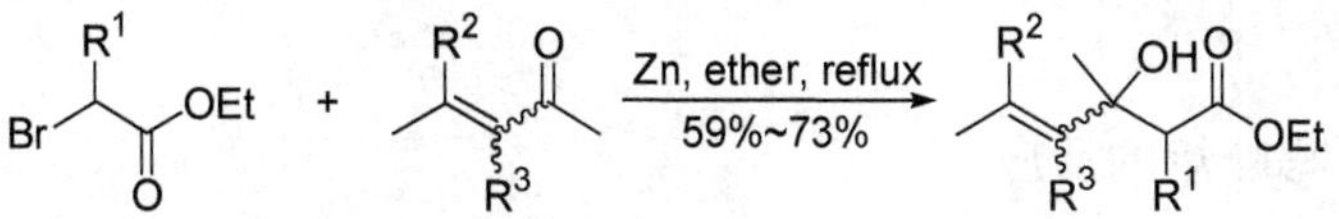

(27)

R^1 = H, Me, Et; R^2 = H, Me; R^3 = H, Me

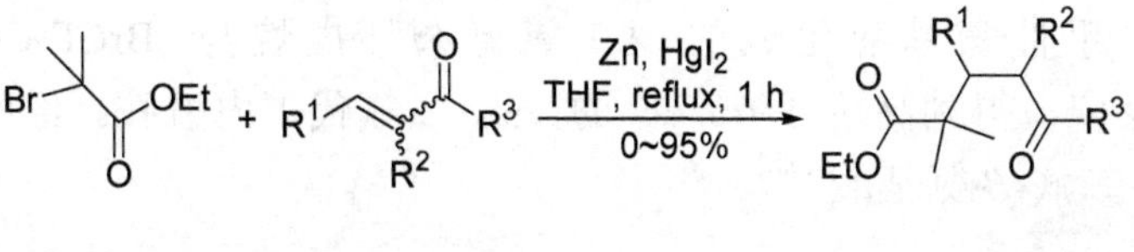

(28)

3.2.9 与芳基砜的反应

苯基砜在消除反应中是一个很好的离去基团，Reformatsky 试剂作为亲核试剂可以取代苯基砜基团。在室温下，Reformatsky 试剂与 α-酰氨基的烷基苯基砜 **12** 反应，可得到很好产率的 β-氨基酯 (式 29)[25]。在该反应中，砜化合物 **12** 可作为亚胺的等同物。

SO_2Ph; $ROCONH$, R^1 (**12**) + R^2, Br, O, OR^3 —— Zn-Cu, CH_2Cl_2, rt, 64%~97% → ROCONH, O, R^1, OR^3, R^2 (29)

通过吲哚、羰基化合物和芳基亚磺酸三组分反应得到的 3-(1-芳磺酰基烷基)吲哚 **13** 也能与 Reformatsky 试剂反应，方便地制备 3-(3-吲哚基)烷基酸酯 **14** (式 30)[26]。

R, R^2, N, R^1 + R^3COR^4 + $ArSO_2H$ →

R^5, Br, R^6, O + ArO_2S, R^3, R, R^2, N, R^1 (**13**) —— Zn, I_2, THF, reflux, 1 h, 66%~90% → O, R^6, R^3, R^5, R, R^2, N, R^1 (**14**) (30)

3.2.10 与三氟乙酸甲亚胺盐的反应

Moumne 等人报道：经由 Reformatsky 试剂与三氟乙酸甲亚胺盐的反应，可以从 α-氨基酸合成 β-氨基酸 (式 31)[27]。

H_2N, CO_2H, R (α-amino acid) —— diazotation → Br, CO_2R^1, R —— Zn, $CH_2=NBn_2^+CF_3CO_2^-$, 43%~74% →

Bn_2N, CO_2R^1, R → β-amino acid (31)

3.2.11 与 1,3-噁唑烷的反应

1,3-噁唑烷可发生 Reformatsky 反应，选择性地发生 C-O 键的断裂[28]。如式 32 所示：手性氨基醇生成的 1,3-氧氮杂环戊烷与 $BrCF_2CO_2Et$ 发生 Reformatsky 反应，得到高达 99% de 的 α,α-二氟代丁内酰胺。经酸解，可得光学纯的 α,α-二氟-β-氨基酸[28b]。

R^1 HN O R^2 → $BrCF_2CO_2Et$, Zn; de = 86%~99% → HO R^1 N O R^2 F F → R^2 NH_2 CO_2H F F (32)

3.2.12 与醌类的加成反应

Kawakami[29]等人研究了晶体 Reformatsky 试剂 $(BrZnCH_2CO_2Et\cdot THF)_2$ 对醌的加成反应，高产率地得到 β-羟基羧酸酯 (式 33)。

R^4 O R^1 R^3 O R^2 → $(BrZnCH_2CO_2Et\cdot THF)_2$; THF, 20~25 °C, 1 h; 70%~94% → HO CO_2Et R^4 R^1 R^3 R^2 O (33)

值得一提的是，使用 2,6-二取代对位醌为底物时，可以区域选择性在 4-位羰基上进行 Reformatsky 反应 (式 34)。

O R R O → $(BrZnCH_2CO_2Et\cdot THF)_2$; THF, 20~25 °C, 1 h; 74%~80% → HO CO_2Et R R O (34)

3.2.13 对硫羰基的加成

溴代丙二酸二乙酯的 Reformatsky 试剂可以与 N-芳基吡咯烷-2-硫酮 **15** 中的硫羰基发生反应 (式 35)[30]。所得产物 **16** 是合成喹啉酮类抗菌药物 **18** 的关键中间体。

R^4 R^3 R^2 R^1 N S **15** + $BrCH(CO_2Et)_2$ → Zn/I_2; THF, reflux; 33%~85% → R^4 R^3 R^2 R^1 N EtO_2C CO_2Et **16**

$R^2 = R^3 = H$;
$R^1 = R^4 = MeO$-

→ PPA; 85~100 °C → R^4 R^3 R^2 R^1 O CO_2Et N **17** → NaOH, H_2O; reflux; 85%~100% → R^4 R^3 R^2 R^1 O CO_2H N **18** (35)

4 Reformatsky 反应的条件综述

4.1 金属锌及其衍生物促进的 Reformatsky 反应

锌粉是 Reformatsky 反应中最常用的金属催化试剂。由于锌的质量对 Reformatsky 反应具有显著的影响，人们发展了许多得到“活化锌”的方法，大致可以分为两类[2b,6]：(1) 通过化学或机械的方法除去金属锌表面失活的氧化层。例如，稀盐酸洗涤锌粉或者用碘、三甲基氯硅烷或者 1,2-二溴乙烷等试剂进行去钝化。(2) 通过还原无水卤化锌得到颗粒均匀的“活化锌”粉。其中，最经典的就是利用金属钾来还原氯化锌 (Rieke zinc)[9b]。有人报道在超声辐射条件下用锂还原卤化锌的方法[31]，还有人报道用萘基钠[32]或萘基锂[33]来还原卤化锌的方法。此外，也可用锌的配合物或锌与其它试剂 (例如：锌/银-石墨[34]) 联合诱发 Reformatsky 反应。

4.2 其它金属及其盐促进的 Reformatsky 反应

4.2.1 铬促进的 Reformatsky 反应[35]

在羰基化合物存在下，α-卤代酮、酯或其它 Reformatsky 底物与二价铬盐 (通常是 $CrCl_2$) 反应，通过中间体 **19** 和 **20** 生成相应的醇类化合物 **21** 和 **22** (式 36a 和式 36b)。

$2\ CrCl_2$, $-\ CrHal_3$ → **19** → R^1CHO → **20** (36a)

R^3CHO, $CrCl_2$, LiI, THF → **21**-*anti* + **22**-*syn* (major) (36b)

铬促进的 Reformatsky 反应一般在 THF、DMF 或者乙腈溶剂中进行。在该类反应中，α-卤代酮和烯基类似物的活性要比羧酸酯高。作为亲电试剂，醛的活性要比酮高出几十倍甚至上百倍，甚至可以用酮来作为反应的溶剂[36]。

铬促进的 Reformatsky 反应的显著特点是非立体选择性较高。当位阻较大的醛作为亲电试剂时，顺式产物 **22** 占优势[37]。当使用手性辅助试剂时，反式产物 **21** 也可以成为主产物[38]。该类反应中加入 LiI 或者用乙腈作溶剂都可提高产率，且醛的种类和体积对该反应的产率影响不大[39]。

在铬促进的 Reformatsky 反应中，当使用 γ-卤代烯基酸酯作为底物时，一般高区域选择性地生成动力学控制的产物 (即 α-产物) (式 37)[36]。

$CrCl_2$, [LiI], rt, butan-2-one, 94%, α/γ = 95:5 (37)

α-product γ-product

4.2.2 SmI_2 促进的 Reformatsky 反应[40]

二碘化钐是一个优良的单电子转移试剂，是由法国化学家 Kagan 首先制备并应用于有机合成的，因此又称为 Kagan 试剂。1980 年，Kagan 等人[41]报道了首例 SmI_2 促进的 Reformatsky 反应 (式 38)。

SmI_2, THF, rt, 10 min, 90% (38)

SmI_2 促进的 Reformatsky 反应中，α-卤代物的应用范围很广，可以是 α-卤代酮[42]、α-卤代羧酸酯[43]、α-卤代氨基化合物[44]和 α-多卤代羧酸酯[45]等。与经典的 Reformatsky 反应相比，该催化反应是在均相体系中进行的，条件比较温和，化学和立体选择性较好。

在适量 SmI_2 作用下，单一的 α-溴代羧酸酯可以发生 Reformatsky-type 自缩合反应生成 β-酮酯。过量的 SmI_2 可以进一步还原产物，生成 β-羟基酯 (式 39)[46]。

SmI_2 (1~1.4 eq), THF, –78 °C; SmI_2 (> 2 eq), THF, –15 °C (39)

SmI_2 是促进分子内 Reformatsky 反应形成中环或大环化合物的有效试剂。SmI_2 促进的分子内 Reformatsky 反应具有很好的非立体选择性 (式 40a 和式 40b)[47]。

SmI_2, THF, –78 °C, 69%, > 200:1 ds (40a)

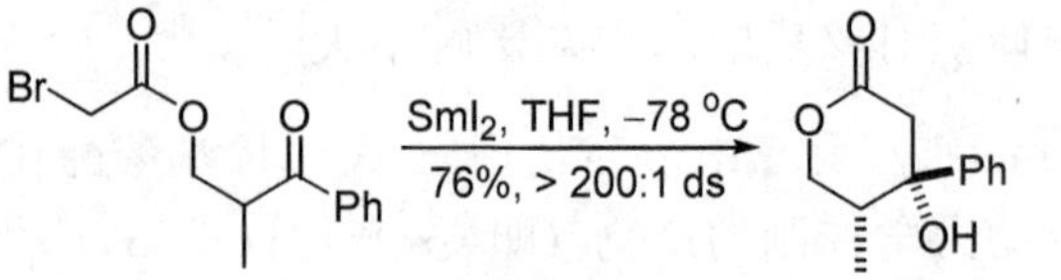

(40b)

这是由于在 SmI_2 促进的 β-溴乙酰氧基羰基化合物的 Reformatsky 反应中，形成的 Sm(III) 烯醇酯化物与羰基发生螯合作用，生成了具有固定构型的刚性环状过渡态 (式 41)。

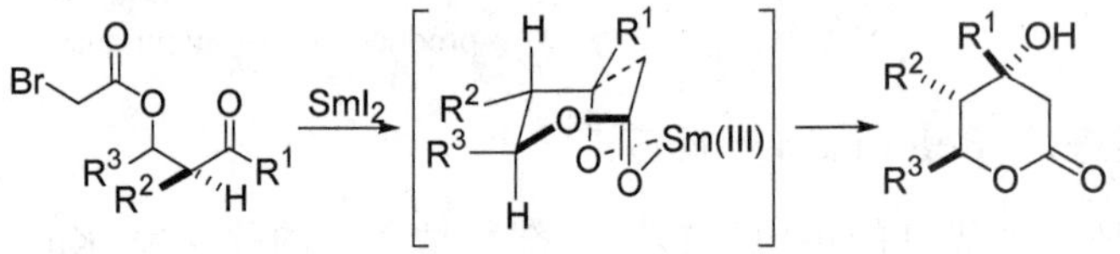

(41)

近年来，SmI_2 促进的分子内 Reformatsky 反应取得了很大的进展，并被用于很多天然产物及药物中间体的合成中[48]。在实验室，SmI_2 可以通过金属钐在 THF 溶液里与二碘乙烷、单质碘或者碘化汞作用来制备。金属钐也可以和其它金属组合使用 (例如：$CdCl_2$-Sm 或 $BiCl_3$-Sm 等) 来促进 Reformatsky 反应[49]。

4.2.3 铟促进的 Reformatsky 反应[50]

铟试剂促进 Reformatsky 反应有以下特点：(1) 有机金属铟试剂不会被羟基还原，因此该试剂可以用来促进水相的 Reformatsky 反应[51]；(2) 铟催化的 Reformatsky 反应化学选择性很好。当亲核试剂是醛和酮的混合物时，铟试剂选择性地只与醛发生反应[52]。铟促进的 Reformatsky 反应中，也可以用亚胺和对苯醌作为亲核试剂，分别生成 β-内酰胺和取代醌醇衍生物[53]。

最近，Babu 及其合作者对 In(0) 或 In(I) 促进的简单酮、α-烷氧基酮和 β-酮酯的 Reformatsky 反应进行了全面研究[54]。作者发现：在 In 金属和 THF 回流条件下，带有支链的 α-卤代酯衍生物与简单酮的加成反应具有很好的选择性，主要生成反式产物 (式 42)。相反，在 In(I)X 或 In-$InCl_3$ 的甲苯溶液中，在超声波促进下，没有支链的 α-卤代酯与 α-烷氧基酮和 β-酮酯的反应主要生成顺式产物 (式 43)。

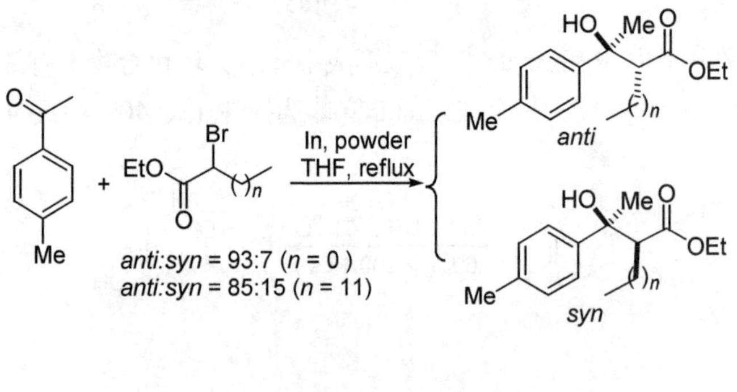

(42)

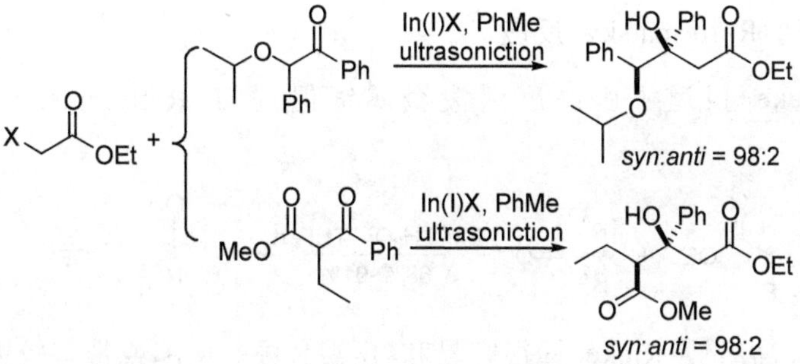

X–CH₂–CO–OEt + { iPrO–CH(Ph)–CO–Ph ; MeO–CO–CH(Et)–CO–Ph }

In(I)X, PhMe
ultrasoniction

HO Ph O
Ph OEt
O
syn:*anti* = 98:2

HO Ph O
OEt
O OMe
syn:*anti* = 98:2

(43)

作者认为：立体选择性的差别是由于环状过渡态具有不同的螯合方式引起的(式 44)。

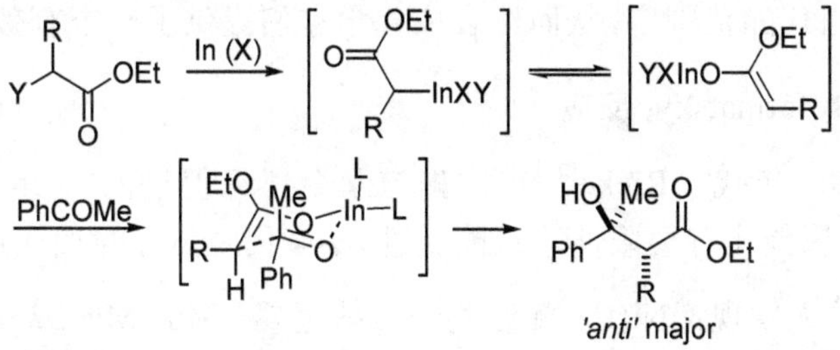

R
Y OEt
O
In (X)
[OEt O= InXY R] ⇌ [OEt YXInO R]

PhCOMe
[EtO Me O In L L R O H Ph] ⟶ HO Me O Ph OEt R

'anti' major

(44)

α-卤代羧酸酯与 *α*-烷氧基酮的加成机理可按以下两种路线进行，主要得到 *syn*-式产物 (式 45)。*α*-卤代羧酸酯与 *β*-酮酯的加成机理与此类似。

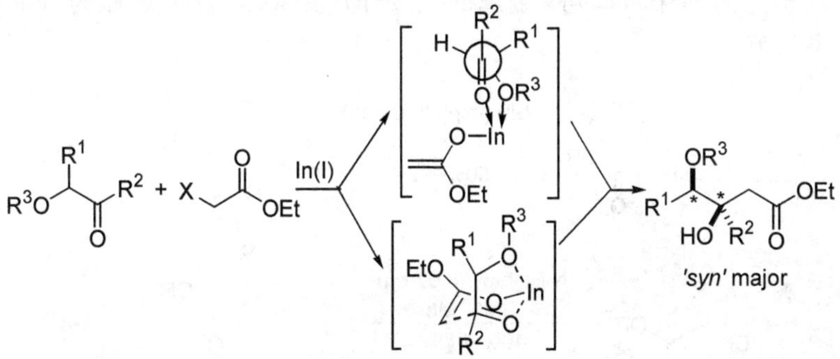

R^1
R^3O R^2 + X OEt
O O
In(I)

[H R^2 R^1 O OR^3 O–In OEt]

[R^3 R^1 O EtO O In O R^2]

OR^3
R^1 * * OEt
HO R^2 O

'syn' major

(45)

该小组还研究了烯醇铟试剂与 *α*-羟基酮的 Reformatsky 反应。如式 46 所示[55]：该反应通过船式的双环螯合过渡态构筑了三个相毗邻的立体中心，高度立体选择性地生成 *β*-羟基酸环状内酯。

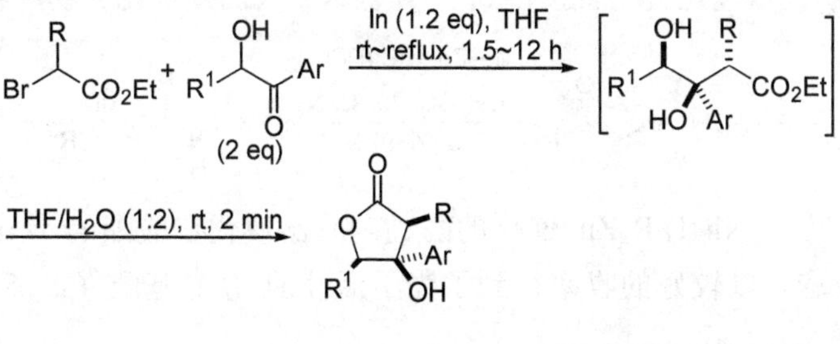

R
Br CO_2Et + R^1 OH Ar
O
(2 eq)

In (1.2 eq), THF
rt~reflux, 1.5~12 h

[OH R
R^1 CO_2Et
HO Ar]

THF/H_2O (1:2), rt, 2 min

O
O R
Ar
R^1 OH

(46)

4.2.4 锰促进的 Reformatsky 反应

最近，Rieke 报道了由高度活泼金属锰促进的 Reformatsky 反应 (式 47)[56]。

Mn^{+}, H_3O^{+}, THF, rt; 68%~91% (47)

他们发现：高活性 Rieke 锰很容易和 α-溴代酯、内酯或带有较远酯基的卤化物形成锰烯醇酯。该试剂可以与各种亲电试剂进行 Reformatsky 反应且不需要添加其它路易斯酸催化剂。这个方法不需要任何特别的准备和复杂的操作过程，反应中使用的卤代酯范围广，从而给合成化学家们提供了一个有效的新方法。

4.2.5 镍促进的 Reformatsky 反应

在 20 世纪 80 年代，Rieke[57]首次报道了金属镍促进的 Reformatsky 反应。作者发现该金属催化有局限性，只能促进 α-卤代腈与醛的加成反应。

Durandetti[58]等人发现：Ni(II) 配合物与一些金属 (Mn, Mg 或 Zn) 合用可以催化 Reformatsky 反应。使用 α-氯代羧酸酯与酮羰基进行加成，生成 β-羟基酸酯 (式 48)；而与芳基卤代物反应时，则得到 α-芳基酸酯 (式 49)。在该反应中，Ni(II) 配合物只需催化量即可。金属的主要作用是将 Ni(II) 还原为 Ni(0)，其中 Mn 的效果最好。

$NiBr_2$bipy (0.07 eq), DMF, Mn; 50%~99% (48)

$NiBr_2$bipy (0.07 eq), DMF, Mn; 40%~88% (49)

FG = electrodonating or electrowithdrawing groups

近来，Adrian[59]发展了一个有效的镍催化的三组分 Reformatsky 型缩合反应，从醛、胺和 α-溴代羰基化合物直接得到了 β-氨基取代的羰基化合物产物 (式 50)。

Me_2Zn, $NiCl(PPh_3)_3$, CH_2Cl_2, 25 °C, N_2; 58%~97% (50)

Cozzi[60]报道了 Ni(II)/R_2Zn 催化的醛、胺和 α-溴代羧酸酯的不对称三组分 Reformatsky 反应，以较好的收率得到了光学活性的 β-氨基酯 (式 51)。在该反应中，手性配体 *N*-甲基麻黄素用量为化学剂量，但在反应完成后可以完全回收，并能够再循环使用。该反应中，亚胺是原位产生的，R_2Zn 作为了脱水剂。

Me_2Zn, $NiCl_2(PPh_3)_2$, Ligand (1.6 eq), PhH, 40%~90% (51)

R = aryl, alkyl, heterocyclic, alkenyl; R^1 = Me, Et　　64%~98% ee

4.2.6 镓促进的 Reformatsky 反应

Huang 等人报道了 $PbCl_2$/Ga 双金属氧化还原体系促进的 Reformatsky 反应[61]。在该体系中，羰基化合物可以与三氯乙酸乙酯 (式 52) 或者碘代乙腈 (式 53) 发生 Reformatsky 反应，分别给出 *β*-取代的 *α*,*α*-二氯丙酸乙酯 **23** 和 *β*-羟基腈 **24**。

$PbCl_2$/Ga, THF, reflux, 52%~80%　**23**　(52)

$PbCl_2$/Ga, THF, reflux, 55%~99%　**24**　(53)

后来，Han 等人发现商品的镓金属粉末也可以用来催化 Reformatsky 反应。在金属镓催化下，*α*-碘代羧酸酯可以和芳香醛作用生成 *β*-羟基酯。该反应主要生成顺式产物[62]。

4.2.7 铈促进的 Reformatsky 反应

金属铈也可以用来催化 Reformatsky 反应，但通常需要较长的诱导期。所以，一般使用铈汞齐或在体系中加入少量的二氯化汞来促进反应的引发[63]。Dolbier 等人使用催化量的 $CeCl_3$ 有效地催化了溴代氟乙酸乙酯和醛、酮的 Reformatsky 反应，并以较高的收率获得了 *α*-氟代-*β*-羟基酯 (式 54)[64]。作者发现，在 NaOH (0.2 mol/L) 的无水乙醇溶液中，由酮得到的酯可以进行水解且产率都在 90% 以上。

R^1COR^2 + $BrCHFCO_2Et$ —[Zn/$CeCl_3\cdot 7H_2O$, THF; 83%~94%]→ $R^1R^2C(OH)CHFCO_2Et$　(54)

4.2.8 低价铁或铜促进的 Reformatsky 反应

金属锰还原 Fe(II) 盐生成的高活性 Fe-催化剂可以促进 *α*-卤代酯和腈与醛、酮的加成反应，生成相应的 *β*-羟基酯 (式 55)[65]。

$$R^1C(O)R^2 + R^3CH(X)EWG \xrightarrow[40\%\sim90\%]{FeBr_2\ (0.15\ eq),\ MeCN,\ Mn\ (2\ eq),\ 50\ ^\circ C,\ 1.5\sim6\ h} R^1R^2C(OH)CH(R^3)EWG \quad (55)$$

EWG = CO_2R, CN

在 THF 中，镁还原 $FeCl_3$ 或 $CuCl_2$-$2H_2O$ 原位产生的低价态铁或铜可以有效地促进醛的 Reformatsky 反应 (式 56)[66]。实验结果表明：$FeCl_3$/Mg 催化体系效果明显好于 $CuCl_2$-$2H_2O$/Mg 体系。

$$R^1CHO + BrCH_2CO_2Et \xrightarrow[72\%\sim86\%]{CuCl_2\cdot 2H_2O\ or\ FeCl_3,\ Mg/THF,\ rt} R^1CH(OH)CH_2CO_2Et \quad (56)$$

4.2.9 钴促进的 Reformatsky 反应

Co(0) 和 Co(I) 配合物也是促进的 Reformatsky 反应的有效催化剂。Orsini 对 Co(0)-phosphine 催化剂研究的较多[67]。他们发现各种 α-卤代羰基衍生物和羰基化合物都适用于该反应。在 Co［$P(CH_3)_3$］$_4$ 催化下，α-卤代磷酸酯可以和醛、酮作用生成 β-羟基磷酸酯 (式 57)[68]。

$$R^1C(O)R^2 + R^3R^4C(X)P(O)(OEt)_2 \xrightarrow[22\%\sim81\%]{\{Co[P(CH_3)_3]_4\},\ THF} R^1R^2C(OH)C(R^3)(R^4)P(O)(OEt)_2 \quad (57)$$

Lombardo 和 Trombini 报道了原位生成的 Co(I) 配合物催化的 α-氯代酯与羰基化合物的 Reformatsky 反应 (式 58)[69]。在该反应中，配体 dppe 的存在极大地提高了反应产率，而 ZnI_2 的存在有利于 Co(I) 配合物的生成。与 Zn 催化类似，该催化体系下的反应没有非立体选择性。

$$EtO_2CCH(R^1)Cl + R^2C(O)R^3 \xrightarrow[70\%\sim98\%]{CoCl_2/dppe,\ ZnI_2,\ Zn,\ CH_3CN} EtO_2CCH(R^1)C(OH)R^2R^3 \quad (58)$$

4.2.10 铑催化的 Reformatsky 反应

Kanai 发现 $RhCl(PPh_3)_3$ 和二乙基锌，可以在温和条件下有效地实现分子间和分子内的 Reformatsky 型反应，生成 β-羟基酯 (式 59 和式 60)[70]。

$$RCH(Br)CO_2Et + R^1C(O)R^2 \xrightarrow[49\%\sim85\%]{Et_2Zn,\ RhCl(PPh_3)_3,\ THF,\ 0\ ^\circ C} R^1R^2C(OH)CH(R)CO_2Et \quad (59)$$

$$RC(O)(CH_2)_{n+2}CH(Br)CO_2Et \xrightarrow[64\%\sim91\%,\ n=0,1]{Et_2Zn,\ RhCl(PPh_3)_3,\ THF,\ 0\ ^\circ C} \text{1-R-1-HO-2-}(CO_2Et)\text{-cycloalkane (ring size } n\text{)} \quad (60)$$

Kumadaki 等人利用类似的反应条件，实现了各种羰基化合物与 α-溴代二氟乙酸乙酯的 Reformatsky 反应 (式 61)[71]。反应中，$RhCl(PPh_3)_3$ 催化剂只需 1 mol% 的量就可以了。该催化体系对活性较差的酮也十分有效。

$$\mathrm{RC(O)R^1 + BrCF_2CO_2Et \xrightarrow[\text{0 °C}\sim\text{rt, 0.5}\sim\text{7 h; 72\%}\sim\text{94\%}]{Et_2Zn,\ Rh,\ CH_3CN} RR^1C(OH)CF_2CO_2Et} \quad (61)$$

4.2.11 Cp_2TiCl_2 促进的 Reformatsky 反应

在 Zn/Cp_2TiCl_2 (cat) 存在下，α-溴代乙酸酯、γ-溴代巴豆酸酯或 α-溴代甲基丙烯酸酯可以与亚胺发生 Reformatsky 反应，分别生成 β-内酰胺、3-乙烯基-β-内酰胺或 α-亚甲基-γ-内酰胺 (式 62 和式 63)[72]。在式 63 中，当 R^1 是芳香基时，得到单一的 α-亚甲基-γ-内酰胺 **27**；当 R^1 是脂肪族或苯乙烯基时，得到单一的氨基酯 **28**。与经典 Reformatsky 反应相比，该催化体系具有以下优点：Zn 粉不需要提前活化，反应溶剂不需要严格的无水处理，反应可在室温下快速进行 (一般只需几分钟)。作者认为，该反应中实际上形成了 Reformatsky 试剂 (Zn-烯醇盐)。

$$\mathrm{R^1CH{=}NR^2 + R^3CHBrCO_2R^4 \xrightarrow[\textbf{25},\ 50\%\sim81\%;\ \textbf{26},\ 0\sim55\%]{Zn/Cp_2TiCl_2,\ THF,\ rt} \textbf{25} + \textbf{26}} \quad (62)$$

$$\mathrm{R^1CH{=}NAr + BrCH_2CH{=}CHCO_2R^2 \xrightarrow[\textbf{27},\ 77\%\sim82\%;\ \textbf{28},\ 63\%\sim70\%]{Zn/Cp_2TiCl_2,\ THF,\ rt} \textbf{27}\ \text{or}\ \textbf{28}} \quad (63)$$

Parrish 等介绍了一个利用 Cp_2TiCl (由 Cp_2TiCl_2 和 Mn 产生) 引发的 Reformatsky 反应。该反应不仅速度快、操作简单，而且只适用于脂肪族醛 (式 64)[73]。但是，该反应需要使用化学当量的 Cp_2TiCl_2。作者认为，该反应经历了一个 Ti-烯醇盐的中间体。

$$\mathrm{R^1OC(O)CHR^2X + R^3CHO \xrightarrow[\text{THF, rt, 0.5}\sim\text{1 h; 64\%}\sim\text{95\%}]{Cp_2TiCl_2,\ Mn} R^1OC(O)CHR^2CH(OH)R^3} \quad (64)$$

Oltra 等人报道了上述催化体系促进的 α-卤代酮和醛的 Reformatsky 反应，发展了一条有效制备 β-羟基酮的途径 (式 65)[74]。

$$\mathrm{CH_3(CH_2)_8CHO + 2\text{-chlorocyclohexanone} \xrightarrow[72\%]{Cp_2TiCl_2/Mn} \beta\text{-hydroxy ketone}\ (\mathit{syn}{:}\mathit{anti} = 1{:}4)} \quad (65)$$

4.2.12 钯催化的 Reformatsky 型反应

Moloney 等报道：在微波条件下，Pd(0) 配合物可以催化芳基或者杂芳基卤代物与 Reformatsky 试剂进行偶联反应，生成 α-芳基酯或酰胺 (式 66)[75]。

$Pd(PPh_3)_4$, THF, MW

XR^2 = OBu-*t*, 18%~98%

XR^2 = NBn_2, 21%~84%

Y, Z = N, C

(66)

Hocek 等利用钯催化的 6-氯嘌呤衍生物与 Reformatsky 试剂的交叉偶联反应，高产率地合成了 6-嘌呤基乙酸酯 (式 67)[76]。该方法成功的用于 6-乙氧羰基甲基-核苷和 6-羟乙基-嘌呤基核苷的合成中。

Pd_2dba_3, bpdbp/THF, 67%~94%; 1. $NaBH_4$ 2. MnO_2

(67)

dba = dibenzylidene acetone; bpdbp = (2-biphenyl)di-tert-butylphosphine

除了上述金属及其盐外，其它金属试剂［例如：锗[77]、锡及其二价盐[78]、$Fe(CO)_5$[79]等］也可以用来促进 Reformatsky 反应。

4.3 非传统条件下的 Reformatsky 反应

4.3.1 超声波促进的 Reformatsky 反应

1982 年，Han 等[80]报道了低强度超声波 (LIU) 可以极大地提高 Reformatsky 反应的速率和产率。在该报道中，使用活化 Zn 粉和新蒸馏的干燥二噁烷可以得到最佳的结果。最近，Bartsch 报道了高强度超声波 (HIU, high-intensity ultrasound) 促进的 Reformatsky 反应 (式 68)[81]。该反应具有反应时间短和产率高的优点。在催化量的碘存在下，Zn 粉不需要活化，且使用试剂级的溶剂即可。该方法适用于各种 α-溴代羧酸酯，即使是位阻很大的α-溴代羧酸酯也能很好的参与反应。但是，α-氯代羧酸酯不能参与反应。该小组还将该方法拓展到亚胺型的 Reformatsky 反应中，产物的选择性取决于亚胺和 α-溴代羧酸酯的性质 (式 69)[82]。

Zn dust, I_2 (cat.)

dioxane/HIU, 20°C (bath temp)

> 90%

(68)

Zn dust, I_2 (cat.)
dioxane/HIU, 20°C (bath temp)
> 70%
HIU = high-intensity ultrasound
(69)

4.3.2 无溶剂的 Reformatsky 反应

在许多情况下，无溶剂 Reformatsky 反应不仅操作简便，而且可以得到比在溶剂中反应更高的产率。Toda 等发现：将醛或酮和溴化物与 Zn-NH_4Cl 混合后，在室温保持几小时即可到 Reformatsky 反应的产物[83]。

$$ArCHO + BrCH_2CO_2Et \xrightarrow[80\%\sim94\%]{Zn,\ NH_4Cl} ArCH(OH)CH_2CO_2Et \quad (70)$$

4.3.3 水相中的 Reformatsky 反应

1990 年，Li 等首先探索了使用水作为溶剂的 Reformatsky 反应。他们发现：在水介质中用 Zn 或 Sn 催化的 Reformatsky 反应具有副反应较少 (未发现复杂的交叉羟醛缩合反应) 和反应收率高的优点。但是，该反应的非立体选择性没有明显的改善，与有机溶剂中的结果相差无几。后来，他们用金属 In 代替 Zn 或 Sn 使该反应的非立体选择性有了很大提高，但对反应的收率改进不大 (式 71)[84]。

M, H_2O
(71)

M = Zn, 82%, *erythro*:*threo* = 2.5:1
M = Sn, 67%, *erythro*:*threo* = 1.1:1
M = In, 85%, *erythro*:*threo* = 12:1

水相中的 Reformatsky 反应还有另外一个优点，那就是底物中的活性基团 (例如：羟基和羧基) 可以不需要保护 (式 72)[84b]。

In, H_2O
40%
(72)

近来，Welch 等报道了有机溶剂/水混合介质中，In 催化的 2,2-二氟-2-氯-(2-呋喃)-乙酮与各种醛的 Reformatsky 反应，以中等收率得到了各种 α,α-二氟-β-羟基酮衍生物 (式 73)[85]。

In, H_2O/THF (4:1)
20%~80%
(73)

Bieber 发现：在饱和氯化铵/高氯酸镁或氯化钙/氯化铵的浓水溶液中，催化量的苯甲酰过氧化物或过氧酸可以促进 2-溴代酯和羰基化合物的 Reformatsky 反应[86]。作者认为，该反应是经过自由基机理来实现的。

$$R^3R^4C(Br)CO_2Et + R^1COR^2 \xrightarrow[11\%\sim83\%]{H_2O\text{-}NH_4Cl\text{-}Mg(ClO_4)_2,\ or\ H_2O\text{-}CaCl_2\text{-}NH_4Cl,\ (BzO)_2\ (cat.),\ 30\ ^\circ C,\ 5\ min} R^1R^2C(OH)C(R^3)(R^4)CO_2Et \quad (74)$$

除此之外，还有很多催化体系可以用来催化水相中的 Reformatsky 反应。例如：$Zn/BF_3 \cdot OEt_2$[87]、$BiCl_3/Sm$[88]和 $BiCl_3/Al$[89]等。

4.3.4 固载试剂参与的 Reformatsky 反应

1998 年，Makosza 等人[90]通过使用固载在苯乙烯上的金属锂 (Li-PE) 来还原 $ZnCl_2$ 制备了 Zn-PE 试剂 (式 75)。在该试剂催化下，无论是脂肪族还是芳香族的醛或酮都得到了很好的收率。如式 76 所示：在该条件下，反应活性很低的 α-氯代乙酸酯也可以发生 Reformatsky 反应。

$$\text{Li-PE} \xrightarrow{ZnX_2/THF,\ 20\ ^\circ C,\ 2\ h} Zn^*\text{-PE} \quad (75)$$

$$RC(O)R^1 \xrightarrow{Zn^*\text{-PE}/R^2X,\ 20\ ^\circ C,\ 3\ h} RR^1C(OH)R \quad (76)$$

如式 77 所示：Vidal[91]等用固定在树脂上的胺 **29** 与醛和苯并三氮唑发生缩合反应，得到 Mannich 产物 **30**。然后，在 Reformatsky 反应条件下，苯并三氮唑被取代并转化为相应的 α,α-二氟-β-氨基酸酯 **31**。

$$\mathbf{29} \xrightarrow[PhH,\ reflux]{BtH,\ R^2CHO} \mathbf{30} \xrightarrow[THF,\ reflux]{Zn,\ TMSCl,\ BrCF_2CO_2Et} \mathbf{31} \xrightarrow[THF,\ rt]{LiOH,\ H_2O} \mathbf{32} \xrightarrow[76\%\sim98\%]{HF/anisole} \mathbf{33} \quad (77)$$

● = 对甲基二苯甲基胺树脂
BtH = benzotriazole

4.3.5 离子液体中的 Reformatsky 反应

在离子液体中，Reformatsky 反应可以很好地进行，而且经过简单处理后催化剂还可以循环使用 (式 78)[92]。

CHO; Zn, $BrCF_2CO_2Et$; [EtDBU][OTf], 50~60 °C; OH; CF_2CO_2Et (78)

4.3.6 电化学法的 Reformatsky 反应

电化学法促进的 Reformatsky 反应是指在外加电源的作用下，以金属作为牺牲性阳极，促使 α-卤代酯和羰基化合物进行的加成反应。

Sibille 等报道了锌金属为牺牲性阳极时，α-氯代酯和羰基化合物的 Reformatsky 反应 (式 79)[93]。在该反应体系中，使用了催化量的 Ni(II) 配合物。Sibille 等认为：在该反应中首先是 Ni(II) 配合物被还原为 Ni(0)，α-氯代酯对其进行氧化加成形成 Ni(II) 配合物；接着，发生 Zn(II)/Ni(II) 金属交换形成 Reformatsky 试剂后进行加成反应 (式 80)。

O; R^1; R^2; +; R^3; Cl; CO_2R^4; Zn anode; $NiBr_2$·bipy, DMF; R^1 OH R^3; R^2; CO_2R^4 (79)

Ni(II); 2 e⁻; Ni(0); RNiX; RX; CH_3COCH_3; no reaction; Zn(II); RZnX; CH_3COCH_3; —C—R; OZnX (80)

随后，Schick 等以锌金属作为牺牲性阳极，研究了环丁二酸酐和环戊二酸酐与 2-溴代酸酯的反应 (式 81)[94]。该报道指出，金属不需要活化且不需要加入 Ni(II) 配合物。该小组还以金属铟为牺牲性阳极，通过 Reformatsky 反应合成了各种多取代 β-羟基内酯化合物 (式 82)[95]。

O; n; O; O; +; R^1; R^2; Br; CO_2Et; zinc anode, DMF; n = 1,2; BrZnO; R^1; R^2; n; O; CO_2Et; O

H_3O^+; HO_2C; n; O; R^1; R^2; CO_2Et (81)

$$R^1C(O)R^2 + BrC(R^3)_2CO_2R^5 \xrightarrow{\text{In anode, DMF}} \text{major} + \text{minor} \quad (82)$$

最近，Durandetti 报道了铁促进的 α-氯代物和羰基化合物的电化学反应[96]。该反应的底物适用范围十分广，可以用来合成各种 β-羟基酯、酮和腈化合物。

5 Reformatsky 反应的类型

5.1 分子内 Reformatsky 反应

当一个分子同时携带有被活化的碳卤键和亲电中心时，有可能发生分子内 Reformatsky 反应。因此，可以通过合适的底物来合成各种大小的碳环化合物、杂环化合物和复杂的天然产物 (式 83[97]、式 84[48a]和式 85[98])。

$$\xrightarrow[57\%]{Et_2AlCl,\ Zn,\ CuBr_2\cdot SMe_2/THF} \quad (83)$$

$$\xrightarrow[90\%]{SmI_2,\ THF,\ -78\ ^{\circ}C} \quad (84)$$

$$\xrightarrow[64\%\sim84\%]{1.\ Zn/THF;\ 2.\ HMPA} \quad (85)$$

5.2 逆向 Reformatsky 反应

最近，Wang 等人利用逆向 Reformatsky 反应作为关键步骤合成了杂环烯胺化合物[99]。如式 86 所示：5~7 员环酮与 α-溴代酸酯经 Reformatsky 反应生成的 β-羟基酸酯与溴在碱性条件作用，可以开环生成 α,α,ω-三溴酮酸酯；然后，再经过 Cu/Zn 还原生成 ω-溴-β-酮酸酯。由 β-羟基酸酯到 ω-溴-β-酮酸酯的过程就是一个 *Retro*-Reformatsky 反应过程。

$BrCH_2CO_2Et$, Zn, TMSCl, 51%~97%; Br_2/K_2CO_3, $CHCl_3$, 0 °C; Cu/Zn, MeOH-NH_4Cl, 10~15 °C, 15 min (86)

5.3 不对称 Reformatsky 反应

不对称 Reformatsky 反应主要有两种类型：底物诱导的不对称 Reformatsky 反应和配体诱导的不对称 Reformatsky 反应。

5.3.1 底物诱导的不对称 Reformatsky 反应

在 Reformatsky 反应中，当羰基的两边取代基不同时，反应后会产生一个新的手性中心。如果在 α-卤代物或者亲电试剂中引入手性辅助基团，使之成为手性 α-卤代物或者手性亲电试剂后再发生 Reformatsky 反应，那么，就有可能合成得到有光学活性的产物。手性辅助基团在完成不对称 Reformatsky 反应之后，再从产物分子中除去。因此，手性辅助基团要容易引入和除去。

20 世纪中期，Reid 小组报道了首例底物诱导的不对称 Reformatsky 反应[100]。如式 87 所示：他们以溴代乙酸薄荷醇酯和溴代乙酸龙脑酯作为手性源诱导不对称 Reformatsky 反应，得到了有光学活性的 β-羟基酸酯，进一步水解成为 β-羟基羧酸。虽然该反应产物的光学收率只有百分之十几，但具有开创性意义。

$$PhCHO + BrCH_2CO_2R^* \xrightarrow{Zn\text{-}Cu,\ THF} PhCH(OH)CH_2CO_2R^* \xrightarrow{KOH/C_2H_5OH,\ H_2SO_4} PhCH(OH)CH_2CO_2H \quad (87)$$

近年来，文献中报道了很多手性辅助试剂诱导的 Reformatsky 反应。虽然手性辅助基团对反应的化学产率、区域选择性和立体选择性有重要的影响，但是并没有清晰的影响规律。如式 88 所示：手性醇衍生物 **34**[101]、1,3-噁唑啉-2-酮型 (又称 Evans 手性辅助基团 **35**[102,103]、亚磺酮衍生物 **36**[105,106] 和苯并噁嗪-4-酮 **37**[107]等常被用作该类反应的手性辅助基团。

(88)

34 35 36 37

如式 89 所示：在超声波促进下，手性的 α-卤代酸酯与亚胺发生 Reformatsky 反应，生成光学活性 β-氨基酸酯，通过简单处理即可得到光学活性的内酰胺[101]。其中，手性 *trans*-2-苯基环己醇衍生的 α-卤代酸酯效果最好 (>99% ee)。

$BrCH_2COCl$ →(R*OH, NaH; THF, –20 °C) ROC(O)CH2Br →(Imine, Zn, I_2, dioxane; rt, ultrasonication) →(EtMgBr/THF, 0 °C; 80%~95%)

Imine =

(89)

如式 90 所示：在 SmI_2 存在下，使用手性 α-溴代乙酰-2-噁唑烷酮和醛为底物，通过 Reformatsky 反应和去辅助基转换，可以得到光学活性的 β-羟基酸或酯[102]。

\+ RCHO →(SmI_2, THF, –78 °C; 32%~95%; Y = H, Me, Ph)

NaOEt/EtOH, 0 °C, 20 min

LiOH/THF-H_2O, 0 °C, 30 min

(90)

Yang 等利用含有手性噁唑烷酮辅助基团的 α-溴代乙酰胺衍生物与 α-氯代酮的不对称 Reformatsky 反应，高产率和高立体选择性地得到主产物 *syn*-(2*R*,3*R*)-**38** (dr = 97.2) (式 91)[103]。产物 **38** 再经过两步反应就可转化成为重要的药物合成中间体 **39**。

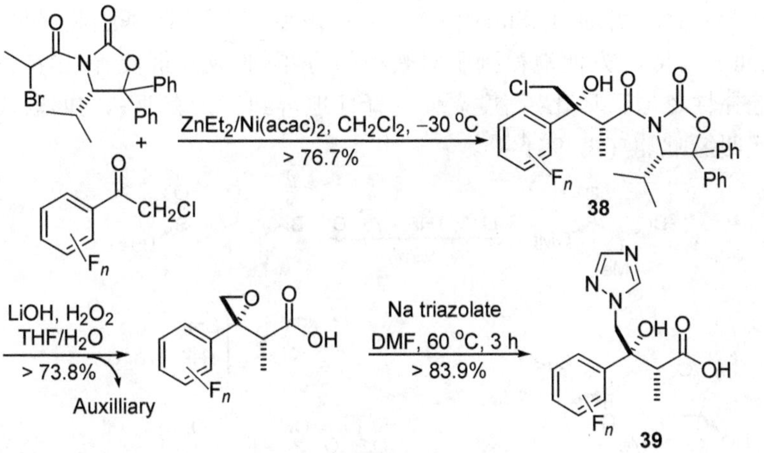

$ZnEt_2/Ni(acac)_2$, CH_2Cl_2, −30 °C
> 76.7%

CH_2Cl; F_n; Ph; Br; **38**

LiOH, H_2O_2
THF/H_2O
> 73.8%
Auxilliary

Na triazolate
DMF, 60 °C, 3 h
> 83.9%

39

(91)

例如：利用 **39** 作为前体化合物，可以方便地合成一系列新型的三唑类广谱抗真菌药物：Ravuconazole (**40**, 拉夫康唑)、RO-0094815 (**41**) Voriconazole (**42** 伏立康唑)、和 TAK-187 (**43**) 等[104]。

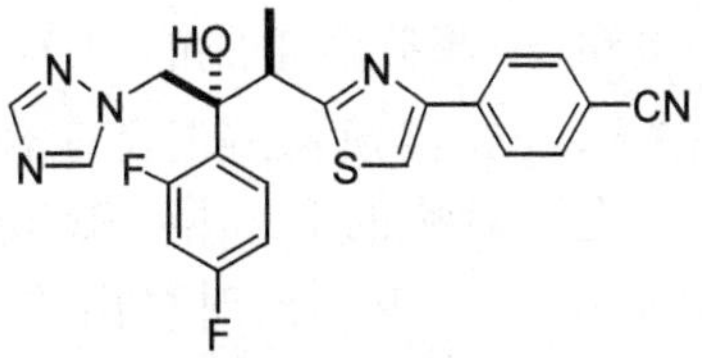

Ravuconazol (**40**)

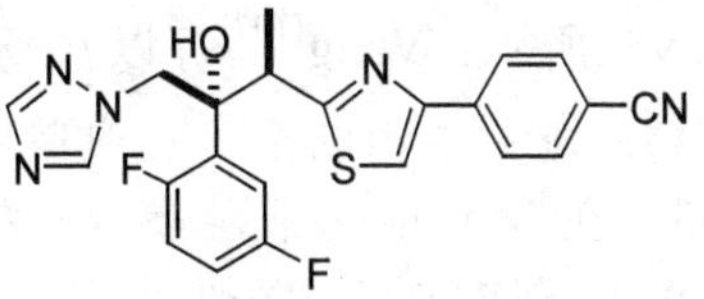

RO-0094815 (**41**)

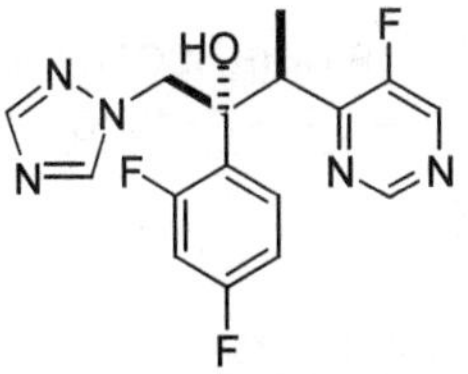

Voriconazol (**42**)

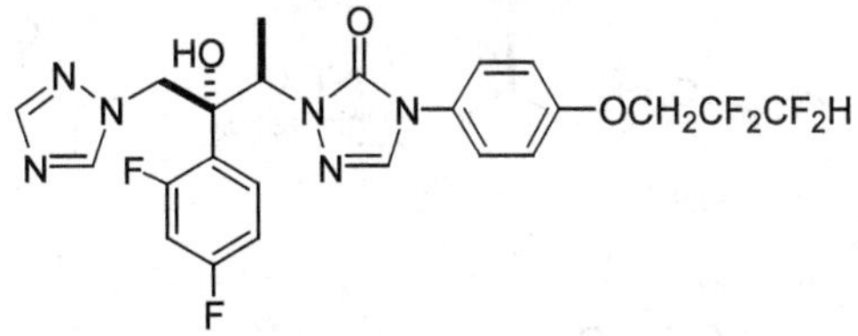

TAK-187 (**43**)

式 92 中，带有手性亚砜的 α-溴代酮与醛在 SmI_2 促进下发生 Reformatsky 反应，高度立体选择性地生成 *syn*-加成产物。然后，使用合适的试剂进行还原，可以高产率和高非对映选择性地得到 *anti*- 或者 *syn*-2-甲基-1,3-二醇[105]。

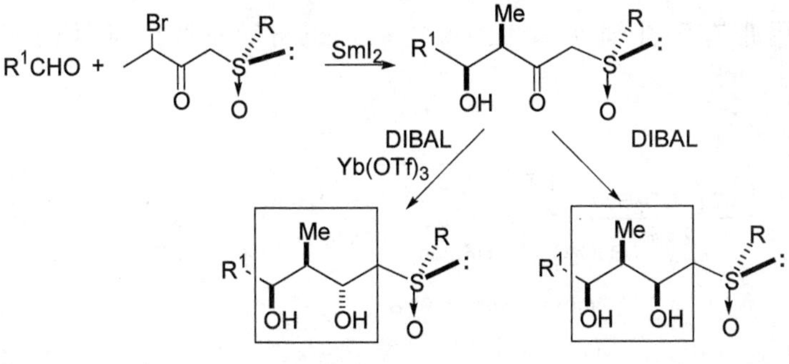

R^1CHO + … $\xrightarrow{SmI_2}$ …

DIBAL, $Yb(OTf)_3$; DIBAL

(92)

Colobert 及其合作者通过 SmI_2 促进了 α-溴代-α'-亚磺酰基酮和保护的 α-或 β-酮醛之间的反应，方便地得到了对映纯的 β-酮亚砜。紧接着对 β-酮亚砜进行非对映选择性还原再环化，高度立体选择性地得到了带有亚砜的四取代四氢呋喃和三取代四氢吡喃 (式 93)[106]。

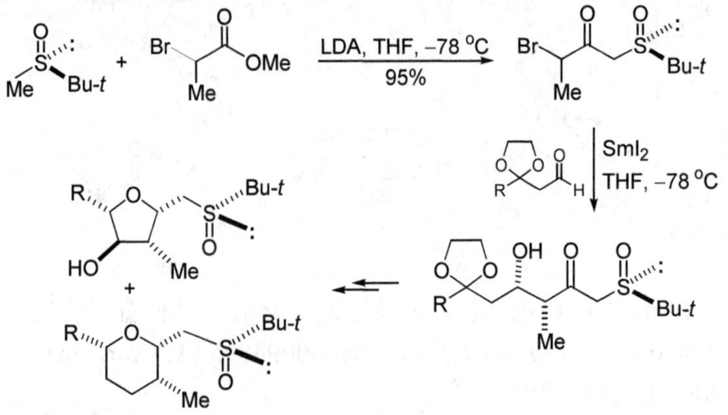

LDA, THF, –78 °C
95%
SmI_2
THF, –78 °C

(93)

如式 94 所示：Wang[107]等以水杨酰胺和 L-薄荷酮生成的 2,3-二氢苯并噁嗪-4-酮 **(44)** 为手性辅助剂，在吡啶存在下，与 α-溴乙酰溴反应合成了 α-溴代酰胺 **45**。在 Zn 催化下，**45** 与亚胺发生不对称的亚胺型 Reformatsky 反应，高产率和高对映选择性的生成了 β-内酰胺 **46**，同时释出的手性辅助试剂 **44**。

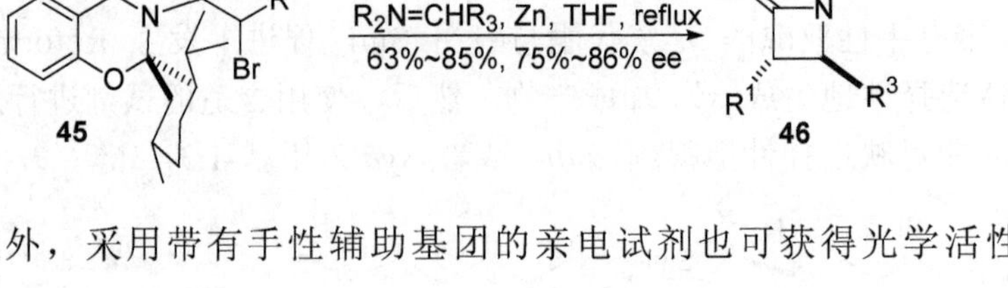

p-TsOH, PhH, reflux, 69%
$BrCH(R^1)COBr$, Py, PhH, 5~15 °C
$R_2N{=}CHR_3$, Zn, THF, reflux
63%~85%, 75%~86% ee

(94)

此外，采用带有手性辅助基团的亲电试剂也可获得光学活性的产物 (式 95)[108]。

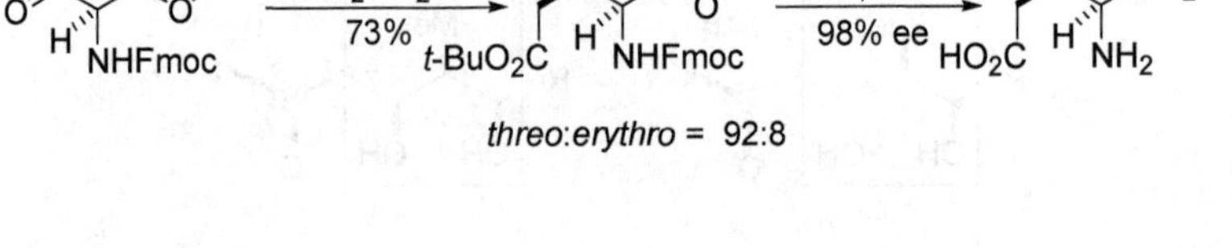

$BrCH_2CO_2Bu$-t, 73%
TMSI, NaOH, 98% ee
threo:erythro = 92:8

(95)

由以上反应可看出：手性辅助试剂诱导的 Reformatsky 反应有三个主要缺点。第一因为辅助基团的引入和除去而增加了反应步骤；第二至少要消耗等摩尔的手性辅助试剂；第三手性诱导效果受到限制，因为大多数情况下手性中心远离反应中心。

5.3.2 配体诱导的不对称 Reformatsky 反应

配体诱导的不对称 Reformatsky 反应最早可以追溯到 20 世纪 70 年代。Guette[109]首次采用 (−)-鹰爪豆碱作为手性配体，用于催化不对称 Reformatsky 反应生成 *β*-羟基羧酸酯。虽然得到产物的立体选择性较好，但化学产率较低。随后，很多研究小组开展了对手性催化剂诱导的不对称 Reformatsky 反应的探索。目前常用的手性配体有手性氨基醇类化合物、手性氨基酸衍生物和单或双羟基碳水化合物等。

5.3.2.1 手性氨基醇类配体

许多天然或者经修饰的手性氨基醇类化合物都可以作为手性配体来诱导不对称的 Reformatsky 反应[110]。常见的手性氨基醇配体有：(*S*)-DPMPM (**47**)、(1*S*,2*R*)-2-氨基-1,2-二苯基乙醇(**48**)、C_2 轴对称的手性双氨基醇配体 (**49**)、(1*R*,2*S*)-*N*,*N*-二烃基降麻黄碱 (**50**) 和 (1*S*,2*S*)-1-苯基-2-氨基-1,3-丙二醇衍生物 (**51**) 等。

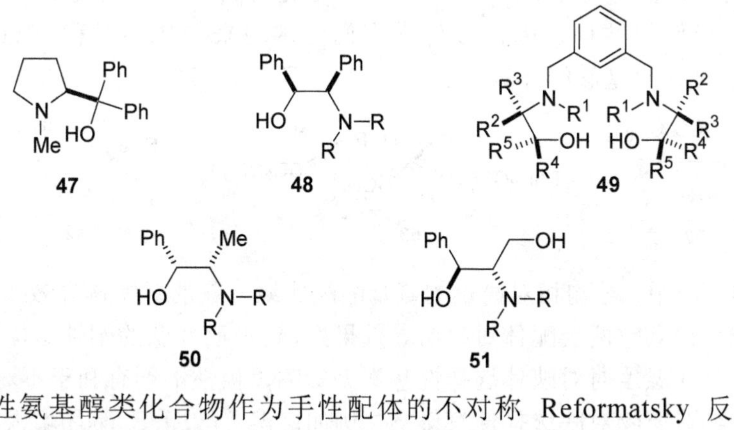

Ph Ph N Me HO **47**　　Ph Ph HO N−R R **48**　　R3 N R1 R2 R5 OH R4 R1 N R2 R3 HO R4 R5 **49**

Ph Me HO N−R R **50**　　Ph OH HO N−R R **51**

以手性氨基醇类化合物作为手性配体的不对称 Reformatsky 反应有以下特点：(1) 在手性氨基醇配体中，*N*,*N*-双烷基化手性配体要比 *N*-单烷基化或未烷基化的手性配体的不对称诱导效果好；(2) 氨基醇配体的羟基官能团在对映选择性反应中是至关重要的；(3) 产物构型主要由手性配体的构型决定；(4) 用化学计量的手性配体所得的对映体，选择性明显高于用催化量手性配体所得的结果。

最近，Yamano 等人利用金鸡纳生物碱作手性配体实现了酮的高对映选择性

Reformatsky 反应 (式 96)[111]。研究发现：酮邻位的 sp^2-氮原子对该反应的对映选择性起关键作用。这主要是 sp^2-氮原子与底物中活性羰基的螯合可以增加对映面的识别，从而提高了反应的对映选择性。当反应中加入吡啶时，产物的对映选择性最高可达 97% ee。

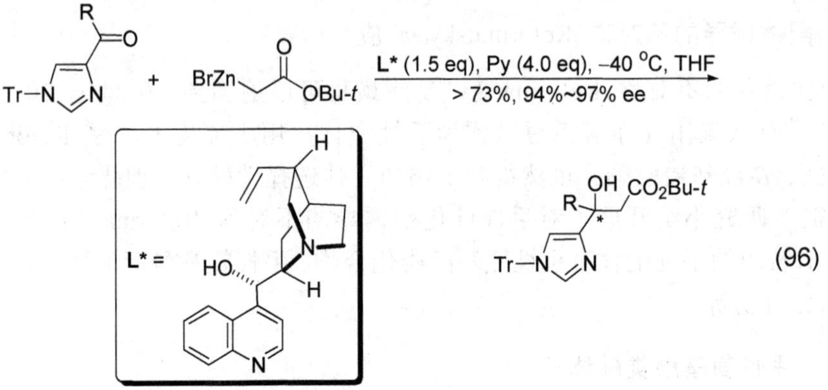

L* (1.5 eq), Py (4.0 eq), –40 °C, THF; > 73%, 94%~97% ee (96)

5.3.2.2 手性氨基酸衍生物配体

天然氨基酸的衍生物或小肽价廉易得，已被广泛用于催化各种不对称反应。侧链带配位基团的天然氨基酸衍生物或小肽，分子中都带有两个以上的配位基团，可与过渡金属形成配合物，尤其是由两个 L-氨基酸形成的环二肽，其肽环有一定的刚性，侧链上的配位基团处于肽环的同侧，可与过渡金属形成跟酶的活性中心相似的结构，因此被化学家们尝试用来催化不对称 Reformatsky 反应[112]。例如：氨基酸酯 **52**、线二肽 **53** 和环二肽 **54**。

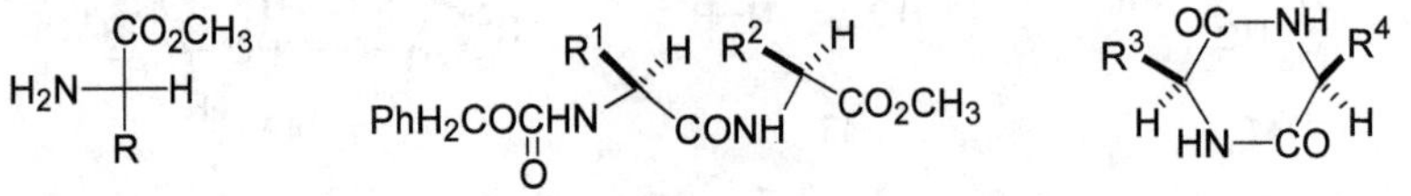

52 **53** **54**

在该类反应中，结构相对简单的氨基酸酯比线二肽的对映诱导效果更好。环二肽手性配体比其它两类配体对映诱导效果好，这说明环肽的刚性结构对不对称诱导有利。反应温度对对映体选择性基本无影响，极性溶剂有利于不对称诱导。反应底物结构对产物对映选择性有影响，例如：溴乙酸酯 R 基团增大，产物的立体选择性随之明显增大。

5.3.2.3 单或双羟基碳水化合物配体

最近有报道称单或双羟基碳水化合物（**55~59**）也可以用来诱导不对称 Reformatsky 反应[113]。但这些手性配体参与的反应，化学产率一般，产物的立体选择性也较低。

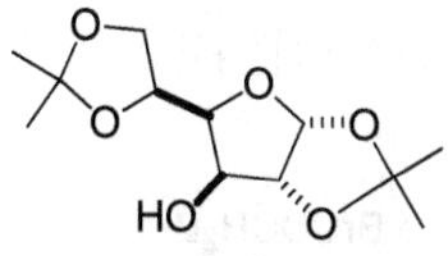

55 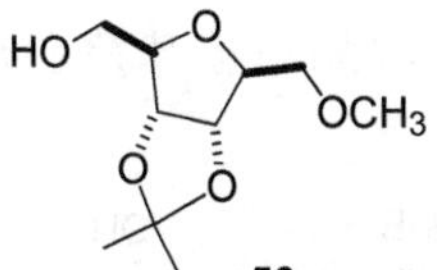 56 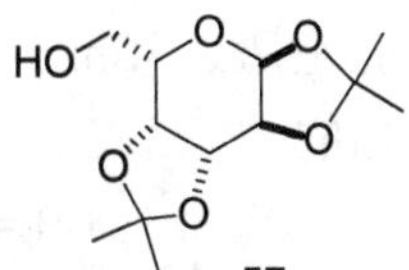 57

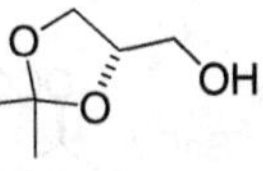

58 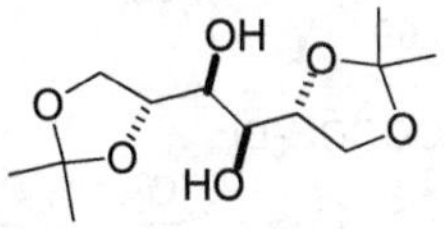 59

6 Reformatsky 反应在天然产物及复杂分子合成中的应用

含有 β-羟基的羰基化合物是天然产物及药物合成中非常有价值的起始原料、中间体或者目标产物。由于 Reformatsky 反应在获得 β-羟基的羰基化合物时具有反应条件温和、化学选择性好、底物适用范围广以及可使用许多非锌金属等优点，特别是近年来发展迅速的在立体选择性合成方面的优势，使它在合成天然产物及其相关的复杂分子的研究中日益受到有机化学家的青睐。

6.1 药物中间体 (4*R*,6*S*)-6-苄氧甲基-4-羟基-四氢吡喃-2-酮的合成

Compactin (美伐他汀) 和 Mevinolin (洛伐他汀) 都是目前市售治疗心血管病的主要药物，它们都是由霉菌分泌的代谢产物。二者均是 3-羟基-3-甲基-戊二酰辅酶 A (HMG-CoA) 还原酶抑制剂，HMG-CoA 还原酶是细胞内胆固醇合成过程中的限速酶。在化学结构上，它们的分子中都包含一个手性的 β-羟基-δ-内酯单元[114]。

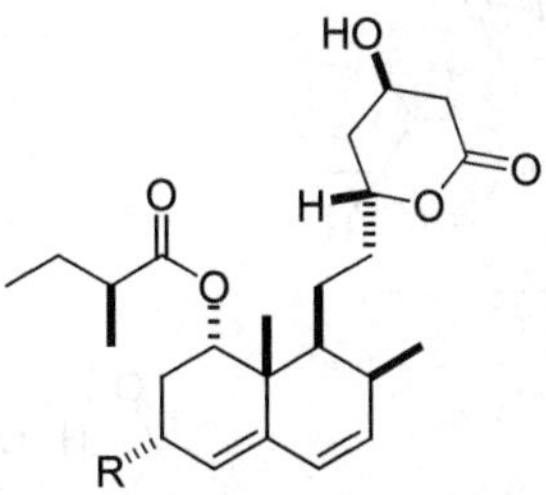

(+)-Compactin (R = H)

(+)-Mevinolin (R = CH_3)

最近，Uang 等人[115]报道了一种制备手性 β-羟基-δ-内酯单元的新方法。如式 97 所示：他们从缩水甘油醚 **60** 开始，经过简单的格氏试剂开环、酯化和氧化三步反应，获得了同时具有醛基和 α-溴代酯的手性化合物 **63**。在新制备的 SmI_2 作用下，化合物 **63** 无需纯化就可以直接发生分子内 Reformatsky 反应，高产率和高立体选择性地得到目标产物 **64** (> 95:5)。该反应的立体选择

性的控制可能是通过 Sm^{3+} 的烯醇酯与羰基螯合形成的刚性椅式环状过渡态来完成手性诱导的。

CH_2=CHMgBr, CuCN, −10 °C, 94%; $BrCOCH_2Br$, 2,6-lutidine, 0 °C, 89%; O_3, CH_2Cl_2-MeOH, DMS; SmI_2, THF, 2 h, 0 °C, 91% (60 → 61 → 62 → 63 → 64) (97)

6.2 UCS1025A 全合成

UCS1025A 是一种霉菌 (*Acremonium* sp. KY4917 fungus) 发酵的产物，具有抑制癌细胞增殖的药物活性。结构如下所示[116]：该化合物是由一个双稠吡咯啶核和一个八氢萘环通过酰基连起来的，如何将两个片段结合起来是该全合成的关键。Danishefsky 等首先合成了 α-碘代酰胺片段 **65** 和 醛 **66**，然后利用 Reformatsky 反应将二者偶联起来 (式 98)[117]。他们发现：在三乙基硼烷甲苯溶液 (−78 °C) 中，α-碘代内酰胺与醛快速地发生反应，完全立体选择性地得到定量的单一的产物 **67**，该化合物经简单的脱保护基再氧化就能顺利得到目标产物。Danishefsky 认为，**67** 的形成是通过硼的烯醇盐然后与醛基加成的。

UCS1025A

65 + **66** —(BEt_3, PhMe, −78 °C, 1 h, 99%)→ **67** (single diastereomer) —(TBAF, THF, 85%)→ —(Dess-Martin periodinane, CH_2Cl_2, 84%)→ UCS1025A (98)

6.3 **大环内酯** (+)-Acutiphycin 的全合成

(+)-Acutiphycin 是从尖头抓藻中分离到的具有细胞毒作用和抗肿瘤作用的大环内酯类化合物[118]。在该分子的全合成中，Jamison 利用分子内的 Reformatsky 反应成功地构筑了 C13-C17 之间的片段。如式 99 所示[119]：首先通过四步反应构筑了 α-溴代酮片段 **71**，将其与手性醛 **72** 发生 SmI_2 促进的 Reformatsky 反应合成了 β-羟基酮 **73**。然后，中间体 **73** 再经过若干步反应实现了 (+)-Acutiphycin 的全合成。

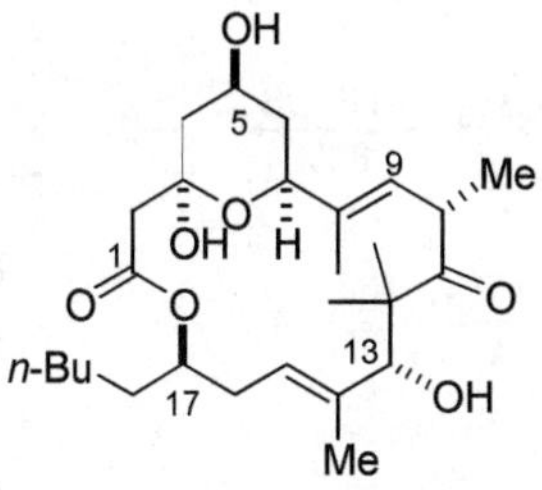

(+)-Acutiphycin

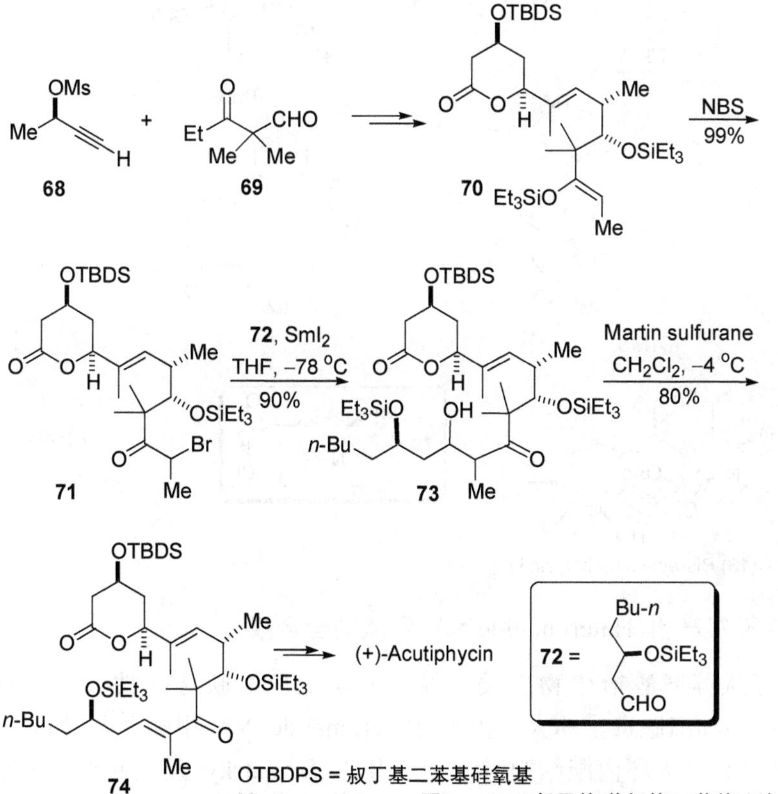

68 + **69** ⟶ **70** (NBS, 99%) ⟶ **71** (**72**, SmI_2, THF, –78 °C, 90%) ⟶ **73** (Martin sulfurane, CH_2Cl_2, –4 °C, 80%) ⟶ **74** ⟶ (+)-Acutiphycin　　(99)

72 =

OTBDPS = 叔丁基二苯基硅氧基
Martine sulfurane = 双[α,α-二(三氟甲基)苄氧基]二苯基硫烷

6.4 细胞松弛素 C(16),C(18) Bis-*epi*-Cytochalasin D 的全合成

细胞松弛素 D (Cytochalasin D) 是一种由霉菌分泌的代谢产物，是一个具有 11 员碳环骨架的化合物。2000 年，Vedejs 等人报道一条有关 Cytochalasin D 的全合成路线[120]。如式 **100** 所示：他们经过若干步反应，首先获得了分子中同时具有醛基和 *α*-氯代酮的中间体 **80**。然后，在 $ZnCl_2$/Na 的作用下，中间体 **80** 发生分子内 Reformatsky 反应构造出所需的 11 员碳环结构化合物 **81**。**81** 在酸性条件下脱水生成 **82** 后，再经过八步反应合成了最终产物。

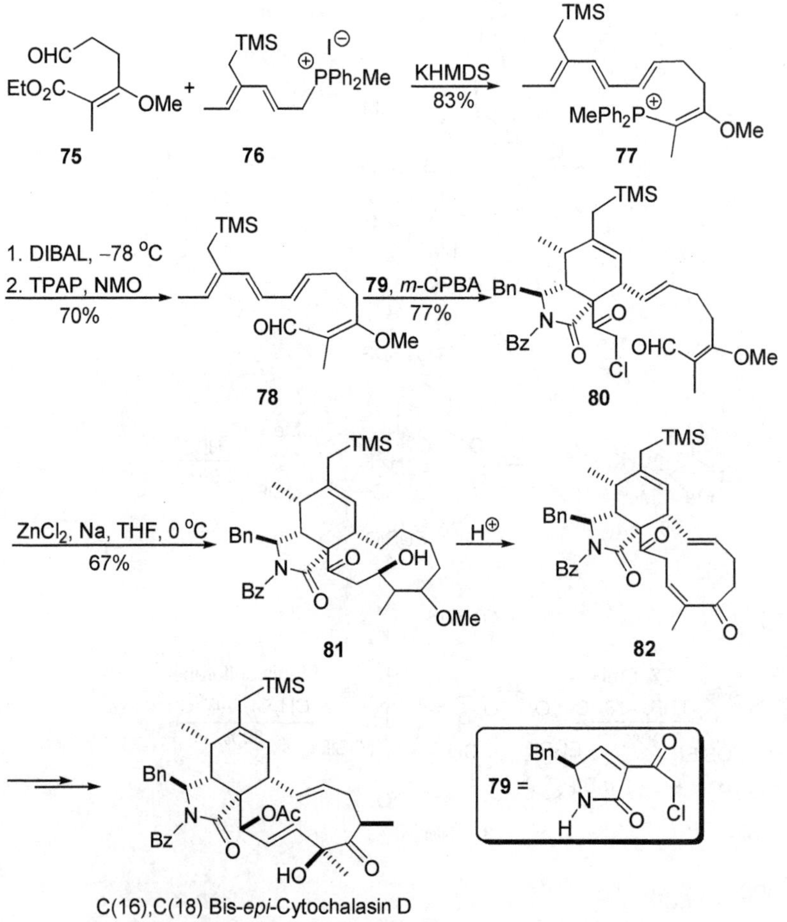

C(16),C(18) Bis-*epi*-Cytochalasin D

(100)

6.5 抗癌活性天然产物 Haterumalide NA 甲酯的全合成

Kigoshi 等从苏糖醇衍生物出发，经 26 步反应对映选择性合成了得自 Okinawan 海绵动物细胞毒素的大环内酯 Haterumalide NA 甲酯[121]。如式 101 所示：在构造 14 员大环内酯结构时，分子内 Reformatsky 反应起到了非常关键的作用。

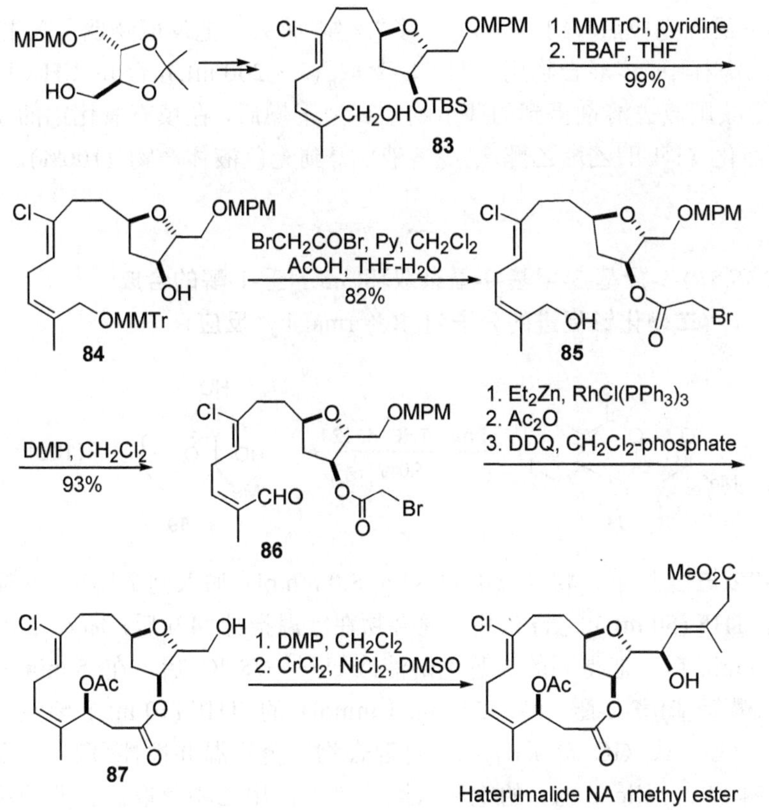

(101)

7 Reformatsky 反应实例

例 一

3-羟基-2,2-二甲基-3-苯基丁酸乙酯的合成[81]
(高强度超声波促进的 Reformatsky 反应)

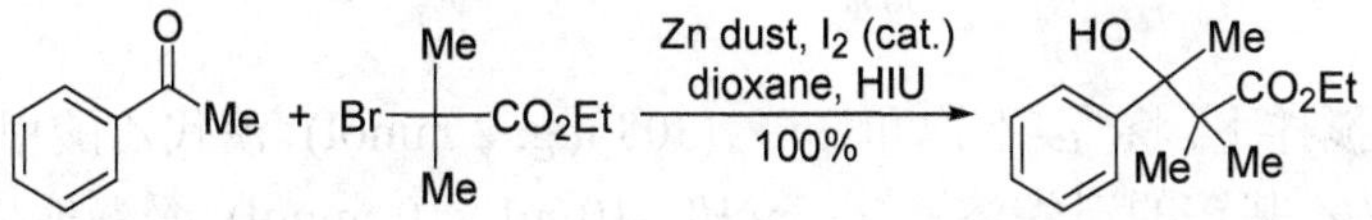

(102)

在氮气保护下，将锌粉 (1.18 g, 18 mmol)、碘 (0.50 g, 2.0 mmol) 和二氧六环 (6.25 mL) 加入到反应瓶中，并用氮气对该溶液进行脱气。将苯乙酮 (1.20 g, 10 mmol)和 2-溴-2-甲基丙酸乙酯 (2.91 g, 15 mmol) 加入到上述反应液中，接着加入剩余的二氧六环 (6.25 mL)。在反应瓶接上超声探头，并将反应瓶的下端置于 20 °C 的乙二醇-水 (1:1) 的恒温浴。将该反应液以脉冲 6 s 的固定周期进行声波反应。超声反应完成后 (约 5 min)，移去超声探头，把反应物倒入蒸馏水-冰 (200 mL) 的烧杯中。该混合物用 CH_2Cl_2 萃取 (2 × 200 mL)，合并 CH_2Cl_2 液用硫酸镁干燥。减压蒸去溶剂得到的残留物经真空干燥后，在填充氧化铝的短颈色谱柱上进行纯化 (1:1 的乙酸乙酯-己烷溶液) 得到无色液体产物 (100%)。

例 二

(1*R*,3*S*,5*R*)-3-羟基-3-甲基-9-氧杂双环[3.3.1]壬-1-醇的合成[122]

(二碘化钐促进的分子内 Reformatsky 反应)

SmI_2, THF, rt, 12 h; 90% **88** → **89** (103)

在 0 °C 和氮气保护下，将 CH_2I_2 (1.34 g, 5.0 mmol) 加入到金属钐 (0.88 g, 5.85 mmol) 的 THF (50 mL) 悬浮液中。混合物在室温搅拌 4 h 后，加入 NiI_2 (2 mol%)。搅拌 5 min 后，把得到的深蓝色溶液冷却到 −78 °C 后，在 5 min 内加入碘代-4-(碘乙酰氧基)庚-2-酮 (**88**, 424 mg, 1 mmol) 的 THF (10 mL) 溶液。反应原料消失后 (TLC 或 GC 分析确认)，将混合物升至室温并搅拌 12 h。反应液用酒石酸钾钠 (Rochelle's 盐) 的饱和水溶液淬灭，用乙醚萃取。合并的萃取液并用盐水洗和硫酸镁干燥。除去溶剂，得到的残留物经快速柱色谱分离 (50% 乙酸乙酯-石油醚) 得无色油状产物 **89** (155 mg, 90%)。

例 三

2-羟基-10-环丙基癸酸甲酯的合成[123]

(一锅法 Reformatsky)

$BrCH_2CO_2Me$, $RhCl(PPh_3)_3$; Et_2Zn, ICH_2Cl, CH_2Cl_2, 25 h; 88% (104)

在 0 °C 和搅拌下，将 ω-不饱和癸醛 (308 mg, 2 mmol)、溴代乙酸甲酯 (190 μL, 2 mmol)和二乙基锌的己烷溶液 (1 mol/L, 10 mL, 10 mmol) 缓慢地依次加入到 $RhCl(PPh_3)_3$ (Wilkinson 催化剂) (92.5 mg, 0.1 mmol) 的干燥二氯乙烷 (14 mL) 溶液中。在 0 °C 继续搅拌 30 min 后，将反应混合物冷却到 −30 °C，随后将氯碘甲烷 (874 μL, 12 mmol) 滴加到上述溶液中。该混合物在 −15 °C 反应 9 h 后，升温到 0 °C 反应 3 h，再升到室温继续反应。反应 16 h 后，小心地用 NH_4Cl 的饱和水溶液 (25 mL) 淬灭并剧烈搅拌。用乙酸乙酯 (3 × 50 mL) 萃取，

合并萃取液用 $MgSO_4$ 干燥后减压浓缩。残留物通过快速硅胶柱色谱分离得预期产物 (401 mg, 88%)。

例 四

(*S*)-3-(4-甲硫基苯基)-3-羟基丙酸甲酯的合成[124]

(手性配体诱导的不对称 Reformatsky 反应)

Zn —(TMS-Cl, 55 °C)→ Zn* —($BrCH_2CO_2Me$, THF, 37 °C)→ $CH_2{=}C(OZnBr)OMe$ (105)

$CH_2{=}C(OZnBr)OMe$ + 4-MeS-C_6H_4-CHO —((–)-DAIB (1.2 eq), Et_2Zn (0.6 eq), THF, –20~0 °C, 12 h; 93%, 93% ee)→ 4-MeS-C_6H_4-CH(OH)CH_2CO_2Me (106)

(–)-DAIB = (NMe2, OH)

(1) Reformatsky 试剂的制备

在 40 °C 和激烈搅拌下，将三甲基氯硅烷 (0.26 g, 2.4 mmol) 加入到锌粉 (1.26 g, 19.3 mmol) 的 THF (8 mL) 悬浮液中。将反应温度升到 55 °C 继续搅拌 15 min 后，在 10 min 之内加入溴乙酸甲酯 (2.70 g, 17.7 mmol) (注意放热反应)。再搅拌 5 min 后，向反应瓶中充氩气，沉淀出固体物料。用一个套管把上层清液轻轻倾出，它的浓度为 1.7 mol/L (该 Reformatsky 试剂溶液在室温下可以稳定地放置数天)。

(2) Reformatsky 试剂与甲硫基苯甲醛的反应

在 0 °C，将二乙基锌 (1.9 mol/L 的 THF 溶液, 0.23 mL, 0.44 mmol) 加入到(–)-DAIB (140 mg, 0.728 mmol) 的 THF (0.5 mL) 溶液中。上述混合物搅拌 10 min 后，将温度降到 –20 °C。然后，加入前面预制的 Reformatsky 试剂 (0.41 mL, 0.70 mmol)。再搅拌 20min 后，加入醛 (94.2 mg, 0.619 mmol) 的 THF (0.5 mL) 溶液和作为内标物的十四碳烷。在 –20 °C 反应 2 h 后，将体系温度升到 0 °C。继续反应 12 h 后，依次加入浓氨水 (3 mL) 和饱和 NH_4Cl (30 mL) 溶液淬灭反应。用乙酸乙酯萃取混合物，合并的有机相用盐水洗涤，并用 $MgSO_4$ 干燥。除去溶剂得到的粗产物经柱色谱 [SiO_2, 戊烷/乙醚＝(3:1)~(1:1)] 纯化，得到白色固体产物 (74 mg, 0.33 mmol, 按 57% 转化率计，产率 93%，93% ee)，$[\alpha]_D = -14.5°$ (*c* 2.06, CH_3OH)，mp 89~90°C。

例 五

(*S*)-3-氨基-2,2-二氟-3-苯基丙酸的合成[125]
(底物诱导的不对称 Reformatsky 反应)

$$\mathbf{90} \xrightarrow[\text{82\%}]{\text{BrF}_2\text{CCO}_2\text{Et/Zn, THF, reflux}} \mathbf{91} \xrightarrow[\text{88\%, > 99\% ee}]{\text{1. aq. HCl; 2. 环氧丙烷}} \mathbf{92} \quad (107)$$

将 (*S*)-*N*-苯亚甲基-*p*-甲苯磺酰亚胺 (**90**, 243 mg, 1.0 mmol) 和溴代二氟乙酸乙酯 (0.26 mL, 410 mg, 2.0 mmol) 的 THF (2 mL) 溶液滴加到回流的锌粉 (131 mg, 2.0 mmol) 和 THF (5 mL) 的悬浮液中。继续回流 15 min 后，把反应混合物冷却到室温，用饱和氯化铵淬灭反应并用乙酸乙酯稀释反应混合物。分出的水层用乙酸乙酯萃取二次，合并的有机层经水洗和 Na_2SO_4 干燥后浓缩。残留物通过快速柱色谱 (洗脱剂为 3:1 的己烷-乙酸乙酯) 纯化得到 *N*-(*p*-甲苯亚磺酰基)-3-氨基-2,2-二氟-3-苯基丙酸乙酯 301 mg (82%)。其中 (S*S*,3*S*)-异构体含量为 96%，(S*S*,3*R*)-异构体含量 4%。经己烷-乙酸乙酯重结晶得到纯的 (S*S*,3*S*)-异构体 **91** (239 mg, 65%)，mp 119~120 °C，$[\alpha]_D^{20}$ =+116.2° (*c* 1.04, $CHCl_3$)。

将产物 **91** (197 mg, 0.54 mmol) 加入到 HCl 溶液 (6 mol/L, 11 mL) 中回流 4 h，水相用乙醚 (2 × 5 mL) 提取后，将水溶液减压浓缩至干。将残余固体和环氧丙烷 (0.151 mL, 125 mg, 2.16 mmol) 在 *i*-PrOH (3 mL) 中搅拌 5 h。滤出沉淀物，用乙醚洗后得到白色固体产物 **92** (95 mg, 88%, > 99% ee)，mp 242~244 °C，$[\alpha]_D^{19}$ =+7.71° (*c* 0.99, CH_3OH)。

例 六

(4*R*,5*S*,2′*R*,3′*R*,2″*S*)-3-[3′-(*N*-叔丁氧羰基-2″-吡咯烷基)-3′-羟基-2′-甲基丙酰基]-4-甲基-5-苯基-2-噁唑啉酮的合成[126]
(底物诱导的不对称 Reformatsky 反应)

$$\mathbf{93} + \mathbf{94} \xrightarrow[\text{70\%}]{\text{Co[PPh}_3]_4\text{, THF, 0 °C}} \mathbf{95} \quad (108)$$

将活化的镁屑 (0.5 g)、无水二氯化钴 (0.13 g, 1 mmol)和三苯基膦 (1.05 g, 4

mmol) 加入到 THF (5 mL) 中一起搅拌，直到混合物从蓝色转变为黑褐色 (使用前即时制备)。然后，在 0 °C 用注射器在 30 min 内将上述制备的 Co-膦配合物的上层清液滴加到 3-(2-溴代丙酰)-4*R*-甲基-5*S*-苯基噁唑啉-2-酮 (**94**, 0.31 g, 1 mmol) 的无水 THF (5 mL) 溶液中。随后将 *N*-Boc-L-脯氨醛 (**93**, 0.20 g, 1 mmol) 加入到上述黑褐色溶液中继续搅拌。2 h 后，将反应混合物倒入冷的 HCl 溶液 (0.1 mol/L) 中。混合物用乙酸乙酯萃取，合并的有机相经 $MgSO_4$ 干燥后蒸去溶剂。粗产物用快速柱色谱分离 (4:1 的己烷-乙酸乙酯)，得到无色泡沫状的化合物 **95** (0.30 g, 70%)，$[\alpha]_D^{25} = -9.77°$ (*c* 1.73, $CHCl_3$)。

8 参考文献

[1] Reformatsky, S. *Ber. Dtsch. Chem. Ges.* **1887**, *20*, 1210.

[2] (a) Orsini, F.; Sello, G. *Curr. Org. Synth.* **2004**, *1*, 111. (b). Ocampo, R.; Dolbier, Jr., W. R. *Tetrahedron* **2004**, *60*, 9325.

[3] Shriner, R. L.*Org. React* **1942**, *1*, 1.

[4] Balsamo, A.; Barili, P. L.; Crotti, P.; Ferretti, M.; Macchia, B.; Macchia, F. *Tetrahedron Lett.* **1974**, *15*, 1005.

[5] Dewar, M. J. S.; Merz, K. M. *J. Am. Chem. Soc.* **1987**, *109*, 6553.

[6] (a) Fürstner, A. *Synthesis* **1989**, 571. (b) Rathke, M. W.; Weipert, P. In *Comprehensive Organic Synthesis*. Trost, B. M., Fleming, I., Eds.; Pergamon Press: Oxford, 1991; Vol. 2, pp 277-299. (c) For a review; see: Erdik, E. Organozinc Reagents in Organic Synthesis; CRC Press LLC, 1996, pp 207-236. (d) Fürstner, A. In *Organozinc Reagents*. Knochel, P., Jones, P., Eds.; University Press: Oxford, 1999; pp 287-305.

[7] Orsini, F.; Pelizzoni, F.; Ricca, G. *Tetrahedron Lett.* **1982**, *23*, 3945.

[8] (a) Dekker, J.; Boersma, J.; van der Kerk, G. J. M. *J, Chem. Soc. Chem. Commun.* **1983**, 553. (b) Dekker, J.; Budzelaar, P. H. M.; Boersma, J.; van der Kerk, G. J. M. *Organometallics* **1984**, *3*, 1403. (c) Miki, S.; Nakamoto, K.; Kawakami, J.; Handa, S.; Nuwa, S. *Synthesis* **2008**, 409.

[9] (a) Matsumoto, T.; Sakata, G.; Tachibana, Y.; Fukui, K. *Bull. Chem. Soc. Jpn.* **1972**, *45*, 1147. (b) Rieke, R. D.; Uhm, S. J. *Synthesis* **1975**, 452.

[10] Ferraz, H. M. C.; Silva, Jr., L. F. *Tetrahedron* **2001**, *57*, 9939.

[11] Hlavinka, M. L.; Hagadorn, J. R. *Tetrahedron Lett.* **2006**, *47,* 5049.

[12] Basile,T.; Tagliavini, E.; Trombini, C.; Umani-Ronchi, A. *Synthesis* **1990**, 305.

[13] (a) Bloom, M. S.; Hauser, C. R. *J. Am. Chem. Soc.* **1944**, *66*, 152. (b) Bayless, P. L.; Hauser, C. R. *J. Am. Chem. Soc.* **1954**, *76*, 2306.

[14] (a) Kagan, H. B.; Suen, Y.-H. *Bull. Soc. Chim. Fr.* **1966**, 1819. (b) Hannick, S. M.; Kishi, Y. *J. Org. Chem.* **1983**, *48*, 3833.

[15] (a) Bost, H. W.; Bailey, P. S. *J. Org. Chem.* **1956**, *21*, 803. (b) Newman, M. S.; Kahle, G. R. *J. Org. Chem.* **1958**, *23*, 666.

[16] Balsamo, A.; Crotti, P.; Macchia, B.; Macchia, F.; Rosai, A.; Domiano, P.; Nannini, G. *J. Org. Chem.* **1978**, *43*, 3036.

[17] Bruderlein, F.; Bruderlein, H.; Favre, H.; Lapierre, R.; Lefebvre, Y. *Can. J. Chem.* **1960**, *38*, 2085.

[18] Gaudemar-Bardone, F.; Gaudemar, M.; Mladenova, M. *Synthesis* **1987**, 1130.

[19] Hoffman, C. H.; Wagner, A. F.; Wilson, A. N.; Walton, E.; Shunk, C. H.; Wolf, D. E.; Holly, F,W,; Folkers, K. *J. Am. Chem. Soc.* **1957**, *79*, 2316.

[20] Gilman, H.; Speeter, M. *J. Am. Chem. Soc.* **1943**, *65*, 2255.

[21] Luo, G.-L.; Chen, L.; Civiello, R.; Dubowchik, G. M. *Tetrahedron Lett.* **2008**, *49*, 296.

[22] Boyer, N; Gloanec, P.; Nanteuil, G. D. Jubault, P.; Quirion, J.-C. *Tetrahedron* **2007**, *63,* 12352.

[23] Colonge, J.; Varagnat, J. *Bull. Soc. Chim. Fr.* **1961**, 237.

[24] Dubois, J. C.; Guette, J. P.; Kagan, H. B. *Bull. Soc. Chim. Fr.* **1966**, 3008.

[25] Mecozzi, T.; Petrini, M. *Tetrahedron Lett.* **2000**, *41*, 2709.

[26] Palmieri, A.; Petrini, M. *J. Org. Chem.* **2007**, *72*, 1863.

[27] Moumne, R.; Lavielle, S.; Karoyan, P. *J. Org. Chem.* **2006**, *71*, 3332.

[28] (a) Andrés, C.; González, A.; Pedrosa, R.; Perez-Encabo, A. *Tetrahedron Lett.* **1992**, *33*, 2895. (b) Marcotte, S.; Pannecoucke, X.; Feasson, C.; Quirion, J.-C. *J. Org. Chem.* **1999**, *64*, 8461.

[29] Kawakami, J.; Nakamoto, K.; Nuwa, S.; Handa, S.; Miki, S. *Tetrahedron Lett.* **2006**, *47,* 1201.

[30] (a) Michael, J. P.; de Koning, C. B.; Stanbury, T. V. *Tetrahedron Lett.* **1996**, *37,* 9403. (b) Michael, J. P.; de Koning, C. B.; Hosken, G. D.; Stanbury, T. V. *Tetrahedron* **2001,** *57,* 9635.

[31] (a) Boudjouk, P.; Thompson, D. P.; Ohrbom, W. H.; Han, B. N. *Organometallics* **1986**, *5*, 1257. (b) Han, B. N.; Boudjouk, P. *J. Org. Chem.* **1982**, *47*, 5030.

[32] Arnold, R. T.; Kulenovic, S. T. *Synth. Commun.* **1977**, *7*, 723.

[33] Ricke, R. D.; Li, P. T. J.; Burns, T. P.; Uhm, S. T. *J. Org. Chem.* **1981**, *467*, 4323.

[34] Csuk, R.; Fürstner, A.; Weidmann, H. *J. Chem. Soc. Chem. Commun.* **1986**, 775.

[35] For some recent reviews see: (a) Fürstner, A. *Chem. Rev.* **1999**, *99*, 991. (b) Wessjohann, L. A.; Scheid, G. *Synthesis* **1999**, *1*, 1.

[36] (a) Wessjohann, L. A.; Wild, H. *Synlett* **1997**, *6*, 731. (b) Wessjohann, L. A.; Wild, H. *Synthesis* **1997**, 512.

[37] Dubois, J.-E.; Axiotis, G.; Bertounesque, E. *Tetrahedron Lett.***1985**, *26*, 4371.

[38] (a) Gabriel, T.; Wessjohann, L. A. *Tetrahedron Lett.* **1997**, *38*, 1363. (b) Gabriel, T.; Wessjohann, L. A. *Tetrahedron Lett.* **1997**, *38*, 4387.

[39] Wessjohann, L. A.; Gabriel, T. *J. Org. Chem.* **1997**, *62*, 3772.

[40] For reviews on the application of SmI_2 in organic synthesis, see: (a) Krief, A.; Laval, A.-M. *Chem. Rev.* **1999**, *99*, 745. (b) Molander, G. A.; Harris, C. R. *Chem. Rev.* **1996**, *96*, 307.

[41] Girard, P; Namy, J. L; Kagan, H. B. *J. Am. Chem. Soc.* **1980**, *102*, 2693.

[42] (a) Zhang, Y.; Liu, T.; Lin, R. *Synth. Commun.* **1988**, *18*, 2003. (b) Aoyagi, Y.; Yoshimura, M.; Tsuda, M.; Tsuchibuchi, T.; Kawamata, S.; Tateno, H.; Asano, K.; Nakamura, H.; Obokata, M.; Ohta, A.; Kodama, Y. *J. Chem. Soc., Perkin Trans. 1* **1995**, 689.

[43] Utimoto, K.; Matsubara, S. *J. Synth. Chem. Jpn*, Special Issue in English, **1998**, *56*, 908.

[44] Aoyagi, Y.; Asakura, R.; Kondoh, N.; Yamamoto, R.; Kuromatsu, T.; Shimura, A.; Ohta, A. *Synthesis* **1996**, 970.

[45] (a) Yoshida, M.; Suzuki, D.; Iyoda, M. *Synth. Commun.* **1996**, *26*, 2523. (b) Yoshida, M.; Suzuki, D.; Iyoda, M. *J. Chem. Soc., Perkin Trans.1* **1997**, 643. (c) Castagner, B.; Lacombe, P.; Ruel, R. *J. Org. Chem.* **1998**, *63*, 4551.

[46] Park, H. S.; Lee, I. S.; Kim, Y. H. *Tetrahedron Lett.* **1995**, *36*, 1673.

[47] (a) Molander, G. A.; Etter, J. B. *J. Am. Chem. Soc.* **1987**, *109*, 6556. (b) Molander, G. A.; Etter, J. B.; Harring, L. S.; Thorel, P.-J. *J. Am. Chem. Soc.* **1991**, *113*, 8036.

[48] (a) Ichikawa, S.; Shuto, S.; Minakawa, N.; Matsuda, A. *J. Org. Chem.* **1997**, *62*, 1368. (b) Inoue, M.; Sasaki, M.; Tachibana, K. *J. Org. Chem.* **1999**, *64*, 9416. (c) Fujita, K.; Mori, K. *Eur. J. Org. Chem.* **2001**, 493. (d) Takemura, T.; Nishii, Y.; Takahashi, S.; Kobayashi, J.; Nakata, T. *Tetrahedron* **2002**, *58*, 6359. (e) Reddy, P. P.; Yen, K.-F.; Uang, B.-J. *J. Org. Chem.* **2002**, *67*, 1034.

[49] (a) Xu, X. L.; Lu, P.; Zhang, Y.-M. *Chin. Chem. Lett.* **1999**, *10*, 729. (b) Zhang, J.-M.; Zhang, Y.-M. *Chin. J. Chem.* **2002**, *20*, 111.

[50] (a) Chao, L.-C.; Rieke, R. D. *J. Org. Chem.* **1975**, *40*, 2253. (b) Cintas, P. *Synlett* **1995**, 1087. (c) Podlech, J.; Maier, T. C. *Synthesis* **2003**, 633.

[51] Chung, W. J.; Higashiya, S.; Welch, J. T. *J. Fluorine Chem.* **2001**, *112*, 343.

[52] Bang, K.; Lee, K.; Park, Y. K.; Lee, P. H. *Bull. Kor. Chem. Soc.* **2002**, *23*, 1272.

[53] (a) Banik, B. K.; Ghatak, A.; Becker, F. F. *Abstr. Pap.* 223rd ACS National Meeting, 2002, ORGN-308. (b) Araki, S.; Katsumura, N.; Kawasaki, K.; Butsugan, Y. *J. Chem. Soc., Perkin Trans. 1* **1991**, 499.

[54] Babu, S. A.; Yasuda, M.; Shibata, I.; Baba, A. *J. Org. Chem.* **2005**, *70*, 10408.

[55] Babu, S. A.; Yasuda, M.; Okabe, Y.; Shibata, I.; Baba, A. *Org. Lett.* **2006**, *8*, 3029.

[56] Suh, Y. S.; Rieke, R. D. *Tetrahedron Lett.* **2004**, *45*, 1807.

[57] Inaba, S. I., Rieke, R. D. *Tetrahedron Lett.* **1985**, *26*, 155.

[58] Durandetti, M.; Gosmini, C.; Périchon, J. *Tetrahedron* **2007**, *63*, 1146.

[59] Adrian, J. C., Jr.; Snapper, M. L. *J. Org. Chem.* **2003**, *68*, 2143.

[60] Cozzi, P. G.; Rivalta, E. *Angew.Chem. Int. Ed.* **2005**, *44*, 3600.

[61] Zhang, X.-L.; Han, Y.; Tao, W.-T.; Huang, Y.-Z. *J. Chem. Soc., Perkin Trans. 1* **1995**, 189.

[62] Han, Y.; Chi, Z.-F.; Huang, Y. Z. *Chin. Chem. Lett.* **1996**, *7*, 713.

[63] Imamoto, T.; Kusumoto, T.; Tawarayama, Y.; Sugiura, Y.; Mita, T.; Hatanaka, Y.; Yokoyama, M. *J. Org. Chem.* **1984**, *49*, 3904.

[64] Ocampo, R.; Dolbier, W. R., Jr.; Abboud, K. A.; Zuluaga, F. *J. Org. Chem.* **2002**, *67*, 72.

[65] Durandetti, M.; Perichon, J. *Synthesis* **2006**, 1542.

[66] Chattopadhgay, A.; Dubey, A. Kr. *J. Org. Chem.* **2007**, *72*, 9357.

[67] Orsini, F.; Sello, G. *Curr. Org. Synth.* **2004**, *1*, 111.

[68] Orsini, F. *Tetrahedron Lett.* **1998**, *39*, 1425.

[69] Lombardo, M.; Gualandi, A.; Pasi, F.; Trombini, C. *Adv. Synth. Catal.* **2007**, *349*, 465.

[70] Kanai, X.; Wakabayashi, H.; Honda, T. *Org. Lett.* **2000**, *2*, 2549.

[71] Sato, K.; Tarui, A.; Kita, T.; Ishida, Y.; Tamura, H.; Omote, M.; Ando, A.; Kumadaki, I. *Tetrahedron Lett.* **2004**, *45*, 5735.

[72] Chen, L.; Zhao, G. ; Ding, Y. *Tetrahedron Lett.* **2003**, *44*, 2611.

[73] Parrish, J. D.; Shelton, D. R.; Little, R. D. *Org. Lett.* **2003**, *5*, 3615.

[74] Estévez, R. E.; Paradas, M.; Millán, A.; Jiménez,T.; Robles, R.; Cuerva, J. M.; Oltra, J. E. *J. Org. Chem.* **2008**, *73*, 1616.

[75] Bentz, E.; Moloney, M. G.; Westaway, S. M. *Tetrahedron Lett.* **2004**, *45*, 7395.

[76] Hasník, Z.; Šilhár, P.; Hocek, M. *Tetrahedron Lett.* **2007**, *48*, 5589.

[77] (a) Kagoshima, H.; Hashimoto, Y.; Oguro, D.; Saigo, K. *J. Org. Chem.* **1998**, *63*, 691. (b) Kagoshima, H.; Hashimoto, Y.; Oguro, D.; Kutsuna, T.; Saigo, K. *Tetrahedron Lett.* **1998**, *39*, 1203.

[78] (a) Davies, S. G.; Edwards, A. J.; Evans, G. B.; Mortlock, A. A. *Tetrahedron* **1994**, *50*, 6621. (b) Shibata, I.; Suwa, T.; Sakakibara, H.; Baba, A. *Org. Lett.* **2002**, *4*, 301.

[79] (a) Kuznetsov, N. Y.; Khrustalev, V. N.; Terent'ev, A. B.; Belokon, Y. N. A. N. *Russ. Chem. Bull.* **2001**, *50*, 548. (b) Terent'ev, A. B.; Vasil'eva, T. T.; Kuz'mina, N. A.; Chakhovskaya, O. V.; Brodsky, E. S.; Belokon, Y. N. *Russ. Chem. Bull.* **2000**, *49*, 722.

[80] Han, B.-H.; Boudjouk, P. *J. Org. Chem.* **1982**, *47*, 5030.

[81] Ross, N. A.; Bartsch, R. A. *J. Org. Chem.* **2003**, *68*, 360.

[82] Ross, N. A.; MacGregor, R. R.; Bartsch. R. A. *Tetrahedron* **2004**, *60*, 2035.

[83] Tanaka, K.; Kishigami, S.; Toda, F. *J. Org. Chem.* **1991**, *56*, 4333.

[84] (a) Chan, T. H.; Li, C. J.; Wei, Z. Y. *J. Chem. Soc. Chem. Commun.* **1990**, 505. (b) Chan, T. H.; Li, C. J.; Lee, M. C.; Wei, Z. Y. *Can. J. Chem.* **1994**, *72*, 1181.

[85] Chung, W. J.; Higashiya, S.; Welch, J. T. *J. Fluorine Chem.* **2001**, *112*, 343.

[86] Bieber, L. W.; Malvestiti, I.; Storch, C. *J. Org. Chem.* **1997**, *62*, 9061.

[87] Chattopadhyay, A.; Salaskar, A. *Synthesis* **2000**, 561.

[88] Zhang, J.-M.; Zhang, Y.-M. *Chin. J. Chem.* **2002**, *20*, 111.

[89] Shen, Z.; Zhang, J.; Zou, H.; Yang, M. *Tetrahedron Lett.* **1997**, *38*, 2733.

[90] Makosza, M.; Nieczypor, P.; Grela, K. *Tetrahedron* **1998**, *54*, 10827.

[91] Vidal, A.; Nefzi, A.; Houghten, R. A. *J. Org. Chem.* **2001**, *66*, 8268.

[92] Kitazume, T.; Kasai, K. *Green Chemistry* **2001**, *3*, 30.

[93] Conan, A.; Sibille, S.; Perichon, J. *J. Org. Chem.* **1991**, *56*, 2018.

[94] (a) Schwarz, K.-H.; Kleiner, K.; Ludwig, R.; Schick, H. *J. Org. Chem.* **1992**, *57*, 4013. (b) Schwarz, K.-H.; Kleiner, K.; Ludwig, R.; Schick, H. *Chem. Ber.* **1993**, *126*, 1247.

[95] (a) Schick, H.; Ludwig, R.; Schwarz, K.-H.; Kleiner, K.; Kunath, A. *J. Org. Chem.* **1994**, *59*, 3161. (b) Schick, H.; Ludwig, R.; Kleiner, K.; Kunath, A. *Tetrahedron* **1995**, *51*, 2939.

[96] Durandetti, M.; Meignein, C.; Perichon, J. *Org. Lett.* **2003**, *5*, 317.
[97] Sànchez, M.; Bermejo, F. *Tetrahedron Lett.* **1997**, *38*, 5057.
[98] Heathcock, C. H.; Ruggeri, R. B.; McClure, K. F. *J. Org. Chem.* **1992**, *57*, 2585.
[99] Zhao, M.-X.; Wang, M.-X.; Yu, C.-Y.; Huang, Z.-T.; Fleet, G. W. J. *J. Org. Chem.* **2004**, *69*, 997.
[100] (a) Reid, J. A.; Turner, E. E. *J. Chem. Soc.* **1949**, 3365. (b) Reid, J. A.; Turner, E. E. *J. Chem. Soc.* **1950**, 3694. (c) Palmer, M. H.; Reid, J. A. *J. Chem. Soc.* **1960**, 931. (d) Palmer, M. H.; Reid. J. A. *J. Chem. Soc.* **1962**, 1762.
[101] Shankar, B. B.; Kirkup, M. P.; McCombie, S. W.; Clader, J. W.; Ganguly, A. K. *Tetrahedron Lett.* **1996**, *37*, 4095.
[102] Fukuzawa, S.-i.; Matsuzawa, H.; Yoshimitsu, S.-i. *J. Org. Chem.* **2000**, *65,* 1702.
[103] Yu, L. T.; Ho, M. T.; Chang, C. Y.; Yang, T. K. *Tetrahedron: Asymmetry* **2007**, *18,* 949.
[104] (a) Fromtling, R. A.; Castãner, J. *Drugs Future* **1997**, *22*, 326. (b) Naito, T.; Hata, K.; Tsuruoka, A. *Drugs Future* **1996**, *21*, 20. (c) Tasaka, A.; Kitazaki, T.; Tamura, N.; Tsuchimori, N.; Matsushita, Y.; Hayashi, R.; Okonogi, K.; Itoh, K. *Chem. Pharm. Bull.* **1997**, *45*, 321. (d) Umeda, I.; Yamazaki, T.; Ichihara, S. *Bioorg. Med. Chem. Lett.* **2003**, *13*, 191.
[105] Obringer, M.; Colobert, F.; Neugnot, B.; Solladie, G. *Org. Lett.* **2003**, *54*, 629.
[106] Colobert, F.; Choppin, S.; Ferreiro-Mederos, L.; Obringer, M.; Arratta, S. L.; Urbano. A.; Carreno, M. C. *Org. Lett.* **2007**, *9*, 4451.
[107] (a) Yuan, Q.; Jian, S. Z.; Wang, Y. G. *Synlett* **2006**, 1113. (b) Yuan, Q.; Jian, S. Z.; Wang, Y. G. *Chem. Res. Chin. Univ.* **2008,** *24,* 58.
[108] Blaskovich, M. A.; Lajoie, G. A. *J. Am. Chem. Soc.* **1993**, *115*, 5021.
[109] Guette, M.; Capillon, J.; Guette, J.-P. *Tetrahedron* **1973**, *29*, 3659.
[110] (a) Soai, K.; Kawase, Y.; Sakata, S. *Tetrahedron Asymmetry* **1991**, *2*, 781. (b) Soai, K.; Hirese, Y.; Sakata, S. *Tetrahedron Asymmetry* **1992**, *3* 677. (c) Soai, K.; Oshio, A.; Saito, T. *J. Chem. Soc., Chem. Commun.* **1993**, 811. (d) Andrés, J. M.; Martínez, M. A.; Pedrosa, R.; Pérez-Encabo, A. *Synthesis* 1996, 1070. (e) Pini. D; Mastantuono, A.; StJvadri, P. *Tetrahedron Asymmetry* **1994**, *5*, 1875. (f) Andrés, J. M.; Martínez, M. A.; Pedrosa, R.; Pérez-Encabo, A. *Tetrahedron* **1997**, *53*, 3787. (g) Mi, A.-Q.; Wang, Z.-Y.; Zhang, X.-M.; Fu, F.-M.; Jiang, Y.-Z. *Acta Chimica Sinica.* **1998**, *56*, 719.
[111] Ojida, A.; Yamano, T.; Taya, N.; Tasaka, A. *Org. Lett.* **2002**, *4*, 3051.
[112] Wang, Z. Y.; Shen, J.; Jiang, C. S.; You, T. P. *Chinese Chemical Letters* **2000**, *11*, 659.
[113] Ribeiro, C. M. R.; Santos, E. S.; Jardim, A. H. O.; Maia, M. P.; Silva, F. C.; Moreia, A. P. D.; Ferreira, V. F. *Tetrahedron Asymmetry* **2002**, *13*, 1703.
[114] (a) Endo, A.; Kuroda, M.; Tsujita, Y. *J. Antibiot.* **1976**, *29*, 1346. (b) Brown, A. G.; Smale, T. C.; King, T. J.; Hasenkamp, R.; Thompson, R. H. *J. Chem. Soc., Perkin Trans. 1* **1976**, 1165. (c) Endo, A. *J. Med. Chem.* **1985**, *28*, 401.
[115] Reddy, P. P.; Yen, K.-F.; Uang, B.-J. *J. Org. Chem.* **2002**, *67*, 1034.
[116] (a) Nakai, R.; Ogawa, H.; Asai, A.; Ando, K.; Agatsuma, T.; Matsumiya, S.; Akinaga, S.; Yamashita, Y.; Mizukami, T. *J. Antibiot.* **2000**, *53*, 294. (b) Agatsuma, T.; Akama, T.; Nara, S.; Matsumiya, S.; Nakai, R.; Ogawa, H.; Otaki, S.; Ikeda, S.; Saitoh, Y.; Kanda, Y. *Org. Lett.* **2002**, *4*, 4387.
[117] Lambert, T. H.; Danishefsky, S. J. *J. Am. Chem. Soc.* **2006**, *128*, 426.
[118] Barchi, J. J., Jr.; Moore, R. E.; Patterson, F. M. L. *J. Am. Chem. Soc.* **1984**, *106*, 8193.
[119] Moslin, R. M. ; Jamison, T. F. *J. Am. Chem. Soc.* **2006**, *128*, 15106.
[120] Vedejs, E.; Duncan, S. M. *J. Org. Chem.* **2000**, *65*, 6073.
[121] Kigoshi, H.; Kita, M.; Ogawa, S.; Itoh, M.; Uemura, D. *Org. Lett.* **2003**, *5*, 957.
[122] Molander, G. A.; Brown, G. A.; Storch de Gracia, I. *J. Org. Chem.* **2002**, *67*, 3459.
[123] Laroche, M.-F.; Belotti, D.; Cossy, J. *Org. Lett.* **2005**, *7*, 171.
[124] Kloetzing, R. J.; Thaler, T.; Knochel, P. *Org. Lett.* **2006**, *8*, 1125.
[125] Sorochinsky, A.; Voloshin, N.; Markovsky, A.; Belik, M.; Yasuda, N.; Uekusa, H.; Ono, T.; Berbasov, D. O.; Soloshonok, V. A. *J. Org. Chem.* **2003**, *68*, 7448.
[126] Pettit, G. R.; Grealish, M. P. *J. Org. Chem.* **2001**, *66*, 8640.

西门斯-史密斯反应

(Simmons-Smith Reaction)

孙建伟

1 历史背景简述

Simmons-Smith 反应是有机合成中构建环丙烷单元的重要方法。1958 年美国化学家 Howard E. Simmons, Jr. 和 Ronald D. Smith 共同发现了该反应[1,2]，并因此用他们两人的名字来命名。

Simmons 于 1929 年出生在美国弗吉尼亚州，由于受到父亲的鼓励和帮助，他十二岁时就开始接受化学的熏陶。1947 年 Simmons 进入麻省理工学院学习，先后在 J. D. Roberts 和 A. C. Cope 的指导下分别对羧酸银和碘的反应机理、环丁烯酮、苯炔中间体和环辛烷等进行了研究。他于 1954 年获得博士学位，同年进入杜邦公司工作。由于他兴趣广泛并注重基础化学的研究，在杜邦的 38 年时间里作出了包括有机合成、物理有机和理论研究等方面的贡献。也正是在这段职业生涯里，他与 Smith 共同发现了锌卡宾试剂的环丙烷化反应，并对该反应进行了早期的深入研究。

早在 1885 年化学家 Baeyer 就提出：在碳原子四个价键中，相邻两键之间的夹角约为 109.5° (根据成键原子角度略有偏差)。但是，在环状分子结构中，环内相邻两个碳原子之间的夹角受到环大小的影响。例如：环丙烷结构中相邻两个 C-C 键之间夹角约 60°，只有自由状态下夹角的一半，这必然给环带来了很大的张力。如图 1 所示：环丙烷结构是所有环状结构中张力最大的，因此环丙烷化合物的合成和反应具有一系列特殊性。

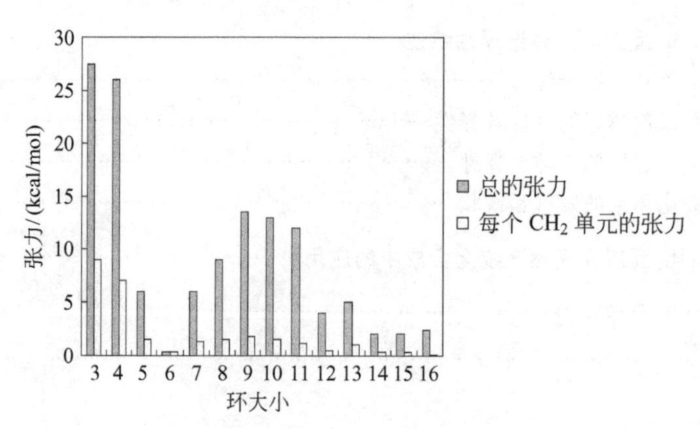

图 1 环状分子结构与分子张力的关系（1 cal = 4.1840 J）

1929 年，Emschwiller 利用二碘甲烷与锌铜偶反应首次得到了锌卡宾试剂 ICH_2ZnI (式 1)[3]，其中铜在这里起到活化锌的作用。

$$\text{Zn-Cu} \xrightarrow{CH_2I_2,\ \text{ether}} ICH_2ZnI \quad (1)$$

Simmons-Smith reagent

直到将近三十年后的 1958 年，杜邦公司的 Simmons 和 Smith 才首次发现该试剂能够用于烯烃的环丙烷化反应 (式 2)[1,2]。从此，烯烃的环丙烷化反应得到了化学界前所未有的重视[4~10]。Simmons-Smith 反应对双键的顺式加成具有立体专一性：顺式烯烃得到顺式取代环丙烷，反之亦然 (式 3 和式 4)。一般而言，Simmons-Smith 反应条件比较温和且副反应少，并能够与羟基、羰基、酯基和酰胺等很多官能团兼容。由于锌卡宾试剂的亲电性，富电子烯烃往往比缺电子烯烃更容易反应 (式 5)[11]。

R^1, R^2, R^3, R^4 + ICH_2ZnI → (2)

R^1, R^2 + ICH_2ZnI → (3)

R^1, R^2 + ICH_2ZnI → (4)

CO_2Me —— Zn/Cu, CH_2I_2, Et_2O, reflux, 84% → CO_2Me (5)

经过近五十年的研究，化学家们对 Simmons-Smith 反应的机理、卡宾试剂的制备、区域和立体选择性等进行了深入的研究。但是直到现在，有关该反应的不对称催化剂体系的优化和机理的进一步澄清等问题仍然是很多课题组的主要研究内容。

2　Simmons-Smith 反应中的金属卡宾试剂

2.1　金属卡宾简介

金属卡宾 (本文中特指类卡宾，Metal Carbenoids) 是 Simmons-Smith 反应的试剂，是该反应的主要研究对象之一。为方便起见，本文提及的这类金属卡宾应理解为类卡宾，与真正的卡宾有一定区别。本文着重介绍的卡宾试剂可用通式 $[G_nMCH_2X]$ 或 $[G_nM(CR^1R^2)X]$ (其中 R^1、R^2 不同时为氢原子) 来表示。其中 M

表示金属原子，本文主要涉及 Zn、Al 和 Sm 三种金属生成的卡宾试剂。其它金属卡宾试剂也可以发生环丙烷化反应，但一般不作为 Simmons-Smith 反应的讨论范围。G_n 表示金属可能存在的其它配体，X 表示卤素。根据转移到双键上一碳单元形式的不同，可以将卡宾试剂分为未取代 (前者) 和 α-取代 (后者) 两种情形。

2.2 金属卡宾试剂的制备

未取代的锌卡宾试剂 [XCH_2Zn] 的制备方法主要可分为三大类型，它们基本上代表了 Simmons-Smith 反应中卡宾试剂的主要制备方法。

第一类统称为氧化插入法。此类方法主要是利用活化的金属锌与二卤代甲烷中的一个 C-X 键 (大多数情况为 C-I 键) 发生氧化插入反应来制备。这也是 Simmons-Smith 反应早期锌卡宾试剂制备的主要方法 (式 1)，一般需要在醚类溶剂中进行。

锌铜偶是制备活化金属锌最普遍的一种方法。其制备的最原始条件是将锌粉和氧化铜的混合物 (9:1) 在氢气氛下加热到 500 °C，而且反应的温度直接影响到试剂的活性[12]。显然，这么苛刻的条件对于现代有机合成不具有实用价值。后来，Shank 和 Shechter 等发现锌粉和硫酸铜水溶液在室温下反应就可以简便而快速地制备同等活性的锌铜偶[13,14]。同样，锌粉与醋酸铜在醋酸溶液中反应[15]，或者在氮气保护下与氯化亚铜反应也都能够得到活化的锌铜偶[16]。在过去很长时间里，90% 以上 Simmons-Smith 反应所需的锌铜偶都是用这些方法制备的。锌银偶也是活化锌的一种形式，有时锌银偶生成的卡宾比使用锌铜偶生成的卡宾的活性更高。因此，它们与烯烃反应时往往可以减少试剂的用量、降低反应的温度或缩短反应的时间[17]。将乙酰氯加入到锌粉和氯化亚铜中得到的活化锌可以进行 C-Br 键的插入，得到溴甲基锌卡宾试剂 $BrZnCH_2Br$[18]。在活化剂 (TMSCl[19,20]或 $TiCl_4$[21]) 存在下，也可以用加热或超声的方法来直接活化锌粉，但没有被广泛接受。

第二类方法是利用有机锌试剂与二卤甲烷之间的烷基置换反应来制备。1966 年日本化学家 Furukawa 课题组报道了利用等摩尔量的二乙基锌与二碘甲烷来制备碘甲基乙基锌($EtZnCH_2I$) (式 6)[22,23]。由于该试剂在烯烃的环丙烷化反应中具有比 Simmons-Smith 试剂 ($IZnCH_2I$) 更多的优越性，而被命名为 Furukawa 试剂。该试剂的制备条件温和，一般在低于室温下就可以很快进行。此外，该试剂的制备和反应都可以在各种非配位的溶剂中进行 (例如：氯代烷烃、苯、甲苯和正己烷等)。由于反应一般在均相条件下进行，所以非常有利于 Simmons-Smith 反应的化学和立体选择性研究。更重要的是乙基锌试剂溶液已经商品化，因此可以非常方便地控制定量反应。另外有报道称，有机锌试剂与二卤甲烷之间的烷基交换反应需要少量的氧气来催化[24]，但是对于一般的小量反应来说，反应体系中存在的微量氧气杂质就足以引发该反应。

$$Et_2Zn \xrightarrow[\text{compatible solvents: } CH_2Cl_2,\ \text{hexane, PhMe, } ClCH_2CH_2Cl,\ \text{PhH, ether...}]{CH_2I_2\ (1.0\ eq)} \boxed{EtZnCH_2I}\ \text{(Furukawa reagent)} \quad (6)$$

当二乙基锌与两倍当量的二卤代甲烷 XCH_2I 反应时，生成二(卤甲基)锌 [$Zn(CH_2X)_2$]。其中的卤素 X 可以为氯或碘 (式 7)，这一类试剂被称为 Wittig 试剂。这类试剂往往具有更强的 Simmons-Smith 反应活性，Denmark 等人发现 $Zn(CH_2Cl)_2$ 在 1,2-二氯乙烷溶剂中可以适用于一些反应活性较弱的烯烃[25]。由于卡宾试剂一般都会发生自身偶合和分解，所以在使用活性较高的卡宾时需要控制反应温度和试剂用量才能达到最佳的反应效果。

$$\underset{\text{Wittig reagent}}{\boxed{Zn(CH_2Cl)_2}} \xleftarrow{ClCH_2I\ (2\ eq)} Et_2Zn \xrightarrow{CH_2I_2\ (2\ eq)} \underset{\text{Wittig reagent}}{\boxed{Zn(CH_2I)_2}} \quad (7)$$

也可以利用 EtZnI 和 CH_2I_2 之间的烷基交换反应来制备 Simmons-Smith 试剂 ($IZnCH_2I$)。其中 EtZnI 可以利用 Zn 与 EtI 之间的氧化插入反应或者乙基锌与碘的交换反应来制备 (式 8)。当不具备使用二乙基锌条件时或者需要大量制备时，前一种方法具有更大的优越性[26]。

$$\left.\begin{matrix} Zn + EtI \\ Et_2Zn + I_2 \ (-EtI) \end{matrix}\right\} \longrightarrow EtZnI \xrightarrow{CH_2I_2} \underset{\text{Simmons-Smith reagent}}{\boxed{IZnCH_2I}} + EtI \quad (8)$$

最近几年，有机化学家们对 Furukawa 试剂进行了各种修饰和改进，得到一类具有通式 $RYZnCH_2I$ 的锌卡宾试剂，其中 Y 可以是杂原子或者是官能团 (式 9)。该试剂利用二乙基锌依次与等摩尔量的 RYH 和二卤甲烷进行烷基置换反应而制得。其中已被报道的 RYH 包括三氟醋酸[27]、三氯苯酚[28]和二苯氧基磷酸[29]等 (式 10)，这类锌试剂同样可以与烯烃进行 Simmons-Smith 环丙烷化反应。需要注意的是 $RYZnCH_2I$ 的生成反应是一个剧烈放热反应，在大量反应的情况下，实际操作需要特别注意对温度的控制。

$$Et_2Zn \xrightarrow[(-\ EtH)]{R\text{-}Y\text{-}H} RY\text{-}Zn\text{-}Et \xrightarrow[(-\ EtI)]{CH_2I_2} RY\text{-}Zn\text{-}CH_2I \quad (9)$$

$$Et_2Zn \longrightarrow \begin{cases} \xrightarrow{CF_3CO_2H} \xrightarrow{CH_2I_2} CF_3CO_2ZnCH_2I \\ \xrightarrow{2,4,6\text{-}Cl_3C_6H_2OH} \xrightarrow{CH_2I_2} 2,4,6\text{-}Cl_3C_6H_2OZnCH_2I \\ \xrightarrow{(PhO)_2P(O)OH} \xrightarrow{CH_2I_2} (PhO)_2P(O)OZnCH_2I \end{cases} \quad (10)$$

利用有机锌试剂与二卤甲烷之间的置换反应来制备锌卡宾试剂已经被广泛使用于 Simmons-Smith 反应中，特别是在对立体选择性和区域选择性要求较高的情况下该方法尤其重要。

第三类制备锌卡宾试剂 [XCH_2Zn] 的方法是利用重氮甲烷的分解反应。1959 年著名化学家 Wittig 报道，一些主族和过渡金属可以分解重氮甲烷生成金属卡宾。其中 Zn 卡宾的生成副反应较少，用 ZnI_2 与等当量或两倍当量的叠氮甲烷反应可以分别得到 Simmons-Smith 试剂 (ICH_2ZnI) 和 Wittig 试剂 [$Zn(CH_2I)_2$] (式 11)[30]。但是，由于无水重氮甲烷具有剧毒和易爆炸性质，所以该方法没有得到广泛应用。

$$ZnI_2 + n\,CH_2N_2 \xrightarrow{n=1} IZnCH_2I + N_2 \qquad (11)$$
$$ZnI_2 + n\,CH_2N_2 \xrightarrow{n=2} Zn(CH_2I)_2 + 2\,N_2$$

1987 年 Molander 报道了用金属钐 Sm 和 CH_2I_2 的插入反应制备钐卡宾试剂 $ISmCH_2I$，该卡宾试剂可以用于烯丙醇类底物的环丙烷化反应 (式 12)[31]。其中的 Sm 需要先用 $HgCl_2$ 进行活化，然后与二卤甲烷发生氧化插入反应。该卡宾试剂的制备一般在低温下进行，生成的卡宾活性比锌卡宾要高。由于其自身偶合的速度较快，一般需要使用大大过量的钐才能确保反应完全进行。另外，三甲基氯硅烷也可以用于活化金属钐[32]，而且钐卡宾试剂还可以用碘化钐和二卤甲烷来制备[33]。

Sm/Hg, CH_2I_2, THF, 0 °C; 92% (12)

1964 年 Miller 报道了铝卡宾试剂 $AlCH_2X$ 在烃类溶剂中与烯烃的环丙烷化反应[34]。铝卡宾试剂的制备方法与 Furukawa 试剂类似，利用三烷基铝 (通常为三异丁基铝和三乙基铝) 与二卤甲烷之间的烷基置换。1985 年 Yamamoto 发现二氯甲烷作溶剂能够增加铝卡宾试剂的稳定性，大大提高了该试剂的反应效率[35]。

如果使用取代的二卤代 (或多卤代) 化合物和取代的重氮化合物等为原料，上述制备未取代卡宾试剂的方法也适用于 α-取代卡宾试剂 [$M(CR^1R^2)X$] 的制备。当多卤代烷中有不同的碳卤键时，金属的插入活性顺序为 C-I > C-Br > C-Cl > C-F。所以，可以实现不同取代的多卤代化合物的选择性 Simmons-Smith 反应 (式 13)。但是，由于制备不同取代的多卤代化合物和重氮化合物有时并不简单，所以这类卡宾在 Simmons-Smith 反应的应用相对较少。

$$\text{Ph(Me)C=CH}_2 \xrightarrow[\text{71\%}]{\text{Zn, CF}_2\text{Br}_2\text{, I}_2\text{ (cat.), THF}} \text{1-Ph-1-Me-2,2-difluorocyclopropane} \quad (13)$$

制备 α-取代卡宾的另一种方法是羰基在活化锌的作用下脱氧还原得到，其机理类似于 Clemmensen 还原法[36]。取代氯硅烷常常被用作活化剂，羰基可以来自于醛、酮、酰胺等，甚至可以是保护的羰基如原甲酸三甲酯[37]。

2.3 金属卡宾试剂的性质与结构鉴定

从金属卡宾试剂的通式 $[G_nM(CR^1R^2)X]$ 我们可以理解，其中的配体 G、金属 M、取代基 R^1 和 R^2 以及卤素 X 都能影响卡宾试剂的活性。对这些卡宾的反应活性差异、反应中真正的活性试剂、反应机理以及立体选择性等一系列研究，都依赖于对卡宾试剂的结构确定。

早在 1929 年 ICH_2ZnI 试剂被首次合成出来时[3]，由于其不稳定性和分析手段的缺乏，其化学组成仅仅是凭三个实验现象作出的推测：(1) 该化合物与单质碘反应生成二碘甲烷和碘化锌；(2) 与水反应生成碘甲烷、氢氧化锌和碘化锌；(3) 与氧气的水溶液反应产生碘化锌和甲醛 (式 14)。虽然根据这些现象能粗略地推测出了化学组成，但这是从淬灭反应之后进行的静态综合组成分析得到的结论。无法对具有活性的卡宾试剂进行实时的配位环境、配体交换研究及动力学分析，显然也很难对反应机理的研究提供重要信息。

$$IZnCH_2I \xrightarrow{I_2} CH_2I_2 + ZnI_2$$
$$IZnCH_2I \xrightarrow{H_2O} Zn(OH)_2 + ZnI_2 + CH_3I \quad (14)$$
$$IZnCH_2I \xrightarrow{O_2,\ H_2O} ZnI_2 + HCHO$$

1959 年，Simmons 和 Smith 认为这个试剂的结构也许更应该表示为亚甲基和 ZnI_2 的配合物 (式 15 中的 **A**)，或者表示为一个与亚甲基相连的碘原子同时也与 Zn 有一定的配位作用的三角形结构 (式 15 中的 **B**)[2]。类似地，人们也曾用一个蝴蝶形状来表示 $Zn(CH_2I)_2$ 的结构 (式 15 中的 **C**)[5]。

$$\underset{\textbf{A}}{CH_2 \rightarrow ZnI_2} \qquad \underset{\textbf{B}}{H_2C \cdots I \cdots ZnI} \qquad \underset{\textbf{C}}{(I\text{-}CH_2)\cdots Zn \cdots (CH_2\text{-}I)} \quad (15)$$

事实上，RZnX 溶液中存在 Schlenk 平衡 (式 16)。也就是说，在 ZnX_2 存在的情况下，$IZnCH_2I$ 和 $Zn(CH_2I)_2$ 之间可以相互转化 (式 17)。但是，在 20 世纪 60 年代，人们还没有实验依据来证明平衡以哪一种结构为主要存在形式。后来，人们对试剂 EtZnX (X= Cl、Br 和 I) 的 Schlenk 平衡已经比较清楚。例如：EtZnCl 和 EtZnBr 的平衡偏向左侧，主要以 EtZnX 形式存在 (式 18)[38]。于是人们推测式 17 的平衡可能也偏向左侧的 $IZnCH_2I$ 结构形式。但 $IZnCH_2I$ 与 EtZnX 相比不尽相似，因为 $IZnCH_2I$ 中的碘可能参与锌的配位，这样使得 ICH_2ZnI 比 $Zn(CH_2I)_2$ 多携带一个溶剂分子，它们之间平衡可能与 EtZnX 和 Et_2ZnX 之间的平衡没有可比性。

$$2\,RZnX \rightleftharpoons R_2Zn + ZnX_2 \quad (16)$$

$$2\,IZnCH_2I \rightleftharpoons Zn(CH_2I)_2 + ZnI_2 \quad (17)$$

$$2\,EtZnX \rightleftharpoons Et_2Zn + ZnX_2\ (X = Cl, Br, I) \quad (18)$$

同样，因为 EtZnX 在固相或非极性溶剂中为四聚体[38]，人们也推测 $IZnCH_2I$ 和 $Zn(CH_2I)_2$ 也可能为四聚体或多聚体。比如 Wittig 也曾推测 $(ClCH_2)_2Zn$ 的结构可能是一个多聚体 (如结构 **D**)。其中，Zn 可能是六配位：Zn 原子间通过与亚甲基相连的氯原子相互连接，两个溶剂分子也参与了配位[39]。ICH_2ZnI 也被推测为立方体类的四聚体。

D

虽然对锌卡宾试剂的结构及其 Schlenk 平衡的推测还有很多，但在 Simmons-Smith 反应发现后的 30 多年中并没有确切的答案。1991 年，Denmark 首次得到了 $Zn(CH_2I)_2$ 的 X 射线衍射晶体结构 **E**（图 2)。该试剂是利用 Furukawa 方法由一当量的二乙基锌、两当量的二碘甲烷和一当量的配体 (−)-莰基二醇二甲醚在非极性溶剂正己烷中反应得到的 (式 19)[40,41]。同时，Denmark 等人还报道了这类试剂在溶液中的核磁等数据，为回答困扰了三十年的疑问开创了新的局面。

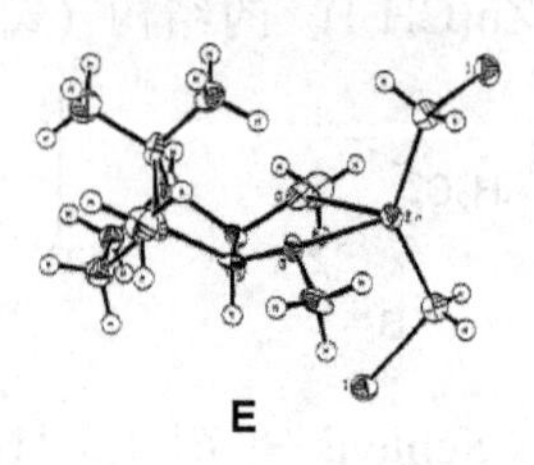

E

图 2 $Zn(CH_2I)_2$ 的 X 射线衍射晶体结构 **E**

该晶体结构图片经美国化学会允许复制于参考文献 [40]

$$+\ Et_2Zn \xrightarrow{\text{hexane}} \xrightarrow[\ 2\ EtI]{CH_2I_2\ (2\ eq.)} \tag{19}$$

从此，各种锌卡宾试剂在不同溶剂配位情况下的液相鉴定数据和固态下的晶体结构解析陆续被报道。例如：$(ClCH_2)_2Zn$·喹啉配合物 (式 20 中 **F**)[42]、ICH_2ZnI·冠醚配合物 (图 3 中 **G**)[43]、$(PhO)_2P(O)OZnCH_2I·THF$ 配合物 (图 3 中 **H**)[29]和一些烷氧基取代的锌试剂等[44,45]的晶体结构都已被解析。从报道的这些晶体结构可以看出，简单的 Simmons-Smith 试剂和 Wittig 试剂都为单体配合物，而一些磷酸基或烷氧基锌试剂有时为二聚体和立方四聚体，如 $(PhO)_2P(O)OZnCH_2I$ 和 p-$MeOC_6H_4CH_2OZnCH_2I$ (图 3 中 **H** 和 **I**)。从晶体结构还可以看出，锌原子都以四配位的形式存在，原本应为直线型的 $YZnCH_2X$ 由于醚的配位而呈类四面体结构，并且夹角 Y-Zn-C 随着醚配体碱性增大而减小。但是，从这些晶体数据中并没有找到任何支持 Simmons 等人推测的卤素与锌原子配位的证据 (式 15 中的 **B** 和 **C**)。

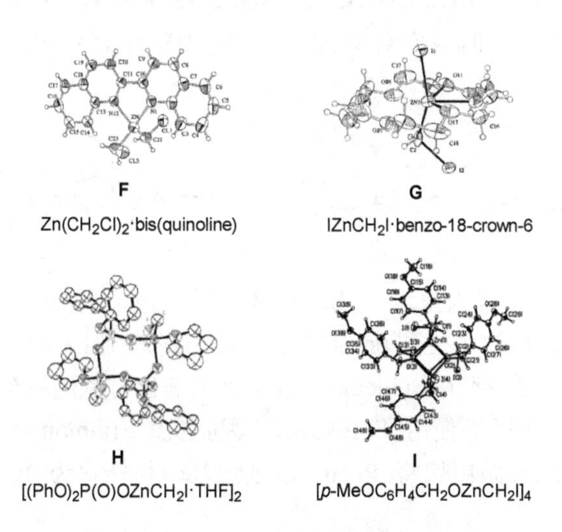

F $Zn(CH_2Cl)_2$·bis(quinoline)　　**G** $IZnCH_2I$·benzo-18-crown-6

H $[(PhO)_2P(O)OZnCH_2I·THF]_2$　　**I** $[p\text{-}MeOC_6H_4CH_2OZnCH_2I]_4$

图 3　**F~I** 的 X 射线衍射晶体结构

以上晶体结构图片经美国化学会允许分别复制于参考文献 [42] (**F**)、[43] (**G**)、[29] (**H**) 和 [44] (**I**)

Denmark 小组在首次报道了 Wittig 试剂晶体结构的同时，就对该配合物以及另外两个配合物 $(CH_2I)_2Zn·DME$ 和 $(ClCH_2)_2Zn·DME$ 进行了碳氢核磁数据鉴定。综合后来报道的一些 NMR 数据 (表 1)，我们可以发现 $[ICH_2Zn]$ 结构中亚甲基的氢谱特征共振峰约 1.4，碳谱特征共振峰处于约 −20 处。而 $[ClCH_2Zn]$ 结构中亚甲基相应的共振出现在约 2.7 (^1H) 和 29 (^{13}C)。

表 1 配合物碳氢核磁数据分析

配合物(溶剂)	^{1}H NMR ($ZnCH_2X$)	^{13}C NMR ($ZnCH_2X$)
$IZnCH_2I\cdot 2THF$ (CD_2Cl_2)	1.34	−17.4
$IZn(CH_2I)_2\cdot 2THF$ (CD_2Cl_2)	1.38	−17.3
$EtZnCH_2I\cdot DME$ (CD_2Cl_2)	1.42	
$(PhO)_2P(O)OZnCH_2I$ (CD_2Cl_2)	1.34~1.27	−25.4 (21)
$IZn(CH_2I)_2\cdot$bipyridine (CD_2Cl_2)	1.49	−12.2
$IZn(CH_2Cl)_2\cdot$bipyridine (CD_2Cl_2)	2.71	32.9
$IZnCH_2I\cdot$bipyridine (CD_2Cl_2)	1.64	−12.6
$CF_3COOZnCH_2I\cdot$bipyridine (CD_2Cl_2)	1.61	−20.5

这些液相核磁数据可以为 Wittig 试剂和 Simmons-Smith 试剂之间的 Schlenk 平衡研究提供了重要信息。Charette 和 Denmark 等人利用低温核磁技术鉴定出平衡中 $IZnCH_2I$ 为主要存在形式 (式 20)[46,47]，平衡大大地偏向右边，证明了前人根据 EtZnX 的平衡推测是正确的。但是 Mitchell 等人报道，他们利用核磁却观察到 $BrZnCH_2Br$ 的 Schlenk 平衡与 $IZnCH_2I$ 相反，即平衡偏向于 $Zn(CH_2Br)_2$。但他们对结构 $Zn(CH_2Br)_2$ 核磁鉴定还不很充分，所以还不能完全下结论[48]。

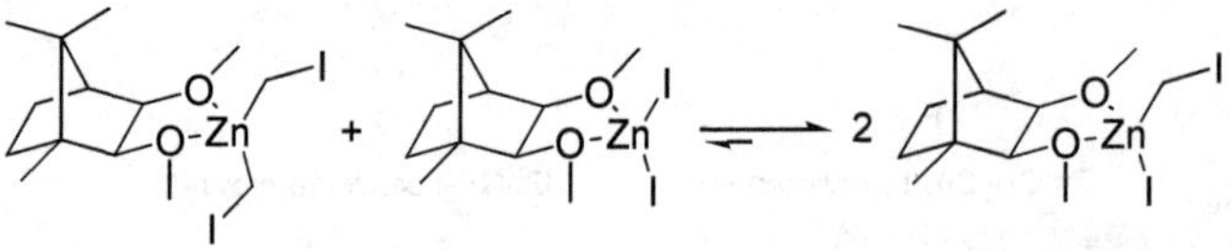

(20)

1996 年，Charette 等人报道了 $EtZnCH_2I$ 的液相碳氢核磁数据[46]。低温核磁研究表明，$EtZnCH_2I$ 的手性醚配合物是一对非对映异构体的混合物，并且与 $IZnCH_2I$ 和 Et_2Zn 之间存在 Schlenk 平衡。该试剂也可以进行分子内重排生成丙基锌碘化物 PrZnI, 所以当使用 Furukawa 试剂进行 Simmons-Smith 反应时，往往可以加入稍过量的二碘甲烷将 PrZnI 通过烷基交换转化为 ICH_2ZnI (式 21)。

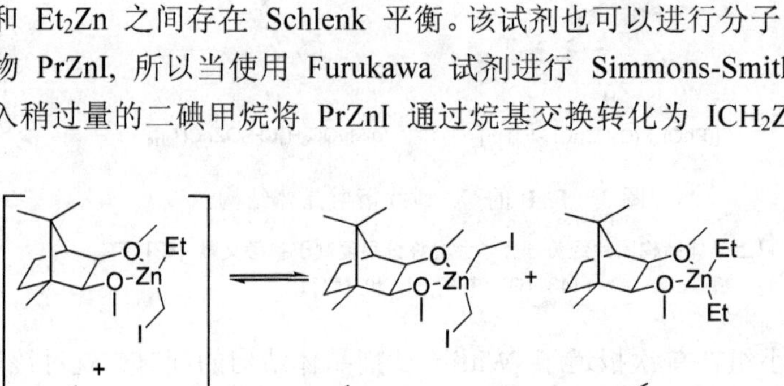

(21)

3 Simmons-Smith 反应的机理

3.1 实验结论

对于 Simmons-Smith 反应的机理，人们曾提出过三种主要的可能性 (式 22)：自由基机理、双键的碳锌加成机理和协同加成机理。

(22)

自由基的加成机理认为：卡宾试剂 ICH_2ZnI 首先裂解为 ICH_2Zn 和碘自由基。接着前者加成到双键上形成自由基中间体 **J**，然后发生分子内成环得到产物。由于自由基中间体中的 C-C 单键的旋转不可能保持产物的高度立体专一性，所以该机理因不符合实验现象而很快被否定。烯烃的碳锌加成机理认为卡宾试剂作为一个亲核试剂进攻双键后形成新的 C-C 单键和 C-Zn 键 (中间体 **K**)，然后发生分子内 S_N2 取代反应形成产物。如果 Simmons-Smith 试剂的确以亲核试剂作用，那么缺电子的烯烃应该比富电子的烯烃更容易反应。然而，该推测与 Simmons 和 Smith 确凿的实验现象相反。另外，Wittig 还利用 1,6-二氯-3-己烯与 $Zn(CH_2Cl)_2$ 的反应结果提供了更具说服力的实验证据[49]。如果根据 C-Zn 对 C-C 的插入机理，反应应当首先得到中间体 **M** (式 23)，然后进行分子内取代反应。然后巧妙的是，这时候卡宾引入的氯和分子内原来的氯都可以作为离去基团，即：反应可以通过 a 和 b 两种途径分别得到环丙烷结构在链端和链中间的两种产物。然而，Wittig 的实验结果表明：反应得到的单一产物是通过 b 途径生成的产物，这就彻底否定了这一机理。但是实验表明，类似的锂卡宾试剂形式上也可以进行烯烃的环丙烷化反应，而且锂卡宾对双键的这种碳锂加成被认为是反应的一种途径[50]。

$$Zn(CH_2Cl)_2 + \text{Cl-CH}_2\text{CH}_2\text{CH=CHCH}_2\text{CH}_2\text{Cl} \longrightarrow [\mathbf{M}] \xrightarrow{a \text{ or } b} \text{products} \quad (23)$$

第三种机理是 Simmons-Smith 提出的卡宾协同加成机理[1,2]，这也是目前被广泛接受的机理。根据该机理，卡宾试剂具有亲电性，通过类似蝴蝶形状的过渡态 **L** 一步协同加成到烯烃的双键 (式 22)。这一机理可以解释所有的实验现象：烯烃加成的立体专一性、富电子双键相对于缺电子双键的高反应性以及 Simmons-Smith 报道的反应的动力学特征，即反应相对于卡宾和底物来说分别为一级反应。

3.2 理论计算

虽然协同加成机理已被人们广泛接受，但由于反应体系较复杂的原因 (例如：反应的非均相性、试剂的不稳定性和有限的检测手段等)，人们还没有得到强有力的证据直接证明该机理的正确性。然而，密度泛涵理论 (DFT) 的提出，为复杂化学体系提供了理论计算的平台。近年来，DFT 计算从另一个侧面给 Simmons-Smith 反应中的一些实验现象提供了解释，例如羟基的定向效应、加速反应和路易斯酸催化机理等。同时也提出了其它可能的反应途径和机理。

卡宾和烯烃的反应一般有两种途径：环丙烷化 (即 Simmons-Smith 反应) 和烯烃碳氢键的插入反应 (式 24)。实验表明，锌卡宾试剂的反应主要为加成途径，而单重态的卡宾 $^1CH_2$ 的反应主要为插入反应途径。

$$\text{CH}_2\text{=CH}_2 + ClZnCH_2Cl \xrightarrow{\text{addition}} \text{cyclopropane} + ZnCl_2; \quad \xrightarrow{\text{insertion}} \text{CH}_2\text{=CH-CH}_3 + ZnCl_2 \quad (24)$$

为了解释两种卡宾的不同反应途径，1997 年 Bottoni 小组[51]在 B3LYP/6-31G* 水平利用 $ClZnCH_2Cl$ 和乙烯分子作为模型对两种反应的势能曲线进行了计算 (图 4)。在对分子构型及能量优化后，得到了四个能量最低状态：原料乙烯与锌卡宾分子的 π-配合物 (图中坐标圆点)；加成反应的过渡状态 (TS_1)；插入反应的过渡状态 (TS_2) 和加成反应的产物与 $ZnCl_2$ 的配合物。通过势能曲线可以看出，两种反应途径的活化能分别为 24.75 kcal/mol (加成) 和 36.01 kcal/mol (插入)。这说明加成反应为动力学优先途径，而插入反应途径可得到热力学稳定的产物，这一结论与实验现象一致。另外，该小组还根据价键理论利用非绝热模型用反应原料构型 Φ_R 和产物构型 Φ_P 的线性组合 $\Psi(a\Phi_R+b\Phi_P)$ 来描述进度，分别对这两种反应途径的相关图进行了解释，得到了同样的结论。计算还表明单重态卡宾 $^1CH_2$ 的反应活化能对于两种途径来说都很小 (几乎可以忽略)。反应取向主要由产物的热力学稳定性决定，这就解释了单重态卡宾与锌卡宾的不同反应途径。

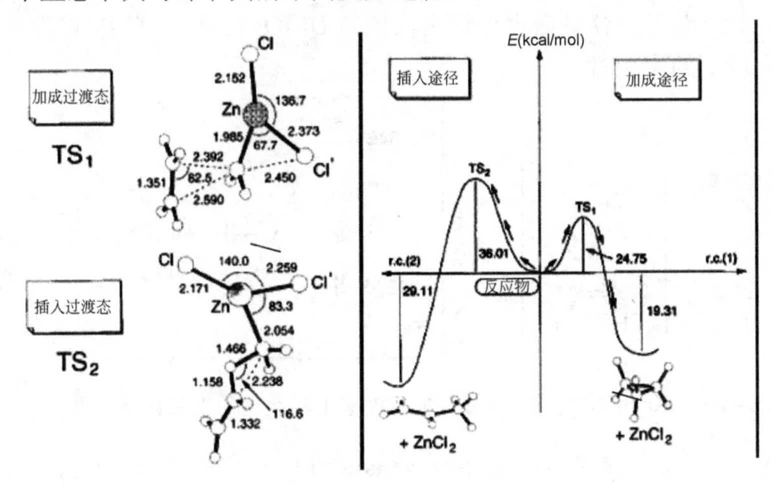

图 4 Bottoni 小组提出的反应势能曲线

该图片经美国化学会允许复制于参考文献 [51]

实验结果已经否定了 Simmons-Smith 反应的双键碳锌加成机理 (式 23) 而倾向于协同机理。1998 年，Nakamura 小组[52,53]通过 DFT 计算对两种机理进行了比较。在 B3LYP/6-31G* 水平，利用内在反应坐标分析 (Intrinsic Reaction Coordinate Analysis)，他们计算出通过协同加成机理反应的活化能为 17.3 kcal/mol，而碳锌加成机理所需的活化能为 30.7 kcal/mol，前者更低，进一步支持了实验结论(图 5)。

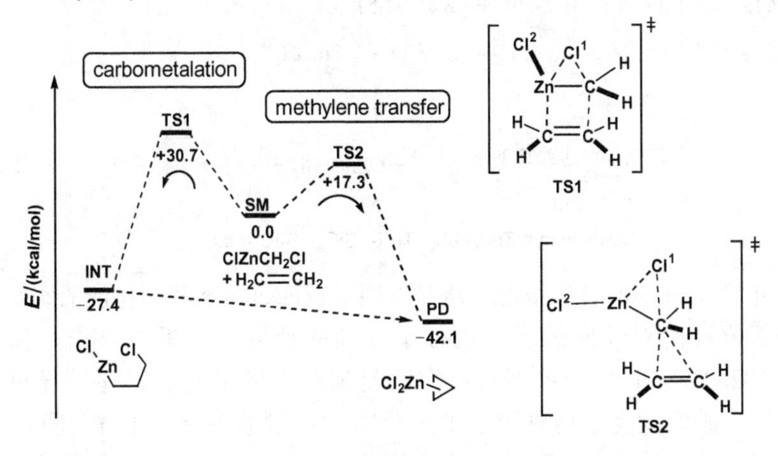

图 5 Nakamura 小组通过 DFT 计算对双键碳锌加成机理和协同机理的比较

理论计算还进一步证实了锌卡宾试剂的亲电性。1996 年，Koch 实验室报道了反应过渡态的前沿轨道的能量计算结果（图 6）[54]。他们对乙烯分子和 Simmons-Smith 试剂 $IZnCH_2I$ 对过渡态的能量贡献进行了计算，分别得到了两对 LUMO 和 HOMO 轨道的相对能级。轨道 π(C-C) 与 σ^*(C-I) 之间的能级差远远低于 π (C-Zn) 与 σ^*(C-C) 之间的能量差。也就是说乙烯分子的 HOMO 轨道 π(C-C) 中的电子更容易提供给锌卡宾的 LUMO 轨道 σ^*(C-I) 进行成键，证明了锌卡宾试剂的亲电性。

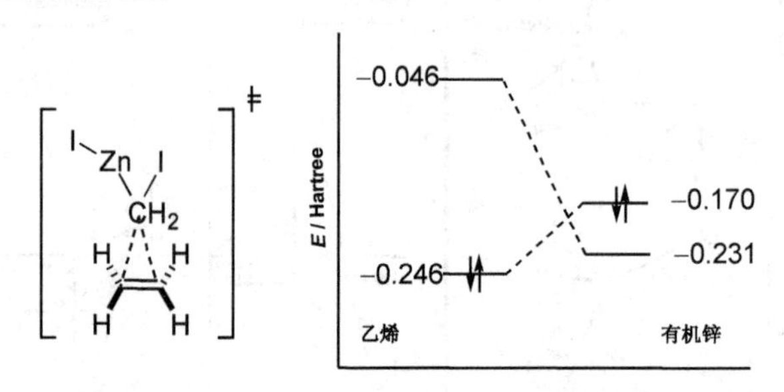

图 6 Koch 实验室报道的反应过渡态前沿轨道的能量计算结果

实验表明，路易斯酸能够催化 Simmons-Smith 反应[55,56]。即 Simmons-Smith 反应中的副产物 ZnX_2 (X 为卤素)就可能催化反应本身。然而催化机理很难从实验数据中得到答案。另外，早在 20 世纪 50 年代，Simmons 和 Winstein 等人就发现分子中的杂原子对反应具有定位和定向效应，烯丙位羟基的存在能够加速反应的进行[2,57~59]。对于环状烯烃来说，环丙烷化反应一般在邻位羟基的同侧进行。Charette 等人还利用核磁技术发现[56]，烯丙醇与等摩尔量的 $Zn(CH_2I)_2$ 反应得到烯丙氧基锌卡宾 **N**（见式 25）。在没有路易斯酸存在时，中间体 **N** 不能发生分子内 Simmons-Smith 反应。然而，当加入任意量的路易斯酸后，分子内环丙化反应就能够顺利进行 (式 25)。

OH + $Zn(CH_2I)_2$

Lewis acid　OZnCH$_2$I　O　ZnI　N　O　ZnI　(25)

Lewis acid = $Zn(CH_2I)_2$, $TiCl_4$, $SiCl_4$, $SnCl_4$, *etc.*

1998 年 Nakamura 首次报道了路易斯酸对反应过渡态和活化能的影响[53,60]，同时也对邻位羟基对反应的影响进行了详细的计算和分析。首先，他们选用 $ZnCl_2$ 和 $ClZnCH_2Cl$ 作为模型来研究路易斯酸对锌卡宾的活化。通过对内在反应坐标分析他们发现了两种可能的活化方式：过渡态 **O** 和 **P** (图 7)。其中在过渡态 **O** 中，$ZnCl_2$ 以四员环结构活化卡宾。从键长的变化来看，该活化使卡宾中的 C-Cl 键变长，而卡宾碳原子与双键之间距离缩短。看似碳碳双键的一对 π-电子对 C-Cl 键的 S_N2 取代反应过程，$ZnCl_2$ 的作用就是帮助氯原子的离去。在过渡态 **P** 中，$ZnCl_2$ 通过五员环结构直接对锌卡宾的碳氯键活化。这两种机理都符合传统的实验机理推测，但计算结果显示过渡态 **P** 比过渡态 **O** 的能量低 1.3 kcal/mol。

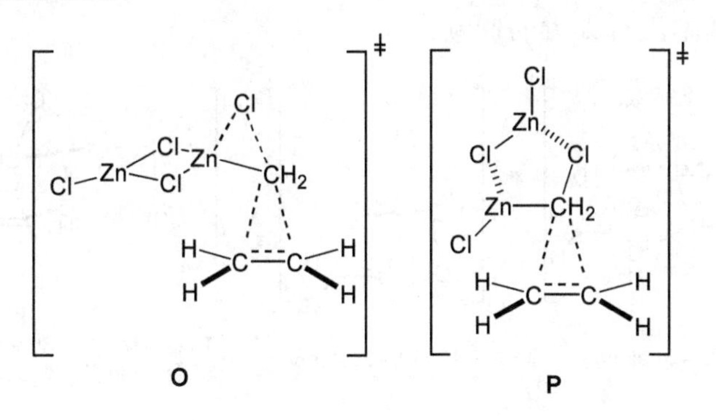

图 7 过渡态 **O** 和 **P**

接着，他们使用烯丙醇为底物模型同时对烯丙位的羟基定位作用和路易斯酸的活化机理进行了研究。如图 8 所示：反应首先生成了烯丙氧基锌卡宾试剂 **Q**。在没有路易斯酸存在下，从 **Q** 到过渡态 **P** 需要将 O-Zn-CH_2 夹角从 172° 压缩到 125°，该过程所需能量为 35.7 kcal/mol。显然，这么高的能垒排除了分子内环丙烷化反应的可能，这个结论与 Charette 的实验现象一致 (式 25)[56]。

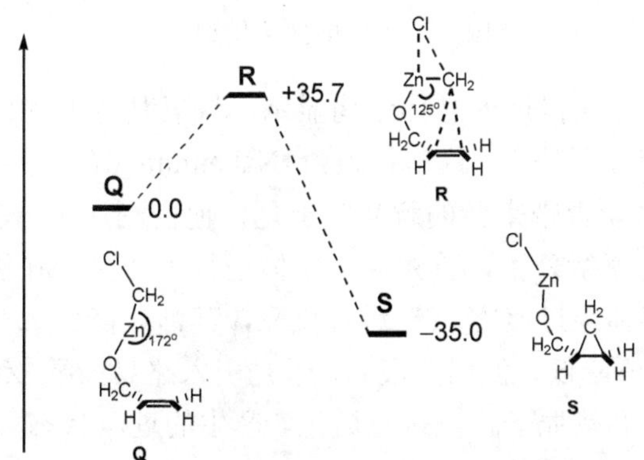

图 8 烯丙醇的羟基定位作用及活化机理

因此，路易斯酸的活化作用是反应的必然途径。**T1** 和 **T2** 是 $ZnCl_2$ 对烯丙氧基锌卡宾的两种不同活化方式的过渡状态 (图 9)。在过渡态 **T1** 中，$ZnCl_2$ 对卡宾的 Zn-O 键进行活化。而在过渡态 **T2** 中，$ZnCl_2$ 对卡宾的 C-Cl 键进行活化。计算结果显示，**T1** 过渡态的活化能为 29.4kcal/mol，比无催化情况下的 35.7 kcal/mol 稍有降低，但不足以解释卡宾如此高的活性。虽然 **T2** 过渡态的活化能为 13.9 kcal/mol，但是由于 $ZnCl_2$ 与卡宾的 C-Cl 键配位得到起始物比与配位能力更强的氧原子配位后得到的起始物能量高很多，这样抵消下来基本没有能量优势。所以为了解释羟基加速效应，还必须提出新的模型才能解释。Nakamura 等人又引入溶剂分子，试图从中得到能量降低的解释。然而，对二甲醚和一氯甲烷作溶剂化的过渡态 **T3** 和 **T4** 计算后发现，溶剂分子的引入对于反应的活化能基本没有太大的影响。

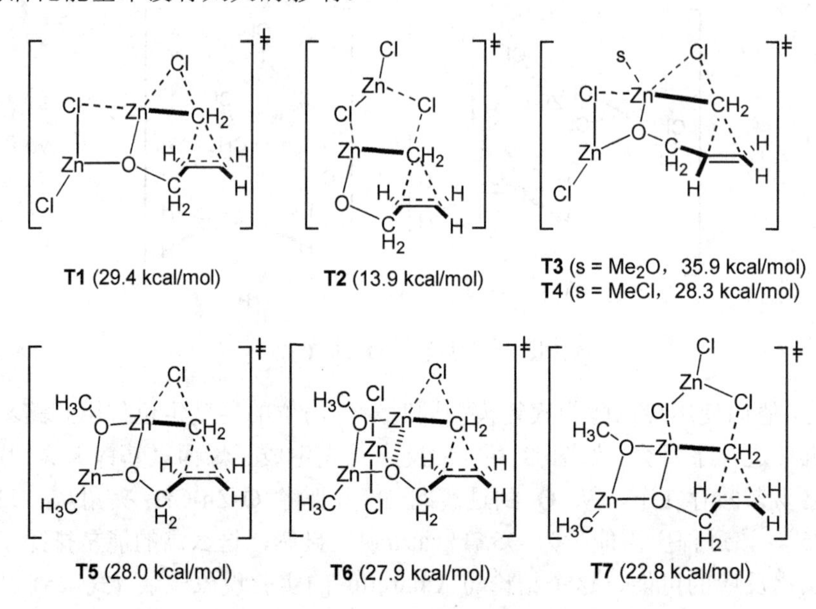

图 9　不同的理论模型

后来，Charette 等人报道的晶体结构显示，烷氧基等取代的锌卡宾在固态下可能为二聚体或多聚体[29,44,45]。这些报道给 Nakamura 等人进一步的启示：引入二聚体或多聚体模型能否带来新的解释？于是，他们利用另一分子 CH_3ZnOCH_3 作为与锌卡宾聚合的模型分子，首先对二聚体进行了计算。在没有路易斯酸催化剂的情况下，该二聚体经过渡态 **T5** 进行反应，其活化能为 28.0 kcal/mol。虽然比单体过渡态 **R** 有所降低，但仍然很高，于是引入路易斯酸 $ZnCl_2$，分别在二聚体中锌卡宾的氧原子和氯原子位点进行活化。产生的过渡状态 **T6** 和 **T7** 与单体的活化模型 **T1** 和 **T2** 基本相似，而且理论计算也显示在 **T6** 中路易斯酸对氧原子的配位基本没有降低活化能 (27.9 kcal/mol)。这可能是因为配位之前氧原子已经是三配位，基本没有能力再与路易斯酸进行配位。但是，过渡态 **T7** 的活化能却降低到 22.8 kcal/mol，比 **T6** 稳定 5.1 kcal/mol。这可能是因为氯原子配位能力没有因为二聚而失去。Nakamura 等人同时也对锌卡宾的立方四聚体模型进行了 B3LYP/631A//HF/321A 水平的计算。所有这些新的模型活化能的差别都不是很大，也不能得出非常确切的结论。但是，它们对新的反应机理的提出具有启发作用。

2002 年 Philips 等人提出同碳二锌卡宾试剂 $(RZn)_2CHI$ (其中 R 可为 Et 或 I) 理论上也可以对乙烯分子进行环丙化反应[61]的观点。理论计算显示：同碳二锌卡宾试剂的反应活化能普遍比单锌卡宾试剂较低 (图 10)。例如：$(EtZn)_2CHI$、(IZn)CHI(ZnEt) 和 $(IZn)_2CHI$ 三种试剂对乙烯分子的反应活化能均为 15 kcal/mol。同时，计算还显示路易斯酸 ZnI_2 可以加速反应的进行。

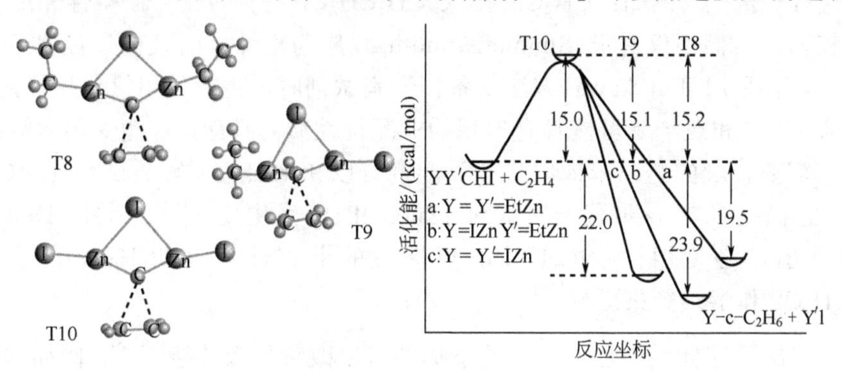

图 10　同碳二锌卡宾试剂对乙烯分子的反应活化能

该图片经美国化学会允许复制于参考文献 [61]

最近,Charette 课题组用实验证实了同碳二锌卡宾试剂 $(IZn)_2CHI$ 的环丙烷化反应[62,63] (式 26)。生成的环丙基锌中间体可进一步被多种亲电试剂捕获 (例如氘代盐酸)，生成多取代的环丙烷结构，并表现出很强的立体选择性。烯丙位的羟基或醚键不仅可以诱导卡宾从双键的一侧引入，而且可以控制卡宾碳原子上新的手性中心，基本上可以选择性地得到一种非对映异构体。进一步实验表明，路易斯酸 ZnI_2 的加入可以减少锌卡宾的用量和缩短反应时间。这一现象完全符合以上理论计算的结论。

1. EtZnI (1.2 eq)
2. $(IZn)_2CHI$ (2.0 eq)
3. DCl, D_2O
76%, dr > 99:1, er > 99:1　　(26)

4　Simmons-Smith 反应条件和适用范围综述

4.1　反应溶剂、添加剂和温度的选择

由于金属卡宾试剂的亲电性和路易斯酸性等特征，溶剂对反应有及其重要的

影响。传统的使用单质锌与二碘甲烷反应制备锌卡宾试剂的方法受到必须使用醚类溶剂的限制 (例如：Et_2O、THF 和 DME 等)。而醚的路易斯碱性和配位能力能够降低卡宾的亲电性和降低反应的速度[64]。一般情况下碱性越强的溶剂对反应活性降低影响越大，所以有些反应需要在加热条件下进行。

氯代烷烃溶剂 (例如：CH_2Cl_2 和 $ClCH_2CH_2Cl$ 等) 的路易斯碱性和配位能力相对较弱，它们不仅对于 Simmons-Smith 反应为惰性，而且也具有相当好的溶解能力。在采用 Furukawa 方法制备锌卡宾试剂时，主要使用氯代烷烃溶剂。己烷、苯、甲苯和氯苯等虽然具有理想的非配位性质，但有时可能受到溶解能力的限制。需要提醒的是，苯或取代苯类溶剂可以和未取代卡宾类试剂 ($ZnCH_2I$) 兼容，但它们能够与 α-取代卡宾试剂 [Zn(CHRI)] 发生反应[65]。另外，Denmark 等人曾提出，当使用比 $(ICH_2)_2Zn$ 更活泼的卡宾试剂 $(ClCH_2)_2Zn$ 时，用 $ClCH_2CH_2Cl$ 作溶剂效果更好[25]。

有些情况下往体系中加入一定的添加剂可以改善反应性能[46,66]。例如：当使用 $Zn(CH_2I)_2$ 时，可以加入一当量的 DME 与其配位。这样可以使反应从原来的非均相体系变为均相体系，同时还降低了反应试剂的亲电性和减慢了试剂自身分解速度。这些改进对于多烯烃底物的区域选择性非常有效 (式 27)。

Me₂NOC CONMe₂ (1.1 eq) B Bu
OBn OH
$Zn(CH_2I)_2\cdot DME$ (3 eq)
CH_2Cl_2, $-10\ ^{\circ}C$, 3 h
> 98%, 93% ee
OBn OH (27)

前面提到，利用 Furukawa 方法制备锌卡宾时需要少量的氧气催化，一般情况下体系残留的氧气足以引发反应。但 Denmark 在制备 $Zn(CH_2Cl)_2$ 卡宾时提出异议，认为反应不需要氧的引发，氧气的引入只会对反应起破坏作用[25]。

锌卡宾试剂一般在室温或高于室温的条件下都会分解。由于传统方法使用金属锌制备卡宾的反应大多需要加热，所以必须加入大大过量的试剂才能确保反应完全。用 Furukawa 方法在非配位溶剂中制备锌卡宾试剂一般可在室温或低温下进行。

利用铝类卡宾进行环丙烷化反应时一般使用氯代烷烃溶剂。当使用烷基铝和二碘烷烃交换烷基制备铝卡宾试剂时，一定要特别注意避免使用醚类溶剂，因为在醚类溶剂中碳-碳双键基本没有反应活性[35]。钐卡宾试剂通常在四氢呋喃中进行，由于其反应活性较高，反应一般在低温下进行[31,67]。

4.2 不同金属卡宾的反应性差异简介

与锌试剂相比，铝和钐卡宾试剂 ([XCH_2Al] 和 [XCH_2Sm]，X 为卤素) 在烯烃的环丙烷化反应中应用较少，但是它们对不同的双键的反应活性有时具有一定的互补性。以经典的底物香叶醇 (Geraniol) 为例[68]，在羟基被保护和未被保护时，锌和钐卡宾都区域选择性地在烯丙基的双键上发生反应，表现出邻位配位基团的诱导能力。其中羟基未被保护时，钐卡宾的区域选择性较高；当羟基被苄醚保护后，锌卡宾的选择性增加，而钐卡宾的区域选择性降低。有趣地观察到铝卡宾具有不同寻常的选择性：羟基未被保护时，反应选择性地在孤立的双键上进行；当羟基被苄醚保护后，却选择性地在 2-位双键上进行 (式 28)。目前，对这一特殊的反应选择性现象还没有明确的解释。

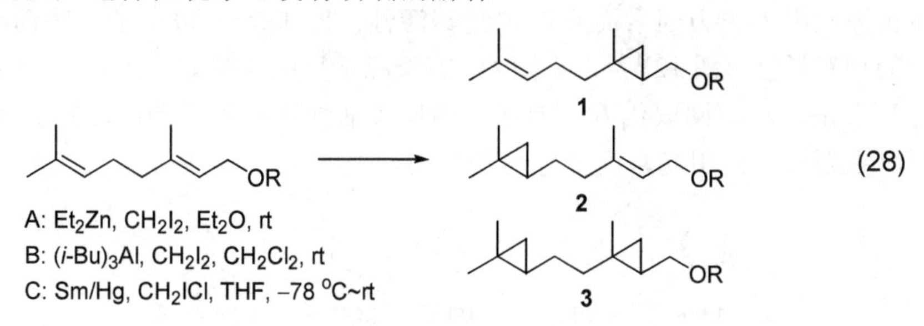

R	不同条件下的产物比例 (1:2:3)		
	A	B	C
H	74:2:3	1:76:4	98:0:0
Bn	97:1:<1	67:0:0	75:0:0

4.3 各种双键底物的反应活性与不同锌卡宾试剂的反应性讨论

所有的有机反应现象都可以用电荷效应和位阻效应来解释，Simmons-Smith 反应也不例外。在 Simmons-Smith 反应中，富电子碳碳双键比缺电子的双键更活泼，同时 Simmons-Smith 反应对位阻也相当敏感。虽然被转移的一碳单元体积很小，但是从过渡状态可以看到，它被包围在较大的锌和碘原子中间。综合考虑电荷效应和位阻效应才能很好地把握 Simmons-Smith 反应中双键的活性。

烷基是推电子基团，所以烷基取代的碳碳双键具有更高的反应性。当烷基体积较小时，不同取代方式的双键反应性从小到大顺序为：未取代 (乙烯) < 1-(单取代) < 反-1,2-(异碳二取代) < 顺-1,2-(异碳二取代) < 1,2,3,4-(四取代) < 1,2,3-(三取代) < 1,1-(同碳二取代)。1964 年 Simmons 报道了一些简单取代烯烃与 $IZnCH_2I$ 反应的活性顺序 (以环己烯位参照)[69]。从中可以看出最富电子的四取代双键的反应活性因为位阻效应被抵消许多 (图 11)。

图 11　不同取代方式的双键反应活性

环状烯烃因为张力因素而难以预测其活性。Rickborn 报道了一些简单的环状烯烃的相对活性 (图 12)[70]。在未取代的情况下反应活性顺序为：环戊烯 > 环庚烯> 环己烯。对不同取代方式的环己烯反应活性比较可以看出，2,3,4-位取代基的影响主要因位阻引起，而非电荷的作用。

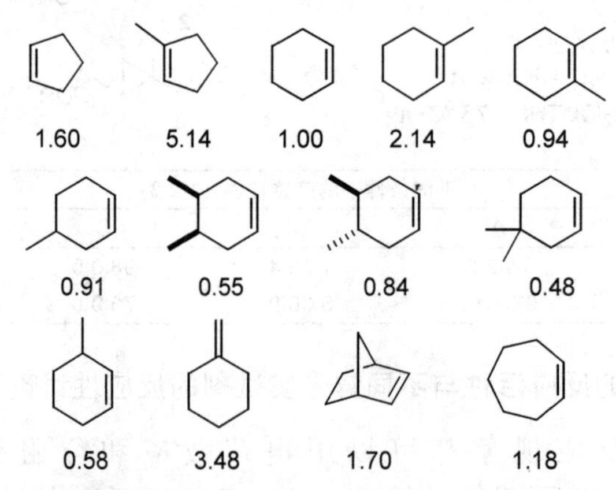

图 12　环状烯烃的反应活性及取代基位置影响

虽然链状顺式二取代双键比反式二取代双键更活泼，但在环状情况下往往相反。如果两种双键同时存在的话，可以实现较高的区域选择性 (式 29，式 30)[71,72]。有时，环内反式双键的 Simmons-Smith 反应失去立体专一性。例如：反式环辛烯生成 80% 的顺式产物，只有 20% 的立体保持反式环丙烷产物 (式 31)[73]。这可能是反应体系中的路易斯酸 ZnI_2 对不稳定的反式双键异构化所造成的结果。大环中的反式双键的反应性类似于正常直链双键。

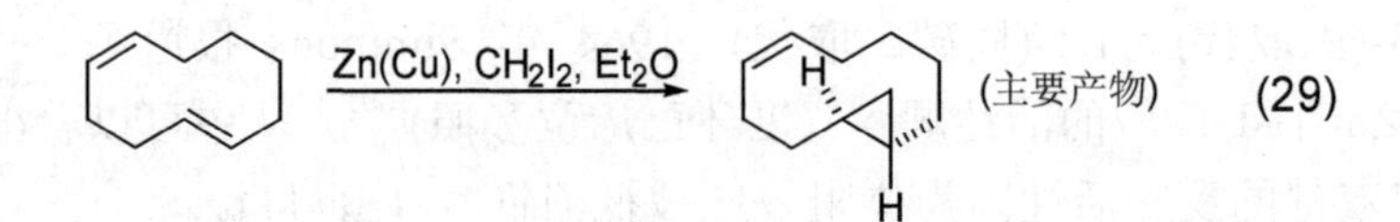

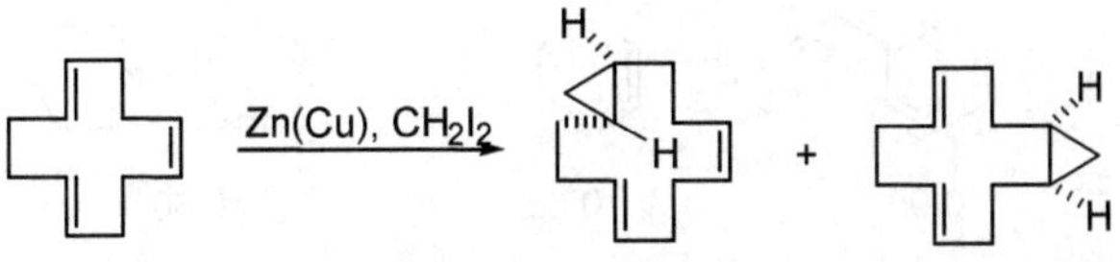

$$\xrightarrow{Zn(Cu),\ CH_2I_2}\quad 97 : 3 \qquad (30)$$

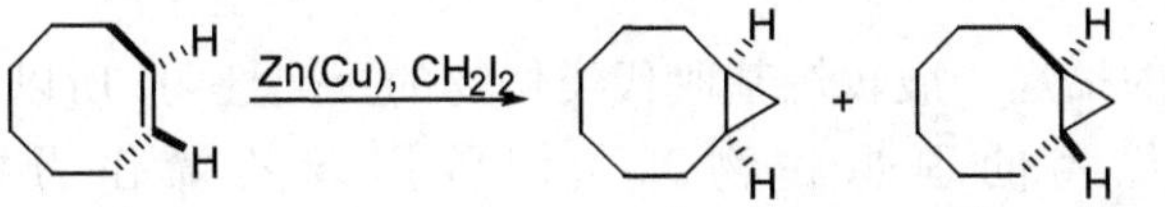

$$\xrightarrow{Zn(Cu),\ CH_2I_2}\quad 4 : 1 \qquad (31)$$

环内四取代双键的反应性一般比较活泼，在有其它取代形式的双键存在时可以选择性地优先发生反应 (式 32)[171]。

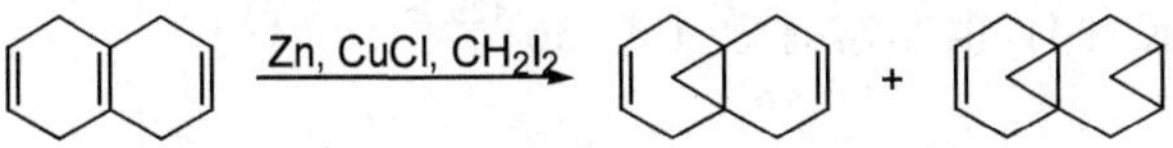

$$\xrightarrow{Zn,\ CuCl,\ CH_2I_2}\quad 50\% + 27\% \qquad (32)$$

通常情况下，苯和取代苯环不与 Simmons-Smith 试剂 ($IZnCH_2I$) 发生反应。但是，菲环体系中的 9,10-位的双键却可以发生反应，生成环丙烷结构产物 (式 33)[74]。类似地，苊烯也可以反应生成 60% 的产物[39]。

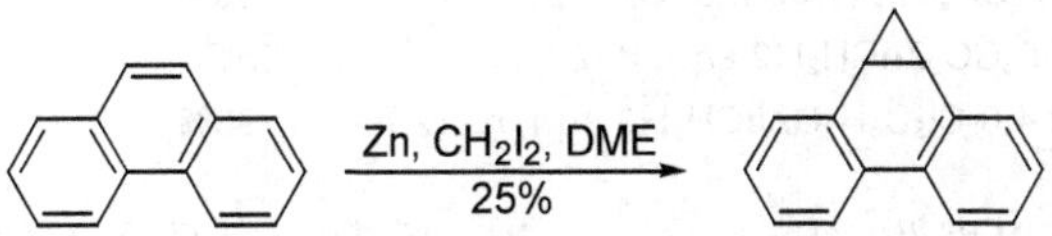

$$\xrightarrow[25\%]{Zn,\ CH_2I_2,\ DME} \qquad (33)$$

用 Furukawa 方法制备的未取代锌卡宾试剂 $EtZnCH_2I$ 也不与苯环反应，但是α-取代的锌卡宾 $EtZn(CH_3CHI)$ 却能与苯或甲苯发生反应生成七员环的产物 (式 34 和式 35)。它与苯反应得到一种异构体，而与甲苯反应得到三种异构体的混合物[65]。

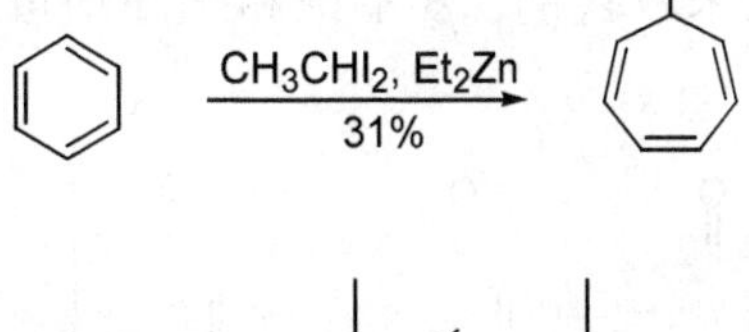

$$\xrightarrow[31\%]{CH_3CHI_2,\ Et_2Zn} \qquad (34)$$

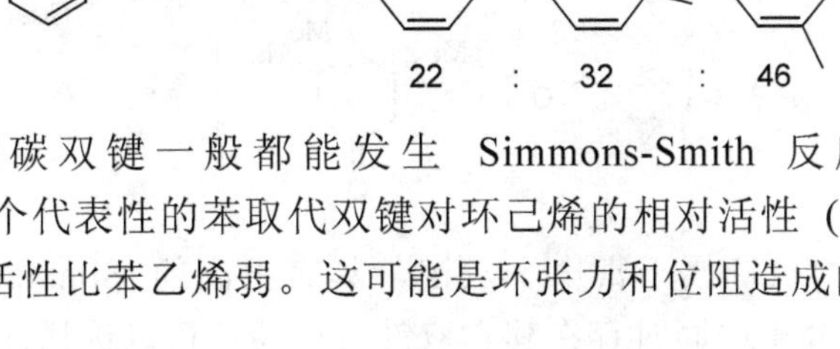

$$\xrightarrow{CH_3CHI_2,\ Et_2Zn}\quad 22 : 32 : 46 \qquad (35)$$

芳环取代的碳碳双键一般都能发生 Simmons-Smith 反应。1964 年 Rickborn 测定了几个代表性的苯取代双键对环己烯的相对活性 (图示 13)[70]，其中后两者的反应活性比苯乙烯弱。这可能是环张力和位阻造成的，而不是电荷效应的原因。

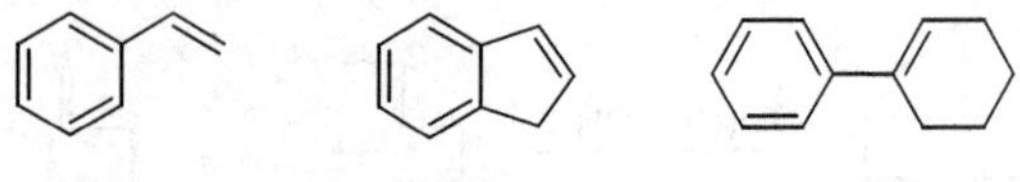

图 13 几个代表性苯取代双键的反应活性（环己烯为 1）

芳基取代的烯烃一般较烷基取代类似物的反应性弱，所以是用来衡量各种不同反应条件优劣的理想底物。人们曾用苯乙烯作为标准底物对多种 Simmons-Smith 反应条件进行比较发现，在传统的反应条件下，产物的产率范围为 32%~50%[5]；而 Denmark 反应条件［$ClCH_2CH_2Cl$ 和 $Zn(CH_2Cl)_2$ 组合］可以提供最佳的产率[25]。Shi 和 Charette 等人改进的条件 (分别利用 $CF_3COOZnCH_2I$ 和 2,4,6-$Cl_3C_6H_2OZnCH_2I$) 也非常有效 (式 36)[28,75]。

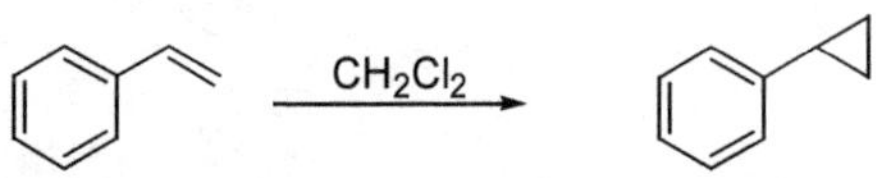

$$\xrightarrow{CH_2Cl_2} \quad (36)$$

条件	产率
Zn/Cu, CH_2I_2, Et_2O, reflux	32%
$EtZnCH_2I$ (2 eq.), 0 °C	50%
$Zn(CH_2I)_2$ (1 eq.), 0 °C	47%
$Zn(CH_2Cl)_2$ (1 eq.), 0 °C	>98%
$CF_3CO_2ZnCH_2I$ (2 eq.), rt, 20 min	85%
2,4,6-$Cl_3C_6H_2OZnCH_2I$ (2 eq.), rt, 12 h	>98%

丙二烯结构也可以发生 Simmons-Smith 反应。但是在无邻位配位基团 (如羟基) 的情况下，反应对丙二烯结构中两个碳-碳双键的选择性较差。至于丙二烯单元一侧有配位基团定位的情况将在后面立体选择性部分讨论。

α,β-不饱和羰基化合物是缺电子体系，它们和金属卡宾试剂的反应活性取决于特定的底物。简单的丙烯醛、巴豆醛等体系都不能发生 Simmons-Smith 反应 (式 37)。但是，环状未取代的*α,β*-不饱和酮却均可以正常发生 Simmons-Smith 反应[76]。

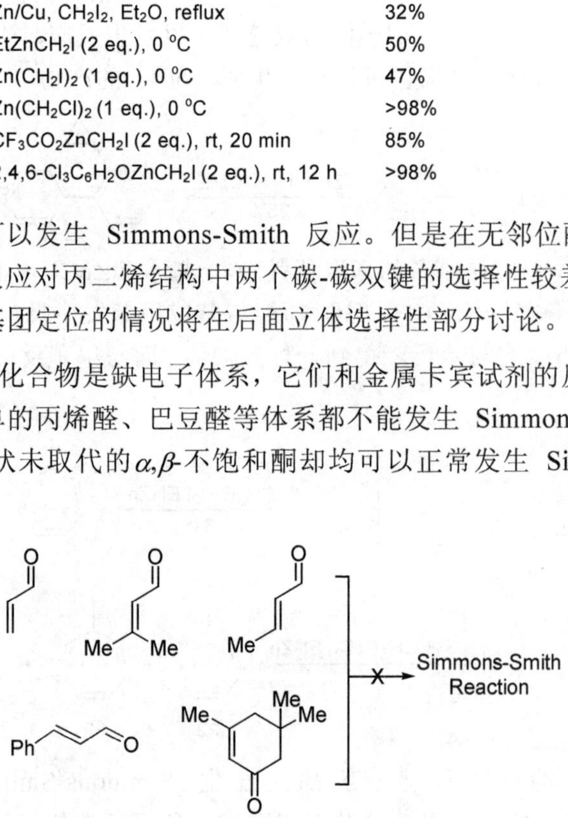

(37)

烯醇醚中的双键属于富电子双键，具有很高的 Simmons-Smith 反应活性 (式 38)[77]。当分子中同时存在其它双键时，往往可以选择性地在烯醇醚的双键

上反应 (式 39)[78]。烯醇硅醚是一类非常重要的烯醇醚，因为它们是制备取代环丙基醇的理想前体，Furukawa 试剂对这类底物的反应效果较好。因为有些烯醇醚在路易斯酸存在下不稳定，所以需要使用稍微过量的 Et_2Zn 来捕获反应中产生的 ZnI_2，借此方法来推动 Shlenk 平衡的移动而降低体系的酸性。这种方法也适用于其它酸不稳定的底物。

Me, OTBS, MOMO, H, O, OTBS, Me, Me; Et_2Zn, CH_2I_2, Et_2O, > 80%, dr = 1:1; Me, OTBS, MOMO, H, O, OTBS, Me, Me (38)

OTMS; Et_2Zn, CH_2I_2, Et_2O, > 72%; OTMS (39)

其它形式的烯醇类似物或衍生物 (如烯醇的金属盐或烯醇的酯等) 都可以直接进行 Simmons-Smith 反应来制备环丙醇类衍生物。特别是烯醇的锂盐或锌盐中的氧原子可以与卡宾试剂中的金属配位，使反应成为类似分子内反应 (式 40)[79]。对于类似的取代烯丙基氧化物，金属钐类卡宾试剂也显示出非常有效的反应活性 (式 41)[33,80]。

AcO; 1. MeLi, DME 2. Zn/Cu, CH_2I_2, Et_2O, 71%; HO (40)

O-M; Sm, CH_2I_2, THF; O-M; M = Li, 56%; M = Sm, 81% (41)

烯醇类分子的 Simmons-Smith 反应的另一个重要用途就是实现 1,3-二羰基化合物的链扩展反应，即从 1,3-二羰基变为 1,4-二羰基碳链 (式 42)[81]。β-羰基磷酸酯、β-羰基酰胺和 β-羰基氨基酸等化合物也可以用作链增反应的底物[82~84]。

O, O, OMe; Et_2Zn, CH_2I_2, 81%; [ZnEt, O, O, OMe]; O, O, OMe (42)

烯胺中的碳碳双键也非常富电子。但由于胺与金属卡宾试剂具有一定的反应性，所以烯胺的 Simmons-Smith 反应的报道较少。虽然胺被转化成为酰胺可以有效避免副反应，但同时也降低了碳碳双键活性。所以，这类反应底物产率较低或者需要使用活性更高的锌类卡宾试剂。

卤素有较小的拉电子效应，但是卤素取代的碳碳双键仍可以发生 Simmons-Smith 反应[85~88]。不同卤素取代的卡宾试剂的反应性稍有差异，但就一般而言，较新发展起来的卡宾试剂的反应效率更高些，例如：Shi 试剂 $CF_3COOZnCH_2I$、Charette 的取代酚氧基锌卡宾试剂和 Denmark 的改进条件［试剂 $Zn(CH_2Cl)_2$ 与 1,2-二氯乙烷的组合］(式 43)[86]。二卤代双键的 Simmons-Smith 反应活性降低很多[7]。

Cl～CH=CH～OH —(CH_2Cl_2)→ Cl-环丙基-CH_2OH (43)

$Zn(CH_2I)_2$, DME (2 eq) 72%
$CF_3CO_2ZnCH_2I$ (2.5 eq) >98%
2,4,6-$Cl_3C_6H_2OZnCH_2I$ (2.5 eq) 72%

使用α-卤代的锌卡宾试剂进行环丙化反应是制备卤代环丙烷的另一种方法。例如：使用三溴甲烷可以制备溴代环丙烷结构，但是这类反应的非对映异构选择性较差 (式 44)[89]。

环己烯 —(Et_2Zn, $CHBr_3$, O_2; 84%, dr = 1:1.9)→ 溴代双环产物(Br 两种构型) (44)

当使用同碳二锌卡宾试剂发生环丙烷化反应时可得到环丙基锌中间体，用亲电性的卤素 (X^+) 淬灭反应也可以得到卤素取代的环丙烷结构。当双键的邻位有醚或羟基配位基团时，反应具有非常高的立体选择性 (式 45)[90]。其它亲电试剂 (例如：酰氯和氘质子等) 也可以用来淬灭反应，得到相应的官能团化的产物 (式 26)。环丙基锌中间体甚至可以进一步与铜或者硼试剂进行金属交换反应等 (式 46)[91]。

Me, OBn 烯烃 —(1. EtZnI (3 eq), CHI_3 (1.5 eq), ZnI_2 (1.5 eq), Et_2O (9 eq), CH_2Cl_2; 2. I_2; 76%, dr = 96:4)→ Me/OBn/I 环丙烷 + 异构体 (45)

BnO～CH=CH～OH —(1. EtZnI, CH_2Cl_2; 2. $(IZn)_2CHI$, $B(OMe)_3$; 3. KHF_2, H_2O, MeOH; 63%, dr > 95:5)→ BF_3K 取代环丙烷 (BnO, OH) (46)

其它一些金属和杂原子取代的碳碳双键也可以进行 Simmons-Smith 反应。比如硼、铝、锌、锡、锗、硼酸酯、磷酸酯等取代双键反应都生成这些金属或杂原子取代的相应环丙烷产物 (例如式 47 和式 48)[92~98]。这些环丙烷上取代的金属和杂原子还可以进一步官能团化，用于制备更加复杂的环丙烷体系。

Zn/Cu, CH_2I_2, (*i*-Pr)$_2$NEt, DME, 23 °C, 70% (47)

EtZnI, CH_2I_2, Et_2O, 99% (48)

虽然 Simmons-Smith 反应可以与很多官能团兼容，但也有些路易斯碱性很强或者亲核性很强的官能团会与卡宾试剂发生反应。例如：胺、烷基膦和硫醚等可与卡宾试剂反应分别生成铵盐[99]、磷叶立德[39]和硫叶立德[100]。另外，末端炔烃端的存在也会给反应带来很多副产物[101]。

正如前面提到的那样，当反应原料或产物对 ZnI_2 等路易斯酸敏感时，如果锌卡宾试剂通过 Furukawa 方法制备，可以通过加入稍过量的 Et_2Zn 来降低体系的酸性。有时在 Simmons-Smith 反应中也可以通过加入 Hünig 碱 (*i*-Pr_2NEt) 来减少副反应 (式 47)。另外，有时在淬灭反应时需要先加入吡啶再后加水来处理[17]。

5 Simmons-Smith 反应的立体选择性综述[64]

对碳碳双键前手性平面两侧中的一侧选择性地进行 Simmons-Smith 反应统称为立体选择性反应，是 Simmons-Smith 反应研究的重要内容。根据不同的控制条件，一般可分为下列四种情形讨论。

5.1 底物控制的立体选择性

底物控制即反应的面选择性由底物本身的结构决定 (例如：邻位配位基团或位阻的影响等)，可分为环状和非环状底物两种情况分别讨论。

5.1.1 环状底物

1959 年，Weinstein 首次报道了邻位羟基对碳碳双键的 Simmons-Smith 环丙化反应具有顺式诱导作用[57]。这是因为羟基可以与锌卡宾试剂配位，然后诱导卡宾选择性地转移到双键平面中较近的一侧进行反应。这一发现标志着立体选择性 Simmons-Smith 反应研究的开端。根据羟基或其它配位基团对反应有加速效应的特点，在分子中存在其它正常双键时可以实现区域选择性反应 (式 28)。

环状烯烃是羟基诱导效应的理想底物模型。对不同大小的环状烯烃的详细研究表明，环戊烯或环己烯 (式 49，n = 1,2) 与锌或钐卡宾试剂反应时几乎完全得到与羟基顺式的环丙烷产物。环庚烯 (n = 3) 在与锌卡宾反应时的顺反选择性稍有降低，但是与钐卡宾反应时仍然可以得到很高的选择性[22,23,58,67,102,103]。

(49)

syn *anti*

反应条件	*syn*:*anti*		
	n = 1	n = 2	n = 3
Zn/Cu, CH_2I_2	> 99:1	> 99:1	90:10
Et_2Zn, CH_2I_2 (1:2)		> 99:1	
Et_2Zn, $ClCH_2I$ (1:2)		> 99:1	
Sm/Hg, CH_2I_2		> 99:1	> 97:3

当环继续增大到环辛烯和环壬烯时，立体选择性的方向发生了变化，高度选择性地得到反式环丙烷产物 (式 50)[9,58]。这种变化可以从大环的稳定构象得到合理的解释：环辛烯主要为椅式-船式构象，使得在羟基同一侧反应后生成的环丙烷结构具有反式结构，但本质上还是羟基诱导的结果 (式 51)。

Zn/Cu, CH_2I_2 (50)

	syn	:	*anti*
n = 1	< 1	:	99
n = 2	< 1	:	99

(51)

当环的大小继续增大，环内双键的羟基诱导选择性将与链状底物情况相似。例如：2-环十五烯-1-醇中的双键仍然具有很好的羟基顺式诱导选择性，这是 Oppolzer 等人在合成天然产物 (*R*)-Muscone 路线中的关键步骤[104] (式 52)。高度的立体选择性可以用 **A(1,3)** 张力 (即 1,3-allylic strain) 最小化时的稳定构象所描述的反应过渡状态来解释。

Et_2Zn, $ClCH_2I$
$(CH_2Cl)_2$
91%
dr > 99:1
(*R*)-Muscone
(52)

Rickborn 等人还研究了配位基团与碳碳双键之间的距离对诱导能力的影响[105]。数据表明，羟基 (或醚键) 与双键相距越近，诱导能力越强。当羟基 (或醚键) 处在双键的 α-位或 β-位时均表现出很强的诱导能力，顺式加成的选择性很高。然而，当羟基与双键之间有三碳之隔或者更远时，羟基基本失去了诱导能力 (图 14)。

cis:*trans* > 99:1 > 99:1 > 20:1 > 20:1 > 20:1 45:55

图 14 羟基 (或醚键) 与双键的距离对诱导能力的影响

除了羟基和醚键，很多具有路易斯碱性 (或配位能力) 的基团对相邻碳碳双键的 Simmons-Smith 反应也有相似的诱导效应，例如：酰胺、酯基等。从表 2 给出的例子可以看出，不同官能团的诱导能力有时跟底物结构、所用的卡宾试剂和溶剂等有关。例如：酯基有时可以是顺式诱导，但一定的底物和反应条件下也可以是反式诱导 (表 2 中第 2、3 行)；二甲基叔丁基硅基 (TBDMS) 醚仍具有一定的诱导能力 (表 2 第 4 行)，可能是硅的取代基体积还没有大到使氧原子失去配位能力。其它未列出的例子表明：体积更大的硅醚 (如 TIPS、TBDPS 等) 基本上没有诱导作用，有时反而作为一个位阻基团阻挡反应在顺式一侧进行。当双键附近有两种诱导基团同时存在时，反应的立体选择性需要具体分析。例如：酰胺和羟基对双键的 Simmons-Smith 反应进行竞争诱导时，二级酰胺 (氮原子上有一个氢原子) 的诱导作用强于羟基，而三级酰胺 (氮原子上无氢原子) 却比羟基的定向作用弱 (表 2 第 5 行)。烷氧基锌与羟基的各种保护基的竞争与所用的试剂用量有很大关系 (表 2 第 6 行)。当使用一当量的锌卡宾试剂时，用苄基 (Bn) 和苄氧甲基 (BOM) 保护的醚键的诱导能力比烷氧基锌弱。但是，使用大大过量的锌卡宾试剂时 (9 eq)，这两种醚键的诱导能力则很强。但是，不管试剂的用量多少，乙酰酯和 TIPS 硅醚键的诱导能力都不如烷氧基锌强。羟基比磺酰亚胺具有更强的诱导能力 (表 2 第 7 行)。

表 2 几个环状底物中不同配位基团诱导的立体选择性环丙化反应实例

序号	底物	反应条件	产物及立体选择性（产率）
1[25,59,106]	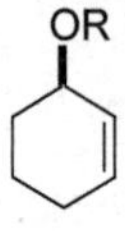 OR	Et_2Zn CH_2I_2	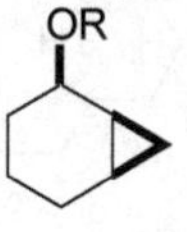 OR R = Bn, > 99:1 (99%) R = Me, > 99:1 (54%) R = Ac, 4:1 (> 23%)
2[107]	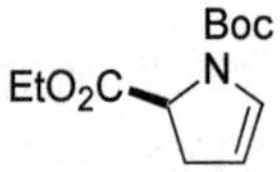 Boc EtO_2C N	Et_2Zn CH_2I_2	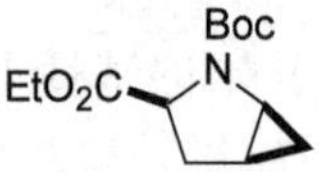 Boc EtO_2C N 4:1 (65%)
3[108]	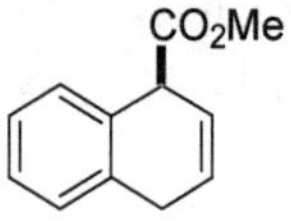 CO_2Me	Et_2Zn CH_2I_2	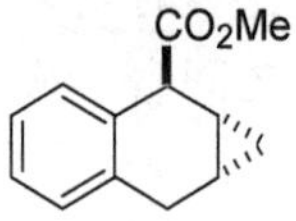 CO_2Me 4:1 (51%)
4[109]	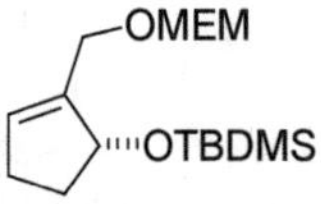 OMEM OTBDMS	Et_2Zn CH_2I_2	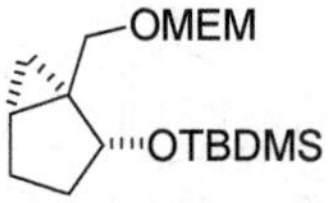 OMEM OTBDMS 约6:1 (约80%)
5[110]	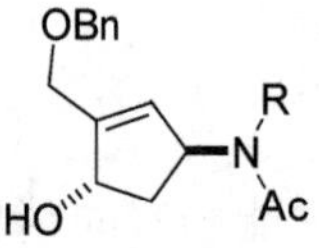 OBn R N Ac HO R = H R = Bz	Et_2Zn CH_2I_2	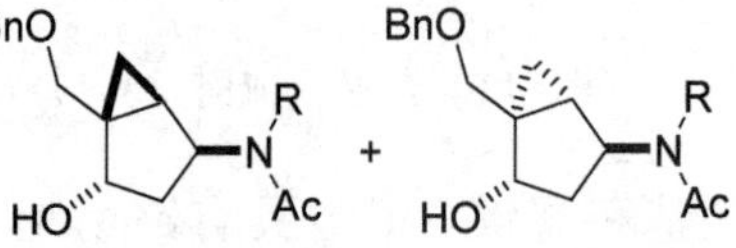 BnO, R, N, Ac, HO + BnO, R, N, Ac, HO R = H: only (50%) R = Bz: only (> 50%)
6[64]	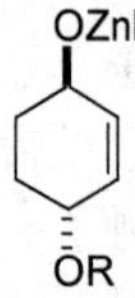 OZnR OR		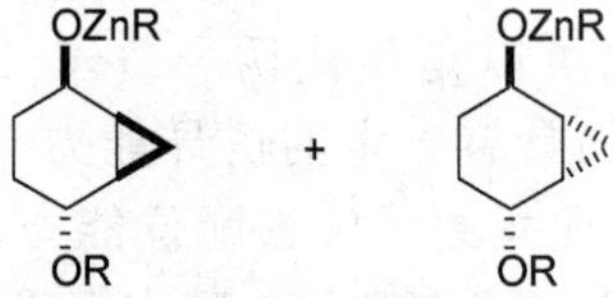 OZnR, OR + OZnR, OR
	R = Bn, $Zn(CH_2I)_2$ (1 eq), > 25:1 (> 95%) R = Bn, $EtZnCH_2I$ (9 eq), 1:> 25 (> 95%) R = Ac, $Zn(CH_2I)_2$ (1 eq), > 10:1 (> 95%) R = Ac, $Zn(CH_2I)_2$ (9 eq), > 5:1 (> 95%) R = BOM, $Zn(CH_2I)_2$ (1 eq), > 10:1 (> 95%) R = BOM, $Zn(CH_2I)_2$ (9 eq), 1:3 (> 95%) R = TIPS, $Zn(CH_2I)_2$ (1 eq), > 10:1 (> 95%) R = TIPS, $Zn(CH_2I)_2$ (9 eq), > 10:1 (> 95%)		
7[111]	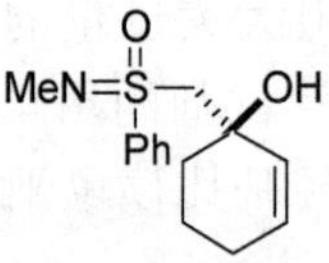 O MeN=S— Ph OH	Zn/Ag CH_2I_2	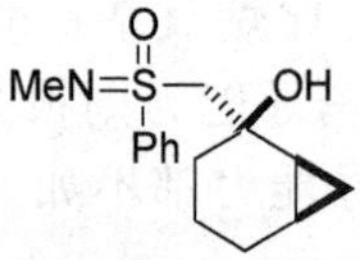 O MeN=S— Ph OH 91%~98%

当分子内没有邻位配位基团进行诱导时，分子的构型和双键平面两侧的位阻差异将对 Simmons-Smith 反应的立体选择性起主导作用。如式 53 所示的例子是天然产物 (+)-Acetoxycrenulide 合成中的一个关键步骤[112]。因为 α-面受到内酯环和甲基的位阻影响，反应中锌卡宾试剂高度选择性地从位阻较小的 β-面进攻。

Et_2Zn, CH_2I_2, PhH
92%, dr > 95:5
(53)

大部分情况下，当羟基诱导的立体取向和位阻优先的取向发生冲突时，羟基的诱导往往超越位阻影响，反应仍然可以选择性地在位阻大的一侧进行。但是当羟基诱导的那一侧位阻特别大时，反应的立体选择性也可能被迫由位阻决定。如式 54 所示：底物分子中虽然有 β-羟基存在，但是由于 β-面处于三个环包围的漏斗区域中，位阻相当大。这就迫使卡宾试剂从位阻较小的 α-方向进攻，未检测到任何 β-面反应的产物[113]。

Et_2Zn, $ClCH_2I$, CH_2Cl_2, 0 °C~rt
74%
(54)

5.1.2 非环状底物

Simmons-Smith 反应中环状烯烃的立体选择性早在 20 世纪 50 年代末就被发现并随后得到了充分的研究。然而，直到 1978 年羟基对于非环状烯烃的立体选择性环丙化反应才首次被报道。Pereyre 等人研究发现[114]，邻位手性碳原子上的羟基能够在 Z-构型双键的反应中诱导产生非常高的顺式选择性，但 E-构型双键的立体选择性影响较小。这种选择性明显地受到试剂用量和反应溶剂等影响 (式 55 和式 56)。从 3(E)-丁烯-2-醇反应的各种条件来看，传统锌铜偶制备的卡宾几乎没有立体选择性 (式 56)。而过量的 Furukawa 试剂可以得到较好的顺式立体选择性，并且 CH_2Cl_2 用作溶剂时比乙醚更具优越性。有趣的是钐卡宾在这种情况下得到反式的选择性。产物的立体选择性往往随着底物中双键取代基体积的增大而增加，这表明立体选择性可能跟 **A(1,3)** 张力有关[6,115]。

Zn/Cu, CH_2I_2, Et_2O
syn:*anti* > 99:1
(55)

(56)

Zn/Cu, CH_2I_2, Et_2O	57:43
Et_2Zn (5 eq), CH_2I_2 (5 eq), CH_2Cl_2	88:12 (> 95%)
Et_2Zn (5 eq), CH_2I_2 (5 eq), Et_2O	82:18 (50%)
$Zn(CH_2I)_2$ (2 eq), CH_2Cl_2	72:27 (90%)
Sm/Hg, CH_2I_2, THF	25:75 (75%)

如式 57 所示：碳氧键与碳碳双键之间的二面角约 150° 左右，反应是通过四个可能的稳定构象 **U1~U4** 来进行[114]。对于顺式烯烃来说，构象 **U1** 中的羟基在双键平面上方。这时 α-甲基与双键的甲基在同一侧，具有较大的位阻效应，这就是所谓的 **A(1,3)** 张力。而构象 **U2** 中的羟基在双键平面下方，与双键甲基同一侧的是体积较小的氢原子，他们之间的位阻效应相对较小。这样，**U1** 和 **U2** 之间较大的能量差别决定了反应具有较大的选择性，主要通过相对稳定的构象 **U2** 得到相应的顺式产物 (1:99)。同理，反式烯烃通过两个可能的稳定构象 **U3** 和 **U4** 进行反应，他们涉及的位阻作用分别对应于 CH_3-H 和 H-H 之间。由于这两组之间的差别不大，所以 **U3** 和 **U4** 之间的能量差别也不大。结果，通过两种构象进行的反应则具有较小的顺反选择性 (57:43)。

Zn/Cu, CH_2I_2

dr = 1:99　　dr = 57:43　　(57)

以上的 **A(1,3)** 张力模型说明：顺式二取代双键通过邻位羟基的诱导一般可以得到很好的顺式选择性。同理我们也可以很好地理解顺式三取代烯烃具有高度的顺式选择性。除了 **A(1,3)** 张力的主要影响外，立体选择性还可能受到其它因素的影响，所以有时需要对具体情况进行分析。

烯丙位的羟基也可以诱导丙二烯体系的 Simmons-Smith 反应，钐卡宾试剂更适用于这类底物。在羟基的作用下，反应可以同时实现区域选择性 (即与羟基相邻的双键更活泼) 和顺反立体选择性。但是顺反立体选择性依赖于取代基的大小，范围内变化在 (1:2.1)~(50:1) 之间 (式 58)[116]。当使用铝和锌卡宾试剂时，反应的区域选择性较难控制，往往得到双加成产物螺环结构。

Sm/Hg, CH_2I_2; *syn*:*anti* = (1:2.1)~(50:1) (58)

羟基在双键的 *β*-位上的非环状底物的立体选择性比环状底物低，因为环状体系的骨架较固定，而非环状体系具有较大的自由度。虽然这类底物的报道不多，但也有立体选择性很高的顺式诱导的例子 (式 59)[117]。

Et_2Zn (4~4.5 eq), CH_2I_2 (4~4.5 eq), CH_2Cl_2; 62%~82%; dr = (95:5)~(97:3); R = Bn, CH_2OBn, CH_2CO_2Pr (59)

烯丙位的醚键等配位基团对非环状双键的 Simmons-Smith 反应的立体选择性诱导结果比较复杂，如式 60 所示：反应产物的立体选择性同时受到取代基 R^1 和 R^2 的大小以及氧原子的配位能力的影响。比较系统的研究表明：取代基 R^1 增大有利于顺式加成，而 R^2 增大有利于反式加成。总的反应选择性是各种影响因素的综合结果[115,118]。

Et_2Zn, CH_2I_2 (60)

R^1	R^2	产率/%	*syn*:*anti*
Me	Bn	94	1:9
Et	Bn	97	1:2
i-Pr	Bn	82	19:1
Me	Me	95	1:1.6
Et	Me	93	3.4:1
i-Pr	Me	94	> 20:1

当 R^2 为三烷基硅时，由于其体积较大，一般可以诱导较高的反式加成选择性，这种选择性在使用 Shi 卡宾试剂 $CF_3COOZnCH_2I$ 时特别明显 (式 61)[119]。当然这种反式的选择性并不普遍适用，缩酮的氧原子进行诱导时，反应可选择性地得到顺式加成产物 (式 62)[120]。

$CF_3CO_2ZnCH_2I$ (2.0 eq), CH_2Cl_2
SiR_3 = TBS, 86%, dr >98:2
SiR_3 = TES, 87%, dr >99:1
SiR_3 = TIPS, 88%, dr >99:1 (61)

Et_2Zn, TFA, CH_2I_2, rt
82%, dr > 98:2 (62)

当烯丙位为保护的氨基时，其对邻位非环状双键的环丙化加成的立体选择性的影响不大，且以反式诱导为主 (式 63)[121]。

Et_2Zn, CH_2I_2, Et_2O, reflux
50%, dr = 3:1 (63)

当手性非环状烯烃中烯丙位的手性碳上没有任何诱导基团时，对立体选择性的唯一影响就是位阻。一般情况下，底物分子在 **A(1,3)** 张力最小的稳定构象中双键平面两侧位阻的大小决定了试剂进攻的方向 (式 64)[122]。所以，手性中心的取代基位阻差别较大时可以获得较好的立体选择性。

Et_2Zn, CH_2I_2, $(CH_2Cl)_2$
79%, dr > 95:5 (64)

以上讨论的底物控制的立体选择性并不局限于 Simmons-Smith 反应，利用烯丙位羟基诱导和 **A(1,3)** 张力控制的环内和链状双键的环氧化、硼氢化、二羟基化和加氢反应中都有类似的立体选择性[123]。

5.2 手性辅助试剂诱导的立体选择性

通过共价键在底物分子上连接一个手性辅基，然后利用该手性辅基诱导底物分子发生立体选择性 Simmons-Smith 反应后，再将手性辅基从产物中除去，这一过程被称为手性辅助试剂诱导的 Simmons-Smith 反应。

常用于手性辅助试剂诱导的 Simmons-Smith 反应中的手性辅助试剂有四大类：手性烯丙基醚 (胺)，手性缩醛 (酮)，手性 α,β-不饱和羰基衍生物，双键连接有手性辅基的杂原子取代的烯醇醚、烯胺等。

手性烯丙基醚一般通过双键烯丙位的羟基与手性辅助试剂中的羟基以醚键连接得到。糖分子是一类重要的利用醚键连接的天然手性辅助试剂 (虽然其分子本质上为半缩醛，但仍归为醚键一类)[124]。Simmons-Smith 反应底物双键上的立体选择性由手性的糖分子中的游离的羟基进行诱导决定，一般效果较好 (图 15,

V1~V3)。它们的缺点是分子中还含有大量的其它醚键，由于它们都具有配位能力，所以卡宾试剂的用量较大 (一般要 10eq)。为了减少这种不相干的醚键带来的试剂浪费，人们提出了简化的模型 **V4**。剔除了四个不相干的醚键 (包括一个环内醚键)，仅保留起诱导作用的 2-位羟基[125]。实验表明该模型仍然保留了很高的立体诱导能力，同时可大大减少试剂用量 (3 eq)。最后手性辅基的除去也是研究该方法时需要考虑的问题。由于环丙基甲醇结构的不稳定性，这类利用醚键连接的糖分子一般利用温和的缩环反应切除[126]。模型 **V4** 中的手性辅基可以先将羟基碘代后利用丁基锂切除[125]。

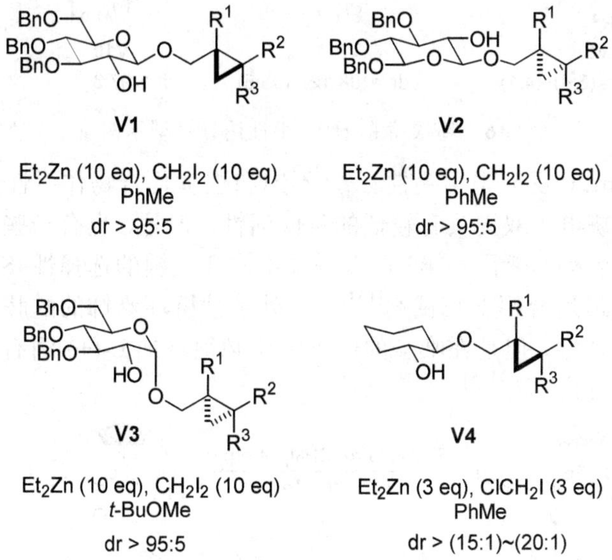

V1: Et_2Zn (10 eq), CH_2I_2 (10 eq), PhMe, dr > 95:5

V2: Et_2Zn (10 eq), CH_2I_2 (10 eq), PhMe, dr > 95:5

V3: Et_2Zn (10 eq), CH_2I_2 (10 eq), *t*-BuOMe, dr > 95:5

V4: Et_2Zn (3 eq), $ClCH_2I$ (3 eq), PhMe, dr > (15:1)~(20:1)

图 15　糖分子作为手性辅助试剂诱导的 Simmons-Smith 反应

如式 65 所示[127]：烯丙基胺通过氮原子连接手性辅基后可以用于手性环丙基甲胺衍生物的合成。

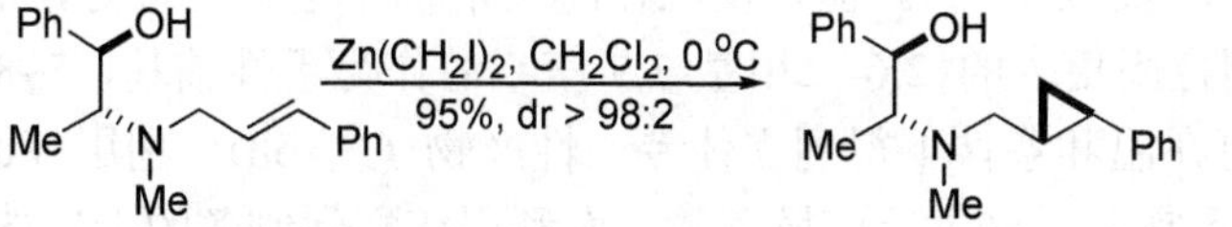

$Zn(CH_2I)_2$, CH_2Cl_2, 0 °C; 95%, dr > 98:2　(65)

不饱和醛酮被手性二羟基分子保护后生成的环状缩醛或缩酮也是一类非常有用的诱导模型。例如：利用酒石酸二酯中的 C_2 对称性可以非常有效地诱导立体选择性 Simmons-Smith 反应，其它一些缩醛 (酮) 的模型也非常有效 (图 16，**V5~V10**)[128~133]。这类模型的手性辅基一般可以在弱酸性条件下被切除。

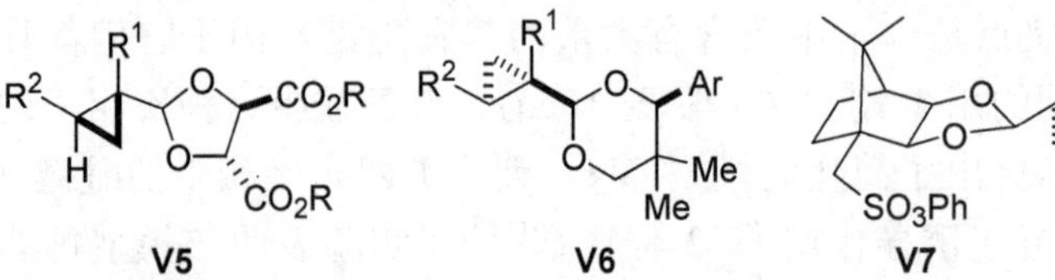

V5
dr = (93:7)~(97:3)

V6
dr = (6:4)~(9:1)

V7
dr > 99:1

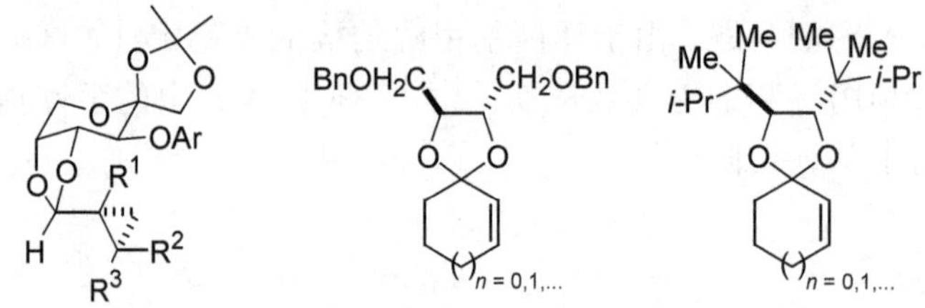

V8
dr = (6:4)~(4:1)

V9
dr = (88:12)~(95:5)

V10
dr > 97:3

图 16 环状缩醛（酮）手性诱导模型示例

Simmons-Smith 反应中用手性 α,β-不饱和羰基化合物作手性辅基的例子不多，因为它们的缺电子双键具有较低的反应活性。但是，也有一些成功的例子被报道。如式 66 所示：Fe 手性中心可以诱导不饱和双键的选择性 Simmons-Smith 反应，这种模型最适合铝卡宾试剂[134]。另外手性桥环修饰的酰胺模型也可以得到较好的立体选择性，但是在唯一的例子中还必须添加 L-(+)-酒石酸二乙酯才能得到较好的产率（式 67）[135]。

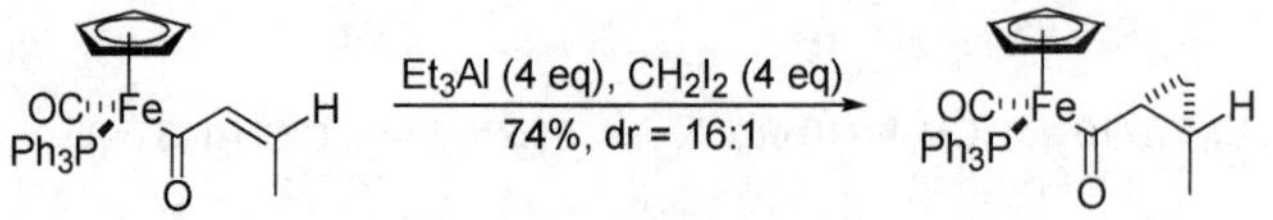

Et_3Al (4 eq), CH_2I_2 (4 eq)
74%, dr = 16:1
(66)

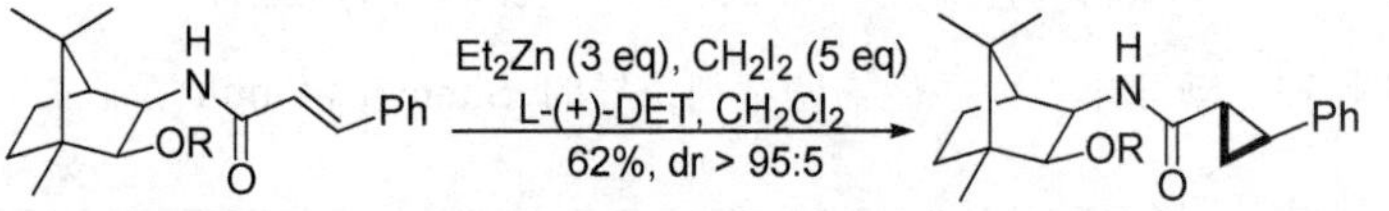

Et_2Zn (3 eq), CH_2I_2 (5 eq)
L-(+)-DET, CH_2Cl_2
62%, dr > 95:5
R = TIPS
(67)

Tai 课题组报道了 1,3-戊二醇的环状烯醇醚也可以诱导环内双键的立体选择性 Simmons-Smith 反应[136,137]。但是反应在醚类溶剂中选择性最好，而且往往需要加热。如果使用位阻更大的 2,6-二甲基-3,5-庚二醇作为手性辅基，5~8 员环的环内双键基本上均可在温和条件下得到立体专一性产物（式 68）。利用 Furukawa 方法制备的 Wittig 卡宾对于这类反应最有效，而利用锌酮偶制备的卡宾选择性稍差。

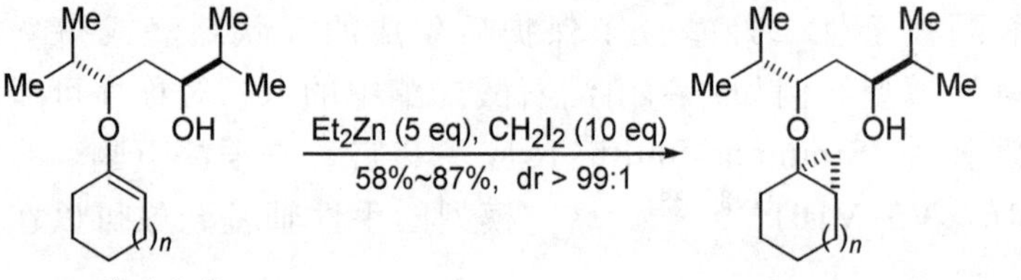

Et_2Zn (5 eq), CH_2I_2 (10 eq)
58%~87%, dr > 99:1
n = 0, 1, 2, 3
(68)

当双键上有氮、硼等其它杂原子连接的手性取代基时，也可以实现较高的立体选择性 Simmons-Smith 反应[138,139]。

5.3 手性添加剂诱导的立体选择性

手性添加剂与手性辅助试剂不同，首先不需要提前将手性辅基以共价键方式连接到底物分子上。于是反应的后处理省去了切除手性辅基的步骤。手性添加剂一般为手性的配体，它们与卡宾试剂和底物分子之间的作用相对较弱 (非共价键)，但必须有足够的手性识别能力。所以这类试剂的设计比较复杂，也是不对称催化体系研究的雏形。

早在 1968 年 Sawada 就开始了对手性 Simmons-Smith 反应添加剂的研究，但是他们利用 (−)-薄荷醇为配体只得到很不满意的化学产率和立体选择性[140]。1992 年 Fujisawa 报道了酒石酸二乙酯和烯丙基醇的反应体系[141]，利用 1.1 eq 的酒石酸二乙酯得到了较好的对映异构选择性。后来发现使用烷基硅取代的底物能够得到更好的立体选择性 (式 69)[142]。

HO–CH2–CH=C(R1)(R2) → L* (1.1 eq), Et_2Zn, CH_2I_2 → cyclopropane product (HO, R1, R2) (69)

L* = EtO_2C–CH(OH)–CH(OH)–CO_2Et

R^1	R^2	产率/%	ee值/%
Ph	H	54	79
$PhMe_2Si$	Me	93	89
Me	$PhMe_2Si$	73	74
$PhMe_2Si$	Bu	84	87

利用酒石酸为骨架的添加剂被发现是有效的手性 Simmons-Smith 反应添加剂后，引起了广泛的关注。1994 年，Charette 报道了另一个非常高效的酒石酸酰胺的硼酸酯衍生物 **W1** (式 70)[143,144]。该试剂对多种结构的烯丙醇都普遍适用，例如：顺式、反式、二取代、三取代和四取代的双键，甚至丙二烯底物也能够得到较好的对映异构选择性[145]。

添加剂 **W1** 也适用于 α-取代的 (或同时官能团化的) 卡宾试剂，可以同时诱导较高的非对映和对映异构选择性 (式 71)[146]。

Charette 等人提出手性 **W1** 添加剂诱导的高度立体选择性可能涉及三步反应。首先由锌卡宾试剂与底物烯丙醇反应生成烷氧基锌，然后其中的氧原子与手性分子 **W1** 中的硼原子配位，最后选择在最稳定的构象下将卡宾转移到双键上 (图 17)[144]。

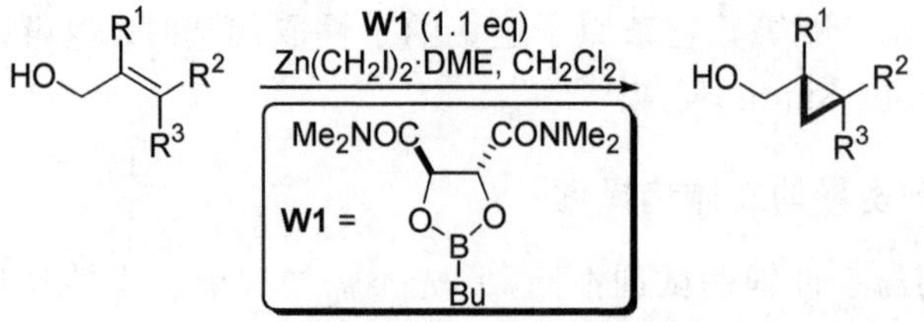

(70)

R^1	R^2	R^3	产率/%	ee/%
H	Ph	H	95	94
H	*n*-Pr	H	80	93
H	$SnBu_3$	H	88	90
H	I	H	83	90
Me	Ph	H	96	85
H	Me	Me	85	94
CH_2OTIPS	Me	Me	85	88

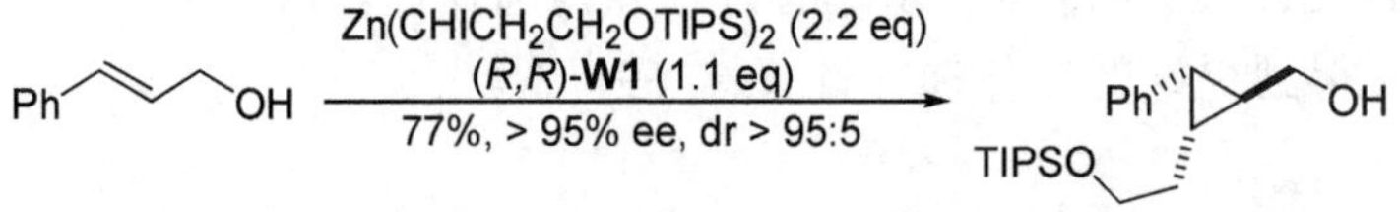

(71)

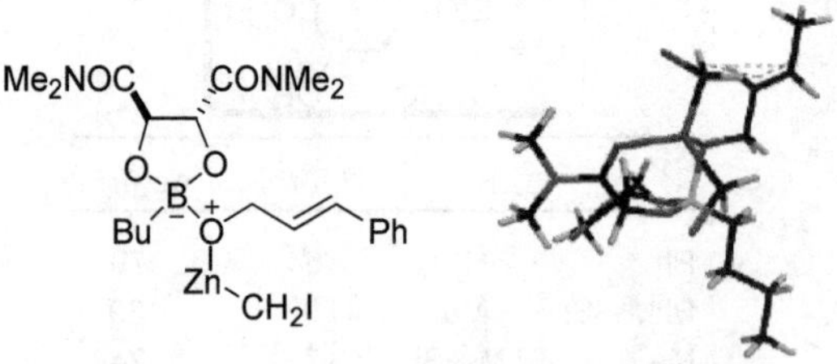

图 17 Charette 提出的三步反应最稳定的中间体构象

该构象图片经美国化学会允许复制于参考文献 [144]

最近，Katsuki 课题组发现了联萘酚手性配体也可以诱导手性 Simmons-Smith 反应，但是具有高度选择性的底物比较有限 (式 72)。在该反应条件下，使用大于 6 eq 的二乙基锌，反式双键的烯丙醇底物可以得到较高的对映选择性[147]。

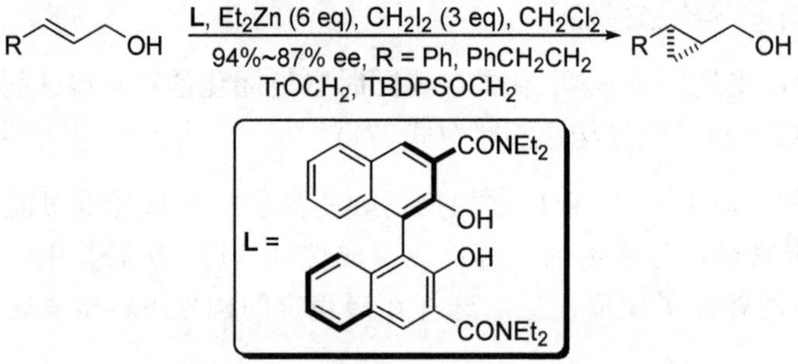

(72)

以上的所有体系都基于底物烯丙位的羟基作为配位点才有效。当反应底物中没有任何配位点时，对添加剂结构提出了更高的要求，Shi 课题组在这方面作出了原创性的突破。它们先后发现了糖衍生物 **W2** 和手性二肽 **W3** 可以使与苯环共轭的双键发生较高对映体选择性的 Simmons-Smith 反应 (式 73、式 74)[75,148]。

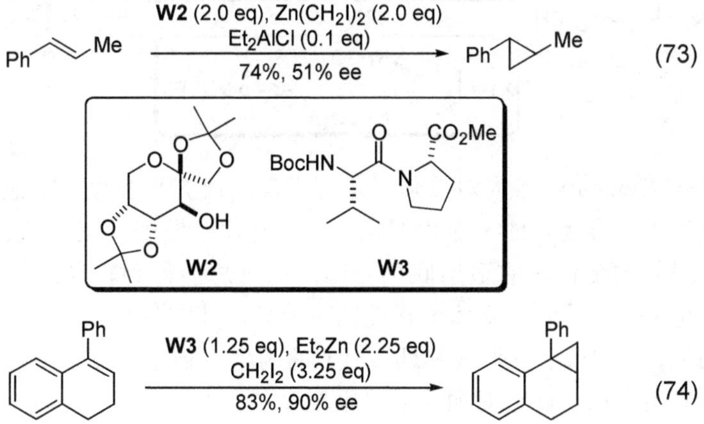

W2 (2.0 eq), $Zn(CH_2I)_2$ (2.0 eq), Et_2AlCl (0.1 eq); 74%, 51% ee (73)

W2　W3

W3 (1.25 eq), Et_2Zn (2.25 eq), CH_2I_2 (3.25 eq); 83%, 90% ee (74)

最近 Charette 课题组分别报道了芳环取代的手性联萘酚磷酸酯衍生物 **W4** 和 Taddol 的磷酸酯衍生物 **W5**。这两个磷酸酯配体可以诱导与芳环共轭的双键，但是对底物的适用范围还很窄，只有底物中烯丙位有醚键存在时才能得到较高的对映体选择性。实验表明手性磷酸酯取代的锌卡宾试剂应该是反应的活性试剂[29,149]。

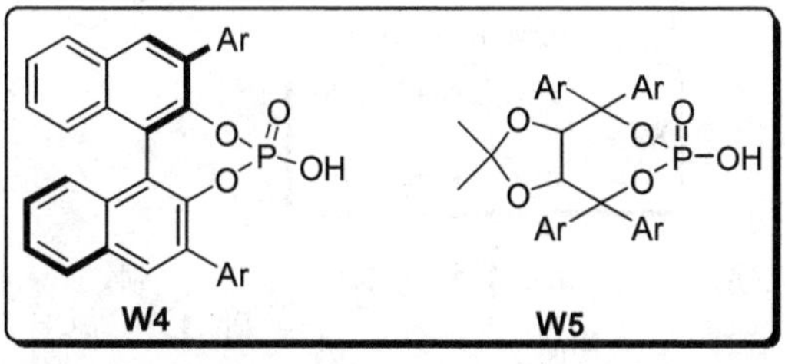

W4　W5

5.4 不对称催化体系的发展和现状

不对称催化的 Simmons-Smith 反应体系的研究非常具有挑战性。例如：在这些反应中金属卡宾活性较高且不稳定，而非催化的反应一般相当快且难控制。又例如：金属卡宾具有比较强的亲电性，要求手性配体碱性不能太强；但又要能够与金属有效地作用，同时加速立体选择性反应以超越非选择性的反应。虽然路易斯酸能加速反应这一事实很早就被揭露，但直到 1992 年才由 Kobayashi 小组报道了第一个真正实用的催化体系[150]。

Kobayashi 小组利用 12% 的手性环己二胺的二磺酰胺 (**X1**) 作为配体研究了苯丙烯醇的 Simmons-Smith 反应，第一次建立了可以获得较好的化学产率和光学产率的催化体系 (式 75)。该体系还适用于一系列烷基、烷基硅基和烷基锡基等取代的烯丙醇底物[151]。

Et_2Zn (2.0 eq), CH_2I_2 (3.0 eq), **X1** (0.12 eq)
CH_2Cl_2-10% hexane, –23 °C, 5 h
82%, 76% ee
X1 = (环己二胺) $NHSO_2Ar$, $NHSO_2Ar$; Ar = *p*-NO_2-Ph

(75)

后来 Denmark 等人对该体系进行了深入研究和优化[47]。他们对不同烷基磺酰胺与烯丙醇类底物的不对称催化结果进行比较发现：环己二胺二甲磺酰胺 (**X2**) 是其中最好的配体，它适用底物范围广而且总能得到较高的立体选择性。除了 2-甲基取代底物反应的立体选择性比较差外，其它各种取代方式 (例如：顺式和反式构型、二取代、三取代和四取代) 的丙醇底物在该体系中均可得到满意的结果。他们还发现：试剂的加入顺序很重要性。在 10% 催化剂 **X2** 和 ZnI_2 的存在下，用乙基锌将烯丙醇类底物转化为烯丙氧基锌，然后与单独配制的锌卡宾试剂混合，这样的顺序才能保证较高的对映异构选择性 (式 76)。研究还表明，该类反应具有自催化的特性，Denmark 等人还提出了一个三金属中心的过渡状态来解释这一现象[152]。

1. **X2** (0.1 eq), Et_2Zn (1.1 eq)
ZnI_2 (1.0 eq)
2. $Zn(CH_2I)_2$ (1 eq)
92%, 89% ee
X2 = (环己二胺) $NHSO_2Me$, $NHSO_2Me$

(76)

92%, 89% ee　　92%, 89% ee　　90%, 5% ee

1995 年，Charette 课题组通过抑制非催化的背景反应设计了另一个钛-Taddolate 催化体系[56]。他们首先向烯丙醇类底物中加入一当量 $Zn(CH_2I)_2$，定量地得到烯丙氧基锌卡宾。根据机理部分的讨论，该试剂本身不具有环丙烷化活性。但是，当加入 0.25 eq 路易斯酸 **X3** 后，发生了较高立体选择性的分子内环丙化反应 (式 77)。实验结果显示，该体系一般对芳环共轭的双键底物比简单烷基取代底物更有效。

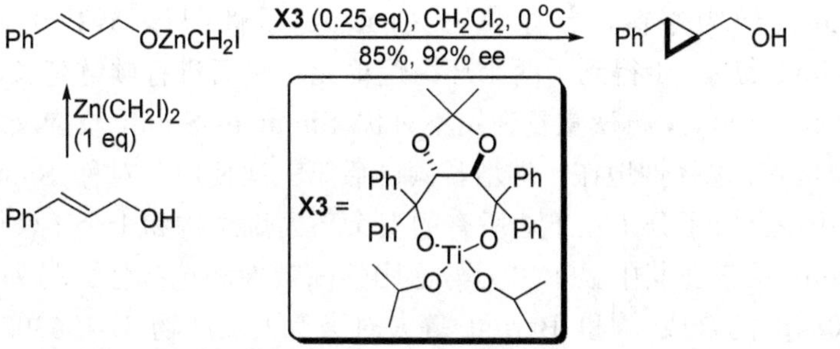

Ph⁄⁄OZnCH₂I —X3 (0.25 eq), CH_2Cl_2, 0 °C; 85%, 92% ee→ Ph▷OH (77)

Ph⁄⁄OH —$Zn(CH_2I)_2$ (1 eq)→ Ph⁄⁄OZnCH₂I

X3 = (TADDOL-Ti(O-iPr)₂ complex)

另外 Shi[153,154]和 Charette[29] 在它们的手性配体二肽 **W3** (以及类似结构的改进) 和手性联萘酚磷酸酯 **W4** 体系中分别加入甲氧基乙酸乙酯和 1,2-二甲氧基乙烷作为路易斯碱来抑制非催化的背景反应，可以将手性配体 **W3** 和 **W4** 的用量分别减少为 0.25 eq 和 0.1 eq，实现了催化功能，且基本上保持了原来的不对称选择性和反应的适用范围。

总的来说，对于 Simmons-Smith 环丙化反应的不对称催化的研究还处在初期阶段，实用的催化体系很有限而且适用范围也很窄。更清晰的机理研究和对复杂天然产物合成的需要将会推动这一领域的进一步发展。

6 Simmons-Smith 反应在天然产物全合成中的应用

环丙烷单元存在于很多天然产物分子中。这些天然产物大部分是从植物、菌类和微生物中提取出来的，很多具有直接或者间接的生物活性。Simmons-Smiths 反应是合成这些天然产物中环丙烷结构的一个重要方法。虽然反应机理和不对称催化体系还有待进一步探索，但是文献调研表明 Simmons-Smith 反应已经被广泛应用于很多天然产物的全合成中了。

Simmons-Smith 反应所得到的环丙烷单元在天然产物目标分子合成的作用可以分为两大类：(1) Simmons-Smith 反应生成的环丙烷结构就是目标分子的一部分[112,155~160]；(2) Simmons-Smith 反应生成的环丙烷结构作为中间体，在后续的合成中被开环，用于提供所需的取代基或官能团[161~169]。如果从 Simmons-Smith 的立体选择性角度来看，也可以分为前面讨论过的底物控制 (配位基团、位阻)、手性添加剂、不对称催化体系等。

FR-900848 是从 *Streptoverticillium fervens* 的酵母液中分离得到的一种核苷，它高度选择性地对丝状病菌产生非常强的抑制作用，是研发新一代抗菌素的先导化合物。该分子中含有五个环丙烷单元，而且是重复的顺式取向。Barrett 课题组利用多步 Simmons-Smith 反应巧妙地合成了 FR-900848 (式 78)[156]。他们以 2,4-

环己二烯-1,6-二醇为原料，首先利用 Charette 手性配体 **W1** 诱导的不对称 Simmons-Smith 反应一步得到了两个环丙烷单元。然后进行碳链延长，在两端获得了新的烯丙醇单元后，再次重复使用不对称 Simmons-Smith 反应又得到了两个环丙烷单元。接着，选择性地在一端增长碳链后第三次使用不对称 Simmons-Smith 反应，寥寥几步合成了分子左半边所有的五个环丙烷结构和十个手性中心。显然 Simmons-Smith 反应在其中显示出无与伦比的高效性和选择性。另外，Falck 等人对 FR-900848 的合成[157]和 Barrett 等人对类似天然产物 U-106305 的合成[158]都充分体现了 Simmons-Smith 反应在多重三员环体系中的应用价值。

Et_2Zn, CH_2I_2, **W1**, CH_2Cl_2, 89%; Et_2Zn, CH_2I_2, **W1**, CH_2Cl_2, 93%; 1. DABAL-H, 91%; 2. Et_2Zn, CH_2I_2, **W1**, CH_2Cl_2, 90%

HO, OH, MeO_2C, OTBS, FR-900848 (78)

角甲基是很多天然产物分子的重要组成部分，Simmons-Smith 反应是合成天然产物中角甲基和取代甲基的重要方法。该方法已经在很多天然产物的全合成中得到应用，例如：紫杉素 (Taxusin)[161]、(−)-Cholol A[162]、Longifolene[163]、*trans*-Dihydrocon- fertifolin[164]和 Epothilone A[165,166]等。其中紫杉素结构复杂，与紫杉醇 (Taxol) 结构非常类似。众所周知，紫杉醇已经是商品化的抗肺癌、卵巢癌、乳腺癌、头部和颈部癌药物。从 1967 到 1993 年近三十年里，几乎所有的紫杉醇产量都来自于紫杉树皮。所以，这类特殊化学结构曾经是一些有机合成大师们的攻克目标。1996 年 Kuwajima 课题组报道了紫杉素 Taxusin 的合成[161]。他们利用 Simmons-Smith 为主的一系列反应，立体选择性地构造了角甲基。如式 79

所示：从烯丙醇类底物开始，环丙基化反应在羟基的诱导下以绝对的β-面立体选择性定量地生成环丙烷中间体。然后，邻位羟基被氧化为羰基。接着，利用金属锂还原打开环丙烷，高度立体选择性和高产率地得到了其它方法很难得到的角甲基。

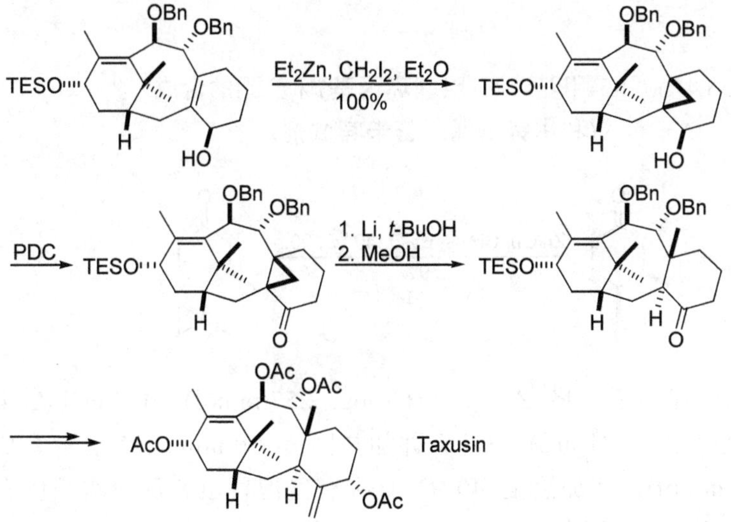

Et_2Zn, CH_2I_2, Et_2O 100%

PDC

1. Li, *t*-BuOH
2. MeOH

Taxusin (79)

(+)-Brefeldin A 是 1958 年从霉菌中分离得到的一个天然产物，其结构在 1971 年得到确定。生物测试表明，该分子是潜在的抗癌药物和免疫抑制剂。从结构来看，(+)-Brefeldin A 是一个含有不饱和 1,4-二羰基的二环结构。前面已经提到，Simmons-Smith 反应可以使 1,3-二羰基化合物链增长为 1,4-二羰基化合物 (式 42)。Zercher 等人正是灵活地利用了这一反应作为关键步骤，成功地合成了 (+)-Brefeldin A[167]。正常的 Simmons-Smith 链增反应得到饱和的 1,4-二羰基化合物，但 Zercher 等人用碘淬灭反应得到碘代的二羰基化合物。然后，在碱性条件下顺利地发生消去反应，得到了不饱和 1,4-二羰基体系，形成了正确的 (+)-Brefeldin A 的碳架 (式 80)。

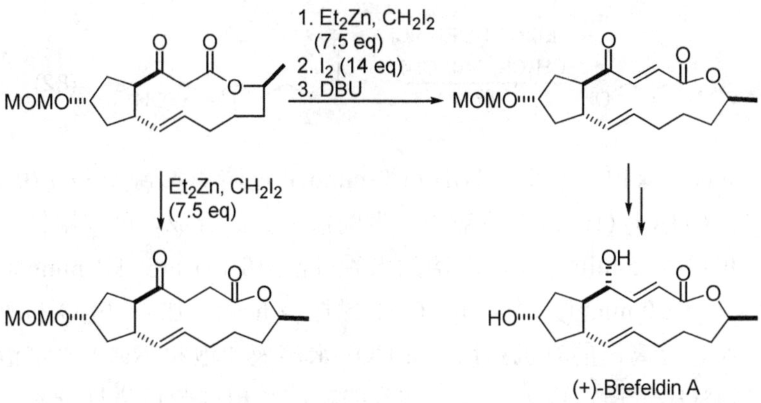

1. Et_2Zn, CH_2I_2 (7.5 eq)
2. I_2 (14 eq)
3. DBU

Et_2Zn, CH_2I_2 (7.5 eq)

(80)

(+)-Brefeldin A

7 Simmons-Smith 反应实例

例 一

(3*S*,4*R*)-(-)-3-甲基-4-(1-甲基环丙基)环己酮的合成[170]
(利用锌铜偶制备卡宾试剂)

Zn/Cu, CH_2I_2, Et_2O, 40 °C, 20 h
79%
(81)

在搅拌和氮气保护下，将 Zn 粉 (167 mg, 2.57 mmol) 与 CuCl (254 mg, 2.57 mmol) 在无水乙醚 (1 mL) 中混合并加热回流 30 min。然后，加入 CH_2I_2 (0.103 mL, 1.28 mmol)，并加热至 40 °C 直到有气泡冒出和反应物颜色变暗。接着加入 (3*S*,4*R*)-(−)-3-甲基-4-异丙烯基环己酮 (150 mg, 0.99 mmol) 和 CH_2I_2 (0.5 mL)，继续加热并在 40 °C 搅拌 20 h。用 Et_2O 稀释反应混合物后，用硅藻土过滤。滤液分别用 5% 的盐酸、水和饱和食盐水洗涤。有机相用无水 Na_2SO_4 干燥后浓缩，粗产物经硝酸银处理过的硅胶柱色谱分离 (5% EtOAc 的己烷溶液) 得到纯产物 (3*S*,4*R*)-(−)-3-甲基-4-(1-甲基环丙基)环己酮 (130 mg, 79%)。

例 二

[2-甲基-2-(4-甲基-3-戊烯基)环丙基]甲醇的合成[68]
(Furukawa 试剂、路易斯酸催化、区域选择性反应)

$EtZnCH_2I$, Et_2AlCl
CH_2Cl_2, −40 °C, 4 h
67%
(82)

在 −40 °C 和氩气保护下，将 CH_2I_2 (1.0 mmol) 逐滴加入到 Et_2Zn (0.102 mL, 1.0 mmol) 的 CH_2Cl_2 (10 mL) 溶液中。为确保卡宾的合成，可以用针头刺入橡胶塞与空气相通约 5 min。然后，逐滴加入香叶醇 (0.191 mL, 1.1 mmol) 和 Et_2AlCl (0.0251 mL, 0.20 mmol)。在 −40 °C 下搅拌 4 h 后，加入 Et_2O 和等体积的氯化铵水溶液。分离出的有机相用 Na_2CO_3 水溶液和饱和 NaCl 水溶液洗涤后，用无水 $MgSO_4$ 干燥。蒸去溶剂后得到的粗产物用硅胶色谱柱分离，得

到以 [2-甲基-2-(4-甲基-3-戊烯基)环丙基]甲醇 (57%, 基于回收原料的产率 67%) 为主的混合物。

例 三

顺式二环[4.1.0]庚-2-醇的合成[67]
(使用钐卡宾试剂)

$$\text{2-环己烯-1-醇} \xrightarrow[96\%]{Sm/Hg,\ CH_2ICl,\ THF,\ -78\ ^{\circ}C\ to\ rt,\ 1\sim2\ h} \text{顺式二环[4.1.0]庚-2-醇} \qquad (83)$$

向干燥的圆底烧瓶 (25 mL) 中加入搅拌磁子和金属钐 (632 mg, 4.2 mmol) 后，用氩气洗气并保持氩气氛。接着，依次加入 THF (5 mL) 和 $HgCl_2$ (108 mg, 0.4 mmol) 的 THF (5 mL) 溶液。将体系降温至 −78 °C 后，逐滴加入 CH_2ICl (4.0 mmol)。然后，将反应体系缓慢升至室温，并继续搅拌 1~2 h (用 TLC 和 GC 监控)。向体系中加入饱和 K_2CO_3 水溶液，并用 Et_2O 萃取。有机相用饱和 NaCl 水溶液洗涤和 K_2CO_3 干燥后，过滤并浓缩。粗产物用硅胶色谱柱纯化后得到产品顺式二环[4.1.0]庚-2-醇 (107 mg, 0.955 mmol)。

例 四

(+)-(1*S*,2*S*)-2-苯基环丙基甲醇的合成[144]
(手性添加剂诱导的不对称合成)

$$\text{PhCH=CHCH}_2\text{OH} \xrightarrow[95\%]{1.\ L^*,\ Zn(CH_2I)_2\cdot DME,\ CH_2Cl_2;\ 2.\ H_2O_2,\ NaOH} \text{2-苯基环丙基甲醇} \qquad (84)$$

L* = (Me₂NOC, CONMe₂ 取代的 1,3,2-二氧硼杂环戊烷, B-Bu)

在 −10 °C 和搅拌下，将 Et_2Zn (1.5 mL, 14.9 mmol) 加入到无水 DME (1.60 mL, 14.0 mmol) 和无水 CH_2Cl_2 (45 mL) 溶液中。然后，在 15~20 min 内缓慢加入 CH_2I_2，并将滴加温度控制在 −8~12 °C。在 −10 °C 下搅拌 10 min 后，在 −5 °C 以下和氮气保护下经转移导管 (cannula) 依次缓慢加入手性配体硼酸酯 (2.41 g, 8.94 mmol) 的无水 CH_2Cl_2 (10 mL) 溶液和苯丙烯醇 (1.00 g, 7.45 mmol) 的无水 CH_2Cl_2 (10 mL) 溶液。然后移去冷却浴，反应体系缓慢升至室温并继续搅拌 8 h。向反应混合物中加入饱和 NH_4Cl 水溶液、10% HCl 水溶液和 Et_2O。分出有机相，水相用 Et_2O 萃取。合并的有机相转移至锥形瓶，并一次性加入

aq. NaOH (60 mL, 2 mol/L) 和 aq. H_2O_2 (30%, 10 mL) 的混合物。剧烈搅拌两相混合物 5 min 后，分出的有机相依次用 10% HCl 水溶液、饱和 $NaHSO_3$ 水溶液、饱和 $NaHCO_3$ 水溶液和饱和 NaCl 水洗涤。有机相用无水 $MgSO_4$ 干燥后，蒸去溶剂。粗产物在低压下 (0.2 mmHg) 存放过夜 (12~16 h)，以除去副产物正丁醇 (如果用硅胶柱色谱分离产物则无需这一步)。减压分馏 (90 °C, 0.8 mmHg) 得到无色液体 (+)-(1*S*,2*S*)-2-苯基环丙基甲醇 (1.05 g, 95%)。对映异构的纯度可以用气相色谱分析得到。

8 参考文献

[1] Simmons, H. E.; Smith, R. D. *J. Am. Chem. Soc.* **1958**, *80*, 5323 .

[2] Simmons, H. E.; Smith, R. D. *J. Am. Chem. Soc.* **1959**, *81*, 4256.

[3] Emschwiller, G. *C. R. Hebd. Seance Acad. Sci.* **1929**, *188*, 1555.

[4] Schuppan, J.; Koert, U. In *Organic Synthesis Highlights IV*; Schmalz, H. Ed.; Wiley-VCH Verlag GmbH: Weinheim, Germany, **2000**, p 3.

[5] Simmons, H. E.; Cairns, T. L.; Vladuchick, S. A. *Org. React.* **1973**, *20*, 1.

[6] Charette, A. B.; Beauchemin, A. *Org. React.* **2001**, *58*, 1.

[7] Charette, A. B. In *The Chemistry of Organozinc Compounds*, Part 1; Rappoport, Z.; Marek, I., Eds.; John Wiley & Sons, Ltd: Chichester, England, **2006**, p 237.

[8] Denmark, S. E.; Beutner,G. In *Cycloaddition Reactions in Organic Synthesis*; Kobayashi, S.; Jorgensen, K. A., Eds.; Wiley-VCH Verlag GmbH & Co. KGaA: Weinheim, Germany, **2002**, p 85.

[9] Hoveyda, A. H.; Evans, D. A; Fu, G. C. *Chem. Rev.* **1993**, *93*, 1307.

[10] Lebel, H.; Marcoux, J.; Molinaro, C.; Charette, A. B. *Chem. Rev.* **2003**, *103*, 977.

[11] Wender, P. A.; Eck, S. L. *Tetrahedron Lett.* **1982**, *23*, 1871.

[12] Howard, F. L. *J. Res. Natl. Bur. Stand., Sect. A* **1940**, *24*, 677.

[13] Shank. R. S.; Shechter, H. *J. Org. Chem.* **1959**, *24*, 1825.

[14] Smith, R. D.; Simmons, H. E. *Org. Synth.* **1973**, *Coll. Vol. 5*, 855.

[15] LeGoff, E. *J. Org. Chem.* **1964**, *29*, 2048.

[16] Rawson, R. J.; Harrison, I. T. *J. Org. Chem.* **1970**, *35*, 2057.

[17] Denis, J. M.; Conia, J. M. *Synthesis* **1972**, 549.

[18] Friedrich, E. C.; Lewis E. J. *J. Org. Chem.* **1990**, 55, 2491.

[19] Takai, K.; Kakiuchi, T.; Utimoto, K. *J. Org. Chem.* **1994**, *59*, 2671.

[20] Picotin, G.; Miginiac, P. *J. Org. Chem.* **1987**, *52*, 4796.

[21] Friedrich, E. C.; Lunetta, S. E.; Lewis, E. J. *J. Org. Chem.* **1989**,*54*, 2388.

[22] Furukawa, J.; Kawabata, N.; Nishimuru, J. *Tetrahedron Lett.* **1966**, 3353.

[23] Furukawa, J.; Kawabata, N.; Nishimura, J. *Tetrahedron* **1968**, *24*, 53.

[24] Miyano, S.; Hashimoto, H. *Bull. Chem. Soc. Jpn.* **1973**, *46*, 892.

[25] Denmark, S. E.; Edwards, J. P. *J. Org. Chem.* **1991**, *56*, 6794.

[26] Sawada, S.; Inouye, Y. *Bull. Chem. Soc. Jpn.* **1969**, *42*, 2669.

[27] Yang, Z.; Lorenz, J. C.; Shi, Y. *Tetraheron Lett.* **1998**, *39*, 8621.

[28] Charette, A. B.; Francoeur, S.; Martel, J.; Wilb, N. *Angew. Chem. Int. Ed.* **2000**, *39*, 4539.

[29] Lacasse, M.; Poulard, C.; Charette, A. B. *J. Am. Chem. Soc.* **2005**, *127*, 12440.
[30] Wittig, G. W.; Schwarzenbach, K. *Angew. Chem.* **1959**, *71*, 652.
[31] Molander, G. A.; Etter, J. B. *J. Org. Chem.* **1987**, *52*, 3942.
[32] Lautens, M.; Ren, Y. *J. Org. Chem.* **1996**, *61*, 2210.
[33] Imamoto, T.; Takeyama, T.; Koto, H. *Tetrahedron Lett.* **1986**, *27*, 3243.
[34] Miller, D. B. *Tetrahedron Lett.* **1964**, 989.
[35] Maruoka, K.; Fukutani, Y.; Yamamoto, H. *J. Org. Chem.* **1985**, *50*, 4412.
[36] Motherwell, W. B.; Roberts, L. R. *J. Chem. Soc., Chem. Commun.* **1992**, 1582.
[37] Fletcher, R. J.; Motherwell, W. B.; Popkin, M. E. *Chem. Commun.* **1998**, 2191.
[38] Boersma, J.; Noltes, J. G. *Tetrahedron Lett.* **1966**, 1521.
[39] Wittig, N.; Schwarzenbach, K. *Justus Liebigs Ann. Chem.* **1961**, *650*, 1.
[40] Denmark, S. E.; Edwards, J. P.; Wilson, S. R. *J. Am. Chem. Soc.* **1992**, *114*, 2592.
[41] Denmark, S. E.; Edwards, J. P.; Wilson, S. R. *J. Am. Chem. Soc.* **1991**, *113*, 723.
[42] Charette, A. B.; Marcoux, J.; Molinaro, C.; Beauchemin, A.; Brochu, C.; Isabel, E. *J. Am. Chem. Soc.* **2000**, *122*, 4508.
[43] Charette, A. B.; Marcoux, J.; Belanger-Gariepy, F. *J. Am. Chem. Soc.* **1996**, *118*, 6792.
[44] Charette, A. B.; Molinaro, C.; Brochu, C. *J. Am. Chem. Soc.* **2001**, *123*, 12160.
[45] Charette, A.; Beauchemin, A.; Francoeur, S.; Belanger-Gariepy, F.; Enright, G. D. *Chem. Commun.* **2002**, 466.
[46] Charette, A. B.; Marcoux, J. *J. Am. Chem. Soc.* **1996**, *118*, 4539.
[47] Denmark, S. E.; O'Connor, S. P. *J. Org. Chem.* **1997**, *62*, 3390.
[48] Fabisch, B.; Mitchell, T. N. *J. Organomet. Chem.* **1984**, *269*, 219.
[49] Wittig, G.; Wingler, F. *Chem. Ber.* **1964**, *97*, 214.
[50] Stiasny, H. C.; Hoffmann, R. W. *Chem. Euro. J.* **1995**, *1*, 619.
[51] Bernardi, F.; Bottoni, A.; Miscione, G. P. *J. Am. Chem. Soc.* **1997**, *119*, 12300.
[52] Hirai, A.; Nakamura, M.; Nakamura, E. *Chem. Lett.* **1998**, 927.
[53] Nakamura, M.; Hirai, A.; Nakamura, E. *J. Am. Chem. Soc.* **2003**, *125*, 2341.
[54] Dargel, T. K.; Koch, W. *J. Chem. Soc., Perkin Trans. 2* **1996**, 877.
[55] Takahashi, H.; Yoshioka, M.; Shibasaki, M.; Ohno, M.; Imai, N.; Kabayashi, S. *Tetrahedron* **1995**, *51*, 12013.
[56] Charette, A. B.; Brochu, C. *J. Am. Chem. Soc.* **1995**, *117*, 11367.
[57] Winstein, S.; Sonnenberg, J.; deVries, L. *J. Am. Chem. Soc.* **1959**, *81*, 6523.
[58] Poulter, C. D.; Friedrich, E. C.; Winstein, S. *J. Am. Chem. Soc.* **1969**, *91*, 6892.
[59] Dauben, W. G.; Berezin, G. H. *J. Am. Chem. Soc.* **1963**, *85*, 468.
[60] Nakamura, E.; Hirai, A.; Nakamura, M. *J. Am. Chem. Soc.* **1998**, *120*, 5844.
[61] Zhao, C.; Wang, D.; Phillips, D. L. *J. Am. Chem. Soc.* **2002**, *124*, 12903.
[62] Charette, A. B.; Gagnon, A.; Fournier, J. *J. Am. Chem. Soc.* **2002**, *124*, 386.
[63] Fournier, J.; Mathieu, S.; Charette, A. B. *J. Am. Chem. Soc.* **2005**, *127*, 13140.
[64] Charette, A. B.; Marcoux, J. *Synlett* **1995**, 1197.
[65] Nishimura, J.; Furukawa, J.; Kawabata, N.; Fujita, T. *Tetrahedron* **1970**, *26*, 2229.
[66] Charette, A. B.; Prescott, S.; Brochu, C. *J. Org. Chem.* **1995**, *60*, 1081.
[67] Molander, G. A.; Harring, L. S. *J. Org. Chem.* **1989**, *54*, 3525.
[68] Charette, A. B.; Beauchemin, A. *J. Organomet. Chem.* **2001**, *617-618*, 702.
[69] Blanchard, E. P.; Simmons, H. E. *J. Am. Chem. Soc.* **1964**, *86*, 1337.
[70] Rickborn, B.; Chan, J. H. *J. Org. Chem.* **1967**, *32*, 2576.
[71] Traynham, J. G.; Franzen, G. R.; Knesel, G. A.; Northington, D. J. *J. Org. Chem.* **1967**, *32*, 3285.
[72] Nozaki, H.; Kato, S.; Noyori, R. *Can. J. Chem.* **1966**, *44*, 1021.
[73] Cope, A. C.; Hecht, J. K. *J. Am. Chem. Soc.* **1963**, *85*, 1780.
[74] Richardson, D. B.; Durrett, L. R.; Martin, J. M.; Putnam, W. E.; Slaymaker, S. C.; Dvoretzky, I. *J. Am. Chem.*

Soc. **1965**, *87*, 2765.
[75] Lorenz, J. C.; Loang, J.; Yang, Z.; Xue, S.; Xie, Y.; Shi, Y. *J. Org. Chem.* **2004**, *69*, 327.
[76] Conia, J. Y. *Angew. Chem. Int. Ed.* **1968**, *7*, 570.
[77] Boeckman, R. K.; Charette, A.; Asberom, T.; Johnston, B. *J. Am. Chem. Soc.* **1991**, *113*, 5337.
[78] Booker-Milburn, K. I.; Dainty, R. F. *Tetrahedron Lett.* **1998**, *39*, 5097.
[79] Ireland, R. E.; Kowalski, C. J.; Tilley, J. W.; Walba, D. M. *J. Org. Chem.* **1975**, *40*, 990.
[80] Imamoto, T.; Takiyama, N. *Tetrahedron Lett.* **1987**, *28*, 1307.
[81] Brogan, J. B.; Zercher, C. K. *J. Org. Chem.* **1997**, *62*, 6444.
[82] Verbicky, C. A.; Zercher, C. K. *J. Org. Chem.* **2000**, *65*, 5615.
[83] Hilgenkamp, R.; Zercher, C. K. *Tetrahedron* **2001**, *57*, 8793.
[84] Theberge, C. R.; Zercher, C. K. *Tetrahedron* **2003**, *59*, 1521.
[85] Morikawa, T.; Sasaki, H.; Mori, K.; Shiro, M.; Taguchi, T. *Chem. Pharm. Bull.*, **1992**, *40*, 3189.
[86] Huang, H.; Panek, J. S. *Org. Lett.* **2004**, *6*, 4383.
[87] Wu-Yong, Vandewalle, M. *Synlett* **1996**, 911.
[88] Piers, E.; Coish, P. D. *Synthesis* **1995**, 47.
[89] Miyano, S.; Matsumoto, Y.; Hashimoto, H. *J. Chem. Soc., Chem. Commun.* **1975**, 364.
[90] Fournier, J.; Charette, A. B. *Eur. J. Org. Chem.* **2004**, 1401.
[91] Charette, A. B.; Mathieu, S.; Fournier, J. *Synlett* **2005**, 1779.
[92] Fontani, P.; Carboni, B.; Vaultier, M.; Maas, G. *Synthesis* **1991**, 605.
[93] Zweifel, G.; Clark, G. M.; Whitney, C. C. *J. Am. Chem. Soc.* **1971**, *93*, 1305.
[94] Yachi, K.; Shinokubo, H.; Oshima, K. *Angew. Chem. Int. Ed.* **1998**, *37*, 2515.
[95] Mitchell, T. N.; Kowall, B. *J. Organomet. Chem.* **1995**, *490*, 239.
[96] Shcherbinin, V.; Pavolov, K.; Shvedov, I.; Korneva, S.; Menchikov, L.; Nefedov, O. *Russ. Chem. Bull.* **1997**, *46*, 1632.
[97] Wells, G. J.; Yan, T.; Paquette, L. A. *J. Org. Chem.* **1984**, *49*, 3604.
[98] Dolhaine, H.; Hagele, G. *Phosphorus Sulfur* **1978**, *490*, 239.
[99] Wittig, N.; Schwarzenbach, K. *Justus Liebigs Ann. Chem.* **1961**, *650*,3127.
[100] Kosarych, Z.; Cohen, T. *Tetrahedron Lett.* **1982**, *23*, 3019.
[101] Dumont, C.; Zoukal, M.; Vidal, M. *Tetrahedron Lett.* **1981**, *22*, 5267.
[102] Mohamadi, F.; Still, W. C. *Tetrahedron Lett.* **1986**, *27*, 893.
[103] Molander, G. A.; Etter, J. B. *J. Org. Chem.* **1987**, *52*, 3942.
[104] Oppolzer, W.; Radinov, R. N. *J. Am. Chem. Soc.* **1993**, *115*, 1593.
[105] Chan, J. H.; Rickborn, B. *J. Am. Chem. Soc.* **1968**, *90*, 6406.
[106] Sawada, S.; Takehana, K.; Inouye, Y. *J. Org. Chem.* **1968**, *33*, 1767.
[107] Hanessian, S.; Reinhold, U.; Saulnier, M.; Claridge, S. *Bioorg. Med. Chem. Lett.* **1998**, *8*, 2123.
[108] Swenton, J. S.; Burdett, K. A.; Madigan, D. M.; Johnson, T.; Rosso, P. D. *J. Am. Chem. Soc.* **1975**, *97*, 3428.
[109] Takano, S.; Yamane, T.; Takahashi, M.; Ogasawara, K. *Synlett* **1992**, 410.
[110] Russ, P.; Ezzitouni, A.; Marquez, V. *Tetrahedron Lett.* **1997**, *38*, 723.
[111] Johnson, C. R.; Barbachyn, M. R. *J. Am. Chem. Soc.* **1982**, *104*, 4290.
[112] Paquette, L. A.; Wang, T.; Pinard, E. *J. Am. Chem. Soc.* **1995**, *117*, 1455.
[113] Yamada, S.; Nagashima, S.; Takaoka, Y.; Torihara, S.; Tanaka, M.; Suemune, H.; Aso, M. *J. Chem. Soc., Perkin Trans. 1*, **1998**, 1269.
[114] Ratier, M.; Castaing, M.; Godet, J.; Pereyre, M. *J. Chem. Res. (S)* **1978**, 179.
[115] Charette, A. B.; Helene, L. *J. Org. Chem.* **1995**, *60*, 2966.
[116] Lautens, M.; Delanghe, P. H. M. *J. Am. Chem. Soc.* **1994**, *116*, 8526.
[117] Mohr, P. *Tetrahedron Lett.* **1995**, *36*, 7221.
[118] Chareete, A. B.; Lebel, H.; Gagnon, A. *Tetrahedron* **1999**, *55*, 8845.

[119] Charette, A. B.; Lacasse, M.-C. *Org. Lett.* **2002**, *4*, 3351.

[120] Evans, D. A.; Burch, J. D. *Org. Lett.* **2001**, *3*, 503.

[121] de Frutos, M. P.; Fernandez, M. D.; Fernandez-Alvarez, E.; Bernabe, M. *Tetrahedron Lett.* **1991**, *32*, 541.

[122] Barrett, A. G. M.; Tustin, G. J. *J. Chem. Soc., Chem. Commun.* **1995**, 355.

[123] (a) Tanaka, S.; Yamammoto, H.; Nozaki, H.; Sharpless, K. B.; Michaelson, R. C.; Cutting, J. D. *J. Am. Chem. Soc.* **1979**, *101*, 159; (b) Still, W. C.; Barrish, J. C. *J. Am. Chem. Soc.* **1983**, *105*, 2487; (c) Cha, J. K.; Christ, W. J.; Kishi, Y. *Tetrahedron Lett.* **1983**, *24*, 3943; (d) Brown, J. B.; Naik, R. G. *J. Chem. Soc., Chem. Commun.* **1982**, 348.

[124] Charette, A. B.; Cote, B.; Marcoux, J. *J. Am. Chem. Soc.* **2001**, *113*, 8166.

[125] Charette, A. B.; Marcoux, J. *Tetrahedron Lett.* **1993**, *34*, 7157.

[126] Charette, A. B.; Cote, B. *J. Org. Chem.* **1993**, *58*, 933.

[127] Aggarwal, V. K.; Fang, G. Y.; Meek, G. *Org. Lett.* **2003**, *5*, 4417.

[128] Arai, I.; Mori, A.; Yamamoto, H. *J. Am. Chem. Soc.* **1985**, *107*, 8254.

[129] Ebens, R.; Kellogg, R. M. *Recl. Trav. Chim. Pays-Bas*, **1990**, *109*, 552.

[130] Kang, J.; Lim, G. J.; Yoon, S. K.; Kim, M. Y. *J. Org. Chem.* **1995**, *60*, 564.

[131] Kaye, P. T.; Molema, W. E. *Chem. Commun.* **1998**, 2479.

[132] Mash, E. A.; Nelson, K. A. *J. Am. Chem. Soc.* **1985**, *107*, 8256.

[133] Yeh, S.; Huang, L.; Luh, T. *J. Org. Chem.* **1996**, *61*, 3906.

[134] Ambler, P. W.; Davies, S. G. *Tetrahedron Lett.* **1988**, *29*, 6979.

[135] Tanaka, K.; Uno, H.; Osuga, H.; Suzuki, H. *Tetrahedron: Asymmetry* **1994**, *5*, 1175.

[136] Sugimura, T.; Futagawa, T.; Tai, A. *Tetrahedron Lett.* **1988** *29*, 5775.

[137] Sugimura, T.; Futagawa, T.; Yoshikawa, M.; Tai, A. *Tetrahedron Lett.* **1989**, *30*, 3807.

[138] Imai, T.; Mineta, H.; Nishida, S. *J. Org. Chem.* **1990**, *55*, 4986.

[139] Akiba, T.; Tamura, O.; Hashimoto, M.; Kobayashi, Y.; Katoh, T.; Nakatani, K.; Kamada, M.; Hayakawa, I.; Terashima, S. *Tetrahedron* **1994**, *50*, 3905.

[140] Sawada, S.; Oda, J.; Inouye, Y. *J. Org. Chem.* **1968**, *33*, 2141.

[141] Ukaji, Y.; Nishimura, M.; Fujisawa, T. *Chem. Lett.* **1992**, 61.

[142] Ukaji, Y.; Sada, K.; Inomata, K. *Chem. Lett.* **1993**, 1227.

[143] Charette, A. B.; Juteau, H. *J. Am. Chem. Soc.* **1994**, *116*, 2651.

[144] Charette, A. B.; Juteau, H.; Lebel, H.; Molinaro, C. *J. Am. Chem. Soc.* **1994**, *120*, 11943.

[145] Charette, A. B.; Jolicoeur, E.; Bydlinski, G. A. S. *Org. Lett.* **2001**, *3*, 3293.

[146] Charette, A. B.; Lemay, J. *Angew. Chem. Int. Ed.* **1997**, *26*, 1090.

[147] Kitajima, H.; Aoki, Y.; Ito, K.; Katsuki, T. *Chem. Lett.* **1995**, 1113.

[148] Long, J.; Yuan, Y.; Shi, Y. *J. Am. Chem. Soc.* **2003**, *125*, 13632.

[149] Voituriez, A.; Charette, A. B. *Adv. Synth. Catal.* **2006**, *348*, 2363.

[150] Takahashi, H.; Yoshioka, M.; Ohno, M.; Kobayashi, S. *Tetrahedron Lett.* **1992**, *33*, 2575.

[151] Imai, N.; Sakamoto, K.; Takahashi, H.; Kobayashi, S. *Tetrahedron Lett.* **1994**, *35*, 7045.

[152] Danmark, S. E.; O'Connor, S. P. *J. Org. Chem.* **1997**, *62*, 584.

[153] Long, J.; Du, H.; Li, K.; Shi, Y. *Tetrahedron Lett.* **2005**, *46*, 2737.

[154] Du, H.; Long, J.; Shi, Y. *Org. Lett.* **2006**, *8*, 2827.

[155] Liu, P.; Jacobsen, E. N. *J. Am. Chem. Soc.* **2001**, *123*, 10772.

[156] Barrett, A. G. M.; Kasdorf, K. *Chem. Commun.* **1996**, 325.

[157] Falck, J. R.; Mekonnen, B.; Yu, J.; Lai, J. *J. Am. Chem. Soc.* **1996**, *118*, 6096.

[158] Barrett, A. G. M.; Hamprecht, D.; White, A. J. P.; Williams, D. J. *J. Am. Chem. Soc.* **1997**, *119*, 8608.

[159] Fukuyama, Y.; Hirono, M.; Kodama, M. *Chem. Lett.* **1992**, 167.

[160] White, J. D.; Martin, W. H. C.; Lincoln, C.; Yang, J. *Org. Lett.* **2007**, *9*, 3481.

[161] Hara, R.; Furukawa, T.; Horiguchi, Y.; Kuwajima, I. *J. Am. Chem. Soc.* **1996**, *118*, 9186.

[162] Mash, E. A. *J. Org. Chem.* **1987**, *52*, 4142.
[163] Karimi, S.; Tavares, P. *J. Nat. Prod.* **2003**, *66*, 520.
[164] Taber, D. F.; Nakajima, K.; Xu, M.; Rheingold, A. L. *J. Org. Chem.* **2002**, *67*, 4501.
[165] Bertinato, P.; Sorensen, E. J.; Meng, D.; Danishefsky, S. J. *J. Org. Chem.* **1996**, *61*, 8000.
[166] Balog, A.; Meng, D.; Kamenecka, T.; Bertinato, P.; Su, D.; Sorensen, E. J.; Danishefsky, S. J. *Angew. Chem. Int. Ed.* **1996**, *35*, 2801.
[167] Lin, W.; Zercher, C. K. *J. Org. Chem.* **2007**, *72*, 4309.
[168] Momose, T.; Nishio, T.; Kirihara, M. *Tetrahedron Lett.* **1996**, *37*, 4987.
[169] Corey, E. J.; Lee, J.; *J. Am. Chem. Soc.* **1993**, *115*, 8873.
[170] Konopelski, J. P.; Sundararaman, P.; Barth, G.; Djerassi, C. *J. Am. Chem. Soc.* **1980**, *102*, 2737.
[171] Nelson, P. H.; Untch, K. G. *Tetrahedron Lett.* **1969**, 4475.

斯泰特反应

(Stetter Reaction)

游劲松* 兰静波

1 历史背景简述

Stetter 反应取名于对该反应做出杰出贡献的德国有机化学家 Hermann Stetter。它是目前最具价值的有机反应之一，尤其是立体选择性的 Stetter 反应已经成为近年来有机化学的一个研究热点。Hermann Stetter (1917-1993) 是德国著名有机化学家，1917 年出生于德国波恩，1947 年获得波恩大学博士学位。他于 1955 年成为德国亚琛工业大学教授，1982 年获得“Emil Fischer”奖章。

1973 年，Stetter 首次将极性反转策略运用于醛与活泼双键的 1,4-加成反应，实现了氰负离子催化的醛与 α,β-不饱和酮、不饱和酯和不饱和腈的加成反应[1]。1974 年他们又利用噻唑卡宾对醛进行极性反转的概念，实现了噻唑鎓盐在碱性条件下催化醛与 α,β-不饱和羰基化合物的 Michael 加成反应[2]。从 1973 年起，Stetter 小组陆续发表与此相关的学术论文数十篇。这些论文主要对催化剂类型 (氰负离子及噻唑鎓盐) 以及噻唑鎓盐结构与催化活性的关系进行了探索，并对反应底物 (醛和 Michael 受体) 的适用范围进行了扩展。在深入研究了催化反应机理之后，他们在 1976 年对该反应进行了归纳总结，发表了题名为“Catalyzed Addition of Aldehydes to Activated Double Bonds－A New Synthetic Approach”的著名评述性文章[3]。自此，醛经极性反转后形成的酰基阴离子前体与具有活泼双键的化合物的加成反应就被称为 Stetter 反应或 Michael-Stetter 反应。

Stetter 反应的发现灵感源自于苯偶姻缩合反应 (benzoin condensation)。苯偶姻缩合反应是两分子芳醛在催化剂 (氰负离子或氮杂环卡宾) 作用下缩合生成 α-羟基酮 (又称为苯偶姻或安息香) 的反应。该反应由化学家 Wöhler 和 Liebig 于 1832 年发现，可谓是迄今发现最早的有机反应之一。早期的偶姻缩合反应通常由氰负离子催化，是热力学控制的可逆反应。氰负离子首先进攻醛的羰基形成碳负离子中间体 (式 1)，由于氰基的作用，使碳负离子得以稳定，这是偶姻反应能够进行的关键 (式 2)。

$$\mathrm{RCHO} + \mathrm{CN^-} \rightleftharpoons \mathrm{R{-}CH(O^-)(CN)} \rightleftharpoons \mathrm{R{-}\ddot{C}^-(OH)(CN)} \qquad (1)$$

$$\mathrm{R{-}\ddot{C}^-(OH)(CN)} + \mathrm{RCHO} \rightleftharpoons \mathrm{R{-}C(OH)(CN){-}CH(O^-){-}R} \rightleftharpoons \mathrm{R{-}C(O^-)(CN){-}CH(OH){-}R} \rightleftharpoons \mathrm{R{-}CO{-}CH(OH){-}R} + \mathrm{CN^-} \qquad (2)$$

受其启发，1973 年 Stetter 和 Schreckenberg 将该碳负离子中间体用于对含有活泼双键化合物的加成反应。他们发现：芳醛或杂芳醛在氰负离子作用下生成的碳负离子中间体可以与 α,β-不饱和酮、酯或腈类化合物发生加成反应，得到 γ-二酮、4-羰基羧酸酯或者 4-羰基腈。如式 3 所示：这就是 Stetter 反应的雏形[1]。

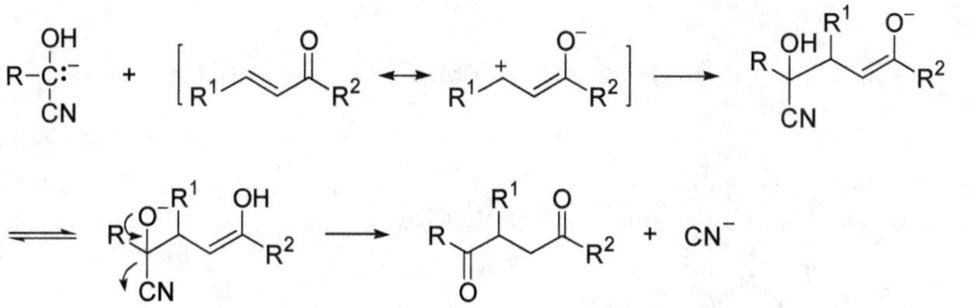

(3)

2 Stetter 反应的定义和机理[4]

在氰负离子 (CN^-) 或氮杂环卡宾等催化作用下，醛经过极性反转后形成碳负离子中间体 (也称为酰基阴离子等价体) 与含有活泼共轭双键的化合物 (例如：α,β-不饱和酮、酯或腈等) 发生的 1,4-加成反应被称之为 Stetter 反应 (式 4)。

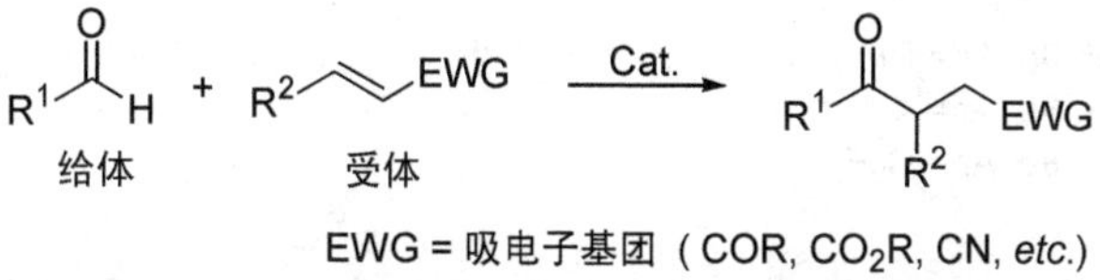

给体 受体 Cat. (4)

EWG = 吸电子基团 (COR, CO_2R, CN, *etc.*)

在 Stetter 反应中，醛类化合物经过极性反转形成酰基阴离子等价体 (Breslow intermediate)，称为给体 (donor)。α,β-不饱和酮、酯和腈等含有活泼共轭双键，称为受体 (acceptor) 或 Michael 受体。经过极性反转后的醛与 Michael 受体作用时经过一个 1,4-共轭加成反应历程，所以该反应又被称为 Michael-Stetter 反应。Stetter 反应是制备 1,4-二羰基化合物、γ-羰基酯和 γ-羰基腈等羰基化合物的有效方法，为合成众多杂环化合物 (例如：环戊烯酮、取代吡咯和取代呋喃等) 提供了一个重要途径[5~16]。

Stetter 反应的催化剂主要包括氰负离子和氮杂环卡宾，最近还发现三丁基膦以及金属亚磷酸酯也可以催化该反应[17~20]。氰负离子最早被用于催化 Stetter 反应，但氰化物毒性巨大且不具有立体选择性。在噻唑卡宾催化剂发现以后，氮杂环卡宾催化剂受到了更多的关注。目前，用于 Stetter 反应的氮杂环卡宾催化剂主要有噻唑及 1,2,4-三唑等，研究较多的几种催化剂如图 1 所示。

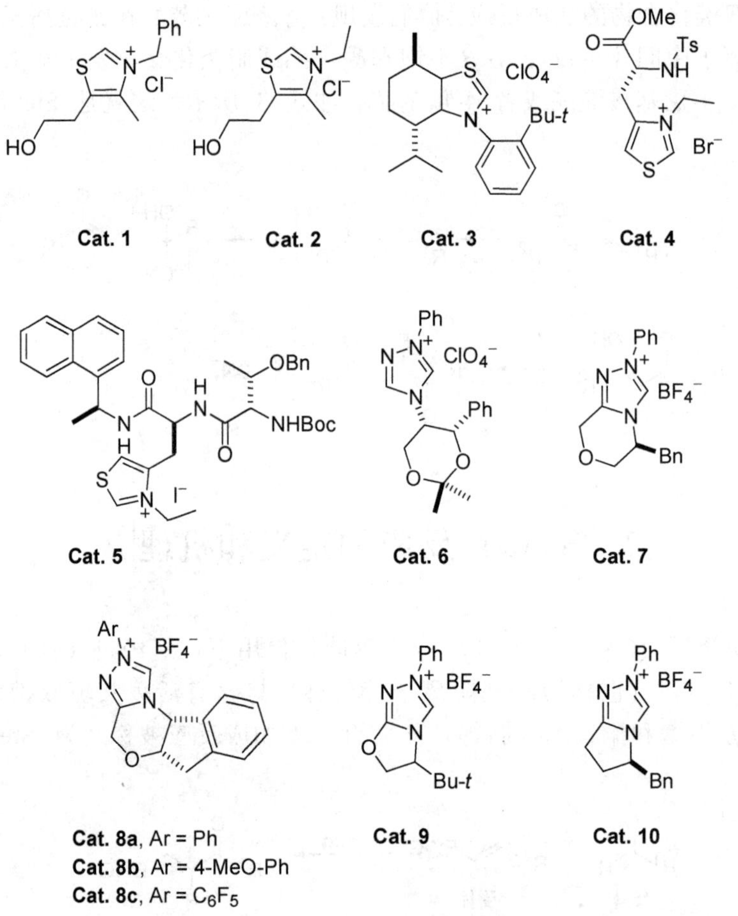

Cat. 1　Cat. 2　Cat. 3　Cat. 4

Cat. 5　Cat. 6　Cat. 7

Cat. 8a, Ar = Ph
Cat. 8b, Ar = 4-MeO-Ph
Cat. 8c, Ar = C_6F_5

Cat. 9　Cat. 10

图 1　用于 Stetter 反应的氮杂环卡宾催化剂

苯偶姻缩合反应是一个历史悠久的化学反应，其反应机理已经非常清楚。Stetter 反应和苯偶姻缩合反应具有相同的反应中间体，均需使醛发生极性反转形成碳负离子中间体作为亲核底物。在 1973 年的首例报道中，Stetter 就提出了可能的反应机理。在该机理中，氰基稳定的碳负离子被认为是反应的关键中间体[1]。

作为极性反转催化剂，氮杂环卡宾与氰负离子具有同等作用。图 2 所示的是噻唑卡宾催化的 Stetter 反应机理循环过程[2]：首先，在碱性条件下，噻唑鎓阳离子的 2-位质子被脱去生成噻唑卡宾 (叶立德)；然后，卡宾与醛作用生成“Breslow” 中间体；随后，中间体与 α,β-不饱和酮发生 1,4-Michael 加成反应；最后，在释放卡宾的同时生成 γ-二酮产物。

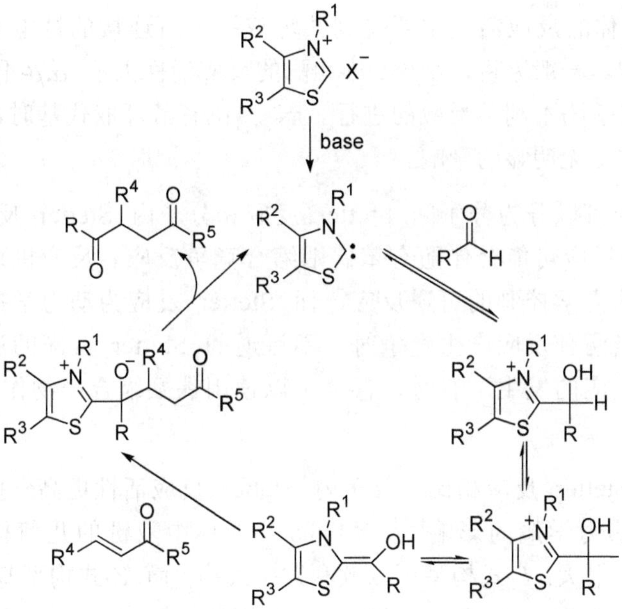

图 2 噻唑卡宾催化的 Stetter 反应机理

氮杂环卡宾与氰负离子相比，底物适用范围更广，对脂肪醛和芳醛都有较好的催化作用。但是，三唑鎓盐或噻唑鎓盐往往具有较低的催化活性，其主要原因在于某些 Breslow 中间体与 Michael 受体生成的加成产物很稳定，不易脱除[21]。氮杂环卡宾催化的 Stetter 反应可以在质子或非质子溶剂 (如乙醇、甲醇，二氧六环、DMF 等) 中进行，也可在无溶剂条件下进行。咪唑鎓室温离子液体作为环境友好且可回收再利用的优良溶剂，在 Stetter 反应中也取得了较好的催化效果[22]。无论芳醛还是脂肪醛，在噻唑鎓盐催化的固相合成条件下均可获得满意效果[23]。

在 Stetter 反应中，芳醛和杂环芳醛通常比脂肪醛活性高。直链脂肪醛可以获得中等产率，支链脂肪醛的反应产率会有所降低[24]。芳环上的取代基对芳醛的反应影响很大，拉电子取代基有利于反应；推电子取代基会降低反应的收率，有时甚至得不到产物 (式 5) [25]。

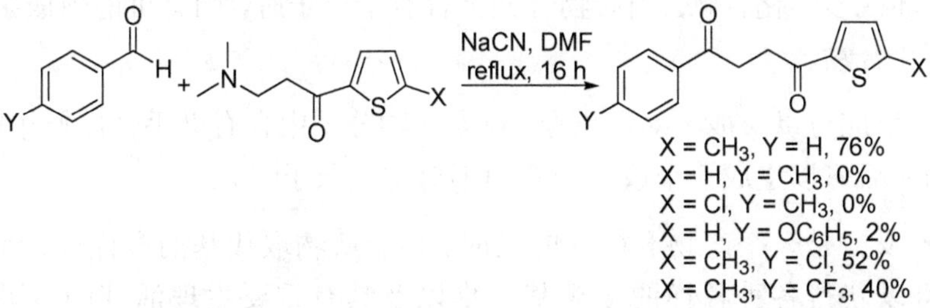

NaCN, DMF, reflux, 16 h (5)

$X = CH_3$, $Y = H$, 76%
$X = H$, $Y = CH_3$, 0%
$X = Cl$, $Y = CH_3$, 0%
$X = H$, $Y = OC_6H_5$, 2%
$X = CH_3$, $Y = Cl$, 52%
$X = CH_3$, $Y = CF_3$, 40%

Michael 受体的反应活性主要受到共轭双键上所连接的拉电子基团和双键空间位阻的影响。一般来讲，α,β-不饱和酮的反应活性大于 α,β-不饱和酯或腈，β-位上的大位阻基团不利于反应的进行。若 β-位有芳环取代基时，芳环上的取代基对反应基本上无明显的影响。

Stetter 反应可以分为分子间 Stetter 反应和分子内 Stetter 反应两种类型。分子间 Stetter 反应可能会伴随有苯偶姻缩合竞争反应。反应机理分析显示：苯偶姻缩合是热力学控制的可逆反应，而 Stetter 反应为动力学控制的不可逆反应。因此，当两种反应产生竞争时，不可逆的 Stetter 反应的进行将大大抑制苯偶姻缩合反应的发生。有时，甚至可以使用偶姻缩合产物作为 Stetter 反应的底物。

与分子间 Stetter 反应相比，分子内 Stetter 反应活性更高一些，这主要是由于底物自身热力学熵的影响[26]。Michael 受体中双键的几何构型对分子内 Stetter 反应影响很大：E-式构型可以顺利发生反应，而 Z-式构型基本上不反应。值得指出的是，分子内 Stetter 反应的底物适用范围较广。式 6 中的 X 不仅可以是 C 原子，还可以是 O、N 或 S 等杂原子。甚至含有醛和 α,β-不饱和酮 (酯) 基团的脂肪族底物也可以顺利发生反应，得到相应的环戊酮或环己酮[27]。

$$\xrightarrow{\text{Cat., } K_2CO_3\text{, THF}} \qquad (6)$$

Stetter 反应作为一个碳碳键的形成反应，具有四个重要的特点：

(1) Stetter 反应是一个非经典的 C-C 键的形成反应。醛通过极性反转后与亲电烯烃 (例如：α,β-不饱和酮、酯或腈等) 反应生成一个新的 C-C 键，开辟了合成 1,4-二羰基化合物的新途径[28~32]。

(2) 分子内 Stetter 反应是一个成环反应，被广泛用于合成具有 5~6 员环 (或杂环) 结构的羰基化合物。若给体和受体在同一分子中不同碳环结构上时，则可能生成桥环或多环化合物。当底物骨架上含有杂原子时，则有可能生成杂桥环或者杂多环化合物。

(3) Stetter 反应可以形成不对称碳原子。当底物分子中含有潜手性碳原子时，与另一底物加成后可以生成一个或多个新的不对称碳原子[33]。

(4) Stetter 反应是一个产物多样性的反应。由于底物取代基的多样性，通过 Stetter 反应可以获得各种各样的多羰基产物以及具有重要生理活性的苯并呋喃-3-酮及苯并吡喃-4-酮类化合物 (式 7~式 9)[26,33,115]。

Cat. 1 (10 mol%), DMF, reflux, 30 min, 39% (7)

Cat. 1 (7 mol%), DMF, Et_3N, 25 °C, 30 min, 86% (8)

Cat. 8 (10 mol%), KHMDS (10 mol%), PhMe, 23 °C, < 5 min, 78%~94%, 82%~94% ee, dr > 95.5 (9)

3 Stetter 反应的基本概念

3.1 极性转换

1965 年，Corey 和 Seebach 提出了有机化合物反应中心的碳原子或杂原子发生极性转换 (Umpolung) 的概念[34]。将有机化合物自然表现的亲电性或亲核性发生暂时反转，又称为极性反转。经过极性反转后的有机化合物改变了自然的反应性能，可以通过全新的途径发生新的反应。例如：卤代烃与 Mg 或 Li 等金属反应生成格氏试剂或有机金属化合物后，与卤素相连的碳原子就经历了由正电荷到负电荷的极性转换 (式 10)。卤代烃在溶剂或亲核试剂作用下分解成 R^+ 与 X^- 时，烃基是正离子。但是，当它们生成格氏试剂后再分解时，则得到 R^- 和 MgX^+。这时烃基就成了负离子，这就是烃基的极性转换。通过极性转换技术，同一基团既可以成正离子，又可成负离子，这无疑扩大了这些基团在有机合成中的应用范围。

$$R{-}X \rightleftharpoons R^+ + X^- \xrightarrow{Nu} R{-}Nu \quad 亲核反应$$
$$R{-}X \xrightarrow{Mg} RMgX \rightleftharpoons R^- + {}^+MgX \xrightarrow{E} R{-}E \quad 亲电反应 \qquad (10)$$

在有机合成中，醛类化合物通过极性反转来获得酰基阴离子等价体是最常用的有机合成策略之一。传统方法是用强碱处理氰醇衍生物、硫代缩醛（酮）或者硫代缩醛（酮）氧化物等形成酰基阴离子等价体。但该方法常常需要化学计量的极性反转试剂以及强碱条件，在合成上有一定局限性（图 3）[35,36]。

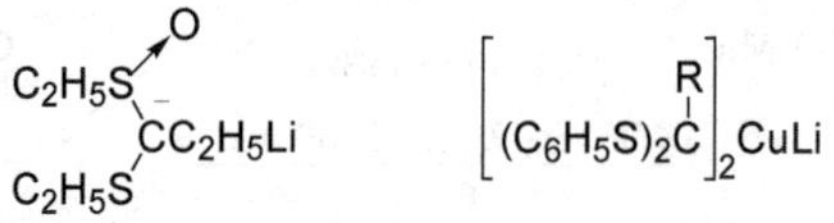

图 3　极性反转试剂

目前，氰基负离子和氮杂环卡宾是醛极性反转最常用的促进剂。一般而言，Stetter 反应中只需催化量的促进试剂即可实现极性反转[37~39]。氰基负离子一般只用于催化芳醛或杂芳醛与不饱和酮、酯和腈类化合物的 Stetter 反应。在该催化体系中，氰基负离子与醛加成时会产生一对氰醇互变异构体。其中，酰基阴离子等价体就是氰醇的互变异构体之一（式 11）。

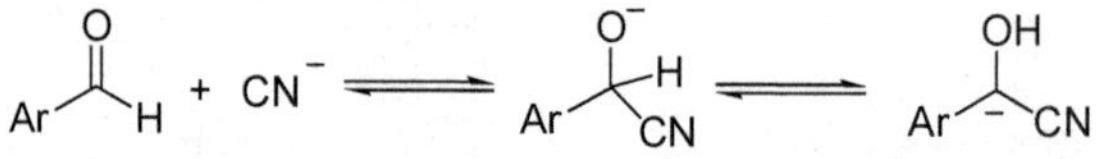

(11)

如式 12 所示：氮杂环卡宾催化醛的极性反转时，首先与醛加成形成正离子加合物；随后脱除质子得到类似烯胺结构的中间体，即酰基阴离子等价体。严格地说，噻唑鎓盐并不是真正的催化剂。但是，它能在碱性条件下转化成具有催化活性的亲核性噻唑卡宾，因此被称为噻唑卡宾催化剂前体。在自然界中，许多含有噻唑鎓官能团的化合物（例如：硫胺素多聚磷酸盐，也称之为硫胺素辅酶或维生素 B1）均可通过类似的催化途径催化 Stetter 反应[40]。硫胺素辅酶的催化反应在生物化学上被称之为酶催化反应。化学合成的噻唑鎓盐具有相同的催化活性中心和经历相同或类似的催化历程，因此它们催化醛的极性反转反应也被称为仿酶催化或仿生催化反应。

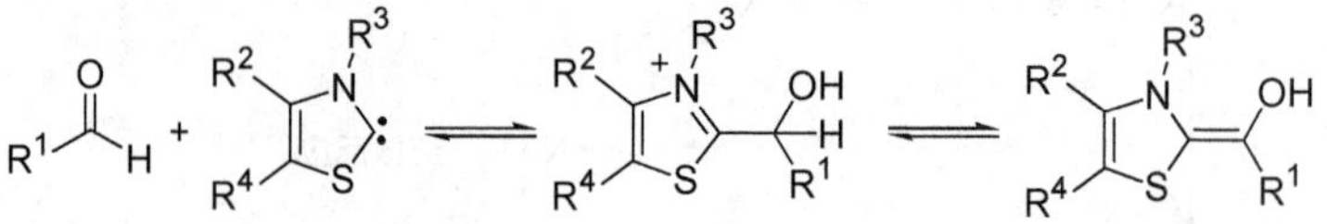

(12)

最近发现：三丁基膦也可以作为醛的极性反转试剂[18]。如式 13 所示：在三丁基膦作用下，苯甲醛发生极性反转形成苯甲酰基阴离子等价体。

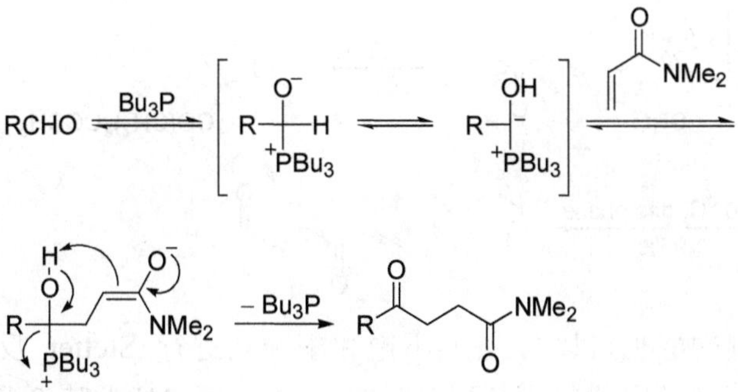

RCHO $\xrightleftharpoons{Bu_3P}$ [R–C(O⁻)(H)–⁺PBu₃ ⇌ R–C⁻(OH)–⁺PBu₃] $\xrightleftharpoons{CH_2=CHCONMe_2}$

$\xrightarrow{-Bu_3P}$ RCOCH₂CH₂CONMe₂ (13)

3.2 酰基阴离子前体

在 Stetter 反应中，通常把能够通过极性反转提供酰基阴离子等价体 (Acyl Anion Equivalent) (碳负离子中间体) 的醛、酰基硅烷或者 α-酮酸称为酰基阴离子前体。醛是最常用的酰基阴离子前体，脂肪醛、芳醛以及杂芳醛都常常用于该目的。部分具有代表性的酰基阴离子前体如图 4 所示。

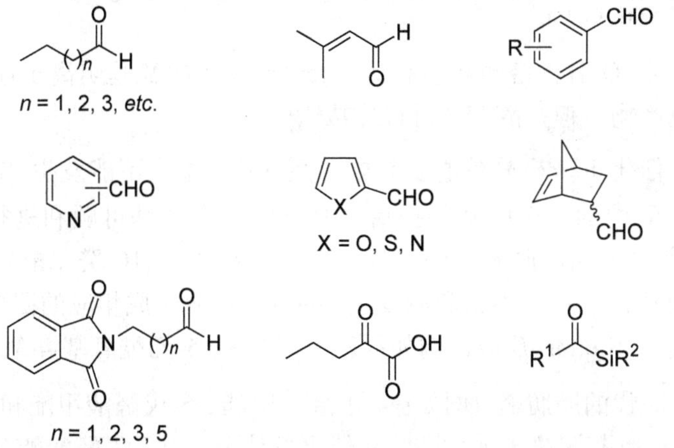

n = 1, 2, 3, *etc.*

X = O, S, N

n = 1, 2, 3, 5

图 4 部分具有代表性的酰基阴离子前体

醛的反应活性主要由它们的化学结构所决定，一般来说，芳族醛高于脂肪族醛。在脂肪族醛中，直链脂肪醛高于支链脂肪醛，例如：正丁醛比异丙醛的反应产率高[24]。

含有共轭或孤立双键的醛也可以作为酰基阴离子前体用于 Stetter 反应，但对于前者研究较少，因为这类底物的反应活性较低。例如：烯丙醛与 α,β-不饱和酮不能直接进行加成。但是，烯丙醛与环戊二烯经过 Diels-Alder 反应得到 5-降冰片烯-2-甲醛后，可以与 α,β-不饱和酮加成。得到的加成产物在高温下断裂后，可以间接地获得目标产物 (式 14)[41]。

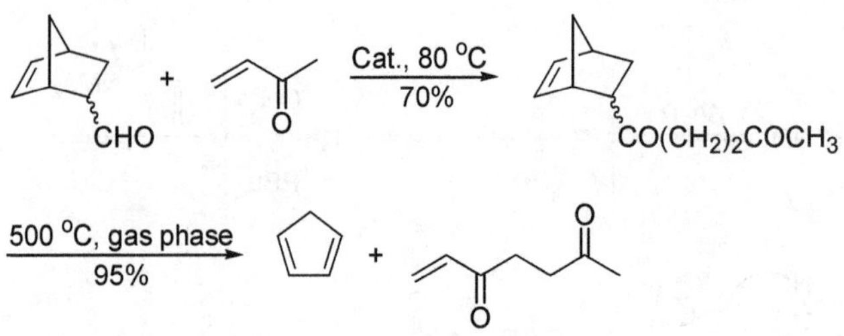

Cat., 80 °C, 70%; 500 °C, gas phase, 95% (14)

含有孤立双键的醛也可以与 α,β-不饱和酮顺利进行 Stetter 反应[42]。含有烷氧基取代或含有杂环取代的脂肪醛 (例如：3,4-二氢-2*H*-吡喃-2-甲醛，四氢吡喃-2-甲醛和四氢吡喃-3-甲醛) 也是优秀的酰基阴离子前体 (式 15)[30~43]。

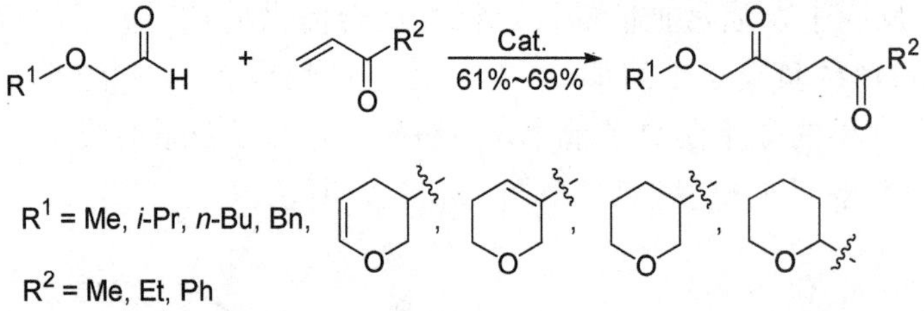

Cat., 61%~69% (15)

R^1 = Me, *i*-Pr, *n*-Bu, Bn,

R^2 = Me, Et, Ph

缩酮保护的 D-甘油醛也可以作为 Stetter 反应的酰基阴离子前体，得到缩酮保护的加成产物，但是醛糖却难以完成[44]。

在噻唑鎓催化下，最简单的脂肪族二醛 (乙二醛) 不能发生 Stetter 反应。但是，将乙二醛中的一个醛基保护后，剩下的一个醛基可顺利进行 Stetter 反应[45]。其它高级末端脂肪族二醛 (从 1,4-丁二醛到 1,10-癸二醛) 均可作为双酰基阴离子前体，它们与不饱和酮发生 Stetter 反应生成相应的四羰基化合物。酮醛也可以进行 Stetter 反应，例如：乙酰丙醛和 5-乙酰氧基-4-氧庚醛[46]。

具有酯基取代的脂肪醛 (例如：4-丁醛酸甲酯、5-戊醛酸甲酯和 8-辛醛酸甲酯) 也是合适的酰基阴离子前体[28]。在催化条件下，由于乙醛酸酯会发生水解不能发生 Stetter 反应。但是，使用不易水解的乙醛酰胺 (例如：乙醛酰二甲胺以及乙醛酰四氢吡咯) 就可以顺利地进行 Stetter 反应[47]。

氨基醛经邻苯二甲酰化保护后也可成功用于 Stetter 反应。利用该反应可以在产物中引入含氮原子的 1,4-二酮，因此具有重要的合成意义 (式 16) [48]。

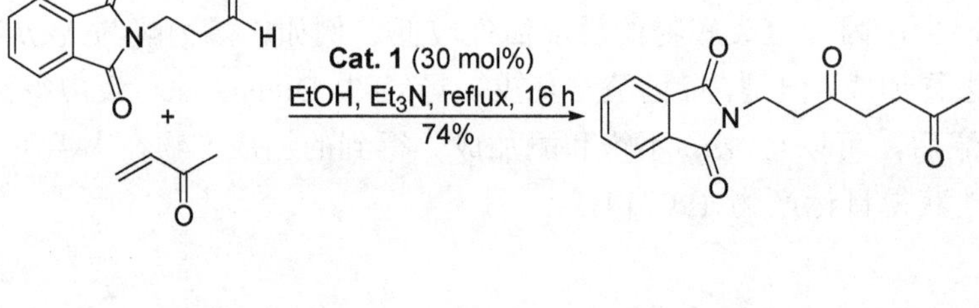

Cat. 1 (30 mol%), EtOH, Et_3N, reflux, 16 h, 74% (16)

氰负离子和噻唑鎓盐一般都能催化芳醛与 α,β-不饱和酮的 Stetter 反应。当芳醛含有邻位取代基时，噻唑鎓盐能催化它们与 α,β-不饱和酮的反应，而氰负离子却不能。例如：噻唑鎓盐可以催化 2-氯苯甲醛与 3-丁烯-2-酮得到 56% 的产物。一般而言，氰基负离子也不能催化烷氧基或芳氧基取代的苯甲醛的 Stetter 反应。硝基取代的芳醛也难以发生 Stetter 反应[4]。

杂芳醛 (呋喃醛、噻吩醛和吡啶醛等) 很容易发生 Stetter 反应，无论氰负离子还是噻唑卡宾都显示出良好的催化效果[49]。吡咯-2-甲醛不能发生 Stetter 反应，但吡咯中的氮原子用甲酰甲酯或苯甲酰基保护后就可以顺利发生 Stetter 反应。呋喃醛在噻唑卡宾催化时可获得易分离的高纯产物，而氰基负离子则导致部分树脂化而使分离纯化变得困难。噻唑卡宾催化吡啶-2-甲醛可以获得非常高的产率，这可能是由于吡啶的拉电子作用使酰基阴离子 (碳负离子) 得以稳定[50]。

α-酮酸也可作为酰基阴离子前体进行 Stetter 反应[51,52]。维生素 B_1 可以催化丙酮酸形成乙偶姻 (acetoin, 3-羟基-2-丁酮)，乙偶姻在噻唑卡宾 (由维生素 B_1 提供) 存在下可逆地形成能够参与 Stetter 反应的乙酰基阴离子等价体[53,54]。研究表明：与维生素 B_1 的催化机理类似，脂肪族和芳香族酮酸在噻唑卡宾催化下均可顺利与 α,β-不饱和酮加成获得 Stetter 反应产物 (式 17)[55]。

Cat. 1, EtOH; Et_3N, rt, 16 h; 75%; + CO_2 (17)

3.3 Michael 受体

烯烃的 C=C 双键以及亚胺的 C=N 双键与拉电子基团 (例如：醛酮羰基、腈、砜、羧酸酯和膦酰基等) 相连接，形成 α,β-不饱和直链酮、α,β-不饱和环酮、α,β-不饱和羧酸酯、α,β-不饱和砜、α,β-不饱和羧酸内酯、α,β-不饱和腈以及膦酰亚胺等化合物。由于拉电子基团的作用，在这些分子中的双键上带部分正电荷。因而它们能够与亲核试剂发生 1,4-共轭加成 (Michael 加成)，并被通称为 Michael 受体。通过 Stetter 反应，可以从 Michael 受体制备不对称 1,4-二酮 (γ-二酮)、4-羰基腈、4-羰基砜、4-羰基羧酸酯或 α-氨基酮等多官能团化合物。大多数 Michael 受体都能获得很好的 Stetter 反应产率[56]，部分具有代表性的 Michael 受体如图 5 所示。

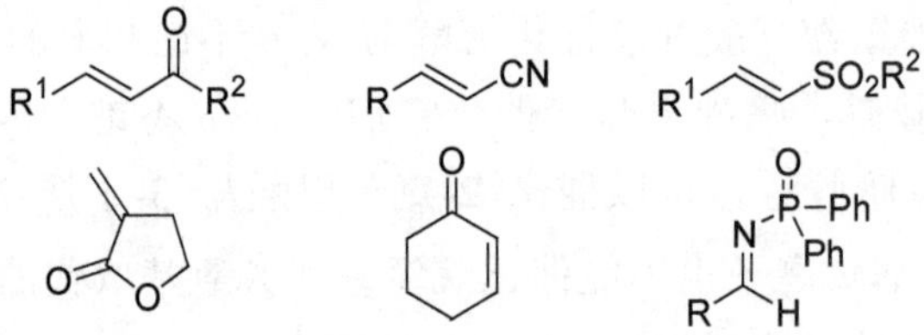

图 5 部分具有代表性的 Michael 受体

芳环或芳杂环取代的不饱和羰基化合物是理想的 Michael 受体。由于这类底物可通过 Aldol 缩合方便制备，因此常常通过 Stetter 反应来制备含芳环或芳杂环的 1,4-二酮衍生物 (式 18~式 20)[57]。

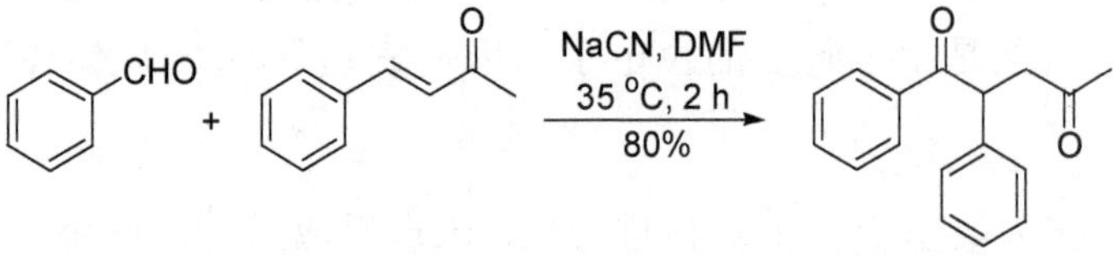

NaCN, DMF, 35 °C, 2 h, 80% (18)

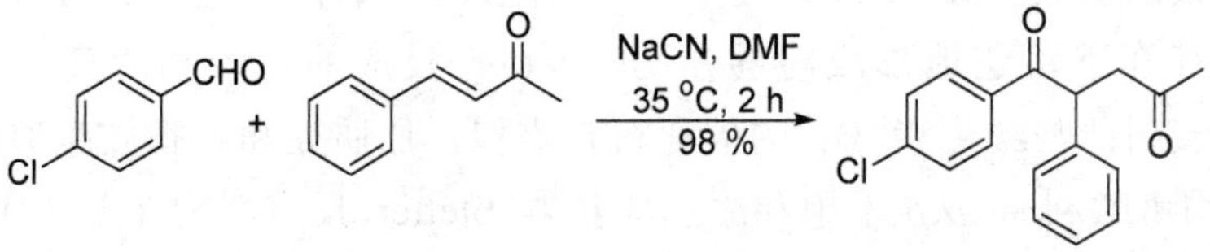

NaCN, DMF, 35 °C, 2 h, 98 % (19)

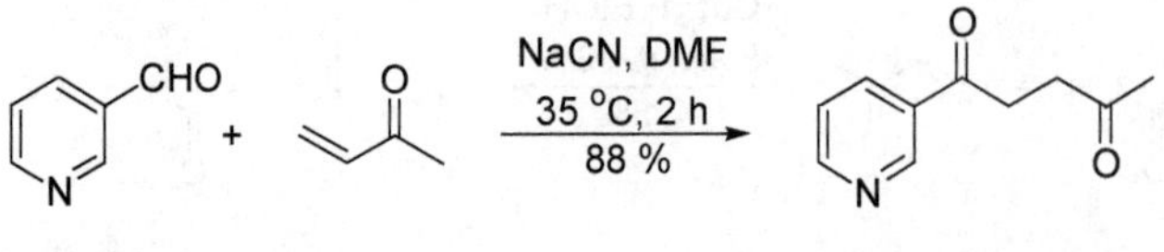

NaCN, DMF, 35 °C, 2 h, 88 % (20)

环状 α,β-不饱和酮 (例如：环戊烯酮与环己烯酮) 或 α,β-不饱和内酯在 Stetter 反应中一般表现出较低的反应活性[58]，但含有环外双键的底物却具有较好的反应活性 (式 21)[29]。

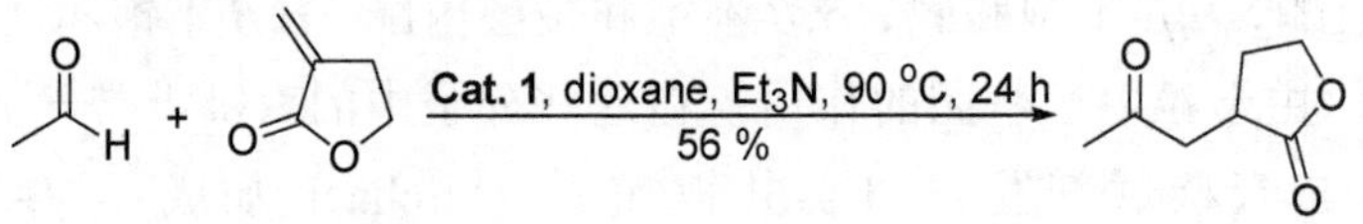

Cat. 1, dioxane, Et_3N, 90 °C, 24 h, 56 % (21)

顺环丁烯二酸酐 (马来酸酐) 与芳烃通过 Friedel-Crafts 酰化反应得到的 3-芳基甲酰基丙烯酸钠盐可以直接用作 Michael 受体。它们在 Stetter 反应中首先生成酮酸盐中间体，然后再自动发生脱羧反应生成 1,4-二酮。由于 3-芳基甲酰基丙烯酸比相应的 α,β-不饱和酮更易获得，所以该反应具有重要的应用价值 (式 22) [59,60]。

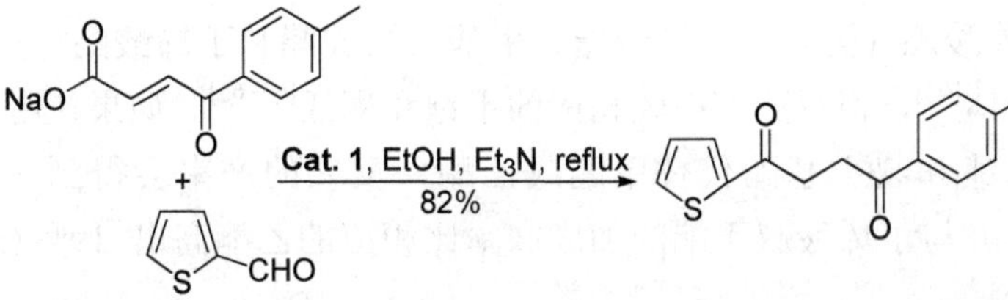

(22)

α,β-不饱和砜可以作为 Michael 受体用于对称 1,4-二酮的制备，但它与醛加成得到等量的 1,4-二酮和 1,4-二砜的混合物，存在一定的分离困难 (式 23)[31]。如果使用 0.5 倍量的商业产品二烯砜作为 Michael 受体，许多时候还是可以得到较高产率的对称 1,4-二酮 (式 24)。

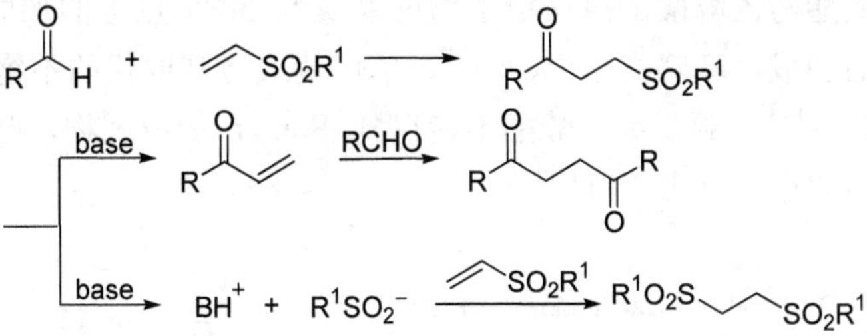

(23)

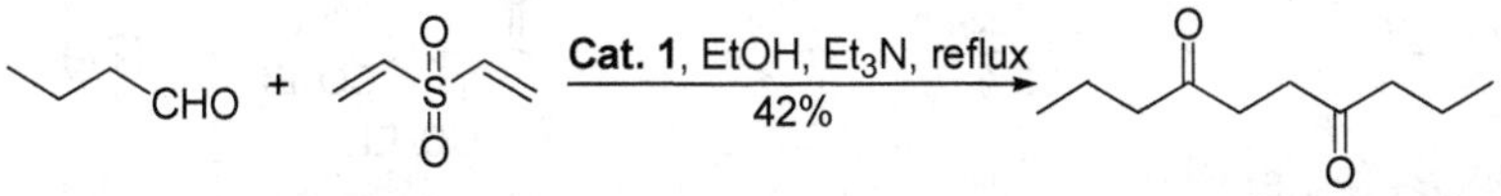

(24)

α,β-不饱和腈类化合物是一类重要的 Michael 受体。在氰负离子催化下，该类受体可以与芳醛或杂芳醛高产率地发生 Stetter 反应。相比之下，噻唑卡宾对该类底物显示出较低的催化活性。许多 α,β-不饱和腈类化合物 (例如：烯丙腈、2-丁烯腈、2-甲基-2-异丁烯腈和肉桂腈) 均是良好的 Michael 受体。这类底物与 5-降冰片烯-2-甲醛发生 Stetter 反应可以方便制备 4,7-二酮腈类化合物。如式 25 所示[61]：首先，5-降冰片烯-2-甲醛与烯丙腈进行加成；然后，生成的产物在高温下发生逆 Diels-Alder 反应分解为环戊二烯和烯酮；最后，烯酮再与另一分子醛加成得 4,7-二酮腈类化合物。值得注意的是：脂肪醛与烯丙腈的加成反应只有在噻唑卡宾催化下才能完成[61]。

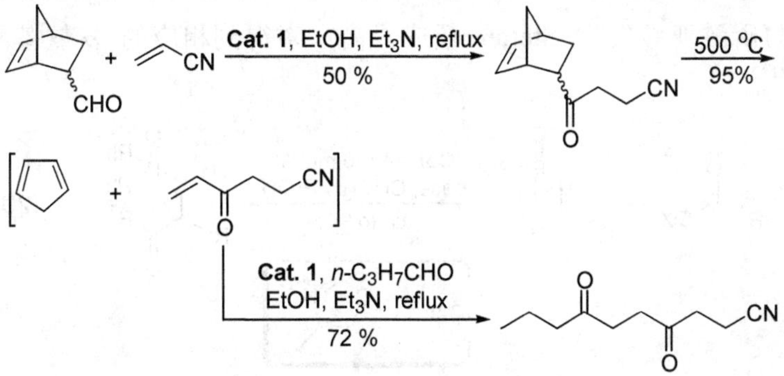

(25)

α,β-不饱和羧酸酯 (例如：丙烯酸酯、甲基丙烯酸酯和丁烯酸酯等) 也可以作为 Michael 受体[62]，但反应产率较相应的不饱和酮低[63~65]。如果使用 α,β-不饱和羧酸异丙基酯和叔丁基酯代替甲酯或乙酯，反应的产率会得到显著的提高[66]。例如：苯甲醛与丁烯酸叔丁酯的加成产率比相应的乙酯高出 19% (式 26)。

DMF, NaCN; 36 °C, 2.5 h; R = Et, 33 %; R = *t*-Bu, 52 % (26)

噻唑鎓盐催化醛与不饱和酯的 Stetter 反应产率通常较低。丁烯酸、甲基丙烯酸以及肉桂酸酯与乙醛酸的酰胺衍生物可以获得 50% 以上的加成产率。丙烯酸酯与脂肪醛的加成产率略高于 50%[29]，单烷基或芳基取代的不饱和酯与醛的加成通常难以进行[48]。顺丁烯二酸酯不能得到 Stetter 加成产物，但反丁烯二酸酯却获得了较高的产率 (式 27)[29]。

Cat. 1, dioxane, Et_3N; 90 °C, 24 h; 73% (27)

亚甲基 (1,2-亚乙基、1,2-亚丙基等) 或 1,2-亚苄基丙二酸酯可作为 Stetter 反应的 Michael 受体，加成产物经水解和脱羧后可以获得 1,4-酮酸 (式 28)[60]。

Cat. 1, EtOH, Et_3N, reflux; 56% (28)

最近，Scheidt 等发现磷酰亚胺也可以作为 Michael 受体。在噻唑鎓盐催化下，酰基硅烷与磷酰亚胺发生 Stetter 反应，高产率得到相应的 α-氨基酮化合物 (式 29)[67,68]。

Cat. 11 (30 mol%); base, $CHCl_3$, *i*-PrOH; up to 94% (29)

Cat. 11 =

3.4 合成等价物

在 Michael 加成反应，Mannich 碱经常代替不饱和羰基化物作为 Michael 受体，这种受体被称为合成等价物 (Synthetical Equivalent) (图 6) [69]。合成等价物具有的基本特征是在进行 Michael 加成反应时或反应后，致活基团能够方便地从产物分子中除去。

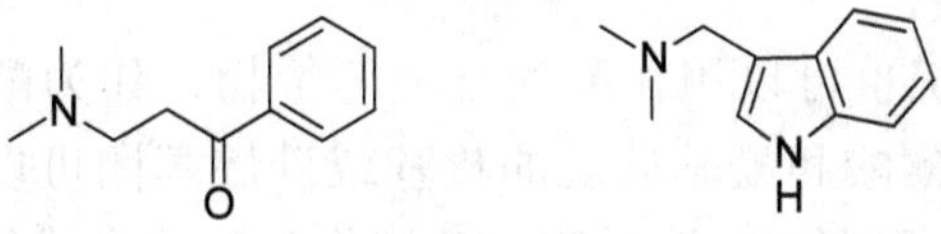

图 6 不饱和羰基化物的合成等价物示例

氰负离子或氮杂环卡宾均可以催化醛与 Mannich 碱的 Stetter 反应。例如：在噻唑鎓盐催化下，正丁醛与 Mannich 碱的加成反应获得 69% 的产率 (式 30)。与之相对应，氰负离子只能催化芳醛或杂芳醛与 Mannich 碱的加成反应 (式 31)[69]。

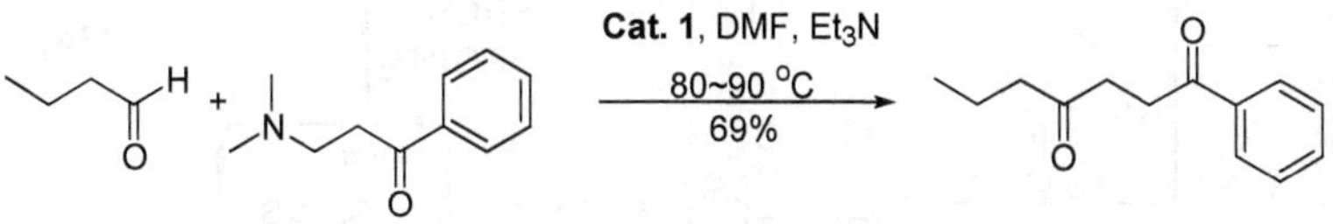

Cat. 1, DMF, Et_3N, 80~90 °C, 69% (30)

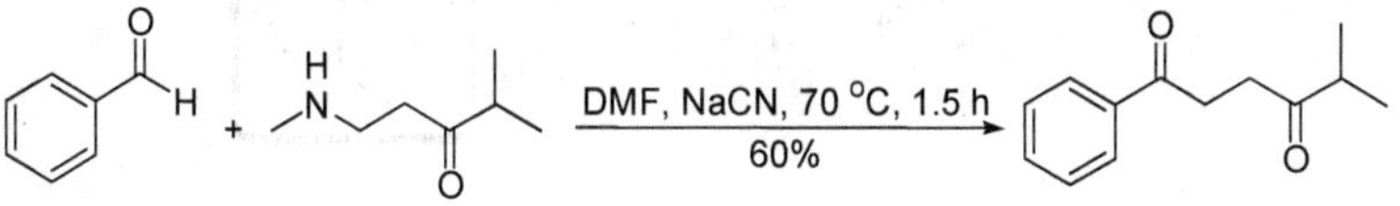

DMF, NaCN, 70 °C, 1.5 h, 60% (31)

含吡咯 (吲哚) 环的 Mannich 碱可以方便地利用甲醛、吡咯 (吲哚) 和二甲胺通过 Mannich 反应制得。在氰负离子催化下，苯甲醛与该 Mannich 碱加成获得 52% 产率 (式 32)[69]。

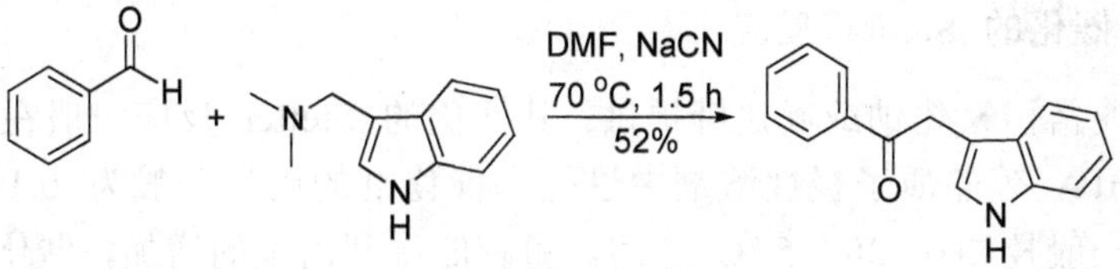

DMF, NaCN, 70 °C, 1.5 h, 52% (32)

对甲苯磺酰基可以在多种试剂作用下通过还原反应或还原消去反应从产物分子中除去。视反应条件，α-磺基酰胺可以用作酰亚胺的合成等价物。如式 33 所示[70,71]：在氮杂环卡宾催化醛与 α-磺基酰胺的 Stetter 反应中，各种醛与原位产生的酰亚胺发生加成反应，不仅高产率地得到 α-氨基酮，而且当底物为α,β-不饱和醛时也没有自身缩合反应发生。这一结果大大增加了 Michael 底物的多样性。

$$\mathrm{R^1CHO} + \mathrm{Ts{-}CH(R^2){-}NH{-}C(O)R^3} \xrightarrow[\text{58\%\sim98\%}]{\text{Cat. 12 (10 mol\%), Et}_3\text{N; CH}_2\text{Cl}_2\text{, 35 °C, 30 min}} \mathrm{R^1C(O){-}CH(R^2){-}NH{-}C(O)R^3} \quad (33)$$

$$\left[\mathrm{Ts{-}CH(R^2){-}NH{-}C(O)R^3} \xrightarrow{\text{base}} \mathrm{R^2CH{=}N{-}C(O)R^3}\right]$$

Cat. 12 =

(34)

α-酮酸或酰基硅烷也可以用作醛的合成等价物，作为酰基阴离子前体参与 Stetter 反应[72,73]。*α*-酮酸和酰基硅烷的羧基或硅烷基团可以通过还原消去在反应过程中或从产物分子中除去。选择酰基硅烷作为醛的合成等价物能避免高活性醛在催化条件下自身缩合形成偶姻产物[67,68]，其形成酰基阴离子等价体的可能机理如式 34 所示。

4 Stetter 反应条件综述

4.1 氰负离子催化的 Stetter 反应

氰负离子通常由氰化钠或氰化钾提供，其催化的 Stetter 反应一般在 DMF、DMSO 和 HMPA 等非质子极性溶剂中进行。催化剂的用量一般为 0.1~0.5 倍量，反应温度一般控制在 30~35 °C 之间。随着催化剂用量的增加，催化产率会显著提高。

氰负离子通常只用于催化芳醛或杂芳醛 (呋喃醛、噻吩醛和吡啶醛等) 与不饱和酮、酯或腈类 Michael 受体的 Stetter 反应。在催化脂肪醛与不饱和酮、酯和腈类化合物的反应时容易发生聚合反应而高度树脂化，使 Stetter 反应难以进行。氰负离子催化呋喃醛时，也会发生部分树脂化使产品分离和提纯比较困难。而对于噻吩醛和吡啶醛，氰负离子则是很好的催化剂 (式 35)[50]。

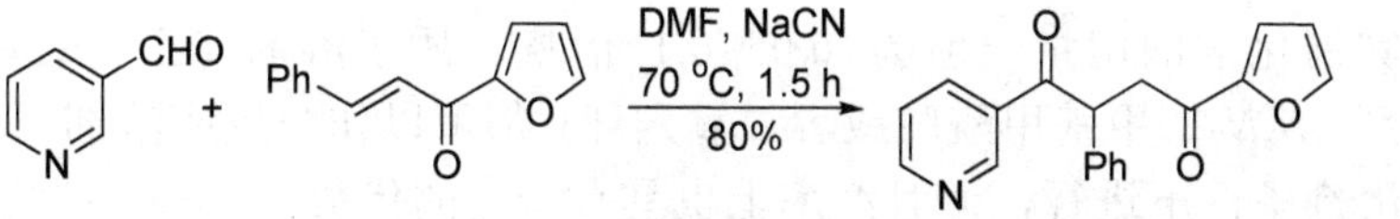

DMF, NaCN
70 °C, 1.5 h
80%

(35)

在氰负离子催化芳醛对 α,β-不饱和酮的 Stetter 反应中，除了硝基、烷氧基、芳氧基以及邻位取代的芳醛不易发生 Stetter 反应外，芳环上的其它取代基对反应产率的影响通常不明显。

在氰负离子催化的芳醛或杂芳醛与 α,β-不饱和腈的 Stetter 反应中，丙烯腈和肉桂腈等是优良的受体。此外，二醛也可以与 α,β-不饱和腈反应 (式 36)[74]。

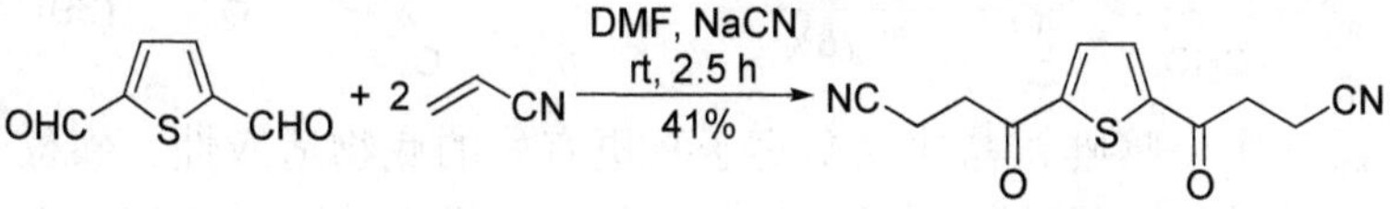

DMF, NaCN
rt, 2.5 h
41%

(36)

氰负离子催化的芳醛和杂芳醛与 α,β-不饱和酯 (例如：丙烯酸酯、异丁烯酸酯、巴豆酸酯和肉桂酸酯等) 的反应产率通常比相应的 α,β-不饱和酮低，这是因为副反应消耗了大量催化剂及反应底物 (式 37)[62]。在酯基上引入位阻基团可以有效减少副反应的发生，例如：使用叔丁酯或异丙酯化合物代替甲酯或乙酯可以方便地提高反应的产率[66]。

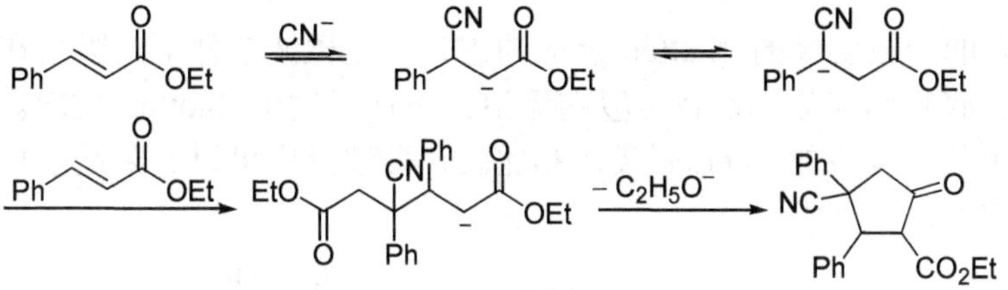

CN^-

$-C_2H_5O^-$

(37)

4.2 氮杂环卡宾催化的 Stetter 反应

4.2.1 噻唑卡宾催化的 Stetter 反应

噻唑卡宾通常由噻唑鎓盐在碱的作用下原位制备，最常用的碱是三乙胺和醋酸钠。早在 1974 年，Stetter 就成功地运用噻唑卡宾催化芳醛、脂肪醛和芳杂环醛与 α,β-不饱和酮、酯和腈的加成反应[2]。噻唑卡宾是 Stetter 反应的优良催化剂，具有代表性的噻唑鎓盐是由维生素 B_1 发展而来的 (式 38)。

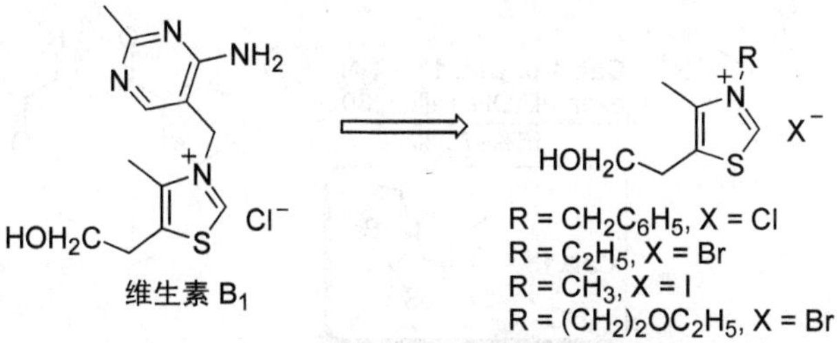

维生素 B_1

$R = CH_2C_6H_5$, $X = Cl$
$R = C_2H_5$, $X = Br$
$R = CH_3$, $X = I$
$R = (CH_2)_2OC_2H_5$, $X = Br$

(38)

噻唑卡宾催化剂的用量一般为 0.05~0.1 倍量。质子溶剂 (乙醇或者甲醇) 和非质子溶剂 (*N,N*-二甲基甲酰胺或者二氧六环) 都可以作为反应溶剂。许多反应可以在无溶剂条件下进行，而且产率上也具有一定的优势。

碱性条件下，噻唑鎓盐对芳醛和脂肪醛与 α,β-不饱和芳酮、脂肪酮、杂环酮之间的 Stetter 反应都有很好的催化效果。α,β-不饱和醛也能够与 α,β-不饱和酮反应生成 δ,ε-不饱和 γ-二酮[75,76]。在无溶剂条件下，非共轭不饱和醛与 α,β-不饱和酮的 Stetter 反应可以获得更好的产率 (式 39)[77]。

Cat. 1, Et_3N, 80 °C, 12 h, 76% (39)

在 Stetter 反应中，噻唑鎓盐比氰负离子具更有好的底物适应性。邻位取代的苯甲醛在氰负离子催化下不能够发生 Stetter 反应，而在噻唑鎓盐催化下却能够发生。如式 40 所示：在噻唑鎓盐催化下，邻氯苯甲醛可以与甲基乙烯基酮反应。而在氰化物的存在下，该反应却不能进行[3]。

Cat. 1, EtOH, Et_3N, 80 °C, 56% (40)

微波条件有助于脂肪醛的 Stetter 反应的进行。在微波条件下，吸附在氧化铝表面上的反应底物和催化剂前体可以在无溶剂条件下发生 Stetter 反应。与传统的加热反应条件下发生的 Stetter 反应相比较，微波反应可以有效地缩短反应时间、提高反应的产率 (式 41)[12]。

thiazolium salt, DBU/Al_2O_3, MW (450 W), 3.5 min, 88% (41)

对于不同的 α,β-不饱和羰基化合物，碱和醛的用量差异很大。例如：树脂固载的查尔酮与醛的 Stetter 反应需要 9 倍摩尔量的醛和碱，而且反应长达 30 h[23]。有趣的是：含脂肪性 *N*-取代基团 (如乙基) 的噻唑鎓盐 (如 **Cat. 13**) 可以更好地促进芳醛与 α,β-不饱和酮的 Stetter 反应，而脂肪醛则需要含芳香侧链 *N*-取代基团 (如苄基) 的噻唑鎓盐 (如 **Cat. 1**) 作为催化剂 (式 42)。

Cat. 1 or **Cat. 13**, Et_3N, dioxane/EtOH, reflux, 30 h, 55%~75% (42)

Cat. 13 =

催化剂固载化是近年来有机催化反应的一个重要研究方向，用于催化 Stetter 反应的固载化噻唑鎓催化剂也同样受到关注。Zeitler 等最近的研究发现：固载化噻唑鎓对于分子内 Stetter 反应显示了良好的催化活性，可以有效地降低反应温度。如式 43 所示[78]：在固载催化剂的作用下，无论拉电子基还是推电子基取代的芳醛都能在室温下获得较好的结果。

CO_2CH_3 **Cat. 14** (10 mol%) DIPEA, $CHCl_3$, rt, 24 h 84% CO_2CH_3 (43)

Cat. 14 = MeO, *n*, N, N, N, N^+, S, Br^-, OH

4.2.2 手性噻唑卡宾催化的 Stetter 反应

手性噻唑卡宾是不对称 Stetter 反应中的两类主要手性氮杂环卡宾催化剂之一。相对于手性三唑卡宾催化剂而言，手性噻唑卡宾催化剂的催化产率和立体选择性均较差。Enders 等首先将手性噻唑卡宾应用于不对称 Stetter 反应。虽然催化的化学产率和立体选择性均较低，但从此揭开了不对称 Stetter 反应的序幕(式 44)[79,80]。

CHO + Ph Ph **Cat. 15**, K_2CO_3, $CHCl_3$, H_2O 4%, 39% ee Ph Ph (44)

Cat. 15 = Ph, N^+, Cl^-, S

随后，化学家们对手性噻唑鎓盐结构加以修饰和改进[81]。Bach 等在噻唑环的侧链上引入位阻基团，设计合成了带有薄荷醇骨架的 *N*-芳基噻唑鎓盐催化剂[82]。如式 45 所示：当催化剂用量为 20 mol% 时，可以分别得到 75% 反应产率和 50% ee。

CO_2Me **Cat. 3**, THF, NEt_3, rt, 16 h 75%, 50% ee CO_2Me (45)

4.2.3 手性三唑卡宾催化的 Stetter 反应

由于三唑侧链更易于修饰和引入不同刚性结构及位阻大小的手性官能团，因此比手性噻唑卡宾催化剂在不对称 Stetter 反应上体现出更大的优势。近年来，化学家们对于手性三唑卡宾的关注度也明显高于手性噻唑卡宾。1996 年，Enders 等报道了首例手性三唑卡宾催化的分子内 Stetter 反应[83]。在该反应中，手性单环三唑鎓盐在四氢呋喃溶液中与 K_2CO_3 作用，原位制备手性三唑卡宾。如式 46 所示：用该手性三唑卡宾催化不对称分子内 Stetter 反应得到中等产率和立体选择性。

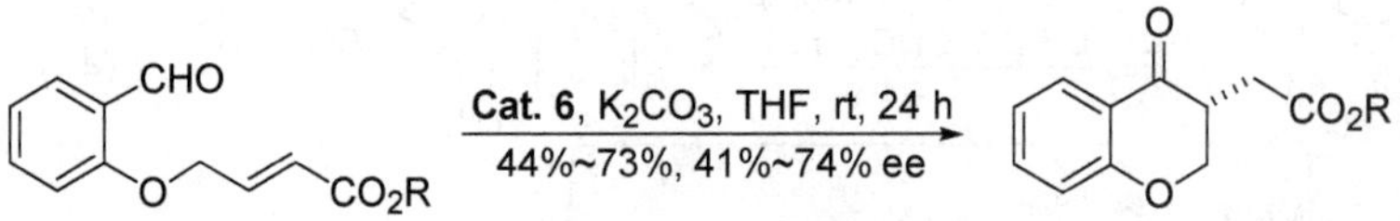

Cat. 6, K_2CO_3, THF, rt, 24 h; 44%~73%, 41%~74% ee (46)

近十年来，许多手性三唑鎓盐已经被合成并用于催化不对称 Stetter 反应。Enders [83~86]和 Rovis[87~92]两个课题组在这方面做了大量工作，一些具有代表性的催化剂如图 7 所示。

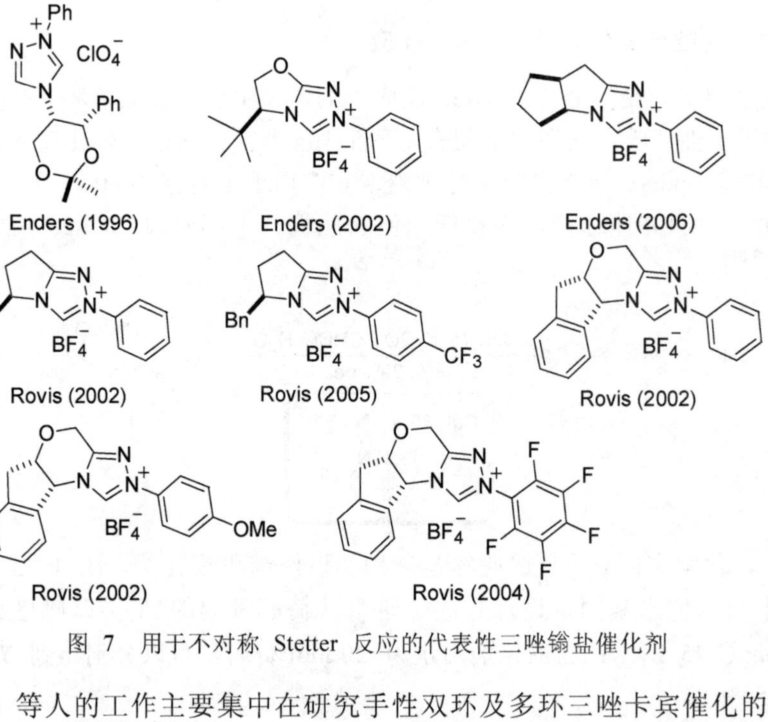

Enders (1996)　Enders (2002)　Enders (2006)　Rovis (2002)　Rovis (2005)　Rovis (2002)　Rovis (2002)　Rovis (2004)

图 7　用于不对称 Stetter 反应的代表性三唑鎓盐催化剂

Rovis 等人的工作主要集中在研究手性双环及多环三唑卡宾催化的不对称分子内 Stetter 反应[87~92]。其中，以手性茚氨醇为起始原料制备的手性多环三唑鎓盐具有优秀的催化活性 (式 47)。在甲苯或二甲苯中，以三乙胺或二(三甲基硅)胺钾 (KHMDS) 为碱，可以将多环三唑鎓盐原位制备成手性三唑卡宾。它们对分子内 Stetter 反应有较好的催化作用，对映选择性高达 99%。三唑氮上芳基取代基的不同将导致产率有较大的差别，苯基上没有取代基时产率较低，对甲氧基苯基及五氟苯基取代时的产率较高。

CO_2Me O Et

Cat. 8 (20 mol%), KHMDS (20 mol%), PhMe, 25 °C, 24 h
Cat. 8a, 45%, 99% ee
Cat. 8b, 80%, 99% ee
Cat. 8c, 85%, 99% ee

O Et CO_2Me (47)

4.3 其它催化剂体系催化的 Stetter 反应

通常情况下，Stetter 反应可能存在有 Baylis-Hillman 缩合和 Benzoin 缩合两个竞争反应[93]。胺类或有机膦催化剂可以催化醛和活性烯烃的 Baylis-Hillman 反应，然而对于亲电性较弱的丙烯酰二甲胺却不能发生该反应。因此，在三丁基膦催化下，苯甲醛与丙烯酰二甲胺可以顺利地进行 Stetter 反应，而不发生 Baylis-Hillman 反应[18]。由于安息香缩合反应是可逆反应，而 Stetter 反应为不可逆反应，因此也能有效地避免安息香缩合产物的生成 (式 48)。该反应中，以三苯基膦或 DABCO (1,4-二氮杂-二环[2.2.2]辛烷) 作为催化剂均没有催化效果，使用催化量的三丁基膦则需要较长反应时间才能得到产品。因此，一般需要使用化学计量的三丁基膦。三丁基膦催化的 Stetter 反应的底物适用范围很窄，仅限于 *N*,*N*-二甲基丙烯酰胺与小位阻的芳醛。大位阻芳醛易发生 Baylis-Hillman 反应，脂肪醛的 Stetter 反应较为复杂，产物难以纯化。在该条件下，其它的酰胺 (例如：*N*-叔丁基丙烯酰胺以及丙烯酰胺) 则很难发生 Stetter 反应。

H + NMe_2 — Bu_3P, THF, reflux, 2 h, 52% → (48)

2005 年，Johnson 等报道了金属亚磷酸酯催化 α,β-不饱和羰基化合物的 Stetter 反应[19]。他们发现：金属亚磷酸酯能有效地催化苯甲酰基三甲基硅烷与巴豆酸乙酯之间的 Stetter 反应，反应产率高达 57%~91%。在该催化条件下，酰基硅烷 (包括苯甲酰基三甲基硅烷、苯甲酰基三乙基硅烷和苯甲酰基三苯基硅烷等) 能与许多 Michael 受体 (如巴豆酸乙酯、肉桂酸甲酯、环己烯酮等) 发生分子间 Stetter 反应。此外，α,β-不饱和酰胺也可以作为 Michael 受体用于合成 α-甲硅烷基-γ-酰胺类化合物 (式 49)。

Ph $SiMe_3$ + Me N — **Cat. 16** (20 mol %), $LiN(SiMe_3)_2$ (70 mol %), Et_2O, 25 °C, 3 h →

Ph $SiMe_3$ N — Bu_4NF, 80% → Ph N

Cat. 16 = (±) Ph Ph O O P O H O O Ph Ph

(49)

5 Stetter 反应的类型综述

近年来，Stetter 反应的研究已经取得了显著成绩，成为当前有机合成化学的一个研究热点。在大量 Stetter 反应的报道中，涉及到不同种类的催化剂、金属离子、碱和反应溶剂，反应条件和反应类型众多。为便于归纳总结，我们把 Stetter 反应分为分子间 Stetter 反应、分子内 Stetter 反应、杂 Stetter 反应和不对称 Stetter 反应几种类型分别介绍。

5.1 分子间 Stetter 反应

分子间 Stetter 反应是构筑 1,4-二羰基化合物的有效手段。作为重要的有机合成中间体，1,4-二羰基化合物可以进一步衍生得到 α-环戊烯酮、吡咯、呋喃和噻吩等众多环状化合物 (式 50)[3,94,95]。

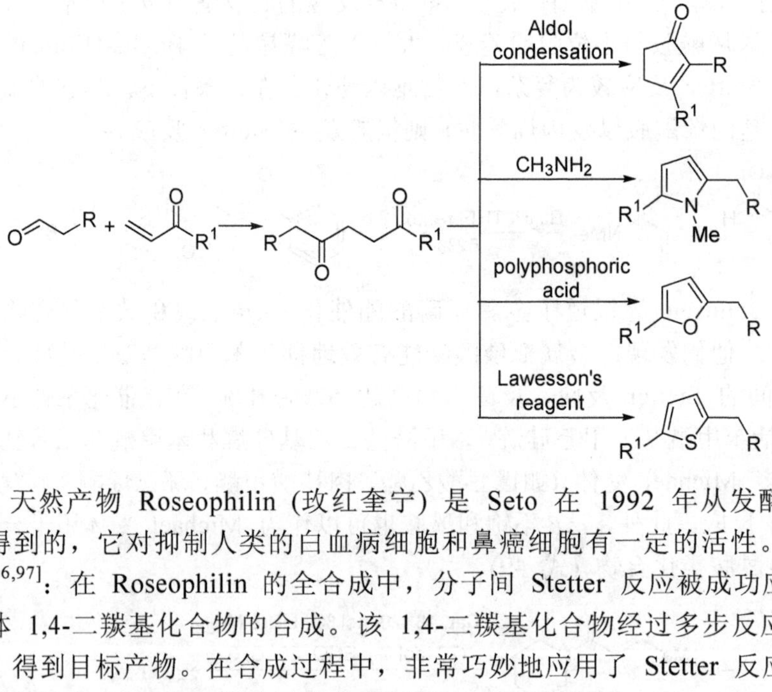

Aldol condensation
CH_3NH_2
polyphosphoric acid
Lawesson's reagent
(50)

天然产物 Roseophilin (玫红奎宁) 是 Seto 在 1992 年从发酵链霉菌中提取得到的，它对抑制人类的白血病细胞和鼻癌细胞有一定的活性。如式 51 所示[96,97]：在 Roseophilin 的全合成中，分子间 Stetter 反应被成功应用于关键中间体 1,4-二羰基化合物的合成。该 1,4-二羰基化合物经过多步反应转化为吡咯环，得到目标产物。在合成过程中，非常巧妙地应用了 Stetter 反应，不仅形成了碳-碳键，而且为后来分子中吡咯环的合成作了铺垫。

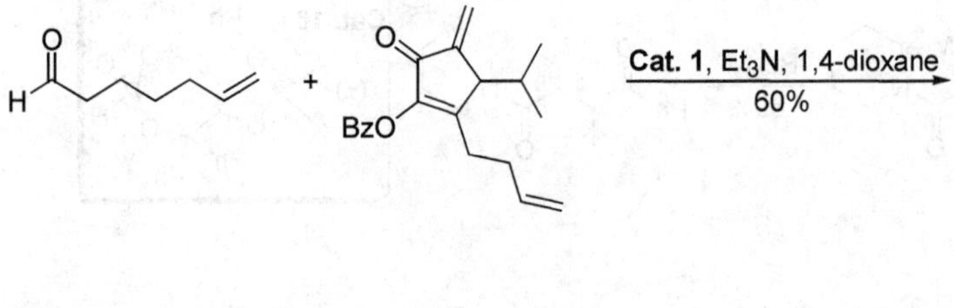

Cat. 1, Et_3N, 1,4-dioxane
60%

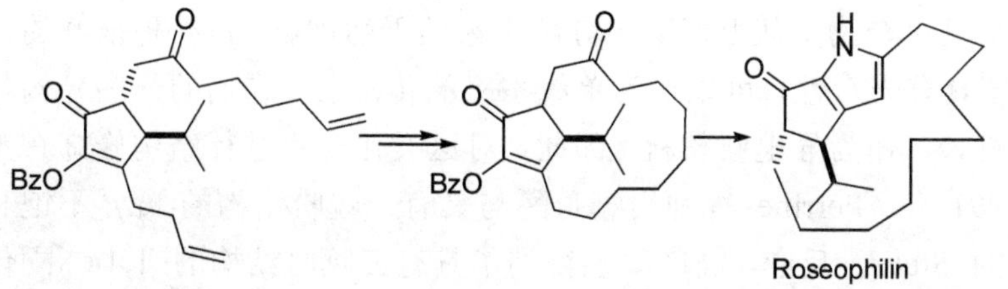

Roseophilin

(51)

2004 年，Grée 等发现当使用 α,β-不饱和酯作为底物时，在离子液体 [bmim][Y^-] (Y = PF_6, BF_4, NTf_2) 中进行 Stetter 反应比在传统溶剂 DMF 中具有更好的效果。如式 52 所示[22]：用该方法可以容易地制备强安定药氟哌丁苯的重要中间体。

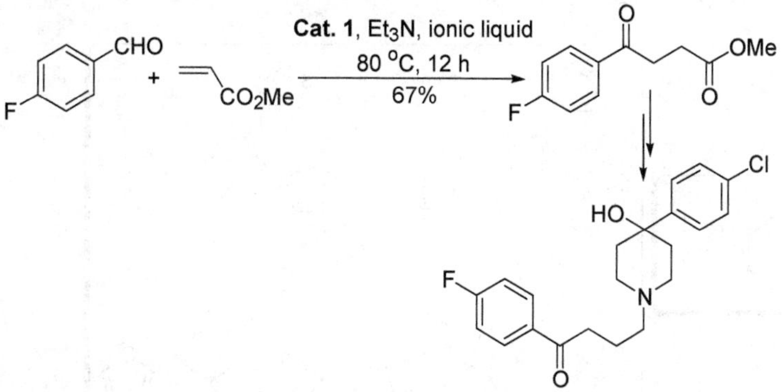

Cat. 1, Et_3N, ionic liquid, 80 °C, 12 h, 67%

(52)

当使用含有两个醛基或者甲醛与两分子 α,β-不饱和酮、酯或腈类底物反应，就可以合成三羰基或者多羰基化合物。例如：甲醛与丁烯酮反应可以得到 2,5,8-三壬酮 (式 53)[75]。

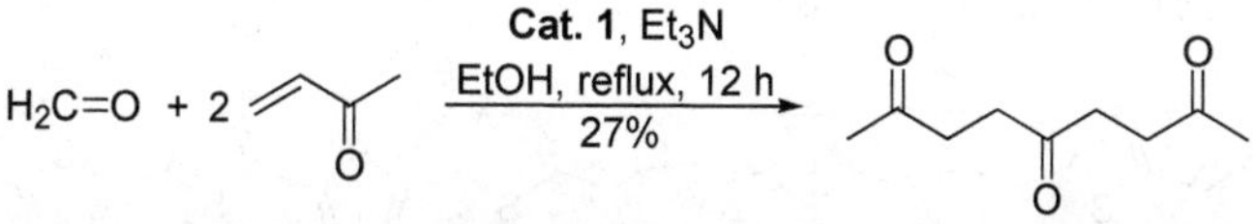

$H_2C{=}O$ + 2 ... Cat. 1, Et_3N, EtOH, reflux, 12 h, 27%

(53)

芳基二醛与芳基双 α,β-不饱和羰基化合物 (芳基双 Michael 受体) 在 CN^- 或噻唑卡宾催化下，可以通过 Stetter 反应得到链状芳基-1,4-二酮的聚合物。这些聚合物如果继续与胺 (氨)、多聚磷酸或者 Lawesson 试剂反应，则可以得到含 N、O、S 杂原子的杂芳环聚合物 (式 54)[15,16]。

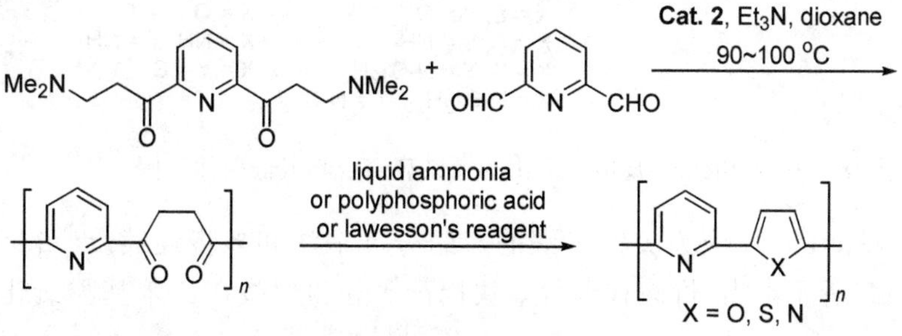

Cat. 2, Et_3N, dioxane, 90~100 °C

liquid ammonia or polyphosphoric acid or lawesson's reagent

X = O, S, N

(54)

α-三联噻吩类化合物是从万寿菊中分离出来的天然产物，是一种很好的杀虫剂。此外，它还具有光毒性，可以作为单线态氧的传感器。它们的一些异构体聚合物具有导电性，可作为导电新材料。因此，对这类化合物进行结构修饰有重要意义[98~101]。1991 年，Perrine 等利用噻吩醛与具有二噻吩结构的 α,β-不饱和羰基化合物之间的 Stetter 反应，高产率地得到了具有三噻吩结构的 1,4-二酮化合物，合成了四种 α-三联噻吩的异构体 (式 55) [98]。

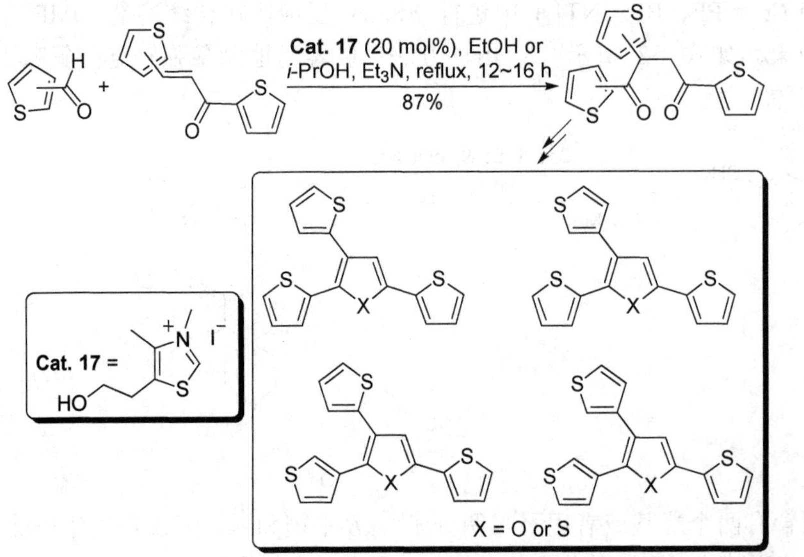

Cat. 17 (20 mol%), EtOH or *i*-PrOH, Et_3N, reflux, 12~16 h
87%
(55)

Cat. 17 =

X = O or S

合理选择 Stetter 反应底物，利用相类似的方法还可以方便地合成出各种类型的芳杂环聚合物或低聚体 (图 8)[99~101]。

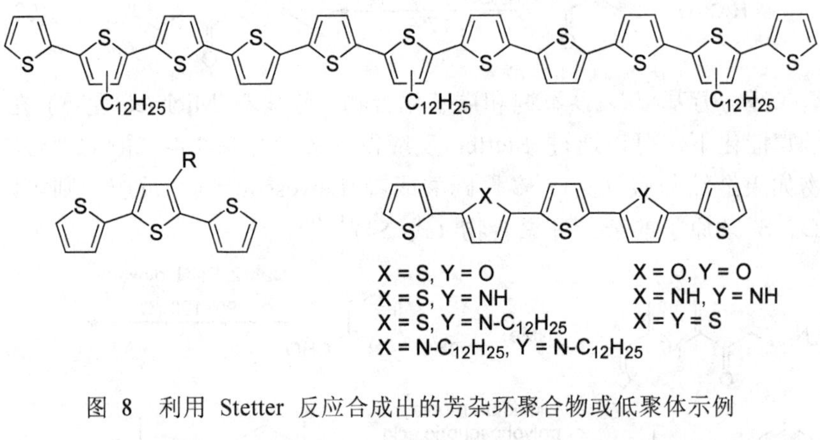

$C_{12}H_{25}$ $C_{12}H_{25}$ $C_{12}H_{25}$

X = S, Y = O
X = S, Y = NH
X = S, Y = N-$C_{12}H_{25}$
X = N-$C_{12}H_{25}$, Y = N-$C_{12}H_{25}$
X = O, Y = O
X = NH, Y = NH
X = Y = S

图 8 利用 Stetter 反应合成出的芳杂环聚合物或低聚体示例

最近，以 Stetter 反应为关键步骤的多组分一锅法和多步连续反应得到了发展。如式 56 所示[102]：将卤代芳烃、炔丙醇、醛和伯胺在三苯基膦氯化钯、碘化亚铜以及噻唑卡宾催化下，四种反应底物以偶联反应-异构化-Stetter 反应-Paal-Knorr 缩合的反应次序“一锅法”生成了 1,2,3,5-四取代的吡咯衍生物。该方法为合成此类化合物提供了一条便捷高效的新途径。

1. Pd, Cu
2. thiazolium salt
3. acetic acid
49%~59%

(56)

分子间 Stetter 反应通常伴随安息香缩合反应。Scheidt 等人最近发现：在噻唑卡宾催化下，使用酰基硅烷替代醛作为亲核底物可以有效避免醛的自身安息香缩合，顺利地完成 Stetter 反应 (式 57)[72]。这个反应也被称之为硅杂 Stetter 反应 (Sila-Stetter 反应)。

thiazolium salt (30 mol%), DBU
THF, *i*-PrOH, 70 °C, 12~24 h
50%~84 %

(57)

Scheidt 等随后又发展出由硅杂 Stetter 反应和 Paal-Knorr 缩合 (Sila-Stetter/Paal-Knorr) 的多组分、两步一锅法制备多取代吡咯衍生物的新方法 (式 58)[103]。

Cat. 13 (20 mol%), DBU
THF, *i*-PrOH, 70 °C, 8 h

R^5NH_2, TsOH
54%~82%

(58)

5.2 分子内 Stetter 反应

当化合物中同时含有给体和受体时，有可能发生分子内 Stetter 反应。相对于分子间 Stetter 反应来说，分子内 Stetter 反应一般更容易进行。从分子内 Stetter 反应的选择性考虑，连接给体与受体之间的链长最好为 3~4 个原子，主要生成 5~6 员环产物。分子内 Stetter 反应是合成多环化合物的重要方法之一，常常是复杂天然产物合成路线中的关键步骤。

在 Stetter 发现分子间 Michael-Stetter 反应后不久，分子内 Stetter 反应就在天然产物 (±)-Hirsutic acid C 全合成路线中得到巧妙地应用。在该合成工作中，Trost 等设计合成了同时含有醛和 α,β-不饱和酮 (酯) 基团的底物。然后，通过分子内的 Stetter 反应方便地实现了分子内成环的关键步骤 (式 59)[104]。

Cat. **13** (20 mol%), Et_3N, *i*-PrOH, 80 °C
67 %
(59)

分子内 Stetter 反应已经被广泛用于合成一些具有重要生理活性的苯并呋喃-3-酮和苯并吡喃-4-酮类天然产物及类似物[26]。Ciganek 等发现：使用噻唑鎓盐作催化剂，反应体系中没有碱存在的情况下也可以进行分子内的 Stetter 反应。他们认为，DMF 溶剂可能也起着碱的作用。但是，在相同溶剂中氰负离子的使用则不能得到目标化合物，而是得到氰负离子对 Michael 受体加成后再缩合的产物 (式 60~式 62)。

Cat. **1** (20 mol%)
DMF, reflux, 0.5 h
39%~52%
(60)

Cat. **1** (20 mol%)
DMF, Et_3N, rt, 1.5 h
86%~94%
(61)

NaCN (2 eq), DMF, rt, 14 h
58%
(62)

溶剂和碱对分子内 Stetter 反应有明显影响。如式 63 所示：当使用 1 摩尔倍量的三乙胺在叔丁醇溶剂中进行时，反应收率可达 100%[105]。

Cat. 1 or **Cat. 13** (50 mol%)
70 °C, 22 h
1, DBU (0.55 eq), DMF, 71%
1, Et_3N (1.0 eq), DMF, 91%
1, Et_3N (0.55 eq), DMF, 82%
1, Et_3N (1.0 eq), *t*-BuOH, 100%
13, Et_3N (0.55 eq), DMF, 82%
(63)

分子内 Stetter 反应还是构筑一些具有双环结构的天然产物的关键步骤。Markó 等最近通过 α,β-不饱和环烯酮与烯醛的 Morita-Baylis-Hillman 加成产物再发生分子内 Stetter 反应，有效构筑了一系列双环烯二酮化合物 (式 64)[106]。

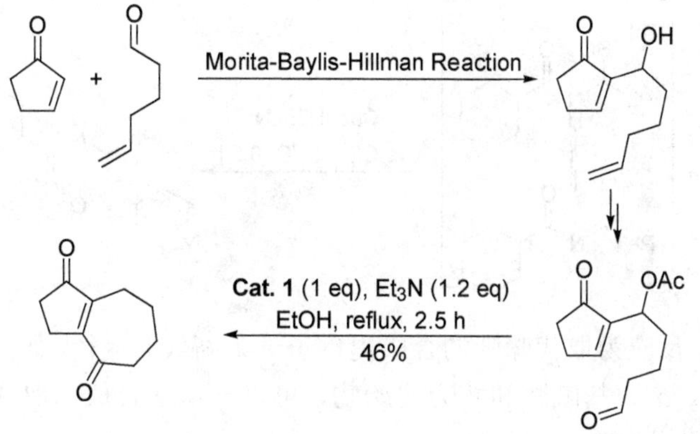

(64)

分子内 Stetter 反应还可以在离子液体中进行。Yang 等发现：使用噻唑鎓盐和三乙胺在离子液体 [bmim][BF_4] 中，分子内 Stetter 反应在微波加热 (80~100 °C) 条件下 5~20 min 即可完成。反式构型的底物能高产率地得到 Stetter 产物，但顺式构型底物仅能得到微量的产物 (式 65 和式 66)[107]。

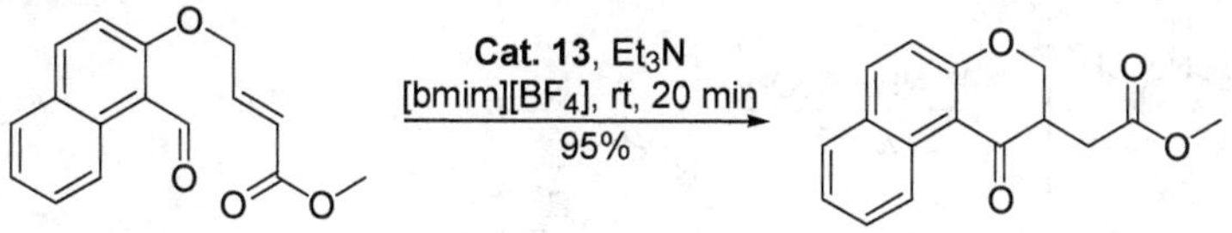

(65)

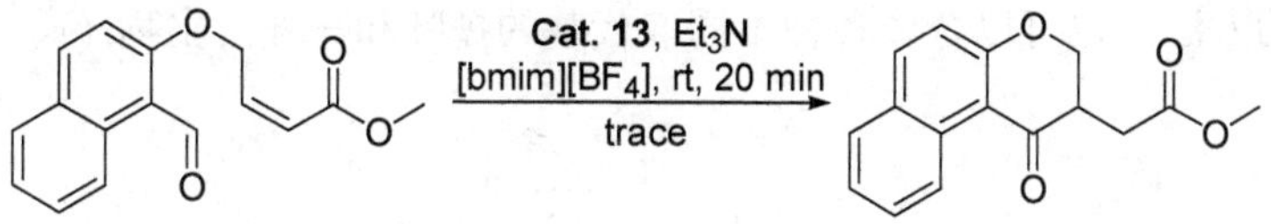

(66)

5.3 杂 Stetter 反应

通常将酰基与活化 C-C 双键的 1,4-加成反应称为经典 Stetter 反应。与此对应，酰基与含杂原子受体 (如 C-N 双键) 发生的 1,4-加成反应则称为杂 Stetter 反应。迄今为止，对杂 Stetter 反应的研究较少，主要集中于酰基对酰亚胺的加成反应 (式 67)。

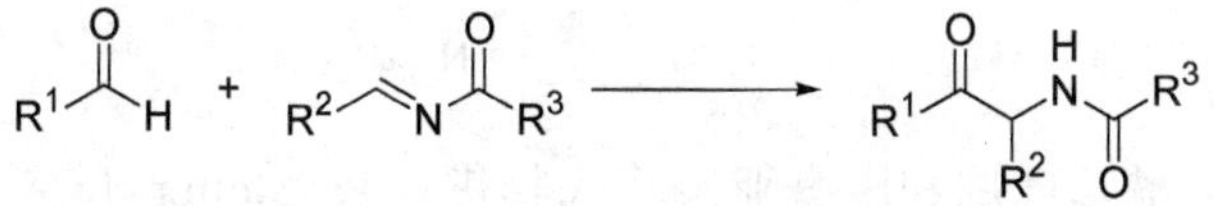

(67)

实现该类反应必须要解决两个难题：(1) 酰亚胺足够活泼，能够抑制酰基的偶姻缩合反应；(2) 酰亚胺在反应条件下足够稳定，不会分解或者干扰噻唑鎓盐的催化作用。基于上述考虑，人们想到了使用 α-磺基酰胺作为该类反应的 Michael 受体。磺基酰胺在室温下比较稳定，但在特定反应的条件下可以消去磺基形成酰亚胺，进而与醛基发生 Stetter 反应 (式 68)[70]。利用原位产生酰亚胺作为 Michael 受体使 Stetter 反应底物范围得到了进一步扩展。

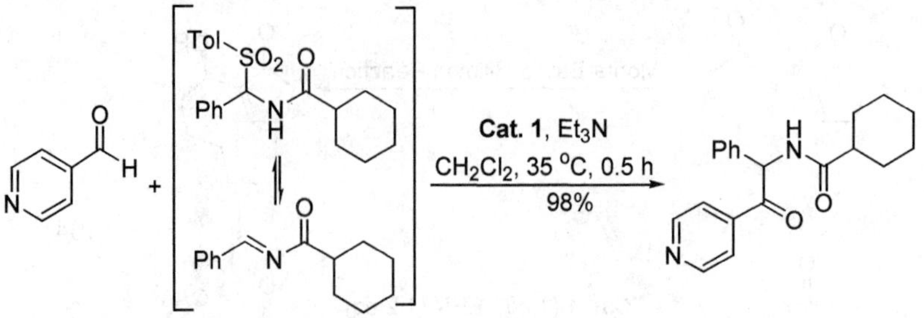

(68)

杂 Stetter 反应为取代咪唑的合成提供了一条高效的途径。如式 69 所示[108]：使用不同的醛、α-磺基酰胺和胺为起始物，可以一锅法合成二取代、三取代和四取代的咪唑类化合物。

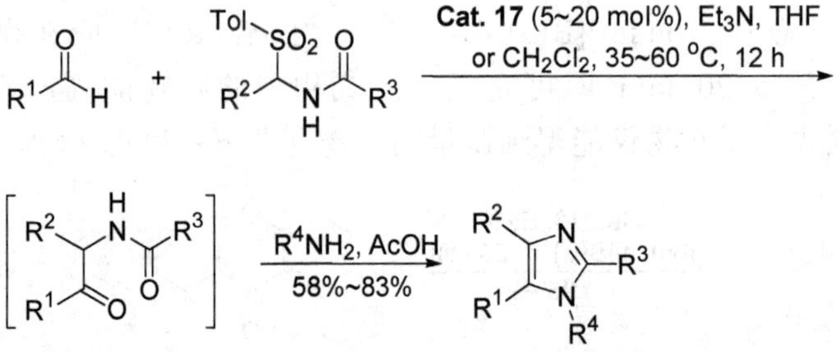

(69)

采用类似的方法，也可以合成各种不同取代基的噻唑和噁唑衍生物 (式 70)[108]。

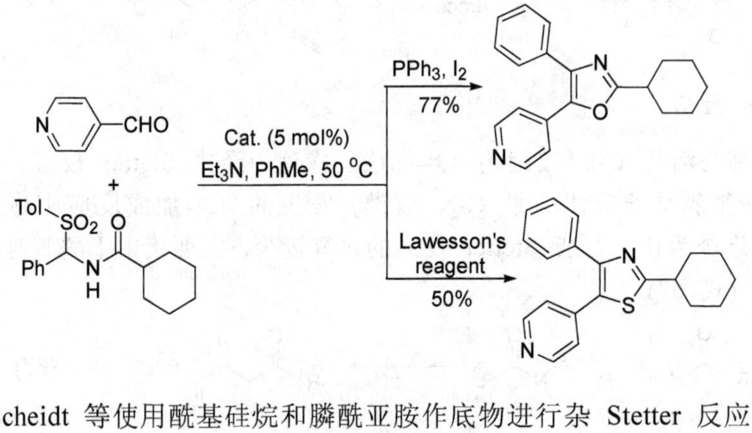

(70)

Scheidt 等使用酰基硅烷和膦酰亚胺作底物进行杂 Stetter 反应。如式 71 所示：反应中使用酰基硅烷作为酰基阴离子前体，可以有效避免发生醛的自身缩合反应[67,68]。

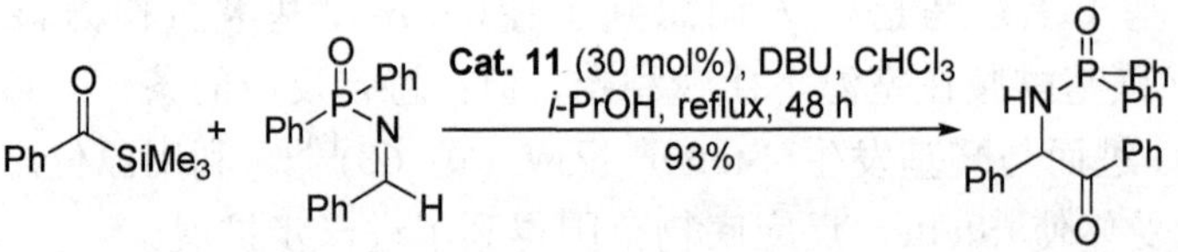

(71)

5.4 不对称 Stetter 反应

如果使用潜手性底物，可以通过 Stetter 反应获得具有光学活性的产物。如式 72 所示[109]：立体选择性取决于“Breslow 中间体”对 α,β-不饱和羰基化合物进行 1,4-加成的方向。

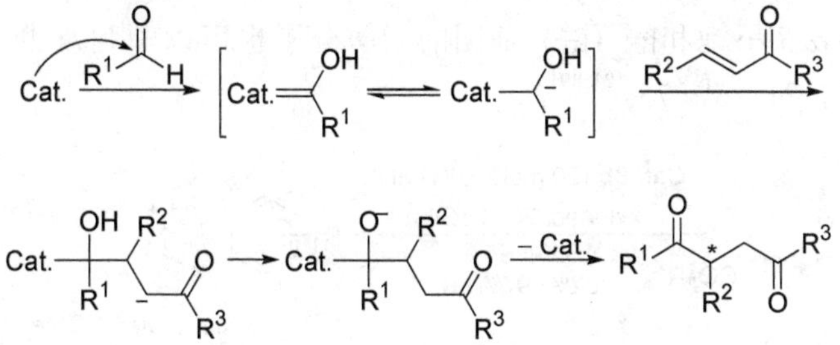

(72)

从第一例立体选择性 Stetter 反应报道至今，对立体选择性 Stetter 反应的研究主要集中在手性氮杂环卡宾催化剂。手性氮杂环卡宾形成的 Breslow 中间体易于与 Michael 受体生成稳定的加成产物，因此噻唑鎓盐及三唑鎓盐的催化活性通常较低[109]。由于熵的影响，分子内 Stetter 反应比分子间 Stetter 反应具有相对高的底物活性。因此，在不对称 Stetter 反应的研究中，以分子内反应为主。

5.4.1 手性三唑卡宾催化的不对称 Stetter 反应

在卡宾催化的 Stetter 反应中，偶姻缩合是主要的竞争反应，它们在机理上有相似之处。受到不对称偶姻缩合反应的启发[110]，Enders 等在 1996 年首次使用手性三唑鎓盐为催化剂成功实现了立体选择性分子内 Stetter 反应。用该方法合成一系列具有光学活性的苯并二氢吡喃-4-酮类化合物，反应收率为 44%~73%，对映选择性为 41%~74% ee (式 46)。如式 73 所示：在反应过渡态中，1,3-二噁烷上连接的苯基遮蔽了“Breslow 中间体”的 *re*-面。因此，Michael 受体从低位阻的 *si*-面进攻，从而形成 (*R*)-构型产物。尽管该反应的对映选择性不高，但开创了使用三唑卡宾催化立体选择性 Stetter 反应的先河[83]。在这个研究中，使用活性更高的三唑鎓盐替代噻唑鎓盐被认为是反应成功的关键。

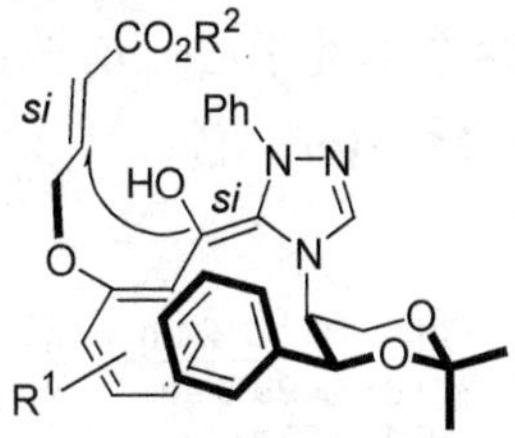

(73)

Leeper 和 Enders 两个研究小组相继发现，与单环结构的手性三唑鎓盐相比，具有双环结构的三唑鎓盐对安息香缩合反应具有更高的立体选择性[84~86,111]。受此启发，Rovis 等在分子内 Stetter 反应中选择具有双环结构的三唑鎓盐作为催化剂。当三唑氮杂环的苯基上含有对位甲氧基取代时能够提供最优化结果，得到 63%~95% 产率和 82%~97% ee 值。值得指出的是，该反应的底物适用范围广，X 不仅可以是 C 原子，还可以是 N、O 或 S 等杂原子。甚至一些分子内同时含有醛和 α,β-不饱和酮 (醛) 基团的脂肪分子也可以顺利发生反应，得到相应的环戊酮 (式 74，式 75)[27,89]。

Cat. **8b** (20 mol%), KHMDS; xylenes, 25 °C, 24 h; 35%~95%; 82%~97% ee (74)

R^1 = 6-Me, 5-Me, 8-OMe
R^2 = Me, Et
X = O, S, NMe, CH_2

Cat. **10** (20 mol%), KHMDS; xylenes, 25 °C, 24 h; 81%, 95% ee (75)

手性季碳中心的形成是有机合成的难点。利用手性双环三唑鎓盐催化分子内不对称 Stetter 反应，为构筑手性季碳中心提供了一条有效的途径。三唑氮上芳环的电子特性 (富电子或者缺电子) 对反应结果有着极大影响。研究标明：三唑氮上连接缺电子的五氟苯基是有效的催化剂，对于芳香和脂肪族底物均能取得很好的立体选择性 (99% ee) (式 76)[112~114]。

Cat. **8c** (20 mol%), KHMDS, PhMe; 25 °C, 24 h; 63%~90%, 84%~99% ee; X = S, CH_2, NAc; R = 4-Py, p-NO_2Ph, Me (76)

α,α-双取代 Micheal 受体的不对称 Stetter 反应将产生两个手性中心。如式 77 所示[90]：在三唑卡宾的催化下，首先发生酰基阴离子等价物 (烯醇) 对碳碳双键的加成，形成一个手性中心和一个碳负离子中心。随后，质子向碳负离子中心转移，形成第二个手性中心。两个手性中心一前一后产生，可以获得非常高的对映选择性 (ee 值) 及非对映选择性 (dr 值)。

Cat. **18**, PhMe, 23 °C, 24 h; 80%~95%, 83%~99% ee; dr = (10:1)~(50:1)

X = O, CH_2

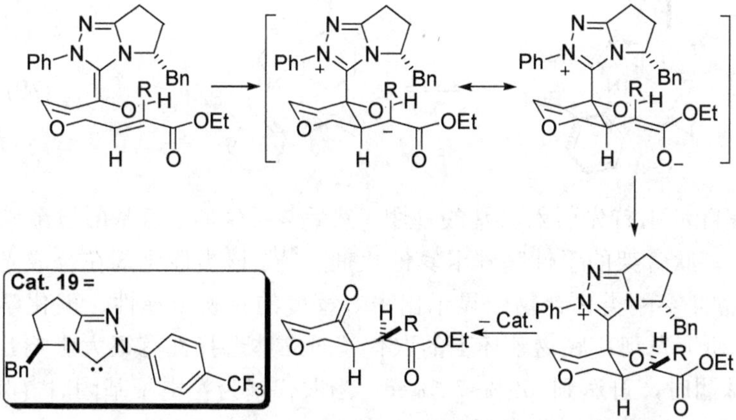

(77)

芳香化合物去芳构化反应是获得各种脂环烃类化合物最常用和最经济的方法，目前已经在工业上得到广泛的应用。如果能够在去芳构化反应的同时引入手性中心，则是更为经济高效的方法。但是，这样的方法并不多见，Stetter 反应就是目前少有的方法之一。2006 年，Rovis 等报道了使用分子内不对称 Stetter 反应合成氢化苯并呋喃酮，成功实现了在芳环去芳构化反应的同时引入手性中心[33,115]。如式 78 所示：首先，对三取代的苯酚进行修饰后得到适合 Stetter 反应的底物；然后，在手性催化剂的存在下发生分子内 Stetter 反应。通过该反应可以获得环上有 3 个相邻手性中心的氢化苯并呋喃酮。

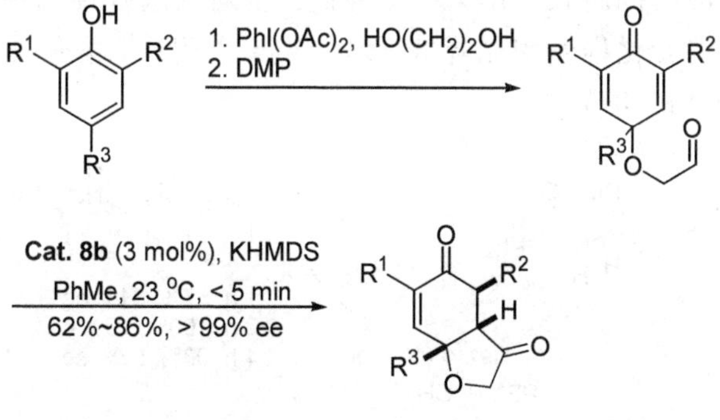

(78)

5.4.2 手性噻唑卡宾催化的不对称 Stetter 反应

与手性三唑卡宾相比，手性噻唑卡宾催化不对称 Stetter 反应的研究相对较早，但其立体选择性控制能力通常不及手性三唑卡宾。Enders 研究小组报道了首例手性噻唑卡宾催化的不对称 Stetter 反应，所得产物可以达到 39% ee，但产率仅为 4%[79,80]。2004 年，Bach 等人设计合成了具有双环结构的手性噻唑卡宾催化剂，在分子内不对称 Stetter 反应中得到了较好的效果[82]。当催化剂用量为 20 mol% 时，可以达到 75% 收率和 50% ee (式 45)。在该反应中卡宾催化剂发生了构象旋转，这可能是导致立体选择性低的主要原因 (式 79)。

(79)

Miller 在噻唑环上首先引入氨基酸基团，然后与手性胺、氨基酸以酰胺键相连，合成了带有寡肽骨架的手性噻唑卡宾催化剂[71,81]。该类催化剂在合成光学活性的苯并二氢吡喃-4-酮类化合物中显示出中等程度的对映选择性，但化学产率偏低 (式 80)。研究发现：底物苯环上的取代基对立体选择性有很大影响。当取代基为推电子基团时，可达到 69%~73% ee。当取代基为拉电子基团时 (例如：NO_2) 虽然可以得到较高的化学产率，但没有对映选择性。

Cat. 5 (20 mol%), CH_2Cl_2
DIPEA (1 eq), rt, 48 h
R = 5-Me, 32%, 72% ee
R = 3-Me, 45%, 73% ee
R = 5-MeO, 13%, 69% ee
R = 4-MeO, 17%, 73% ee
R = 5-NO_2, 78%, 0% ee
(80)

使用相同的催化剂，α-磺基酰胺与芳醛之间的杂 Stetter 反应可取得较好结果，对映选择性达 87% ee[71]。有趣的是，反应时间对化学产率和对映选择性具有相反的影响。反应时间越长，化学产率越高，但对映选择性却逐渐降低。用氘代酰胺作为底物，消旋化程度明显降低。这一结果表明：烯醇化作用可能是产物消旋化的主要原因 (式 81)。

5 eq
Cat. 5 (10 mol%)
PEMP, CH_2Cl_2, 23 °C
1 h, 57%, 81% ee
2 h, 100%, 76% ee
4 h, 98%, 57% ee
(81)
5 eq
1 h, 60%, 85% ee
2 h, 86%, 85% ee
4 h, 93%, 77% ee

5.4.3 手性咪唑啉卡宾催化的不对称 Stetter 反应

最近 Tomioka 等以 (1*S*,2*S*)-1,2-二苯基乙二胺为原料合成了具有 C_2 对称的手性咪唑啉卡宾。研究发现：这些咪唑啉卡宾可催化 ω-醛基-α,β-不饱和羰基化合物的分子内 Stetter 反应，其产率和对映选择性均较好 (式 82)[116]。

Cat. 19 (10 mol%), n-BuLi (5 mol %)
PhMe, reflux, 9 h
59%, 80% ee

(82)

Cat. 19 =

5.4.4 手性咪唑卡宾催化的不对称 Stetter 反应

迄今为止，利用手性咪唑卡宾催化不对称 Stetter 反应尚无成功例子。最近 Bode 等以茚氨醇为原料合成了结构类似的手性咪唑和三唑卡宾。结果发现：三唑卡宾对分子内不对称 Stetter 反应有很好的催化作用，在相同条件下，手性咪唑卡宾却完全没有催化效果 (式 83)[117]。

Cat. (10 mol%), KHMDS (20 mol%)
xylenes, 25 °C, 24 h
Cat. 20: no reacion
Cat. 21: 94%, 98% ee

(83)

Cat. 20 = imidazolium
Cat. 21 = triazolium

5.4.5 金属亚磷酸酯催化的不对称 Stetter 反应

金属亚磷酸酯可以作为氰负离子和氮杂环卡宾的替代物，催化羰基化合物发生极性反转[118]。Johnson 等人将金属亚磷酸酯用于催化酰基硅烷和 α,β-不饱和酰胺之间的 Stetter 反应，高产率获得 1,4-二羰基化合物，但对映选择性并不理想 (式 84)[19]。该反应可能经过了以下历程：首先，金属亚磷酸酯与酰基硅烷形成极性反转中间体；然后，先后经过两次 Brook 重排脱去催化剂得到硅烷化产物；最后，用四丁基氟化铵脱除硅烷化产物的硅烷基团，得到相应的手性 1,4-二羰基化合物 (式 85)。

Cat. 22 (20 mol%), $LiN(SiMe_3)_2$
(20 mol%), Et_2O, −35~25 °C, 0.5 h
81%

Cat. 22 =

anti:*syn* = 10:1
anti-isomer: 60% ee
syn-isomer: 74% ee

(84)

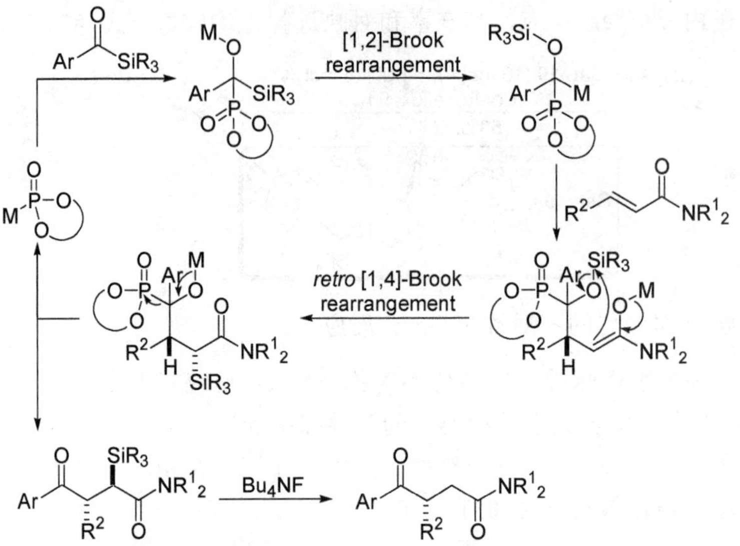

(85)

由于上述反应中 TADDOL 衍生的手性亚磷酸酯的手性诱导能力较差，Johnson 对手性配体进行了修饰。TADDOL 的丙酮保护基换成含有两个手性中心的薄荷酮，得到新的手性亚磷酸酯。引入薄荷酮后，可能是多个手性中心的协同作用以及位阻的原因，该配体明显地提高了 Stetter 反应的对映选择性 (式 86)[20]。

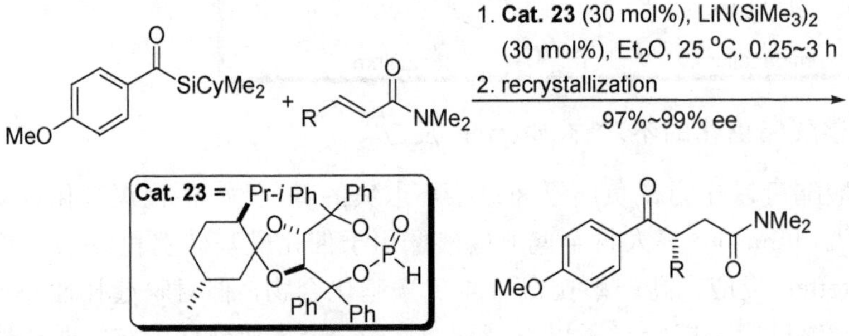

(86)

6 Stetter 反应在天然产物合成中的应用

Stetter 反应是一种高效的碳-碳键形成反应，通过该反应可以得到多官能团目标化合物。Stetter 反应已广泛用于多羰基化合物、杂环化合物和功能性聚合物等的合成。下面是几个较为典型的 Stetter 反应在天然产物合成中的应用。

Stetter 反应是构筑环戊烯酮类化合物的重要手段。通过醛与 α,β-不饱和酮的 Stetter 反应很容易获得 1,4-二酮，1,4-二酮再经过分子内 Aldol 缩合反应可以合成各种不同取代基的环戊烯酮。环戊烯酮骨架是一个非常重要的合成中间体，许多香味化合物 (例如：茉莉酮) 和生物活性物质 (例如：前列腺素) 均含有环戊烯酮骨架[28,77]。

trans-水合桧萜 (*trans*-sabinene hydrate) 是许多植物香精 (如薄荷香精) 中的重要香味化合物，具有萜醇类化合物特有的香气。它气味清凉、青涩而略带甜味，类似薄荷或桉叶油香味，是大众所喜爱的一种香味物质。尽管目前市场上已经有桧萜销售，但价格较贵。在 Galopin 报道的 *trans*-水合桧萜的全合成路线中，利用 Stetter 反应成功地解决了环戊烯酮的生成，为降低反应成本打下了很好的基础[119]。如式 87 所示：首先使用醛和 α,β-不饱和酮生成 1,4-二羰基化合物；然后经过分子内 Aldol 反应生成了环戊烯酮；最后通过三甲基亚砜叶立德 (Corey-Chaykovsky reagent) 的两次环化反应得到目标分子。

Cat. 1, Et_3N, EtOH; NaOH, EtOH, H_2O; (2.2 eq); $LiAlH_4$ (87)

(±)-*trans*-sabinene hydrate

细菌的抗药性是十分严重的问题，致病性细菌对现今使用的所有抗生素几乎都已产生出抗药性。所以，发现新型抗菌素意义十分重大。在筛选天然产物提取物的过程中，默克 (Merck) 公司生物学家发现了一类可能在人类抵御具有抗药性的细菌方面有重要应用价值的新型抗生素，并将之命名为平板霉素 (Platensimycin)[120,121]。研究发现：平板霉素对哺乳动物有很低的毒性，但可以准确有效地遏制细菌的抗药性，同时还能够有效地杀死葡萄球菌和肠球菌等具有广泛抗药性的致病菌。

平板霉素奇特的生物活性和化学结构很快引起了化学家的浓厚兴趣。2007 年，Nicolaou 报道了平板霉素的全合成。在合成路线中，分子内的 Stetter 反应被用作构造双环骨架的关键步骤[122]。如式 88 所示：以 3-乙氧基环己烯酮为起始原料，通过两步反应得到二烷基酮化合物；通过 DIBAL 还原脱去乙氧基后，再经过脱氢、去保护、氧化得到分子内同时含有醛和 α,β-不饱和酮的环己二烯酮衍生物；接着在三唑卡宾催化作用下，环己二烯酮衍生物通过分子内 Stetter 反应，高选择性地得到了具有双环二酮骨架的六氢萘衍生物关键中间体。

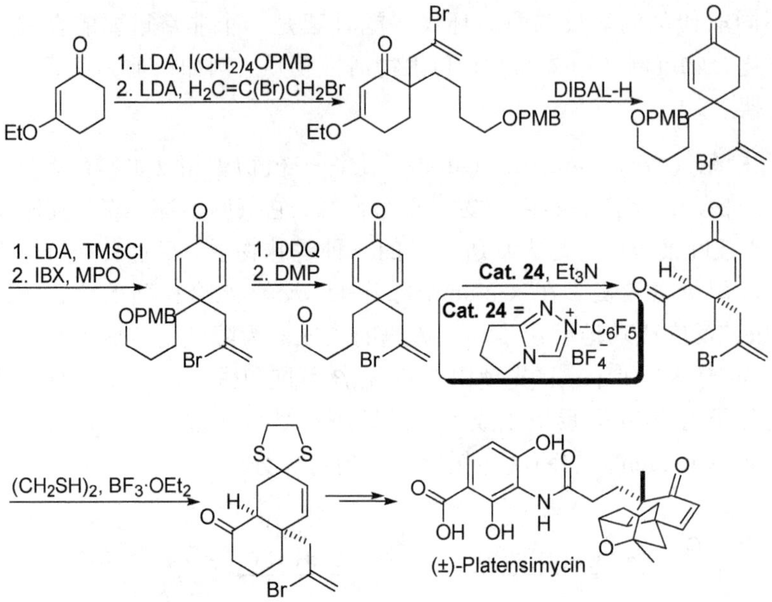

1. LDA, $I(CH_2)_4OPMB$
2. LDA, $H_2C=C(Br)CH_2Br$

DIBAL-H

1. LDA, TMSCl
2. IBX, MPO

1. DDQ
2. DMP

Cat. 24, Et_3N

Cat. 24 =

$(CH_2SH)_2$, $BF_3 \cdot OEt_2$

(±)-Platensimycin

(88)

氟哌醇 (Haloperidol) 又名氟哌啶醇或氟哌丁苯，是治疗精神分裂症的长效强安定药。Grée 等人利用 Stetter 反应合成了氟哌醇。在合成路线中，Stetter 反应作为第一步也是最关键的一步反应，使得进一步的反应得以顺利实施 (式 89)。该反应的一个亮点是咪唑鎓室温离子液体作为反应溶剂，这是咪唑鎓离子液体作为 Stetter 反应溶剂的首例报道[22]。

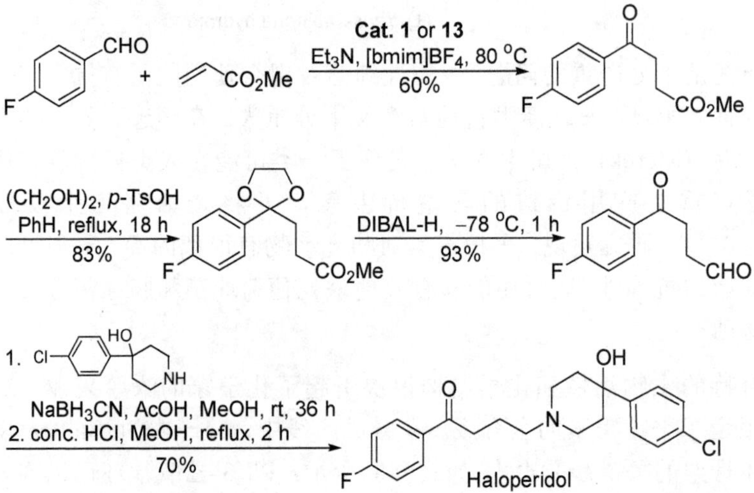

Cat. 1 or **13**
Et_3N, $[bmim]BF_4$, 80 °C
60%

$(CH_2OH)_2$, *p*-TsOH
PhH, reflux, 18 h
83%

DIBAL-H, −78 °C, 1 h
93%

1. (4-chlorophenyl-4-hydroxypiperidine)
$NaBH_3CN$, AcOH, MeOH, rt, 36 h
2. conc. HCl, MeOH, reflux, 2 h
70%

Haloperidol

(89)

HMG-辅酶 A 还原酶抑制剂是生物体内一种胆固醇抑制酶，它可以有效的降低生物体内胆固醇的含量。如式 90 所示[123]：Roth 通过 Stetter 反应完成了该胆固醇抑制酶前体的合成。

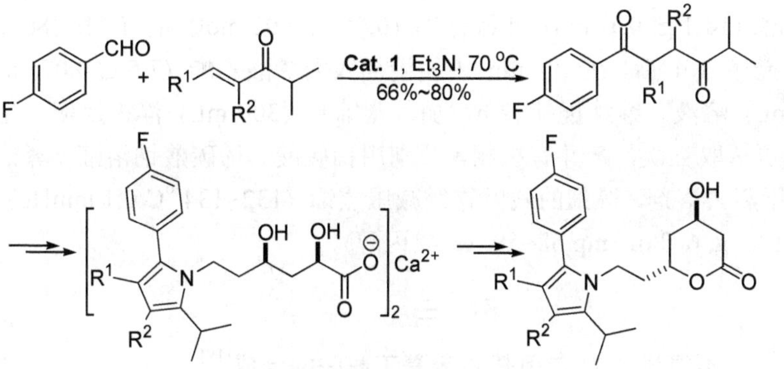

Cat. 1, Et_3N, 70 °C, 66%~80%

Ca^{2+}

(90)

7 Stetter 反应实例

例 一

4-氧代-4-(3-吡啶基)丁腈的合成[124]

(氰化钠催化杂芳醛对 α,β-不饱和腈的 Stetter 反应)

NaCN (10 mol%), DMF, 35 °C, 4.5 h, 64%~68%

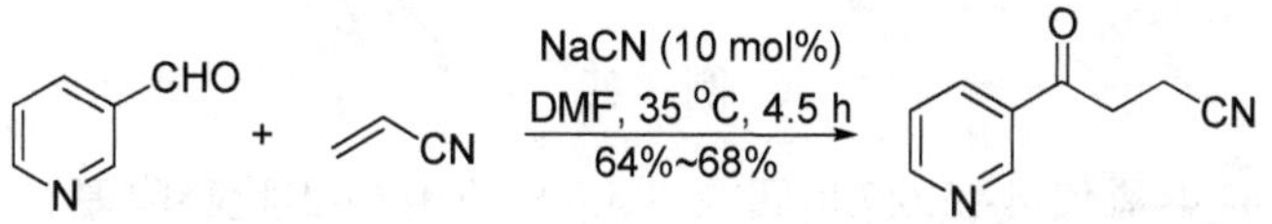

(91)

在氮气和 35 °C 下，在 30 min 内缓慢地将 3-吡啶甲醛 (107.1 g, 1.001 mol) 滴加到氰化钠 (4.9 g, 0.10 mol) 的 DMF (500 mL) 悬浊液中。继续搅拌 30 min 后，在 1 h 内缓慢加入新蒸馏的丙烯腈 (39.8 g, 0.751 mol)。再搅拌 3 h 后，加入冰醋酸 (6.6 g, 0.11 mol) 淬灭反应。减压蒸出溶剂，在残留物中加入蒸馏水 (500 mL) 和氯仿 (500 mL)。生成的混合物搅拌 12 h 后，分出有机层，用无水硫酸镁干燥。减压蒸去溶剂，得到的残留物经减压蒸馏 (150~152 °C/0.1 mmHg) 纯化得到浅黄色固体产物 (94~101 g, 78%~84%)。残留物也可以在异丙醇 (400 mL) 中重结晶，得到淡黄色晶体产物 (77~82 g, 64%~68%)，mp 70~72 °C。

例 二

4-氧代-4-(4-氯苯基)丁酸乙酯的合成[66]

(氰化钠催化芳醛对 α,β-不饱和酯的 Stetter 反应)

NaCN (20 mol%), DMF, 35 °C, 3.5 h, 68%

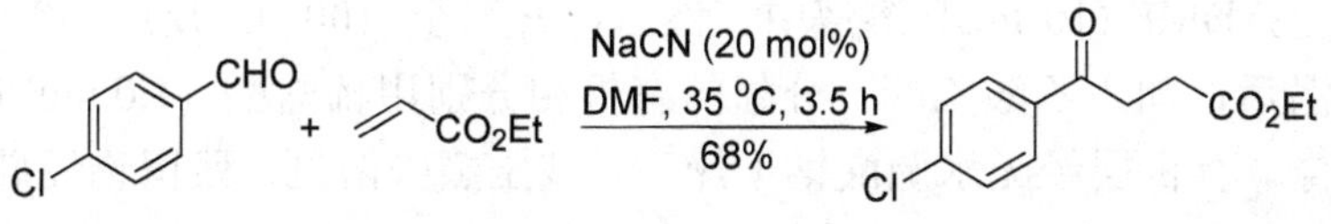

(92)

对氯苯甲醛 (14.1 g, 0.1 mol) 和氰化钠 (0.98 g, 0.02 mol) 的 DMF (80 mL) 溶液在室温下搅拌 1 h 后，在 30 min 内缓慢加入丙烯酸乙酯 (7.5 g, 0.075 mol) 的 DMF (40 mL) 溶液。继续搅拌 2 h，加入蒸馏水 (300 mL) 淬灭反应。生成的混合物用氯仿萃取三次，合并有机相，分别用稀硫酸、稀碳酸钠溶液、蒸馏水洗涤三次。减压蒸去溶剂，得到的残留物经减压蒸馏 (132~134 °C/0.1 mmHg) 纯化得到产物 (12.3 g, 68%)，mp 58~59 °C (异丙醇)。

例 三

4-氧代-*N*,*N*-二甲基-4-苯基丁酰胺的合成[18]
(三丁基膦催化的分子间 Stetter 反应)

CHO + NMe$_2$ —— Bu$_3$P, THF, reflux, 2 h / 52% → O NMe$_2$ O (93)

将苯甲醛 (212 mg, 2.0 mmol)，三丁基膦 (405 mg, 2.0 mmol) 和 *N*,*N*-二甲基丙烯酰胺 (297 mg, 3.0 mmol) 的 THF (10 mL) 混合物加热回流 2 h。然后蒸去溶剂，残留物经过柱色谱得到无色油状物 (214 mg, 52%)。

例 四

4-[4-氧代-4-(5,6,7,8-四氢-5,5,8,8-四甲基-2-喹喔啉基)丁酰基]苯甲酸甲酯的合成[125]
(噻唑鎓盐催化的分子间 Stetter 反应)

N CHO N + CO$_2$Me O —— **Cat. 1** (20 mol%), Et$_3$N / DMF, 100 °C, 30 min / 75% → N N O O CO$_2$Me (94)

在室温搅拌下，用注射器缓慢地将三乙胺 (0.23 mL, 1.65 mmol) 加入到有 5,5,8,8-四甲基-5,6,7,8-四氢喹喔啉-2-甲醛 (0.3 g, 1.37 mmol)、4-丙烯酰基苯甲酸甲酯 (0.26 g, 1.58 mmol) 和氯化 3-苄基-5-(2-羟基乙基)-4-甲基噻唑鎓盐 (0.074 g, 0.27 mmol) 的 DMF (10 mL) 溶液中。然后，升温至 100 °C 反应 30 min。将反应冷至室温后，加入乙酸乙酯。分离的有机相分别用稀盐酸 (1.0 mol/L) 和饱和食盐水洗涤。有机层经无水硫酸钠干燥后，减压蒸去溶剂。残留物经硅胶柱

色谱分离 [乙酸乙酯-正己烷 (7:100)]，得到白色固体产物 (0.42 g, 75 %)。

例 五

(*R*) -2-(4-氧代-3,4-二氢-2*H*-3-苯并吡喃基)乙酸乙酯的合成[89]
(手性三唑鎓盐催化的不对称分子内 Stetter 反应)

Cat. 8b (20 mol%), KHMDS; PhMe, 25 °C, 24 h; 94%, 94% ee (95)

在氮气保护下，用注射器将六甲基二硅基胺钾 (0.024 mL, 0.012 mmol) 加入到三唑鎓盐 (5.0 mg, 0.012 mmol) 和对二甲苯 (2 mL) 的混合物中。室温搅拌 15 min，加入底物 (14.0 mg, 0.06 mmol)。在同样温度下再搅拌 24 h 后，减压蒸出溶剂。残留物经硅胶柱色谱分离和纯化 [乙酸乙酯-正己烷 (1:6)]，得到无色油状产物 (13.2 mg, 94 %)。

8 参考文献

[1] Stetter, H.; Schreckenberg, M. *Angew. Chem. Int. Ed.* **1973**, *12*, 81.
[2] Stetter, H.; Kuhlmann, H. *Angew. Chem., Int. Ed.* **1974**, *13*, 539.
[3] Stetter, H. *Angew. Chem. Int. Ed.* **1976**, *15*, 639.
[4] Stetter, H.; Kuhlmann, H. *Org. React.* **1991**, *40*, 407.
[5] Raghavan, S.; Anuradha, K. *Synlett* **2003**, 711.
[6] Jones, T. H.; Franko, J. B.; Blum, M. S.; Fales, H. M. *Tetrahedron Lett.* **1980**, *21*, 789.
[7] El-Haji, T.; Martin, J. C.; Descotes, G. *J. Heterocycl. Chem.* **1983**, *20*, 233.
[8] Wynberg, H.; Metsebar, J. *Synth. Commun.* **1984**, *14*, 1.
[9] Perrine, D. M.; Kagan, J.; Huang, D. B.; Zeng, K.; Teo, B. K. *J. Org. Chem.* **1987**, *52*, 2213.
[10] Kobayashi, N.; Kaku, Y.; Higurashi, K.; Yamauchi, T.; Ishibashi, A.; Okamoto, Y. *Bioorg. Med. Chem. Lett.* **2002**, *12*, 1747.
[11] Sell, C. S.; Dorman, L. A. *J. Chem. Soc., Chem. Commun.* **1982**, 629.
[12] Yadav, J. S.; Anuradha, K.; Reddy, B. V. S.; Eeshwaraiah, B. *Tetrahedron Lett.* **2003**, *44*, 8959.
[13] Barrett, A. G. M.; Love, A. C.; Tedeschi, L. *Org. Lett.* **2004**, *6*, 3377.
[14] Pouwer, K. L.; Vries, T. R.; Havinga, E. E.; Meijer, E.W.; Wynberg, H. *J. Chem. Soc. Chem. Commun.* **1988**, 1432.
[15] Jones, R. A.; Karatza, M.; Voro, T. N.; Civcir, P. U.; Franck, A.; Ozturk, O.; Seaman, J. P.; Whitmore, A. P.; Williamson, D. J. *Tetrahedron* **1996**, *52*, 8707.
[16] Jones, R. A.; Civeir, P. U. *Tetrahedron* **1997**, *53*, 11529.
[17] Johnson, J. S. *Curr. Opin. Drug Discov. & Dev.* **2007**, *10*, 691.
[18] Gong, J. H.; Im, Y. J.; Lee, K. Y.; Kim, J. N. *Tetrahedron Letters* **2002**, *43*, 1247.
[19] Nahm, M. R.; Linghu, X.; Potnick, J. R.; Yates, C. M.; White, P. S.; Johnson, J. S. *Angew. Chem. Int. Ed.* **2005**, *44*, 2377.

[20] Nahm, M. R.; Potnick, J. R.; White, P. S.; Johnson, J. S. *J. Am. Chem. Soc.* **2006**, *128*, 2751.
[21] Enders, D.; Breuer, K.; Teles, J. H.; Runsink, J.; Teles, J. H. *Liebigs. Ann. Chem.* **1996**, 2019.
[22] Anjaiah, S.; Chandrasekhar, S.; Grée, R. *Adv. Synth. Catal.* **2004**, *346*, 1329.
[23] Raghavan, S.; Anuradha, K. *Tetrahedron Lett.* **2002**, *43*, 5181.
[24] Stetter, H.; Hilboll, G.; Kuhlmann, H. *Chem. Ber.* **1979**, *112*, 84.
[25] Phillip, R. B.; Herbert, S. A.; Robichaud, J. A. *Synth. Commun.* **1986**, *16*, 411.
[26] Ciganek, E. *Synthesis* **1995**, 1311.
[27] Kerr, M. S.; Rovis, T. *Synlett* **2003**, 1934.
[28] Stetter, H.; Basse, W.; Wiemann, K. *Chem. Ber.* **1978**, *111*, 431.
[29] Stetter, H.; Basse, W.; Nienhaus, J. *Chem. Ber.* **1980**, *113*, 690.
[30] Stetter, H.; Mohrmann, K.-H.; Schlenker, W. *Chem. Ber.* **1981**, *114*, 581.
[31] Stetter, H.; Bender, H.-J. *Chem. Ber.* **1981**, *114*, 1226.
[32] Stetter, H.; Haese, W. *Chem. Ber.* **1984**, *117*, 682.
[33] Liu, Q.; Rovis, T. *J. Am. Chem. Soc.* **2006**, *128*, 2552.
[34] Corey, E. J.; Seebach, D. *Angew. Chem., Int. Ed.* **1965**, *4*, 1075.
[35] Herrmann, J. L.; Richman, J. E.; Schlessinger, R. H. *Tetrahedron Lett.* **1973**, 3271.
[36] Mukaiyama, T.; Narasaka, K.; Furusato, M. *J. Am. Chem. Soc.* **1972**, *94*, 8641.
[37] Enders, D.; Balensiefer, T. *Acc. Chem. Res.* **2004**, *37*, 534.
[38] Johnson, J. S. *Angew. Chem., Int. Ed.* **2004**, *43*, 1326.
[39] Pohl, M.; Lingen, B.; Müller, M. *Chem. Eur. J.* **2002**, *8*, 5288.
[40] Breslow, R. *J. Am. Chem. Soc.* **1958**, *80*, 3719.
[41] Stetter, H.; Landscheidt, A. *Chem. Ber.* **1979**, *112*, 1410.
[42] Mamdapur, V. R.; Subramaniam, C. S.; Chadha, M. S. *Indian J. Chem. Sect.* B, **1979**, *18*, 450.
[43] Stetter, H.; Nienhaus, J. *Chem. Ber.* **1978**, *111*, 2825.
[44] Stetter, H.; Leinen, H. T. *Chem. Ber.* **1983**, *116*, 254.
[45] Stetter, H.; Mohrmann, K. H. *Synthesis* **1981**, 129.
[46] Jones, T. H.; Highet, R. J.; Don, A. W.; Blum, M. S. *J. Org. Chem.* **1986**, *51*, 2712.
[47] Stetter, H.; Skobel, H. *Chem. Ber.* **1987**, *120*, 643.
[48] Stetter, H.; Lappe, P. *Chem. Ber.* **1980**, *113*, 1890.
[49] Hinz, W.; Jones, R. A.; Patel, S. U.; Karatza, M.-H. *Tetrahedron* **1986**, *42*, 3753.
[50] Stetter, H.; Krasselt, J. *J. Heterocycl. Chem.* **1977**, *14*, 573.
[51] Mizuhara, S.; Tamura, R.; Arata, H. *Proc. Jpn. Acad.* **1951**, *27*, 302.
[52] Mizuhara, S.; Handler, P. *J. Am. Chem. Soc.* **1954**, *76*, 571.
[53] Breslow, R.; McNellis, E. *J. Am. Chem. Soc.* **1959**, *81*, 3080.
[54] Jordan, E.; Mariam, Y. H. *J. Am. Chem. Soc.* **1978**, *100*, 2534.
[55] Stetter, H.; Lorenz, G. *Chem. Ber.* **1985**, *118*, 1115.
[56] Stetter, H.; Jansen, B. *Chem. Ber.* **1985**, *118*, 4877.
[57] Stetter, H.; Schreckenberg, M. *Chem. Ber.* **1974**, *107*, 2453.
[58] Katritzky, A.; Abdallah, M.; Bayyuk, S.; Bolouri, A. M. A.; Dennis, N.; Sabongi, G. J. *Pol. J. Chem.* **1979**, *53*, 57.
[59] Papa, D.; Schwenk, E. *J. Am. Chem. Soc.* **1948**, *70*, 3356.
[60] Stetter, H.; Jonas, F. *Chem. Ber.* **1981**, *114*, 564.
[61] Stetter, H.; Landscheidt, H. *Chem. Ber.***1979**, *112*, 2419.
[62] Stetter, H.; Kuhlmann, H. *Liebigs Ann. Chem.* **1979**, 303.
[63] Stetter, H.; Kuhlmann, H. *Liebigs Ann. Chem.* **1979**, 944.
[64] Stetter, H.; Kuhlmann, H. *Liebigs Ann. Chem.* **1979**, 1122.
[65] Stetter, H.; Kuhlmann, H. *Liebigs Ann. Chem.* **1982**, 250.
[66] Stetter, H.; Schreckenberg, M.; Wiemann, K. *Chem. Ber.* **1976**, *109*, 541.
[67] Mattson, A. E.; Scheidt, K. A. *Org. Lett.* **2004**, *6*, 4363.
[68] Mattson, A. E.; Bharadwaj, A. R.; Zuhl, A. M.; Scheidt K. A. *J. Org. Chem.* **2006**, *71*, 5715.

[69] Stetter, H.; Schmitz, P. H.; Schreckenberg, M. *Chem. Ber.* **1977**, *110*, 1971.
[70] Murry, J. A.; Frantz, D. E.; Soheili, A.; Tillyer, R.; Grabowski, E. J. J.; Reider, P. J. *J. Am. Chem. Soc.* **2001**, *123*, 9696.
[71] Mennen, S. M.; Gipson, J. D.; Kim, Y. R.; Miller, S. J. *J. Am. Chem. Soc.* **2005**, *127*, 1654.
[72] Mattson, A. E.; Bharadwaj, A. R.; Scheidt, K. A. *J. Am. Chem. Soc.* **2004**, *126*, 2314.
[73] Brook, A. G. *Acc. Chem. Res.* **1974**, *7*, 77.
[74] Stetter, H.; Rajh, B. *Chem. Ber.* **1976**, *109*, 534.
[75] Stetter, H.; Kuhlmann, H. *Tetrahedron Lett.* **1974**, 4505.
[76] Stetter, H.; Kuhlmann, H. *Chem. Ber.* **1976**, *109*, 2890.
[77] Stetter, H.; Kuhlmann, H. *Synthesis* **1975.** 379.
[78] Zeitlera, K.; Magera, I. *Adv. Synth. Catal.* **2007**, *349*, 1851.
[79] Enders, D. *In Stereoselective Synthesis*, Eds.: Otow, E.; Schoellkopf, K.; Schulz, B.-G., Springer-Verlag, Berlin-Heidelberg, **1994**, 63.
[80] Enders, D.; Bockstiegel, B.; Dyker, H.; Jegelka, U.; Kipphardt, H.; Kownatka, D.; Kuhlmann, H.; Mannes, D.; Tiebes, J.; Papadopoulos, K. *Dechema- Monographies*, VCH, Weinheim, **1993**, *129*, 209.
[81] Mennen, A. M. L.; Blank, J. T.; Tran-Dubé, M. B.; Imbriglio, J. E.; Miller, S. J. *Chem. Commun.* **2005**, 195.
[82] Pesch, J.; Harms, K.; Bach, T. *Eur. J. Org. Chem.* **2004**, 2025.
[83] Enders, D.; Breuer, K.; Runsink, J.; Teles, J. *Helv. Chim. Acta.* **1996,** *79*, 1899.
[84] Enders, D.; Niemeier, O.; Henseler A. *Chem. Rev.* **2007**, *107*, 5606.
[85] Enders, D.; Kallfass, U. *Angew. Chem., Int. Ed.* **2002**, *41*, 1743.
[86] Enders, D.; Niemeier, O.; Balensiefer, T. *Angew. Chem. Int. Ed.* **2006**, *45*, 1463.
[87] Rovis, T. *Chem. Lett.* **2008**, *37*, 2.
[88] de Alaniz, R. J.; Kerr, M. S.; Moore, J. L.; Rovis, T. *J. Org. Chem.* **2008**, *73*, 2033.
[89] Kerr, M. S.; de Alaniz, R. J.; Rovis, T. *J. Am. Chem. Soc.* **2002**, *124*, 10298.
[90] de Alaniz, R. J.; Rovis, T. *J. Am. Chem. Soc.* **2005**, *127*, 6284.
[91] Kerr, M. S.; de Alaniz, J. Read; Rovis, T. *J. Org. Chem.* **2005**, *70*, 5725.
[92] Reynolds, N. T.; Rovis, T. *Tetrahedron* **2005**, *61*, 6368.
[93] Xu, L. W.; Li, L.; Lai, G. Q. *Mini-Rev. Org. Chem.* **2007**, *4*, 217.
[94] Balme, G. *Angew. Chem. Int. Ed.* **2004**, *43*, 6238.
[95] Ullrich, T.; Ghobrial, M.; Weigand, K.; Marzinzik, A. L. *Synth. Commun.* **2007**, *37*, 1109.
[96] Harrington P. E; Tius M. A. *J. Am. Chem. Soc.* **2001**, *123*, 8509.
[97] Harrington, P. E.; Tius, M. A. *Org. Lett.* **1999**, *1*, 649.
[98] Perrine D. M.; Bush D. M.; Kornak, E. P.; Zhang, M.; Cho, Y. H.; Kagan, J. *J. Org. Chem.* **1991**, *56*, 5095.
[99] ten Hoeve, W.; Wynberg, H.; Havinga, E. E.; Meijer, E. W. *J. Am. Chem. Soc.* **1991,** *113,* 5887.
[100] Kankare, J.; Lukkari, J.; Pasanen, P.; Sillanpää, R.; Laine, H.; Harmaa, K. *Macromolecules* **1994**, *27*, 4327.
[101] Parakka, J. P.; Cava, M. P. *Synth. Metal.* **1995**, *68*, 275.
[102] Braun, R. U.; Zeitler, K.; Müller, T. J. J. *Org. Lett.* **2001**, *3*, 3297.
[103] Bharadwaj, A. R.; Scheidt, K. A. *Org. Lett.* **2004**, *6*, 2465.
[104] Trost, B. M.; Shuey, C. D.; DiNinno, F.; McElvain, J. S. S. *J. Am. Chem. Soc.* **1979**, *101*, 1284.
[105] Nakamura, T.; Hara, O.; Tamura, T.; Makino, K.; Hamada, Y. *Synlett* **2005**, 155.
[106] Wasnaire, P.; de Merode, T.; Markó, I. E. *Chem. Commun.* **2007**, 4755.
[107] Zhou, Z.-Z.; Ji, F.-Q.; Cao, M.; Yang, G.-F. *Adv. Synth. Catal.* **2006**, *348*, 1826.
[108] Frantz, D. E.; Morency, L.; Soheili, A.; Murray, J. A.; Brabowski, E. J. J.; Tillyer, R. D. *Org. Lett.* **2004**, *6*, 843.
[109] Christmann, M. *Angew. Chem. Int. Ed.* **2005**, *44*, 2632.
[110] Enders, D.; Breuer, K.; Teles, J. H. *Helv. Chim. Acta* **1996**, *79*, 1217.
[111] Knight, R. L.; Leeper, F. J. *J. Chem. Soc., Perkin Trans. 1* **1998**, 1891.
[112] Kerr, M. S.; Rovis, T. *J. Am. Chem. Soc.* **2004**, *126*, 8876.
[113] Orellana, A.; Rovis, T. *Chem. Commun.* **2008**, 730.

[114] Moore, J. L.; Kerr, M. S.; Rovis, T. *Tetrahedron* **2006**, *62*, 11477.
[115] Liu, Q.; Rovis, T. *Org. Proc. Res. & Devel.* **2007**, *11*, 598.
[116] Matsumoto, Y.; Tomioka, K. *Tetrahedron Lett.* **2006**, *47*, 5843.
[117] Struble, J. R.; Kaeobamrung, J.; Bode, J. W. *Org. Lett.* **2008**, *10*, 957.
[118] Xin, L.; Potnick, J. R.; Johnson, J. S. *J. Am. Chem. Soc.* **2004**, *126*, 3070.
[119] Galopin, C. C. *Tetrahedron Lett.* **2001**, *42*, 5589.
[120] Wang, J.; Soisson, S. M.; Young, K.; Shoop, W.; Kodali, S.; Galgoci, A.; Painter, R.; Parthasarathy, G.; Tang, Y. S.; Cummings, R.; Ha, S.; Dorso, K.; Motyl, M.; Jayasuriya, H.; Ondeyka, J.; Herath, K.; Zhang, C.; Hernandez, L.; Allocco, J.; Basilio, A.; Tormo, J. R.; Genilloud, O.; Vicente, F.; Pelaez, F.; Colwell, L.; Lee, S. H.; Michael, B.; Felcetto, T.; Gill, C.; Silver, L. L.; Hermes, J. D.; Bartizal, K.; Barrett, J.; Schmatz, D.; Becker, J. W.; Cully, D.; Singh, S. B. *Nature* **2006**, *441*, 358.
[121] Singh, S. B.; Jayasuriya, H.; Ondeyka, J. G.; Herath, K. B.; Zhang, C.; Zink, D. L.; Tsou, N. N.; Ball, R. G.; Basilio, A.; Genilloud, O.; Diez, M. T.; Vicente, F.; Pelaez, F.; Young, K.; Wang, J. *J. Am. Chem. Soc.* **2006**, *128*, 11916.
[122] Nicolaou, K. C.; Tang, Y.; Wang, J. H. *Chem. Commun.* **2007**, 1922.
[123] Roth, B. D; Blankley, C. J.; Chucholowski, A. W.; Ferguson, E.; Hoefle, M. L.; Ortwine, D. F.; Newton, R. S.; Sekerke, C. S.; Sliskovic, D. R.; Wilson, M. *J. Med. Chem.* **1991**, *34*, 357.
[124] Stetter, H.; Kuhlmann, H.; Lorenz, G. *Org. Synth.* **1979**, *59*, 53; *Coll. Vol. 6*, **1988**, 866.
[125] Kikuchi, K.; Hibi, S.; Yoshimura, H.; Tokuhara, N.; Tai, K.; Hida, T.; Yamauchi, T.; Nagai, M. *J. Med. Chem.* **2000**, *43,* 409.